Vorwort

Erfolgreiche Marketing-Konzeptionen setzen sich im Wesentlichen aus **drei Bausteinen** zusammen:

1. **Marketing-Forschung** und hier insbesondere die Analyse des Käuferverhaltens
2. **Strategisches Marketing**, das vom Einsatz strategischer Planungsinstrumente über die Entwicklung eines strategischen Profils bis hin zu dessen Verankerung in der Marketing-Organisation reicht
3. **Operatives Marketing**, das sich der Umsetzung der langfristig ausgerichteten Strategien auf der mittel- sowie kurzfristigen Ebene und damit den Marketing-Instrumenten Product, Price, Place und Promotion widmet. Um deren systematischen und koordinierten Einsatz zu gewährleisten, wird der Marketing-Mix von Zielbildung und Kontrolle flankiert.

Einer solchen Systematik folgend muss das Augenmerk der Marketing-Verantwortlichen zunächst auf den Markt und damit in erster Linie auf die Käufer gerichtet sein. Auf diesen Erkenntnissen aufbauend muss ein langfristiger Verhaltensplan aufgestellt werden, den es mittels des systematischen Einsatzes der Marketing-Instrumente zu realisieren gilt. Der letzten Aufgabe, also der konkreten Ausgestaltung und damit unbestritten dem Kernstück der Marketing-Funktion, widmet sich das vorliegende Lehrbuch. Konkret sind den Abnehmern bedürfnisgerechte Leistungen anzubieten (**Produkt-, Programm- bzw. Sortimentsmanagement**), diese sind mit einem Preis auszustatten (**Kontrahierungsmanagement**), bekannt zu machen (**Kommunikationsmanagement**) und zu vertreiben (**Vertriebsmanagement**). Das Studium der vorliegenden Publikation versetzt den Leser in die Lage, das komplexe Gebiet des Marketing-Mix zu durchdringen und die gewonnenen Erkenntnisse anwendungsorientiert zu nutzen.

Angesichts der Vielzahl an Marketing-Lehrbüchern ist einer Neuerscheinung nur dann Erfolg beschieden, wenn sie eine **Unique Selling Proposition**, also einen einzigartigen Produktvorteil bietet. Alleinstellungsmerkmal des vorliegenden Lehrbuchs bildet der **duale Ansatz** im Sinne einer konsequenten **Vernetzung** von **Theorie** und **Praxis**. Diese Akzentuierung schlägt sich u. a. darin nieder, dass zahlreiche Praxisfälle in die entsprechenden Abschnitte eingebunden sind sowie dem bewährten Instrument des Fallbeispiels (hier Marketing-Mix am Beispiel des Fast-Food-Unternehmens *McDonald's*) ein umfangreiches Kapitel eingeräumt wird.

Die Positionierung des vorliegenden Buches lässt sich an folgenden weiteren **Punkten** festmachen:

- Selektion der für Studierende und Praktiker wichtigen Sachverhalte und damit Fokussierung auf das Wesentliche

- Nachvollziehbare Strukturierung des Stoffes, die durch die Visualisierung mit Hilfe von Grafiken unterstützt wird

- Fundiertes Stichwortverzeichnis einschließlich Firmenregister, mit dessen Hilfe der Leser das vorliegende Buch als Nachschlagewerk nutzen und gezielt nach interessanten Fallbeispielen aus der Praxis recherchieren kann

Der **Aufbau** des Buches hat sich in rund 25jähriger Vorlesungspraxis bewährt. Kapitel 1 vermittelt einen Überblick über die Bausteine einer idealtypisch aufgebauten Marketing-Konzeption und zeigt auf, wie der Marketing-Mix in einen solchen Prozess eingebunden ist. Kapitel 2 setzt sich mit den Marketing-Zielen auseinander. Diese werden mit den **vier „Ps"** (Product, Price, Place, Promotion) angesteuert, denen Kapitel 3 bis 6 gewidmet sind. Kapitel 7 vermittelt, wie sich die einzelnen Instrumente zu einem Gesamtpaket (sog. Marketing-Mix) bündeln lassen. Der Marketing-Kontrolle und damit der letzten Phase im Marketing-Managementprozess widmet sich Kapitel 8. Kapitel 9 beleuchtet die Marketing-Ethik und stellt damit die Frage, ob alles, was möglich ist, auch moralisch vertretbar ist. Kapitel 10 schließlich vernetzt Theorie und Praxis, indem am Beispiel eines der erfolgreichsten Unternehmen der Welt, nämlich *McDonald's*, die konkrete Ausgestaltung des Marketing-Mix in der Unternehmenspraxis vorgestellt wird.

Dem dualen Konzept folgend sind **Zielgruppen** des vorliegenden Buchs sowohl Studierende und Dozenten in Bachelor- und Masterstudiengängen an Dualen Hochschulen, Universitäten, Fachhochschulen sowie Berufsakademien als auch Praktiker, die nicht zuletzt aus den zahlreichen Praxisbeispielen Anregungen für die Bewältigung der sich ihnen stellenden Marketing-Herausforderungen gewinnen können.

Das vorliegende Buch wird flankiert von zwei weiteren Lehrbüchern sowie einem Arbeitsbuch (sämtlich im *Oldenbourg*-Verlag erschienen), die zusammen das gesamte Marketing-Wissen abdecken und sich damit zu einem **Gesamtwerk** zusammenfügen:

- Marketing-Forschung und Käuferverhalten: Effiziente Beschaffung und Analyse von Markt- und Kundeninformationen

- Strategisches Marketing: Von der Planung zum strategischen Profil

- Arbeitsbuch Marketing-Management und Käuferverhalten

Heidelberg, im April 2013   Prof. Dr. Willy Schneider

Inhalt

1   Grundlagen

„Wer weiß, dass er nichts weiß, weiß mehr als der, der nicht weiß, dass er nichts weiß."
Sokrates

Dieses Kapitel vermittelt:

- wie sich das Marketing-Denken im Zeitablauf entwickelt hat,
- was Marketing in seinem heutigen Begriffsverständnis bedeutet,
- wie eine Marketing-Konzeption idealtypisch aufgebaut sein sollte und
- welcher Stellenwert dem Marketing-Mix in einer Marketing-Konzeption zukommt.

1.1   Begriff und Entwicklung des Marketing

„Marketing im Sinne einer marktorientierten Unternehmensführung kennzeichnet die Ausrichtung aller relevanten Unternehmensaktivitäten auf die Wünsche und Bedürfnisse der Anspruchsgruppen." (*Deutscher Marketing-Verband*; http://www.marketingverband.de/deutscher-marketing-verband/wir-ueber-uns.html; Stand: 27.10.2012). Als **Ursprungsland** des Marketing gilt unbestritten die USA. Die genaue Geburtsstunde ist heute nicht mehr auszumachen, es gilt jedoch als gesichert, dass Marketing (englisch: to market = to buy or sell on markets) an US-amerikanischen Hochschulen um das Jahr 1910 zu einem Schlagwort für die systematische Vermarktung von Produkten heranreifte. Marketing in seiner ursprünglichen Bedeutung war also nichts anderes als ein Synonym für die im deutschsprachigen Raum als **Absatzwirtschaft** bezeichnete unternehmerische Aufgabe bzw. wissenschaftliche Disziplin.

Historisch gesehen sind Entstehung und Aufstieg des Marketing eine Antwort auf die parallel ablaufenden Prozesse des entstehenden **Massenwohlstandes** und der **wachsenden Konkurrenz** zwischen Unternehmen (vgl. im Folgenden *Sabel* 1998). Eine solche Entwicklung lässt sich erstmalig in den USA zwischen dem Ersten und Zweiten Weltkrieg ausmachen. und wiederholte sich ähnlich in der Nachkriegszeit in Deutschland (vgl. *Kleinschmidt* 2008). Bis zu diesem Zeitpunkt waren die Bedürfnisse der Verbraucher nicht einmal ansatzweise befriedigt, weil entweder das Angebot nicht für alle Nachfrager ausreichte oder aber die Nachfrager über keine entsprechende Kaufkraft verfügten. In einer solchen Marktsituation musste sich ein Anbieter kaum bzw. nicht um die Kunden und deren Bedürfnisse kümmern. Konsequenterweise dominierte bis zu diesem Zeitpunkt die Innensicht des Unternehmens, in deren Zentrum das Produkt und damit die Ingenieurwissenschaften standen. Mit zunehmendem Wohlstand und Wettbewerb gewannen nunmehr die Perspektive auf den Markt und damit die Bedürfnisse der Kunden die Überhand. Als Voraussetzungen für eine Konsumgesell-schaft gelten konsequenterweise Geld und Zeit, Massenproduktion und Vertrieb (vgl. *König* 2008).

Marketing wurde vor allem in den USA schon immer als Wundermittel der Marktsteuerung glorifiziert. Die Marketing-Euphorie gipfelte 1991 in der Aussage „Marketing ist every-thing.", zu der sich die *Harvard Business Review*, eine der weltweit renommiertesten Mar-keting-Fachzeitschriften, veranlasst sah.

Die Entwicklung des Marketing setzte in **Deutschland** deutlich später als in den USA ein. Zwar existieren Marken wie *Mercedes*, *Nivea*, *Odol* (letztere in jüngerer Zeit mit Problemen konfrontiert infolge des Versäumnisses, zusätzlich zu den älteren bzw. älter werdenden Stammverwendern neue Konsumenten zu gewinnen), *Persil* und *Dr. Oetker* bereits seit über 100 Jahren. Mittels Massenwerbung bot etwa *Dr. Oetker* dem Endverbraucher mit dem 1893 entwickelten Backpulver ein Produkt an, das diesem eine Arbeitserleichterung verschaffte – von dem er aber bis zu diesem Zeitpunkt gar nicht gewusst hatte, dass er ein solches über-haupt benötigte. Da die Weiterentwicklung durch Erfindungen neuer Produktvarianten weiter voranschritt, reicht der Erfolg dieser Marke bis in die Gegenwart hinein. Doch erste Ansätze eines systematischen Marketing sind hierzulande in der Unternehmenspraxis erst in den 50er Jahren festzustellen.

Marketing-Lehrstühle, -Lehrbücher, -Zeitschriften, -Clubs sowie -Tagungen und damit die Übernahme des Marketing-Paradigmas in der Wissenschaft entwickelten sich noch deutlich später. Eine Ausnahme bildet *Ludwig Erhard*, der spätere Bundesminister für Wirtschaft und zweite Bundeskanzler der Bundesrepublik Deutschland. In seiner Funktion als wissenschaft-licher Assistent von *Wilhelm Vershofen*, der als Begründer der modernen Marktforschung in Deutschland gilt, veranstaltete er 1935 im Namen der *Nürnberger Handelshochschule* das erste absatzwirtschaftliche Seminar Deutschlands. Dieser „Absatzwirtschaftliche Kurs" bil-det die Basis für die Entstehung der *Nürnberger Akademie für Absatzwirtschaft* sowie der *GfK-Gesellschaft für Konsumforschung* in Nürnberg. Eine weitere Ausnahme bildet die Un-tersuchung des deutschen Ökonomen *Heinrich von Stackelberg* aus dem Jahre 1939: Im Ge-gensatz zur damals vorherrschenden Preistheorie, die Preis und Menge als alleinige Akti-onsparameter von Unternehmungen ansahen, bezog er erstmals Qualitätsvariationen und Vertriebspolitik als Determinanten ein.

Eine Ursache für die **verzögerte Entwicklung** des Marketing ist neben den unterschiedli-chen ökonomischen Rahmenbedingungen darin zu suchen, dass dem Marketing in Deutsch-land lange Zeit etwas Dubioses und Dämonisches anhaftete. Nicht wenige Vertreter aus Po-litik, Wissenschaft und Kultur sahen und sehen darin in erster Linie ein Instrument zur Ma-nipulation von Verbrauchern. Selbst als sich diese Sozialtechnik längst in der Unterneh-menspraxis etabliert hatte, stieß Marketing hierzulande in der Wissenschaft auf wenig Ak-zeptanz. Dies ist zu einem erheblichen Teil auf das ambivalente Verhältnis der Scientific Community im Nachkriegsdeutschland zu den USA zurückzuführen: Während die einen eine „Amerikanisierung" deutscher Kultur, Lehre und Wissenschaft befürchteten, orientierten sich andere – zum auch Teil unkritisch – am Vorbild des US-amerikanischen Konsumni-veaus.

Erst in der sog. **Marketing-Revolution** der sechziger und siebziger Jahre des vergangenen Jahrhunderts fand Marketing in Wissenschaft und Lehre im deutschsprachigen Raum breite Anerkennung, was sich an folgenden Indikatoren ablesen lässt:

- Das erste Buch, das Marketing im Titel führte und häufiger zitiert wurde, erschien 1968 (vgl. *Pümpin* 1968).

- Der erste Lehrstuhl für Marketing wurde 1969 in Münster gegründet, Lehrstuhlinhaber war *Heribert Meffert*.

- Die institutionalisierte Zusammenarbeit zwischen Wirtschaft und Wissenschaft lässt sich mit der Gründung der *Deutschen Marketingvereinigung* auf das Jahr 1970 datieren.

- Das erste Lehrbuch mit dem Titel Marketing erschien 1971 (*Nieschlag, R./Dichtl, E./ Hörschgen, H.*: Marketing, 4. Aufl., Berlin 1971; die ersten drei Auflagen trugen bezeichnenderweise noch den Titel „Einführung in die Lehre von der Absatzwirtschaft".)

- Die erste wissenschaftliche Zeitschrift, die sich ausschließlich mit Marketing-Fragen beschäftigte, erblickte 1979 das Licht der Welt (Marketing – Zeitschrift für Forschung und Praxis, 1. Jg., März 1979).

Doch auch heute noch stößt man bei einigen Vertretern der deutschen Industrie – und hier vor allem im Mittelstand – auf die Vorstellung, dass gute Produkte für sich selbst sprächen und Marketing deshalb überflüssig sei. Inzwischen hat sich jedoch in Wissenschaft und den meisten Großunternehmen das Meinungsbild grundlegend gewandelt: Während die Karrierechancen von Marketing-Spezialisten (Marketeers) bis in die achtziger Jahre als begrenzt galten, ist die Bedeutung des Marketing in Theorie und Praxis heute stärker als je zuvor (vgl. *Berghoff* 2007; *Lembke* 2008, S. 12).

Insgesamt lässt sich festhalten, dass sich das Marketing-Paradigma erst allmählich ausgebreitet hat. So haben sich insbesondere innovative Wissenschaftler schon immer mit Marketing beschäftigt, während konservative Kollegen noch von Absatzwirtschaft als einer Funktion „am Ende des Fließbandes" sprachen. Ungeachtet dessen kann gesagt werden, dass in Deutschland die Marketing-Wissenschaft der -Realität gefolgt ist (vgl. *Sabel* 1998).

Grundsätzlich durchläuft das Marketing-Konzepts in der Unternehmenspraxis unterschiedliche **Entwicklungsphasen**, die sich an den folgenden Konzepten ablesen lassen (vgl. hierzu *Meffert* 2001, S. 1020):

- **Produktkonzeption**: In einem recht frühen Entwicklungsstadium gehen Unternehmen davon aus, dass Konsumenten in erster Linie die Preis/Qualitäts-Relation ins Kalkül ziehen. Im Vordergrund steht hier die Produktpolitik, die auf eine Verbesserung der Produktqualität abzielt. Der Nachfrager kauft das, was der Anbieter offeriert. Ein klassisches Beispiel hierfür ist das Modell T von *Henry Ford*, das es nur in einer einzigen Produktvariante gab, das infolge seines hohen Standardisierungsrades jedoch durch sein günstiges Preis-Leistungsverhältnis überzeugte.

- **Verkaufskonzeption**: Diese basiert auf der Annahme, dass Konsumenten nur bei erheblichem Interesse kaufen. Demnach zielen Unternehmen darauf ab, Interesse am Produkt zu wecken und durch ein gesteigertes Absatzvolumen Gewinn zu erzielen. Hierzu bedienen sie sich des Vertriebs- sowie des Kommunikationsmanagement. Als Beispiel für dieses Marketing-Stadium kann der Vertrieb von Versicherungen gelten.

- Marketing-Konzeption im engeren Sinne (= **Bedarfs-** bzw. **Marktorientierung**): Ausgangspunkt ist hier die Erkenntnis, dass Konsumenten bestimmte Bedürfnisse haben, die es zu befriedigen gilt. Die integrierten Marketing-Anstrengungen zielen konsequenterweise darauf ab, die Zufriedenheit des Kunden zu erhöhen. Das kann beispielsweise mittels Markenartikeln erfolgen, die gegebenenfalls mit Serviceleistungen (z. B. Pkw-Servicepakete) angereichert werden (sog. Added-Value-Konzept). Nach diesem Marketing-Verständnis ist *Coca-Cola* keine Limonade, sondern ein Stück Lebensgefühl. Apotheken vertreiben keine Medizin, sondern Lebensfreude, und Automobilproduzenten bieten keine Fahrzeuge, sondern Mobilität an.

- Marketing-Konzeption im weiteren Sinne (= **Social Marketing** bzw. **Umweltorientierung**): Im sozusagen höchsten Reifestadium, dem sog. Megamarketing-Konzept, zeichnet sich eine Lücke zwischen kurzfristigen Einzelinteressen (etwa Gewinnerzielung) und langfristigen Kollektivinteressen (etwa Schutz der Umwelt) aus, die es mit Hilfe des Marketing-Instrumentariums zu schließen gilt. Marketing ist hier langfristig ausgerichtet und bezieht sämtliche Bezugsgruppen des Unternehmens ein. Ziel ist dabei die Verbesserung der Lebensqualität einer ganzen Gesellschaft, die sich letztlich positiv auf den ökonomischen Erfolg eines Unternehmens auswirkt.

Die meisten Unternehmen haben mittlerweile die Phase der Produktkonzeption verlassen und befinden sich auf einem Grad zwischen Verkaufs- und Marketing-Konzeption im engeren Sinne. Die Durchsetzung eines Social Marketing dürfte heutzutage noch die Ausnahme bilden, findet jedoch erste Umsetzung im „**Stakeholder-Value**"-Ansatz, gemäß dem die Steuerung eines Unternehmens an den Zielen sämtlicher Bezugsgruppen auszurichten ist (vgl. *Freimüller* 2001, S. 1597).

Das Fachblatt „*Journal of Marketing*" veröffentlichte in seiner Ausgabe vom Januar 2008 eine Studie zweier US-amerikanischer Forscher zur Rolle des Marketing-Vorstands für den Unternehmenserfolg. Die Wissenschaftler hatten über fünf Jahre hinweg 167 Unternehmen analysiert und kamen zu dem Ergebnis, dass das Vorhandensein eines Marketing-Spezialisten im Vorstand keinerlei Einfluss auf den Unternehmenserfolg ausübte. Hierfür bieten sich folgende **Erklärungen** an:

- Marketing-Überlegungen üben keinen signifikanten Einfluss auf die Unternehmensstrategie aus.

- Für den Unternehmenserfolg spielt es keine Rolle, ob die Stimme des Kunden bis auf die Vorstandsetage vordringt.

- Marketing-Vorstände sind nicht kreativ und durchsetzungsfähig genug, um einen Unterschied für ihren Arbeitgeber auszumachen.

- Die Aufgaben eines Chief Marketing Officers (CMO) können ohne Wirkungsverluste auch von einem Marketing-Leiter erfüllt werden, und das auch noch für die halben Bezüge (vgl. *Littmann* 2007, S. 18).

Weil auch die Forscher keine schlüssige Interpretation ihrer Befunde anbieten können, bleibt es dem Urteil des Lesers überlassen, welche Erklärung/en er bevorzugt. Ungeachtet dessen lässt sich feststellen, dass Unternehmen heutzutage zahlreiche Marketing-Funktionen an Dienstleistungsunternehmen wie Marktforschungsinstitute sowie Kommunikations-, Werbe-, Media-, Messe- und Eventagenturen outsourcen.

1.2 Grundkonzept des Marketing

Dem Marketing-Paradigma folgend werden Unternehmen nur dann erfolgreich sein, wenn sie die Bedürfnisse der Austauschpartner und hier insbesondere des Kunden in den Mittelpunkt jeglichen Handelns stellen. Damit entwickelte sich das Marketingverständnis im Zeitablauf von einer operativen Beeinflussungstechnik (Marketing-Mix-Instrumente) hin zu einer Führungskonzeption, die andere Funktionen wie zum Beispiel Beschaffung, Produktion, Verwaltung und Personal mit einschließt. Marketing ist demnach keine Funktion „am Ende des Fließbandes" im Sinne der traditionellen Absatzwirtschaft, sondern steht an dessen Anfang. Das Leistungsangebot bildet demnach das Resultat des Marketing, und nicht umgekehrt.

Damit übernimmt das Marketing in Unternehmen eine **Doppelfunktion** (sog. **duales Führungskonzept**; vgl. hierzu *Meffert* 2001, S. 959; *Nieschlag/Dichtl/Hörschgen* 2002, S. 14; *Uhr/Müller* 1998 sowie Abb. 1.1):

- **Marketing als Unternehmensfunktion (= I; funktionale Betrachtung)**
  Diese Perspektive, auf der traditionell der Schwerpunkt des Marketing-Verständnisses lag, fokussiert auf die konkrete Ausgestaltung der Marketing-Funktion und damit auf die Anerkennung des Marketing als gleichberechtigte Unternehmensfunktion. Marketing bildet hier einen Teil des unternehmerischen Gesamtprozesses. Dieser beginnt mit der Beschaffung von Rohstoffen und Vorprodukten (Vorleistungen), führt weiter zur Produktion (Erstellung von Gütern oder Dienstleistungen) und endet mit der Vermarktung (Marketing, Vertrieb, Kundendienst) der erstellten betrieblichen Leistungen. Hinzu kommen unterstützende Prozesse wie zum Beispiel Finanzen, Planung, Personalwesen sowie Forschung & Entwicklung. Marketing versteht sich in diesem Kontext als das Ergebnis des systematischen Einsatzes von Instrumenten. Diese bestehen im Wesentlichen aus den vier **„Ps" (Product, Price, Place, Promotion)**, die explizit erstmalig von Jeromy McCarthy (1960) formuliert wurden. (Im Weiteren ersetzt -management den traditionell genutzten Begriff der -politik an den Stellen, wo es zweckmäßig erscheint.).

- **Marketing als Leitkonzept bzw. Unternehmensphilosophie (= II; ganzheitliche Betrachtung)**
  Hierunter versteht man eine Grundhaltung, die sich dadurch auszeichnet, dass sämtliche Unternehmensaktivitäten konsequent an den Anforderungen der Märkte und hier insbesondere der Kunden und Wettbewerber auszurichten sind. In diesem Wandel von einer funktionsorientierten zu einer **unternehmensbezogenen Denkhaltung** ist der entscheidende Unterschied zur „klassischen" Absatzwirtschaft zu sehen. Letztere verstand sich lediglich als eine betriebliche Funktion „am Ende des Fließbandes", die in der Verwer-

tung von Sach- und Dienstleitungen auf Märkten besteht und Unternehmensfunktionen wie Beschaffung, Produktion, Finanzierung etc. unter- bzw. gleichgeordnet ist.

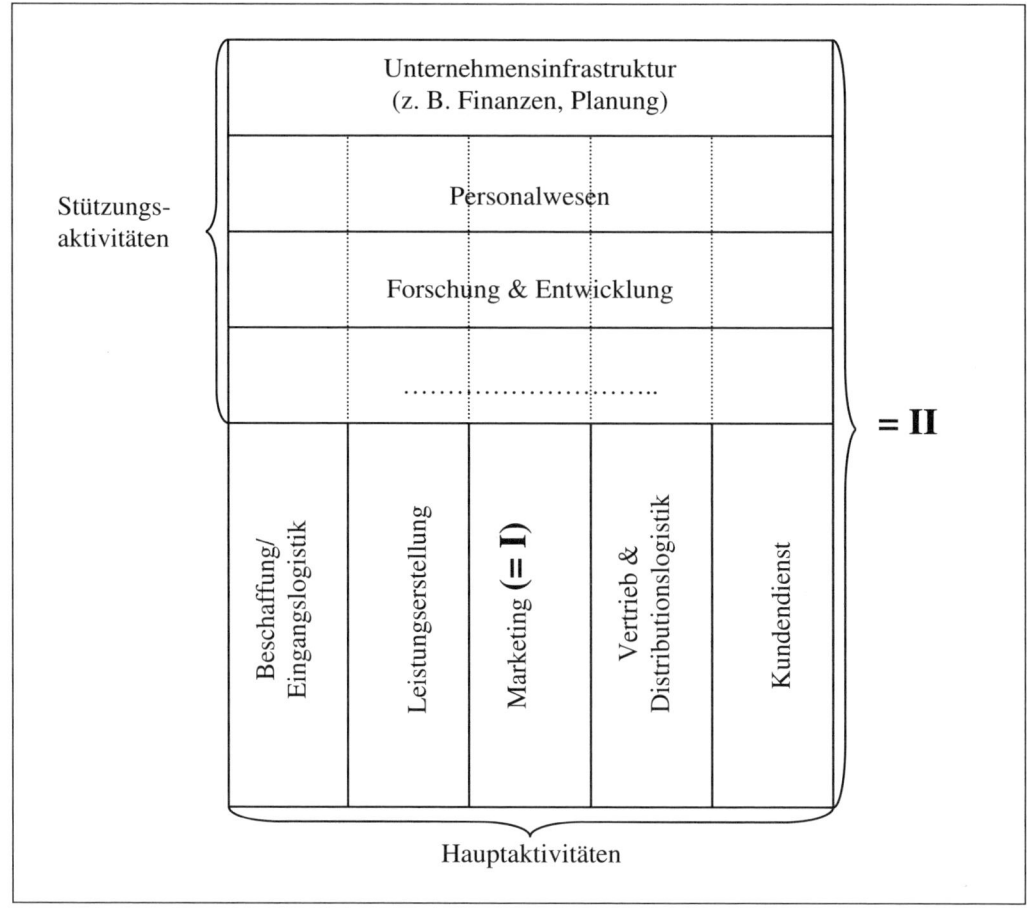

Abb. 1.1: *Die Doppelfunktion des Marketing in der Wertkette*
(Quelle: in Anlehnung an Porter 1999b, S. 62)

Angesichts des häufig postulierten und auch kritisierten **Dominanzanspruchs** (vgl. *Schneider* 1983), der sich aus der unternehmensbezogenen Denkhaltung ableitet, steht Marketing nicht selten im **Konflikt** zu anderen Unternehmensbereichen bzw. betrieblichen Funktionen (Beschaffung, Produktion, Finanzen, Personal, F&E etc.). Zum Beispiel fordert die Marketing-Abteilung im Regelfall zahlreiche Produktvarianten, wohingegen die Produktionsabteilung aus Gründen der Komplexitätsreduktion wenige bevorzugt. Marketing visiert typischerweise einen möglichst großen Marktanteil an, die Finanzabteilung hingegen einen möglichst hohen Gewinn. Und während die Marketing-Abteilung von F&E (= Forschung & Entwicklung) möglichst kurze Entwicklungszyklen fordert, setzt sich diese für möglichst lange Entwicklungszeiträume ein.

Des Weiteren dürfen der (fehlinterpretierte?) Dominanzanspruch des Marketing und damit die Fokussierung des Unternehmens auf den Absatzmarkt nicht darüber hinwegtäuschen, dass der Erfolg eines Unternehmens durchaus noch von anderen **Faktoren** beeinflusst werden kann. Dies belegen folgende **Beispiele**:

– Nicht wenige Industrieunternehmen verdanken ihren Erfolg der (nicht selten – man denke etwa an Penicillin - zufälligen) Erfindung eines introvertierten Tüftlers vom Schlage eines Daniel Düsentrieb (Micky Mouse), eines Professor *Frink* (*Simpsons*) oder eines Professor *Bienlein* (*Tim* und *Struppi*) und/oder einem einmaligen technischen Know-how, das von Ingenieuren begründet wurde.
– Verschiedene Handelsunternehmen sind u. a. deshalb erfolgreich, weil sie über einzigartige Beschaffungssysteme und -quellen verfügen (z. B. *Aldi*, *Lidl*).
– Die Wettbewerbskraft zahlreicher Dienstleistungsunternehmen ist auf Leistungspotenzial und Motivation der Mitarbeiter zurückzuführen (z. B. Softwareunternehmen, Unternehmensberatungen).
– Schließlich basiert die Überlebensfähigkeit vieler Unternehmen auf ihren Fähigkeiten auf den Kapitalmärkten.

Vor dem Hintergrund der bisherigen Ausführungen lässt sich die **Philosophie des Marketing** anhand folgender **Merkmale** charakterisieren (vgl. hierzu auch *Meffert* 2000, S. 8–9):

- **Leitidee der Marktorientierung**
  Marketing zielt darauf ab, den Bedürfnissen der Zielgruppe(n) zu entsprechen (Kundenorientierung), gegenüber der Konkurrenz Wettbewerbsvorteile zu erzielen (Wettbewerbsorientierung) und so letztlich die Ziele des Unternehmens zu erreichen. Hierfür benötigt man eine Unique Selling Proposition (= USP; Alleinstellungsmerkmal). Dabei sind im Sinne einer Stakeholder-Orientierung neben den Kunden und Wettbewerbern die Bedürfnisse sämtlicher Bezugsgruppen eines Unternehmens ins Kalkül zu ziehen (Marktorientierung). Die Aufgabe einer marktorientierten Unternehmensführung besteht darin, die Austauschbeziehungen langfristig effektiv im Sinne von Nutzen und Vorteilen für die Austauschpartner („doing the right things") und effizient, d. h. in einem dem Wirtschaftlichkeitsprinzip entsprechenden Kosten-Nutzen-Verhältnis („doing things right"), zu gestalten (vgl. Klein 2006, S. 1515).

- **Systematischer Planungs- und Entscheidungsprozess**
  Im Zuge einer systematischen Entscheidungsfindung gilt es einen Planungsprozess zu entwickeln und in Gang zu setzen, der von der Zielbildung und Informationssammlung über die Entwicklung von Strategien sowie deren operativer Umsetzung bis hin zur Kontrolle des Erfolgs reicht.

- **Koordination und Integration sämtlicher Aktivitäten**
  Zum einen gilt es, die vielfältigen Instrumente des operativen Marketing harmonisch einzusetzen. Konkret sind den Abnehmern bedürfnisgerechte Leistungen (Produkte, Dienstleistungen, Ideen, Ressourcen/Menschen oder Regionen) anzubieten (Produkt-, Programm- bzw. Sortimentsmanagement), diese sind mit einem Preis auszustatten (Kontrahierungsmanagement), bekannt zu machen (Kommunikationsmanagement) und zu vertreiben (Vertriebsmanagement). Die Abstimmung der operativen Instrumente aufeinander

wird mit **Marketing-Mix** bezeichnet. Neben der Harmonisierung der Marketing-Aktivitäten müssen sämtliche involvierten Funktionsbereiche des Unternehmens durch ablauf- und aufbauorganisatorische Regelungen koordiniert werden (sog. **Marketing-Organisation**). Auf diese Weise lassen sich Synergieeffekte realisieren bzw. Ineffizienzen abbauen.

- **Interdisziplinäre Ausrichtung**
  Im Zuge einer systematischen Entscheidungsfindung bedienen sich Marketing-Wissenschaft und -Praxis bewusst der Erkenntnisse von Nachbardisziplinen. Beispielsweise liefern Sozialpsychologie sowie Volkswirtschaftslehre wesentliche Beiträge zum Verständnis des Käuferverhaltens. Die Marketing-Forschung wäre undenkbar ohne die vielfältigen analytischen Hilfsmittel der Statistik sowie Mathematik. Und nahezu jede Marketing-Entscheidung ist in einen juristischen Rahmen eingebunden.

1.3 Aufbau einer Marketing-Konzeption

In Abb. 1.2 ist der idealtypische Aufbau einer Marketing-Konzeption aufgeführt. Im Zuge der **Marketing-Forschung** gilt es zunächst, die Umweltsituation, zu der u. a. das Verhalten der Käufer zählt, sowie die Unternehmenssituation zu analysieren und diesbezügliche Entwicklungen zu prognostizieren. Konkret werden in dieser Phase **Chancen-Risiken-Analysen** und **Stärken-Schwächen-Analysen** durchgeführt, verzahnt und in einer **Key-Issue-Matrix** verdichtet.

Daran schließt sich der **Zielbildungsprozess** an, der in der Regel durch diverse Rückkopplungsprozesse mit der Marketing-Forschung gekennzeichnet ist. Bei Marketing-Zielen handelt es sich um anzustrebende Sollzustände in der Zukunft.

Die Marketing-Ziele werden auf der inhaltlichen Ebene mittels **Marketing-Strategien** sowie deren operativer Umsetzung in marktgerichtete, strategiekonforme Maßnahmenbündel (sog. **Marketing-Mix**: Produkt-, Programm bzw. Sortiments-, Kontrahierungs-, Vertriebs- und Kommunikationsmanagement bzw. -politik) angesteuert. Vereinfacht ausgedrückt geben:
- Marketing-Ziele den Wunschort (Was bzw. Wohin?),
- Marketing-Strategien die Route (Wie?) und
- der Marketing-Mix das jeweilige Beförderungsmittel (Mit was?)
vor (vgl. *Becker* 1993, S. 74).

Flankierend zur inhaltlichen Ebene gilt es, die Marketing-Konzeption durch **aufbau- und ablauforganisatorische Regelungen** formal abzusichern (**Marketing-Organisation**). Außerdem müssen der Planungs- und Implementierungsprozess durch Controllingprozesse begleitet werden. Hierbei ist zum einen zu prüfen, inwieweit die anvisierten Ziele durch die eingeleiteten Maßnahmen erreicht wurden (sog. **ergebnisorientierte Marketing-Kontrolle**). Zum anderen muss im Sinne einer prozessbegleitenden Kontrolle überwacht werden, inwieweit Anpassungen des Planungs- und Implementierungsprozesses erforderlich sind (= **Marketing-Audit**).

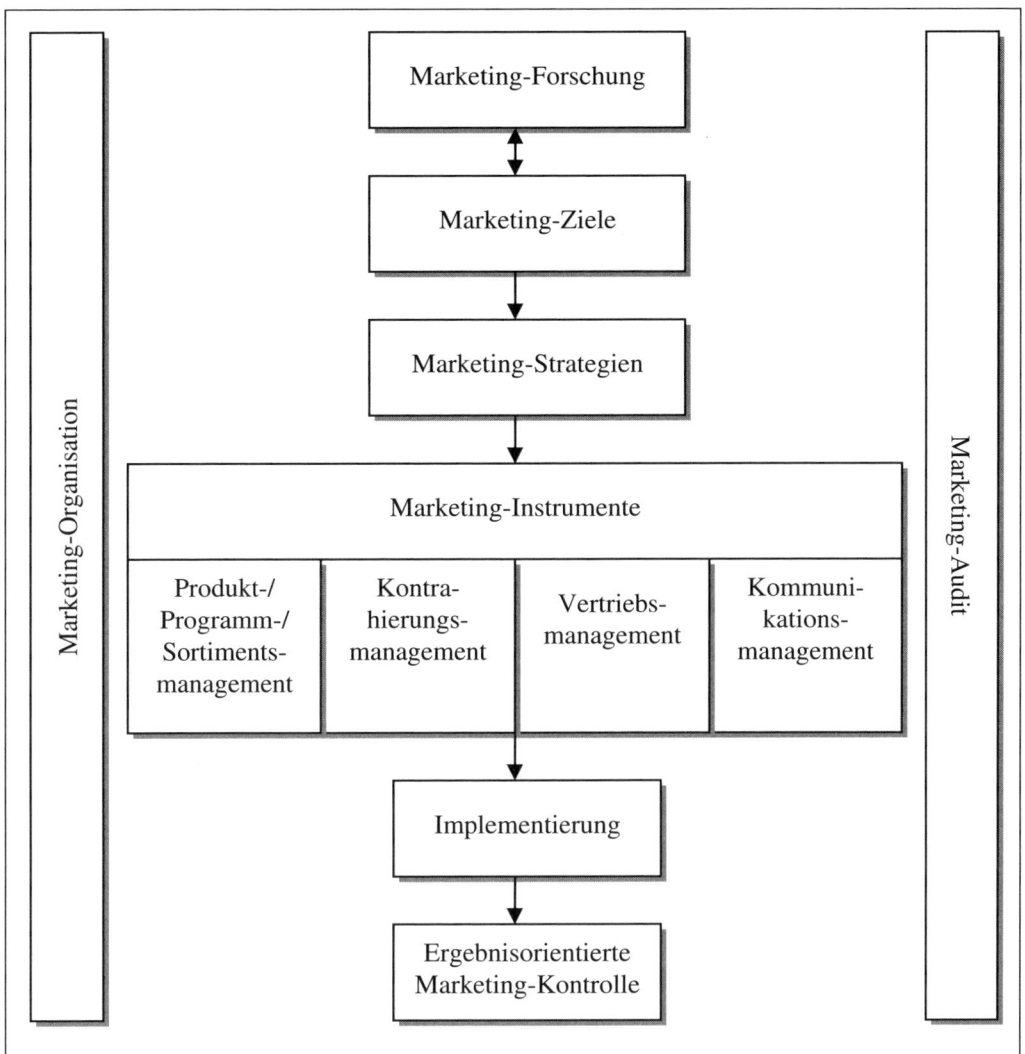

Abb. 1.2: Die Bausteine einer Marketing-Konzeption

1.4   Marketing-Mix als Kernstück einer Marketing-Konzeption

Die konkrete Ausgestaltung der Marketing-Instrumente bildet unbestritten das Kernstück der Marketing-Funktion. Hierbei sind:

- den Abnehmern bedürfnisgerechte Leistungen (Produkte, Dienstleistungen, Ideen, Menschen oder Regionen) anzubieten (Welche Leistungen bietet einem Unternehmen wem an?),

- diese mit einem Preis auszustatten (Welche Gegenleistungen soll der [potenzielle] Kunde für die Inanspruchnahme der Leistung entrichten?),

- bekannt zu machen (Wer wird auf welche Weise über das Angebot informiert?) und

- zu vertreiben (Wie wird dem Kunden das Angebot zugänglich gemacht?).

Diese Aufgaben fallen im Wesentlichen den **vier „Ps"** (**P**roduct, **P**rice, **P**lace, **P**romotion) zu, die explizit erstmalig von *Jeromy McCarthy* (1960) formuliert wurden:

- Das **Produkt**- (im Falle von Industrieunternehmen), **Programm**- (im Falle von Dienstleistungsunternehmen) bzw. **Sortimentsmanagement** (im Falle von Handelsunternehmen) umfasst in erster Linie die Entwicklung, Veränderung und Elimination von Produkten und Dienstleistungen. Hinzu kommen die Ausgestaltung des Produktionsprogramms im Falle von Industrieunternehmen, des Angebotsprogramms bei Dienstleistungsunternehmen sowie des Sortiments bei Handelsunternehmen.

- Das **Kontrahierungsmanagement** erstreckt sich auf die Ausgestaltung von Preisen und Konditionen (etwa Rabattgewährung, Ausgestaltung von Zahlungsbedingungen, Kreditgewährung und Leasing).

- In den Bereich des **Vertriebsmanagement** fallen Standort- und Absatzwegewahl, Kundenmanagement sowie Vertriebslogistik. Mittlerweile hat der Begriff Vertrieb den verstaubten Distributionsbegriff abgelöst.

- Dem **Kommunikationsmanagement** schließlich kommt die Aufgabe zu, die Bezugsgruppen des Unternehmens zu informieren, zu aktivieren, zu überzeugen und zum Handeln anzuregen.

Die Abstimmung der operativen Instrumente und damit der **vier „Ps"** aufeinander wird als **Marketing-Mix** bezeichnet, wobei im Regelfall je nach Aufgabenstellung ein Instrument dominiert (sog. **Leitinstrument**). Beispielsweise steht im Falle von Innovationen das Produktmanagement im Vordergrund, wohingegen in hart umkämpften Märkten bei gleichzeitig homogenen Produkten der Fokus auf dem Kontrahierungsmanagement liegt.

Angesichts der vielfältigen Marketing-Strömungen wurden neben den klassischen vier Säulen **weitere Ps** formuliert, die sich in Theorie und Praxis mit Ausnahme von **People** (Personal) und **Processes** (Prozessmanagement) im **Dienstleistungssektor** jedoch kaum etablieren konnten. Hierzu zählen:

- Packaging (Verpackung)
- Physics
- Physical Evidence (Ladengestaltung)
- Physical Facilities (etwa physische Ausstattung des Gebäudes)
- Politics (Lobbying, d. h. die Einflussnahme von Unternehmen auf die Politik)
- Position (Positionierung des Unternehmens sowie seiner Leistungen)
- Public Voice (die Kommunikation in Blogs, Communities und über Multiplikatoren)
- Pamper (Fokussierung auf das Wohlfühlerlebnis von [Bestands-]Kunden)

2   Marketing-Ziele

„Nur wer sein Ziel kennt, findet den Weg." *Laotse*

„Wer den Hafen nicht kennt, in den er segeln will, für den ist kein Wind der richtige."
Sprichwort

„Tun wir die richtigen Dinge? (Effektivität) bzw. Tun wir die Dinge richtig? (Effizienz)"
Peter Drucker (Drucker1967).

Dieses Kapitel vermittelt:

* was man unter einem Ziel versteht,
* welche Arten von Zielen es gibt,
* welche Aufgaben Ziele in Unternehmen erfüllen,
* welche Beziehungen zwischen Zielen bestehen können,
* welche Anforderungen an die Operationalisierung von Zielen gestellt werden müssen und
* wie Ziele anhand von Kennzahlen konkretisiert werden können.

2.1   Begriff, Ausprägungen und Aufgaben

Marketing-Ziele sind anzustrebende **Sollzustände** in der Zukunft, die auf der Situationsanalyse sprich Marketing-Forschung basieren, mittels Marketing-Strategien sowie deren operativer Umsetzung angesteuert werden und damit letztlich den Ausgangspunkt der Marketing-Kontrolle bilden (vgl. Abb. 2.1).

Konkret werden zunächst im Zuge der Marketing-Forschung Unternehmensanalysen (= Stärken-Schwächen-Analysen) und Umweltanalysen (= Chancen-Risiken-Analysen) durchgeführt, verzahnt und verdichtet. Am Ende dieses Analyseprozesses und i. d. R. nach diversen Rückkopplungsprozessen wird der **Kristallisationspunkt** erreicht, an dem die höchste Informationsverdichtung besteht und die Marketing-Ziele entwickelt werden. Die hierbei entstehende Zielhierarchie determiniert Marketing-Strategien sowie Marketing-Mix und bildet die Grundlage für die am Ende dieses Entscheidungsprozesses stehende Marketing-Kontrolle.

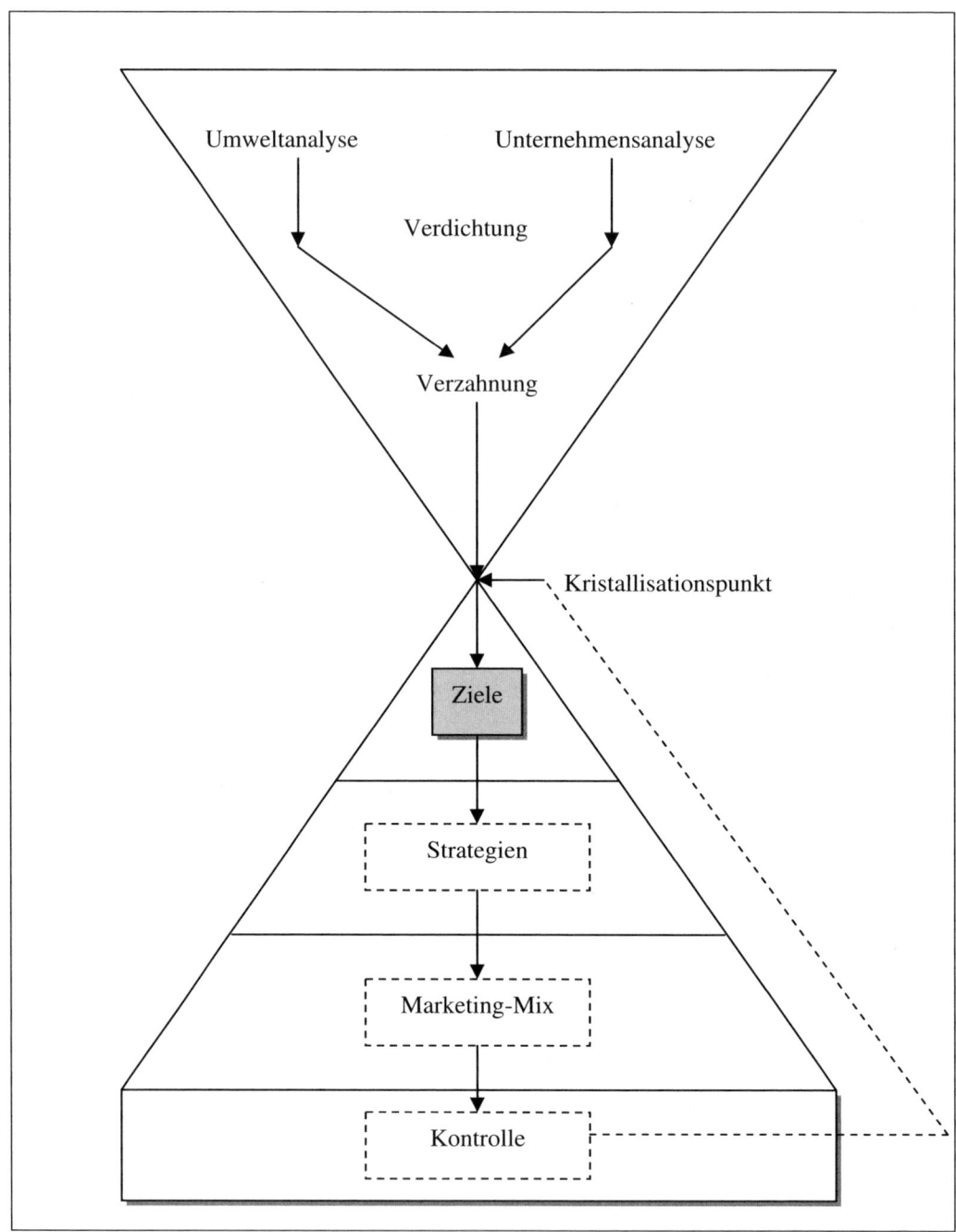

Abb. 2.1: Das Beziehungsgefüge der einzelnen Elemente einer Marketing-Konzeption
(Quelle: in enger Anlehnung an Becker 1993, S. 75)

Vereinfacht ausgedrückt geben im Zuge der Marketing-Planung:

- Marketing-Ziele den Wunschort (Was bzw. Wohin?),
- Marketing-Strategien die Route (Wie?) und
- der Marketing-Mix das jeweilige Beförderungsmittel (Mit Was?)

vor (vgl. *Becker* 1993, S. 74).

Grundsätzlich lassen sich Ziele anhand folgender, nicht vollkommen überschneidungsfreier **Kriterien** systematisieren:

- **Inhalt**: ökonomische bzw. quantitative (z. B. Umsatz-, Gewinnziele; Wachstums-, Marktanteils- und Kostenziele) versus außerökonomische bzw. psychographische bzw. qualitative Ziele (Steigerung des Bekanntheitsgrads, Veränderung des Images, Steigerung der Kundenzufriedenheit). Dabei wird eine Mittel-Zweck-Beziehung dergestalt konstatiert, dass psychographische Ziele der Erreichung ökonomischer Ziele dienen, da sie darauf abzielen, den Verbraucher zum Erwerb einer Unternehmensleistung zu bewegen. Konsequenterweise fungieren psychographische Größen häufig als Frühindikatoren für ökonomische (Miss-)Erfolge.
- **Bewertungsmaßstab**: monetäre (= in Geldeinheiten bewertete) versus nicht-monetäre Ziele. Während es sich beim Umsatz um eine monetäre Zielgröße handelt, repräsentiert die Erhöhung des Absatzes um 10 % ein nicht-monetäres Ziel.
- **Hierarchie**: Ober-, Zwischen- und Unterziele. Dabei gilt es zum einen, die Oberziele des Unternehmens über die Hierarchieebenen hinweg in Zwischen- und Unterziele für die einzelnen Unternehmensbereiche und Mitarbeiter „herunterzubrechen" (Top-Down-Ansatz). Zum anderen müssen die Unterziele über die Unternehmensebenen nach oben verdichtet werden (Bottom-Up-Ansatz). Angesichts des offensichtlichen Spannungsfeldes werden beide Verfahren in der Unternehmenspraxis häufig im Zuge des Gegenstromverfahrens kombiniert (vgl. Abschnitt 2.2.1).
- **Zeitlicher Horizont**: Hier lassen sich strategische (= langfristiger Horizont), taktische (= mittelfristiger Charakter) und operative Ziele (= kurzfristige Perspektive) unterscheiden.

Bezüglich **Formulierung** von Marketing-Zielen lassen sich unterscheiden:

- **Allgemein** (z. B. Absatz, Umsatz, Gewinn) versus **relativ** (z. B. mengen- bzw. wertmäßiger Marktanteil, Rentabilität)
- **Extremwert-** (z. B. Absatz-, Umsatz-, Gewinn-, Rentabilitätsmaximierung) versus **Anspruchsniveau-** (z. B. Erreichen einer/s bestimmten Mindestabsatzmenge, -umsatzes, -gewinns, -marktanteils) versus **Intervallorientierung** (z. B. Erreichen eines mengenmäßigen Marktanteils zwischen 10 und 15 %)

Neben solchen **monovariablen Zielen** lassen sich auch **polyvariable Ziele** definieren. Beispiele sind:

- Gewinnmaximierung unter der Nebenbedingung, dass ein bestimmter Mindestumsatz erreicht wird
- Umsatzmaximierung unter der Nebenbedingung der Kostendeckung

- Marktanteilsmaximierung unter der Nebenbedingung des Erreichens eines bestimmten Gewinnintervalls

Im Einzelnen fallen Zielen folgende **Funktionen** zu (vgl. *Nieschlag/Dichtl/Hörschgen* 2002, S. 161):

- **Selektion**, d. h. Ziele ermöglichen die Auswahl zwischen mehreren Handlungsoptionen
- **Orientierung**, d. h. Ziele helfen Mitarbeiten, sich unternehmenskonform zu verhalten
- **Steuerung**, d. h. Ziele unterstützen bei der Führung von Mitarbeitern, ohne die einzelnen Tätigkeiten zu überwachen („Management by Objectives")
- **Koordination**, d. h. Ziele tragen dazu bei, die Aktivitäten von Mitarbeitern bzw. einzelnen Unternehmenseinheiten aufeinander abzustimmen
- **Motivation**, da sie im Sinne einer Leistungsvorgabe Anreize schaffen
- **Kontrolle**, da erst durch das Setzen von Zielen die Überprüfung von Handlungsergebnissen möglich wird
- **Legitimation**, indem sie Entscheidungsträger bei der Durchführung unpopulärerer Maßnahmen gegenüber internen und externen Anspruchsgruppen rechtfertigen.

2.2   Beziehungsgefüge

2.2.1   Vertikale Perspektive

Zwischen Zielen können grundsätzlich vertikale und horizontale Beziehungen bestehen. Auf der **vertikalen Ebene** werden sog. **Mittel-Zweck-Pyramiden** konstruiert, bei denen untergeordnete Ziele stets der Erreichung übergeordneter Zielsetzungen dienen (vgl. Abb. 2.2). Ausgehend von Unternehmenszweck (Unternehmensmission = Grundausrichtung des Unternehmens, die sämtliches Denken und Handels lenken soll: Was ist unser Geschäft bzw. was sollte unser Geschäft sein?), Unternehmensgrundsätzen bzw. -leitlinien (Position des Unternehmens in der Gesellschaft, Prinzipien im Verhalten gegenüber Stakeholders, Führungsgrundsätze) und Corporate Identity (= Unternehmenspersönlichkeit bzw. -identität) werden die Oberziele der Unternehmung formuliert.

Einen übergeordneten Rahmen, in den die Zielbildung eingebunden werden muss, bildet demnach die **Corporate Identity** (= CI; vgl. hierzu *Birkigt/Stadler/Funck* 1998). Hierunter versteht man die Identität einer Körperschaft bzw. eines Unternehmens, d. h. die Art und Weise, wie sich eine Organisation als Ganzes nach außen gegenüber der Umwelt und nach innen gegenüber seinen Mitarbeitern darstellt. Hierbei lassen sich drei wesentliche **Dimensionen** identifizieren:

- **Selbstbild** im Sinne der Gesamtheit aller Einstellungen, Kenntnisse, Erfahrungen, Wünsche und Gefühle der Mitarbeiter gegenüber dem eigenen Unternehmen

- **Fremdbild**, d. h. sämtliche Einstellungen, Kenntnisse, Erfahrungen, Wünsche und Gefühle der externen Stakeholder (= Kunden, Lieferanten, Öffentlichkeit, Staat etc.) gegenüber einem Unternehmen

- **Idealbild**, d. h. das von den Gestaltern des CI-Prozesses geplante zukünftige Selbst- und Fremdbild eines Unternehmens

Als **Instrumente**, mit denen sich ein einheitliches, prägnantes Erscheinungsbild der Organisation mit Außen- und Innenwirkung systematisch aufbauen lässt, sind zu nennen:

- **Corporate Behavior**
  Hierunter versteht man den Umgang der Mitarbeiter untereinander und gegenüber Externen sowie das Auftreten des Unternehmens als Ganzes in seinem Umfeld (z. B. Preis-, Finanzierungs-, Ausbildungs-, Informationsverhalten).

- **Corporate Communication**
  Diese umfasst die nach innen und außen gerichtete Kommunikation der Mitarbeiter sowie das ganzheitliche Kommunizieren des Unternehmens mit seiner Umwelt.

- **Corporate Design**
  Der optische Eindruck eines Unternehmens setzt sich aus einer externen (Produkt-, Graphik- [Logo, Schrifttypographie, Layoutvorgaben] und Architekturdesign) und einer internen Komponente (Größe und Ausstattung der Geschäftsräume und Büros sowie Kleidung der Mitarbeiter) zusammen.

Fallbeispiel „Corporate Acoustics" – die hörbare Ergänzung zum Corporate Design

Ein optisches Markenzeichen allein genügt heute in vielen Fällen nicht mehr, um ein Produkt oder eine Dienstleistung in der Psyche des Verbrauchers zu verankern. Konsequenterweise spielt die Akustik in einem integrierten Kommunikationsauftritt eine zunehmend größere Rolle. Beispielsweise nutzt die *Deutsche Telekom* fünf helle Klaviertöne als akustisches Erkennungsmerkmal am Ende eines jeden Werbespots – in der Fachterminologie als „Abbinder" bezeichnet. Nach einem ähnlichen Strickmuster agiert der weltgrößte Halbleiterproduzent *Intel* mit seinen fünf Gongschlägen, die immer dann ertönen, wenn die grünen Männchen im Werbespot auftreten. Da *Intel*-Produkte in der Computerhardware zahlreicher Hersteller zu finden sind, wurde das *Intel*-Markenzeichen akustisch wie optisch konsequenterweise auch in die Werbespots von PC-Herstellern wie *Fujitsu-Siemens* integriert.

Die Anforderungen an solch akustische Logos sind hoch. Schließlich soll das Motiv den Transfer sowohl in verschiedene Länder bzw. Kulturen als auch in verschiedene Musikstile von Klassik über Techno bis Rap ermöglichen. Und dies wahlweise in Längen von drei, zehn oder dreißig Sekunden – für jede denkbare Einsatzmöglichkeit von Werbung über Ansagedienste bis hin zu Messen und Verkaufspunkten (Point-of-Sale).

Eine zentrale Rolle spielt der Klang auch für den Sportwagenproduzenten *Porsche*, wo ein zehnköpfiges Entwicklungsteam ausschließlich damit beschäftigt ist, den Sportwagen so klingen zu lassen, wie ein echter Sportwagen zu klingen hat: sonorig und kernig, aber nicht zu laut und proletenhaft. Der hohe Stellenwert des Klangs wird daran deutlich, dass die Entscheidung über den richtigen Sound bei neuen Modellen Vorstandssache ist.

Quelle: *Krömer, S.*: Das Ohr kauft mit, in: Frankfurter Allgemeine Zeitung, Nr. 36 vom
              12. 04.2001, S. 30.

Die aus der Corporate Identity abgeleiteten Oberziele werden sodann schrittweise konkretisiert, wobei sich die einzelnen Ebenen an der Organisationsstruktur des Unternehmens ausrichten (vgl. Abschnitt 2.2.1). Im vorliegenden Fall werden die Oberziele zunächst auf die einzelnen Funktionsbereiche (Beschaffung, Produktion, Marketing, Forschung und Entwicklung usw.) herunter gebrochen, um sie auf der nächsten Ebene für die einzelnen Geschäftsfelder (z. B. Reinigungs-, Kosmetik- und Pharmasparte) zu konkretisieren. Schließlich werden für die einzelnen Marketing-Mix-Bereiche (Produkt- bzw. Sortiments-, Kontrahierungs-, Vertriebs- und Kommunikationsmanagement) die entsprechenden Unterziele formuliert.

Die **Konstruktion der Zielpyramide** kann anhand von **drei Prinzipien** erfolgen:

- **Top-Down-Ansatz**: Hierbei werden die Ziele auf der obersten Unternehmensebene formuliert und schrittweise als Vorgaben an die nächsten Hierarchiestufen weitergegeben. Als zentraler Vorteil ist die enge Ausrichtung der Planung an den Oberzielen des Unternehmens zu nennen. Nachteilig können sich die Bindung umfangreicher Planungskapazitäten sowie die geringe Motivation der Vertreter unterer Hierarchieebenen herausstellen.

- **Bottom-Up-Ansatz**: Dabei planen die unteren Führungsebenen zunächst die Ziele für ihre Funktionsbereiche und leiten diese dann als Vorgaben an die nächste Hierarchiestufe weiter, bis schließlich die Unternehmensspitze erreicht ist. Als Vorteile gelten die Entlastung der Unternehmensführung sowie die höhere Motivation der Mitarbeiter. Als nachteilig kann sich die fehlende Ausrichtung des Planungsprozesses an den Oberzielen erweisen.

- **Gegenstromverfahren**: Dieses Prinzip kombiniert die beiden vorgestellten Ansätze und damit deren Vorteile miteinander, gilt aber als entsprechend aufwendig.

Fallbeispiel „Unternehmensgrundsätze" – die Leitsätze von *Procter & Gamble*

A. G. Lafley, ehemaliger Vorstandsvorsitzender, charakterisierte die Unternehmensgrundsätze von *Procter & Gamble* unter seiner Ägide folgendermaßen:

- Das beste Verbraucherprodukte- und Dienstleistungsunternehmen der Welt zu sein und als solches angesehen zu werden, sowohl von den Verbrauchern, Handelspartnern und anderen Interessengruppen als auch von den Wettbewerbern.

- Die führenden Marken zu haben, in jeder Kategorie und in jedem Land, in dem wir vertreten sind, sowie die Anzahl der Milliarden-Dollar-P & G-Marken von zehn auf zwanzig zu verdoppeln.

- Im Vergleich zu den Wettbewerbern die Besten zu sein, besonders in den wichtigsten Bereichen: Preis-Leistungs-Verhältnis, Produktleistungen, Qualität und Wert, führend bei Innovationen, Markenentwicklung, Verbraucher-Marketing und Handelsbeziehungen, Kosten- und Kapital-Effizienz.

- Das Unternehmen zu sein, in dem die besten Leute arbeiten wollen, denn es bietet herausfordernde und erfolgreiche Karrieren.
- Den Aktionären, einschließlich der Mitarbeiter-Aktionäre, langfristig führende Renditen zu bieten.

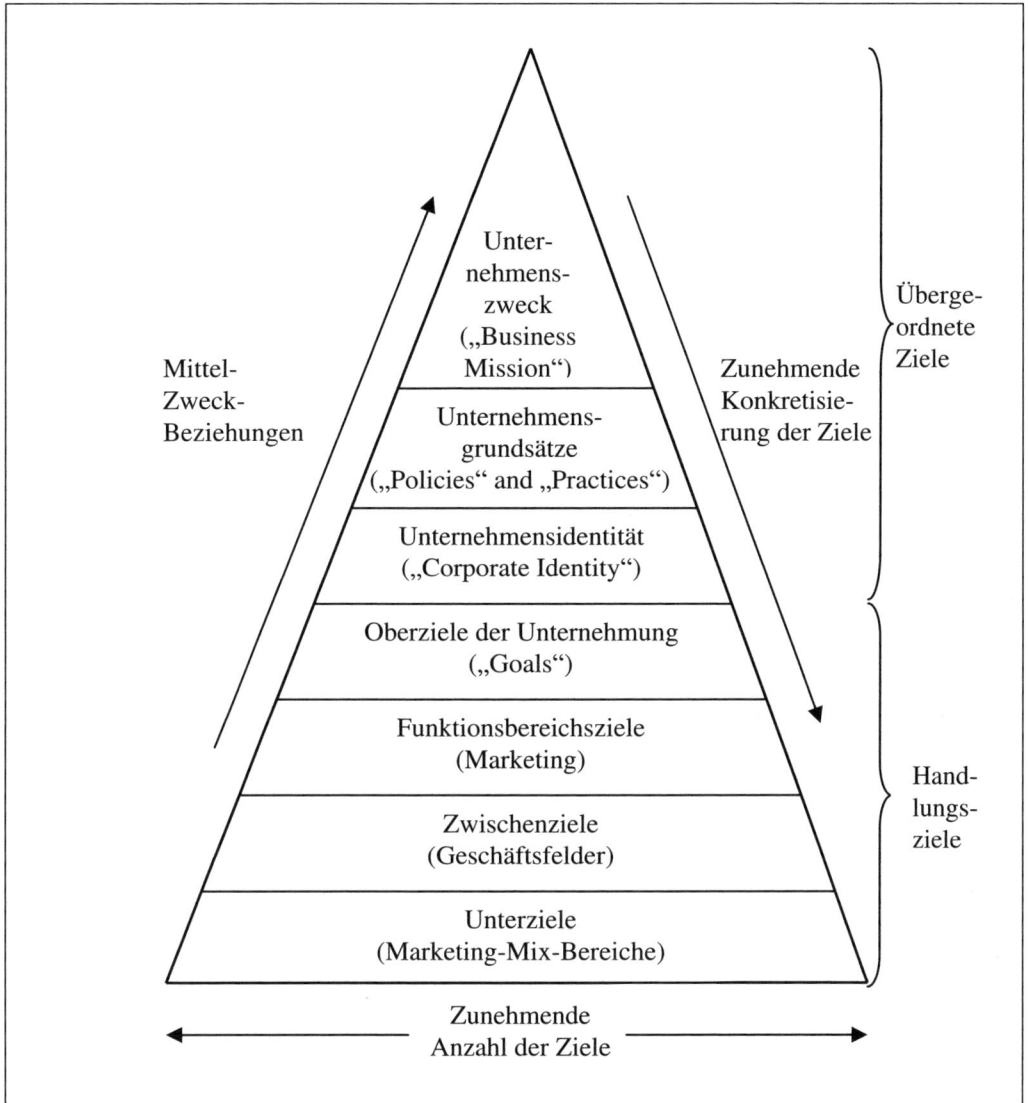

Abb. 2.2:   Die Hierarchie der Zielebenen (Quelle: Meffert 2000, S. 71)

2.2.2   Horizontale Perspektive

Auf der **horizontalen Ebene** lassen sich **drei Arten von Zielbeziehungen** identifizieren (vgl. Abb. 2.3):

- **Zielkomplementarität** („Harmonie"): Das Erreichen eines Zieles bedeutet zugleich die bessere Erfüllung eines anderen Zieles.

- **Zielindifferenz** („Neutralität"): Das Ereichen eines Ziels hat keine Auswirkung auf das Erfüllen eines anderen Zieles.

- **Zielkonflikt** („Konkurrenz"): Das Erreichen eines Zieles wirkt sich negativ auf das Erreichen eines anderen Zieles aus. Im Regelfall sind derartige Konfliktbeziehungen nicht über den gesamten Entscheidungsbereich gegeben, sondern treten nur in bestimmten Abschnitten und damit partiell auf.

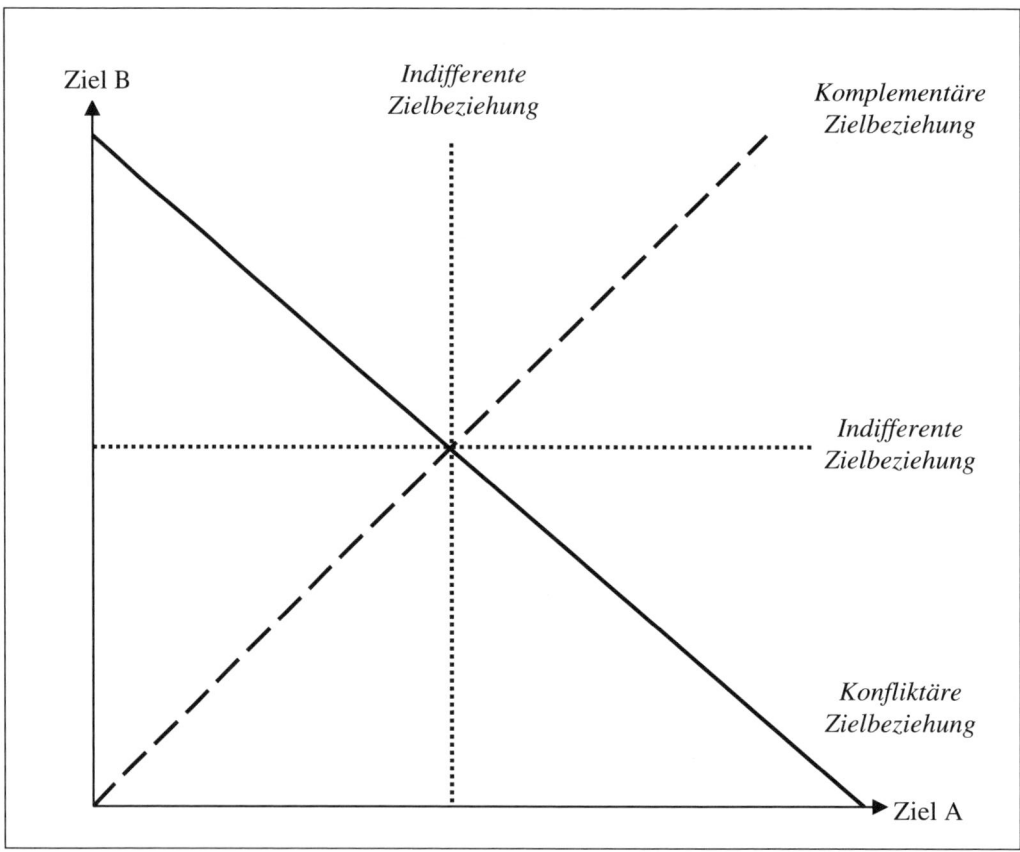

Abb. 2.3: Mögliche Zielbeziehungen im Überblick

Im letztgenannten Fall konkurrierender Ziele lassen sich folgende **Konflikttypen** identifizieren (vgl. im Folgenden Becker 1993, S. 88–101):

- **Konflikte zwischen monetären und nicht-monetären, aber insgesamt ökonomischen Zielen**
  So ist eine Vergrößerung des Marktanteils in gesättigten Märkten nur bei Inkaufnahme von Rentabilitätseinbußen (Rentabilität = durchschnittliche Verzinsung einer Investition pro Periode) möglich, wenn dabei zum einen die Kapazitäten überdimensioniert werden und zum anderen wachsender Wettbewerbsdruck zu Preisverfall führt. *Nestlé*-CEO *Paul Bulcke* bringt diesen Zielkonflikt auf den Punkt: „Marktanteil ohne Marge kann nicht das Ziel sein."

- **Konflikte zwischen psychographischen und ökonomischen Zielen**
  Beispielsweise können Rivalitäten zwischen Image und Rentabilität dergestalt auftreten, dass Input (= monetäre Aufwendungen, die u. U. die Rentabilität schmälern) und Output (= Imagesteigerung bzw. -veränderung) beim Aufbau von Markenpräferenzen stark auseinander fallen.

- **Konflikte zwischen psychographischen Zielen**
  In der Unternehmensrealität ist das Phänomen zu beobachten, dass sich Kontinuität in der Werbung positiv auf das Image auswirkt, der Mangel an aufsehenerregenden Änderungen des Werbestils bzw. der Werbebotschaft aber u. U. zu Bekanntheitsgrad-Verlusten führt.

- **Konflikte zwischen monetären Zielen**
  Beispielsweise lässt sich in der Unternehmensrealität beobachten, dass unter bestimmten Bedingungen der Umsatz mit zunehmender Absatzmenge zwar steigt, der Gewinn aufgrund überproportional steigender Kosten aber fällt. In Abb. 2.4 wird ein solcher konkreter Zielkonflikt zwischen Umsatzmaximierung, Gewinnmaximierung und Kostendeckung graphisch dargestellt. Während der Break-Even-Point in p_1/x_1 erreicht ist, befinden sich das Gewinnmaximum in p_2/x_2 und das Umsatzmaximum in p_3/x_3. Demnach handelt es sich hierbei um einen klassischen Zielkonflikt, da die drei Ziele auf den ersten Blick nicht miteinander vereinbar sind.

Zur Bewältigung von Zielkonflikten bieten sich folgende **Ansatzpunkte**:

- **Zieldominanz**: Das als dominant anerkannte Ziel wird unter Vernachlässigung sämtlicher anderer Ziele maximiert bzw. minimiert („Maximiere den Umsatz!").

- **Zielrestriktion**: Das als dominant anerkannte Ziel wird unter der Bedingung einer bestimmten Mindesterfüllung des/r anderen Ziele/s maximiert bzw. minimiert („Maximiere den Umsatz unter der Nebenbedingung, mindestens 5 % Gesamtkapitalrentabilität zu erzielen.").

- **Zielschisma**: Im Falle konkurrierender Ziele wird je nach Entscheidungssituation (bzgl. Entscheidungsfeld und/oder -phase) jeweils einem anderen Ziel der Vorzug eingeräumt („Maximiere in der Einführungsphase den Umsatz, und in späteren Phasen des Produktlebenszyklus den Gewinn.").

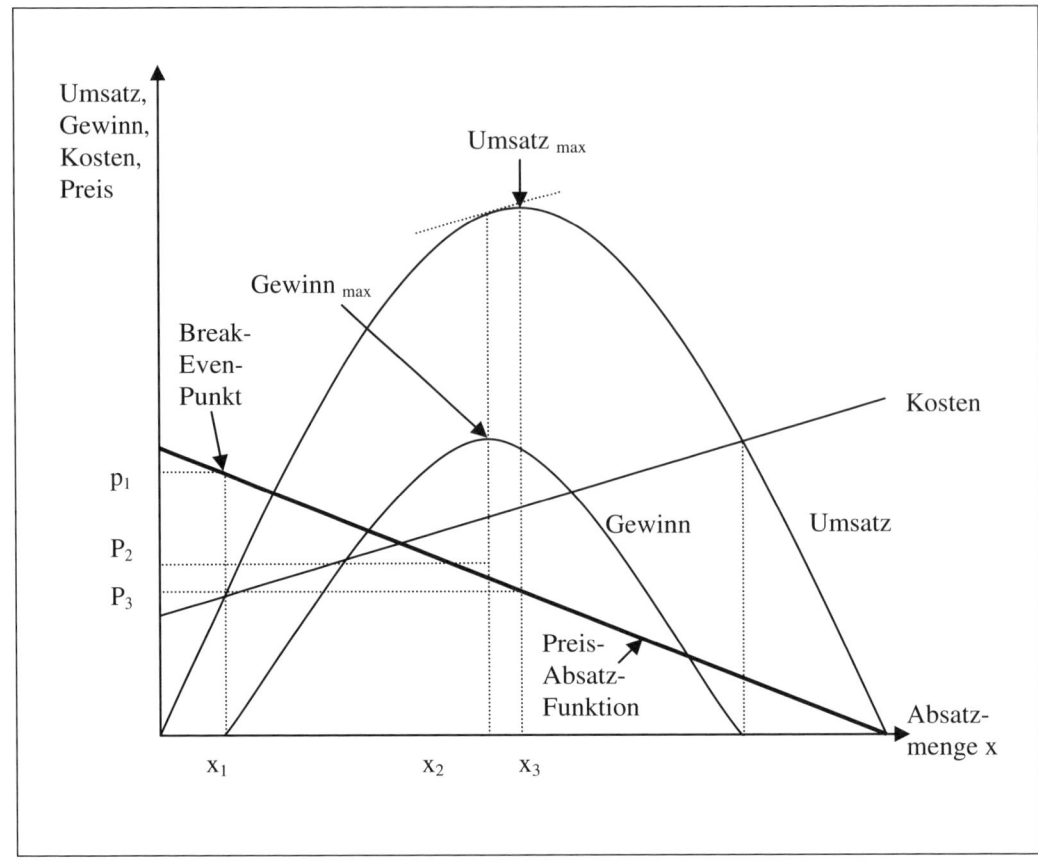

Abb. 2.4: Das Beziehungsgefüge zwischen Zielen sowie optimaler Preishöhe und Absatz-menge

Fallbeispiel „Zielkonflikte" – Marktanteil versus Gewinn in reifen Märkten

Nicht auf den Marktanteil, sondern auf den Gewinn komme es in reifen Märkten an, so *Simon/Bilstein/Luby* (2006) in ihrer Publikation „Der gewinnorientierte Manager". Der Glaube an die Macht des Marktanteils sei einer der größten Managementirrtümer der heutigen Zeit. Denn was nutze es dem maroden *General Motors*-Konzern, wenn er in den USA 29 oder gar 30 % Marktanteil bejubelt, zugleich aber die Gewinne einbrechen und er zum Sanierungsfall degeneriert, so die provokative Frage der Autoren. Sie vertreten die These, dass die Maxime „Marktanteil" in reifen Märkten das eigene Gewinnpotenzial vernichtet. Um Unternehmen konsequent am Gewinn auszurichten, haben die Berater ein **Vier-Phasen-Modell** entwickelt:

- Phase 1: Mentalitätswandel dahingehend, das Unternehmen auf die Gewinnorientierung im friedlichen Wettbewerb einzustimmen und sich vom Kampf um Marktanteile abzuwenden.

- Phase 2: Beschaffung der relevanten internen und externen Informationen

- Phase 3: Realisierung der Gewinnchancen durch ein geeignetes Marketing-Mix und hier insbesondere das Preismanagement

- Phase 4: Absicherung des Gewinns, insbesondere durch die passenden Anreizsysteme für Management und Vertrieb sowie durch eine stimmige Marktkommunikation

Wie Markenpflege zur Steigerung des Gewinns aussehen kann, lässt sich an der Marke *König Pilsner* demonstrieren. Die Biermarke, die 2004 von der Brauerei *Bitburger* übernommen wurde und einst im oberen Marktsegment positioniert war, befand sich im Abwärtssog. Durch Preissenkungen zugunsten eines Mehr an Umsatz und Marktanteil war die Marke zunehmend ins mittlere Segment und damit ins sog. **Bermuda-Dreieck** der Markenführung abgerutscht.

Mit hohem Werbeaufwand und höheren Preisen, die zu Lasten des Absatzes (minus 12 %) und letztlich auch des Umsatzes bzw. Marktanteils gingen, wurde *König Pilsner* neu positioniert. 2007 war die Marke in jedem zweiten Fünf-Sterne-Hotel in Deutschland vertreten. Trotz des Rückgangs von Absatz, Umsatz und Marktanteil werden höhere Gewinne realisiert und die Marke rangiert wieder im oberen Marktsegment.

Quelle: *o. V.*: Bitburger sucht noch nach Kölsch, Alt und Weizenbier, in: Frankfurter Allgemeine Zeitung, Nr. 187 vom 14.08.2007, S. 16.

Hermann Simon

Hermann Simon (* 10. Februar 1947) ist deutscher Wirtschaftsprofessor; Gründer und Chairman der internationalen Unternehmensberatung *Simon-Kucher & Partners* sowie Buchautor und Kolumnist im Manager Magazin. Der Weltbestseller „**Hidden Champions**" von 1996 ist in Deutschland unter dem Titel „**Die heimlichen Gewinner**" erschienen. In 2007 erschien eine Replikationsstudie unter dem Titel „**Hidden Champions des 21. Jahrhunderts**".

Das Interesse *Simons* an kleinen und mittleren Unternehmen wurde 1986 geweckt, als er mit *Theodore Levitt*, Professor an der Harvard Business School, zusammentraf, um sich über den deutschen Exporterfolg auszutauschen. Beide stimmten überein, dass dieser Erfolg nicht in erster Linie auf deutsche Großunternehmen zurückgeführt werden könne, weil sich diese von ihren internationalen Konkurrenten nicht stark unterschieden. Man führte den Erfolg im Exportgeschäft vielmehr darauf zurück, dass es eine Gruppe von Unternehmen geben müsse, die kaum bekannt ist, aber auf ihren speziellen Märkten die Weltmarktführerschaft einnimmt. Weil diese Unternehmen verborgen sind und es häufig auch vorziehen, im Verborgenen zu bleiben, nannte *Simon* sie „Hidden Champions". In den anschließenden Untersuchungen (1996, 2007b) konnte *Simon* am Beispiel der Hidden Champions belegen, dass Marktführerschaft auch für kleine und mittlere Unternehmen erreichbar ist. Die unbekannten Weltmarktführer sind kleine und mittelständische Unternehmen (weniger als 3 Milliarden € Umsatz), die mit unauffälligen Produkten eine Spitzenposition im Weltmarkt einnehmen (Marktposition 1, 2, oder 3; im Extremfall bis zu 90 % Weltmarktanteil). Überwiegend als Familiengesellschaften geführt, erbringen sie einen wichtigen Beitrag zur Leistungsbilanz ihres Landes, haben einen hohen Exportanteil und sind äußerst überlebensfähig. Statt sich an den ganz Großen zu orientieren, ziehen Unternehmen *wie Haribo, Krones, Webasto, Brita* oder *Stihl* es vor, im Verborgenen zu agieren und ihren eigenen Weg zu gehen. Sie vermeiden bewusst die Fehler von Großunternehmen wie Bürokratie, Kundenferne, Inflexibilität und übertriebene Arbeitsteilung.

Simon weist nach, dass unabhängig von Standort und nationalem Ursprung stets die gleichen Prinzipien zum Erfolg und zur Marktführerschaft führen. Er analysiert die Strategien dieser Unternehmen und leitet daraus folgende allgemeingültigen **Empfehlungen** für Unternehmen jeder Größe ab:

- **Die Unternehmensziele**
  Marktführerschaft ist mehr als Marktanteil, sie beansprucht die „psychologische" Marktführung, also den Anspruch, die Nummer eins zu sein bzw. werden.

- **Der Markt**
  Hidden Champions definieren ihre Märkte eng und fokussieren ihre Ressourcen. Sie schaffen sich Marktnischen, entwickeln einzigartige Produkte, die ihren eigenen Markt definieren, und akzeptieren das Risiko, „alle Eier in einen Korb zu legen", also auf Diversifikation zu verzichten. Manche dieser Unternehmen stoßen mit ihren engen Märkten und den hohen Marktanteilen an Wachstumsgrenzen. Da die Reinvestitionsmöglichkeiten in den angestammten Geschäftsfeldern begrenzt sind, muss man notgedrungen den Schritt in die weiche Diversifikation gehen.

- **Die Welt**
  Die enge Spezialisierung wird mit globaler Vermarktung kombiniert. Da Marktpositionen früh verteilt werden, ist es besonders auf Zukunftsmärkten wichtig, der erste Anbieter zu sein („First-to-the-Market"-Strategie).

- **Die Kunden**
  Kundennähe ist der Dreh- und Angelpunkt der Marktführerstrategie. Aufgrund ihrer Unverwechselbarkeit können Kunden die Produkte der heimlichen Marktführer nur schwer ersetzen. Umgekehrt schafft die Spezialisierung eine starke Abhängigkeit der Unternehmen von ihren Kunden. Grundsätzlich dominiert die Kunden- über die Wettbewerbs- und Technologieorientierung).

- **Die Innovation**
  Innovation ist eines der Fundamente für Marktführerschaft. Viele Hidden Champions haben als Pioniere ein völlig neues Produkt eingeführt und ihre Pionierstellung in eine lang andauernde Überlegenheit verwandelt.

- **Der Wettbewerb**
  Zumeist operieren die heimlichen Weltmarktführer in oligopolistischen Märkten mit

intensivem Wettbewerb. Ihre Wettbewerbsvorteile basieren weniger auf Kostenvorteilen als auf Differenzierung.

- **Die Partner**
  Führerschaft bedeutet, dass ein Unternehmen die Aktivitäten, auf die seine dominante Rolle aufgebaut ist, nicht delegiert. Hohe Fertigungstiefe für Kernkompetenzen ist besser als Outsourcing und strategische Allianzen, denn so wird das Kern-Know-how geschützt und hoch qualifizierte Mitarbeiter werden an Bord gehalten.

- **Die Mitarbeiter**
  Die Selektion der richtigen Mitarbeiter wird mit großer Konsequenz verfolgt und erfolgt weniger über Top-Down-Führung als vielmehr über soziale Kontrolle. Konsequenterweise ist die Unternehmenskultur teamorientiert, an Leistung ausgerichtet und intolerant gegenüber Drückebergern und Faulenzern. Dies bildet die Grundlage für Motivation und Identifikation der Mitarbeiter mit dem Unternehmen, was sich u. a. in einer extrem geringen Fluktuationsrate niederschlägt.

- **Die Führungskräfte**
  Die Führungskräfte müssen Menschen mit Energie, Willenskraft, Schwung und Autorität sein. Sie sollten in jungen Jahren rekrutiert werden. Ein wichtiger Aspekt ist Kontinuität: Die durchschnittliche Beschäftigungsdauer der Leiter von Hidden Champions beträgt mehr als 20 Jahre. Angesichts der starken Führungspersönlichkeiten dominieren autoritäre Führungsstile, wobei dezentrale Organisationsstrukturen präferiert werden.

Quelle: Simon 1996, 2007a, b; http://www.ephorie.de/die_heimlichen_gewinner.htm; Stand: 24.03.2007.

2.3   Operationalisierung

„If you can´t measure it, you can´t manage it."

T. Copeland, ehemaliger Partner von *McKinsey & Company* in New York und Mitbegründer des Shareholder-Value-Ansatzes

Damit (Marketing-)Ziele ihre Funktion erfüllen können, müssen sie bestimmten Anforderungen genügen. Eine fundierte Operationalisierung sprich Messung von Marketing-Zielen erfordert deren Festlegung anhand der folgenden **vier Kerndimensionen**. Auf diese Weise lässt sich Zielverschiebungen, -verwässerungen und -manipulationen entgegenwirken (vgl. hierzu *Becker* 1993, S. 20–24; *Meffert* 1997, S. 4–5 sowie 15–20):

- **Objektbezug** (Bei was?): Im Zuge der Festlegung des Zielobjektes (z. B. Babywindeln der Marke „XY") empfiehlt sich eine weitere Strukturierung anhand des Marketing-Mix-Instrumentariums. Beispiele hierfür wären die Steigerung der Innovationsrate (= Produkt- bzw. Sortimentsmanagement), des Preisniveaus (= Kontrahierungsmanagement), der

Distributionsquote (= Vertriebsmanagement) und/oder des Bekanntheitsgrads (= Kommunikationsmanagement).

- **Zielinhalt** (Was?): Hier lassen sich absolute (z. B. Gewinn) und relative Zielgrößen (z. B. Rentabilität) unterscheiden. Dass sich die präzise Festlegung des Ziels nicht nur auf ökonomische Größen beschränkt, wird am Beispiel des psychographischen Ziels „Bekanntheitsgrad" deutlich. In diesem Fall gilt es festzulegen, ob es sich um den gestützten oder ungestützten Bekanntheitsgrad handelt.

- **Zielausmaß** (Wie viel?): Während punktuell definierte Ziele einen konkreten Zielerreichungsgrad vorgeben (Beispiel: Gewinnziel = 20 Mio. €), legen zonal definierte Ziele Korridore fest (z. B. Gewinn zwischen 16 und 24 Mio. €).

- **Zeitbezug** (Wann?): Ziele sollen entweder zu einem bestimmten Zeitpunkt (z. B. bis 31.12.2013) bzw. in einem bestimmten Zeitabschnitt (in 2008) realisiert werden. Oder aber die Ziele sollen während eines Zeitraums ständig erreicht bzw. auf einem bestimmten Niveau gehalten werden (z. B. „In 2013 soll während des ganzen Jahres ein wertmäßiger Marktanteil von mindestens 20 % gehalten werden.").

- **Personeller Bezug** (Wer?): Hier gilt es zu klären, wer für die Zielerreichung verantwortlich ist.

Speziell aus Marketingsicht kommen die folgenden **zwei Dimensionen** hinzu, die es in Abhängigkeit von der strategischen Ausrichtung festzulegen gilt:

- **Segmentbezug** (Bei wem?): z. B. Eltern mit Kindern, die jünger als drei Jahre sind
- **Räumlicher Bezug** (Wo?): z. B. im Verkaufsgebiet Ost

Tab. 2.1 verdeutlicht die Operationalisierung von Marketing-Zielen am Beispiel des Bekanntheitsgrades.

Tab. 2.1: Die Konkretisierung von Marketing-Zielen am Beispiel des Bekanntheitsgrades

Dimension	Beispiel
Objektbezug	Produkt XY
Zielinhalt	Gestützter Bekanntheitsgrad
Zielausmaß	30 %
Zeitbezug	3. Quartal 2013
Segmentbezug	Frauen zwischen 16 und 30 Jahren
Räumlicher Bezug	Neue Bundesländer

Um das Zielausmaß und damit die Sollgröße festzulegen, bieten sich zwei Orientierungspunkte an: Zum einen die Erwartungen der Kunden und zum anderen die Standards der internen und externen Wettbewerber. Hinsichtlich letzteren hat sich das **Benchmarking** als nützliches Instrument erwiesen.

2.4 Marketing-Kennzahlen

2.4.1 Begriff, Funktion und Arten

Marketing-Ziele bilden den Relevanzmaßstab für Marketing-Kennzahlen (vgl. im Folgenden *Schneider/Hennig* 2008a). Bei **Kennzahlen** (auch Kennziffer, Kontrollzahl, Messzahl bzw. -ziffer, Schlüsselgröße) handelt es sich um eine Zusammenfassung von quantitativen, d. h. in Zahlen ausdrückbaren betrieblichen Informationen. Mit deren Hilfe sollen die im Unternehmen anfallenden, häufig kaum mehr überschaubaren Datenmengen auf wenige, aussagekräftige Größen verdichtet werden.

In der betrieblichen Praxis kommen Kennzahlen bzw. Kennzahlensystemen folgende **Funktionen** zu:

- **Entscheidungsunterstützung**: Kennzahlen vermitteln einen schnellen Überblick über die wirtschaftliche Situation eines Unternehmens, erleichtern die Bewertung anstehender Möglichkeiten und dienen der eindeutigen Formulierung sowie Vermittlung von Zielvorgaben.

- **Steuerung**: Mittels Kennzahlen lassen sich betriebliche Maßnahmen kontinuierlich auf ihre richtige Durchführung hin überprüfen.

- **Kontrolle**: Kennzahlen dienen dazu, die Ergebnisse von Strategien sowie Maßnahmen und damit den Grad der Zielerreichung festzustellen.

Kennzahlen lassen sich grundsätzlich nach statistisch-methodischen, inhaltlichen und zeitlichen Kriterien untergliedern. Unter **statistisch-methodischen Gesichtspunkten** unterscheidet man:

- **Grund- bzw. Absolutzahlen**
  Hierzu zählen:
  – Einzelzahlen (z. B. Absatz Produkt X),
  – Summen (z. B. Gesamtumsatz),
  – Differenzen (z. B. Gewinn) und
  – Mittelwerte (z. B. durchschnittlicher Tagesumsatz).

- **Verhältniskennzahlen**. Diese untergliedern sich in:
  – Beziehungszahlen (= Verhältniszahlen, die sachlich unterschiedliche, aber logisch zusammenhängende Größen miteinander verknüpfen; z. B. Umsatz pro Kopf),
  – Gliederungszahlen (= Verhältniszahlen, die Teile zum Ganzen in Verbindung setzen; z. B. Anteil der Stammkunden an sämtlichen Kunden) sowie
  – Indexzahlen (= Verhältniszahlen, die mehrere sachverwandte Größen in Beziehung setzen und die jeweilige Veränderung angeben. Dabei werden eine Größe gleich 100% gesetzt und die andere an ihr gemessen; z. B. Gewinnzunahme in % zum Vorjahr).

Nach dem **Inhalt** lassen sich Kennzahlen unterscheiden in:

- **Mengengrößen** wie Absatz, Mitarbeiterzahl, Zahl der Filialen,

- **Wertgrößen** wie Umsatz, Kosten, Gewinn und

- **Zeitgrößen** wie Termine und Fristen.

Schließlich lassen sich Kennzahlen nach Maßgabe ihres **zeitlichen Horizonts** gruppieren. Hierbei unterscheidet man:

- **Zustandskennzahlen** (Berechnung zu einem Zeitpunkt; z. B. Mitarbeiterzahl am 31.12. 2012) und

- **Bewegungskennzahlen**, die sich ihrerseits differenzieren lassen in:
  - Ergebniskennzahlen (= Berechnung für einen Zeitraum; z. B. Gewinn für das Jahr 2012) und
  - Entwicklungskennzahlen (= Berechnung zwischen mehreren Zeiträumen oder –punkten; z. B. Gewinnveränderung von 2012 auf 2013).

Kennzahlen erhalten zusätzlichen Aussagegehalt, wenn sie **Vergleichsgrößen** gegenüber gestellt werden. Neben den bereits vorgestellten **Zeitvergleichen** durch Entwicklungskennzahlen dienen hierzu:

- **Soll-Ist-Vergleiche** (etwa tatsächlich realisierter Absatz eines Produktes im Vergleich zum geplanten Absatz) sowie

- **Sachvergleiche** wie die Gegenüberstellung von Mitarbeitern, Abteilungen, Filialen, Unternehmen und/oder Branchen (z. B. Gewinn der Filiale A im Vergleich zum Gewinn der Filiale B).

Als **Datenquellen** für Kennzahlen kommen insbesondere in Betracht:

- das Rechnungswesen,

- die einzelnen betrieblichen Funktionsbereiche (etwa Marketing, Vertrieb) sowie

- die Marketing-Forschung (beispielsweise Befragungen, Statistiken von Ämtern, Instituten und Verbänden u. ä.).

Ihre volle Erklärungskraft gewinnen Kennzahlen in der Regel erst durch die Einbindung in **Kennzahlensysteme**. Hierbei handelt es sich um eine Zusammenstellung von Kennzahlen, die auf ein übergeordnetes Ziel (z. B. Rentabilität) ausgerichtet sind. Damit verdichten Kennzahlensysteme Informationen, zeigen Zusammenhänge zwischen Kennzahlen auf und ermöglichen somit Simulationen (Was wäre wenn?).

Zu den bekanntesten Vertretern zählt das RoI- (= Return on Investment = Gesamtkapitalrentabilität) sprich *Du-Pont*-Kennzahlensystem (vgl. hierzu *Fischbach* 1999). Das ***Du-Pont*-Kennzahlensystem** (*DuPont* System of Financial Control) ist das älteste Kennzahlensystem der Welt. Das an rein monetären Größen orientierte System von Unternehmenskennzahlen zur Bilanzanalyse und der Unternehmenssteuerung wurde bereits 1919 von dem amerikanischen Chemie-Konzern *Du Pont de Nemours and Co.* entwickelt und ist dort noch heute im Einsatz. Auch in anderen Unternehmen ist das System in verschiedenen Versionen und Ergänzungen als Steuerungs- oder Planungs- und Kontrollinstrument verbreitet.

Im Mittelpunkt des Kennzahlensystems steht die **Gesamtkapitalrendite** (RoI: Return on Investment, siehe Abb. 2.5). Oberstes Ziel der Unternehmensführung ist somit nicht die Gewinnmaximierung, sondern die Maximierung des Ergebnisses pro eingesetzte Kapitaleinheit.

Die Orientierung an der Schlüsselgröße RoI soll im Sinne eines Performance Management eine wertorientierte Unternehmensführung ermöglichen.

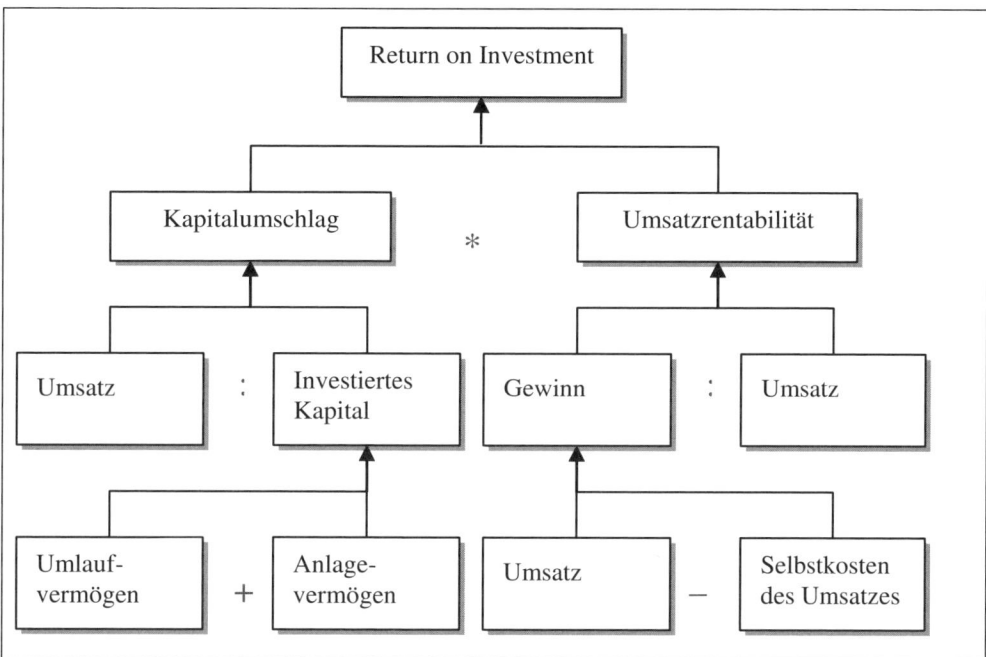

Abb. 2.5: Das Du-Pont-Kennzahlensystem in verkürzter Form

Beim *Du-Pont*-Kennzahlensystem handelt es sich um ein geschlossenes Modell von sich gegenseitig bedingenden Zielgrößen. Auf diese Weise lassen sich Abhängigkeiten und Wechselwirkungen analysieren. Dies bietet den Vorteil, von bloßen Sammlungen isolierter Kennzahlen abzukommen, da diese bezüglich der Analyseergebnisse häufig zu Inkonsistenzen führen.

Das *Du-Pont*-Kennzahlensystem hat den formalen Aufbau eines Rechensystems in Gestalt einer **Kennzahlen-Pyramide**. Der RoI wird aus dem Produkt der Kennzahlen Umsatzrentabilität und Kapitalumschlag ermittelt. In den folgenden Stufen werden die in den Zähler und Nenner dieser Verhältniskennzahlen (Ratios) eingehenden Größen in ihre absoluten Aufwands- und Ertragskomponenten sowie Vermögensbestandteile untergliedert. Die Umsatzrendite ist Gewinn durch Umsatz, der Kapitalumschlag berechnet sich aus dem Umsatz durch das durchschnittlich investierte Kapital (betriebsnotwendiges Vermögen).

Diese Aufspaltung lässt sich fast unbegrenzt weiterführen. Durch die mathematische Zerlegung der übergeordneten Zielgröße werden die verschiedenen Einflussfaktoren auf den Unternehmenserfolg übersichtlich dargestellt.

Ein **Vorteil** des *Du-Pont*-Systems ist, dass die notwendigen Kennzahlen überwiegend aus dem betrieblichen Rechnungswesen entnommen werden können. Dies ermöglicht u. a. Betriebsvergleiche bzw. Benchmarking. Als **Nachteile** werden angeführt:

- Bei den hier ausschließlich verwendeten Finanzkennzahlen handelt sich im Regelfall um sog. Spätindikatoren, d. h. um Kennzahlen, die erst mit erheblicher zeitlicher Verzögerung Hinweise über die Richtigkeit einer Entscheidung geben.

- Die Finanzkennzahlen geben nur bedingt Auskunft über die Ursachen für eine bestimmte Entwicklung und bieten damit nur begrenzte Ansatzpunkte für etwaig durchzuführende Maßnahmen.

- Die Ausrichtung an dem kurzfristigen Rentabilitätsziel lässt u. U. langfristige Aspekte zur Unternehmenswertsteigerung außen vor.

- Der RoI lässt keinen unmittelbaren Rückschluss auf die Produktivität eines Unternehmens zu, da auch der Bilanzpolitik Einfluss zukommt.

- Die Ausrichtung an einem einzigen Ziel, nämlich der Maximierung des RoI, wird nicht allen Anspruchsgruppen eines Unternehmens gerecht.

- Bereichsorientierte RoI-Ziele können zu suboptimalen Lösungen für das ganze Unternehmen führen.

2.4.2   Ausgewählte Marketing-Kennzahlen

2.4.2.1   Überblick

Eine vom Beratungsunternehmen *Dr. Wieselhuber & Partner* durchgeführte Untersuchung bei Marketing-Entscheidungsträgern in Deutschland fördert zutage, dass der Bekanntheitsgrad unter den Marketing-Kennzahlen mit 82 % die Spitzenposition einnimmt, gefolgt von Umsatz/Absatz (79 %) und Produktqualität (71 %; vgl. Tab. 2.2). Des Weiteren wird ersichtlich, dass von den wichtigsten 20 Kennzahlen 17 zukünftig an Bedeutung gewinnen werden. Den höchsten Bedeutungszuwachs hat die Kennzahl Kundenzufriedenheit mit 24 % zu verzeichnen. Insgesamt lässt sich feststellen, dass wertorientiertes Kundenmanagement zunehmend an Stelle eines blinden Umsatz- und Marktanteilsdenkens rückt.

Ergänzend gilt es noch einige Kennzahlen aus Tab. 2.2 zu erläutern:

- Die **Brand Pipeline** bzw. das **Markenpotenzial** ist ein prozessorientiertes Modell des Markencontrolling, das von Unternehmensberatungen wie *icon added value* oder *MCM/McKinsey* entwickelt wurde. Das Modell basiert auf der Annahme, dass sich der Markenwahlprozess der Konsumenten in fünf nacheinander ablaufende Phasen unterteilen lässt: Markenbekanntheit, hervorragende Markenakzeptanz (Relevant Set), erste Wahl (First Choice), tatsächliche Einkäufe sowie Kundenloyalität (Wiederkauf). Zunächst gilt es zu ermitteln, wie viel Prozent der Konsumenten einer Zielgruppe jeweils die Marke kennen, mit ihr vertraut sind, sie im Vorfeld einer Kaufentscheidung in die engere Auswahl einbezogen haben, die Marke tatsächlich schon einmal gekauft haben und wie viel Prozent sie erneut kaufen würden. Mittels der Brand Pipeline lässt sich identifizieren, in welchen Phasen des Markenwahlprozesses einzelne Marken wie viel ihres Kunden- und damit Markenpotenzials verlieren und warum. Je nach Unternehmen und Branche werden so „undichte Stellen" in der Brand Pipeline aufgedeckt.

Tab. 2.2: Einsatz zentraler Kennzahlen im Marketing
       (in %; Quelle: Wieselhuber & Partner 2005, S. 26)

Kennzahl	Einsatz heute (Rang)	Verwendung zukünftig (Rang)	Bedeutungs-entwicklung
Bekanntheitsgrad	82 (1)	88 (1)	+ 6 (+/- 0)
Umsatz/Absatz	79 (2)	79 (5)	+/- 0 (- 3)
Produktqualität	71 (3)	82 (4)	+ 11 (- 1)
Markenstärke	70 (4)	85 (2)	+ 15 (+ 2)
Marketingkosten	70 (5)	65 (8)	- 5 (- 3)
Deckungsbeitrag	69 (6)	84 (3)	+ 15 (+ 3)
Marktanteil	66 (7)	65 (8)	- 1 (- 1)
Umsatzrentabilität	52 (8)	59 (11)	+ 7 (- 3)
Umsatzanteil Neuprodukte	46 (9)	68 (6)	+ 22 (+ 3)
Kundenloyalität	45 (10)	66 (7)	+ 21 (+ 3)
Distributionsgrad	43 (11)	53 (13)	+ 10 (- 2)
Kundenzufriedenheit	38 (12)	62 (10)	+ 24 (+ 2)
Markenpotenziale	34 (13)	56 (12)	+ 22 (-1)
Erzielte Preise/Preisabstand	26 (14)	48 (14)	+ 22 (+/- 0)
Servicequalität	23 (15)	38 (15)	+ 15 (+/- 0)
Brand Pipeline	18 (16)	33 (16)	+ 15 (+/- 0)
Kundenwert	15 (17)	3o (17)	+ 15 (+/- 0)
Monetärer Markenwert	14 (18)	21 (20)	+ 7 (- 2)
Return on Marketing Invest-ment (RoMI)	14 (19)	29 (19)	+ 15 (+/- 0)
Umsatzanteil Neukunden	11 (20)	30 (17)	+ 19 (+ 3)

- **Markenstärke** bezeichnet die Kraft einer Marke, in den Köpfen der Verbraucher positive Assoziationen auszulösen und diese in Verhalten umzuwandeln." (*Fischer/Hieronimus/Kranz* 2002, S. 9). Sie beschreibt somit den Mehrwert einer Leistung, der über den Grundnutzen hinausgeht, aus der subjektiven Wertschätzung der Marke heraus entsteht und das Verhalten der Konsumenten beeinflusst. Konsequenterweise kann zwischen einstellungs- und verhaltensbasierter Markenstärke differenziert werden. Während die Einstellungsstärke die Bewertung eines Vorstellungsbildes beinhaltet (= Erhebung von Markenwissen), beschreibt die Verhaltensstärke die der Marke zuzuschreibende Verhaltenswirkung, die sich monetär bewerten lässt (= Analyse von Konsumentenreaktionen).

- Der **Return on Marketing Investment (RoMI)** ermittelt die Rendite (bzw. Verzinsung) des Marketingbudgets und gehört damit zu den Renditenkennzahlen. Dabei wird der durch eine Werbekampagne erzielte Gewinn ins Verhältnis zu den Kosten der Werbekampagne gesetzt.

$$\text{RoMI} = \frac{\text{Nettoumsatz} - \text{Produktkosten} - \text{Werbekosten}}{\text{Werbekosten}} \times 100$$

Beispiel: Wenn für einen Umsatz von 10.000 € Produktkosten in Höhe von 6.000 € und Werbekosten von 2.000 € anfallen, beträgt der RoMI:

$$\text{RoMI} = \frac{10.000\ € - 6.000\ € - 2.000\ €}{2.000\ €} = 1$$

Dies bedeutet, dass mit 1 € Kapital, das in Werbung eingesetzt wurde, 1 € Nettogewinn erwirtschaftet wurde.

Exemplarisch werden im Folgenden ausgewählte zentrale Marketing-Kennzahlen (vgl. hierzu ausführlich *Schneider/Hennig* 2008a, b; *Hennig/Schneider* u. a. 2008) vorgestellt, wobei sich deren Auswahl an der Abb. 2.6 zu entnehmenden Struktur orientiert.

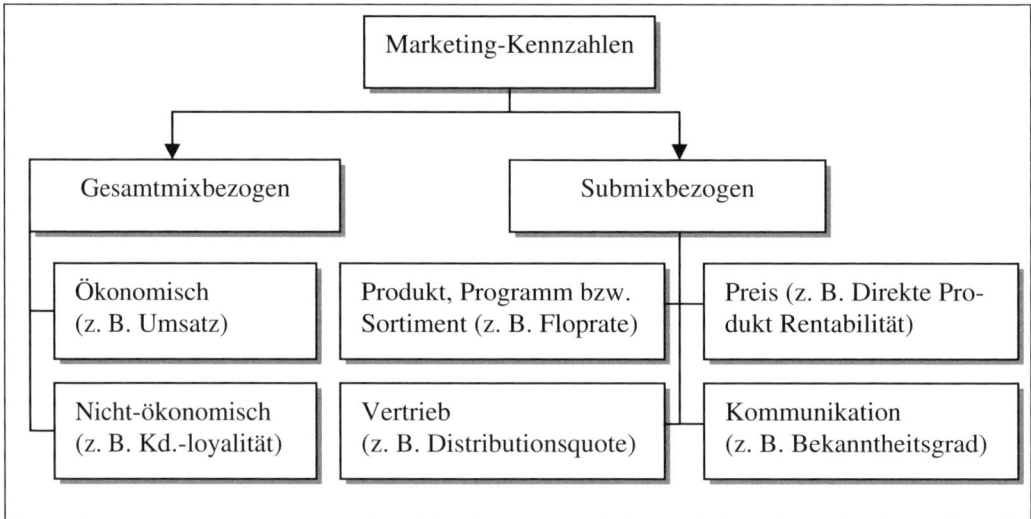

Abb. 2.6: Arten von Marketing-Kennzahlen

2.4.2.2 Beispiele für gesamtmixbezogene Kennzahlen

2.4.2.2.1 Umsatz

Der Umsatz (auch Erlös, Umsatzerlös, Umsatzvolumen) errechnet sich aus Absatzmenge x Verkaufspreis. Damit erfasst der Umsatz das wertmäßige, d. h. mit Verkaufspreisen bewertete Verkaufsvolumen eines Unternehmens innerhalb eines bestimmten Zeitraums (z. B. Tages-, Quartals- oder Jahresumsatz). Der **Bruttoumsatz** schließt die Mehrwertsteuer ein und klammert sämtliche direkten und indirekten Erlösschmälerungen (z. B. Rabatte, Werbekostenzuschüsse) aus. Im Gegensatz dazu drückt der **Nettoumsatz** den endgültigen Zahlungsmittelzufluss aus. Speziell in der Konsumgüterindustrie wird zwischen dem **Fabrikumsatz** (= Absatz ab Werk zu Werksabgabepreisen, üblicherweise ohne Umsatzsteuer) und dem **Endverbraucherumsatz** (= Absatz an Endverbraucher zu Endverbraucherpreisen, üblicherweise inklusive Umsatzsteuer) unterschieden.

Der Umsatz stellt eine der wichtigsten Marketing-Größen und dient u. a. als Basis für alle Formen der Deckungsbeitragsrechnung. Diese Kennzahl lässt sich unter Bezugnahme auf entsprechende Kriterien weiter aufschlüsseln und gewinnt dadurch an Aussagekraft. Da der absolute Umsatz nur wenig Aussagekraft besitzt, wird zumeist die **Umsatzentwicklung** betrachtet. Diese berechnet sich folgendermaßen:

$$\text{Umsatzentwicklung} = \frac{\text{Aktueller Umsatz}}{\text{Umsatz des Vergleichsjahres}} \times 100$$

In diesem Zusammenhang spielt das **flächenbereinigte Wachstum** eine zentrale Rolle. Hierunter versteht man das Gesamtumsatzwachstum eines Unternehmens bezogen auf den vergleichbaren Vorjahreszeitraum. Im Falle eines filialisierten Handelsunternehmens müsste die Umsatzentwicklung um die Umsatzzuwächse bzw. -verluste der neu eröffneten sowie geschlossenen Verkaufsflächen im Berichtszeitraum bereinigt werden. Erst die flächenbereinigte Umsatzentwicklung lässt erkennen, ob eine Unternehmen seine **Flächenproduktivität** (= Umsatz bezogen auf Verkaufsfläche) erhöht hat.

Außerdem wird der Umsatz häufig ins Verhältnis zu anderen Bezugsgrößen (etwa Kunde, Mitarbeiter, Verkaufsfläche) gesetzt. Hierbei gilt allgemein:

$$\text{Umsatzkennzahl} = \frac{\text{Umsatz}}{\text{Bezugsgröße}} \times 100$$

Zur Berechnung von **Umsatzkennzahlen** werden in der Praxis u. a. folgende Bezugsgrößen herangezogen: Auftrag, Maschinenstunde, Produkt, Verkaufsbezirk/Region, Mitarbeiter, Quadratmeter Verkaufsfläche. Zu dieser Kategorie zählen u. a. die in Tab. 2.3 angeführten Kennzahlen.

Dabei können die ermittelten Kennzahlen miteinander verglichen (z. B. Umsatzkennzahlen verschiedener Kunden, Mitarbeiter, Filialen; sog. Querschnittsvergleich) und Veränderungen im Zeitablauf analysiert werden (Zeitvergleich). Auch kann der Umsatz pro Kunde (Ausgangspunkt für die ABC-Analyse), pro Auftrag, pro Bestellung, pro Kauf, pro Frontstück oder pro Posten berechnet werden.

Tab. 2.3: Umsatzkennzahlen im Überblick

Umsatzbezogene Kennzahl	Bezugsgröße	Aussagekraft
Kapitalumschlag	Durchschnittlicher Warenbestand zu Einstandspreisen (= Einkaufspreise zzgl. der vom Unternehmen zu tragenden Beschaffungs- und Bezugskosten wie Frachtkosten, Versicherungsbeiträge, Verwaltungskosten und Kosten der Beschaffungsstelle abzüglich Rabatte, Skonti und Boni)	Gesamtkapitaleffizienz
Lagerumschlag	Durchschnittlicher Lagerbestand zu Einstandspreisen	Lagereffizienz
Mitarbeiterproduktivität	Durchschnittliche Anzahl der Mitarbeiter	Personaleffizienz
Vertriebspersonal-produktivität	Durchschnittliche Anzahl der im Vertrieb Beschäftigten	Vertriebspersonaleffizienz
Flächenproduktivität	Gesamtfläche des Verkaufsraumes	Raumeffizienz
Regalproduktivität	Verkaufswirksame Fläche (meist Regalfläche)	Verkaufsflächeneffizienz

Vorteile des Umsatzes sind:

- Relativ unaufwendige, preiswerte und genaue Ermittlung von Umsatzwerten
- Umsätze der Wettbewerber sind ebenfalls verhältnismäßig einfach zu ermitteln.
- Wertmäßiger Charakter und damit verbundene Verrechenbarkeit mit anderen Größen
- Umsatz ist Bestandteil aller relevanten Kenngrößen (z. B. Marktanteil, vgl. hierzu Abschnitt 6.6.4).
- Zentrale Funktion von Umsatzplänen als Vorgabe für andere Bereiche (Einkauf, Produktion etc.)
- Enger, aber nicht zwangsläufiger Bezug des Umsatzes zu Wachstum und Ertrag

Als **Schwachpunkte** des Umsatzes gelten:

- Ohne eine Absatzmengenstatistik ist nicht zu erkennen, inwieweit eine Veränderung des Umsatzes auf die Mengen- oder Preiskomponente zurückzuführen ist.
- Eine ausschließliche Analyse des Umsatzes klammert aus, dass einzelne Produkte unterschiedliche Handelsspannen bzw. Deckungsbeiträge haben.

- Die Analyse des Umsatzes lässt unberücksichtigt, dass die einzelnen Produkte bzw. Sortimentsteile die Kapazitäten eines Unternehmens in unterschiedlichem Maße in Anspruch nehmen.

- Eine moderate Umsatzsteigerung in einem stark wachsenden Umfeld kann leicht darüber hinwegtäuschen, dass ein Unternehmen nur unterdurchschnittlich erfolgreich agiert.

- In gesättigten Märkten sowie bei qualitativem Wachstum verliert der Umsatz gegenüber Ertragszielen an Stellenwert.

- Der Umsatz kann konjunkturell, saisonal oder durch Preiserhöhungen bedingt gewachsen sein, ohne dass sich die Leistungsfähigkeit eines Unternehmens verändert hat.

- Der Umsatz bietet nur einen sehr begrenzten Einblick in die Ursachen für den (Miss-) Erfolg eines Unternehmens. Das heißt konkret: Im Idealfall weiß man zwar, dass das eigene Unternehmen besser oder schlechter geworden ist, es bleibt aber unklar, in welchen Bereichen bzw. warum.

- Beim Umsatz handelt es sich um einen Spätindikator, d. h. er weist erst mit zeitlicher Verzögerung auf mögliche Schwachstellen hin.

- Der Umsatz steht häufig in Konkurrenz zu anderen Unternehmenszielen. Ein typisches Beispiel für einen solchen Konflikt ist die langfristig ausgerichtete Kundenorientierung auf der einen und die kurzfristig ausgerichtete Umsatzorientierung auf der anderen Seite.

- Der Umsatz liefert keinerlei Auskunft über den tatsächlich erwirtschafteten Ertrag. Deshalb müssen immer noch weitere Kennzahlen zur Analyse (etwa Deckungsbeitrag) hinzugezogen werden.

2.4.2.2.2 Kundenloyalität

Die Kundenloyalität bringt zum Ausdruck, wie treu Kunden gegenüber einem Produkt bzw. Unternehmen sind. Sie lässt sich mit Hilfe der Wiederkäufer- bzw. Wiederkaufrate ermitteln.

Die **Wiederkäuferrate** berechnet sich wie folgt:

$$= \frac{\text{Zahl der Wiederholungskäufer der Marke A in Periode 2}}{\text{Zahl der Erstkäufer der Marke A in Periode 1}} \times 100$$

Die Wiederkäuferrate bringt damit zum Ausdruck, wie hoch der Anteil der Erstkäufer der Marke A ist, welche in der nächsten Periode wieder die Marke A kaufen. Damit dient die Wiederkäuferrate der Ermittlung der Markentreue von Kunden und ist letztlich eine Kennzahl für das Ausmaß der Kundenloyalität.

Die **Wiederkaufrate** ihrerseits wird auf folgende Weise ermittelt:

$$= \frac{\text{Die von den Erstkäufern bei Wiederholungskäufen gekaufte Menge, die auf Marke A entfällt}}{\text{Gekaufte Menge in der Produktklasse, die von A-Käufern nach Erstkauf getätigt wird}} \times 100$$

Die Wiederkaufrate misst das mengenabhängige Ausmaß, mit dem Käufer einer Marke (sog. Erstkäufer) diese auch wiederkaufen. Demnach lässt sich diese Kennzahl interpretieren als Marktanteil der Marke A im Segment der Erstkäufer von Marke A. Damit dient die Wiederkaufrate der Erfassung der Markentreue und Prognose des langfristigen Marktanteils.

Im Vergleich zur Wiederkäuferrate bietet die Wiederkaufrate den Vorteil, dass sie einen Einblick in die Kaufintensität vermittelt. Es wird also nicht nur nachvollziehbar, ob ein Erstkäufer die Marke noch einmal kauft, sondern auch, wie viel davon er im Betrachtungszeitraum erwirbt.

2.4.2.3   Beispiele für submixbezogene Kennzahlen

2.4.2.3.1   Floprate

Die Floprate berechnet sich folgendermaßen:

$$= \frac{\text{Anzahl der Innovationen, die nach einem bestimmten Zeitraum nicht mehr am Markt sind}}{\text{Anzahl der gesamten Innovationen}} \times 100$$

Damit setzt die Floprate die Zahl der gescheiterten Produkte ins Verhältnis zur Gesamtzahl der Innovationen und ist folglich ein Maßstab für den Erfolg der Forschungs- und Entwicklungsabteilung. Gleichzeitig lassen sich anhand der Kennzahl aber auch die Aktivitäten der Marketing- und Vertriebsabteilung beurteilen.

Der (Miss-)Erfolg von Innovationen ist im Regelfall auf zwei Faktoren zurückführen, nämlich den **relativen Nutzen des Produktes** und die **Marktkommunikation**. Scheitert ein Produkt, weil es nicht gelungen ist, die Partner bzw. Kunden mit Kommunikationsmitteln zu überzeugen, so lässt sich dies an der Erstkäuferrate (= Anzahl der Käufer, die ein Produkt zum ersten Mal kaufen) bzw. Erstkaufrate (= Anzahl der Produkte, die von Erstkäufern erworben werden) ablesen. Bietet ein Produkt hingegen keinen Nutzenvorteil, lässt sich dies an der Wiederkäuferrate bzw. Wiederkaufrate erkennen.

Die Floprate ist insbesondere aussagekräftig im Zeitablauf sowie im Vergleich zu Wettbewerbern. Eine geringe Floprate sagt jedoch noch nichts über den finanziellen Erfolg eines Unternehmens aus.

2.4.2.3.2   Direkte Produkt Rentabilität

Die Direkte Produkt Rentabilität (= DPR) dient dazu, die Vorteilhaftigkeit einzelner Sortimentsteile zu beurteilen, in dem alle entstandenen Kosten vom Einkauf bis zum Verkauf des Artikels in die Rentabilitätskennzahl eingerechnet werden. Für die Berechnung der Kennzahl gilt das in Tab. 2.4 vorgestellte **Schema**. Demnach stellt die Direkte Produkt Rentabilität einen **modifizierten Deckungsbeitrag** dar, der dazu dient, die nicht zurechenbaren Handlungskosten (= Restkosten) und den Gewinn zu decken.

Die Direkte Produkt Rentabilität wird insbesondere herangezogen, wenn es gilt, die **Handelsspanne** (= [Netto-]Verkaufspreis − [Netto-)Einstandspreis] zu überprüfen. Außerdem dient sie dazu, die Wirkung alternativer Warenbestückungspläne zu analysieren und damit das Sortiment bzw. die Logistik **ergebnisorientiert** zu steuern. Die Besonderheit der DPR-Rechnung liegt darin, dass sie sich von dem in Handelsbetrieben üblichen Verfahren löst, mit Ausnahme der Warenkosten sämtliche Kosten als nicht direkt zurechenbare Kosten zu behandeln und nur mit Hilfe mehr oder weniger globaler Zuschlagssätze dem einzelnen Artikel zuzurechnen. Dies gewinnt insbesondere vor dem Hintergrund an Bedeutung, dass in Handelsbetrieben ein extrem hoher Anteil an Fixkosten zu veranschlagen ist.

Vielmehr werden bei der DPR-Rechnung die Kosten den einzelnen Produkten entsprechend der tatsächlichen Nutzung der Kapazitäten (z. B. Personalkosten entsprechend der tatsächlich in Anspruch genommenen Zeit, Raumkosten für wirklich genutzte Palettenplätze im Lager) zugerechnet. Sog. Leerkosten, die durch ungenutzte Kapazitäten entstehen, werden nicht berücksichtigt.

Allerdings ist mit dem DPR-Konzept ein **immenser Erhebungsaufwand** verbunden, welcher wiederum Kosten verursacht. Im Handelsbetrieb ist vor allem die schwierige Aufgabe zu lösen, das Mengengerüst der Kosten möglichst präzise zu erfassen. Hierfür sind umfangreiche Zeitmessungen und Arbeitsablaufstudien erforderlich. Hinzu kommen die Flächen-, Volumen- und Kontaktstreckenmessungen sowie schließlich das Sammeln der Daten aus dem Rechnungswesen sowie ergänzender Informationen aus verschiedenen Fachabteilungen. Das daraus resultierende Mengengerüst der Kosten wird nun mit Faktorpreisen (z. B. Lohnstundensätze, Quadratmetermietpreise und ähnliche Geldfaktoren) multipliziert. Man erhält dann die wertmäßigen direkten Produktkosten.

Tab. 2.4: Berechnung der Direkten Produkt Rentabilität (Quelle: Möhlenbruch 1994, S. 297)

Netto-Verkaufspreis	= um die Mehrwertsteuer sowie alle Nachlässe und Erlösschmälerungen reduzierter Endverbraucherabgabepreis
abzüglich	
Netto-Netto-Einkaufspreis	= um alle Rabatte, Werbekostenzuschüsse (= WKZ) und sonstigen Vergütungen bereinigter Einkaufspreis
abzüglich	
Direkte Produktkosten	= direkt zurechenbare Handelskosten
ergibt	
Direkte Produkt Rentabilität	= modifizierter Deckungsbeitrag zur Abdeckung der nicht zurechenbaren Kosten und des Gewinns

2.4.2.3.3 Distributionsquote

Die **numerische Distributionsquote** berechnet sich wie folgt:

$$\frac{\text{Zahl der Geschäfte, die ein Produkt führen}}{\text{Gesamtzahl der einschlägigen Geschäfte}} \times 100$$

Demnach setzt die numerische Distributionsquote die Verkaufsstellen, die ein bestimmtes Produkt vertreiben, ins Verhältnis zu allen Verkaufsstellen, die das entsprechende Produkt verkaufen <u>und</u> verkaufen könnten.

Ein niedriger Kennzahlenwert ist Indiz dafür, dass der Absatz eines Produktes noch erhöht werden kann, indem weitere Vertriebspartner hinzugewonnen werden. Eine hohe numerische Distributionsquote hingegen bedeutet, dass das Produkt eines Unternehmens bereits über relativ viele Verkaufsstellen vertrieben wird und damit für die Kunden flächendeckend erhältlich ist (sog. **Ubiquität**).

Die numerische Distributionsquote bezieht sich nur auf die Anzahl der Geschäfte, die ein Produkt vertreiben bzw. vertreiben könnten. Sie behandelt also sämtliche Verkaufsstellen gleich und folglich unabhängig davon, ob es sich nun um einen kleinen Tante-Emma-Laden oder um ein großes Einkaufszentrum handelt. Insofern empfiehlt es sich, flankierend die **gewichtete Distributionsquote** zu bilden. Diese ermittelt sich wie folgt:

$$\frac{\text{Warengruppenumsatz der Geschäfte, die ein Produkt führen}}{\text{Warengruppenumsatz aller einschlägigen Geschäfte}} \times 100$$

Die gewichtete Distributionsquote setzt also den Warengruppenumsatz der Verkaufsstellen, die ein bestimmtes Produkt vertreiben, ins Verhältnis zum Warengruppenumsatz aller Geschäfte, die das entsprechende Produkt verkaufen <u>und</u> verkaufen könnten (z. B. alle Lebensmitteleinzelhandelsgeschäfte).

In jedem Fall gilt es zu prüfen, ob eine hohe Distributionsquote auch mit der gewünschten Rentabilität einhergeht. Denn (umsatzstarke) Vertriebspartner werden nicht selten mit großen Marketingbemühungen und/oder Preiszugeständnissen und damit zu Lasten der Rendite gewonnen.

2.4.2.3.4 Bekanntheitsgrad

Der Bekanntheitsgrad gibt an, wie viel Prozent einer bestimmten Zielgruppe eine Marke, Werbebotschaft, Firma oder andere Meinungsgegenstände kennen. Ohne eine Gedächtnishilfe für die Befragungsperson spricht man vom aktiven bzw. ungestützten, mit Gedächtnishilfe (z. B. Vorlegen einer Namensliste) vom passiven bzw. gestützten Bekanntheitsgrad.

Die Erhebung des Bekanntheitsgrades erfolgt durch Befragungen. Hierbei werden **drei Verfahren** unterschieden:

- Beim **ungestützten Erinnerungsverfahren (Unaided Recall)** werden der Befragungsperson keinerlei Erinnerungsstützen (z. B. Listen von Marken, Produktverpackungen) an die Hand gegeben. Wenn ein Proband beispielsweise die Frage „Welche Marken aus dem Bereich Y kennen Sie?" mit „Die Marke X" beantwortet, handelt es sich um den ungestützten Bekanntheitsgrad, da die Frage selbst die Marke nicht nennt.

- Beim **gestützten Erinnerungsverfahren (Aided Recall)** erhält der Proband Erinnerungshilfen, die er jedoch selbständig ausbauen muss. Beispielsweise wird ihm der Anfang eines Slogans gezeigt und er muss diesen vervollständigen.

- Beim **Wiedererkennungsverfahren (Recognition)** schließlich wird der Proband lediglich gefragt, ob er den Meinungsgegenstand kennt oder nicht (Kennen Sie die Marke X?). Dementsprechend häufig kommen hohe Werte aufgrund von Prestigeantworten zustande. Folglich sind die Erinnerungsverfahren als validere Verfahren einzustufen.

Der Bekanntheitsgrad ist insbesondere bei sog. **Low-Involvement-Produkten** von Bedeutung, da Konsumenten in diesen Fällen in der Regel im Vorfeld des Kaufes keine Informationsanstrengungen unternehmen (vgl. Abschnitt 2.2). Als **Schwachpunkte** des Bekanntheitsgrades sind zu nennen:

- Durch die Messung wird lediglich die Kenntnis der Existenz eines Produkts, einer Ware usw. ermittelt, so dass es sich hier um eine trügerische Kennzahl handelt. Denn der Erfolg einer Werbekampagne hängt ebenso davon ab, ob der Bekanntheitsgrad des Produkts bzw. der Werbekampagne auch mit positiv bewerteten Merkmalen einhergeht.

- Der Bekanntheitsgrad sagt nichts über die Beurteilung eines Objektes aus. So kann beispielsweise ein Unternehmen einen hohen Bekanntheitsgrad in der Bevölkerung erzielen, da es gerade in einen Umweltskandal verwickelt ist. Der hohe Bekanntheitsgrad wäre dann eher mit negativen Assoziationen verknüpft, also für das Unternehmen nachteilig.

- Es ist festzustellen, dass die Zahlen für den passiven Bekanntheitsgrad (= gestütztes Erinnerungsverfahren und Wiedererkennungsverfahren) in der Regel zu hoch ausfallen, weil unter den spezifischen Bedingungen des Interviews viele Befragte angeben, ihnen sei ein Produkt bzw. eine Anzeige bekannt, das bzw. die sie in Wirklichkeit gar nicht kennen (sog. **Overreporting**). Die Zahlen für den aktiven Bekanntheitsgrad (= ungestütztes Erinnerungsverfahren) fallen hingegen normalerweise zu niedrig aus, weil sich einige Befragte im konkreten Fall der Befragung nicht an etwas erinnern, das ihnen im Übrigen bekannt ist (sog. **Underreporting**).

Eine spezielle Variante des Bekanntheitsgrades ist der sog. **G-Wert**, der definiert ist als Anzahl der Passanten pro Stunde, die sich an ein angebrachtes **Plakat** erinnern können (vgl. hierzu *Koschnick* 2002). Die Wahrnehmbarkeit ist dabei abhängig von mehreren Faktoren, wie z. B. Stellwinkel, Entfernung der Plakatstelle zur Straße, Konkurrenz durch andere visuelle Reize in der Umgebung u. ä.

Bei der Erhebung des G-Wertes werden **drei Passantengruppen** berücksichtigt:

- Fußgänger,

- Fahrzeuginsassen und Zweiradfahrer sowie

- Fahrgäste in öffentlichen Verkehrsmitteln.

Die Definition des G-Wertes wird durch **zusätzliche Anforderungen** festgelegt:

- Der G-Wert gilt für eine durchschnittliche Tagesstunde zwischen 7.00 und 19.00 Uhr.
- Es muss sich um ein durchschnittlich aufmerksamkeitsstarkes Plakat handeln.
- Unter „erinnern" wird die richtige Antwort in einem speziellen Wiedererkennungstest verstanden.

3 Produkt-, Programm- sowie Sortimentsmanagement

Dieses Kapitel vermittelt:

- was man unter Produkt-, Programm- und Sortimentsmanagement versteht,
- aus welchen Komponenten ein Produkt besteht,
- wie sich Leistungskern, Verpackung, Markierung und flankierende Serviceleistungen konkret ausgestalten lassen,
- nach welchen Kriterien ein Angebotsprogramm bzw. Sortiment strukturiert werden kann und
- wie sich ein solches verändern lässt.

3.1 Überblick

Unter einem **Produkt** verstehen Vertreter des Marketing-Ansatzes alles, was auf Märkten angeboten wird, um Bedürfnisse zu befriedigen. In einem engen Begriffsverständnis zählen hierzu Produkte (z. B. Lebensmittel, Kleidung, DVD-Recorder) und Dienstleistungen (etwa Haarschnitt, Reinigung, Finanz- und Anlageberatung), in einer weiteren Auffassung aber auch Personen (etwa Musiker, Sportler, Künstler), Orte bzw. Regionen (Paris, Fuerte Ventura, Baden-Württemberg etc.) und andere Objekte.

Fallbeispiel „Produkte in einem weiteren Begriffsverständnis" – was man alles kaufen und verkaufen kann

Beispiele dafür, was man alles **kaufen kann**:

- Zellen-Upgrade im Knast: In einigen Staaten der USA können Gefangene für 82 Dollar pro Nacht eine saubere, ruhige Zelle erhalten.
- Benutzung der für Fahrgemeinschaften reservierten Spur als Alleinfahrer etwa in Minneapolis – acht Dollar während des Berufsverkehrs, ansonsten variieren die Preise je nach Verkehrslage.
- Austragen eines Embryos durch eine indische Leihmutter für 6.250 Dollar.
- Green Card für ein unbefristetes Aufenthaltsrecht in den USA für 500.000 Dollar sowie das Schaffen von mindestens zehn Arbeitsplätzen in einer Region mit hoher Arbeitslosigkeit.

- Schießen eines schwarzen Nashorns (eine bedrohte Tierart) – für 150.000 Dollar in Südafrika.

- Handynummer eines Arztes mit der Garantie, noch am selben Tag des Anrufs mit ihm einen Termin zu vereinbaren - zwischen 1.500 und 25.000 Dollar pro Jahr

- Aufnahme an einer angesehenen Universität in den USA – Preis wird offiziell nicht genannt.

Beispiele dafür, was man alles **verkaufen kann**:

- Vermietung der Stirn (oder anderer Körperteile) zu Werbezwecken – für 777 Dollar wird eine abwaschbare Tätowierung mit einer Werbebotschaft der *Air New Zealand* aufgebracht.

- Testperson für Arzneimittelstudien von Pharmaunternehmen – 7.500 Dollar.

- Söldner in Somalia – je nach Qualifikation, Erfahrung und Staatsangehörigkeit zwischen 250 und 1.000 Dollar am Tag.

- Nächtliches Schlangenstehen am Capitol Hill in Washington in Vertretung eines Lobbyisten, der an einer Anhörung im Kongress teilnehmen will – 15 bis 20 Dollar pro Stunde.

- Lesen eines Buches – unterdurchschnittliche Schüler erhalten für jedes gelesene Buch eine Prämie von zwei Dollar.

- Verkauf der Lebensversicherungspolice – je früher der erkrankte oder ältere Mensch verstirbt, desto mehr Geld erhält der Anleger.

Quelle: *Sandel, M. J.:* Was man für Geld nicht kaufen kann. Die moralischen Grenzen des Marktes, Berlin 2012.

Dem Produkt-, Programm- und Sortimentsmanagement fällt die Aufgabe zu, das Leistungsangebot eines Unternehmens marktgerecht zu gestalten. Die Produkte und/oder Dienstleistungen bilden den **Kern** der gesamten **Unternehmensaktivitäten** und damit die Basis eines jeden betrieblichen Erfolgs.

Die Angebotspalette von Herstellern bzw. Dienstleistungsunternehmen bezeichnet man als Produkt- bzw. Angebotsprogramm. Deren operative Verantwortung liegt bei der Marketing-Abteilung. Während i. d. R. ein Programm-Manager für das übergreifende Portfolio-Management zuständig ist, betreuen Produkt-Manager die einzelnen Produkte. Bei Handelsunternehmen hat sich für das Leistungsangebot der Begriff Sortiment etabliert. Als Leistungen kommen grundsätzlich die in Tab. 3.1 aufgeführten Vermarktungsobjekte in Betracht (vgl. hierzu *Herrmann* 1998; *Nieschlag/Dichtl/Hörschgen* 2002, S. 579–581).

Tab. 3.1: Das Spektrum an Vermarktungsobjekten

Kriterium	Vermarktungsobjekt			
Materialität	Produkte	Dienstleistungen	Kombination aus Produkt und Dienstleistung (z. B. Kopiergerät einschließlich Wartungsvertrag)	
Verwendungs-reife	Roh-, Urstoffe (z. B. Erze)	Einsatzstoffe (z. B. Metalle, Kunststoffe, Zement)	Halbfertigerzeugnisse (z. B. Kotflügel, Lenkrad, Autositz)	Fertigerzeugnisse (z. B. Auto)
Standardisie-rungsgrad	Massenprodukte (z. B. Bekleidung von der Stange, Bücher, Automobile)		Individualprodukte (z. B. Maßanzug, Fertigungsanlage)	
Beschaffungs-aufwand der Käufer	Convenience Goods (z. B. Lebensmittel, Zigaretten) • Häufiger Einkauf • Minimum an Be-schaffungsauf-wand	Shopping Goods (z. B. Möbel) • Seltener Einkauf • Ausgeprägter Preis-Leistungs-Vergleich	Specialty Goods (z. B. Photoausrüstung) • Extrem seltener Einkauf • Spezifische Bedürfnisse • Intensive Kaufanstren-gungen	
Verwendungs-zweck	Konsumgüter Verbrauchsgüter (z. B. Brot) • Einmalige Nutzung Gebrauchsgüter (z. B. Toaster) • Mehrmalige Nutzung	Produktionsgüter (z. B. Energie) • Direktes und vollkommenes Einfließen in Enderzeugnisse	Investitionsgüter (Montageband) • Abnutzung bei der Her-stellung von Produkten und/oder Dienstleistun-gen	

Aus der Perspektive des Marketing stellt ein Produkt, eine Leistung bzw. ein Sortiment dem-nach ein Bündel aus Nutzen stiftenden Eigenschaften dar. Nutzen bezeichnet das Ausmaß der Bedürfnisbefriedigung, das durch den Erwerb eines Gutes beim Kunden hervorgerufen wird. Der produktpolitische Gestaltungsspielraum umfasst dabei die folgenden **vier Dimen-sionen**, die sich gegenseitig beeinflussen (vgl. im Folgenden *Bruhn* 2001, S. 125–166; *Mef-fert* 2000, S. 327–481; *Nieschlag/Dichtl/Hörschgen* 2002, S. 665–683; *Pepels* 2000, S. 370–452):

- Leistungskern, der sich aus Kernprodukt und Produktäußerem zusammensetzt,

- Verpackung,

- Markierung und

- flankierende (Sekundär-)Serviceleistungen.

3.2   Produktpolitische Gestaltungsdimensionen

3.2.1   Leistungskern

Aus der Marketing-Perspektive stellt ein Produkt, eine Leistung bzw. ein Sortiment ein Bündel aus Nutzen stiftenden Eigenschaften dar. Hierbei lässt sich grundsätzlich zwischen Grund- und Zusatznutzen differenzieren (vgl. *Vershofen* 1940 sowie Abb. 3.1).

Der **Grundnutzen** bezieht sich auf die objektiven, stofflich-technischen Merkmale eines Produktes (sog. **substantieller Produktbegriff**) und damit auf die aus den physikalisch-funktionalen Eigenschaften eines Produkts resultierende Bedürfnisbefriedigung. Im Falle eines Pkws ist dies die schnelle, bequeme und sichere Fortbewegung von Menschen und Gütern.

Zusatznutzen stiftet ein Produkt dann, wenn es über die Grundfunktion hinausreichende ästhetische (= Erbauungsnutzen), soziale (= Geltungsnutzen), emotionale und/oder Selbstverwirklichungsbedürfnisse (= Selbstverwirklichungsnutzen) befriedigt (sog. **generischer Produktbegriff**). Beispielsweise gefällt ein PKW durch sein attraktives Design, ermöglicht Fahrspaß bzw. umweltbewusstes Verhalten, vermittelt Vertrauen und verhilft zu Prestige.

In jüngerer Zeit gewinnen Produkte und Dienstleistungen an Bedeutung, die dem Verbraucher einen moralisch-ethischen Zusatznutzen bieten. Hierzu zählen nachhaltiges Wirtschaften, umweltverträgliches Produzieren, soziales Engagement, fairer Umgang mit Lieferanten, Mitarbeitern und Kunden, überlieferte Herstellungsverfahren sowie Regionalität des Anbieters. Die Themen **Nachhaltigkeit**, **Ethik und Corporate Social Responsibility** (CSR) lassen sich demnach als Verkaufsargument und Differenzierungsmerkmal einsetzen.

Fallbeispiel „Fokussierung auf den Grundnutzen" – das Bier mit dem Markennamen Bier

Angesichts zunehmender Werbeflut und aus ihrer Sicht künstlicher Markenwelten rufen zwei junge Berliner zur Rückbesinnung auf das Wesentliche auf und bieten ein Bier an, das den schlichten Markennamen „Bier" trägt. Auf das weiße Etikett ihres eigenwilligen Produkts schreiben die Markenpuristen nur, was drin ist (Bier) und wie viel davon (0,33 l). Auf der Rückseite findet sich der dazu passende Slogan: „Guter Geschmack braucht keinen Namen." Der Erfolg des Biers, das nach Aussage der Erfinder auf Ehrlichkeit statt Marketing-Gedöns basiert, trägt mittlerweile die ersten Früchte einer Diversifikation: Das Sortiment wurde um die Weinschorle „Weinschorle" erweitert.

Quelle: *Mehringer, M.*: Ohne Schiff und Fußball, in: LebensmittelZeitung, Nr. 16 vom 23. 04.2010, S. 47.

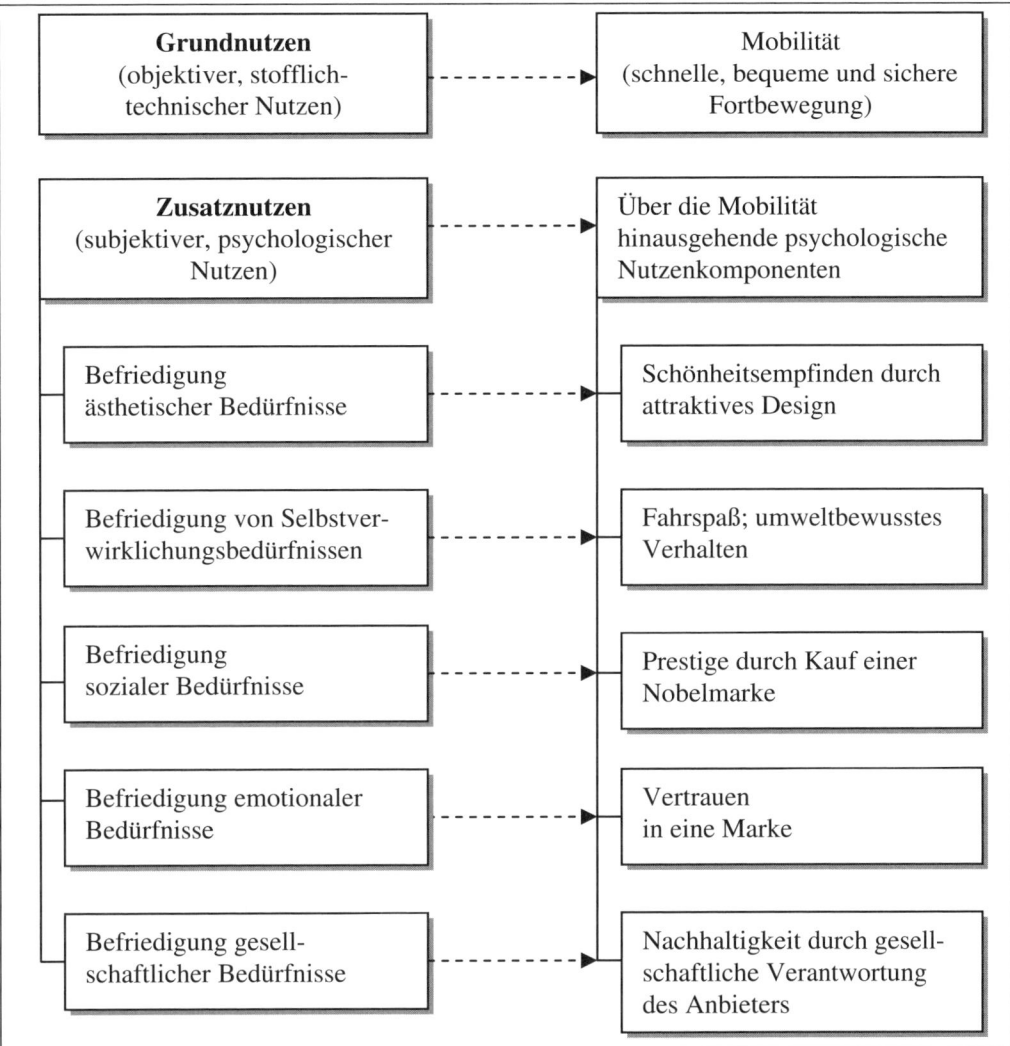

Abb. 3.1: Das Konzept des Grund- und Zusatznutzens von Produkten am Beispiel der Nutzenkomponenten von Pkws (Quelle: in Anlehnung an Meffert 2000, S. 333)

Fallbeispiel „Differenzierung im Grundnutzen homogener Produkte" – Unique Selling Proposition durch Wahrhaftigkeit und Nachhaltigkeit

Angesichts zunehmender Homogenität im Grundnutzen finden sich kaum noch Produkte oder Dienstleistungen, die nicht von mehreren wenn nicht zahlreichen Unternehmen angeboten werden. Computer werden zentral in Asien produziert und erst kurz vor der Vermarktung mit einem differenzierten Gehäuse ausgestattet. Immer mehr Autobauer kooperieren bei der Entwicklung und Produktion von Motoren sowie Plattformen und differenzieren lediglich noch das Chassis. Und nahezu jede Bank bietet ein kostenloses Girokonto an.

Demnach wird es zunehmend schwieriger, eine USP (Unique Selling Proposition), also ein Alleinstellungsmerkmal zu entwickeln und kommunikativ herauszustellen. In diesem Zusammenhang gewinnt die graduelle Differenzierung über Wahrhaftigkeit und Nachhaltigkeit an Stellenwert, ein Trend, dem Zukunftsforscher verstärkt ihr Augenmerk schenken. Dass ein Waschmittel die Wäsche reinigt, gilt als selbstverständlich, aber passiert dies auch umweltschonend? Dass Kaffee aus feinsten Hochlandbohnen gewonnen wird, begeistert keinen Verbraucher mehr, aber wurde der Kaffee zu fairen Bedingungen in den Erzeugerländern hergestellt? Und Turnschuhe sind nur solange hip, wie sie nicht mit Hilfe von Kinderarbeit hergestellt wurden.

Wer jedoch mit Ökologie und Nachhaltigkeit argumentiert, ohne diese Versprechen auch glaubwürdig umzusetzen, setzt sich dem Vorwurf des Greenwashing aus. Bei Glaubwürdigkeit hinsichtlich Ökologie und Nachhaltigkeit nimmt die Marke *Frosch* von *Werner & Mertz*, deren Portfolio sich aus umweltschonenden Putz-, Wasch- und Reinigungsmitteln zusammensetzt, eine Vorreiterrolle ein.

Quelle: *Jossé, H.*: Wer wirbt, stirbt, in: Frankfurter Allgemeine Zeitung, Nr. 281 vom
          01.12. 2008, S. 20.

Eine neue Dimension des Zusatznutzens bietet **Mood Food**. Dies sind Lebensmittel, die dem Verbraucher Wohlgefühl, Erholung und mentale Leistungsfähigkeit versprechen. Eine Spezialform davon ist **Beautyfood** (auch Nutricosmetics oder Cosmeceuticals). Hierbei handelt es sich um Lebensmittel, die mit einem Schönheitsversprechen aufgeladen werden. Das Spektrum der Produkte reicht von Schokolade als ultimatives Heilmittel gegen Pickel über Anti-Aging-Wholefood-Riegel mit Superfrucht-Extrakten und Omega-3-Fettsäuren bis hin zu Skin-Balance-Water, dessen Konsum glatte und jugendliche Haut verspricht. Während Beautyfood in Japan und den USA bereits boomt, entwickelt sich dieser Markt in Europa erst langsam (vgl. *Düthmann* 2009, S. 36 ff.).

Fallbeispiel „Nachhaltigkeit" – *Aldi Süd* listet Lieferanten aus

Als ein Lieferant der Forderung nach einer Nachhaltigkeits-Zertifizierung nicht schnell genug nachgekommen war, reagierte *Aldi Süd* trotz seit 25 Jahren bestehenden Geschäftsbeziehungen mit Auslistung. Ausschlaggebend für eine solch vehemente Reaktion dürfte nicht alleine das grüne Gewissen des *Albrecht*-Imperiums gewesen sein. Vielmehr steht *Aldi* als größter Discounter unter ständiger Beobachtung von Umweltschutzorganisationen wie *WWF* oder *Robin Wood*. Und kein Discounter hat Interesse daran, sich deren Kritik auszusetzen.

Branchenkenner mutmaßen, dass hinter der harschen Reaktion von *Aldi Süd* noch andere Gründe stecken. Denn die im vorliegenden Fall bestehende Kundenkonstellation mit einem zwischen Lieferant und *Aldi Süd* geschaltetem Vertriebspartner soll den Einkäufern des Hard-Discounters bereits seit geraumer Zeit ein Dorn im Auge gewesen sein. Würde nicht noch ein Dritter an dem Geschäft partizipieren, könnten die Einkaufskonditionen verbessert werden, so das konstatierte *Aldi*-Gedankenspiel.

Quelle: *Hoos, E.:* Aldi macht ernst, in: LebensmittelZeitung, Nr. 21 vom 28.05.2010, S. 2.

3.2.2 Verpackung

Als Verpackung bezeichnet man die Gesamtheit der Materialien, die das zu verpackende Gut, das sog. Packgut, umhüllen. Im Wesentlichen erfüllt die Verpackung folgende **Funktionen** (vgl. *Rivinius* 2001, S. 1783–1784; *Stabernack* 1998):

- **Schutzfunktion**
  Die Verpackung gewährleistet Haltbarkeit, Hygiene, Qualität und Unversehrtheit.

- **Vertriebsfunktion**
  Die Verpackung macht Waren transport- sowie lagerfähig und garantiert eine langfristige Bedarfsdeckung.

- **Informations- und Kommunikationsfunktion**
  Die Verpackung informiert zum einen über Mindesthaltbarkeitsdatum, Ingredienzien, Gewicht, Preis und technische Daten (etwa EAN-Code oder Sicherheitsvorschriften). Zum anderen differenziert sich das Produkt von Wettbewerbsangeboten und kommuniziert die Werbebotschaft am Point-of-Sale (etwa „*Nutella* - + 80 g gratis", „Das neue *Persil* – mit verbesserter Wirkformel").

- **Conveniencefunktion**
  Die Verpackung erleichtert den Ge- und Verbrauch des Produkts durch Eigenschaften wie Wiederverschließbarkeit, Zweitnutzen (etwa Senfglas zu einem späteren Zeitpunkt als Bierglas), Präsentationseinheit (etwa *Celebrations* von *Mars*, einer Mischung aus Miniaturversionen von *Mars*, *Snickers*, *Bounty*, *Milky Way* und *Twix* in einer dekorativen Servierschale), Portionierbarkeit und einfache Handhabbarkeit des Produktes.

- **Markierungsfunktion**
  Die Verpackung bildet gemeinsam mit dem Produkt die visualisierte Markenpersönlichkeit, sie ist Ausdruck der Identität einer Marke (etwa *Ritter Sport*, *Toblerone* und *Milka* im Vergleich).

Drei **Bezugsgruppen**, nämlich die Hersteller bzw. Abfüller, der Handel sowie die Verbraucher, erheben (nicht immer miteinander zu vereinbarende) Ansprüche an die Verpackung (vgl. Tab. 3.2). Diese lassen sich durch entsprechende Gestaltungsmittel wie Form, Farbe, Material, Oberfläche, Zeichen und Konstruktionsmittel erfüllen.

Tab. 3.2: Anforderung an die Verpackung aus der Sicht von drei Bezugsgruppen (Quelle: Dichtl 1994, S. 220)

Hersteller/Abfüller	Handel	Verbraucher
• Hohe Abfüllgeschwindigkeit • Eignung zur Profilierung • Eignung als Informationsträger • Kostengünstigkeit • Vermittlung intendierter Preis- und Qualitätsvorstellungen	• Optimale Nutzung von Regalplatz • Scanningfähigkeit • Selbstbedienungseignung • Optimales Handling • Eignung für Verkaufsförderung	• Ansprechendes Design, hohe Anmutungsqualität • Sichtbarkeit des Inhalts • Leicht zu öffnen/ verschließen • Verbrauchswirtschaftlichkeit • Möglichkeit der Zweitverwendung • Ökologische Qualität
• Stapelfähigkeit • Palettierungsfähigkeit • Raumsparend		• Sicherheit vor missbräuchlicher Öffnung • Verbrauchergerechte Größe
	• Gewichtsgünstigkeit • Bruchsicherheit • Haltbarkeit des Inhalts • Schutz des Inhalts	

Fallbeispiel „Verpackung" (1) – Schlanke Taille kommuniziert Kalorienreduktion.

Die *Coca-Cola*-Flasche gehört wohl zu den wenigen Verpackungen, die man einem Produkt auch ohne Inhalt und Markierung eindeutig zuordnen kann. Die legendäre Konturflasche wurde zwar immer wieder einmal in Länge und Taillierung variiert. Im Kern blieben aber alle wesentlichen Charaktermerkmale über die Zeit hinweg erhalten.

Eine Taille wie bei der *Coca-Cola*-Flasche wird heutzutage gerne als Designelement für kalorien- und/oder fettreduzierte Lebensmittel genutzt. Ob im Falle der *Rank & Schlank*-Premiumwürstchen von *Böklunder* (30 % weniger Fett) oder des *Westcliff*-Zitronengetränks von *Aldi-Süd* (50 % kalorienreduziert gegenüber der bisherigen Rezeptur) – durch eine klar erkennbare Taille auf der Verpackung versuchen Hersteller den USP des Produkts (**Unique Selling Proposition** = einzigartiger Produktvorteil) über die Produkthülle zu kommunizieren.

Quelle: *Lattmann, C.:* Packaging animiert zum Shoppen, in: LebensmittelZeitung, Nr. 38 vom 19.07.2008, S. 76.

Fallbeispiel „Verpackung" (2) – Grüne Spitze kommuniziert Bio.

Der Bananenimporteur *Fyffes* setzt auf ein neues Verpackungskonzept. Um die Öko-Südfrüchte auf den ersten Blick von konventionellen Bananen unterscheiden zu können, werden sie seit Kurzem mit einer umweltfreundlichen grünen Wachsspitze versehen.

Quelle: *Lattmann, C.:* Packaging animiert zum Shoppen, in: LebensmittelZeitung, Nr. 38 vom 19.07.2008, S. 76.

3.2.3 Markierung

3.2.3.1 Charakteristika von Markenartikeln

Markierung bezeichnet die **sichtbare individuelle Kennzeichnung** eines Produkts bzw. einer Dienstleistung mit einem Namen, Aufdruck, Symbol, Design oder einer Kombination aus diesen Merkmalen (vgl. hierzu auch Tab. 3.3). Sie dient dazu, das Produkt- oder Leistungsangebot eines Anbieters zu kennzeichnen und von der Konkurrenz abzuheben (vgl. im Folgenden *Bruhn* 1994; *Esch* 1999; *Unger* 1986). Neuromarketing-Experten haben in diesem Kontext festgestellt, dass der Anblick von Marken wie *Harley-Davidson*, *iPod* und *Ferrari* die gleichen Hirnströme aktiviert wie das Betrachten von Heiligenbildern. Soziologen leiten daraus ab, für Marken gelte „dasselbe Prinzip wie für Ikonen, Fetische und Götzen in der Religion" (*Hirschle* 2012). Dass eine prominente Markierung auch mit Nachteilen verbunden sein kann, zeigt sich beispielsweise daran, dass der *Mercedes*-Stern seit Jahrzehnten infolge Diebstahls das meistnachgefragte Ersatzteil bei *Mercedes*-Automobilen ist.

Die einheitliche Markierung stellt ein zentrales Charakteristikum von **klassischen Markenartikeln** (= Herstellermarken) dar. Weitere **Kennzeichen** sind:

- hohe Innovationskraft, die sich in einer klaren Differenzierung vom Wettbewerber und einer eigenständigen Positionierung auf dem relevanten Markt niederschlägt,
- konstante oder im Zeitablauf verbesserte Qualität infolge von Relaunches,
- eine mittlere bis gehobene Preiskategorie,
- temporär konstante Aufmachung,
- weite Verbreitung/Verkehrsgeltung bzw. Überallerhältlichkeit (sog. **Ubiquität**) im relevanten Markt sowie
- intensive Kommunikation, die in einen hohen Bekanntheitsgrad mündet.

Fallbeispiel „Ubiquität" – *Ferrero, Haribo Goldbären* **und** *Coca-Cola* **gibt es (fast) überall.**

Ferrero gilt als Paradebeispiel für die Omnipräsenz eines Unternehmens im Handel. Neuland für Listungen besteht nur noch bei *Aldi Nord* und bei den *dm-Drogeriemärkten*.

Trotzdem oder gerade deshalb widersetzt sich *Ferrero* konsequent dem sog. **Nichtleistungswettbewerb**. Sämtliche Handelskunden behandelt der Süßwarenhersteller gleich – durch ein ausgeklügeltes Rückvergütungssystem, welches Umsatzsteigerungen mit *Ferrero*-Produkten im Nachhinein honoriert. Die konsequente Gleichbehandlung großer und kleiner Handelskunden sorgte in der Vergangenheit wiederholt für Konfliktstoff mit Großabnehmern (etwa Discounter), die gerne bevorzugt behandelt würden.

Ähnliche Verbreitung im Markt verzeichnen die *Haribo Goldbären*. Man findet sie an jeder Tankstelle, bei *Aldi*, im Freibad-Kiosk und an der Kasse im Baumarkt. Das Produkt-Portfolio von *Haribo* richtet sich heute sowohl an Kinder als auch an Erwachsene. Legendär ist der in den 30er Jahren entwickelte Slogan „*Haribo* macht Kinder froh", der später um den Zusatz „… und Erwachsene ebenso" ergänzt wurde.

Doch der Champion der Überallerhältlichkeit-Distribution und nicht ohne Grund die wertvollste Marke der Welt ist *Coca-Cola*. „Within arm´s length – auf Armeslänge" soll der Kunde an den Soft-Drink gelangen. Alleine in Deutschland beliefert *Coca-Cola* rund 400.000 Verkaufsstellen. Das Spektrum reicht von Tante-Emma-Läden, Supermärkten und Einkaufszentren über Kneipen, Schnellimbisse und Restaurants bis hin zu Kiosken und Bahnhöfen.

Weltweit setzt *Coca-Cola* in 200 Ländern an rund 20 Millionen Verkaufsstellen mehr als 1,6 Milliarden Getränke täglich ab. Neben dem Sortiment, das sich weltweit aus 3.300 Marken und Produkten zusammensetzt, liegt das Erfolgsgeheimnis von *Coca-Cola* im Wesentlichen in der Kommunikations- und Vertriebspolitik.

Neben den allgegenwärtigen Werbeplakaten, Logos, TV-Spots und Verkaufshilfen sponsert das Unternehmen deutschlandweit Vereine und Veranstaltungen auf nationaler und lokaler Ebene. Der hierdurch ausgelöste Pull-Effekt und die damit verknüpfte Marktmacht bedürfen einer ausgeklügelten Vertriebsorganisation. Im direkten Kundenservice ist hierzulande die Hälfte der 12.000 Mitarbeiter tätig: Key-Account-Manager, Verkaufsaußendienste, das Telefonverkaufsteam und nicht zuletzt die Fahrer der „Roten Flotte" mit über tausend LKW. Der technische Service wacht über die Verkaufsgeräte im Markt, also über tausende von Getränkeautomaten wie Kühlschränke, Kühltruhen, Heißgerätespender und Schankanlagen in Gastronomiebetrieben und Kantinen. Derzeitig sind im Bereich des technischen Equipments rund 400.000 firmeneigene Geräte installiert. Hinzu kommen zahlreiche Geräte, die den *Coca-Cola*-Kunden gehören.

Die Produkte finden sich nicht nur in den Lebensmittelgeschäften, sondern auch in Convenience-Shops der Tankstellen sowie in Getränkefachmärkten und im Getränkegroßhandel. Bereits vor Jahren wurden Bäckereien, Blumengeschäfte, Mobilfunkshops, Metzgereien und Bekleidungshäuser wie *C&A* in das Vertriebsnetz einbezogen. Die „New Channel"-Strategie bedient sich noch weiterer Fachfilialisten. So findet sich *Coca-Cola* bei *Woolworth*, *OBI* und *Toys „R" Us*.

Lediglich *Aldi Süd* und *Nord* weigern sich weigerten sich lange Zeit, die berühmte braune Brause oder eines der anderen 70 Produkte von *Coca-Cola* in die Regale ihrer rund 4.200 Filialen zu nehmen.

Doch seit 2012 führt auch Lebensmittel-Discounter *Aldi Coca-Cola* in seinen Filialen. Die 1,25-Liter-Flasche *Cola* kostete bei der Einführung 0,99 € und damit genauso viel wie bei *Lidl* – aber weniger als bei *Rewe* und *Edeka*, wo die 1-Liter-Flasche für den gleichen Preis und damit rund 25 % teurer angeboten wird. *Coca-Cola* wird nicht die letzte Hersteller-marke sein, die sich *Aldi* ins Sortiment holt. Konkret soll es bei laufenden Verhandlungen um Produkte der Marke *Nivea* gehen, um Shampoo der Marken *El Vital* und *L'Oréal* so-wie um *Persil*-Waschmittel von *Henkel* handeln. Das ist nicht zuletzt eine Folge der *Schle-cker*-Pleite. Bei dem Verkauf von *Nivea*-Produkten geht es offenbar auch darum, sich ei-nen Teil des bisherigen Umsatzes der in Insolvenz gegangenen Drogeriemarkt-Kette zu si-chern.

Quelle: *Chwallek, A.:* Meister des Wachstums, in: LebensmittelZeitung, Nr. 45 vom 06.11. 2009, S. 34; *Vossen, M.:* In Griffweite, in: LebensmittelZeitung, Nr. 43 vom 29.10. 2010, S. 100; *Vossen, M. u. a.:* Aldi schmückt sich mit Coke, in: Le-bensmittelZeitung, Nr. 39 vom 28.09.2012, S. 1 u. 3.

Tab 3.3: Ausgewählte Begriffe zum Themenkomplex „Marke"
    (Quelle: in Anlehnung an Thiel 2003)

Begriff	Englisches Synonym	Definition
Marke	Brand	Name, Bezeichnung, Symbol oder Design bzw. eine Kombi-nation dieser Elemente, die zur Identifikation von Produkten und/oder Dienstleistungen eines Anbieters und zur Differen-zierung gegenüber den Wettbewerbern dienen
Markenname	Brand Name	Der Teil einer Marke, der sich verbal wiedergeben lässt
Marken-zeichen	Brand Sym-bol	Der Teil einer Marke, der visuell erkannt, aber nicht verbal wiedergegeben werden kann
Waren-zeichen	Trade Mark	Marke bzw. Teil einer Marke, die bzw. der unter gesetzli-chem Schutz steht
Marken-bildung	Branding	Festlegung von Markennamen und -zeichen und/oder die Veranlassung ihrer gesetzlich geschützten Eintragung als Handelsmarke
Markenwert	Brand Equity	Der Wert einer Marke, basierend auf dem Ausmaß an Loyali-tät, Markenbekanntheit, mit der Marke verbundenen Vor-stellungen und anderen Vorteilen, wie Patente, eingetragene Warenzeichen u. ä.

Die **Markenidentität** repräsentiert das Selbstbild der Marke (Wie sieht das Unternehmen die eigene Marke/n?) und ist demnach Ausgangspunkt für die Markenpositionierung. Das **Mar-kenimage** hingegen bezeichnet das Fremdbild der Marke, das sich bei Zielgruppen und Öf-fentlichkeit zeichnet. Im Idealfall entsprechen sich Fremd- und Selbstbild einer Marke.

Die deutsche Gesetzgebung verzichtet auf den in Wissenschaft und Praxis etablierten Begriff „Markenartikel", sondern verwendet stattdessen den Begriff **„Markenware"**, da sowohl Industrie- als auch Handelsunternehmen das gewerbliche Recht zum Schutz der eigenen Marke nutzen können.

3.2.3.2   Markenwert

Markenwert (Brand Equity) definiert den Wert, der mit dem Namen (z. B. *McDonald's*) und/oder Logo einer Marke (Golden Arches, goldene Bögen) verbunden ist. Der Markenwert entspricht hierbei dem Wertunterschied, der zu einem technisch-physikalisch gleichen, aber namenlosen (No-Name-Produkt) oder wenig etablierten Produkt (klassische Handelsmarke, Zweit- und Drittherstellermarke) besteht. Die Messung einer solchen Differenz gestaltet sich in der Realität zugegebenermaßen schwer.

Es kann zwischen nicht-monetären, d. h. nicht in Geldeinheiten bewerteten (etwa Markenimage, Markentreue oder Markenbekanntheit) und monetären Markenwertgrößen unterschieden werden. Letztere, auf denen das Augenmerk der weiteren Betrachtung liegt, verstehen sich im Sinne der **Kapitalwertmethode** als Barwert (d. h. auf den heutigen Zeitpunkt abgezinster Wert) aller zukünftigen auf die Marke zurückzuführenden Einzahlungsüberschüsse (Brand Specific Earnings).

Seinen Ursprung hat der Begriff Markenwert Anfang der 80er Jahre in den USA. Vor dem Hintergrund steigender Marketing-Budgets und der Kritik an den zumeist kurzfristigen Werbewirkungen sollte mit Hilfe des Markenwerts untermauert werden, dass es sich bei Marketing-Aufwendungen durchaus um Investitionen mit langfristigem Charakter handelt. Weitere Verwendungszwecke des Markenwerts sind in Tab. 3.4 aufgeführt.

Tab. 3.4: Einsatzgebiete und konkrete Verwendungszwecke von Markenbewertungen (Quelle: Sattler 2000)

Einsatzgebiet	Konkreter Verwendungszweck
Markentransaktionen	• Kauf/Verkauf/Fusion von Unternehmen(steilen) mit bedeutenden Marken • Lizenzierung von Marken
Markenschutz	• Schadensersatzbestimmung bei Markenrechtsverletzungen
Markenführung	• Steuerung und Kontrolle von Marken/ Führungskräften • Aufteilung von Budgets

Tab. 3.4: Einsatzgebiete und konkrete Verwendungszwecke von Markenbewertungen (Quelle: Sattler 2000; Fortsetzung)

Einsatzgebiet	Konkreter Verwendungszweck
Markendokumentation	• Unternehmensinterne Berichterstattung • Unternehmensexterne Berichterstattung innerhalb/außerhalb des Jahresabschlusses
Markenfinanzierung	• Kreditabsicherung durch Marken • Kreditakquisition durch Marken

Beim im Folgenden vorgestellten ***Interbrand*-Ansatz**, einer breit akzeptierten und weltweit angewendeten Methode, handelt es sich um ein praxisorientiertes Verfahren zur Ermittlung der Werte internationaler Marken, das auf dem Punktbewertungsverfahren basiert. In die Berechnung werden sieben Faktoren einbezogen, die sich wiederum aus einer Mehrzahl von Teilkriterien zusammensetzen. Die Gewichtung der Faktoren fällt unterschiedlich aus. Zur Ermittlung des Markenwertes wird der Gesamtpunktwert mit dem durchschnittlichen Gewinn der vergangenen drei Jahre multipliziert.

Um überhaupt in das Ranking der wertvollsten 100 Marken der Welt von *Interbrand* zu gelangen, müssen die Unternehmen zunächst **drei Hürden** überwinden:

1. Der Wert der Marke muss über 1 Milliarde US-$ liegen.
2. Die Marken müssen global sein, d. h. sie müssen mindestens ein Drittel ihrer Umsätze außerhalb des Mutterlandes erwirtschaften und in Amerika, Europa und Asien in bedeutsamem Maß verbreitet sein.
3. Sie müssen ihre Marketing- und Finanz-Daten der Öffentlichkeit zugänglich machen.

Diese Kriterien erfüllen einige Marken wie *VISA*, *BBC* und *Mars* nicht.

Der Ansatz von *Interbrand* bestimmt den Wert einer Marke auf Basis der zukünftig zu erwartenden Erträge. Diese prognostizierten Gewinne werden auf den gegenwärtigen Wert abgezinst. Der Zinssatz fällt umso höher und damit der Gegenwartswert umso geringer aus, je größer das Risiko ist, dass die Erträge in der Zukunft auch tatsächlich erwirtschaftet werden.

Zu Beginn des Prozesses rechnet *Interbrand* zunächst die gesamten **Umsätze** der Marke aus. Im Falle von beispielsweise *McDonald's* ist die Marke das gesamte Unternehmen. In anderen Fällen, wie beispielsweise *Marlboro*, ist die Marke nur ein Teil des Unternehmens *Altria Group* (früher *Philip Morris Companies*). Im nächsten Schritt prognostiziert *Interbrand* mit Unterstützung der Analysten von *J.P. Morgan Chase & Co.*, *Citigroup* and *Morgan Stanley* die **Nettoeinkünfte einer Marke** auf einen Horizont von fünf Jahren. Hiervon werden die Einkünfte abgezogen, die auf den Besitz der materiellen Vermögenswerte zurückzuführen sind. Diese Vorgehensweise basiert auf der Überlegung, dass sämtliche Einkünfte, die nunmehr übrig bleiben, durch immaterielle Faktoren wie Patente, Kundenlisten und natürlich die Marke bedingt sind.

Im nächsten Schritt gilt es, die **Einkünfte**, die auf die **Marke zurückzuführen** sind, von jenen zu trennen, die auf anderen immateriellen Faktoren basieren: Kauft ein Kunde z. B. bei

McDonald´s aufgrund des Markennamens oder weil das Restaurant für ihn bequem gelegen ist? Hierzu nutzt *Interbrand* die Marktforschung sowie Interviews mit Managern aus der Industrie.

In der letzten Phase gilt es, die Markenstärke zu bestimmen, um auszurechnen, wie risikoreich die zukünftigen Markeneinkünfte sind. Hierzu bedient sich *Interbrand* **sieben Faktoren**:

- Stabilität der Marke,

- Ausmaß der Marktführerschaft der Marke (absoluter und relativer Marktanteil, Positionierung, bearbeitete Segmente),

- Fähigkeit der Marke, geographische und kulturelle Grenzen zu überwinden,

- allgemeine Entwicklung der Marke (Entwicklung, Status, Planung),

- Unterstützung der Marke durch das Marketing (Qualität, Stabilität, zukünftige Strategie),

- rechtlicher Schutz der Marke (Namensrechte, Registrierung) sowie

- Eigenschaft des für die Marke relevanten Marktes.

Mittels Risikoanalysen wird auf Basis eines Scoring-Modells, in welches die sieben Faktoren einbezogen werden, einen Abzinsungsfaktor entwickelt, der dazu dient, die in der Zukunft liegenden Einkünfte der Marke auf einen realistischen Gegenwartswert abzudiskontieren. *Interbrand* ist davon überzeugt, dass dieses Modell dem komplexen Geflecht an Kräften, aus denen sich eine Marke zusammensetzt, am nächsten kommt.

Wie Tab. 3.5 zu entnehmen ist, dominieren amerikanische Unternehmen dieses Ranking: Zehn der zehn wertvollsten Unternehmen kommen aus den USA. *Nik Stucky*, verantwortlich für Markenbewertung in Zentraleuropa bei *Interbrand Zintzmeyer & Lux*, erklärt dies folgendermaßen: „Europäer haben die – nicht unsympathische – Angewohnheit, sich bei der Eroberung anderer Länder auf deren Besonderheiten einzustellen. Darum hieß der frühere *VW Bora* in Amerika immer *Jetta*, und der niederländische *Philips*-Konzern tritt in den Vereinigten Staaten unter dem Namen *Norelco* auf. Amerikanische Unternehmen gehen brutaler vor. Sie erobern die Welt im eigenen Namen. Sie setzen dabei ganz auf den Vorteil des Heimatmarktes. Wer in Amerika bedeutend ist, der ist auch im internationalen Maßstab schon groß und daher zumindest innerhalb der Branche bekannt."

Es soll jedoch nicht unerwähnt bleiben, dass Untersuchungen über den Wert von Marken unter Experten nicht unumstritten sind. Angesichts der Kritik entwickelt ein Arbeitsausschuss für Markenwertermittlung des *DIN Deutschen Instituts für Normung* ein Papier, das die Mindestanforderungen an Markenwertberechnungen festlegt.

Tab. 3.5: Die wertvollsten 10 Marken der Welt
(Quelle: www.interbrand.com; Stand: 23.08.2012, 13:15 Uhr)

Rang 2011	Marke	Markenwert 2005 (*in Millionen €*)	Ursprungsland
1	*Coca-Cola*	71.861	USA
2	*IBM*	69.905	USA
3	*Microsoft*	59.087 ·	USA
4	*Google*	55.317	USA
5	*General Electrics*	42.808	USA
6	*McDonald's*	35.593	USA
7	*Intel*	35.217	USA
8	*Apple*	33.492	USA
9	*Disney*	29.018	USA
10	*Hewlett-Packard*	28.479	USA

Fallbeispiel „Marke" – Mythos *Marlboro*

Marlboro ist eine Männerzigarette, die aber genauso häufig vom weiblichen Geschlecht bevorzugt wird und nicht zuletzt deshalb den größten Marktanteil weltweit auf sich vereint. In der Vergangenheit war die Marke *Marlboro* untrennbar mit dem archetypischen Heldenmythos des Cowboys verbunden, mit dem sich Männer identifizieren konnten und der gleichzeitig auf Frauen anziehend wirkte. Die Kommunikation bediente sich keiner Produkt-, sondern einer Markenwerbung. Hierbei wurde der Held idealtypisch dargestellt: männlich, gepflegt, gutaussehend.

In 2011 startete *Phillip Morris* einen Relaunch von *Marlboro* mit dem Slogan „Don't be a maybe!". Übersetzt heißt das etwa so viel wie „Sei kein Unentschlossener!", oder, etwas freier, „Sei kein Weichei!". Die Kampagne zielt auf die heute 20- bis 30-Jährigen, die in den 80er-Jahren geboren wurden und als Unentschlossene, Zögerer und Zauderer gelten. Gestaltet hat die Kampagne die Agentur *Leo Burnett*, Frankfurt. Zuerst mit Teaser-Plakaten (Maybe) ganz ohne Produkt-Abbildung, dann mit der Schachtel *Marlboro* (Be Marlboro) und anschließend mit Fotografien und Sprüchen wie „Maybe never fell in love" oder „Maybe never will be her own boss" und der Folgerung „Don't be a maybe". Im letzteren Fall wird eine cool bis natürlich aussehende Frau im mittleren Alter in lässiger Kleidung gezeigt, die auf einer Parkbank wartet. Mit dieser Strategie, die dem „female marketing" zuzuordnen ist, will man vor allem junge Frauen ansprechen, die sich mit dem klassischen Cowboy-Image bislang nicht anfreunden konnten.

Quelle: *o. V.:* Kein Profil ohne Mythos, in: LebensmittelZeitung, Nr. 48 vom 28.11.2008, S. 84.

3.2.3.3   Markenname

Der **Markenname** ist jener Teil einer Marke, der ausgesprochen werden kann. Traditionell beschritt man bei dem Aufspüren bzw. der Entwicklung geeigneter Markennamen einen eher intuitiven Weg. Als Beispiel hierfür kann das 1907 angemeldete Produkt *Tesa* angeführt werden, das seinen Namen der Frau des Erfinders, *Elsa Tesmer*, zu verdanken hat. Zu diesem Zeitpunkt waren gerade einmal 5.759 Markennamen international registriert (vgl. zum Ursprung ausgewählter Markennamen Tab. 3.6).

Fallbeispiel „Markenname" (1) – fiktive Marken in Film und Fernsehen

Für Filme und Fernsehserien erfinden Spezialisten Fantasiemarken wie *Zweimaster Pilsner*, *Tendental*-Zahncreme oder *Grappyz Golden Chips*. Denn zum einen sind dem **Product Placement** im Fernsehen enge Grenzen gesetzt. Sind nur fiktive Marken zu sehen, vermeiden Produzenten den Vorwurf der Schleichwerbung. Zum anderen gelingt es mittels Fantasiemarken, die Werbekunden nicht zu verärgern, da die Produkte innerhalb der Sendung nicht mit den Marken in den Werbeblöcken kollidieren. Denn ein Getränkekonzern, der einen Spot im Werbeblock schaltet, wird es wohl kaum gerne sehen, wenn ein Schauspieler in der Serie das Konkurrenzprodukt konsumiert. Schließlich möchten Markenartikelhersteller nicht in einem negativen Kontext präsentiert werden. Sucht eine Filmcrew für einen Raubüberfall einen Lieferwagen, dürfte der Logistikkonzern *UPS* wenig davon begeistert sein, das eigene Firmenlogo in einer solchen Szene zu sehen.

Die Produzenten der Zeichentrickserie „*Die Simpsons*" haben Kunstmarken zum Kult gemacht: der *Kwik-E-Markt*, die *Krusty-Burger*-Kette oder *Duff-Bier*. Und so manche dieser künstlichen Marken schafft den Sprung in die reale Welt. So braut die *Eschweger Klosterbrauerei* mittlerweile das *Duff-Bier* aus den „*Simpsons*" – nach deutschem Reinheitsgebot.

Quelle: *Rigby, R./Knappmann, L.:* Fast wie im echten Leben, in: Financial Times Deutschland

Fallbeispiel „Markenname" (2) – *Fucking Hell*: Ein Schelm wer Böses dabei denkt!

Das *Europäische Markenamt* hat den Namen „*Fucking Hell*" für ein helles Bier aus dem österreichischen Ort Fucking genehmigt. Auch wenn das Wort in englischer Sprache eine zweideutige Bedeutung habe, stehe der Eintragung als Marke nichts entgegen. Die *deutsche Marketinggesellschaft*, die eine Brauerei in Fucking bei Salzburg gegründet hat, verwies auf den tatsächlich existierenden Ortsnamen. „Hell" beziehe sich auf die Farbe des Bieres.

Quelle: *o. V.:* Fucking Hell wird eingetragene Biermarke, in: LebensmittelZeitung, Nr. 14 vom 09.04.2010, S. 24.

Tab. 3.6: Der Ursprung ausgewählter Markennamen
(Quelle: www.bild.t-online.de/BTO/index.html; Stand: 17.04.2003)

Markenname	Ursprung
Adidas (Sportartikelhersteller)	*Adolf (**Adi**) **Dassler***, der Name des Firmengründers
AEG (Elektrogeräte)	**A**llgemeine **E**lektrizitäts-**G**esellschaft
AGFA (Fotofilme, Fotoapparate, …)	**A**ktien **G**esellschaft für Anilin-**Fa**brikation
Alfa Romeo (Autohersteller)	Benannt nach *Nicola **Romeo***, dem Manager der **A**nonima **L**ombarda **Fa**bbrica **A**utomobili.
ARAL (Tankstellen)	**Ar**omate (Benzol) und **Al**iphate (Benzin)
Aspirin (Kopfschmerztabletten)	Der Name wurde von der Firma *Bayer* für „**A**cetyl**s**alicyl**s**äure" eingeführt. Eigentlich leitet er sich aus dem pflanzlichen Wirkstoff der Wiesen**spir**staude ab.
BASF (Chemieunternehmen)	**B**adische **A**nilin- & **S**oda**f**abrik AG
C&A (Bekleidungshaus)	*Clemens **und** August Brenninkmeijer*, die Vornamen der Firmengründer
Chio (Chips und Knabberwerk)	*Carl, **H**einz und **I**rmgard von **O**pel*, die Namen der Gründerfamilie
Coca-Cola (Getränkekonzern)	Abgeleitet von den ursprünglichen Zutaten **Koka**blättern und **Cola**nüssen.
Compaq (Computerhersteller)	Steht für **Compa**tibility And **Q**uality. Übersetzt heißt das Anpassungsfähigkeit und Qualität.
DEA (Tankstellen)	**D**eutsche-**E**rdöl-**A**ktiengesellschaft
Eduscho (Kaffee)	Der Firmengründer hieß *Eduard Schopf*.
Em-Eukal (Hustenbonbons)	**M**enthol und **Eukal**yptus, die Grundzutaten der Halsbonbons.
Erasco (Dosensuppen)	**Erasmi & Co. Conservenfabrik**
ESSO (Tankstellen)	Der Mutterkonzern ist die Standard Oil Corporation, kurz **S.O.** – daraus wurde später Esso.
H&M (Bekleidungshaus)	Ehemals nur Frauenbekleidung. Deshalb *Hennes*, auf Deutsch: „Für Sie". Später wurde der Jagdausstatter *Mauritz* Widforss übernommen. Damit kam die Herrenmode ins Sortiment und der Name *Hennes & Mauritz* entstand.
H.I.S. (Jeans)	*Henry I. Siegel, der Gründer der Firma.*
Hagenuk (Telefone)	Der Name steht für die **H**anseatische **A**pparatebau**ge**sellschaft **Neu**feldt und **K**uhnke.
Hakle (Hygieneartikel)	Abgeleitet vom Namen des Gründers der Firma: *Hans Klenk*.

Tab. 3.6: Der Ursprung ausgewählter Markennamen (Fortsetzung)

Markenname	Ursprung
Hanuta (Knuspersnack)	Die Abkürzung nimmt die Zutaten vorweg: **Ha**sel**nus**stafel.
IBM (Computerhersteller)	Die Abkürzung bedeutet **I**nternational **B**usiness **M**achines.
IKEA (Möbelhaus)	Der Gründer heißt *Ingavar Kamprad* und kam aus dem schwedischen Örtchen **E**lmtaryd **A**gunnaryd.
Labello (Lippenpflege)	Setzt sich aus dem lateinischen Wort für Lippe, „**la**bes" und dem italienischen Wort für schön, „**bello**" zusammen.
Milka (Schokolade)	**Mil**ch und **Ka**kao
NUK (Babyschnuller)	NUK ist die Abkürzung für „**n**atürliche **u**nd **k**iefergerechte" Schnuller.
ODOL (Mundspülung)	Steht für das griechische Wort für Zahn, „**Od**ous" und das lateinische Wort für Öl, „**Ol**eum".
OSRAM (Glühbirnen)	Die Glühfäden, die sich in den Birnen befinden, bestehen aus den zwei Metallen **Os**mium und Wolf**ram**.
Persil (Waschmittel)	Der Name leitet sich aus den beiden Grundstoffen ab: Per, wie das Bleichmittel **Per**obat, und Sil, wie **Si**likat.
Rowenta (Küchengeräte)	Der Firmengründer heißt *Robert Weintraud*.
SAP (Softwarefirma)	SAP steht für **S**ystem**a**nalyse und **P**rogrammentwicklung. Die Firma wurde im April 1972 von ehemaligen *IBM*-Deutschland-Mitarbeitern gegründet.
TUI (Reiseunternehmen)	Steht für **T**ouristik **U**nion **I**nternational
UFA (Kino- und Filmgesellschaft)	**U**niversum **F**ilm **A**G
VIVIL (Kaubonbons)	Der Name ist abgeleitet aus dem lateinischem Verb **viv**ere = leben und dem englischen Wort für Öl – o**il**.
WMF (Töpfe, Bestecke)	Steht für **W**ürttembergische **M**etall **F**abrik und war bis 1945 ein Waffenhersteller aus Friedrichshafen.

Die Identifikation eines neuen, international einsetzbaren Markennamens stellt heutzutage ein wesentlich schwereres Problem dar, was sich u. a. daran ablesen lässt, dass bereits 1992 mehr als 10 Mio. international registrierte Markennamen zu verzeichnen waren und beim deutschen Patentamt jährlich 42.000 Neuanmeldungen verbucht werden (vgl. im Folgenden *Thiel* 2003). Bei der Namensgebung bzw. -findung gilt es u. a. folgende **Fragen** zu beantworten:

- Wird der Markenname regional, national oder international eingesetzt, und welche Anforderungen leiten sich daraus ab?
- Passt der Markenname zur Produktfamilie?
- Zeichnet sich der Markenname durch Originalität und Einzigartigkeit aus?

- Vermittelt der Markenname eine zentrale Produkteigenschaft (z. B. im Falle von *Duschdas*, *Bitter Lemon*) bzw. einen zentralen Produktvorteil (z. B. im Falle von *Bonaqa*)?
- Lässt sich der Markenname leicht aussprechen, wieder erkennen und behalten (bei *Freixenet* gegeben?)?
- Wurde der Markenname durch Warenzeichenrecherchen abgesichert?

Bei der Beantwortung dieser Fragestellungen bieten Branding-Agenturen, Warenzeichen-Börsen und Warenzeichen-Leasing-Unternehmen Hilfestellung. Besonders wichtig erscheint die Absicherung von Markennamen auf internationaler Ebene, wie folgende **Marketing-Flops** anschaulich vor Augen führen:

- Der Name des *Mitsubishi*-Modells „*Pajero*" bedeutet im Spanischen Selbstbefriedigung.
- *Nova*, ein auch unter diesem Namen in Puerto Rico vertriebenes PKW-Modell von *General Motors*, wurde dort mit no va = läuft nicht gleichgesetzt.
- Der *Toyota* MR 2 wird in Frankreich als „merdeux", als kleiner Scheißer verballhornt.
- Die japanische Firma „*Black Nikka*", die Whiskey produziert und vertreibt, hatte mit ihrem Firmennamen wenig Erfolg in den USA.
- Ähnlich erging es der ägyptischen Fluglinie *MISAIR* in Frankreich.

Solche und ähnliche Flops versucht man durch fundierte Marktforschungstests zu vermeiden. Dabei unterscheidet man folgende **Verfahren**:

- **Assoziationstests**: Welche Assoziationen verbinden Probanden mit einem Markennamen?
- **Präferenztests**: Welchem Markennamen geben die Probanden den Vorzug?
- **Lern- und Gedächtnistests**: Welche Markennamen bleiben am besten im Gedächtnis haften?

In jüngerer Zeit ist ein zunehmender Trend zu **Kunstnamen** zu beobachten, die mittels Computer entwickelt werden. Diese fallen mehr auf, können leichter registriert werden, schützen vor Nachahmern und lassen sich international besser einsetzen. Bei der Suche nach Markennamen ist zu beachten, dass der Gesetzgeber Kriterien formuliert hat, die zum Ausschluss eines Markennamens führen. Von der Registrierung als Marke ausgeschlossen sind beispielsweise amtliche Prüfsiegel, Namen bereits registrierter Marken etc. Die Anmeldung des Markennamens erfolgt beim *Deutschen Patentamt*, das zu diesem Zweck 34 Warenklassen und acht Dienstleistungsklassen gebildet hat. Drei bis vier Monate nach Anmeldung erfolgt die Veröffentlichung. Die Einspruchsfrist beträgt drei Monate nach Prüfung. Im Falle einer internationalen Registrierung erfolgt eine einjährige Prüfung. Der Schutz gilt zunächst für fünf Jahre. Innerhalb dieser Zeitspanne muss der Markenname genutzt werden. Ein genutzter Name ist für zehn Jahre geschützt, Verlängerungen für jeweils zehn weitere Jahre können beliebig oft erteilt werden. Das Recht, eine Marke faktisch über einen unbegrenzten Zeitraum schützen zu können, unterscheidet sich wesentlich von Patenten und anderen Schutzrechten, die im Regelfall nach 20 Jahren auslaufen. Der Prozess der **Findung** und **Eintragung** eines **Markennamens** ist Abb. 3.2. zu entnehmen.

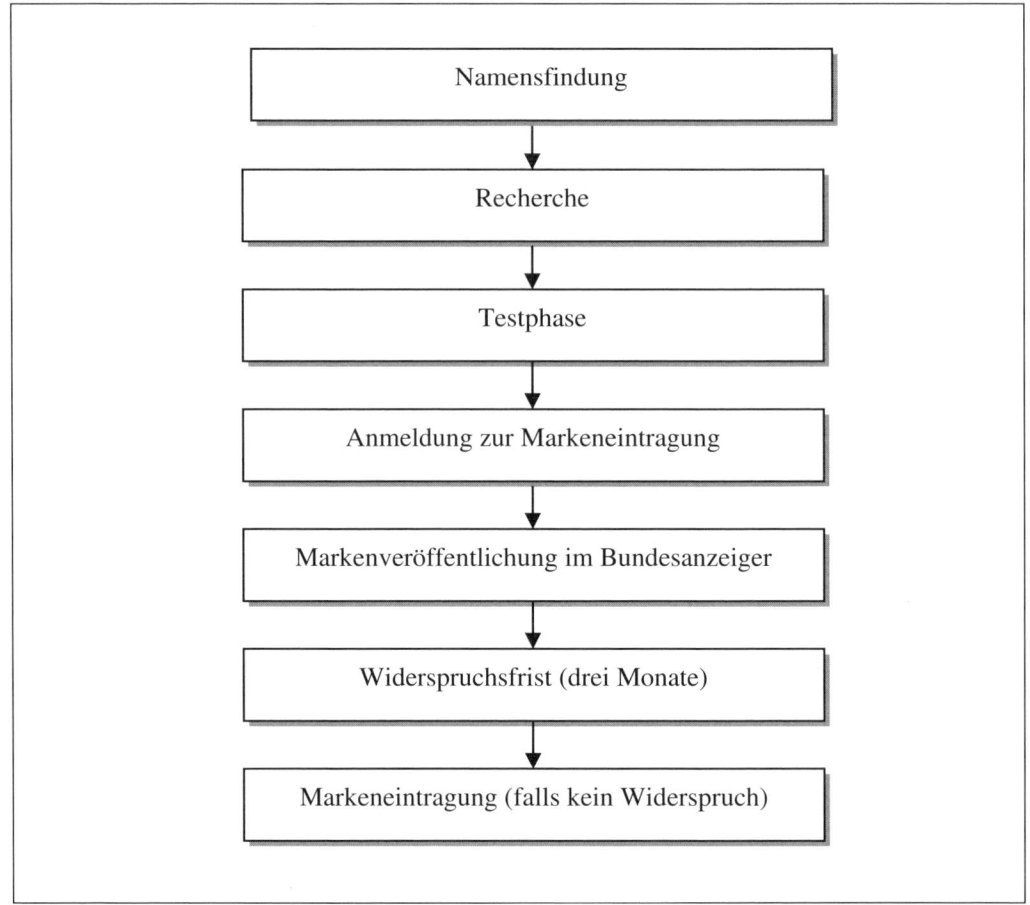

Abb. 3.2: Der Prozess der Findung und Eintragung eines Markennamens
*   (Quelle: Thiel 2003)*

Auf internationaler Ebene problematisch gestaltet sich der Umstand, dass sich nur 27 Länder dem Madrider Markenabkommen angeschlossen haben. U. a. gehören die USA, England und Skandinavien nicht zu den Vertragsunterzeichnern, weshalb in diesen Ländern eine Einzelregistrierung erforderlich ist.

Eine Praktiker-Empfehlung für die Wahl eines Markennamens bietet die **Endmark-Super-Formel**, die fordert, dass ein neuer Name einfach (**S**imple), einzigartig (**U**nique), schutzfähig (**P**rotectable), ausdrucksstark (**E**loquent) und leicht zu merken (easy to **R**emember) sein muss (vgl. *Samland* 2010, S. 72). Dass die Namensfindung auch ganz einfach vonstatten gehen kann, zeigt uns – so zumindest die firmeninterne Anekdote – ein Discounter: Auf der Suche nach dem Markennamen für eine neue Textilserie bediente man sich des Mailänder Telefonbuchs und wählte kurzerhand den Namen *Enrico Collani*.

Mehr oder weniger hilflos stehen Unternehmen dem Phänomen gegenüber, wenn der Volksmund den Markennamen verballhornt. Zur Veranschaulichung dienen folgende Beispiele:

- Hat's geknallt und hat's gestunken, war's bestimmt von Telefunken.
- Jeder Popel fährt 'nen Opel.
- AEG – Ausgepackt, Eingepackt, Garantie.
- Kentucky schreit ficken (KFC = Kentucky Fried Chicken).

Fallbeispiel „Markennamenwechsel" – Aus *Raider* wurde *Twix*.

Das wohl bekannteste Beispiel für einen Markennamenwechsel dürfte die Umbenennung von *Raider* in *Twix* sein. Während die Marke *Raider* aus dem Hause *Mars* nur in den Regalen des deutschsprachigen Raums vertreten war, war der Schokoriegel zum damaligen Zeitpunkt unter dem Namen *Twix* in rund 70 Ländern bekannt. In Deutschland wurde der neue Markenname mit einer groß angelegten Werbekampagne unter dem Slogan „*Raider* heißt jetzt *Twix*, … sonst ändert sich nix" eingeführt. Der Werbeclaim „*Raider*, der Pausensnack" war somit überflüssig.

Die Umbenennung war darauf ausgerichtet, gleiche bzw. ähnliche Produkte global unter einem Markenzeichen zusammenzufassen und zu vereinheitlichen. Auf diese Weise lassen sich die Kosten der Kommunikation reduzieren und länderübergreifende Synergien nutzen.

Als **Gründe** für eine Markenumbenennung lassen sich grundsätzlich anführen:

- International vereinheitlichter Auftritt (*Raider – Twix, Calgonit – Finish, Fairy Ultra – Dawn – Fairy*)
- Ausdünnung des Markenportfolios (*Servus – Hakle, Sprengel – Sarotti*)
- Auffrischung oder Aktualisierung einer Marke (*Korall – Coral; Fructiv, Joghurt mit der Ecke*)
- Herauslösung eines Produkts aus einer Marke vor einem Verkauf durch den alten Marken-Eigentümer (*Homa – Livio – Mazola, Livio Ketchup* zu *Knorr*)
- Umbenennung durch den neuen Eigentümer nach dem Kauf (*Dr. Oetker – Onken, Unox heiße Tasse/Unilever – Erasco Heiße Tasse/Cambell's*)

Zum 30. Firmenjubiläum in 2009 brachte *Mars Süßwaren Deutschland* für kurze Zeit eine Limited Edition von *Raider* auf den Markt. Diese gab es in Snack-Automaten an Bahnhöfen und waren nicht im Handel erhältlich.

Quelle: *o. V.:* Aus Calgonit wird Finish, in: LebensmittelZeitung, Nr. 37 vom 12.09. 2008, S. 49.

Fallbeispiel „Markennamen" – Jede Epoche hat ihre Vorlieben.

Zu Beginn des vergangenen Jahrhunderts bevorzugten Unternehmen Markennamen, die auf kraftvolle Werte und Versprechen schließen ließen – *Viktoria*, *Adler*, *Triumph*, *Concordia*. Die Computerbranche wiederum hatte in ihren Anfängen eine Vorliebe für Abkürzungen wie *IBM* und *HP*. Eine solche Namensfindung gilt heutzutage als eher ungeschickt, wenn man sich vergegenwärtigt was *passiert*, wenn man ein Unternehmen namens *ABC* (*American Broadcasting Company*) in *Google* eingibt – man erhält rund 211.000.000 Treffer, alleine auf deutschsprachigen Seiten sind es immer noch 3.670.000 Hits.

Als das Fax erfunden wurde, endeten viele der mittlerweile mehr als 25 Millionen registrierten Markennamen auf –fax. Ob gleichnamiger Maschine in zehn Jahren überhaupt noch eine Bedeutung zukommt, gilt zumindest zu bezweifeln.

In den neunziger Jahren hatte der Neolatinismus Hochkonjunktur. Aus dieser Zeit stammen Namen wie *Aventis*, *Novartis* und *Avensis*. Und so verwundert es nur wenig, dass *Arcandor*, der 2007 eingeführte neue Name für die *Karstadt-Quelle*-Holding, auf nur wenig Gegenliebe stieß und stößt. *Arcandor* ist an die lateinischen Begriffe für Arkaden (arcus) und Gold (aurum) angelehnt und soll bei den Kunden Assoziationen wie Wert, Verlässlichkeit, Treue und Mut wecken. Spötter hingegen fragen, ob es sich bei *Arcandor*, einem typischen Neunziger-Jahre-Namen, nicht vielmehr um einen Zwergenkrieger aus einem Computerspiel, einen ausgestorbenen Urvogel oder einen Ableger des Telefondienstleisters *Arcor* handle.

In jüngerer Zeit dominieren als eine Folge der Globalisierung Kunstnamen wie *Celesio*, *Kion*, *Lanxess*, *Qimonda* oder *Tognum*. In letzterem, dem 2006 neu eingeführten Namen für die Unternehmensgruppe *MTU Friedrichshafen*, findet sich der germanische und altskandinavische Wortstamm „tog", der so viel wie „kraftvoll ziehen" bedeutet. Die lateinische Neutrum-Endung ihrerseits soll als sprachliches Sinnbild für bedeutende Gegenstände – man denke etwa an Kolosseum – Wirkung erzeugen. Schließlich steht -um in Nord- und Mitteleuropa für das Begriffspaar Heim und Heimat. *Tognum* soll also die Kraft und Heimat der unter der Holding angesiedelten Marken zum Ausdruck bringen. Was Kunden mit solchen Namen assoziieren, gilt jedoch keinesfalls als sicher. Könnte *Tognum* nicht auch genauso gut neben *Barbaourum*, *Aquarium*, *Laudanum* und *Kleinbonum* eines der befestigten Römerlager sein, die das gallische Dorf der Comic-Helden *Asterix* und *Obelix* umzingeln?

In Zeiten von Internet und Globalisierung macht die Kreation eines Markennamens nur noch einen kleinen Teil der Arbeit professioneller Namenserfinder aus. Der Rest des Aufwands fließt in Recherche und Sicherung der Namensrechte: Ist die Domain im Internet noch frei? Existiert der Name bereits irgendwo auf der Welt oder ähnelt er einem anderen Markennamen aus derselben Branche und ist damit juristisch angreifbar? Bedeutet der Markenname in anderen Sprachen etwas Obszönes oder Irreführendes? Um solche Fragen fundiert zu beantworten, binden Branding-Agenturen Rechtsanwälte, Dolmetscher, Sprachwissenschaftler, Texter, Marktforscher und nicht zuletzt Wirtschaftswissenschaftler ein. Entsprechend nimmt die Entwicklung eines neuen Markennamens bis zu 18 Monaten in Anspruch und kostet zwischen 100.000 und 250.000 €.

Dass sich ein solcher Aufwand lohnt, zeigen Beispiele wie der *VW Touran*. Der Hamburger Autozubehörteilehändler *Ali Turan* etwa soll von *Volkswagen* eine sechsstellige Summe und drei Autos erhalten haben, um nicht gerichtlich gegen den Konzern vorzugehen. Und die *Tuareg*, Nomaden in der Sahara und Namenspaten für den SUV *Touareg*, erhielten gleich vorsorglich Geld aus Wolfsburg.

Quelle: *Angelopoulou, A.*: Tognum und Arcandor, in: Frankfurter Allgemeine Zeitung, Nr. 151 vom 03.07.2007, S. U 7.

Fallbeispiel „Neupositionierung" – wenn eine Marke in die Jahre kommt

Chantré ist in Deutschland Marktführer in der Kategorie Weinbrand, und der Bekanntheitsgrad von mehr als 86 % ist beeindruckend. Doch so erfreulich diese Zahlen sind, das Image von Weinbrand lässt zu wünschen übrig. Die Hauptzielgruppe ist in die Jahre gekommen, die Spirituose gilt als altbacken sowie konservativ und damit nicht mehr als zeitgemäß.

Eine Neupositionierung soll dies ändern. Im Frühjahr 2008 erhielt die Marke eine neue, markante Flasche und ein Etikett in edler Papierqualität, gefolgt von dem neuen Werbespot: „Mein *Chantré*, so mag ich ihn." Die neue Zielgruppe soll nach Unternehmensangaben den Weinbrand ins 21. Jahrhundert holen. Hauptzielgruppe seien nun die 40-Jährigen, die bereits fest im Berufsleben stehen, auf Genuss aber nicht verzichten wollen. Entsprechend ist der neue Werbespot konzipiert: Freunde unterschiedlichen Alters treffen sich zum Kochen und mixen sich in der Küche zunächst einen Aperitif, selbstverständlich mit *Chantré*, mal mit Eis, mit Espresso oder mit Orange. Die Weinbrandwerbung knüpft damit an das bisherige Thema Gemeinsamkeit an, interpretiert dieses aber zeitgemäß: kein Gruppenzwang, aber Individualität zähle auch in der Gemeinschaft.

Quelle: *o. V.*: Individueller Genuss, in: LebensmittelZeitung, Nr. 40 vom 02.10.2008, S. 40.

Fallbeispiel „Relaunch" – Neustart von *Telefunken* mit Fertigungstiefe null

Telefunken gilt neben Technikmarken wie *Dual*, *Grundig*, *Nordmende* und *Saba* als Synonym für die lange Tradition innovativer Unterhaltungselektronik „Made in Germany". Zwar war die Marke am Ende nicht mehr der Konkurrenz gewachsen. Doch 2009 sollte die Marke wieder an alte Erfolge anknüpfen und wurde neu gestartet. Nach zehn Jahren Abstinenz vom Markt liegt der ungestützte Bekanntheitsgrad in Deutschland immer noch bei 75 %. Und selbst im Segment der 14- bis 19-Jährigen kennt noch ein Drittel das Unternehmen, das vor über 100 Jahren auf Befehl des Kaisers gegründet worden war. In 2009 standen gerade einmal 22 Angestellte auf der Gehaltsliste der neuen *Telefunken*, was u. a. dadurch möglich ist, dass das Unternehmen mit Sitz in Frankfurt eine Fertigungstiefe von null hat. Die Produkte werden zwar von *Telefunken* entwickelt, aber von kooperierenden Herstellern und Großhändlern produziert und vertrieben. Diese Partner entrichten dann entsprechende Lizenzgebühren an *Telefunken*. Zusammengearbeitet wird nur mit Distributoren, die über eigene Produktionspartner verfügen und Zugang zu den Regalen des Handels haben.

Quelle: *o. V.*: Die Traditionsmarke Telefunken kehrt zurück, in: Frankfurter Allgemeine Zeitung, Nr. 205 vom 04.09.2009, S. 20.

Fallbeispiel „Marke und Kinder" – Marke beeinflusst Geschmacksempfinden.

Bereits bei Vorschulkindern beeinflussen Fast-Food-Marken das Geschmacksempfinden. US-Kinderärzte servierten Drei- bis Fünfjährigen im Rahmen einer Studie Speisen und Getränke, die typisch für Schnellrestaurants sind. Die Kinder erhielten jeweils identische Hamburger, Chicken McNuggets und Pommes Frites in neutralen Verpackungen und in solchen mit *McDonald's*-Logo. Nach dem Essen erklärte eine klare Mehrheit der Probanden, die Produkte mit *McDonald's*-Aufdruck hätten besser geschmeckt.

Ähnliches behaupteten die Kinder, wenn sie nur glaubten, die Speisen seien von *McDonald's*. Diejenigen Kinder, die am häufigsten die Werbung des Fast-Food-Giganten gesehen oder dort schon gespeist hatten, zogen zumeist auch deren Menüs vor.

Quelle: *o. V.*: Die Marke macht's, in: Focus, Nr. 32/2007, S. 16.

Bei **Handelsmarken** lassen sich **vier Namenskategorien** identifizieren:

- „Me-too"-Strategie: Namensähnlichkeit zu bestehenden Herstellermarken (*Balea/dm* vs. *Nivea, Tandil/Persil*)
- No-Name-Strategie: Programmnamen, die einen niedrigen Preis implizieren (z. B. *Gut & Günstig/Edeka*)
- Kuckucks-Strategie: Namen, deren Anmutung eine bestimmte Produktherkunft suggeriert (*Combino/Lidl*-Italien).
- Identitäts-Strategie: Namen ohne Programmaussage und Ähnlichkeit zu Herstellermarken (vgl. *Samland* 2010, S. 72).

3.2.3.4   Markenschutz

Markenherstellern entstehen durch Fälschungen und Imitationen ihrer Produkte erhebliche finanzielle Schäden und Imageverluste. Waren traditionell Luxusartikel wie Designer-Uhren, -Textilien und -Lederwaren von der illegalen Verwendung von Markenzeichen und Produktpiraterie betroffen, treten in jüngerer Zeit vermehrt Fälle von Markenschutzverletzungen in den Bereichen Sicherheitstechnik (etwa Autoersatzteile), Lebensmittel (etwa *Haribo* mit seinem Gummi-Goldbär kämpft gegen den Schokoladen-Teddy von *Lindt*), Konsumgüter, Pharmaprodukte (hier gelten *Viagra*-Tabletten als das meistkopierte Medikament der Welt) sowie im Maschinenbau auf. Am häufigsten werden mittlerweile Zigaretten gefälscht, gefolgt von Medienträgern wie CDs und DVDs, Kleidung und Elektrogeräten. Neben den unmittelbaren finanziellen Einbußen ist für die betroffenen Unternehmen insbesondere der Imageschaden gravierend. Weiß der Kunde nämlich nicht, dass er ein gefälschtes Produkt erworben hat, schreibt er die minderwertige Qualität dem vermeintlichen Original zu und wird das nächste Mal eine andere Marke wählen. Für den Verbraucher kommen Gefahren für Sicherheit und Gesundheit hinzu. Man denke in diesem Zusammenhang an das Potenzmittel *Viagra*, ein beliebtes Fälschungsprodukt, oder den Umstand, dass rund zwei Prozent aller Flugzeugersatzteile gefälscht sind.

Um gegen Produktfälschungen verschärft vorgehen zu können, beschloss der Bundestag am 11.04.2008 das **Produktpiraterieg esetz**, das eine EU-Richtlinie aus dem Jahr 2004 umsetzt. Das Gesetz räumt geschädigten Rechteinhabern einen Auskunftsanspruch gegenüber Dritten ein, wenn diese zur Verbreitung der kopierten Waren beigetragen haben. Dies gilt etwa für Spediteure, die ohne eigenes Wissen gefälschte Ware transportiert haben. Sobald Produktpiraten ermittelt sind, kann der Urheber als Ausgleich für den entstandenen Schaden den Gewinn einfordern oder eine fiktive Lizenzgebühr verlangen.

Deutsche Unternehmen geben mehr oder weniger freiwillig Wissen an Wettbewerber weiter und fördern hierdurch ungewollt die Piraterie an den eigenen Produkten – u. a. auch durch Kooperationen mit ausländischen Partnern (etwa *VW* an den staatlichen chinesischen Partner *First Automative Works* [*FAW*], der aus dem Motor EA 111, den *VW* u. a. in den Modellen *Polo* und *VW* verbaut, das Getriebe unrechtmäßig kopiert hat). Mit Forderungen nach einer lokalen Produktion oder inländischen Zulieferanteilen beispielsweise fließt Know-how ins Ausland. Patente und ständige Produktverbesserungen bieten hier einen begrenzten Schutz gegen Produktpiraterie. Das **Reverse Engineering** der Kopierer bei mechanischen oder elektronischen Komponenten lässt sich am besten durch eine Black Box verhindern. Hierbei werden mehrere zentrale Funktionen in ein unauflösbares Modul integriert. Versucht der Kopierer, das Modul zu öffnen, zerstört es sich selbst (vgl. *Wildemann* 2006, S. 22).

Fallbeispiel „Produktpiraterie" – *Plagiarius* zeichnet Produktfälscher aus.

Der *Plagiarius*, ein schwarzer Zwerg, dessen Nase golden leuchtet, ist ein Schmähpreis, der seit 1977 jährlich an solche Unternehmen vergeben wird, die auf besonders dreiste Art und Weise Produkte kopieren. Die Hälfte der mit dem Plagiarius ausgezeichneten Imitate stammt aus China, was kaum verwundert, da es im Land der weisen Lehren als große Ehre gilt, nachgemacht zu werden.

Produktpiraten sparen zum Nachteil innovativer Hersteller an Forschung, Entwicklung, Marketing sowie Material und schädigen Konsumenten, die statt eines vermeintlichen Schnäppchens ein schlechtes Produkt erwerben. Der weltweite wirtschaftliche Schaden der Produktpiraterie wird auf 200 bis 300 Milliarden € pro Jahr beziffert. Ob solche Dimensionen realistisch sind, sei dahingestellt, denn dass die Konsumenten an Stelle des billigen Plagiats das teurere Original erwerben würden, darf zumindest in Frage gestellt werden.

Quelle: *Weber, L.*: Zwergenaufstand, in: Frankfurter Allgemeine Zeitung, Nr. 34 vom
09.02. 2008, S. 20; *o. V.*: Ein Giftzwerg gegen Fälscher, in: Frankfurter Allgemeine Zeitung, Nr. 34 vom 09.02.2008, S. 19.

Ein weiteres Problem stellt sich, wenn ein Markenname so weite Geltung erreicht, dass er
sich im Laufe der Zeit im allgemeinen Sprachgebrauch zu einer Gattungsbezeichnung entwickelt hat und deshalb den markenrechtlichen Schutz als eingetragenes Warenzeichen verliert.
Die Marke *Tempo* gilt mittlerweile als Synonym für Papiertaschentücher, auch wenn es sich
um eine ganz andere Hersteller-, Handels- oder Gattungsmarke handelt. Und die Worte *Zel-
lophan* und *Rolltreppe* sind Beispiele für ehemalige Warenzeichen, die heutzutage zum öffentlichen Sprachgebrauch gehören, wodurch die einstmaligen Eigentümer das Recht verloren haben, diese Marken exklusiv zu nutzen.

Fallbeispiel „Markenrecht" (1) – Wenn eine Marke zum Allgemeingut wird.

Die Internetsuchmaschine *Google* ist mittlerweile so populär, dass der vom Firmennamen
abgeleitete Begriff „*googeln*" zum Synonym für die Suche im Internet geworden ist – unabhängig davon, welche Suchmaschine der Nutzer letztlich bedient. Ein solcher „*Tempo*"-
Effekt – wie bei der Papiertüchermarke – stärkt die Markenbekanntheit quasi als Selbstläu-
fer.

Doch *Google* befürchtet, dass die weltweite Nutzung und damit der Allgemeingebrauch
von „*googeln*" zum Entzug seiner Markenrechte führen könnten. Deshalb fordert der
Branchenführer, dass das abgeleitete Verb nur noch im Zusammenhang mit der Suche über
die unternehmenseigene Internetseite verwendet werden darf. So steht es übrigens auch im
Rechtschreib-Duden.

Quelle: *o. V.*: Alle „googeln", in: Frankfurter Allgemeine Zeitung, Nr. 28 vom 02.02.
2008, S. 15.

Ähnlich verhält sich der Sachverhalt, wenn der Gesetzgeber wie im Falle des Begriffs „*Yoghurt Gums*" dem Süßwarenhersteller *Katjes* einen Schutz als Wortmarke verwehrt. Das Gericht begründete seine Entscheidung damit, dass die Bezeichnung für weingummiartige Süßigkeiten mit Yoghurtfüllung rein beschreibend und nicht auf einen bestimmten Hersteller
zurückzuführen sei. Der Konkurrent *Haribo* dürfe den Begriff demnach auch weiterhin nutzen, da er *Yoghurt Gums* nur als Beschreibung nutze und die übrige Aufmachung klar stelle,
dass es sich nicht um *Katjes*-Produkte handle. *Katjes* kann damit Markenrechte nur für die
„Wort-/Bildmarke" beanspruchen, also den grafisch gestalteten Schriftzug (vgl. *o. V.:* „Yoghurt Gums" ist keine Marke, in: Frankfurter Allgemeine Zeitung, Nr. 25 vom 30.01.2008,
S. 16).

McDonald's zählt zu den wertvollsten Marken der Welt. Für ein solch weltweit tätiges und
expandierendes Unternehmen ist es von grundlegender Bedeutung, dass Logo und Warenzeichen rund um den Globus nach einem einheitlichen Standard verwendet werden. Nur so kann
den Verbrauchern eine in sich konsistente visuelle Botschaft über die Kernkompetenzen des

Unternehmens übermittelt werden, was letztlich die Länder übergreifende Markenidentität fördert und stärkt (vgl. im Folgenden *Schneider* 2007 und die dort zitierte Literatur).

Vor diesem Hintergrund wird verständlich, warum *McDonald's* seine Logos und Warenzeichen mit solcher Vehemenz verteidigt. Denn nur so kann es auf Dauer gelingen, das nach Unternehmensangaben weltweit am meisten beachtete und sich von der Konkurrenz am deutlichsten abhebende Logo vor Imitaten und Verwässerung zu schützen.

Fallbeispiel „Markenrecht" (2) – *McDonald's* gewinnt Markenstreit um den *Big Mac*.

In Südostasien konnten *McDonald's* und seine lokalen Franchise-Nehmer 2004 einen 16 Jahre schwelenden Konflikt um den Schutz des Markennamens *Big Mac* zu ihren Gunsten entscheiden. Die Auseinandersetzung begann 1998, als die Fast-Food-Kette den Namen *Big Mac* auf den Philippinen registrieren lassen wollte. Die dort ansässige *McGeorge Food Industries* verkaufte bereits einen *Big Mak*-Burger und verwendete diesen sogar im Betreibernamen *LC Big Mak Burger Inc.*.

1990 fällte ein Gericht ein Urteil zugunsten *McDonald's* und untersagte der *LC Big Mac Burger Inc.*, diesen Namen weiter zu nutzen. Zusätzlich wurde eine Strafe auf Schadensersatz verhängt.

Im Jahr 1994 änderte sich die Lage grundlegend, als ein Gericht einem Antrag der *LC Big Mak Burger Inc.* stattgab und dem Unternehmen das Recht einräumte, den Namen *Big Mak* zu verwenden. Außerdem musste nunmehr *McDonald's* Schadensersatz in Höhe von rund 28.000 € leisten.

Daraufhin rief *McDonald's* den Obersten Gerichtshof des Landes an und argumentierte, dass der lokale Konkurrent durch die Verwendung des Namens *Big Mak* Werbekosten eingespart habe und die Verpackung Ähnlichkeiten zur eigenen aufweise. Dies erfülle den Tatbestand des unlauteren Wettbewerbs. Der Gerichtshof hob 2004 das Urteil aus dem Jahre 1994 auf und untersagte die weitere Verwendung des Markennamens *Big Mak*, da dieser die Marke *McDonald's* verletze. Die Entscheidung gilt unter Fachleuten als Meilenstein in der Rechtssprechung zum Schutz geistigen Eigentums.

Quelle: *Schneider, W.:* McMarketing, Wiesbaden 2007, sowie die dort zitierte Literatur.

Kritiker stufen die Aktivitäten von *McDonald's* zum Schutz seiner Markennamen und Copyrights nicht selten als rücksichtslos ein. Exemplarisch hierfür gilt der Fall eines schottischen Cafébesitzers mit Namen *McDonald*, den das Fast-Food-Unternehmen wegen Verletzung der Wortmarke *McDonald's* verklagte, obwohl dessen Café seit über einem Jahrhundert mit diesem Namen existiert hatte. In Deutschland ließ sich das Unternehmen erfolgreich die Bildmarke „ich liebe es™" schützen. Wer jedoch den folgenden Rechtsfall Revue passieren lässt, kann durchaus Verständnis dafür entwickeln, wie *McDonald's* auf die aus seiner Sicht unrechtmäßige Verwendung des eigenen Markennamens reagiert.

Fallbeispiel „Markenrecht" (3) – der Rechtsstreit *McDonald's* gegen *McDonald*

Wenn ein *Ariel McDonald* für *Burger King* Werbung betreibt, kann es kaum überraschen, wenn die weltweit größte Fast-Food-Kette Einspruch erhebt. Zumal der Mann mit dem weltbekannten Namen als ehemaliger Spieler von Maccabi Tel Aviv, eines israelischen Basketball-Teams, in der Öffentlichkeit große Popularität genießt. Wie die *Mondaq News Alerts* be richteten, gab der Bundesgerichtshof in Tel Aviv einer von *McDonald's* angestrengten Klage wegen Markenrechtsverletzung statt. Die Richter entschieden, dass die Verwendung des Namens *McDonald* im Zusammenhang mit Werbung für ein konkurrierendes Fast-Food-Unternehmen die Rechte von *McDonald's* verletzt.

Begonnen hatte der Streit, als der ehemalige Basketballspieler mit dem Slogan „Listen to *McDonald* – only *Burger King*!" in einem Fernsehspot auftrat. *McDonald's* reagierte daraufhin mit der Veröffentlichung eines Zeitungsinterviews, in dem *McDonald* über seine Vorliebe für *McDonald's*-Restaurants berichtete.

Daraufhin verklagte *McDonald* den Fast-Food-Riesen wegen Verletzung seiner Privatsphäre. *McDonald's* strengte wiederum eine Gegenklage wegen Markenrechtsverletzung an. Das Gericht wies die Klage zurück und *McDonald's* ging in die Berufung.

In der vom Bundesgerichtshof in Tel Aviv getroffenen Entscheidung heißt es, dass die Nutzung des Nachnamens wegen ihrer großen Ähnlichkeit zu dem Warenzeichen *McDonald's* Markenrechte verletze. *Ariel McDonald* hatte in seiner Verteidigung darauf gepocht, dass die eingetragene Marke *McDonald's* eine Person gleichen Namens nicht daran hindern könne, diesen Namen auch zu nutzen. Das Gericht stimmte dem zwar zu, machte aber geltend, dass der Schutz des Namens nur im Fall einer gutgläubigen Nutzung gewährleistet sei. Diese ließe sich im vorliegenden Fall jedoch nicht erkennen. Vielmehr gingen die Richter davon aus, dass der Basketballspieler Vorteile aus der Namensähnlichkeit habe ziehen wollen. Die Rechte der Fast-Food-Kette würden damit verletzt.

Quelle: *Schneider, W.:* McMarketing, Wiesbaden 2007, sowie die dort zitierte Literatur.

Wie aber schützt man eine Innovation vor Imitatoren? Als Schutzrechte kommen grundsätzlich **Patente**, **Urheberrechte**, **Marken** und **Geschmacksmuster** in Frage. Während sich technische Erfindungen über das Patentrecht schützen lassen, können sich Schöpfer eines geistigen Werks (etwa eines Buches) mittels des Urheberrechts absichern. Wörter, Zahlen, Buchstaben, Logos, Hörzeichen (etwa Jingles) und Farben ihrerseits lassen sich als Marke schützen, wohingegen Formen (etwa ein bestimmtes Produktdesign) sich sowohl nach Markenrecht als auch nach Geschmacksmusterrecht absichern lassen.

Marken-, Patent- und Geschmacksmusterschutz für Deutschland gewährt das *Deutsche Patent- und Markenamt (DPMA)* in München. Marken- und Geschmacksmuster mit Schutz in der gesamten *EU* gewährt das *Harmonisierungsamt für den Binnenmarkt (HABM)* in Alicante. Europäische Patente vergibt dagegen das *Europäische Patentamt*. Für Markenschutz in Ländern außerhalb der EU ist die *World Intellectual Property Organisation (WIPO)* in Genf zuständig. Das Urheberrecht bedarf keiner Eintragung.

Eine Marke muss alle zehn Jahre gegen Gebühr verlängert werden, damit sie nicht verfällt. Eine Höchstschutzdauer existiert nicht. Auch Patente und Geschmacksmuster müssen regelmäßig verlängert werden, allerdings geht das nicht beliebig lange: Patente können maximal 20 Jahre, Geschmacksmuster 25 Jahre geschützt werden. Das Urheberrecht erlischt erst siebzig Jahre nach Tod des Urhebers (vgl. *Schürmann* 2007, S. C2). Aus diesem Grund hat *Coca-Cola* keine Schutzrechte angemeldet, sondern hält sein Rezept lieber geheim und strickt eine Legende um die Zusammensetzung seines Kultgetränks. Denn spätestens 25 Jahre nach Anmeldung der Schutzrechte hätten Wettbewerber Zugriff auf die Rezeptur und könnten Imitate auf den Markt bringen.

Fallbeispiel „Geschützte Herkunftsangaben" – Dürfen deutsche Molkereien Feta-Käse produzieren?

Darf Feta-Käse nur in Griechenland produziert werden, oder dürfen auch deutsche Molkereien diese Bezeichnung für ihre Produkte nutzen? Solche und ähnliche Fragen werden in zunehmendem Maße vor dem *Europäischen Gerichtshof* (*EuGH*) verhandelt. Denn die *EU*-Kommission und vor allem südliche Mitgliedstaaten forcieren in jüngster Zeit geschützte geographische Herkunftsbezeichnungen.

Europaweit genießen mehr als 700 regionale Lebensmittel den Schutz der *EU*. Beim Schutz der Herkunftsangaben unterscheidet der Gesetzgeber drei Kategorien:

- **Garantierte traditionelle Spezialität (g. t. S.)**
  traditionelle Rohstoffe oder Rezepte; Beispiel: Mozzarella.

- **Geschützte Ursprungsbezeichnung (g. U.)**
  alle Verfahrensschritte in einem Gebiet; Beispiel: Altenburger Ziegenkäse.

- **Geschützte geographische Angabe (g. g. A.)**
  in einer Region erzeugt oder verarbeitet; Beispiel Thüringer Rostbratwurst.

Von welcher Bedeutung solche Kategorisierungen sind, wird deutlich, wenn man sich das Beispiel Feta-Käse vor Augen führt. Nach Ansicht der deutschen Milchindustrie handelt es sich bei Feta um eine Gattungsbezeichnung, für die Griechen hingegen um eine geschützte Ursprungsbezeichnung. Deutsche Molkereien gehörten zu den größten Produzenten weltweit, bis ihnen der *Europäische Gerichtshof* die Bezeichnung per Urteil verbot. Danach dürfen nur noch griechische Milchverarbeiter die Bezeichnung Feta verwenden.

Quelle: *Murmann, C.*: Marken erleben den Kampf der Kulturen, in: LebensmittelZeitung, Nr. 25 vom 22.06.2007, S. 22.

Fallbeispiel „Markenrecht" (4) – der Rechtstreit zwischen *Lacoste* und *Crocodile*

La Chemise Lacoste SA und *Crocodile International Pte. Ltd.* überziehen sich gegenseitig mit Klagen. Im Mittelpunkt des Rechtstreites wegen der Verletzung von Markenrechten steht China, der mit einem Volumen von rund 50 Milliarden € weltweit potenziell größte

Absatzmarkt für Bekleidung. Beide Anbieter haben das Segment für Freizeitkleidung im Visier. Hierbei sehen sich die Logos beider Anbieter zum Verwechseln ähnlich. Einziger wesentlicher Unterschied: Während das Krokodil auf den *Lacoste*-Polohemden von links nach rechts blickt, schaut das Reptil auf den nur halb so teuren Produkten des Modemachers *Crocodile* aus Singapur in die entgegen gesetzte Richtung.

Die Franzosen sehen Image und Marktanteile ihrer (teuren) Marke durch die billigere Marke aus Asien gefährdet. *Crocodile* seinerseits hält – zumindest offiziell – den chinesischen Absatzmarkt für zwei Anbieter für groß genug, wehrt sich aber ebenfalls mit Klagen wegen der Verletzung seiner Markenrechte. Die Franzosen argumentieren, dass sie bereits 1980 ihr Krokodil als Markenzeichen in China angemeldet hatten, während der Singapurer Konkurrent dies erst 1993 tat.

Der Exilchinese *Tan Hian Tsin* hatte *Crocodile* 1947 gegründet und sein Logo 1951 in Singapur schützen lassen. Bis in die sechziger Jahre und damit lange, bevor die Franzosen in diese Region vordrangen, hatte *Tan* sein Markenzeichen in praktisch allen Märkten Asiens angemeldet.

René Lacoste hingegen hatte sein Unternehmen bereits 1933 gegründet und sein Logo in Europa bekannt gemacht. Als das Unternehmen in den siebziger Jahren in Fernost aktiv wurde, reagierte zunächst *Tan* mit Klagen. Im ersten Rechtstreit, in Japan, gewann *Lacoste* mit eben der Argumentation, die heute von *Crocodile* ins Feld geführt wird: Beide Reptilien blickten in die entgegen gesetzte Richtung und seien folglich nicht zu verwechseln. Zum Ausgleich überwies *Lacoste* 1,5 Millionen Dollar an den Wettbewerber *Crocodile*. Auch die weiteren Prozesse in den einzelnen asiatischen Märkten endeten letztlich in beiderseitigem Einvernehmen.

Angesichts der Attraktivität des chinesischen Marktes scheint eine erneute Einigung jedoch als eher unwahrscheinlich. Doch obwohl beide Markenartikelhersteller vor Gericht entgegen gesetzte Interessen vertreten, sehen sie sich auf dem chinesischen Markt mit einem gemeinsamen Problem konfrontiert: Hier werden Imitate beider Produkte zu einem Preis von gerade einmal knapp 1 € angeboten.

Quelle: *Hein, C.*: Zwei Krokodile fletschen die Zähne, in: Frankfurter Allgemeine Zeitung, Nr. 87 vom 14.04.2004, S. 20.

3.2.3.5   Multisensuales Branding

Eine **multisensuale Brandingstrategie** zielt darauf ab, durch gleichzeitige oder alternative Ansprache aller fünf Sinne (sehen, hören, riechen, schmecken, fühlen) eine Marken- und/oder Unternehmenspersönlichkeit zu schaffen und in der Psyche des Verbrauchers zu verankern. Hierbei unterstützt die Informationsflut auf der visuellen Ebene die Ansprache alternativer Sinne. In diesem Zusammenhang beschäftigt man sich seit den 90er Jahren intensiver mit dem Stellenwert der Akustik für die Vermarktung von Produkten (sog. **Sound-Branding** bzw. **-Design**). Dahinter steht die Erkenntnis, dass Klanggestaltungen im Sinne eines Corporate Sound signifikant zum Marken- und Unternehmensimage beitragen können. Der Ton eines Automotors oder einer zufallenden Wagentür kann ebenso die Markenpersönlichkeit prägen wie das Knacken beim Konsum eines *Bahlsen*-Kekses oder eines *Magnum*-Eises, das Geräusch beim Einschenken eines Bieres oder das Zischen beim Öffnen einer Flasche. Und Melodien und Stimme im Call-Center beeinflussen die Unternehmensidentität ebenso wie der Jingle im Werbespot (z. B. bei der *Telekom*). Der Stellenwert, den Unternehmen der Psycho-Akustik beimessen, lässt sich beispielsweise daran ablesen, dass beim Automobilhersteller *Porsche* rund 5 % der Entwicklungskosten eines neuen Modells in das akustische Design des Motorengeräuschs fließen.

Fallbeispiel „Markenpolitik" – neue Dimensionen des Markenschutzes

Markenartikler nutzen zunehmend die erweiterten Möglichkeiten des Markenschutzes, den die EU bietet. Neben Worten und Bildern lassen sich nunmehr auch dreidimensionale Formen (etwa *Müller*: Joghurt mit der Ecke; *Ferrero*: Milchschnitte; *Cordorniu, Perrier, Granini*: Flasche), Farben (*Lidl*: Gelb-Blau-Rot, *UPS*: Braun), Klänge und Melodien („*Haribo* macht Kinde froh"), Gerüche (etwa frisch gemähtes Gras) und Ladenarchitektur (etwa bei *Smart, BP*) als Marke schützen. Einen Erfolg konnte auch *Dior* verbuchen, indem es sich vom *Europäischen Gerichtshof* (*EuGH*) bestätigen ließ, dass Markeninhaber den Weiterverkauf ihrer Prestigeprodukte durch Discounter unterbinden können, wenn dieser Verstoß den Prestigecharakter schädigt.

Mars hingegen scheiterte, die Form seines *Bounty*-Riegels als dreidimensionale Marke zu schützen. Genauso erging es *Nivea* mit seinen blauen Verpackungen sowie *Lego* mit seinen Spielsteinen. Kompatible Produkte dürfen ungehindert vertrieben werden.

Problematisch erscheint, dass große, werbemächtige Anbieter mit der Markeneintragung bestimmter Formen kleinere Konkurrenten verdrängen können. Denn eine Voraussetzung für den Markenrang ist die Marktdurchsetzung, was bedeutet, dass beim Konsumenten Marken-Charakter erlangt werden muss, und dies dürfte den Großen der Branche vergleichsweise einfach gelingen.

Quelle: *o. V.*: Von Lidl-Farben, Tarzanschrei und Duftnoten, in: LebensmittelZeitung, Nr. 40 vom 02.10.2008, S. 26.

3.2.3.6 Varianten von Markenartikeln

Markenartikel lassen sich grundsätzlich in Herstellermarken, klassische Handelsmarken und Gattungsmarken, eine spezifische Form der Handelsmarke, unterscheiden (vgl. im Folgenden *Bruhn* 1997, S. 10–17). Sie erfüllen aus Sicht der Marktteilnehmer die in Abb. 3.3 aufgeführten Funktionen und zeichnen sich durch die in Abb. 3.4 angeführten Eigenschaften aus.

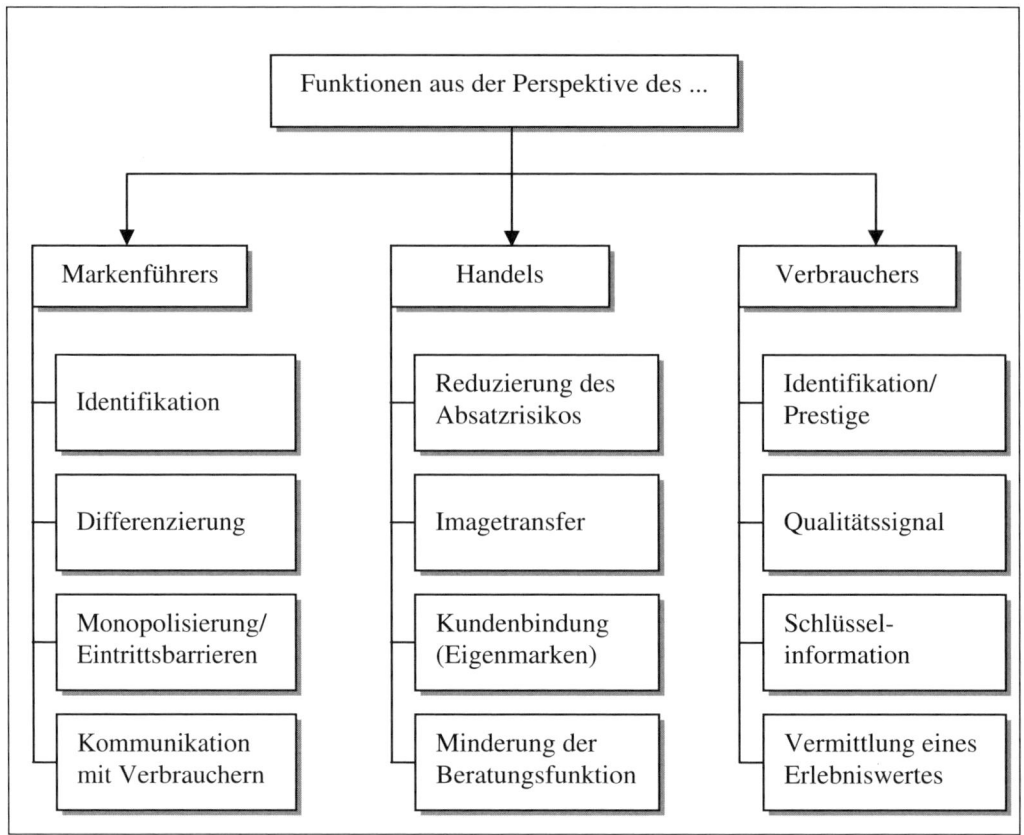

Abb. 3.3: Die Funktionen des Markenartikels
(Quelle: in Anlehnung an Bruhn 1994; Meffert 2000, S. 149 f.; Pepels 2000, S. 81)

Die **Herstellermarke** (englisch: Manufacturer Brand) wird vom Erzeuger sprich produzierenden Unternehmen konzipiert sowie geführt. Gemäß ihrer Positionierung lassen sich **drei Kategorien** von Herstellermarken unterscheiden:

*   **Premium-Herstellermarken**
    Diese zeichnen sich sowohl hinsichtlich des Preisniveaus als auch hinsichtlich der Qualität durch eine Spitzenposition aus, wobei Prestigeaspekte eine zentrale Rolle spielen. Typische Vertreter sind bekannte Champagnermarken, Parfüms sowie Textilprodukte.

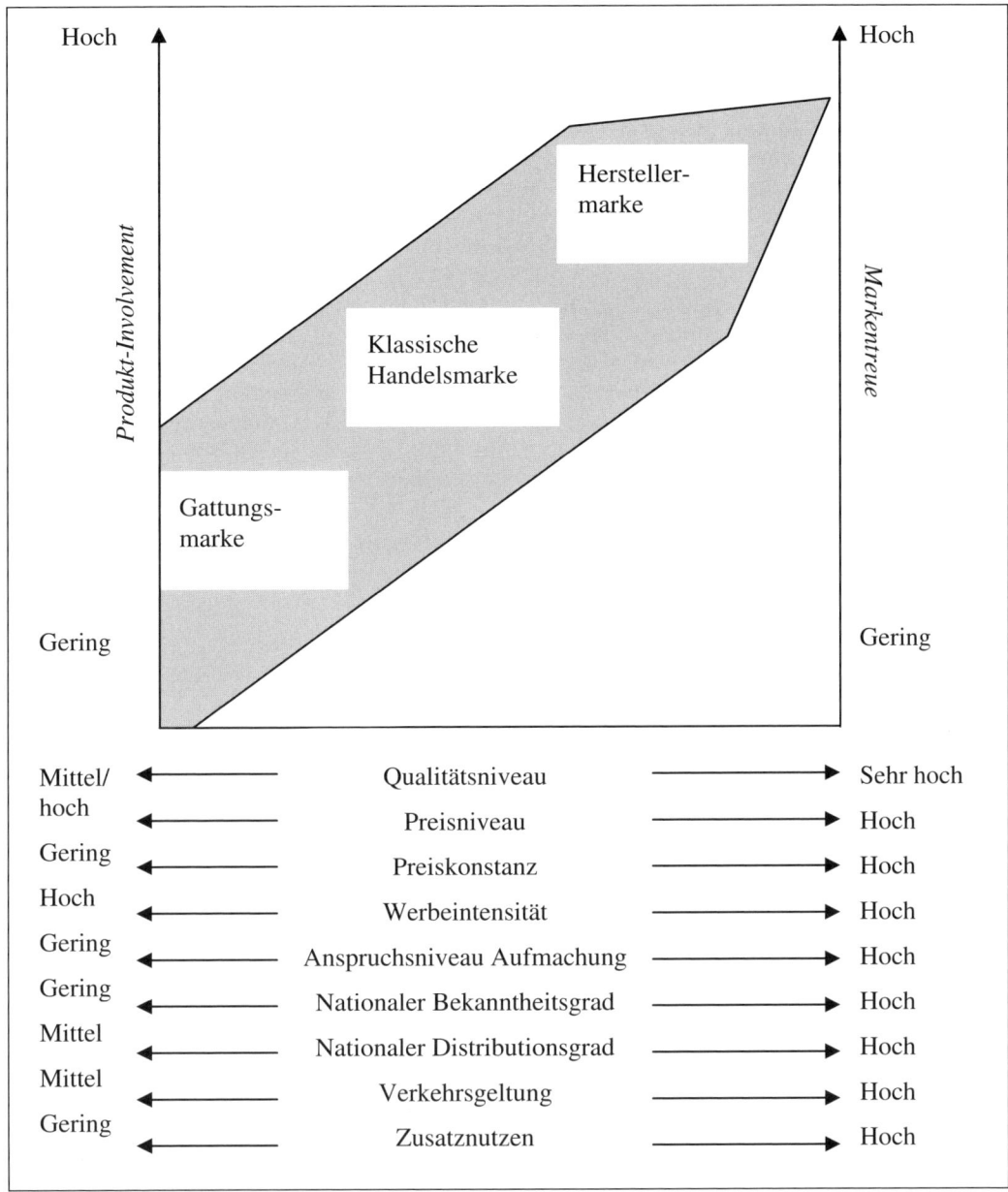

Abb. 3.4: Eine Markentypologie nach Produkteigenschaften (Quelle: Bruhn 1997, S. 11)

- **Klassische Herstellermarken**
  Sie beanspruchen für sich die Position des Marktführers und sind durch eine hohe Distributionsquote, stetige Innovations- bzw. Relaunchzyklen, intensive Werbung sowie hohes Stammkäuferpotenzial charakterisiert. Beispiele sind Marken wie *Persil* und *Mars*.

- **Zweit- und Dritt-Herstellermarken**
  Zweit- und Drittmarken werden von Herstellern neben einer Erstmarke aufgebaut und positioniert, um zusätzliche Kunden anzusprechen, bestimmte Marktsegmente nicht den Wettbewerbern zu überlassen und/oder um bestimmte Teilmärkte zu besetzen, für die ein Unternehmen die Erstmarke nicht einsetzen möchte oder kann. Sie weisen im Vergleich zu den klassischen Herstellermarken einen geringeren Distributionsgrad, längere Innovations- bzw. Relaunchzyklen, geringere werbliche Unterstützung und damit einen geringeren Bekanntheitsgrad auf. Zweit- und Drittmarken können qualitativ durchaus gleichwertig zu Erstmarken sein, bisweilen sind sie sogar weitgehend baugleich. Mit ihnen werden vor allem die Nachfrager mit geringerer Preisbereitschaft abgeschöpft. Infolge ihrer weniger stark ausgeprägten Profilierung stehen Zweitmarken im direkten Wettbewerb mit klassischen Handelsmarken (vgl. Tab. 3.7). Im Modemarkt versuchen Premiumhersteller, mit Zweitmarken jüngere bzw. weniger kaufkräftige Zielgruppen anzusprechen (etwa *Prada* mit seiner Zweitlinie *Miu Miu*). Seltener ist die Zweitmarke als Premiummarke oberhalb der Erstmarke positioniert (z. B. *Adam*-Champagner zu *Henkell Trocken*-Sekt oder *Lexus* zu *Toyota*). Die Drittmarke (z. B. *Rüttgers Club*/Drittmarke zu *Henkell Trocken*/Erstmarke und *Carstens SC*/Zweitmarke) ihrerseits konkurriert mit Gattungsmarken. Mit ihr werden insbesondere Nachfragersegmente mit geringer Preisbereitschaft angesprochen, die trotzdem nicht ganz auf Marke verzichten wollen.

Tab. 3.7: Zweit- und Erstmarke sowie entsprechende Branche und Hersteller

Zweitmarke	Erstmarke	Branche	Hersteller
Sanella	*Rama*	Margarine	*Unilever*
Tudor	*Rolex*	Uhren	*Rolex*
Krusenhof	*Meica*	Wurst	*Meica*
Unsere Natur	*Wagner*	TK-Pizza	*Wagner Tiefkühlprodukte*
Alpia	*Sarotti*	Schokolade	*Stollwerck*
Daimon	*Duracell*	Batterien	*Duracell*
Spee	*Persil*	Waschmittel	*Henkel*
Simyo	*E-Plus*	Mobilfunk	*E-Plus*
Narva	*Philips*	Leuchtmittel	*Philips*
Sylvania	*Osram*	Leuchtmittel	*Osram*
Dacia	*Renault*	Automobile	*Renault*
Škoda	*Volkswagen*	Automobile	*Volkswagen*

Tab. 3.7: Zweit- und Erstmarke sowie entsprechende Branche und Hersteller (Fortsetzung)

Zweitmarke	Erstmarke	Branche	Hersteller
Lexus (aber Premiumsegment!)	*Toyota*	Automobile	*Toyota*
Constructa	*Bosch-Siemens*	Weiße Ware	*Bosch*
Kleber	*Michelin*	Autoreifen	*Michelin*
Semperit	*Continental*	Autoreifen	*Continental*
Skil	*Bosch*	Elektrowerkzeuge	*Bosch*
Carstens SC	*Henkell Trocken*	Sekt	*Henkell & Söhnlein Sektkellerei*

In jüngerer Zeit sehen sich Produzenten von Herstellermarken mit **folgenden Herausforderungen** konfrontiert:

- **Markeninflation durch „Me-too"-Produkte.** Hierbei handelt es sich um Produkte, die bei Erfolg des Erstanbieters auf den Markt kommen und die dem Original-Produkt in fast allen Eigenschaften gleichen (etwa die Herstellermarke *Ramazotti*, ein italienischer Kräuterlikör, mit einem Durchschnittpreis von ca. 12 €, und *Romanzini*, das entsprechende „Me-too"-Produkt von *Aldi Süd*, zu einem Preis von 5,99 €). Damit signalisieren „Me-too"-Produkte dem Kunden: „Wenn Du dies möchtest, dann kannst Du auch mich (zu einem günstigeren Preis) nehmen."
  Eine Idee lässt sich im Regelfall nicht schützen, da der *Bundesgerichtshof* die unternehmerischen Freiheiten weit fasst. Sind Produkte und deren Eigenschaften wirtschaftlich sinnvoll, ist es nach Ansicht von Experten kaum möglich, auf wettbewerbsrechtlicher Grundlage einen Nachahmungsschutz zu erreichen. Lediglich Markenname und Geschmacksmuster lassen sich sichern.
  Der Boom von „Me-too"-Produkten lässt sich auf zwei Gründe zurückführen: Zum einen führen knappe und gekappte Investitionsetats dazu, dass erfolgreiche Produkte kopiert werden. Denn im Regelfall ist ein Betrag in zweistelliger Millionenhöhe erforderlich, um einem Produkt zum Durchbruch im Markt zu verhelfen. Zum anderen können „Me-too"-Produkte auf der Erfolgswelle eines tragfähigen Trends mitschwimmen, wenn sie früh genug am Image des Ursprungsprodukts partizipieren. Nach Ansicht von Experten führt dies dazu, dass die Spanne bei „Me-too"/Handelsmarken im Durchschnitt um 2 bis 4 % über derjenigen von vergleichbaren Produkten liegt (vgl. *Hanke* 2007, S. 28).

- **Hoher Auslistungsdruck durch den Handel**, da dieser die wachsende Sortimentsbreite (u. a. im Non-Food-Bereich) durch eine Verringerung der Sortimentstiefe kompensiert

- **Verlust an Angebotsmacht** durch die Entwicklung der Handelsmarken. Deren Anteil beträgt im Lebensmitteleinzelhandel mittlerweile 43 % (Stand: 2008; vgl. *Endl/Dölle* 2008, S. 66).

- **Verwässerung** ursprünglich klar fokussierter Markenkonzeptionen durch Markenfamilien-, Dachmarken- und Imagetransferstrategien (sog. „**Line Extensions**"). Als Beispiel für Markendehnung kann *Tempo* von *SCA* gelten: Seit 2009 gibt es die Taschentuch-Marke *Tempo* in Deutschland und Österreich auch als WC-Papier. Inwieweit der Gattungsbegriff diese Markendehnung verträgt, wird der Markt entscheiden. Die Fachzeitschrift *absatzwirtschaft* jedenfalls verlieh *Tempo* den Preis für das erfolgreichste Markenstretching des Jahres 2009.

- **Verkürztes Verständnis von Markenführung** bei vielen Produktmanagern (kurzfristige Erfolgsorientierung durch: beispielsweise Belieferung von Discountern mit Markenartikeln, was u. a. zu Imageeinbußen sowie Konflikten mit dem Facheinzelhandel führen kann; Verkürzung der Modellzyklen und damit Verärgerung der Kunden von jeweiligen Vorgängermodellen)

- Anstieg des Vertrauens in den Handel (sog. Institutionenvertrauen) und **Abnahme des Vertrauens** in die Hersteller (sog. Sachvertrauen), da der Verbraucher mittlerweile erkannt hat, dass letztere identische Produkte zu unterschiedlichen Preisen unter verschiedenen (Eigen-)Marken anbieten

Fallbeispiel „Me-too"-Produkte (1) – *Bionade* **und** *Maltonade*

Seit der Erfolgsstory von *Bionade*, eines biologischen Erfrischungsgetränks auf Basis von fermentiertem Gerstenmalz, haben immer mehr Anbieter versucht, am Wachstumssegment für erwachsenengerechte Erfrischungsgetränke zu partizipieren. Als erster Discounter sprang *Plus* in 2007 auf den aktuellen Trend auf. Der Produktname *Maltonade* sowie die angebotenen Geschmacksrichtungen Mango-Chili, Orange-Kiwi, Holunder-Cranberry und Kräuter waren eng an den Pionier und Marktführer *Bionade* angelehnt. Gleichzeitig war der Einzelpreis von *Maltonade* mit 55 Cent (plus 25 Cent Pfand) deutlich unter dem des Originals *Bionade* (0,89 € für 0,5 l PET-Version) angesiedelt. Damit wies *Maltonade* die typischen Eigenschaften eines „Me-too"-Produkts auf. In 2010 startete *Coca-Cola* seinen zweiten Angriff auf *Bionade*. Das fermentierte Getränk unter dem Namen *Tumult* kommt deutlich näher an das Original heran als das 2008 mit mäßigem Erfolg eingeführte *The Spirit of Georgia*. Mit *Tumult* ahmt der Getränkeriese nicht nur den Produktionsprozess von *Bionade* nach, sondern auch deren Vermarktungsstrategie, indem das Getränk zunächst exklusiv in den bundesweit 42 *Alex*-Filialen vertrieben wird. Schließlich war auch die seit 2009 zur *Oetker*-Gruppe gehörende Kult-Limonade einstmals über die Szenegastronomie groß geworden. *Coca-Cola*, die wertvollste Marke der Welt, taucht lediglich auf der Rückseite der im Flower-Power-Muster bedruckten Flasche als Copyrightinhaber auf. Nahezu zeitlich erfolgte die Listung des vergleichbaren Produktes *Cascal* in den Filialen des US-Biosupermarktes *Whole Foods*. Die neuen Produkte sind ein weiterer Schritt auf der Suche nach Erfolg versprechenden Nischen, da das Kerngeschäft von *Coca-Cola* vor dem Hintergrund des Trends der Verbraucher zu Wellness-Produkten seit geraumer Zeit schwächelt.

Quelle: *o. V.*: Bionade erhält mehr Konkurrenz, in: LebensmittelZeitung, Nr. 28 vom 13.07.2007, S. 10; *Mehringer, M./Holst, J.:* Tumult um Tumult, in: LebensmittelZeitung, Nr. 9 vom 13.07.2010, S. 32.

Fallbeispiel „Me-too"-Produkte (2) – *Katjes* **gratuliert seinem Wettbewerber** *Haribo.*

Katjes schaltete 2010 in der *LebensmittelZeitung* eine ganzseitige Anzeige mit folgendem Text: „Wir gratulieren *Haribo* zur neuen Sorte „Sour Mango". Hier ein Beispiel, wie man uns noch billiger kopiert." Darunter findet sich eine unscharfe Schwarz-Weiß-Kopie des *Katjes*-Produkts „Mango Melody", auf der der Slogan „My magic Mango-Moment!" zu lesen ist.

Fallbeispiel „Premium-Herstellermarken" – Markenfetischismus bei den Kids

Die sportbegeisterten Kids in den USA verlangen ständig nach den neusten Schuhmodellen von *Nike*, *Adidas* oder *Reebok*. Und so verwundert es nur wenig, dass von den „Air Jordan"-Schuhen 21 Modelle existieren. Eines von ihnen, der Air Jordan 17, kostet stolze 200 Dollar und wird dem Kunden in einem Metallkoffer überreicht. Kommt ein neues Modell auf den Markt, warten hunderte von Jugendlichen vor den Läden, um als erste die Innovation in Empfang nehmen zu können. Wer in den Wochen danach noch mit einem Vorgängermodell angetroffen wird, ist dem Spot seiner Mitschüler ausgesetzt.

Eltern versuchen seit Jahren – zumeist vergeblich – ihren Kindern diesen Markenfetischismus auszutreiben. Dabei ist der eigentliche Produktionsaufwand für den hohen Preis der Schuhe nahezu irrelevant. So liegen die Lohnkosten eines in China produzierten, 70 Dollar teuren Schuhs von *Puma* bei 1,16 Dollar, der Werbeaufwand aber ist rund sechsmal so hoch.

Der amerikanische Basketballstar *Stephon Marbury*, Spielmacher der New York Nicks, wollte diesem Spuck ein Ende machen. Sein Schuh, der Starbury One, kostet gerade einmal 14,98 Dollar. Dabei sind die Modelle keine Billigversion des Originals. Denn *Marbury* spielte genau in den Schuhen, die seine Fans in den Regalen des Handels finden. Qualität, zeigte der Star, muss nicht teuer sein. Die Eltern werden es ihm gedankt haben.

Quelle: *Krome, T.*: Der Star-Schuhmacher mit dem Elternbonus, in: Frankfurter Allgemeine Zeitung, Nr. 278 vom 29.11.2006, S. 36.

Handelsmarken (englisch: Private Brand, Store Brand, Distributor Brand, Private Label) sind Waren- oder Firmenkennzeichen, mit denen Handelsbetriebe Waren versehen oder versehen lassen, wodurch sie als Eigner oder Dispositionsträger (= Disposition über die Gestaltung der Marke) der Marke auftreten. Konsequenterweise verfügen Handelsmarken über einen auf das jeweilige Handelsunternehmen oder die Handelsgruppe begrenzten Distributionsgrad. Häufig – wie auch hier – werden die Begriffe „Handelsmarke" und „Eigenmarke" sowie „Hausmarke" synonym verwendet. Während Haus- und Eigenmarken jedoch i. d. R. zu einem einzelnen Unternehmen gehören, können Handelsmarken auch die Schöpfung von großen Handelsgruppen sein. Typische Vertreter von Handelsmarken sind *Tandil* (*Aldi Süd*), *Mibell* (*Edeka*), *Tip* (*Real, Extra*), *Aro* (*Metro Cash & Carry*) und *Erlenhof* (*Rewe*). Das

Spektrum der Handelsmarken reicht von der Premium-Handelsmarke (*etwa Feine Welt* von *Rewe*, *Feine Kost* von *Penny* oder *Selection* von *Edeka*) über die klassische Handelsmarke bis zur Discount-Handelsmarke.

Im Falle von Handelsmarken definiert ein Handelsunternehmen zunächst, woraus und auf welche Weise das jeweilige Produkt gefertigt sein soll. Im zweiten Schritt werden dann beispielsweise über eine Ausschreibung oder Auktion Unternehmen gesucht und ausgewählt, welche die Herstellung übernehmen. Mitunter kommt es dazu, dass verschiedene Hersteller ein und dieselbe Handelsmarke für das Handelsunternehmen produzieren (z. B. häufig bei Mineralwasser).

Fallbeispiel „Das Spektrum an Handelsmarken" – das Eigenmarken-Portfolio von real,-

- „*real,-* präsentiert: vier Marken zum merken.
- Einmal hin. Alles drin. Von discountgünstigen Tip-Preisen bis zu feinen Genießermomenten mit *real,-* Selection: Unsere Marken bieten jedem genau das Richtige.
- TIP – Discountpreise (*Gattungsmarke; Anmerkung des Verfassers*).
- Wir führen über 800 Produkte für den täglichen Bedarf – und zwar zum besten Preis in Ihrem *real,-*Markt! Für alle, die Qualität discountgünstig möchten, ist unsere beliebte Marke Tip immer die richtige Wahl.
- *real,-* Quality (*klassische Handelsmarke; Anmerkung des Verfassers*) – die neue Marke für Deutschland.
- Sie wollen Markenqualität zu einem günstigen Preis? Dann ist unsere Marke *real,-* Quality genau das Richtige für Sie! Mit über 1.000 Produkten, von Pasta bis zur Babypflege-Serie, von der Backmischung bis zum Haushaltsreiniger – *real,-* Quality ist Markenqualität, die immer günstig ist!
- *real,-* Bio – von Natur aus günstig.
- Preisbewusst trifft gesundheitsbewusst: Mit *real,-* Bio bieten wir Ihnen fast 200 Bio-Produkte zu dauerhaft günstigen Preisen. Nur bei der Qualität haben wir nicht mit uns handeln lassen. Denn alle *real,-* Bio-Produkte erfüllen die strengen Anforderungen der EG-Öko-Verordnung.
- *real,-* Selection (*Premium-Handelsmarke; Anmerkung des Verfassers*) – gönnen Sie sich das Besondere
- Unsere Marke für anspruchsvolle Genießer. Feine Spezialitäten in erlesener Qualität – *real,-* Selection ist Premium durch und durch. Bis auf den Preis: der liegt deutlich unter dem anderer Premium-Marken."

Quelle: real,-: Auszug aus Prospekt „real,- Quality – Die neue Marke für Deutschland, gültig vom 16.02. bis 21.02.2008.

Fallbeispiel „Produzenten von Handelsmarken" – der Eiskremhersteller *Rosen*

Entstanden aus einer Eisdiele, steht der Eigenmarkenspezialist *Rosen Eiskrem GmbH* heute für über 200 Millionen € Umsatz, beschäftigt 1.100 Mitarbeiter und exportiert in 22 Länder (Stand: 2010). Der Umsatzanteil von Handelsmarken-Eis liegt bei 50 %. Das Ziel von *Rosen* lautet nicht nur, sich weitere Teile vom 1 Milliarde schweren Lebensmitteleinzelhandelsumsatz mit Speiseeis zu sichern, sondern die Markenartikelproduzenten *Nestlé Schöller* und *Unilever* (*Langnese*) als Innovationsführer abzulösen. Bei Neuerungen im Eismarkt geht es jedoch weniger um Produktinnovationen im engeren Sinne als um Weiterentwicklungen wie die Verwendung natürlicher Farbstoffe oder die Verringerung des Fettanteils als Antworten auf den Trend nach gesunder Ernährung.

Quelle: eigene Recherchen.

Aus Sicht der einzelnen Marktteilnehmer erfüllen Handelsmarken folgende **Funktionen** (vgl. *Bruhn* 1997, S. 26–28):

- **Herstellersicht**
  - Auslastung von Überkapazitäten durch zusätzliche Produktion von Handelsmarken
  - Möglicher Vertrieb über Discounter, da Unternehmen wie beispielsweise *Aldi* weitgehend keine Herstellermarken führen
  - Mögliche Mehrproduktstrategie: So kann die Herstellermarke beispielsweise im Premium- und die für den Handel produzierte Marke im Preissegment positioniert werden (vgl. hierzu das in Abschnitt 3.2.3.6 aufgeführte Fallbeispiel „Handelsmarkenstrategie – die Produkte von *Lidl* und *Aldi*")
  - Risikoreduzierung durch Schaffung eines „zweiten Standbeins"
  - Erweiterung des Absatzpotenzials
  - Fixkostendegression und Realisierung von Erfahrungskurveneffekten, da die insgesamt produzierte Menge erhöht werden kann
  - Verbesserung der Verhandlungsposition im Rahmen der Hersteller-Handels-Beziehung

- **Handelssicht**
  - Dokumentation der preislichen Leistungsfähigkeit und des eigenständigen Sortimentsprofils: Zu diesem Zweck ermöglicht der britische Verbrauchermarktbetreiber *J. Sainsbury plc* im Rahmen seiner „switch & save"-Aktion Kunden, Markenartikel und Private-Label-Alternative im direkten Vergleich zu verkosten. Und im Rahmen von „feed your family for a fiver" werden Tipps für gesunde und preiswerte Mahlzeiten mit Zutaten aus der Eigenmarken-Range gegeben.
  - Profilierung gegenüber Wettbewerbern
  - Spannensicherung und Ertragssteigerung: Der Handel verdient grundsätzlich mehr an einer Handelsmarke als an einer Herstellermarke. Außerdem sind Handelsmarken seltener der Gefahr des ruinösen Preiswettbewerbs ausgesetzt als Herstellermarken.
  - Solidarisierung im Handelsverbund, da Handelsmarken in Verbundgruppen des Handels als organisatorisches Bindemittel zur Festigung des Zusammengehörigkeitsgefühls unter den Kooperationspartnern beitragen
  - Möglichkeit der Entwicklung eigener innovativer Produkte
  - Schutz eigener Warenzeichen gegenüber Wettbewerbern

– Erhöhung der Einkaufsstätten- und damit der Kundenbindung

- **Konsumentensicht**
  – Erwerb von Produkten mit einem günstigen Preis-Leistungs-Verhältnis
  – Möglichkeit preisgünstiger Probierkäufe
  – Ergänzung der vorhandenen Auswahlmöglichkeiten und dadurch Steigerung des Einkaufserlebnisses
  – Vereinfachung der Geschäftsstättentreue, da bestimmte Herstellermarken nicht in allen Handelsbetrieben gelistet sind
  – Möglichkeit der Substitution von klassischen Markenartikeln

Für eine zunehmende Diffusion von Handelsmarken sprechen folgende **Argumente**:

- Hybride Konsumenten („Nerzmanteltragende *Porsche*-Fahrerin kauft bei *Aldi* ein.")

- Sinkende Markentreue (höhere Wechselbereitschaft der Kunden; Wunsch nach Variety Seeking)

- Geringe Kaufkraft/wachsende Preissensibilität: Grundsätzlich lässt sich beobachten, dass in rezessiven Zeiten der Handelsmarkenanteil deutlich wächst, wohingegen er in Aufschwungzeiten leicht fällt. Per saldo ist die Tendenz jedoch steigend.

- Zunehmend kritische Haltung gegenüber der Werbung, die in erster Linie von Markenartikelproduzenten betrieben wird

- Steigendes Umwelt- und Gesundheitsbewusstsein (, da weniger aufwendige Verpackung der Handelsmarke)

- Expansion der Discounter, die zu einem erheblichen Teil Handelsmarken führen

- Konzentration und Internationalisierung der Handelsunternehmen: Erst ab einer bestimmten Unternehmensgröße ist es betriebswirtschaftlich sinnvoll bzw. möglich, eine Handelsmarke zu führen.

Als **Gegenargumente** lassen sich ins Feld führen:

- Fehlende Akzeptanz bei High-Involvement-Produkten und damit bei Premium-Handelsmarken

- Fehlendes Vertrauen beim Verbraucher in die Qualität der Produkte

- Schnellere Innovationszyklen bei Herstellermarken

- Zum Teil noch geringe Distributionsdichte, da einige Handelsunternehmen nur regional und/oder räumlich weit verteilt aufgestellt sind

- Heterogenität der Betriebstypen in einem Konzern (Erscheinungsbild, Qualität), die es erschwert, einen gemeinsamen Nenner bei der Gestaltung einer Handelsmarke zu finden.

Traditionell fokussierte sich der Handel bei der Konzeption von Handelsmarken auf die Nachahmung von Herstellermarken und damit auf Kopien, die im Extremfall bereits vier Wochen nach der Einführung innovativer Herstellermarken in die Regale wanderten und damit die Wertschöpfung für Hersteller und Handel beeinträchtigten. In jüngerer Zeit übernehmen Eigenmarken hingegen immer häufiger die Innovationsführerschaft. Nachdem die meisten großen Handelsunternehmen die Vielzahl ihrer Eigenmarken auf wenige Dachmarken verdichtet haben und damit Preiseinstiegs-, Mittelpreis- und Premiumsegment bedienen, stehen neuerdings Nischen wie Regionalität oder Klimafreundlichkeit im Zentrum der Bemühungen. Auch Trendthemen wie Bio griffen Discounter schneller und offensiver auf als viele Markenhersteller (vgl. *Mehringer* 2010, S. 26).

Fallbeispiel „Handelsmarken" – Preisersparnis durch Handelsmarken

Markenartikel stehen für gute Qualität, nicht selten aber auch für hohe Preise. Deshalb stellen sich mehr und mehr Verbraucher die Frage, ob es denn wirklich ein Markenprodukt sein muss. Schließlich gibt es im Lebensmittelhandel, und hier speziell bei den Discountern, eine Vielzahl von Gattungsmarken bzw. Handelsmarken, die von Markenherstellern unter anderem Namen produziert werden (vgl. Tab. 3.8).

Der Verkaufspreis solcher Gattungsmarken bzw. Eigenmarken des Handels liegt i. d. R. zwischen 20 und 60 % unter dem des Markenprodukts (vgl. Tab. 3.9). Durch größere Produktionsmengen und damit einhergehende Stückkosteneinsparungen durch Erfahrungskurveneffekte kann dies für die Hersteller durchaus profitabel sein. Wenn allerdings jeder Verbraucher wüsste, dass in einer Gattungsmarken- bzw. Handelsmarken-Packung Markenprodukte versteckt sind, würden sie vermutlich deutlich weniger Markenartikel kaufen.

Deshalb versuchen die Markenhersteller geheim zu halten, dass sie auch die deutlich billigeren Gattungsmarken bzw. Handelsmarken produzieren. Beispielsweise ändern sie – wenn auch nur geringfügig – die Rezeptur. Folglich müssen Gattungsmarken bzw. Handelsmarken nicht exakt so wie ihre deutlich teureren Markenartikel schmecken. Die Produzenten tun dies entweder, um dem Argument zu begegnen, man bekäme exakt dasselbe Produkt für einen deutlich günstigeren Preis, oder aber die belieferten Handelsunternehmen fordern bzw. bevorzugen eine etwas andere Rezeptur.

Trotz der Geheimhaltungsstrategie gibt es einige Anhaltspunkte, die Hinweise auf einen Markenhersteller geben können:

- **Zutatenliste**
  Hier geht es nicht nur darum, dass viele identische Zutaten enthalten sind, sondern auch um die Menge der jeweiligen Zutaten. Markenhersteller achten i. d. R. darauf, dass die Zutatenlisten nicht zu 100 % identisch sind, da es für den Verbraucher ansonsten außer dem Image bzw. Prestige keinen Grund mehr gäbe, den teureren Markenartikel zu kaufen.

- **Nährwert-Tabelle**
  Sind die auf den meisten Lebensmittelpackungen abgebildeten Tabellen mit Brennwert in kJ oder kcal sowie der Menge an Eiweiß, Kohlenhydraten und Fett pro 100 Gramm von Marken- und No-Name-Produkt sehr ähnlich oder gar identisch, kann das als weiteres Indiz dafür gelten, dass beide Produkte aus demselben Haus stammen.

- **Herstellungsort**
  Wurden Markenartikel und Handelsmarke am selben Ort hergestellt, ist die Wahrscheinlichkeit des gleichen Produzenten hoch. Speziell bei kleinen Ortschaften darf

angenommen werden, dass dort beispielsweise keine zwei Fleisch-Fabriken angesiedelt sind. Die Postleitzahlen und die Straßenangaben unterscheiden sich oft bei beiden Produkten. Entscheidend ist aber, dass es sich um dieselbe Gemeinde handelt.

- **Besonderheiten bei Fleisch-, Fisch- und Milchprodukten**
  Bei sämtlichen abgepackten Fleisch-, Fisch- und Milchprodukten befindet sich auf der Verpackung ein kleines ovales Zeichen, das die so genannte Veterinärkontrollnummer enthält. Daran lässt sich nachvollziehen, aus welchem Betrieb das Produkt stammt. Bei deutschen Produkten steht „DE" am Anfang. Dann folgen zwei Buchstaben als Abkürzung für das Bundesland. Die sich daran anschließende, i. d. R. zwei- oder dreistellige Ziffernfolge gibt eindeutig den Betrieb an, indem das Produkt hergestellt wurde. Am Schluss steht ein Hinweis darauf, dass das Produkt aus der Europäischen Union kommt, beispielsweise „EG" oder „EWG". Wenn sowohl auf der Packung des Markenprodukts als auch auf der Gattungsmarke bzw. Handelsmarke dieselbe Veterinärkontrollnummer steht, stammen beide Produkte aus demselben Betrieb.

Quelle: *Schneider, T.:* Wo „billig" draufsteht, ist oft Marke drin, in: Mannheimer Morgen vom 19.09.208, S. 7.

Fallbeispiel „Ertragseigenmarken" – trotz höherer Preise kaum qualitativer Mehrwert zu Preiseinstiegsmarken

Ertragseigenmarken zielen darauf ab, dem Kunden eine preisgünstige, aber dennoch hochwertige Alternative zur gängigen Herstellermarke (hier Premium-Herstellermarke) zu bieten und dem Handel gleichzeitig eine attraktive Spanne zu ermöglichen. Experten gehen von einer Handelsspanne von 30 % und mehr aus, während es im Preiseinstieg eher weniger als 30 % sind. Doch die wenigsten Ertragseigenmarken verfügen derzeitig über ein einzigartiges Profil, um der hausinternen Konkurrenz durch die eigenen Preiseinstiegsmarken begegnen zu können. In einigen Fällen sind die Ertragseigenmarken sogar identisch mit dem Produkt, das im Preiseinstieg auf einem deutlich niedrigeren Preisniveau angeboten wird.

Im Schnittkäsesortiment beispielsweise werden die Ertragseigenmarken etwa doppelt so teuer angeboten wie die Preiseinstiegsmarken. Ein echter qualitativer Mehrwert ist in vielen Fällen aber kaum auszumachen. Sollte der Kunde diese Strategie irgendwann einmal durchschauen, dürfte dies das Ende der Ertragseigenmarkenkonzepte sein.

Tab. 3.8: Ausgewählte Handelsmarken und deren Produzenten (Quelle: eigene Recherchen)

Anbieter	Handelsmarke	Markenhersteller
Aldi	• *Moser-Roth Privat Chocolatiers* • *Prima Bio Gemüse* • *Chips Cracker*	• *August Storck* • *Frosta* • *Intersnack (Chio)*
Plus	• *Classic Kondensmilch* • *BioBio Vollmilch frisch* • *Capannina Mozzarella*	• *Bärenmarke* • *Weihenstephan* • *Zott*
Norma	• *Goldglück Frischkäse* • *Riva Eis, Sahne-Kaffee* • *Cornwall Grüner Tee/Kräutertee*	• *Karwendel (Exquisa)* • *Roncadin (Landliebe)* • *OTG (Meßmer, Milford)*
Penny	• *Dinner Fee Dosensuppen* • *Bauer's Pommersche Leberwurst* • *Elite Milchreis*	• *Heinz* • *Rügenwalder Teewurst* • *Müller Milch*
Lidl	• *Combino*, Spaghetti • *Eisstern, Gelatelli* • *Edelrahm Joghurt mild*	• *Kraft (u. a. Miracoli)* • *Humana Milch* • *Bauer*

Tab. 3.9: Herstellermarken, entsprechende Handelsmarken sowie damit einhergehende Preisersparnis (Quelle: Verbraucherzentrale Hamburg 2008)

Markenartikel	„Kopiertes" No-Name-Produkt	Preisersparnis (in %)
Bahlsen ABC Russisch Brot	*Covo Russisch Brot (Penny)*	33
Der Große Bauer Erdbeer	*Gut & Günstig Fruchtjoghurt Erdbeer fettarm (Edeka)*	11
Gutfried Putenbrust „natur"	*TIP Putenbrust „natur" gegart (Real)*	36
Harry „1688" Steinofenbrot	*3-Ähren-Brot Bauernschnitte (Penny)*	60
Herta Grobe Leberwurst	*Dulano Delikatess Leberwurst, grob (Lidl)*	54
Katjes Joghurt-Gums	*Sweet Land Joghurt-Früchtchen (Aldi)*	37
Meggle die Kräuterbutter	*Louis d'Or Kräuterbutter (Penny)*	17
Müller Reine Butter Milch	*Milsani Reine Buttermilch (Aldi)*	42
Rausch El Cuador Schokolade 70 %	*J. D. Gross Ecuador Schokolade 70 % (Lidl)*	57

Gattungsmarken (No Names, No Frills, Weiße Marken; im Pharmasektor auch Generika wie beispielsweise die *Ratiopharm*-Produkte) sind markenlose Produkte (in dem Sinne, dass das einzelne Produkt keinen speziellen Markennamen trägt) und gelten als Spezialform der Handelsmarke. Sie wurden Mitte der 70er Jahre geschaffen und dienen der Abwehr der Discounter, weshalb sie fast ausschließlich im Lebensmittelhandel anzutreffen sind. Typische Vertreter sind die *Sparsamen* von *Spar*, *A&P* von *Tengelmann*, *Tip* von *Real* und *Extra, Gut & Günstig* von *Edeka* und *ja!* von *Rewe* (vgl. hierzu auch Tab. 3.10).

Kennzeichen von Gattungsmarken, deren Marketing von Handelsunternehmen bzw. Handelsgruppen konzipiert und gesteuert wird, sind:

- Einfache Verpackung, die nur die Produktbezeichnung trägt und Preiswürdigkeit signalisieren soll

- Nach der Einführung schwache Werbung, um Kosten gering zu halten

- Hohe bis mittlere sowie gleich bleibende Qualität

- Günstiger Preis

Tab. 3.10: Ausgewählte Handelsunternehmen sowie geschätzter Anteil und Beispiele für Eigenmarken (Quelle: eigene Recherchen)

Handels-unternehmen	Anteil Eigenmarken	Beispiele
Aldi Süd	Sehr hoch	*Tandil* (Waschmittel), *Gartenkrone* (Konserven), *Amaroy* (Kaffee), *Crane* (Sportartikel), *Kür* (Körperpflegemittel), *Topstar* (Limonaden und Colagetränke), *Karlskrone* (Bier)
Aldi Nord	Sehr hoch	*UNA* (Waschmittel), *King´s Crown* (Konserven), *Marcus* (Kaffee), *River* (Limonaden und Colagetränke), *Karlsquell* und *Maternus* (Bier), *Gut Drei Eichen* (Fleisch- und Wurstwaren), *Solo* (Taschen- und Küchentücher)
C&A	Sehr hoch	*Clockhouse, Yessica, Canda, Jingler´s, Westbury, Angelo Litrico*
dm-drogerie markt	Mittel	*Babylove* (Babyartikel), *Alverde* (Naturkosmetik), *Balea* (Drogerieartikel), *réell'e* (Haarkosmetik), *p2 cosmetics* (dekorative Kosmetik), *Sanft und Sicher* (Hygiene-/Papierartikel), *Denk mit* (Reinigungsmittel)

Tab. 3.10: Ausgewählte Handelsunternehmen sowie geschätzter Anteil und Beispiele für Ei-
genmarken (Fortsetzung)

Handels-unternehmen	Anteil Eigenmarken	Beispiele
Edeka	Mittel	*Gut & Günstig* (Gattungsmarke), *Backstube* (Brot), *Bancetto* (italienische Spezialitäten), *Bio Wertkost* (Bioprodukte), *Gemüseküche* (Konserven), *Gutfleisch* (Fleisch- und Wurstwaren), *KING´S GOLD* (Süßigkeiten), *Landgut* (Geflügelprodukte), *Mibell* (Molkereiprodukte), *Rio Grande* (Säfte und Fruchtwaren), *Schlemmer Küche* (Salate), *domino* (Tierprodukte), *el-kos* (Drogerieartikel), *ME-GA* (Technikprodukte)
Globus	Hoch	*Tiefster Preis* (Gattungsmarke), *Gold von Globus* (Obst/Gemüse), *Globus* (Tiernahrung), *Globus* (diverse Lebensmittel und Drogerieartikel), *GRANDIUS* (Lederwaren), *Trendline* (Non-Food)
IKEA	Nahezu 100 %	*IKEA* Möbel, Haushaltswaren
Kaiser's Tengelmann	Mittel	*A&P* (Attraktiv & Preiswert; Gattungsmarke); *Hof* (Milchprodukte, Fleisch- und Wurstwaren, Konserven), *Naturkind* (Bioprodukte), *Birkenhof* (Rindfleisch), *Royal Comfort* (Hygieneartikel), *Kaiser´s Tengelmann Starmarke* (Molkerei Produkte)
Kaufland	Hoch	*K-Classic* Komplettsortiment (außer Fleischwaren und Gemüse), *Purland* (Fleischwaren)
Lidl	Sehr hoch, aber geringer als bei *Aldi*	*Coshida* (Tierprodukte), *Bioness* (Bioprodukte), *W5* (Reinigungsprodukte), *Gebirgsjäger* (Fleisch- und Wurstwaren), *Grafenwalder/ Bergadler/Perlenbacher* (Bier), *Freeway* (Limonaden und Colagetränke), *Little Man* (Müsli und Cornflakes), *Octron* (CD- und DVD-Rohlinge)
Marktkauf	Mittel	*Gut & Günstig* (Gattungsmarke Lebensmittel oder Hartwaren wie z. B. Schulblöcke, CD-/DVD-Rohlinge)
Metro	Mittel	*ARO (Handelsmarke Komplettsortiment), Fine Food, Horeca Select, H-Line, Rioba, Sigma*

Tab. 3.10: Ausgewählte Handelsunternehmen sowie geschätzter Anteil und Beispiele für Ei-
genmarken (Quelle: eigene Recherchen; Fortsetzung)

Handels-unternehmen	Anteil Eigenmarken	Beispiele
Netto	Mittel	*Bon appetit Lebensmittel* (Nudelsaucen, Konserven, Salate), *Minimum %* (Wurst und Milch), *Maximum Natur* (Bio-Produkte), *Splish* (Getränke), *Kingsway* (Säfte), *Amora* (Kaffee und -sahne), *Yarelle* (Körperpflege), *Shine* (Spülmittel), *Quod* (Wasch- und Putzmittel), *Exklusiv* (Taschentücher)
Penny	Hoch	*Elite* (Joghurt), *Bäckerkrönung* (Backwaren), *Campus* (Milcherzeugnisse), *Naturgut* (Bioartikel), *Adelskrone* (Bier), *Finale* (Limonaden und Colagetränke)
Quelle GmbH (Versand-handelsun-ternehmen)	Mittel	*Privileg* (Elektro-Haushaltsgeräte), *Universum* (Unterhaltungselektronik), *Revue* (Fotoapparate und -zubehör)
Real	Mittel	*TIP* (Toll im Preis; Gattungsmarke Lebensmittel, Textilien, Haushaltswaren im Preiseinstiegsbereich), *Real Quality* (Qualität entspricht klassischen Markenartikeln, damit klassische Handelsmarke; preislich höher angesiedelt als *TIP*), *Real Selection* (Premium-Handelsmarke, teurer als *Real Quality*), *Real Bio* (ehemals *Grünes Land*, Bioprodukte), *Watson* (Elektronik- und Multimediaprodukte)
Rewe/Extra	Mittel	*ja!* Lebensmittel (ehemals *Die Weißen*; Gattungsmarke), *Erlenhof* (Frischeartikel), *Salto* (Tiefkühlartikel), *Today* (Pflegeprodukte), *Füllhorn* (Ökoprodukte), *Clever* (Lebensmittel), *REWE* (Qualität entspricht klassischen Herstellermarken, damit klassische Handelsmarke, preislich höher als *ja!*, aber niedriger als klassische Herstellermarken), *REWE Bio*, *Wilhelm Brandenburg* (Fleisch und Wurst)
Toom Baumarkt	Gering – mittel	*O. K.* (Gattungsmarke Komplettsortiment), *Genius Pro* (Farben und Lacke), *merox* (Malerartikel)

Abb. 3.5 vermittelt einen zusammenfassenden Überblick über die Preis- und Qualitätspositionierung der vorgestellten Markenvarianten, wobei hier eine gewisse Dynamik sowie länderspezifische Unterschiede festzustellen sind. Während in Großbritannien einige Händler be-

reits seit Jahren den Anspruch erheben, die Leistungen ihrer höherpreisigen Handelsmarken über denen etablierter Topmarken anzusiedeln, handelt es sich hierzulande noch um Zukunftsszenarien. Grundsätzlich lässt sich festhalten, dass eine Handelsmarke die Herstellermarke angreift mit dem Versprechen, im jeweiligen Segment vergleichbare Qualität zu einem günstigeren Preis zu bieten.

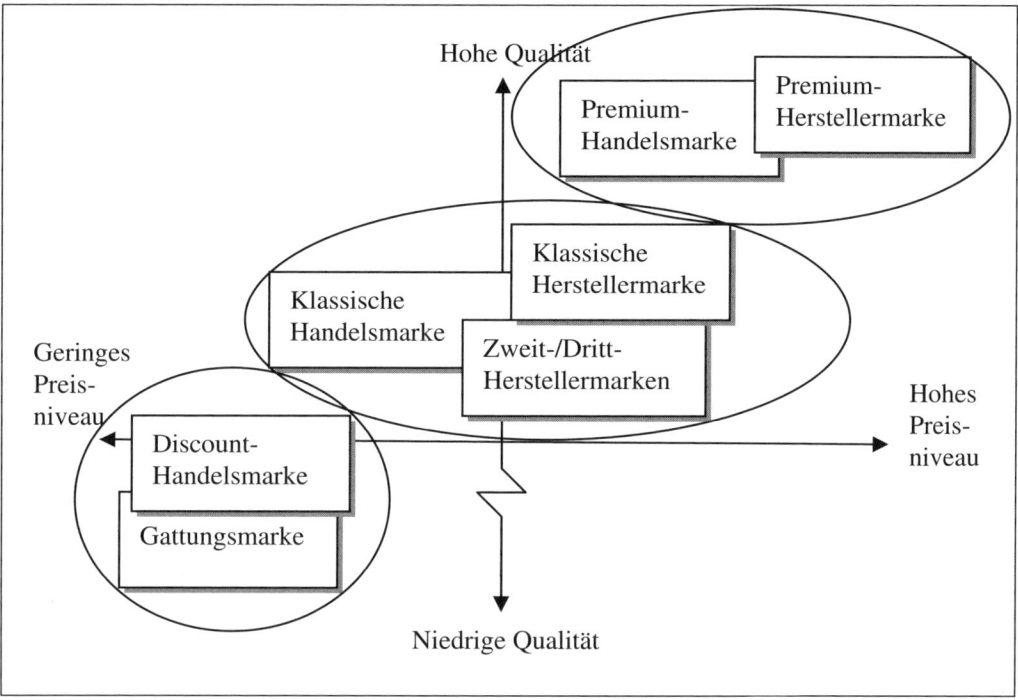

Abb. 3.5: Preis- und Qualitätsposition ausgewählter Markentypen im vertikalen Wettbewerb (Quelle: in Anlehnung an Bruhn 1997, S. 12)

Im historischen Kontext interessant erscheint das Vorgehen des nationalsozialistischen Regimes, mit dem Ausbruch des Zweiten Weltkriegs Marken generell zu verbieten und an deren Stelle sog. **„Reichseinheitserzeugnisse"** zu setzen. Dies zwang zahlreiche Markenartikelhersteller dazu, auf markenlose Produkte umzusatteln.

Fallbeispiel „Handelsmarkenstrategie" – die Produkte von *Aldi* und *Lidl*

Zahlreiche Markenhersteller haben die Vorteile der Massenproduktion in Form von **Economies of Large Scale** für sich entdeckt: Je größer die produzierte Menge ist, desto geringer können die Herstellkosten für das einzelne Produkt ausfallen. Dass sich die zusätzlich produzierte Menge aber häufig nicht als hochmargige Markenartikel vertreiben lässt, wird sie zumindest teilweise als No-Name-Produkt (= Gattungsmarke), Handelsmarke oder Zweit- bzw. Dritt-Herstellermarke am Markt abgesetzt. Auf diese Weise wird man den Forderungen des preisaggressiven Einzelhandels nach günstigen Produkten gerecht, ohne gleichzeitig die anderen Handelspartner durch eine Preisdifferenzierung bei Herstellermarken und die hierfür ursächliche Rabattspreizung zu verärgern.

Oberstes Gebot bei solchen Vertriebskonzepten ist es, die Kannibalisierung der Hauptmarke zu verhindern, was voraussetzt, dass dem Konsumenten die Doppelstrategie unbekannt bleibt. Deshalb findet sich auf den Produktverpackungen zumeist nur die Bezeichnung „Hergestellt für …" oder (nahezu) gänzlich unbekannte Firmennamen. Beispielsweise verbirgt sich hinter der *Feurich GmbH* und der *Biscotta GmbH*, beide 30006 Hannover, der Markenhersteller *Bahlsen*.

Doch Experten zufolge geben der Herstellungsort oder die diversen Kennzeichnungsnummern Aufschluss über die hinter den No-Name-Produkten, Handelsmarken und Zweit- bzw. Dritt-Herstellermarken stehenden renommierten Markenartikelhersteller. Nach EU-Verordnung muss jedes abgepackte Milch-, Fleisch- oder Fischerzeugnis ein sog. **Genusstauglichkeitskennzeichen** aufweisen, anhand dessen sich nachvollziehen lässt, aus welcher Produktion die Ware stammt.

Das Kennzeichen setzt sich aus folgenden **Komponenten** zusammen:

- Angabe des Herkunftslandes (z. B. D für Deutschland; bei Milchprodukten plus Bundeslandangabe, z. B. BW für Baden-Württemberg),
- Veterinärkontrollnummer (= Zahlenkombination des jeweiligen Betriebs; z. B. 382 = *Schwarzwaldmilch GmbH*, Offenburg) sowie
- Abkürzung *EWG* (*Europäische Wirtschaftsgemeinschaft*) oder *EG* (*Europäische Gemeinschaft*).

Die Kennzeichnung DBY544EWG beispielsweise bedeutet: Das Produkt wurde in Deutschland (= D) und Bayern (= BY) von der *Schöller Lebensmittel GmbH & Co.KG*, Nürnberg, *Mövenpick* (= 544) innerhalb der *Europäischen Wirtschaftsgemeinschaft* (= *EWG*) hergestellt.

Bei Fleisch und Fisch verarbeitenden Betrieben wird statt des Bundeslandes die Art des Bearbeitungsbetriebes angegeben. Folgende Abkürzungen stehen für jeweilige **Betriebskennungen**:

- EFB = Verarbeitungsstätten für Fischerei-Erzeugnisse
- EHK = Hackfleisch- und Fleischzubereitungen
- ESG = Geflügelschlachtbetrieb
- EUZ = Umpackbetriebe nach dem Fleisch- und Geflügelfleischhygienerecht
- WV = Fleischverarbeitungsbetriebe, auch Fettschmelzen und Darmbearbeitungsbetriebe
- EZ = Zerlegebetriebe
- EZG = Geflügelfleischzerlegungsbetriebe

Mit Hilfe der Zahlenkombinationen lässt sich also der jeweilige Betrieb identifizieren, der eine bestimmte Handelsmarke produziert hat. Einschränkend gilt es anzumerken, dass einige Hersteller mehrere Produktionsstätten unterhalten und damit auch mehrere Veterinärkontrollnummern besitzen, was wiederum die Identifikation des hinter der Produktion einer Handelsmarke stehenden Markenherstellers erschwert.

Da es für Markenhersteller häufig unrentabel ist, die Rezeptur oder die Einstellung der Produktionsanlagen zu ändern, ist ein Großteil der günstigen Produkte absolut identisch zum Markenpendant. Doch wird in einigen Fällen bereits mit kleinen Produktvariationen (z. B. bei Geschmacks- und Duftstoffen) beim Verbraucher der Eindruck eines völlig anderen Produkts erweckt. *Aldi Süd* beispielsweise verkauft Handelsmarken, welche Markenprodukte von u. a. folgenden Herstellern sind:

- *Alpenhain Camembert-Werk (Camembert)*
- *Campina GmbH (Joghurt)*
- *Develey (Senf)*
- *Freiberger Lebensmittel GmbH & Co. „Alberto" (Pizza)*
- *Humana Milchunion eG (Quark-Creme, Pudding)*
- *J. Bauer KG Milchverarbeitung (Joghurt)*
- *Molkerei Alois Müller GmbH&Co. (Joghurt)*
- *Nestlé (Grill-Saucen)*
- *Schöller Lebensmittel GmbH&Co. (Eiscreme)*
- *Schöller/Nestle „Mövenpick" (Eis)*
- *Storck „Dickmann" (Schokoküsse)*
- *Zott KG (Joghurt und Käse)*

Handelsmarken garantieren dem Verbraucher u. a. deshalb einen hohen Qualitätsstandard, weil sie einer zweimaligen Qualitätskontrolle unterliegen: Die Handelsketten prüfen die Qualität der Produkte selbst noch einmal, obwohl der Hersteller diese dem Gesetz entsprechend schon einmal kontrolliert hat. Dadurch wollen die Handelsunternehmen vermeiden, im Falle von Lebensmittelskandalen und/oder schlechten Warentestergebnissen negativ in den Medien erwähnt zu werden.

Quelle: www.freenet.de/freenet/finanzen/sparen/rubriken/essen/, Stand: 17.06.2003; www.vetlex.com, Stand: 18.12.2008; www.pruefziffernberechnung.de, Stand: 18.12.2008; *Weltbild-Buchverlag*: Discounter Planer 2009, Augsburg 2008.

Fallbeispiel „Markenstrategie" – *Storck* steht auf zwei festen Beinen.

Die *Storck*-Gruppe setzt systematisch auf eine Doppel-Markenstrategie, die auf der Produktion sowohl von Herstellermarken als auch von Private Labels basiert. Zum einen verfügt der Süßwarenhersteller über ein breites Portfolio an Herstellermarken, das von *Merci*, *Toffifee*, *Storck* und *Dickmanns* über *Knoppers* und *Werther's Echte* bis hin zu *Nimm 2* und *Campino* reicht. Zum anderen liefert *Storck* beispielsweise dem Discountprimus *Aldi* die Premium-Handelsmarke *Moser Roth* sowie die Handelsmarken *Chateau* (*Aldi Nord*) und *Choceur* (*Aldi Süd*).

Aufgrund der Erlöse mit Hersteller- und Handelsmarken ist *Aldi* der mit Abstand größte Kunde des Unternehmens. Deshalb ist *Aldi* bei *Storck* auch Chefsache – Firmeninhaber *Axel Oberwelland* betreut den Discounter persönlich.

Quelle: *Chwallek, A.*: Storck-Gruppe investiert viel Geld, in: LebensmittelZeitung, Nr. 6
          vom 12.02.2010, S. 12.

3.2.3.7   Markenstrategien

Um Marken aufzubauen und zu pflegen, bieten sich unterschiedliche Strategien an. Zu den wichtigsten **Varianten** zählen (vgl. im Folgenden *Meffert* 2000, S. S. 856–869; *Stender-Monhemius* 2002, S. 130–134):

- **Einzelmarkenstrategie (auch Solitärmarkenstrategie)**
  Hier werden für einzelne Produkte einzelne, unterschiedliche Marken entwickelt. Die Herkunft des einzelnen Produktes wird nicht werblich herausgestellt. Demnach erfahren die Verbraucher nicht, dass die unterschiedlichen Markenartikel von einem einzigen Anbieter stammen. Beispiele sind:
  – *Ferrero* mit *Nutella, Duplo, Raffaelo* etc.
  – *Procter & Gamble* mit *Ariel, Meister Proper, Pampers*

- **Mehrmarkenstrategie (auch Multimarkenstrategie bzw. Multi Branding)**
  Hier entwickelt ein Anbieter für einzelne Produktkategorien unterschiedliche Marken, die sich gleichzeitig an ähnliche Marktsegmente richten. Solche Strategien sind vor allem in stark gesättigten Märkten (z. B. Waschmittel- und Zigarettenmarkt) zu beobachten. Beispiele sind:
  – *Henkel* mit den Waschmitteln *dato, fewa, Persil, Perwoll, saptil, Sil, Spee, Vernell, Weißer Riese*
  – *Bitburger Braugruppe* mit den Biermarken *König Pilsener, Köstritzer, Bitburger, Licher und Wernesgrüner*
  – *Philip Morris* mit Zigarettenmarken wie *Marlboro, Merit* etc.

- **Markenfamilienstrategie**
  Hier wird eine einheitliche Markenbezeichnung in den Vordergrund einer Produktgruppe gestellt. Darunter werden dann verschiedene Einzelprodukte angeboten. Beispiel hierfür ist die aus dem Hause *Beiersdorf* stammende Marke *Nivea* mit den Familienmitgliedern *Nivea Haircare, Nivea Visage, Nivea Beauté, Nivea Men* etc. Daneben führt *Beiersdorf* noch die Markenfamilie *tesa*. Weitere Anbieter von Markenfamilien sind *Danone* (*Activia, Actimel, Fruchtzwerge, Evian, Volvic, …*), *Ferrero* (*kinder, Duplo, Hanuta, Nutella, …*), *Nestlé* (*Maggi, Herta, Mövenpick, Theo Schöller, …*), *Kraft Foods* (*Mirácoli, Milka, Suchard, …*) und *Unilever* (*Langnese, Rama, Knorr, …*).

- **Dachmarkenstrategie**
  Hier wird der Firmenname mit sämtlichen angebotenen Produkten eines Unternehmens verbunden (sog. **Umbrella Branding**). Der Unternehmensname gilt als Dachmarke, selbst dann, wenn sehr unterschiedliche Leistungsangebote im Markt vertreten sind. Typische Vertreter dieser Strategie sind Automobilhersteller wie *Porsche, Renault* und *Volvo*, Nahrungsmittelhersteller wie *Pfanni und Bahlsen* oder Elektronikhersteller wie *Siemens*.

Tab. 3.11 fasst die wesentlichen Vor- und Nachteile der vorgestellten Markenstrategien zusammen.

Tab. 3.11: Vor- und Nachteile ausgewählter Markenstrategien (Quelle: Meffert 2000, S. 860 sowie 866)

Strategie	Vorteile	Nachteile
Einzelmarkenstrategie	• Möglichkeit individueller Positionierung • Befriedigung zielgruppenspezifischer Bedürfnisse • Keine negativen Ausstrahlungseffekte	• Keine Synergieeffekte (insbesondere beim Kommunikationsmanagement) • Keine positiven Ausstrahlungseffekte
Mehrmarkenstrategie	• Möglichkeit der Ansprache unterschiedlicher Zielgruppen • Keine Umsatzverluste im Falle eines internen Markenwechsels	• Zuwachs an Komplexität • Gefahr der Kannibalisierung
Markenfamilien-/ Dachmarkenstrategie	• Schnellere Akzeptanz neuer Produkte • Synergieeffekte • Positive Ausstrahlungseffekte	• Möglichkeit negativer Ausstrahlungseffekte • Keine Möglichkeit einer individuellen Positionierung

Fallbeispiel „Markenfamilie" (1) – *Nivea* **vereint über 500 Produkte unter ihrem Dach.**

Dr. Oscar Troplowitz hatte 1890 die Firma *Beiersdorf* in Hamburg vom *Gründer Paul C. Beiersdorf* erworben. 1911 stieß *Troplowitz* auf einen neuartigen Emulgator namens *Eucerit* („das schöne Wachs"), mit dessen Hilfe es nunmehr möglich war, die weltweit erste stabile und damit für die industrielle Herstellung geeignete Fett- und Feuchtigkeitscreme zu entwickeln: *Nivea*.

Ihren Namen erhielt die Creme aufgrund ihres reinweißen Aussehens, abgeleitet vom lateinischen Wort „nix, nivis" – der Schnee. *Nivea* ist somit die „Schneeweiße". Am Grundprinzip der Rezeptur hat sich in fast 100 Jahren kaum etwas verändert. Die Aufmachung der *Nivea* Creme wandelte sich allerdings bereits 14 Jahre nach ihrer Markteinführung. Die „Goldenen 20er Jahre" waren bestimmt vom gesellschaftlichen Wandel, der einen neuen Zeitgeist kreierte. Nach einschneidenden Kriegserfahrungen waren die Menschen lebenshungrig, „Jugend" und „Freizeit" wurden Modewörter und technische Innovationen ließen das Leben schneller werden. Das neue Lebensgefühl wurde von *Nivea* aufgegriffen – und das Markenprofil angepasst. Die verspielte Jugendstilornamentik der ursprünglichen *Nivea*-Dose wurde von einer wesentlich prägnanteren Optik abgelöst: Die blaue Dose mit dem weißen *Nivea*-Schriftzug feierte 1925 Premiere.

Die *Nivea*-Produktpalette wurde in den 1930er Jahren stark erweitert. Produkte wie Rasiercreme, Shampoo und Hautöl kamen hinzu. In den 1950er Jahren hatte die *Nivea* Creme längst den Status eines Markenklassikers erreicht und unter dem Dach der Marke *Nivea* wurde weltweit eine Vielzahl von Hautpflegeprodukten auf den Markt gebracht.
Das Wirtschaftswunder und der wachsende Wohlstand in den 1960er Jahren ermöglichten immer mehr Menschen das Reisen. Der Trend, Ferien im Süden mit Meer und Sonne zu verbringen, wurde von *Nivea* aufgegriffen, indem das Angebot an *Nivea* Sonnenschutz- und Sonnenpflegemitteln erweitert wurde.

In den 80er Jahren führte *Nivea* eine Vielzahl von neuen Produkten ein. Die Expansionspolitik der 1980er Jahre wurde in den 1990er Jahren mit der Einführung von Submarken wie z. B. *Nivea Hair Care*, *Nivea Beauté* (= dekorative Kosmetik) und *Nivea Bath Care* konsequent weitergeführt. Im Verlauf der zunehmenden Globalisierung entwickelte sich *Nivea* dank gezielter Markenführung zur größten Hautpflege-Marke der Welt.

Heute ist aus der *Nivea* Creme eine Markenfamilie mit mehr als 500 verschiedenen Produkten geworden. Unter dem *Nivea*-Markendach (aber keine Dachmarke im vorliegenden Sinne, sondern eine Markenfamilie!) sind Produktlinien wie *Nivea Visage* (seit 1993), *Nivea Vital* (1994), *Nivea Beauté* (1997), *Nivea Hair Care* (1991), *Nivea for Men* (1986), *Nivea Sun* (1993), *Nivea Hand* (1998), *Nivea body* (1992), *Nivea Bath Care* (1996) und *Nivea Deo* (1991) angesiedelt. Wie kaum ein anderer Konsumgüterhersteller hat *Beiersdorf* die Dehnung (= **Line Extension**) seiner einstigen Produktmarke vorangetrieben. Doch es ist eine große Herausforderung, Produktlinien und Innovationen – 30 % des Umsatzes entfallen auf Neuheiten, die nicht älter als fünf Jahre sind – einzuführen und gleichzeitig den Kern und damit die Identität einer Marke zu bewahren.

Die Positionierung als **globale Markenfamilie** baut die 2007 gestartete globale Kampagne „Schönheit ist ..." weiter aus. Die Kampagne zeigt ein ganzheitliches Verständnis von Schönheit – als einem Zusammenspiel von Aussehen, Wohlfühlen und Persönlichkeit. Die Kampagne startete in Deutschland und sorgte bis Ende 2008 in über 60 Ländern für einen international einheitlichen Auftritt der Marke. Doch gemäß der Maxime „**Think global, act local**" variiert das Angebot rund um den Globus. Die im Hamburger Asien-Labor entwickelten Whitening-Produkte sollen den chinesischen Kunden darin unterstützen, seinem

Schönheitsideal nach heller, ebenmäßiger Haut näher zu kommen. In Europa hingegen, wo der Wunsch nach sonnengebräuntem Teint dominiert, gibt es diese Produktlinie nicht.

Nicht nur der Konsument, sondern auch der Wettbewerb bestimmt, ob in einem bestimmten Land ein bestimmter Artikel angeboten wird. Grundsätzlich strebt *Nivea* die Spitzenpositionen eins und zwei in einem Markt an. Erscheint dies nicht möglich, bleibt diese Kategorie vor Ort außen vor.

Nicht nur bei den Submarken, sondern auch beim Design der Verpackungen hat die **Diversifikation** ihre Spuren hinterlassen. Je nach Zielgruppe und Verwendungszweck wandelt sich das Erscheinungsbild, und neben dem klassischen Blau-Weiß reicht das Farbenspektrum von braun über weiß und silbern bis hin zu transparent. Für die Wiedererkennbarkeit sorgt der bekannte Schriftzug.

Offensichtlich hat auch *Beiersdorf* die Gefahr der **Markenerosion** erkannt. Die Anzahl der Submarken soll reduziert werden, zukünftig sollen nur starke Marken wie *Nivea* for Men und *Nivea* Visage überleben. Deren Logos werden zunehmend harmonisiert, damit die weiße Schrift auf blauem Grund auch in Zukunft ein klares Signal setzt. Doch nicht nur die Sortimentsbreite der rund zehn *Nivea*-Submarken stehen auf dem Prüfstand, sondern auch die Sortimentstiefe innerhalb der einzelnen Segmente soll überprüft werden.

Quelle: *Holst, J.*: Alles unter einem Dach, in: LebensmittelZeitung, Nr. 41 vom 09.10. 2009, S. 90; http://www.beiersdorf.de/%C3%9Cber_uns/Unsere_Geschichte/ Markengeschichte.html; Stand: 01.12.2009.

Fallbeispiel „Markenfamilie" (2) – *Unilever* **vergibt „Du darfst"-Lizenzen.**

Bei „Du darfst" verfolgt *Unilever* als Markeneigentümer die Markenfamilienstrategie selbst und behält Markenrechte sowie -führung in der eigenen Hand. Die Markendehnung erfolgt ab 2010 u. a. über drei Lizenzpartner, die auf ihrem Gebiet als ausgewiesene Spezialisten gelten und in der jeweiligen Branche (Fleisch- und Wurstwaren, Fertiggerichte in Menüschalen, Feinkost) für Produktentwicklung, Produktion und Vertrieb zuständig sind. Die strategisch angelegten Lizenzpartnerschaften sind darauf ausgerichtet, die Markenkompetenz von *Unilever* mit der jeweiligen Kategorie-Expertise der Lizenznehmer zu bündeln. Die Lizenzen wurden an Unternehmen vergeben, die sich auf die jeweilige Kategorie konzentrieren und damit über spezifisches Wissen verfügen, was im zukünftig schwieriger zu bearbeitenden Light-Markt von Vorteil sein dürfte.

Quelle: *o. V.*: Du darfst soll Lightprodukt-Flaute überwinden, in: LebensmittelZeitung, Nr. 27 vom 09.07.2010, S. 12.

Fallbeispiel „Markenfamilie" (3) – die Marken der *Volkswagen Aktiengesellschaft*

Im Falle der *Volkswagen Aktiengesellschaft* wird eine einheitliche Markenbezeichnung in den Vordergrund jeweils einer Produktgruppe gestellt. Darunter werden dann verschiedene Einzelprodukte angeboten. Konkret zählen zur *Volkswagen Aktiengesellschaft* zehn Marken (vgl. Abb. 3.6). Zur Markenfamilie *Skoda* gehören beispielsweise *Skoda Fabia, Skoda Octavia, Skoda Roomster, Skoda Praktik* und *Skoda Superb*. Ziel ist es hierbei, gemeinsame Entwicklungen zu realisieren und Einsparpotenziale auszuschöpfen, ohne dabei die Eigenständigkeit der jeweiligen Marken zu gefährden.

Als Problem stellte sich die zunehmende Kannibalisierung innerhalb des *VW*-Konzerns heraus. Ursprünglich war der Marke *Skoda* die Aufgabe zugedacht, billige, aber solide Autos für die Schwellenländer des Ostens anzubieten. Doch im Laufe der Zeit machte *Skoda* der Kernmarke des *VW*-Konzerns mit zu hochwertigen und zu hochpreisigen Fahrzeugen zunehmend Konkurren z. B. hierfür ist der *Skoda Superb Kombi*, der über eine edlere Innenausstattung als der *VW-Passat* verfügt, aber deutlich weniger als dieser kostet. Um die Gefahr der Kannibalisierung einzudämmen, leitete der *VW-Vorstand* eine Kurskorrektur dahingehend ein, dass *Skoda* sich zukünftig wieder stärker auf die Produktion bezahlbarer Fahrzeuge im Kompaktsegment konzentrieren müsse.

Doch mittlerweile stellt sich dem *VW*-Konzern die neue Aufgabe, einen Volkswagen für Schwellenländer wie die BRIC-Staaten (Brasilien, Russland, Indien, China) zu entwickeln. Hier geht es um Volumen nach dem Motto: Kleinvieh macht auch Mist. Als Ziel gilt ein Einstiegspreis von rund 6.000 € und damit ein Preis, der rund 2.000 € unter dem bisher günstigsten Angebot des Konzerns liegt. Rahmenbedingungen sind bescheidener Entwicklungsaufwand und damit Rückgriff auf bereits bestehende Technik, simple Linien im Design, hoher Automatisierungsgrad, lokale Produktion und damit Vermeidung von Einfuhrzöllen, zunächst ein Modell mit späterer Auffächerung der Palette vor dem Hintergrund länderspezifischer Anforderungen, Zutaten wie Anschlüsse für Bluetooth, Navigationsgerät und einfache Assistenzsysteme sowie Erfindung einer neuen Marke. Ungelöst ist dabei das Problem, dass ein Billigprodukt am Markenkern kratzt und damit die Preise höher angesiedelter Marken (*VW, Skoda, Seat, Audi*) nach unten zieht.

Quelle: *o. V.*: Skoda wird zum Billiganbieter zurechtgestutzt, in: Frankfurter Allgemeine Zeitung, Nr. 69 vom 23.03.2010, S. 13; *Appel, H.:* Volkswagen von Volkswagen, in: Frankfurter Allgemeine Zeitung, Nr. 253 vom 30.10.2012, S. 9.

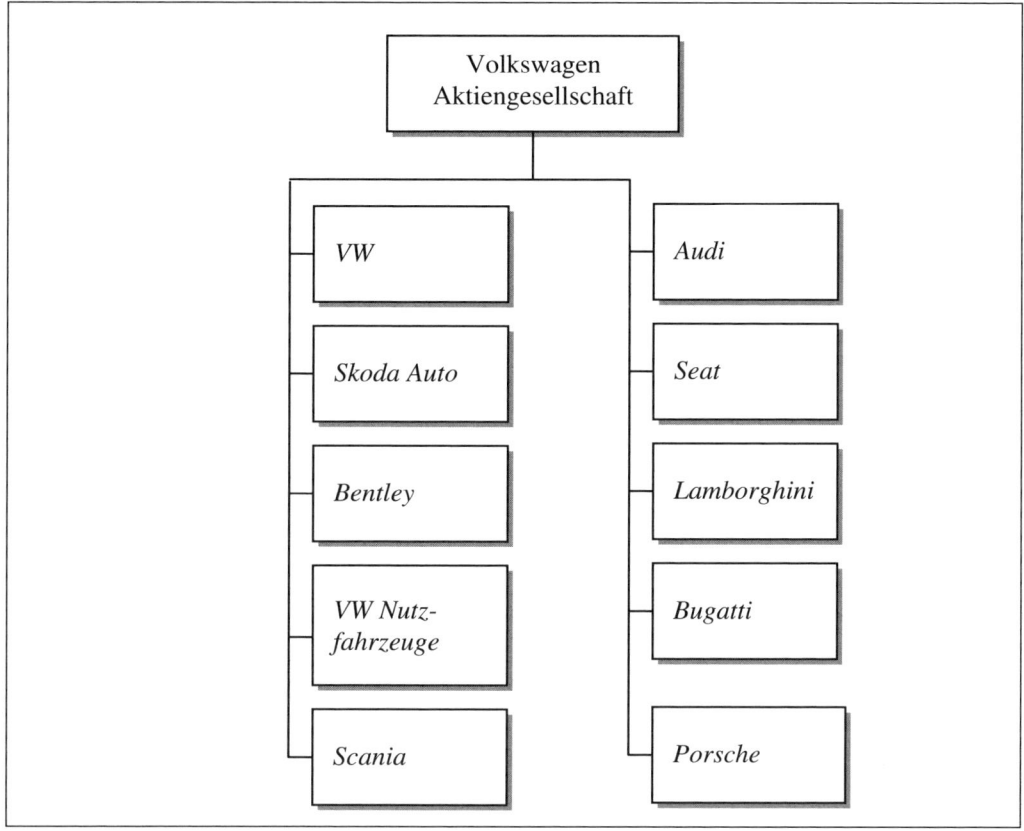

Abb. 3.6: Die Marken der Volkswagen Aktiengesellschaft

Fallbeispiel „Markenfamilie" (4) – Überdehnt und kannibalisiert *Procter & Gamble* seine Markenfamilien?

Lange Zeit galt die Erfolgsformel: Innovation, Zusatznutzen, Preisaufschlag. Doch die Premiumisierungsstrategie – bessere Produkte für immer höhere Preise – scheint ausgedient zu haben. Vielmehr gehen Unternehmen dazu über, neben Premiumprodukten auch preisgünstige Varianten anzubieten.

P&G beispielsweise dehnt seine Markenfamilien sowohl ins Preiseinstiegs- als auch ins Premiumsegment aus. Beispielsweise ist *Simply Dry*, die Billig-Variante der Flaggschiffmarke *Pampers*, ein durchschlagender Erfolg. Das Produkt konzentriert sich auf die Basisanforderungen einer Windel und hat preissensible Käuferschichten im Visier. Auf diese Weise gelingt es, zu Lasten der Handelsmarken zu wachsen. In Spanien agiert *P&G* mit „*Ariel Basico*" im Waschmittelmarkt mit einem ähnlichen Konzept. Und die Damenhygienemarke *Always* verfügt mit „*Simply Fits*" ebenfalls über eine Billig-Variante.

Kritiker führen ins Feld, *Pampers* werde sich selbst kannibalisieren und nehme den Verfall der Marke in Kauf. Die Glaubwürdigkeit der Marken sei gefährdet, wenn die Produzenten den Preisabstand innerhalb einer Markenfamilie überdehnten. *P&G* versucht dem entgegenzuwirken, indem Innovationen zunächst in die Premium-Produkte und erst in zeitlichem Abstand in die Basisvarianten einfließen. Außerdem dürften nur wenige der bisherigen *Pampers*-Kundinnen zur günstigeren Windelvariante heruntersteigen, das sie infolge einer gewissen Verunsicherung für ihre Babys nur das beste wollen und/oder ihrem Umfeld zeigen wollen, dass sie gute und verantwortungsvolle Mütter sind.

Die Gefahr der Kannibalisierung ist insbesondere dann groß, wenn Unternehmen unter ihrer Originalmarke neue, tiefere Preisstufen bedienen. Deshalb gehen zahlreiche Konkurrenten zurückhaltender mit ihren Marken um. *Henkel* beispielsweise verzichtet bei seinem Preiswert-Shampoo *Syoss* bewusst auf die Markenfamilie *Schwarzkopf*. Das Unternehmen verspricht eine professionelle Leistung wie im Frisörsalon, allerdings zum Preis von 3,99 € für die Halbliterlasche. Obwohl intensiv Werbung betrieben wird, erreiche man eine gute Rentabilität, da die Verpackungskosten aufgrund der großen Flaschen vergleichsweise gering seien.

Nur *L'Oreal* nutzt bei *Garnier Essentials* die Kraft seiner Markenfamilie. Das Produkt wird gerade einmal für 3 € verkauft. Am anderen Ende der Preisskala bietet *L'Oreal* ihre Pflegeserie „Youth Code" für stolze 17 € an.

Quelle: *Hoos, E.:* P&G geht in die Offensive, in: LebensmittelZeitung, Nr. 8 vom 26.02. 2010, S. 1–3; *Hoos, E.:* Schönheit wird billiger, in: LebensmittelZeitung, Nr. 8 vom 26.02.2010, S. 53–54.

Fallbeispiel „Markenstrategiewechsel" – das Beispiel *Melitta*

Das Mindener Unternehmen *Melitta* begann als Produzent von Filterpapier für Kaffee. Im Laufe der Jahre wurde kontinuierlich um die Kompetenzfelder „Kaffee" und „Filterpapier" diversifiziert, so dass mit der Zeit ein zunehmend größeres Produkt-Portfolio entstand. Da diese Produkte in einem immer schwächeren Zusammenhang zueinander standen, aber weiterhin unter der Dachmarke *Melitta* angeboten wurden, führte dies im Laufe der Jahre zu einer **Markenerosion**, d. h. das Markenprofil wurde immer diffuser. Dieser Fehlentwicklung steuerte das Unternehmen entgegen, indem von einer Dachmarken- auf eine Markenfamilienstrategie umgestellt wurde. Die Marke *Melitta* bleibt nunmehr den Produkten der Kaffeezubereitung vorbehalten, wohingegen die anderen Produkte des Hauses zu vier Markenfamilien gruppiert wurden (vgl. Tab. 3.12 sowie *Körfer-Schün* 1990).

Tab. 3.12: Strategische Geschäftsfelder, Produkte und Marken bei Melitta

Geschäftsfelder	Kaffeegenuss	Teegenuss	Frische und Geschmack	Praktische Sauberkeit	Bessere Wohnumwelt
Produkte	• Kaffee • Filterpapier • Kaffeeautomaten • Kaffeefilter	• Teefilter • Teefiltersystem	• Lebensmittelfolien zum Frischhalten, Einfrieren, Backen und Braten	• Staubsaugerbeutel • Müllbeutel • Dunstbeutel	• Luftreiniger • Luftbefeuchter
Marken	*Melitta*	*Cilia*	*Toppits*	*swirl*	*aclimat*

Fallbeispiel „Internationalisierung von Markenfamilien" – das Beispiel *Nivea* in den USA

Nivea aus dem Hause *Beiersdorf* gilt als eine der bekanntesten und erfolgreichsten Marken der Welt. Doch in den USA, dem mit Abstand größten Körperpflegemarkt der Welt, spielte *Nivea* im Gegensatz zu Marken von *Procter & Gamble* sowie *LÓréal* kaum eine Rolle.

In 2005 entschied sich *Beiersdorf*, das Geschäft in den USA noch einmal anzukurbeln. Hierbei tastete man sich schrittweise voran und agierte im Gegensatz zu anderen Ländern mit einem eingeschränkten Angebotsprogramm. Es fanden sich dort *Nivea*-Produkte für Körper- und für Handpflege, nicht aber für Gesichtspflege, dem wichtigsten Marktsegment in den USA. Trotz der Gefahr, die amerikanischen Konsumenten dadurch zu verwirren, dass sie *Nivea*-Produkte in einer Warenkategorie vorfinden und in einer anderen nicht, hätte es zu hohe Investitionen erfordert, sämtliche Segmente auf einmal zu besetzen. Deshalb stellte *Beiersdorf* die Erschließung großer Marktsegmente wie die Gesichtspflege zunächst zurück und konzentrierte sich auf kleinere Produktkategorien wie beispielsweise die Lippenpflege. Hier setzte *Beiersdorf* nicht wie in Deutschland die Marke *Labello* ein, sondern siedelte die Produkte in der Markenfamilie *Nivea* an.

Quelle: *o. V.*: Beiersdorf gibt Nivea in Amerika noch eine Chance, in: Frankfurter Allgemeine Zeitung, Nr. 174 vom 28.07.2008, S. 16.

Im Zuge einer **Markentransferstrategie** schließlich werden Imagekomponenten von der Hauptmarke eines bestehenden Produktbereichs auf das Transferprodukt einer neuen Warengruppe übertragen (vgl. im Folgenden *Meffert* 2000, S. 865–869; *Stender-Monhemius* 2002, S. 134). **Beispiele** für eine solche Strategie sind: Der Transfer der …

- Tabakmarken *Camel* und *Marlboro* auf Bekleidung, Schuhe und Accessoires
- Reisemarke *Club Mediterranée* auf Freizeit- und Kosmetikartikel, Brillen etc.
- Modemarke *Boss* auf Parfums
- Automarke *Porsche* auf Brillen und andere Accessoires

- Taschentuchmarke *Tempo,* die einen Bekanntheitsgrad von 100 % besitzt und ihren Namen als Gattungsbegriff für Papiertaschentücher etabliert hat, auf Toilettenpapier

Als **Vorteile** einer Markentransferstrategie gelten:

- Geringe Kosten für Markenbildung
- Geringe Flopgefahr und Markteintrittsbarrieren
- Kognitive Entlastungen beim Markenwahlprozess, da Konsumenten ihre positiven Erfahrungen mit dem Hauptprodukt auf das Transferprodukt übertragen
- Stärkung der Stamm-Marke durch Image-Rücktransfer von der Transfermarke (etwa positive Ausstrahlung des Erfolgs der Transfermarken *Mövenpick*-Eis und -Kaffee auf das Restaurant- und Hotelgeschäft)
- Umgehung von Werbeverboten bei der Stammmarke durch Werbung mittels der Transfermarke (etwa im Falle von Zigaretten)

Gefahren liegen im:

- Unzureichenden Fit zwischen Stamm- und Transferprodukt (Im Falle von *Tempo*: Passen Taschentücher = Gesicht und Toilettenpapier = Po zusammen?)
- Verlust der Markenidentität, falls Stamm- und Transfermarke unterschiedliche Zielgruppen ansprechen
- Glaubwürdigkeitsverlust der Marke im Falle zu vieler unterschiedlicher Imagetransfers

Co-Branding ist die Kooperation von Markenproduzenten zur besseren Vermarktung ihrer Produkte. Im Mittelpunkt steht hierbei der gegenseitige Image-Transfer von Qualitätsversprechen. Ein typischer Anwendungsfall sind *Chio*-Chips mit *BiFi*-Geschmack.

Fallbeispiel „*ASPIRIN®*" – ein Markenartikel im Wandel der Zeit

Das wohl berühmteste Arzneimittel der Welt dürfte *ASPIRIN®* sein. Würde man den derzeit jährlich weltweit produzierten Wirkstoff Acetylsalicylsäure ausschließlich in 500-Milligramm-Tabletten pressen, so könnte man mit den daraus gewonnenen 100 Milliarden Tabletten eine Kette von der Erde bis zum Mond und wieder zurück bilden.

Im Jahre 1897 gelang es dem jungen Chemiker *Dr. Felix Hoffmann* und seinem wissenschaftlichen Team zum ersten Mal, Acetylsalicylsäure – den Wirkstoff von *ASPIRIN®* – verträglicher und stabiler zu machen. Damit war das Heilmittel geboren. Aber es hatte noch keinen Namen. Der folgte zwei Jahre später. Das Mittel *ASPIRIN®* wurde 1899 getauft: Das „A" steht für „Acetyl", einem Bestandteil des Begriffes für die Grundsubstanz: Acetylsalicylsäure. Die zweite Silbe „**spir**" weist auf die Geschichte des Wirkstoffs hin. Sie ist eine Anlehnung an die Spirsäure aus dem Saft der Spirstaude (Spiraea ulmaria). Diese Säure ist mit Salicylsäure chemisch identisch. Und das „**in**" war ein damals gebräuchliches Suffix (sprich: Endung) in der chemischen Namensgebung.

Acetylsalicylsäure wurde zu dieser Zeit als Mittel gegen rheumatische Beschwerden einge-setzt. Und sie war das erste im Labor hergestellte nicht-steroidale Antirheumatikum, das in chemisch reiner und stabiler Form für die industrielle Massenproduktion verfügbar wurde. Nachdem *ASPIRIN®* zuerst in Pulverform angeboten wurde, war es ab 1900 auch in Tab-lettenform erhältlich. Dadurch wurden die Herstellung preisgünstig, die Dosierung genauer und das Präparat für jeden erschwinglich. *ASPIRIN®* war verlässlich wirksam und gut ver-träglich.

Mit der Zeit wurde *ASPIRIN®* zunehmend für die Behandlung von Schmerzen, Fieber und Entzündungen eingesetzt. 1950 kam es als meistverkauftes Schmerzmittel ins *Guinness*-Buch der Rekorde.

Der Wirkstoff von *ASPIRIN®*, die Acetylsalicylsäure, reizte die Wissenschaft zu immer neuen Experimenten und klinischen Vergleichsstudien mit anderen Medikamenten. Zu Be-ginn der 70er Jahre des vergangenen Jahrhunderts stellten sich immer mehr Wissenschaft-ler die Frage: Wie und wo wirkt *ASPIRIN®* eigentlich im Organismus? Es war der Phar-makologe *Sir John Vane*, der 1971 den Schlüssel für das klassische Wirkprofil der Acetyl-salicylsäure lieferte: Es hemmt die Biosynthese sog. Prostaglandine. Dabei handelt es sich um körpereigene Substanzen, die als hormonähnliche Botenstoffe vielfältige Funktionen im Organismus übernehmen. Für diese Entdeckung erhielt *Vane* 1982 den Nobelpreis für Medizin, und die englische Königin erhob ihn dafür in den Adelsstand.

1971 wurde *ASPIRIN®* Plus C mit 400 mg Acetylsalicylsäure und 240 mg Vitamin C ein-geführt. Ab Mitte der 70er Jahre beschrieben unterschiedliche Autoren Zusammenhänge zwischen dem Wirkstoff von *ASPIRIN®*, der Acetylsalicylsäure, und Vitamin C im Plasma sowie in den weißen Blutkörperchen. Das weist auf einen positiven Einfluss auf das Im-mun- oder Abwehrsystem hin und bedeutet, dass ASPIRIN® auch zur Gesunderhaltung des menschlichen Körpers beiträgt.

Im selben Jahr kam *ASPIRIN®* forte auf den Markt. Die Tablette enthält 500 mg Acetylsa-licylsäure und 50 mg Coffein. In verschiedenen Studien wurde festgestellt, dass durch das Coffein die schmerzlindernde Wirkung von Acetylsalicylsäure um den Faktor 1,3–1,7 er-höht werden kann. Darüber hinaus tritt durch diesen Zusatz die Wirkung der Acetyl-salicylsäure wesentlich schneller ein.

1992 wurde eine echte galenische Innovation eingeführt: die *ASPIRIN®* Kautablette. Sie war zunächst mit Calciumcarbonat, seit 1999 mit Magnesiumcarbonat gepuffert. Der Vor-teil: Sie kann dadurch – zum Beispiel auf Reisen – auch ohne Wasser eingenommen wer-den.

Der *ASPIRIN®* Wirkstoff Acetylsalicylsäure ist nicht nur eines der bestdokumentierten Medikamente der Welt, sondern auch eines der am häufigsten verwendeten Arzneimittel. Zahlreiche neue Anwendungsmöglichkeiten sind zurzeit Gegenstand intensiver Forschung. Aktuellste Erkenntnisse fließen in die Entwicklung neuer Darreichungsformen ein.
Im ersten Jahr des neuen Jahrtausends brachte *ASPIRIN®* das erste verschreibungsfreie Mittel gegen migränebedingte Kopfschmerzen auf den Markt. Der anhaltende Fluss neuer wissenschaftlicher Erkenntnisse über den Wirkmechanismus von Acetylsalicylsäure eröff-

net neue Aussichten auf eine Ausweitung der Anwendungen und anspruchsvollere Indikationen. Neuste Studien weisen beispielsweise darauf hin, dass die Einnahme von Acetylsalicylsäure, der Wirkstoff in *ASPIRIN®*, das Risiko reduziert, an Darm- und Brustkrebs zu erkranken.

Mittlerweile wird der Alleskönner unter den Medikamenten in Kombination mit Antidepressiva in Pilotstudien gestestet. Erste Beobachtungen italienischer und belgischer Forschergruppen legen nahe, dass mit Acetylsalicylsäure zusammen die Stimmungsaufhellung rascher zu erzielen ist als mit dem Antidepressivum alleine.
Vor dem Hintergrund des zunehmend breiter werdenden Anwendungsspektrums lässt sich der Slogan des *Bayer*-Konzerns nachvollziehen: „*Aspirin* – Medizin Deines Lebens!"

Quelle: www.aspirin.de; Stand: 02.05.2003, vom Verfasser gekürzte und marginal veränderte Fassung.; *o. V.:* Medikamente gegen Rheuma zur Behandlung von Depressionen, in: Frankfurter Allgemeine Zeitung, Nr. 265 vom 14.11.2007, S. N2.

Fallbeispiel „Co-Branding„ (1) – die Volksprodukte von *Bild*

Vom Autoreifen bis zur Zahnbürste, vom Milchreis bis zum Melissengeist: Seit 2002 kooperiert der *Springer*-Konzern mit Unternehmen aus Handel und Industrie, um deren Produkte unter dem Label „Volksprodukt" zu vermarkten. Als Instrument gegen Billigkonkurrenz und „Me-too"-Produkte müssen die Waren preisgünstig sein und eine breite Zielgruppe ansprechen. Der Vorteil dieses Co-Branding liegt für Markenartikelhersteller u. a. darin, dass das günstige Angebot an die „Volks"-Marke gebunden ist und demnach einen Preisspagat im Vergleich zum Standardsortiment ermöglicht, der ansonsten kaum realisierbar wäre.

Bis 2009, als das 100. Volksprodukt auf den Markt kam, waren bereits über zehn Millionen Stück abverkauft worden. *Springer* ist nicht an den Umsätzen beteiligt, sondern verkauft die Kooperation als Werbepaket zum Fixpreis.

Quelle: *Holst, J.:* Preiswert unter die Leute gebracht, in: LebensmittelZeitung, Nr. 44 vom 30.10.2009, S. 44.

Fallbeispiel „Co-Branding" (2) – die Integration von Herstellermarken in das Eigenmarkenkonzept von *Aldi*

Sowohl *Aldi Süd* als auch *Aldi Nord* zeichnen sich dadurch aus, prinzipiell zurückhaltend gegenüber Herstellermarken eingestellt zu sein. Die überschaubare Zahl von Markenlistungen in der Vergangenheit macht deutlich, dass *Aldi* hier sehr behutsam und überlegt agiert. Nach Experteneinschätzung ist das Interesse der Industrie an einer Einlistung bei *Aldi* nach wie vor weit größer als die Neigung des Lebensmitteldiscounters, zusätzliche Herstellermarken ins Sortiment aufzunehmen. Insbesondere die enormen Volumina locken Hersteller, sich um eine Listung bei Deutschlands größtem Discounter zu bemühen. Dafür gehen Produzenten sogar das Risiko ein, von Vollsortimentern wie *Edeka* wegen einer Listung im Discount abgestraft zu werden.

Beim Marktführer *Aldi* hingegen will man auf keinen Fall durch Einlistungen im großen Stil Konkurrenten wie *Lidl* kopieren, der ein erfolgreiches Geschäft mit Herstellermarken betreibt. Deshalb galt bei *Aldi* lange Zeit der Grundsatz, dass eine Handelsmarke weichen muss, wenn eine Herstellermarke neu gelistet wird. Mittlerweile gilt dies nicht mehr unbedingt, wie die Einlistungen von *Nutella*, Coke und *Nivea* bei gleichzeitiger Fortführung der Eigenmarken belegen.

Um zu vermeiden, zum austauschbaren Anbieter von Herstellermarken zu werden, entwickelt *Aldi* seit 2007 sog. **Co-Branding-Konzepte**. Co-Branding bezeichnet die systematische Markierung einer Leistung durch mindestens zwei Marken, wobei diese sowohl für Dritte wahrnehmbar als auch weiterhin eigenständig auftreten müssen. Im vorliegenden Fall werden Markenartikel im Design der *Aldi*-Eigenmarke angeboten. Diese zeichnen sich dadurch aus, gleichzeitig das Herstellerlogo und das Label der jeweiligen *Aldi*-Eigenmarke zu tragen.

Zwei Beispiele der *Aldi Süd*-Eigenmarke „*Belight*" wiesen hierbei den Weg. Unter diesem Label siedelt der Discounter sämtliche Leichtprodukte an, die fett- und kalorienreduziert sind. Mit der Käsemarke *Babybel* und den *TUC*-Kräckern von *Grieson de Beukelaer* begann *Aldi*, das Design von Markenartikeln vollständig in die Markenwelt von „*Belight*" zu integrieren. Durch die Positionierung einer begrenzen Zahl von Herstellermarken unter der Markenfamilie „*Belight*" will *Aldi* das gesamte „Light-Sortiment" aufwerten. Die Marke fungiert hierbei als Qualitätssiegel für die Eigenmarke des Discounters. Mittels Co-Branding kann *Aldi* quasi maßgeschneiderte Markenartikel listen, die nicht nur in Packungsgröße und Preisstellung, sondern auch im Design eine Alleinstellung besitzen.

Quelle: *Schulz, H. J.*: Aldi blickt auf die Marke, in: LebensmittelZeitung, Nr. 22 vom 01.07.2007, S. 1 u. 3.

3.2.4 Flankierende Serviceleistungen

Serviceleistungen sind Zusatzleistungen, die auf die (Rück-)Gewinnung und/oder Bindung von Kunden abzielen (vgl. im Folgenden *Meffert/Bruhn* 1997; *Meyer* 1998, S. 193–212; *Biermann* 2003, S. 61–112; *Pepels* 1995). Diese lassen sich anhand von **zwei Dimensionen** klassifizieren (vgl. hierzu Tab. 3.13):

- **Art der Leistung:** Hier kann zwischen kaufmännischen und technischen Serviceleistungen unterschieden werden.

- **Zeitpunkt der Leistungserstellung:** Serviceleistungen können vor, während und nach dem Kauf angeboten werden.

Im Falle von Lieferzeiten kommt zunehmend Kunden-DVDs eine wichtige Rolle im After-Sales-Service zu. Sie sollen über das Produkt informieren, komplexe Bedieninhalte unter Ausnutzung aller medialen Möglichkeiten erklären und das Interesse an (hochmargigen) Sonderausstattungen wecken. Letztere können beispielsweise bei Pkws noch bis drei Tage vor Produktionsbeginn geordert werden. Außerdem sollen solche Kunden-DVDs die Wartezeit bis zur Auslieferung überbrücken und die Kaufentscheidung bestätigen. Indem sie dem Kunden das Gefühl vermitteln, sich für das richtige Produkt entschieden zu haben, werden kognitive Dissonanzen abgebaut bzw. gänzlich verhindert (vgl. *Debus* 2007, S. 46).

Im Zuge des Servicemanagement gilt es nicht zuletzt festzulegen, ob Serviceleistungen **kostenneutral** (z. B. Weiterberechnung der Leistungen eines Handwerkers für die Installation einer Duschkabine durch einen Baumarkt ohne eigenen Aufschlag) bzw. **-los** (kostenlose Lieferung nach Hause) oder **gewinnbringend** (Kalkulation der Installationskosten dergestalt, dass der Baumarkt mit der Dienstleistung einen Gewinn erwirtschaftet) angeboten werden sollen. In letzterem Fall müssen bei der Kalkulation der Serviceleistungen Aspekte der **Mischkalkulation** und **Preisbündelung** (etwa Angebot eines Handys zu 1 € [= Ausgleichsträger] im Paket mit zwei Jahren Bindung an einen Netzbetreiber mit entsprechend hohen Telefongebühren [= Ausgleichsnehmer]) ins Kalkül gezogen werden (vgl. hierzu Abschnitte 3.4.2 und 3.4.3).

Tab. 3.13: Arten von Serviceleistungen (Quelle: Bänsch 1998a, S. 128; Becker 1999, S. 114)

Zeitpunkt der Leistungserstellung Art der Leistung	Pre-Sales/Sales-Services	After-Sales-Services
Kaufmännischer Service	• Kaufberatung • Erstellung eines Kostenvoranschlages • Bestellmöglichkeit per Brief, Telefon, Internet	• Gebrauchsanweisungen • Zustelldienst • Produktschulung • Telefon-Hotline • Über die gesetzliche Gewährleistungspflicht hinausgehende Garantieleistungen
Technischer Service	• Technische Beratung (etwa bei Zusatzausstattungen für Autos) • Testlieferungen • Projektierung von Anlagen (etwa Planung einer Küche)	• Installation • Wartung, Reparaturen • Erweiterungen, Umbauten • Ersatzteilservice • Demontage alter Anlagen • Redistribution, Rücknahmeleistungen

Im Rahmen von Serviceleistungen kommt **freiwilligen Garantieleistungen** eine zunehmende Bedeutung zu. Auf diese Weise macht der Hersteller nicht nur sein Produkt attraktiver, sondern signalisiert potenziellen Kunden, dass er von der Qualität seiner Produkte überzeugt ist. Beispielsweise verkauft die *Lufthansa* Flugtickets mit Sonnenscheingarantie. Für jeden Regentag am Urlaubsort bekommen Passagiere 20 € erstattet. Neben einer solchen Imageförderung wirken sich langfristige Garantien auch auf die Restwerte aus. Die Erhöhung des Restwerts ist u. a. darauf zurückzuführen, dass beim Anbieten des Fahrzeugs als Gebrauchtwagen über eine gewisse Zeitspanne keine Zusatzkosten für zusätzliche Gebrauchtwagen-Garantien eingeplant bzw. ausgegeben werden müssen. Für den Käufer steigt mit einer langfristigen Garantie die Überschaubarkeit der Kosten während der Nutzungsdauer. Als weiteres wichtiges Kriterium wird ein relativ problemloser Wiederverkauf durch den Kunden ermöglicht.

Voraussetzung für die Gewährung der über das gesetzliche Maß hinausgehenden Garantien ist, dass sämtliche Wartungs- und Inspektionsarbeiten bei einem autorisierten Servicepartner durchgeführt werden. Hintergrund für das Entgegenkommen ist offenkundig nicht nur die Ankurbelung des Verkaufs, sondern auch eine Förderung der Werkstattpartner. Denn normalerweise nimmt die Loyalität zur Markenwerkstatt mit dem Ablauf der Herstellergarantie und damit nach zwei Jahren drastisch ab. Die Großzügigkeit der Produzenten bei der Verlängerung von Garantiefristen über das gesetzliche Mindestmaß hinaus relativiert sich jedoch vor dem Hintergrund, dass die Zahl der Gewährleistungsfälle in der Vergangenheit deutlich gesunken ist.

Und auch das Kleingedruckte muss genau gelesen werden. So versprach der Rüsselsheimer Autokonzern in seinen Anzeigen „die lebenslange Garantie auf Ihren *Opel*". Bei genauerem Hinsehen zeigte sich jedoch, dass die Kunden lediglich bis max. 160.000 km eine Pkw Anschlussgarantie für Ersthalter nach den Bedingungen der *CG Garantie* erhalten. Und der Garantieanspruch war auf den Zeitwert des Fahrzeugs zum Eintritt des Garantiefalles begrenzt. *Opel* war gezwungen, sein Werbeversprechen zurückzuziehen.

In vorliegenden Zusammenhang kommt der **Garantiequote** zentrale Bedeutung zu. Diese setzt den Wert der erbrachten Garantieleistungen ins Verhältnis zum Gesamtumsatz und ist somit Ausweis der nachträglichen Umsatz- und damit Gewinnverluste, die durch Garantieverpflichtungen hervorgerufen werden. Grundsätzlich ist vom Unternehmen eine niedrige Garantiequote anzustreben. Diese spricht für die Qualität der Unternehmensleistungen (Produkte, Service) und bietet die Chance einer hohen Kundenzufriedenheit. Allerdings muss beachtet werden, dass auch freiwillige Garantieleistungen und damit eine hohe Garantiequote aktives Instrument im Kundenzufriedenheits- und Kundenbindungsmanagement sein können.

Insbesondere bei Erhöhungen der Garantiequote muss hinterfragt werden, welche Ursachen verantwortlich sind. Stellt sich bei der Ursachenanalyse heraus, dass die Störanfälligkeit und/ oder Funktionsunfähigkeit von Produkten verantwortlich ist, muss der mangelhaften Produktqualität als Garantieursache durch Einführung eines aktiven Qualitätsmanagements entgegengewirkt werden.

Im Gegensatz zu freiwilligen Garantieleistungen sind die gesetzlichen Garantieleistungen gemäß §§ 459–493, 633–640 BGB zu erbringen. Von der **Garantie** zu unterscheiden ist die **Gewährleistung**. Eine Garantie ist eine zusätzlich zur gesetzlichen Gewährleistungspflicht gemachte Zusage eines Anbieters gegenüber seinem Kunden. Sie bezieht sich immer auf die

Zukunft, der Zustand des Objekts beim Verkauf spielt keine Rolle. Bei der Gewährleistung hingegen handelt es sich um eine zeitlich befristete Nachbesserungsverpflichtung ausschließlich auf Mängel, die zum Zeitpunkt des Verkaufs bereits bestanden haben. Diese spielt vor allem bei Gebrauchtwagen eine bedeutende Rolle, für die seit 01. Januar 2002 eine gesetzliche Gewährleistungspflicht von zwei Jahren besteht. Diese kann vom Verkäufer im Falle von gebrauchten Waren auf ein Jahr reduziert werden, was im Regelfall auch geschieht. Für private Verkäufer gilt keine Gewährleistung. Stellt ein Kunde beispielsweise drei Monate nach dem Kauf fest, dass sein Regenmantel nicht wasserdicht ist, hat er Anspruch auf Ersatz oder Kaufpreisrückerstattung (vgl. *Kernbach/Schmidt* 2009, S. T 5).

Fallbeispiel „Bedeutung des Servicemanagement für den Automobilhandel"

Mit großzügigen Rabatten, Null-Prozent-Finanzierungen und mitunter skurrilen Mehrwertsteueraktionen steigerten viele Autohäuser im Vorfeld der Mehrwertsteuererhöhung zwar ihre Umsätze, was jedoch im Regelfall zu Lasten der Marge ging. Verschärfend kam hinzu, dass infolge der durch das **Forward Buying** der Konsumenten vorgezogenen Umsätze der Absatz an private Autokäufer in 2007 einbrach. Dies wiederum führte zu immer höheren Rabatten, so dass sich die durchschnittliche Umsatzrendite im Neuwagengeschäft auf gerade noch 0,4 % vor Steuern beläuft (Stand: 2007). Ein betroffener Kfz-Händler charakterisiert die für viele Autohäuser fatale Situation folgendermaßen: „Drei Stunden Verkaufsgespräch, 250 € Bruttoertrag an Neuwagen, das macht wirklich keinen Spaß mehr."

Noch höhere Rabatte scheinen kaum mehr möglich, und die Margenspielräume in der Finanzierung gelten als ausgereizt. Vor diesem Hintergrund wird deutlich, dass der Ertragshebel bei den Privatkunden nahezu ausschließlich im Service liegt. Ohne das hochprofitable Werkstattgeschäft hätten die meisten Autohäuser wohl keine Überlebenschance. Außerdem bieten Serviceleistungen einen Ansatzpunkt, der Tendenz zu immer höheren Rabatten entgegenzutreten.

Zahlreiche Hersteller verzichten mittlerweile auf die Werbung mit Barrabatten und kompensieren dies durch sog. „Rundum-sorglos"-Pakete, bei denen Kunden Finanzierung, Versicherung und Wartungs-Vertrag erhalten. Beispielsweise können Verbraucher beim Autokauf eine Versicherung abschließen und erhalten hierfür in den ersten drei Jahren Inspektion und Verschleißteile kostenlos. Dass das Bedürfnis nach Sicherheit und Bequemlichkeit, auf das solche Angebote abzielen, beim Verbraucher stark ausgeprägt zu sein scheint, zeigt sich u. a. daran, dass rund 50 % der Privatkunden an derartigen Finanz- und Versicherungs-Dienstleistungen Interesse zeigen.

Wie wichtig der **Leasing- und Kreditkunde** für den Automobilhandel ist, belegen die folgenden Zahlen von *BMW*: Während lediglich 55 % der Barzahler beim nächsten Mal wiederum einen *BMW* erwerben, beträgt deren Anteil bei Kreditkunden 71 % und bei Leasingnehmern 80 %. Lediglich 60 % der Barzahler bleiben beim nächsten Autokauf demselben *BMW*-Händler treu, bei den finanzierenden Kunden sind dies immerhin 75 %. Und während der durchschnittliche „Cash-Kunde" (gerechnet für alle Baureihen) gerade einmal

7.115 € in Extra-Ausstattung investiert, liegt dieser Betrag beim Leasing-Kunden bei 9.839 € und damit um 38 % darüber.

Quelle: *o. V.*: Autofinanzierung als Kerngeschäft, in: Frankfurter Allgemeine Zeitung, Nr. 221 vom 22.09.2007, S. 50; *o. V.*: Schwere Zeiten für den Autohandel, in: Frankfurter Allgemeine Zeitung, Nr. 122 vom 29.05.2007, S. 16.

Fallbeispiel „Serviceleistungen" – die „Alles inklusive"-Pakete der Automobilindustrie

Automobilhersteller bieten ihren Kunden in jüngster Zeit zunehmend sog. „Rundum-sorglos"-Pakete in Form von Kombinationen aus Finanzierung, Versicherung und Wartung. Die Vorteile solcher Paketlösungen für den Kunden liegen auf der Hand: Da sämtliche Kosten – je nach Angebot auch Steuer, Versicherung, Garantieverlängerung sowie Kreditabsicherung – bereits in der monatlichen Rate enthalten sind, herrschen – mit Ausnahme des Tankens – Sicherheit und Transparenz über die Kosten für das Auto.

Derartige Sicherheitskonzepte gewinnen insbesondere in Zeiten sinkender (verfügbarer) Realeinkommen und zunehmender Unsicherheit an Bedeutung. War Finanzierung früher ein Zeichen von Schwäche, sei diese heute ein Indiz für die Aufgeklärtheit der Kunden. Und so verwundert es kaum, dass inzwischen rund 75 % aller gekauften Fahrzeuge finanziert oder geleast werden.

Für die Automobilbranche bieten solche Rundum-Serviceleistungen im Wesentlichen drei Vorteile:

- Zusätzliche Einnahmen der Finanzdienstleistungssparten, die Verluste in anderen Bereichen kompensieren können
- Abnehmende Preissensibilität und damit Steigerung der durchschnittlichen Verkaufspreise aufgrund höherwertiger Fahrzeugverkäufe
- Erhöhte Kundenbindung, da Händler und Autobank über die gesamte Vertragslaufzeit in engem Kontakt mit dem Kunden stehen.

Quelle: *Finsterwalde-Reinecke, I.:* Nur die Monatsrate zählt, in: Frankfurter Allgemeine Zeitung, Nr. 99 vom 28.04.2007, S. 47.

Fallbeispiel „Freiwillige Garantie- und Serviceleistungen" – das Beispiel *Kaufland*

„Der Kunde ist für *Kaufland* Mittelpunkt und wichtigste Person. Dies garantieren wir Ihnen!
Informieren Sie sich ausführlich über unsere Garantien und Serviceleistungen.

- **Frische-Garantie**
  Sie finden bei uns nur frische Artikel! Sollten Sie jedoch einen oder mehrere Artikel

mit abgelaufenem Haltbarkeitsdatum finden, erhalten Sie einen Einkaufsgutschein über 2,50 €.

- **Schnelligkeit Bedienungstheke**
  Sie werden bei uns schnell bedient! Sollten Sie länger als 5 Minuten an der Bedienungstheke warten müssen und es sind nicht alle Bedienungswaagen besetzt, erhalten Sie einen Einkaufsgutschein über 2,50 €.

- **Schnelligkeit Kasse**
  Schnelle Kassenabwicklung – das garantieren wir Ihnen! Sollten Sie länger als 5 Minuten an der Kasse anstehen müssen und es sind nicht alle Kassen besetzt, erhalten Sie einen Einkaufsgutschein über 2,50 €.

- **Umtausch-Garantie**
  Sie erhalten einen unkomplizierten Umtausch! Für Ihren Umtausch oder eine Rückgabe von Ware brauchen Sie keinen Kassenzettel. Sie müssen keine persönlichen Angaben machen und keine Unterschrift leisten.

- **Elektro-Garantie**
  Großzügige Regelung für Sie! 3 Jahre Garantie auf alle Elektrogeräte mit einem 230-Volt-Anschluss.

- **Sonderposten-Billigstpreis-Garantie**
  Wir sind die Billigsten! Woanders billiger? Wir nehmen die Ware zurück oder verkaufen zum reduzierten Preis!

- **Bargeldlos bezahlen**
  Sie bezahlen Ihren Einkauf ganz bequem per EC-Karte mit Unterschrift oder PIN.

- **Information**
  „TIP der Woche" bzw. „TOP aktuell": Ihre Einkaufsinformation Woche für Woche. Wohnen Sie außerhalb unseres Verteilgebietes, erhalten Sie selbstverständlich ein Exemplar in Ihrer Filiale zur Abholung.

- **Süßwarenfreie Kasse**
  Viele Kunden haben den Wunsch nach einer süßwarenfreien Kasse geäußert. Weil gerade Kleinkinder an der Kasse oft ungeduldig sind, quengeln und nach Süßigkeiten greifen, haben wir diesen Kundenwunsch erfüllt.

- **Kundentelefon**
  Haben Sie Anregungen oder Wünsche, dann rufen Sie bitte kostenfrei an unter: 0800/1528352. Diese Nummer ist direkt zu unserem Kundendienst-Center geschaltet. Kompetente Ansprechpartner helfen Ihnen gerne weiter."

Quelle: http://www.kaufland.de/Site/Service/Serviceleistungen/index.htm#; Stand: 13.09.2008, 16:15 Uhr.

Fallbeispiel „Garantieverlängerungen als gewinnbringende Serviceleistung" – das Beispiel *Saturn*

Seit 2006 bietet *Saturn* Garantieverlängerungen in drei Varianten an: die Plus-Garantie, die PlusGarantie+Schutz und die PlusSchutz. Die **Plus-Garantie** bezieht sich auf die Abteilungen Braune Ware (= Unterhaltungselektronik), Weiße Ware (= elektrische Haushaltsgeräte), Entertainment sowie Foto/Camcorder und verlängert die Garantiefrist von zwei Jahren auf fünf Jahre. Die **PlusGarantie+Schutz** bezieht sich auch auf die genannten Abteilungen und beinhaltet neben Garantieverlängerung auf vier Jahre auch Zusatzleistungen wie Entschädigung bei Sturz, Fall, Feuchtigkeit, Diebstahl, Raub sowie Verschleiß. **Plus-Schutz**, der im Falle von Handys genutzt wird, umfasst einen zusätzlichen Schutz innerhalb der 2 Jahre der gesetzlich verankerten Herstellergarantie bei Sturz, Fall, Feuchtigkeit, Diebstahl, Raub sowie Verschleiß.

Der einmalige Betrag für die Garantieverlängerung muss bei Barzahlung beim Kauf entrichtet werden. Bei Finanzierungen wird der Betrag in die Rate eingerechnet. Leistungen für Schäden, die außerhalb der Herstellergarantie auftreten, bietet *Saturn* in Kooperation mit dem Partner *Domestic & General* an, einem Spezialisten für Reparaturversicherungen und Garantieverlängerungen für Haushaltsgeräte sowie Unterhaltungselektronik. An einer Garantieverlängerung verdient *Saturn* 40 % des Betrages. Bei einem Schadensfall nach 2 Jahren – diese entspricht der gesetzlich verankerten Herstellergarantie – übernimmt *Domestic & General* die Reparaturkosten. Der Kunde erhält dann ein repariertes Gerät zurück. Bei Totalschaden wird das Gerät verschrottet und dem Kunden wird der Zeitwert zurückerstattet.

Quelle: Eigene Recherchen.

Fallbeispiel „Kulanz als Serviceleistung" – das Beispiel *Mövenpick*

Um seinem Anspruch, sich ganz an den Kundenbedürfnissen zu orientieren, gerecht zu werden, nimmt der Schweizer Weinhändler *Mövenpick* Ware anstandslos zurück. Bei Weinen, die maximal zehn Jahre beim Kunden gelagert haben, werden schlechte Weine gleichwertig umgetauscht. Nicht mehr gewünschte Weine werden anstandslos zurückgenommen.

Quelle: Eigene Recherchen.

3.3 Programm- und sortimentspolitische Gestaltungsdimensionen

3.3.1 Umfang und Struktur

Die programmpolitische Grundorientierung besagt, welche Gemeinsamkeiten sämtliche Leistungen eines Unternehmens prägen. Bei der Ausrichtung ihres Leistungsangebots orientieren sich **Hersteller** an folgenden **Kriterien** (vgl. im Folgenden *Nieschlag/ Dichtl/Hörschgen* 2002, S. 683–686):

- **Material**
  Eine Ausrichtung des Produktionsprogramms am Material (etwa Stahl, Holz) bietet sich an, wenn die Produktionsanlagen nur auf diese Weise genutzt werden können, ein Unternehmen an die Gewinnung und Veredelung bestimmter Rohstoffe gebunden ist und/oder das Material noch über unausgenutzte Marktchancen verfügt.

- **Problemtreue**
  In diesem Fall richten Unternehmen ihr Leistungsangebot an den Problemen bzw. Bedürfnissen eines bestimmten Abnehmerkreises aus. Beispielsweise dienen die Produkte der Pharmaindustrie dazu, das Problem Krankheit zu bewältigen.

- **Wissenstreue**
  In diesem Fall basiert das Produktionsprogramm auf spezifischem Know-how. Als Beispiel können Unternehmen der Raumfahrtindustrie angeführt werden.

Fallbeispiel „Problemtreue als programmpolitische Gestaltungsdimension" – das *Nestlé*-**Modell: von der Produkt- zur Problemlösungsorientierung**

Der *Nestlé*-Konzern plant, Geschäftsfelder außerhalb der Regale des Lebensmittelhandels zu erschließen. Das Spektrum der Ideen reicht von Krankenversicherungen für Neugeborene bis zur Urlaubsbetreuung für Haustiere. Diesen Überlegungen folgend würde aus einer Sparte Infant-Nutrition dann Infant-Care, Pet-Food würde zu Pet-Care ausgebaut. Auf diese Weise werden Dienstleistungspakete plus Produkte geschnürt, die eine deutlich höhere Wertschöpfung versprechen als das traditionelle Regalgeschäft. Hierbei werden zusätzliche Geschäftsfelder aus bereits bestehenden entwickelt, um Synergien auszuschöpfen und Märkte zu erschließen, die eine höhere Wertschöpfung versprechen. Das Spektrum der Optionen reicht von der Entwicklung von Konzepten in den eigenen Forschungsabteilungen über Kooperationen bis hin zu zugekauftem Know-how.

Quelle: *Pilar, G. V.:* Nestlé vor neuer Dimension, in: LebensmittelZeitung, Nr. 37 vom 12. 09.2008, S. 1 u. 3.

Ähnlich agieren **Dienstleistungsunternehmen**, die ihre Angebotspalette an den Problemen ihrer Klientel (etwa Vermögensberater, Unternehmensberater) und/oder am eigenen Wissen (z. B. EDV-Unternehmen) ausrichten.

Handelsunternehmen schließlich lassen sich bei der Ausrichtung ihres Sortiments von folgenden **Prinzipien** leiten:

- **Material bzw. Herkunft der Güter**
  Beispiele für Handelsunternehmen, deren Angebot auf Material bzw. Herkunft der Güter fokussiert ist, sind Textil-, Eisenwaren- und Möbelgeschäfte (z. B. *IKEA* mit Produkten aus Schweden; traditionell Kolonialwarenhändler, die waren aus Übersee wie Gewürze, Tee, Kaffe und Obst anboten bzw. bieten; Ost-Shops, die noch heute Produkte aus der ehemaligen DDR verkaufen).

- **Bedarfskreis**
  Hier werden die Sortimente am Bedarf der Verbraucher ausgerichtet. Beispiele sind Handelsunternehmen, die „Alles für das Kind" (etwa *TOYS"R"US*), „... für die Freizeit" (etwa *Intersport*), „... für das Haus" (Baumärkte) etc. anbieten.

- **Niedrige Preislage**
  In diesem Fall zeichnen sich Unternehmen durch eine ausgeprägte Preisorientierung des Sortiments aus (z. B. Discounter, Fachmärkte, Verbrauchermärkte, Versandhandelsunternehmen = Betriebstyp des Distanzhandels, der Waren mittels eines Mediums [Katalog, Anzeige, Prospekt, Internet, CD-ROM, Radio oder Fernsehen] anbietet, der Kunde die Ware per Telefon, Fax, Bestellkarte oder Internet bestellt und die Ware nach wenigen Tagen per Post oder Kurierdienst zugestellt wird, etwa *Pearl* im Bereich von Informationstechnologie und Unterhaltungselektronik); vgl. zu den Betriebstypen des Einzelhandels Abschnitt 4.3.3).
  Ein Betriebstyp, der in jüngerer Zeit an Bedeutung gewinnt und sich durch eine niedrige Preislage auszeichnet, sind die **1-€-Läden**. Deren Sortiment ist ein Sammelsurium an Waren, das häufig wechselt und von Süßigkeiten über Küchenutensilien bis hin zu Hygieneprodukten reicht. Der gemeinsame Nenner der Produkte ist ausschließlich der Preis: Die meisten Artikel kosten einen Euro. Einige Anbieter führen auch teurere Produkte, doch ein Verkaufspreis von fünf Euro wird fast nie überschritten. Die Unternehmen erwerben die Produkte im Regelfall in großen Mengen, um sie günstig absetzen zu können. Die Verkaufsräume wirken sauber sowie aufgeräumt und distanzieren sich darin von den Rest- und Sonderpostenmärkten, denen häufig ein Schmuddelimage anhaftet. Für die Kunden zählt in erster Linie das Einkaufserlebnis in Form von Schnäppchenjagd.

- **Selbstverkäuflichkeit der Ware**
  Hier werden nur Waren angeboten, die verkaufstechnisch als problemlos gelten und sich folglich für Selbstbedienung eignen. Typisch für eine solche Ausrichtung sind die Sortimente von Super- und Verbrauchermärkten, Discountern, Waren- und Versandhäusern, Selbstbedienungswarenhäusern sowie Warenautomaten (vgl. hierzu Abschnitt 4.3.3). Wie weit das Spektrum der Selbstverkäuflichkeit ausgedehnt werden kann, zeigt das Beispiel eines Selbstbedienungsautomaten in China, aus dem lebende Krabben verkauft werden. Die Meerestiere werden in einer Plastikverpackung bei fünf Grad Celsius in einer Art Winterschlaf gehalten und können direkt verzehrt werden.

In diesem Kontext erscheint es zweckmäßig, einen genaueren Blick auf die Sortimentsstruktur von Handelsunternehmen zu werfen. Der hierarchische Aufbau des Sortiments, die sog. **Sortimentspyramide**, lässt sich Abb. 3.7 entnehmen.

Der **Sortimentsumfang** bezeichnet Größe bzw. Ausdehnung eines Sortiments und lässt sich anhand folgender Dimensionen charakterisieren:

- **Sortimentsbreite:** Diese bezeichnet die Anzahl verschiedener Warengruppen, die ein Handelsunternehmen im Sortiment führt. Eine Warengruppe setzt sich aus Artikeln zusammen, die thematisch zusammengehören. Warengruppen sind in einem Handelsunternehmen z. B. Frischobst und Frischgemüse, Molkereiprodukte, Fleisch- und Wurstprodukte, Konserven, Tiefkühlprodukte, alkoholische Getränke und Spirituosen, nichtalkoholische Getränke, Süßwaren, Brot, Kosmetika und Haushaltsbedarf. Hat ein Handelsunternehmen viele verschiedene Warengruppen – also Produkte verschiedener Kategorien – spricht man von einem breiten Sortiment. Konzentriert sich das Handelsunternehmen dagegen auf wenige Produktarten, handelt es sich um ein schmales Sortiment. Warenhäuser bieten typischerweise ein breites Sortiment an, das von Lebensmitteln über Haushaltsgeräte und Bekleidung bis hin zu Möbeln reicht. Ein Spezialhandelsgeschäft, z. B. für Tierfutter oder Schrauben, hat ein schmales Sortiment.

- **Sortimentstiefe:** Die Sortimentstiefe bezeichnet die Anzahl verschiedener Artikel innerhalb einer Warengruppe, die ein Handelsunternehmen im Sortiment führt. Die Sortimentstiefe hängt davon ab, wie viele Varianten an Artikeln (z. B. verschiedene Typen, Größen, Farben, Qualitätsstufen, Geschmacksrichtungen, Gewichte, Designs oder Verpackungen) bzw. Marken pro geführtem Produkt in einer Warengruppe angeboten werden. Ein Supermarkt bietet ein tiefes Sortiment, da es hier zahlreiche verschiedene Ausführungen eines Artikels gibt (z. B. Milch mit verschieden Fettgehalten und unterschiedlicher Haltbarkeitsdauer, in verschiedenen Packungsgrößen, von verschiedenen Anbietern). Das Sortiment eines Klein- und Nahversorgers („Tante-Emma-Laden") hingegen ist flach. Hier gibt nur eine sehr geringe oder gar keine Auswahl des einzelnen Artikels, z. B. nur normales Shampoo und nicht zusätzlich noch das Angebot von Apfel-, Glanz- oder Antischuppenshampoo.

- **Sortimentsmächtigkeit:** Sie drückt die Anzahl der Stücke pro Sorte/Position aus. Eine hohe Sortimentsmächtigkeit erzielt bei Kunden eine hohe Aufmerksamkeitswirkung. Fehlt jedoch die entsprechende Nachfrage, führt dies zu einer sinkenden Flächen-Produktivität sowie steigenden Kosten infolge der hohen Kapitalbindung. Durch Verkürzung der Bestellzyklen und damit häufige Belieferungen lässt sich die Sortimentsmächtigkeit reduzieren. Dies erfordert jedoch eine häufige Bestandsaufnahme. Durch fundierte Marktforschung und damit höhere Prognosegenauigkeit können die Warenbestände genauer an der Nachfrage ausgerichtet werden. Beispielsweise hat die Filiale eines Lebensmitteleinzelhändlers in der Spargelzeit im Durchschnitt 45 Packungen Sauce Hollandaise im Saucenregal und noch einmal 30 Packungen als Zweitplatzierung in einem Display in der Obst- und Gemüseabteilung. Die Sortimentsmächtigkeit beträgt 75 Einheiten.

- **Kern-** (definiert durch die Branche; etwa Lebensmittel in einem Supermarkt) versus **Randsortiment** (etwa Reisen bei Discountern)

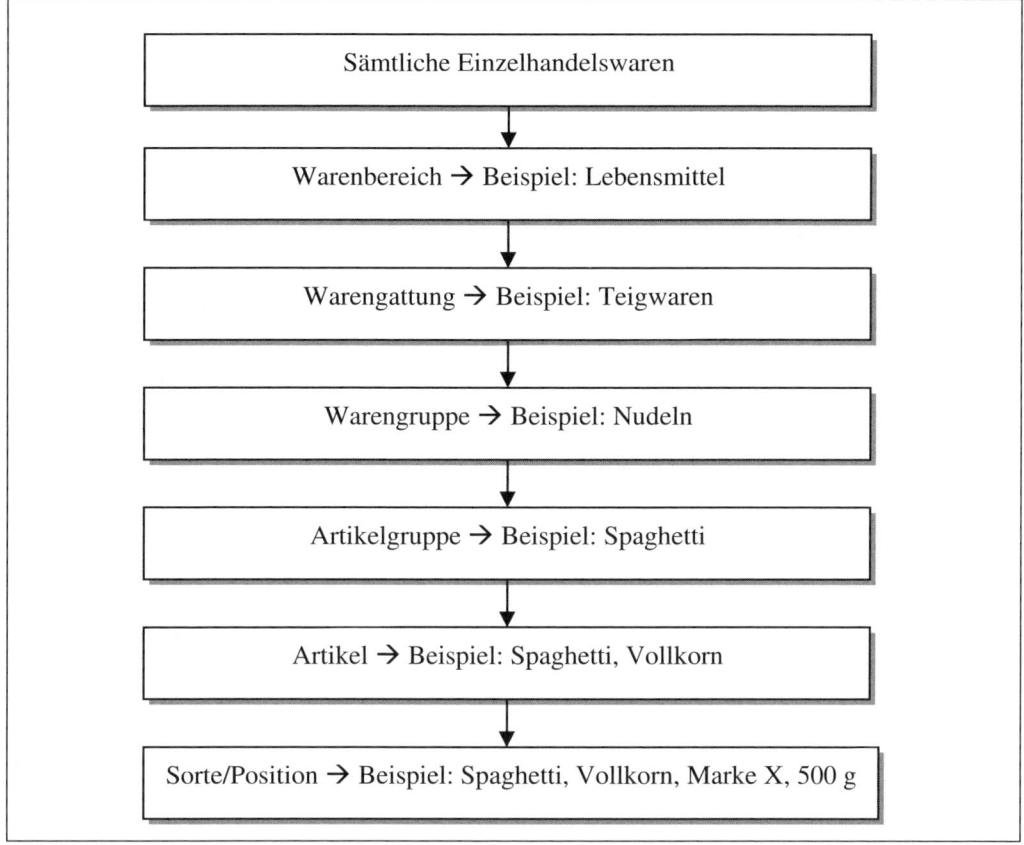

Abb. 3.7: Die Sortimentseinheiten im Überblick
(Quelle: in Anlehnung an Berekoven 1995, S. 97)

3.3.2 Veränderung

3.3.2.1 Überblick

Ein Hersteller kann sein Produktprogramm auf folgende Weise verändern:

- Entwicklung neuer Produkte
- Veränderung vorhandener Produkte
- Elimination von Produkten

3.3.2.2   Entwicklung neuer Produkte (= Produktinnovation)

In Zeiten von gesättigten Märkten und steigendem Konkurrenzdruck kommt der Entwicklung neuer Produkte eine zentrale Rolle zu. Hierbei kann es sich zum einen um Marktneuheiten (= prinzipiell neue Problemlösungen) und zum anderen um Betriebs- und Unternehmensneuheiten (= Problemlösungen, die bereits am Markt vorhandenen Produkten ähnlich sind) handeln (vgl. zur Entwicklung neuer Produkte ausführlich Abschnitt 3.6.3).

Die folgenden Daten aus dem Lebensmittelsektor machen deutlich, dass die **Entwicklung von neuen Produkten** in vielen Fällen bereits die kritische Grenze überstiegen hat (vgl. *Becker* 2001, S. 466):

- Weniger als 3 % der Neueinführungen sind „innovativ" (sog. „Me-too"-Problematik).

- Während 1977 im Lebensmittelsektor 100 neue Produkte entwickelt und produziert wurden, waren es 1997 bereits 2.000 neue Produkte.

- Drei von vier Produkten scheitern im Jahr der Neueinführung. Ein Grund hierfür dürfte in der zu starken Wettbewerbsorientierung zu finden sein.

Ideen für Produktinnovationen fließen grundsätzlich aus **zwei Quellen** (vgl. hierzu auch *Thiel* 2003):

- **Unternehmensexterne Quellen**, wobei von Endverbrauchern (z. B. durch Beschwerden, Garantiefälle, Reparaturen), Absatzmittlern (Groß- und Einzelhandel) und -helfern (etwa Beratungsunternehmen), Konkurrenten (Benchmarking), Verbraucherschutzorganisationen, Warentestinstituten, Presseorganen, vom Gesetzgeber (etwa durch die Reduzierung erlaubter Emissionsvolumina, den Verbot bestimmter Inhaltsstoffe) und nicht zuletzt von der Marketing-Forschung Anstöße ausgehen können. In diesem Fall spricht man von **Market-Pull-Innovation**. Ein Beispiel hierfür ist die zunehmende Benutzerfreundlichkeit von Autos. Wenn wir unseren Gurt nicht anlegen, ertönt ein Warnsignal. Geht der Kraftstoff zur Neige, melden sich eine Warnleuchte sowie ein akustisches Signal. Manche Autos weisen darauf hin, dass ein Ölwechsel fällig ist. Und mittlerweile verfügen viele Fahrzeuge über eine Automatik, welche die Scheinwerfer zusammen mit dem Motor ein- und ausschaltet. Nunmehr ist es nicht mehr möglich, aus Versehen die Scheinwerfer anzulassen und so die Starterbatterie zu entleeren. Ein weiterer Vertreter für vom Markt geforderte Innovationen ist eine Deckenfarbe, die rosa ist, wenn man sie aufträgt. Sobald sie getrocknet ist, wird sie weiß. Da Decken nahezu immer weiß gestrichen und überstrichen werden, lässt sich mit diesem Produkt unschwer erkennen, welche Stellen man schon gestrichen hat und welche nicht (vgl. *Thaler/Sunstein* 2009).

- **Unternehmensinterne Quellen**: Hierzu zählen die Grundlagenforschung, Kostenanalysen, das innerbetriebliche Vorschlagswesen und Qualitätszirkel. Dabei handelt es sich um sog. **Technologie-Push-Innovationen**.

Fallbeispiel „Market-Pull-Innovationen" – Der Markt fordert Medikamente zur Bekämpfung von Krebs.

Arzneimittel zur Behandlung von Krebs zählen zu den wachstumsstärksten und lukrativsten Märkten der Pharmaindustrie. Experten gehen davon aus, dass der Weltmarkt für Krebsmedikamente in Prozentpunkten pro Jahr etwa doppelt so schnell wachsen wird wie der gesamte Pharmamarkt. Doch weiterhin existiert kein Medikament, das diese Krankheit besiegen kann. Zurzeit gibt es lediglich Mittel, die das Leben der Betroffenen verlängern und die Folgen der Erkrankung mildern.

Die gesamte Branche steht angesichts von Patentabläufen sowie Rückschlägen in Forschung und Entwicklung unter erheblichem Handlungsdruck. Zahlreiche wichtige Umsatzträger sehen sich infolge des abgelaufenen Patentschutzes mit der Konkurrenz billiger Nachahmerprodukte (Generika) konfrontiert. Gleichzeitig kommt aus der Forschung zu wenig Nachschub, um die daraus entstehenden Umsatzeinbußen zu kompensieren. Angesichts der Notwendigkeit, neue Umsatzquellen zu erschließen, wächst der Druck auf Pharmaunternehmen, Innovationen zur Bekämpfung von Krebs auf den Markt zu bringen.

Quelle: *Lindner, R./Psotta, M.:* Erfolge gegen den Krebs, in: Frankfurter Allgemeine Zeitung, Nr. 124 vom 30.05.2008, S. 20.

Insbesondere beim innerbetrieblichen Vorschlagswesen und bei Qualitätszirkeln kommen kreative Methoden zum Einsatz. Unter **Kreativitätstechniken** versteht man Verfahren und Techniken, die bei der Lösung von Problemen in schlecht strukturierten Situationen, welche abseits jeglicher Routine liegen, unterstützen. Kreativitätstechniken lassen sich in **drei Rubriken** einteilen (vgl. *Nieschlag/Dichtl/ Hörschgen* 2002, S. 698–701; *Schneider/Kornmeier* 2006a; *Schneider* 1998, S. 225–226; *Schütz* 1996, S. 40):

- **Kreativität durch Konfrontation**: Hier werden Verfahren eingesetzt, die dazu dienen, weiter entfernt liegende Reize und Denkstrukturen zu übertragen. Die Kreativität liegt in der Anpassung dieser Denkmuster an die Problemstellung (sog. Force-It). Die zu dieser Gruppe zählende **Synektik-Methode** wurde 1991 von *Gordon* entwickelt, basiert auf diesem Prinzip und geht von der Erkenntnis aus, dass neue Ideen durch Bildung von Analogien entstehen. Hierbei werden folgende Phasen durchlaufen:
  - Auswahl und Schulung der Synektik-Mitglieder
  - Vermittlung des zu lösenden Problems
  - Schrittweise Verfremdung durch Analogien aus Natur, Technik, dem eigenen Lebensbereich usw.
  - Konfrontation des verfremdeten Sachverhalts mit der Problemstellung (sog. Force-It) und Entwicklung von Lösungsansätzen

- **Kreativität durch Zerlegung des Problems**: Dabei wird ein komplexes, schlecht strukturiertes Problem in seine Bestandteile zerlegt und diese Module in einem kreativen Akt neu kombiniert. Die bekannteste Methode dieser Kategorie ist die morphologische Methode des Schweizers *Fritz Zwicky* (1996). Hierbei gestalten sich die einzelnen Schritte folgendermaßen:

- Definition des Problems
- Zerlegung des gesamten Problems in einzelne Bestandteile (= Parameter)
- Entwicklung einzelner Lösungsvorschläge für die einzelnen Parameter und Eintrag in den sog. morphologischen Kasten
- Auswahl und Bewertung von Parameterkombinationen und Realisierung der besten Lösung (vgl. Tab. 3.14).

- **Kreativität durch Assoziation**: Dabei werden bekannte Lösungen für das Problem durch Übertragung anderer Denkmuster variiert. Welche Denkmuster übertragen werden, wird dem Zufall überlassen mit der Folge, dass zunächst nahe liegende und erst später verfremdete Assoziationen gebildet werden. Zu den bekanntesten Methoden dieser Kategorie zählen das Brainstorming, die 6-3-5 Methode, das Brainwalking sowie die Kopfstandtechnik.

Tab. 3.14: Anwendungsbeispiel eines morphologischen Kastens für eine Uhr
(Quelle: Nieschlag/Dichtl/Hörschgen 2002, S. 699)

Parameter	Bekannte und mögliche Lösungen		
Energiequelle	Aufzug von Hand	Starkstromnetz	Temperatur-schwankungen
Energiespeicher	Angehobene Gewichte	Feder	Akkumulator
Motor	Federmotor	Elektromotor	Hydraulischer Motor
Geschwindigkeitsregler	Fliehkraftregler	Hippscher-Pendel	Netzfrequenz
Getriebe	Zahnradgetriebe	Kettengetriebe	Magnetgetriebe
Anzeige	Zeiger und Zifferblatt	Rollen und Fenster	Wendeblätter

Das **Brainstorming (Gehirnsturm)** wurde vom dem US-amerikanischen Werbeberater *Alex F. Osborn* 1953 entwickelt. Hierbei handelt es sich um ein Verfahren, bei dem in Diskussionsform nach neuen Methoden gesucht wird. Grundprinzip des Gehirnsturms ist das Aufgreifen und spontane Weiterspinnen von Ideen, die im Verlauf einer Sitzung von den Teilnehmern eingebracht werden. Auf diese Weise entstehen Assoziationsketten, die im Regelfall bislang nicht gesehene Lösungsmöglichkeiten eines Problems zutage fördern.

Bei der Durchführung einer Brainstorming-Sitzung sollten folgende **Regeln** beachtet werden:

- An einer Brainstorming-Sitzung sollten fünf bis maximal acht Personen teilnehmen. Bei kleineren Gruppen können keine Assoziationsketten entstehen; bei größeren Foren wird die Diskussion von einigen Wenigen dominiert, zu viele Teilnehmer tauchen in der Masse ab.

- Die optimale Sitzungsdauer beträgt zwischen zehn und dreißig Minuten. Kürzeren Sitzungen fehlt die Aufwärmphase, bei längeren Brainstorming-Runden lässt die Fähigkeit zu kreativem Denken merklich nach.

- Der Vorgesetzte sollte in der Diskussionsrunde bewusst auf seine Führungsrolle verzichten und dies seinen Mitarbeitern gegenüber deutlich machen (Abbau von Hierarchiedenken). Andernfalls entstehen unnötige Hemmschwellen. Die Bereitschaft der Mitarbeiter, sich kreativ und damit unbefangen zu äußern, sinkt deutlich.

- Es bestehen keinerlei Urheberrechte an den produzierten Ideen. Jeder Teilnehmer kann die Lösungsansätze eines anderen aufgreifen und weiterentwickeln bzw. variieren.

- Kritik an Vorschlägen, das sog. Ideen-Killing, ist nicht erlaubt. Denn logische Argumente oder Erfahrung schränken die freie Ideenentfaltung nur unnötig ein.

Die Beiträge der Brainstorming-Sitzung sollten von einem Protokollanten aufgezeichnet werden, gegebenenfalls kann auch ein Diktier/Aufzeichnungsgerät eingesetzt werden. Das wichtigste Prinzip des Gehirnsturmes lautet: Die Quantität der Lösungen ist zunächst wichtiger als deren Qualität. Deshalb sollten die produzierten Ideen erst im Anschluss an die Sitzung auf ihre Realisierbarkeit hin untersucht werden.

Fallbeispiel „Brainstorming" – das „Innovation Jam" von *IBM*

IBM lädt regelmäßig Mitarbeiter, Familienmitglieder und Kunden zu einer moderierten Online-Brainstorming-Sitzung ein. Jährlich produzieren rund 140.000 Teilnehmer insgesamt etwa 37.000 Innovationsideen.

Quelle: *Wentz, R.*: Die globale Innovationsmaschine, in: Frankfurter Allgemeine Zeitung, Nr. 168 vom 21.07.2008, S. 18.

Eine Variante des Brainstorming ist die **Methode 635**, das sog. **Brainwriting**. Hierbei wird **sechs Mitgliedern** einer Arbeitsgruppe eine schriftlich festgelegte Problemstellung vorgelegt mit der Bitte, mindestens **drei mögliche Lösungen** auf einem Blatt Papier festzuhalten. Nach **fünf Minuten** wird das Blatt im Uhrzeigersinn an den nächsten Teilnehmer weitergegeben. Dieser hat erneut fünf Minuten Zeit, um drei Ideen zu entwickeln. Dabei kann er, genau wie beim Brainstorming, die Vorschläge seines Vorgängers ergänzen, dessen Ideen variieren oder völlig neue Ideen entwickeln. Mit dieser Technik können in 30 Minuten bis zu 108 Ideen entwickelt werden, aber auch hier gilt: Die Ideen sollten erst im Anschluss auf ihre Umsetzbarkeit hin überprüft werden.

Beim **Brainwalking**, einer weiteren Variante des Brainstorming, werden Flipcharts im ganzen Unternehmen verteilt. Auf den Papierbögen ist jeweils eine Fragestellung zum Hauptproblem notiert, das die Gruppe lösen soll. Die Teilnehmer gehen in beliebiger Reihenfolge zu den Flipcharts und schreiben auf, was ihnen auffällt. Als Vorteile des Brainwalking gelten:

- Assoziationsfreiheit, d. h. keine Kritik an den Vorschlägen

- Freies Herumwandern verhindert ein Unterbrechen des Gedankengangs durch andere

- Durchblutung des Gehirns und damit Anregung des Organismus
- Zufällige Anknüpfungspunkte durch spontane Eindrücke
- Anregung durch ständigen Orts- bzw. Positionswechsel

Im Anschluss an die Rundgänge erfolgt die systematische Auswertungsrunde, in deren Mittelpunkt zwei Fragen stehen: Ist der Vorschlag realisierbar? Hat die Idee den gewünschten Erfolg, d. h. wird damit das Ziel besser erreicht?

Die **Kopfstandtechnik** (vgl. *Crainer* 1998) basiert auf einer Umkehrung der ursprünglichen Aufgabenstellung und wird demnach häufig auch als Umkehrtechnik bezeichnet. Konkret werden vier Schritte durchlaufen:

1. Die Aufgabenstellung umkehren.
2. Lösungen der umgekehrten Aufgabenstellung finden.
3. Diese Lösungen der umgekehrten Aufgabe auf den Kopf stellen.
4. Aus dem Ergebnis konkrete Lösungsideen entwickeln.

Die Vorgehensweise soll am Beispiel der Aufgabenstellung, wie ein **Supermarkt** seine **Werbung am Point-of-Sale** seniorengerecht gestaltet werden kann, verdeutlicht werden.

1. Frage: Wie könnte eine Umkehrung der Aufgabe lauten? Antwort: Wie müsste ein Supermarkt seine Werbung am Point-of-Sale gestaltet sein, um Kinder und Jugendliche anzusprechen?
2. Frage: Wie könnte so etwas aussehen? Antwort: Elektronische, grelle und schnell variierende Kommunikation am Point-of-Sale mittels Bildschirmen.
3. Frage: Was heißt das Gegenteil davon? Antwort: Print-Werbung, so dass der Kunde die Informationsaufnahme entsprechend der eigenen Fähigkeiten steuern kann.
4. Frage: Wie könnten wir das erreichen? Antwort: Der Supermarkt bringt Schilder und Deckenaufhänger mit großer Schrift an.

Typisch für die Kopfstandtechnik ist auch folgende Fragestellung: Wie kann sich ein Unternehmen in drei Monaten in den Ruin treiben und durch Marketing-Maßnahmen auch noch die allerletzten treuen Kunden und Lieferanten verprellen? Die Vorschläge der Mitarbeiter werden im Regelfall zynisch, hemmungslos und sorgen für Heiterkeit: Kunden in Telefonendlosschleifen warten lassen, sie mit unverständlichen Werbebroschüren bombardieren, Termine verschleppen und Aufträge verschlampen.

Die *Walt-Disney*-**Methode**, die sich keiner der vorgestellten Kategorien zuordnen lässt, ist nach dem Filmproduzenten benannt, der erst nach langem Zögern wagte, einen 90-Minuten-Film zu drehen. Hierzu werden drei Stühle eingesetzt. Auf dem ersten Stuhl nimmt der Träumer Platz. Er soll seine Vision vollständig benennen und konkret daran arbeiten. Der Bedenkenträger auf Stuhl zwei muss überlegen, was beim Verfolgen der Vision alles schief gehen kann. Der Realist schließlich überlegt konkrete Schritte und skizziert einen Plan. Ziel ist es hierbei, widerstreitende Stimmen in den Personen räumlich und zeitlich zu trennen, um normale Denktunnels und –fahrstraßen zu verlassen (vgl. *o. V.*: Königswege zur Kreativität, in: Frankfurter Allgemeine Zeitung, Nr. 302 vom 27./28.12.2008, S. C1).

3.3.2.3 Veränderung vorhandener Produkte (= Produktmodifikation)

Bei der **Produktmodifikation** wird ein vorhandenes Produkt verändert, wobei zwei **Spielarten** unterschieden werden (vgl. *Meffert* 2000, S. 437–450; *Nieschlag/Dichtl/Hörschgen* 2002, S. 709–710; *Pepels* 2000, S. 418–428):

- **Produktvariation**
  Hier wird ein Produkt im Zeitablauf verändert und damit das bisherige Erzeugnis ersetzt (z. B. das neue *Persil* mit optimierter Wirkformel).

- **Produktdifferenzierung**
  Hier bleibt die Ausgangsvariante auch weiterhin bestehen und es werden eine oder mehrere veränderte Versionen zusätzlich angeboten (etwa *Coca-Cola classic*, *Coca-Cola light*, *Coca-Cola koffeinfrei*, *Coca-Cola Zero*). Eine nicht zu unterschätzende Gefahr liegt hier in der Kannibalisierung im Sinne eines Nullsummenspiels, bei dem der Erfolg der veränderten Produktversion zu Lasten der Ausgangsvariante geht.

Fallbeispiel „Produktdifferenzierung" – die Produktpalette von *ASPIRIN*®

Das Schmerzmittel *Aspirin*® wird in folgenden Varianten angeboten:

- *ASPIRIN*® Effect als Granulat ermöglicht die Einnahme ohne Wasser.

- *ASPIRIN*® Migräne: Brausetablette für migränebedingte Kopfschmerzen.

- *ASPIRIN*®-Tablette: das klassische „Kopfschmerzmittel". Als Schlucktablette mit einem Glas Wasser einzunehmen.

- *ASPIRIN*® Plus C: Brausetabletten mit Vitamin C, die in einem Glas Wasser aufgelöst werden können.

- *ASPIRIN*® Direkt: Die Kautablette, die ohne Flüssigkeit eingenommen und einfach zerkaut werden kann.

- *ASPIRIN*® Protect und *ASPIRIN*® N: Tabletten zur Vorbeugung von Herzinfarkten und Schlaganfällen. Aufgrund der magensaftresistenten Ummantelung ihres Wirkstoffs können die Mittel von den Patienten auch täglich eingenommen werden, natürlich nur nach ärztlicher Verordnung.

- *ASPIRIN*® Forte: Zur Anwendung bei starken Schmerzen oder Entzündungen. Durch einen Coffein-Zusatz wird eine schnellere und stärkere Wirkung erreicht.

Quelle: www.aspirin.de; Stand: 02.05.2003.

3.3.2.4 Produktelimination

Unter Produktelimination versteht man die Herausnahme eines Produkts aus dem Angebotsprogramm bzw. Sortiment eines Unternehmens (vgl. im Folgenden *Bruhn* 2001, S. 161–163; *Meffert* 2000, S. 450–455; *Pepels* 2000, S. 422–426; *Stender-Monhemius* 2002, S. 128). Ein wesentlicher Grund für die Notwendigkeit einer Produkteliminierung liegt in der Konkurrenz der unternehmenseigenen Produkte um **knappe Ressourcen** (z. B. Produktionskapazität, Marketing-Budget, Lager- und Regalplatzkapazität, Personal; vgl. *Herrmann* 1998, S. 545).

Als **quantitative Kriterien** für die Elimination von Produkten sind zu nennen:

- Sinkende/r Umsatz, Absatz, Marktanteil, Deckungsbeitrag, Kapitalumschlag, Rentabilität
- Geringer Umsatzanteil
- Ungünstige Umsatz-Kosten-Relation und damit geringe bis gar keine Gewinne bzw. Verluste
- Starke Beanspruchung knapper Ressourcen, die für andere Produkte effektiver eingesetzt werden könnten
- Hoher Anteil an den Komplexitätskosten des Unternehmens (etwa Koordination der einzelnen Produktstrategien im Zuge einer Mehrmarkenstrategie; vgl. Abschn. 3.2.3.7)

Als **qualitative Entscheidungskriterien** sind anzuführen:

- Einführung von besseren Konkurrenz- und/oder Substitutionsprodukten
- Negativer Einfluss auf das Unternehmensimage (etwa aufgrund schlechter Testergebnisse, negativer Auswirkungen auf Umwelt und/oder Gesundheit, Verstoß gegen gesellschaftliche Normen [etwa im Falle gewaltverherrlichender Video-Spiele; Schokoladen-Zigaretten und Kinder-Sekt mit dem Ziel, Kinder schon frühzeitig durch Imitationslernen an gesundheitsschädliche Produkte heranzuführen])
- Änderungen in der Bedarfsstruktur der bisherigen Kunden (Wer erwirbt heute noch einen Videorekorder oder ein Röhren-Fernsehgerät?)
- Entstehung von Kannibalisierungseffekten zwischen den eigenen Produkten
- Technische Veralterungen und Gesetzesänderungen (etwa aufgrund verschärfter Emissionsvorschriften bei Motoren)
- Soziale Faktoren wie die Versorgung der Bevölkerung (mit anderen Produkten lässt sich die Bevölkerung besser versorgen), die Sicherung von Arbeitsplätzen (das Angebot schlechter Produkte vernichtet auf kurz oder lang Arbeitsplätze) oder die Belastung der Umwelt

Die angeführten Kriterien sind keinesfalls zwingende Gründe für die Elimination, sondern weisen lediglich auf „eliminierungsverdächtige" Produkte bzw. Artikel hin. Um eine fundierte Entscheidung zu treffen, müssen auch die folgenden **Risiken** einer Produktelimination ins Kalkül gezogen werden:

- Negative Auswirkungen auf das Image bei Kunden und Absatzmittlern sowie -helfern (Eine Produktelimination wird von Externen häufig als Niederlage eingestuft.)
- Verlust von Verbundeffekten (Wer Produkt A immer gekauft hat und nun nicht mehr im Regal vorfindet, kommt nicht mehr und kauft damit auch nicht mehr die Produkte B sowie C.)
- Verlust von Synergie- (etwa durch Nutzung gemeinsamer Produktionsanlagen bei der Herstellung verschiedener Waschmittelmarken) und Erfahrungskurveneffekten (etwa

Mengeneffekte aufgrund des Einkaufs derselben Rohstoffe für verschiedene Waschmittelmarken)

- Stärkung der Konkurrenz (Die Elimination des eigenen Produkts öffnet die Tür für die Einstieg eines Wettbewerbers in die Regale des Handels, was zukünftig zum Nachteil weiterer eigener Produkte führen kann.)

- Nutzungsprobleme bei den nunmehr frei gewordenen Kapazitäten (Was fange ich beispielsweise mit den nunmehr nicht mehr genutzten Produktionsanlagen an?)

- Fehlerhafte Einschätzung der zukünftigen Entwicklung von Produkten (Vielleicht könnte sich das im Zuge einer ABC-Analyse als C eingestufte Produkt zukünftig zu einem A- oder B- Produkt entwickeln.)

4 Kontrahierungsmanagement

„Die Leute von heute wollen das Leben von übermorgen zu den Preisen von gestern."

Tennessee Williams (* 26. März 1911 in Columbus, Bundesstaat Mississippi; † 25. Februar 1983 in New York City), US-amerikanischer Schriftsteller

---

Dieses Kapitel vermittelt:

- was man unter Kontrahierungsmanagement versteht,
- welche Aufgaben dem Preismanagement zufallen,
- aus welchen Komponenten sich Preis und Leistung zusammensetzen,
- wie ein Unternehmen die Wahrnehmung des Preis-Leistungs-Verhältnisses beeinflussen kann,
- anhand welcher Faktoren sich der Angebotspreis bestimmen lässt und
- welche Gestaltungsmöglichkeiten das Konditionenmanagement bietet.

4.1 Überblick

Kontrahierungsmanagement (abgeleitet von Kontrakt = Vereinbarung, Vertrag) umfasst sämtliche Marketing-Maßnahmen, die dazu dienen, die (monetären) Gegenleistungen der Käufer für die von einem Unternehmen angebotenen Produkte und Dienstleistungen zu gestalten und durchzusetzen (vgl. *Diller* 2001, S. 1337; im Folgenden *Bruhn* 2001, S. 167–200; *Diller* 2000; *Meffert* 2000, S. 482–599; *Nieschlag/Dichtl/Hörschgen* 2002, S. 731–879; *Simon* 1992). Konkret werden hierunter sämtliche vertraglich fixierten Vereinbarungen eines Unternehmens mit seinen Kunden verstanden. Hierzu gehören folgende **Instrumente:**

- **Preismanagement**
  Der Preis ist das Entgelt für die Leistungen, die ein Unternehmen auf einem Markt anbietet. Preismanagement bezeichnet sämtliche Maßnahmen und Entscheidungen, mit denen Preise beeinflusst und am Markt durchgesetzt werden. Diese können sich auf das gesamte Angebot eines Unternehmens, auf Teilbereiche oder auf einzelne Produkte oder Leistungen beziehen.

- **Konditionenmanagement**
  Hierzu zählen sämtliche Vereinbarungen, die neben dem Preis im Vertrag über das Leistungsangebot festgehalten werden. Im Wesentlichen sind das:
  – Rabatte (sog. Rabattmanagement; daneben Boni, Skonti),

– Liefer- und Zahlungsbedingungen sowie
– Kredite (sog. Kreditmanagement) und Leasing.

4.2   Aufgaben und Besonderheiten des Preismanagement

Das Preismanagement umfasst sämtliche Maßnahmen und Entscheidungen, mit denen Preise beeinflusst und am Markt durchgesetzt werden können. Konkret stellen sich folgende **Aufgaben** (vgl. *Bruhn* 2001, S. 173–176):

- **Preispositionierung**, d. h. langfristig ausgerichtete Festlegung der Preislage
  Ein Unternehmen muss sich grundsätzlich für die Preislagen entscheiden, in denen es agieren möchte (z. B. obere, mittlere oder untere Preislage). Hier bietet sich auf der einen Seite des Spektrums die sog. **Präferenz-Strategie** an, die sich durch relativ hohe Preise auszeichnet, welche mit hoher Produktqualität, Exklusivität, Lifestyle und/oder Erlebnisorientierung verbunden sind (z. B. im Falle von Luxusprodukten und Parfums). Auf der anderen Seite kann eine **Preis-Mengen-Strategie** eingeschlagen werden. Charakteristisch hierfür sind relativ niedrige Preise, mit denen das Image eines Niedrigpreisanbieters erzeugt wird und große Absatzmengen einhergehen. Voraussetzung hierfür ist eine günstige Kostenbasis. Damit bildet die Preispositionierung den preispolitischen Korridor für die tatsächliche Preisfindung.

- **Preisstrategie**, d. h. die Fixierung der Einführungspreise und deren Veränderung im Zeitablauf. Der Preis wird erstmalig festgelegt, wenn:
  – Produkte neu in das Leistungsspektrum aufgenommen werden,
  – in neue Märkte eingetreten wird (z. B. in Auslandsmärkte oder Regionalmärkte) oder Angebote für neue Aufträge erstellt werden.
  Mit der **Abschöpfungspreisstrategie (Skimming Pricing)** steigt ein Anbieter mit einem hohen Preis möglichst rasch in den Markt ein. Der Preis pendelt sich erst später auf einem darunter liegenden Niveau ein. Bei der **Durchdringungspreisstrategie (Penetration Pricing)** hingegen wird das Produkt mit einem relativ niedrigen Preis eingeführt, um schnell Massenmärkte zu erschließen. Zur Preisstrategie zählt auch die **Preisdifferenzierung**. Hierunter versteht man die Festlegung verschiedener Preise für das gleiche Produkt bzw. die gleiche Leistung (vgl. ausführlich Abschnitt 4.4.3).

- **Preisaktionen**, d. h. temporäre Preisänderungen mittels:
  – **Sonderangeboten**: Hierbei handelt es sich um unregelmäßige und zeitlich befristete Preissenkungen, die sich nur auf einzelne Artikel und nicht das gesamte Sortiment oder größere Sortimentsteile beziehen. Zentraler Vorteil ist die hohe Flexibilität, da Sonderangebote räumlich, zeitlich und sachlich (Produktvarianten, Packungsgrößen) gezielt und vergleichsweise kurzfristig eingesetzt werden können. Sonderangebote zielen auf folgende **Effekte** ab:
    ▪ Frequenzeffekt: Akquisition von Kunden, die sonst nicht bei diesem Unternehmen einkaufen

- Mehrkonsum, d. h. Steigerung der Verwendungsintensität von bisherigen Kunden aufgrund von Preisreduzierung, was sich insbesondere bei Luxusprodukten wie Champagner, teuren Weinen etc. beobachten lässt
- Hortung von Produkten im Sinne von „Hamsterkäufen"
- Schnäppchenjagd, d. h. bestimmte Verbrauchersegmente fokussieren sich auf preisreduzierte Güter
- Substitution in Form von Markenwechsel (von einer Wurstmarke zur anderen) bzw. Category Switching (etwa von Wurst zu Käse)

– **Preisbündelung**: Komplette Produktsets werden für einen begrenzten Zeitraum oder grundsätzlich angeboten (etwa Zahnbürste, -creme und -seide). Der günstige Bündelpreis zielt auf Umsatzsteigerungen durch Mehrkauf (Mehr Konsumenten als zuvor erwerben das Bündel aufgrund seiner Attraktivität und/oder einzelne Konsumenten kaufen mehrere Bündel, da diese nur für einen begrenzten Zeitraum angeboten werden.) und Cross-Selling (Wer ursprünglich nur eine Zahnbüste kaufen wollte, erwirbt nun auch Zahncreme und -seide).

– **Coupons**: Hierbei handelt es sich um einen Gutschein, der es dem Inhaber erlaubt, ein spezifisches Produkt entweder mit einem garantierten Preisnachlass oder mit einer das eigentliche Produkt ergänzenden Produkt-/Dienstleistung zu erwerben. Bei teuren Produkten empfiehlt sich die Darstellung der Ersparnis als absoluter Betrag, bei niedrigpreisigen Produkten hat sich eine Auszeichnung in Prozent bewährt. Grundsätzlich ist gegen Ende der Gültigkeitsdauer ein deutlicher Anstieg der Couponnutzung zu verzeichnen. Deshalb sollte die Gültigkeitsdauer eines Coupons umso kürzer sein, je schneller dessen Wirkung eintreten soll. In- bzw. On-Pack-Coupons (also Coupons auf Produktverpackungen) weisen die höchsten Einlöseraten auf. Coupons hingegen, die aus Zeitschriften oder Zeitungen ausgeschnitten werden müssen, werden vergleichsweise selten genutzt. Mobile Coupons auf dem Handy gewinnen zunehmend an Bedeutung.

– **Bonusprogramme**: Durch kurzfristige und zeitlich begrenzte Erhöhung der Bonifizierung bestimmter Produkte (etwa bei *Payback* mehr Bonuspunkte beim Kauf bestimmter Produkte, die gegen Gutscheine in den Partner-Filialen oder attraktive Prämien eingelöst und auch für Hilfsprojekte gespendet werden können.) können die Nutzung des Bonusprogramms und dessen Wertschätzung beim Kunden erhöht werden.

• Bestimmung der **optimalen Preisabstände** von Produkten innerhalb einer Produktlinie Hierbei geht es zunächst um die sog. Preislogik, die sich aus der Festlegung der Einstiegspreise, der Preisabstufungen innerhalb der Produktlinie und der Anzahl von Preisoptionen zusammensetzt (vgl. Abb. 4.1). Zum einen gibt es die Möglichkeit, nur wenige Preisoptionen anzubieten, um Komplexität zu vermeiden. Dies ist insbesondere in der Niedrigpreislage der Fall (Fall A). Fall B hingegen startet mit einem niedrigen Einstiegspreis und deckt mit deutlichen Preisabstufungen sämtliche Preislagen ab: Eine solche Preislogik praktiziert beispielsweise *TUI* mit *12Fly* und *L´tur* (Niedrigpreissegment), *TUI schöne Ferien* (Mittelpreislage) und *Robinson-Club* (Hochpreissegment). Schließlich bietet sich die Möglichkeit wie im Falle der Hochpreispositionierung von *Mercedes*, durch geringe Preisvariationen mit Hilfe unterschiedlicher Fahrzeugausstattungen Preisalternativen zu bieten (etwa *Mercedes E-Klasse Avantgarde*, *Elegance* und *Classic*). Der Preislogik kommen drei zentrale Aufgaben zu: Einstieg des Kunden in eine Preis-Leistungsklasse, Aufstieg des Kunden („Upgrading") durch entsprechend gestaffelte Preisstufen und Verringerung des Preisdrucks auf hochpreisige Produkte durch das Angebot von preiswerteren Alternativen (sog. „Less Expensive Alternatives" = LEA; vgl. *Sebastian/Maessen* 2003, S. 8). Beispielsweise müssen die Preise für sich gegenseitig substituierbare Produkte eines Programms so festgelegt werden, dass keine Kannibalisierung stattfindet. Dies wäre z. B. der Fall, wenn ein Kunde von einem *BMW* der 5er-Modellreihe auf die günstigere 3er-Reihe umsteigt und damit dem Unternehmen weniger Gewinn beschert. Ähnlich gelagert wäre der Fall bei einem internen Markenwechsel von einem *VW Passat* zu einem *Skoda Octavia*.

Neben der Preislogik gilt es des Weiteren den Preisabstand zu komplementären Angeboten (z. B. Computer, Bildschirm und Drucker) zu optimieren. Schließlich muss die optimale Preisdistanz zu Konkurrenzprodukten ausgelotet werden.

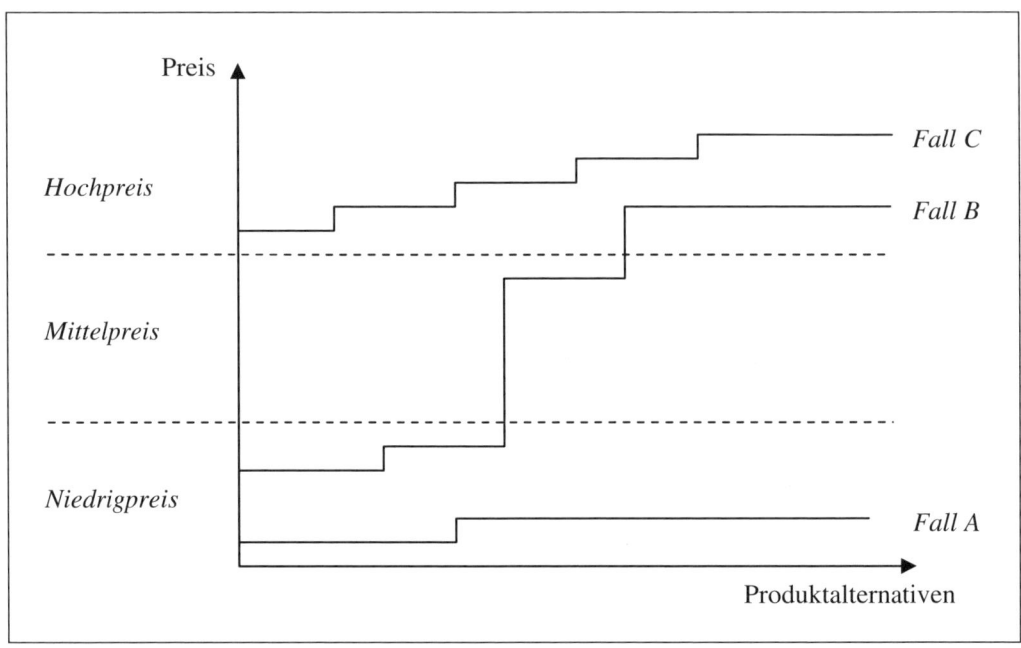

Abb.4.1: Grundsätzliche Optionen der Preislogik (Quelle: Sebastian/Maessen 2003, S. 8)

* **Preisdurchsetzung**
  Letztlich muss der festgelegte Preis am Markt durchgesetzt werden (vgl. dazu *Diller* 2000, S. 398 ff.). Hierzu bedienen sich Hersteller zum einen der vertikalen Preisempfehlung, die aber häufig von preisaggressiven Handelsunternehmen mit entsprechender Nachfragemacht unterlaufen wird (zu den rechtlichen Aspekten der vertikalen Preisempfehlung vgl. *Bunte* 2001, S. 1310–1311). Zum anderen kann die Akzeptanz der Verbraucher durch sog. Preiswerbung gesteigert werden. Konkret rechtfertigen Anbieter das relativ hohe Preisniveau, indem sie die qualitative Überlegenheit ihrer Produkte betonen oder Zweifel an der Minderwertigkeit billiger (Konkurrenz-)Angebote schüren. Als weitere

Ansatzpunkte zur Durchsetzung von Preisen bieten sich an (vgl. hierzu auch *Simon* 1992):

- Langfristige Ankündigung der Preiserhöhung
- Wahl eines geeigneten Zeitpunkts (etwa Ferienzeit, Jahreswechsel)
- Vorbereitung des Kunden auf die Notwendigkeit von Preiserhöhungen durch gezielte Kostendiskussionen
- Stillschweigende Durchführung von Preiserhöhungen, d. h. Korrektur der Listenpreise nach oben
- Durchführung der Preiserhöhung in zeitlicher Nähe zu publizierten Kostensteigerungen (z. B. Tariflohn- oder Steuererhöhungen, gestiegene Rohstoffpreise: *Aldi Süd* beispielsweise begründete einen Preisschub mit sprunghaft gestiegenen Rohstoffpreisen; wohl auch etwas stärker als unbedingt notwendig, was als Chance genutzt wurde, das Preisgefüge innerhalb des Sortiments neu zu justieren)
- Preiserhöhung zeitgleich mit Produktverbesserungen
- Durchführung der Preiserhöhung in mehreren kleinen Schritten, weil sich hierdurch auch die Referenzpreise schrittweise nach oben bewegen
- Preiserhöhung in Form von Mengen- bzw. Packungsverkleinerungen bei konstantem Preis, aber gestiegenem Grundpreis
- Aufspaltung eines Einheits- bzw. Bündelungspreises in seine Komponenten (= Entbündelung; etwa *McDonald's* mit „SMS – Schnell mal sparen": Zahlreiche Produkte werden dort für 1 € bzw. etwas mehr angeboten. Durch Entbündelung des Preises fokussieren Verbraucher auf den Preis für das Einzelprodukt, der mit rund 1 € vergleichsweise günstig wirkt. Da aber im Regelfall mehrere Produkte [etwa Hamburger, Pommes Frites, Getränk, Dessert] zu einer Mahlzeit kombiniert werden, fällt der Gesamtbetrag nicht unbedingt gering aus.)

Preispolitische Entscheidungen weisen folgende **Besonderheiten** auf:

- **Preistransparenz**
  Im Vergleich zum Produkt und dessen Qualität sind Preise für den Verbraucher auf den ersten Blick unmittelbar vergleichbar. Einzelhändler in Deutschland sind bis auf wenige Ausnahmen – hierzu zählen Kunstgegenstände, Antiquitäten und Gartenpflanzen – per Gesetz zu einer Preisauszeichnung verpflichtet. Die Preisangabe muss für den Verbraucher deutlich erkennbar sowie lesbar sein und dem jeweiligen Artikel zugeordnet werden können. Nach der **Preisangabenverordnung** besteht grundsätzlich keine Pflicht, in der Werbung Preise zu nennen. Ausgenommen hiervon sind Waren und Leistungen, die in Schaufenstern, innerhalb von Verkaufsräumen etc. ausgestellt werden und für die eine Preisauszeichnungspflicht besteht. Hierbei sind Endpreise (einschließlich Umsatzsteuer und sonstiger Preisbestandteile) und, soweit es der Verkehrsauffassung entspricht, Verkaufs- und Leistungseinheiten anzugeben. Auf Verhandlungsbereitschaft darf hingewiesen werden, bei Lieferfristen über vier Monaten sind Preisänderungsvorbehalte zulässig (§ 1). Wer Waren nach Gewicht, Volumen, Länge oder Fläche anbietet, hat neben dem Endpreis den Grundpreis, d. h. den Preis pro Mengeneinheit, anzugeben (§ 2). Sonstige Preisbestandteile sind Kosten, die mit dem Erwerb der Ware/Leistung zwangsläufig anfallen (z. B. Überführungskosten bei Pkw) und nicht fakultativ gewählt werden können. Verstöße gegen Preisangabenvorschriften sind zugleich unlautere Werbung (§ 4 Nr. 11 UWG = Gesetz gegen unlauteren Wettbewerb), weil sie dazu dienen, die Stellung der

Verbraucher zu schwächen, und können eine Abmahnung eines Konkurrenten oder Abmahnvereins zur Konsequenz haben; bestimmte Verstöße sind Ordnungswidrigkeiten (§ 10), die mit einer Geldbuße von bis zu 25.000 € belegt werden können. Trotz der Preisauszeichnungspflicht bieten sich dem Anbieter auch hier Möglichkeiten, die Preisforderung intransparent zu gestalten (Leasing, simultaner und sukzessiver kalkulatorischer Ausgleich). Beispielsweise kompensieren die hohen Preise für später anfallende Wartungs- und Reparaturarbeiten und Ersatzteile den im Zuge einer zeitlichen Mischkalkulation niedrig gestalteten Anschaffungspreis. Eine neue Ära der Preistransparenz leiten die Mobiltelefone der jüngsten Generation ein. Beispielsweise verfügt das *Google*-Handy G1 über eine Funktion, die den Barcode auf einem Produkt im Geschäft lesen kann und sofort den günstigsten Preis im Internet heraussucht. Verbrauchern bietet sich hierdurch die Möglichkeit, Preise am Point-of-Sale unternehmensübergreifend zu vergleichen.

- **Flexibilität**
  Im Gegensatz zu anderen Marketing-Mix-Instrumenten (etwa Modifikation eines Produkts, Wahl eines Vertriebsweges oder Imageveränderung eines Produktes) lassen sich Preise kurzfristig variieren. Lediglich Unternehmen wie Versender oder Kataloganbieter sind hier in ihrer Anpassungsfähigkeit eingeschränkt, da sie bis zur Ausgabe des nächsten Kataloges an ihr Preisangebot gebunden sind.

Fallbeispiel „Flexibilität von Preisen" – *Praktiker* nutzt elektronische Regalpreisetiketten.

Die *Praktiker*-Gruppe setzt elektronische Regalpreisetiketten (Electric Shelf Labels) ein. Mit diesen kann der Baumarktbetreiber Preise auf Knopfdruck ändern und damit mehr Preisflexibilität im regionalen Wettbewerb erzielen. Für den Kunden bietet dieses Verfahren den Vorteil der Preisintegrität. Änderungen in Warenwirtschaftssystem und Kasse erfolgen automatisch auch am Regal, so dass Fehler vermieden werden können und das aufwendige Austauschen von Papieretiketten nunmehr entfällt. Zudem kann das Personal die Label nutzen, um Informationen wie Durchschnittsumsatz der letzten drei Monate und Lagerbestände abzufragen.

Quelle: *o. V.*: Praktiker funkt Preise, in: LebensmittelZeitung, Nr. 47 vom 20.11. 2009, S. 37.

- **Ambivalenz von Preissenkungen**
  Für den Verbraucher dient der **Preis** häufig als **Qualitätsindikator**, d. h. er schließt von einem hohen Preis auf eine hohe Qualität und von einem niedrigen Preis auf eine geringe Qualität. Vor diesem Hintergrund wird einsichtig, dass Preissenkungen nicht selten als Ausdruck von Minderwertigkeit interpretiert werden.

- **Einbahn-Charakter**
  Es gestaltet sich schwer, „echte" Preissenkungen zu einem späteren Zeitpunkt rückgängig zu machen. Denn der Verbraucher gewöhnt sich i. d. R. an das niedrige Niveau und empfindet das Anheben auf den ursprünglichen Preis wie eine Preiserhöhung. Vor diesem Hintergrund bevorzugen Unternehmen normalerweise Rabatte, bei denen die Kunden Gegenleistungen erbringen müssen und die zeitlich begrenzt werden können, sowie Dauer-

niedrigpreissortimente. Im Gegensatz zu Sonderangeboten, die zeitlich begrenzt sind, umfasst das Dauerniedrigpreissortiment Artikel, deren Verkaufspreise dauerhaft reduziert sind und kommunikativ herausgestellt sind.

- **Sensitivität**
Die Preispolitik ist mit einer gewissen Sensibilität zu nutzen. Im Falle einer **aggressiven Preispolitik** etwa muss mit entsprechenden Reaktionen der Wettbewerber gerechnet werden, was nicht selten in einem ruinösen Preiswettbewerb endet. Dieser Gefahr versuchen sich einige Anbieter durch sog. **Preisabsprachen** im Vertikal- und/oder Horizontalverhältnis zu entziehen, was kartellrechtlich grundsätzlich verboten ist.

Fallbeispiel „Ruinöser Preiswettbewerb" – Burger Wars zwischen McDonald's und Burger King

Im Wesentlichen kommen bei der Auseinandersetzung zwischen *Burger King* und *McDonald's* hierzulande wie auch weltweit drei Marketing-Instrumente zum Einsatz: Imitation, Werbung mit stark vergleichender Tendenz und Preisunterbietung.

Eine typische Situation für eine **Preisunterbietung** gestaltet sich folgendermaßen, wobei man die Namen der beiden Unternehmen auch jeweils wechselseitig gegeneinander austauschen kann: *Burger King* senkt den Preis für sein Flaggschiff von 2,99 € auf 99 Cent. Hierbei bedient man sich bewusst eines gebrochenen Preises („odd pricing"), d. h. man legt den Preis kurz unter eine runde Preisziffer, da hier der Absatz überproportional ansteigt.

McDonald's reagiert mit einer entsprechenden Preissenkung für eines seiner Premiumprodukte auf 1 €, da man überzeugt ist, dass man es sich nicht erlauben kann, einem Wettbewerber über den Preis kampflos Marktanteile zu überlassen. Die jeweiligen Franchise-Nehmer protestieren gegen die Preissenkung, da sie befürchten, auf Dauer nicht mehr überlebensfähig zu sein. Außerdem argumentieren sie, dass durch niedrige Preise keine neuen Kunden angezogen würden, sondern vielmehr eine Kannibalisierung innerhalb der eigenen Angebotspalette stattfinde. Konkret wandern Kunden firmenintern von teureren Angeboten auf die billigen Produkte ab.

Das Management von *Burger King* lässt dann folgendes verlauten: Wir glauben fest daran, dass es strategisch schlecht ist, Ihr Premiumprodukt zu Discountpreisen zu verkaufen. … Es gibt jedoch taktische Situationen, in denen man gezwungen ist, für eine bestimmte Zeit von der optimalen Strategieposition abzuweichen."

Quelle: *Schneider, W.:* McMarketing, Wiesbaden 2007, sowie die dort zitierte Literatur.

- **Mehrstufigkeit**
Preispolitische Entscheidungen sind hochgradig abhängig von den jeweiligen Partnern. So versuchen Hersteller, ihre anvisierten Endverbraucherpreise durch die sog. **vertikale Preisempfehlung** gegenüber Groß- und Einzelhandel abzusichern. Der Handel unterläuft

diese Empfehlung jedoch häufig, um seine Preisgünstigkeit zu unterstreichen. Vor diesem Hintergrund verwundert die steigende Zahl von Klagen wegen **Untereinstandspreisverkäufen** des Handels nicht.

Hierbei gestaltet es sich jedoch aufgrund von **Zurechnungs-** und Bewertungsproblemen schwierig, den Einstandspreis von externer Seite zu berechnen. Unproblematisch ist die Zurechnung produkt- bzw. auftragsbezogener Preisnachlässe wie Skonti oder für einen Auftrag eingeräumter Gesamtumsatzrabatte bzw. die pro Auftrag aufgerechneten Warenrücknahmen. Wesentlich schwieriger ist die Verteilung aller einmaligen Preisnachlässe wie Jahresumsatzrückvergütungen und aller für einen Zeitraum gewährten Zuwendungen wie Verkaufsförderungsvergütungen (z. B. Werbe- und Aktionskostenzuschüsse). Mittlerweile hat der *Bundesgerichtshof* am Fall der Drogeriemarktkette *Rossmann* festgestellt, dass die Methode des Handels, die von der Industrie gewährten Rabatte auf einzelne Produkte statt auf das gesamte Sortiment des Herstellers umzulegen, nicht zu beanstanden sei. Das **Kumulieren** von beispielsweise **WKZ** auf einzelne Produkte führt zum Senken der jeweiligen Einstandspreise und damit letztlich zu Lockvogelangeboten (vgl. *Hasse* 2010, S. 2).

Starke Lieferanten praktizieren im Falle von Untereinstandspreisen einen preispolitisch motivierten **Selektivvertrieb**: Sie schließen preisaggressive Anbieter wie Discounter, Verbrauchermärkte und SB-Warenhäuser vom Bezug ihrer Ware aus mit dem Ziel, Frieden im Absatzkanal zu gewährleisten.

Fallbeispiel „Preispolitisch motivierter Selektivvertrieb" – *Stihl* **versichert in einer Werbeanzeige, keine Großbetriebstypen des Einzelhandels zu beliefern.**

„Here's a prediction for 2010. You won´t be able to find *Stihl* at *Lowe's*® or *The Home Depot*®.

Okay, we're not exactly going out on a limb here. *Stihl* has never been sold at big box stores. But you can find us at more than 8.000 independent dealers nationwide – people who service what they sell and take the time to find the product that's right for you. Which is why you'll have the power to do more in 2010 and beyond. Now there's a prediction with an edge to it.

Find a dealer near you: visit STIHLUSA.com. Number 1 worldwide *STIHL*®"

Quelle: Werbeanzeige in *USA Today* vom 31.12.2009, S. 12a.

Fallbeispiel „Verbot des Verkaufs von Lebensmitteln unter Einstandspreisen"

In Deutschland ist der Verkauf von **Lebensmittel**n unter Einstandspreis (= Einkaufspreis [= der vom Handelsunternehmen für Waren und Dienstleistungen wie Warenauszeichnung und Warenauffüllung in Rechnung gestellte Preis] zuzüglich der vom Handelsunternehmen zu tragenden Beschaffungs- und Bezugskosten abzüglich der Rabatte, Boni und Skonti) seit 2007 **generell verboten**, wobei eine **offene Klausel für Aus-**

nahmetatbestände bei Lebensmitteln sowie eine **fehlende Ausweitung auf den Nonfood-Bereich** zu berücksichtigen sind.

Ausnahmen bei Lebensmitteln gelten lediglich für Untereinstandspreisverkäufe, die sachlich gerechtfertigt sind. Als Gründe führt der Gesetzgeber drohenden Verderb und Unverkäuflichkeit einer Ware an. Da es sich hierbei jedoch um keine abschließende Aufzählung handelt, lässt der Gesetzgeber weitere Begründungen zu. Beispielsweise dürften nach Einschätzung von Experten Untereinstandspreise bei Insolvenz weiterhin möglich sein, wobei es bei der Neueröffnung von Geschäften sowie bei Produkteinführungen im Vergleich zur alten Regelung schwieriger werden dürfte, solche zu begründen.

Gänzlich ausgenommen vom Verbot sind sämtliche Nonfood-Artikel (etwa Shampoo, Windeln und Textilien). Diese dürfen auch weiterhin gelegentlich unter Einstandspreis verkauft werden. Begründet wird dies mit der besonderen Schutzwürdigkeit von Lebensmitteln.

Trotz der verschärften Regelung bleiben zwei zentrale Fragen weiterhin unbeantwortet: Wie eigentlich definiert sich der Einkaufspreis (etwa [Nicht-]Berücksichtigung von WKZ, Boni etc.), und kann dieser von externen Ermittlern überhaupt festgestellt werden?

Quelle: *Hasse, S.*: Unter-Einstands-Verbot tut nicht weh, in: LebensmittelZeitung, Nr. 18 vom 04.05.2007, S. 26.

Des Weiteren ist zu beobachten, dass durch das Erstarken des Handels in Folge von Konzentrationstendenzen und dem Kampf der Produzenten um die knappe Regalfläche im Handel die am Markt durchsetzbaren Endverbraucherpreise in Preisverhandlungen an Bedeutung verlieren. Wichtiger werden vielmehr die Absatzpreise ab Werk und deren Differenzierung durch Rabatte aller Art (z. B. Werbekostenzuschüsse, Naturalrabatte). Diese zunehmende **Dominanz des Konditionenmanagement** über das Preismanagement zeichnet sich dadurch aus, dass der Handel Rabatte aufgrund seiner Macht und nicht aufgrund von Gegenleistungen (z. B. Selbstabholerrabatt, Barzahlungsrabatt) einfordert (sog. **machtbedingtes Konditionensystem**). Starke Anbieter versuchen diesem **Nichtleistungswettbewerb** durch ein **leistungsbezogenes Konditionensystem** zu begegnen: Nur Unternehmen, die entsprechende Gegenleistungen erbringen, kommen in den Genuss von Rabatten. Hierzu zählen beispielsweise Fachgeschäfte, die Beratungs- und Serviceleistungen erbringen und so dem Image des Herstellers und seiner Produkte förderlich sind.

Fallbeispiel „Preismanagement" (1) – die Umsetzung von Preiserhöhungen

Höhere (Netto-)Preise lassen sich u. a. durch folgende **Maßnahmen** realisieren:

- Erhöhung der Bruttopreise,
- Reduzierung der Rabatte und Boni,

- Nutzung von kostengebundenen Zuschlägen und Gebühren (Energie-, Legierungs-, Öl- und/oder Stahlzuschläge),

- Verkürzung der Zahlungsziele,

- Reduzierung der Skonti und nicht zuletzt

- Verrechnung von Sonderleistungen (etwa Anlieferung, Installation, Mitnahme von Altprodukten).

Grundsätzlich gilt, dass die Preise bei C- und D-Produkten und -Kunden bei vergleichsweise geringem Mengenrisiko (d. h. Verlust von Absatz infolge von Abwanderung) überproportional gesteigert werden können. Gleiches gilt für Produkte, die eine stärkere Alleinstellung und einen höheren Differenzierungsgrad gegenüber der Konkurrenz aufweisen, für Nischen- und Verbundprodukte (also Produkte, die gemeinsam mit anderen Produkten erworben werden) sowie für Produkte, die weniger im Preisfokus der Kunden stehen (etwa Sonderformen, Sonderlängen, besondere Gebindeformen, Langsamdreher und Varianten).

Preiserhöhungen bei Key Accounts (= Schlüssel- sprich A-Kunden) und Produkten mit hoher Austauschbarkeit sollten geringer ausfallen. Auch bei hochprofitablen Kunden und Produkten werden die Preise in geringerem Maße erhöht, um hierdurch das Geschäft zu sichern. Wer hingegen nicht ausreichend profitabel ist, sieht sich mit höheren Preisforderungen konfrontiert. Grundsätzlich gilt: Eine Preiserhöhung ohne Kundenverluste ist eine zu geringe Preiserhöhung.

Quelle: *Sebastian, K.-H./Maessen, A.:* Der Zwang zu höheren Preisen, in: Frankfurter Allgemeine Zeitung, Nr. 162 vom 14.07.2008, S. 18.

Fallbeispiel „Preismanagement" (2) – indirekte Preiserhöhungen durch kleinere Verpackungen

Am 11.04.2009 gab der Gesetzgeber in Deutschland die Füllmengen für insgesamt acht Warengruppen frei. Dies versetzt beispielsweise einen Schokoladenhersteller nunmehr in die Lage, von der bislang gesetzlich festgeschriebenen 100g-Tafel auf eine 95g-Packung umzusteigen und damit indirekt die Preise zu erhöhen. Für Schokoriegel galten nach der alten Gesetzeslage Mengenvorgaben erst ab einem – für diese Süßwarenart untypischen – Gewicht von 85 g. Und für Pralinen waren bereits vor der Änderung der **Fertigpackungsverordnung** keine festen Füllmengen vorgeschrieben, so dass die Industrie bei den Produktgruppen Pralinen, Schokoriegel und Fruchtgummi bereits in der Vergangenheit wesentlich leichter die Gewichte variieren konnte als bei Tafelschokolade. Abgesehen von versteckten Preiserhöhungen versetzt die neue Gesetzeslage betroffene Produzenten im Falle von Kostensteigerungen in die Lage, die vom Handel in einigen Warengruppen geforderten Schwellenpreise einzuhalten (etwa 0,99 €). Bei Fruchtgummi beispielsweise erhöht der Austausch künstlicher gegen natürliche Farb- und Aromastoffe die Kosten pro Kilogramm um 10 bis 20 Cent. Entweder erhöht man infolge dessen den Preis und überschreitet die Preisschwelle mit möglicherweise negativen Konsequenzen auf den Abverkauf, denn beim Überschreiten einer Preisschwelle steigt die Preiselastizität der Nachfrage überproportional an. Oder man gleicht die Mehrkosten durch die Verkleinerung der Verpackung aus.

Die *Hamburger Verbraucherzentrale* hat im Internet eine Liste von 60 Produkten veröffentlicht, die seit der Gesetzesänderung zwar kleiner, aber nicht billiger geworden sind. Und täglich melden Verbraucher neue Fälle versteckter Preiserhöhungen. Wie teuer dem Verbraucher die Schrumpfkuren in Form kleiner Mengen zum unveränderten Preis kommen können, zeigen die folgenden Beispiele.

Beispiel Nr. 1: Buttermilch
Eine in der Fernsehwerbung täglich präsente bayerische Molkerei mit einem typisch deutschen Namen (nicht Meier oder Schulze, aber …) hat den Preis für ihre Buttermilch von 89 auf 85 Cent reduziert. Bei genauerem Hinsehen zeigt sich jedoch, dass der Becher statt wie bisher 500 jetzt nur noch 400 Milliliter enthält. Beim Becher von 500 Millilitern zum Preis von 89 Cent kosten 100 Milliliter demnach 17,8 Cent. Beim Becher von 400 Millilitern zum Preis von 85 Cent kosten 100 Milliliter 21,25 Cent. Dies entspricht einer Preissteigerung von rund 19 %. Auf den Vorwurf einer kaschierten Preiserhöhung angesprochen, konterte die Sprecherin des Unternehmens mit dem Argument, Marktforschungsstudien hätten ergeben, dass der Verbraucher eine praktischere Verpackung wünsche. Der neue Tetra-Pack-Becher sei zudem wiederverschließbar, und das sei eben mit Mehrkosten verbunden.

Beispiel Nr. 2: Anti-Pickel-Creme
Der Hersteller einer Anti-Pickel-Creme, die Generationen von aknegeplagten Jugendlichen trotz schwerster Verwüstungen im Gesicht binnen Stundenfrist doch noch ein Rendezvous mit dem anderen Geschlecht ermöglichte, halbierte den Tubeninhalt von 30 auf 15 Milliliter. Der Preis blieb derselbe. Die Preiserhöhung von 100 % rechtfertigte das Unternehmen mit einer verbesserten Produktleistung. Die Antwort auf die Frage, worin diese Produktverbesserung bestehe, blieb das Pharmaunternehmen bis heute schuldig.

Beispiel Nr. 3: Schokolade
Ein Süßwaren-Konzern reduzierte das Gewicht seiner Schokoriegel um einige Gramm, und das bei konstantem Preis. Als Argument mussten gestiegene Rohstoff- und Energiekosten herhalten. Peinlich war nur, dass diese im Vergleich zum Vorjahr gesunken waren.

Beispiel Nr. 4: Babywindeln
Der Marktführer bei Babywindeln reduzierte den Packungsinhalt von ehemals 44 auf nunmehr 40 Stück. Da der Preis konstant gehalten wurde, entspricht dies einer Preissteigerung von zehn Prozent. Darauf von der *Verbraucherzentrale Hamburg* angesprochen, wurden gestiegene Rohstoffpreise ins Feld geführt. Mit dem Vorwurf konfrontiert, die Preise für Zellstoff seien doch gefallen, musste nunmehr eine verbesserte Produktqualität in Form einer zusätzlichen Trockenheitslage herhalten. Peinlich nur, dass bereits das Vorgängerprodukt über diese zusätzliche Schicht verfügt hatte.

Beispiel Nr. 5: Hundefutter

Das Hundefutterprodukt, das des Menschen treusten Freund so frolicen lässt, dass er sich vor Freude wie ein Wildpferd beim Rodeo gebärdet, enthielt statt vorher sechs jetzt nur noch vier Snack-Stangen. Bei gleich bleibendem Preis entspricht dies einer mehr oder weniger versteckten Preiserhöhung von satten 50 %. Und wieder musste die Orientierung an den Wünschen und Bedürfnissen der Kunden herhalten. Denn diese würden eine Mengenreduzierung einer Preiserhöhung vorziehen, so der Hersteller.

Zwar ist die Vergleichbarkeit der Preise grundsätzlich durch die gesetzlich vorgeschriebene Angabe des Kilo- oder 100 g-Preises bzw. Liter- oder 100 Milliliter-Preises im Einzelhandel gewährleistet (**Grundpreisverordnung**, die Bestandteil der deutschen **Preisangabenverordnung** ist.). Doch die wenigsten Konsumenten dürften den ursprünglichen Grundpreis noch im Gedächtnis abgespeichert haben, wenn sie nach Tagen oder Wochen das gleiche Produkt zu einem neuen Grundpreis erwerben.

Außerdem versuchen Einzelhändler, die (Grund-)Preise mit einfachen optischen Tricks zu verschleiern. Beispielsweise kosten Salz- und Sesamstangen den gleichen Preis von 0,39 €, doch in der ersten Packung sind 250 g und in der zweiten Packung lediglich 175 g. Auch der Grundpreis, der für beide Produkte auf einem Schild angegeben wird, bringt mit 0,16–0,22 €/100g keine Klarheit.

250 g Pistazien kosten 1,99 €, das sind 0,80 €/100 g. Damit die unmittelbar daneben platzierten eigentlich teureren Macadamia-Nüsse preislich günstiger erscheinen, bietet man diese für 1,59 € an, aber eben nur in der 125 g-Packung, was vom Kunden leicht übersehen wird, wenn er nicht auf den Grundpreis von 1,27 €/100 g achtet.

Und Mini-Schaumküsse kosten in der 266 g bzw. 150 g Packung 0,99 €, was einem Grundpreis von 0,37–0,66 €/100 g entspricht. Damit die unmittelbar daneben platzierten großen und damit preisgünstigeren Schaumküsse (0,89 € in der 300 g-Packung) nicht zu billig erscheinen, bedient man sich hier bei der Angabe des Grundpreises nicht des 100 g-, sondern des Kilo-Preises von 2,97 €.

Bei manchen Produkten kann einem auch der Grundpreis nicht weiterhelfen. Die Verordnung sieht den Grundpreis nur für Produkte vor, die nach Gewichts- oder Volumenangaben verkauft werden. Bei Artikeln, die mit Stück verkauft werden, z. B. bei Toilettenpapier, Windeln oder Taschentücher, ist der Grundpreis nicht vorgeschrieben.

Der Grundpreis muss weiterhin nicht angegeben werden, wenn Grund- und Endpreis identisch sind, wenn zum Beispiel Milch in einer 1-Liter-Flasche verkauft wird. Auch bei Kleinstverpackungen unter 10 g oder 10 ml, bei dekorativer Kosmetik wie Lippenstiften oder Wimperntusche und bei Parfums kann der Händler auf den Grundpreis verzichten. Und kleine Direktvermarkter wie Bauernhöfe oder kleine Einzelhandelsgeschäfte wie Tante-Emma-Läden, Bäckereien und Kioske müssen keinen Grundpreis angeben. Bei Automaten entfällt die Pflicht der Grundpreisangabe ebenfalls.

Geschickt hat der Süßwarenhersteller *Mars* die Möglichkeit, durch Verpackungsverkleinerungen indirekt an der Preisschraube zu drehen, in eine Marketing-Strategie umgemünzt.

Das Unternehmen führte für seine *Balisto-* und *Milky-Way*-Riegel eine Obergrenze von 99 Kilokalorien ein, „um den Verbraucher beim maßvollen Naschen zu unterstützen". Was vom Unternehmen als „Ansatz für verantwortungsvollen Genuss" proklamiert wird, bedeutet in Wirklichkeit nichts anderes, als dass der Schokoriegel bei gleichem Preis um einige Gramm an Gewicht verloren hat. Die Anbieter nutzen den Trend zu einem wachsenden Gesundheitsbewusstsein durch ein zunehmendes Angebot von **XXS-Größen**, was letztlich dazu führt, dass bei dem insgesamt stagnierenden Süßwaren-Konsum mehr Umsatz erzielt, aber auch mehr Verpackungsmüll produziert wird.

Doch Gefahren lauern nicht nur bei kleineren Verpackungen. Vorsicht sollten Verbraucher auch bei Familien- oder sog. **Jumbopackungen** walten lassen. Denn häufig sind bei Süßigkeiten, Waschmitteln oder Frühstückscerealien, aber auch bei Duschgels und Beauty-Produkten zwei kleine Packungen günstiger als ein Maxi-Paket.

Um die Vielzahl an Informationen schnell und einfach verarbeiten können, bedienen sich Verbraucher zahlreicher Vereinfachungsregeln. Eine, an die viele Kunden glauben, ist: Große Packung = kleiner Preis. Der Handel bestätigt diese Vereinfachungsregel durch entsprechende Aufkleber und Aufdrucke: „XXL-Sparpack", „XXL zum kleinen Preis", „Vorteilsgröße".

In vielen Fällen sind Großpackungen – auf die gleiche Menge gerechnet – jedoch teurer als kleine Packungen. Die *Universität Hohenheim* hat deutsche und französische Supermärkte untersucht und herausgefunden, dass es in 15 von 19 Supermärkten bei rund 200 Artikeln aus dem Lebensmittel- und Drogeriebereich relative Preisaufschläge bei den Großpackungen gab. Eine amerikanische Studie spricht von einem Drittel der Großpackungen, die relativ teurer sind.

Und eine Untersuchung der *Verbraucherzentrale Hamburg* in Zusammenarbeit mit der Redaktion von *sternTV* brachte es auf 55 Großpackungen, die mehr kosteten als die entsprechende Menge der kleineren Packung. Das Spektrum der Produkte reicht von Beauty-Produkten und Waschmitteln über Süßigkeiten, Knäckebrot und Sekt bis hin zu Käse und Gemüsekonserven. Die Negativ-Liste wird von einer Anti-Falten-Creme angeführt, bei der die Großpackung bezogen auf den Grundpreis 227 % teurer war als die kleine Packung. Die teuerste Großpackung im Lebensmittelbereich war eine Pralinenmischung, bei der die Großpackung 54 % mehr kostet als die entsprechende Menge der kleineren Packung.

Quelle: *Bär, C.:* Neue Mengenlehre, in: LebensmittelZeitung, Nr. 35 vom 28.08.2009, S. 30; *Schneider, W./Hennig, A.:* Zur Kasse, Schnäppchen, München 2010, sowie die dort zitierte Literatur.

Fallbeispiel „Durchsetzbarkeit von anvisierten Endverbraucherpreisen" (1) – *real,* und *Badische Staatsbrauerei Rothaus*

Bei der Eröffnung eines neuen *real,*-Marktes wurde der Kasten *Rothaus*-Pils Tannen Zäpfle zu einem Preis von 9,90 € angeboten. Damit wurde der von der *Rothaus*-Brauerei anvisierte Endverbraucherpreis von 13,90 € um 4,00 € unterschritten. Aufgrund der Gefahr von Turbulenzen im Vertriebskanal sowie des negativen Einflusses auf das Image eines derartigen Premiumprodukts dürfte eine solche Verkaufsförderungsaktion wohl kaum im Interesse der Brauerei gelegen haben. Hätte die *Rothaus*-Brauerei im Vorfeld Kenntnis von der Aktion erlangt, hätte sie wohl unverzüglich die Belieferung des *real,*-Marktes einge-stellt. Um dies zu vermeiden, zog *real,* Bestände von anderen Standorten ab und „hortete" diese in Freiburg. So gelang es, die für eine solche Aktion erforderlichen Mengen vorrätig zu haben, ohne gleichzeitig Misstrauen beim Lieferanten zu wecken.

Fallbeispiel „Durchsetzbarkeit von anvisierten Endverbraucherpreisen" (2) – die An-zeigenkampagne von *Jägermeister*

2007 schaltete *Jägermeister* in der *LebensmittelZeitung*, einem Medium für den Handel, eine Werbekampagne unter dem Motto „Mehr Wertschöpfung für den Handel". Im Mittel-punkt der Anzeigenserie standen die unverbindliche Preisempfehlung von 9,99 € sowie va-riierende Slogans, die visuell von bekannten Denkmälern und Bildern untermalt wurden. Hierzu einige Beispiele:

- Kämpft gegen den Preisverfall! (*Lenin*)
- Haltet die Preise hoch! (*Jeanne d'Arc*)
- Erobert Euch mehr Rendite! (*Julius Cäsar*)
- Befreit Euch von Preiskämpfen! (Freiheitsstatue in New York)

Auf diese Weise wollte der Spirituosen-Hersteller seine unverbindliche Preisempfehlung gegenüber dem Handel durchsetzen und seine Marke aus Preiskämpfen heraushalten.
2008 setzte *Jägermeister* seine Anzeigenkampagne über der Unterschrift „Hart bleiben: Auch in der Aktion kein Preisdumping" und einem durchgestrichenen Aktionspreis von 7,99 € in der *LebensmittelZeitung* mit folgenden Slogans fort:

- Dumping ist Unterschlagung von Wertschöpfung!
- Dumping vernichtet Arbeitsplätze!
- Dumping führt zum Eigentor!
- Dumping ist Kahlschlag am Mehrwert!
- Dumping ruiniert das Geschäft!
- Dumping frisst Rendite!
- Dumping führt zum Absturz!
- Mehrwert statt Dumping!

4.3   Preis-Leistungs-Verhältnis

4.3.1   Komponenten

Der Preis definiert sich als Entgelt für eine bestimmte Leistung. Der Preis eines Produktes besitzt demnach nur Aussagekraft, wenn er ins Verhältnis zur erworbenen Leistung gesetzt wird. Vor diesem Hintergrund gilt es zunächst zu beleuchten, aus welchen **Komponenten** sich Preis und Leistung zusammensetzen (vgl. im Folgenden *Nieschlag/Dichtl/Hörschgen* 2002, S. 740–761).

Aus der Perspektive des Abnehmers definiert sich der Preis als Gesamtheit der mit der Beschaffung, der Nutzung und der Entsorgung einer Leistung verbundenen monetären und nicht-monetären Kosten. Zu den **monetären Kosten** zählen:

- Verkaufsentgelt (= Listenpreis abzüglich Preisnachlässe),
- Beschaffungsnebenkosten (etwa für Lieferung, Installation und Kreditierung),
- Betriebskosten (= Kosten der Nutzung, Wartung und Reparatur von Produkten) sowie
- Entsorgungskosten für die Rückführung des Produktes in den Stoffkreislauf bzw. (als Negativposition) Wiederverkaufserlöse.

Fallbeispiel „Die Preistreppe"

Die in Tab. 4.1 angeführte Preistreppe verdeutlicht beispielhaft, dass Rechnungspreis und tatsächlich erzielter Preis deutlich vom Listenpreis nach unten abweichen können. Zieht man vom Listenpreis von 12,-- € die Rabatte ab, bleibt ein Rechnungspreis von 11,56 € übrig. Dieser wiederum reduziert sich um:

- Skonto,
- Umsatzrückvergütung,
- nicht berechnete Verkaufsförderung seitens des Herstellers,
- Werbekostenzuschüsse (= WKZ) sowie
- dem Abnehmer nicht in Rechnung gestellte Frachtaufwendungen.

Am Ende bleibt gerade einmal ein tatsächlich erzielter Preis von 8,94 € übrig. Dies entspricht 77,3 % des in Rechnung gestellten Preises (vgl. *Marn/Rosiello*, zitiert nach *Schütz* 1996, S. 72).

Tab. 4.1: Die Preistreppe
(in €; Quelle: in Anlehnung an Marn/Rosiello, zitiert nach Schütz 1996, S. 72)

Listenpreis	12,00
./. Mengenrabatt	0,20
./. spezieller Händlerrabatt	0,24
= Rechnungspreis	11,56
./. Skonto	0,60
./. jährliche Umsatzrückvergütung	0,74
./. nicht berechnete Verkaufsförderung	0,70
./. gemeinsame Werbung (WKZ)	0,40
./. Fracht	0,18
= tatsächlich erzielter Preis	8,94 (= 77,3 % des Rechnungspreises)

Fallbeispiel „Komplexe Preisstrukturen" – die Preiskomponente einer Kreditkarte

Die Gebühren einer Kreditkarte setzen sich zusammen aus:

- Jahresgebühr für das Privileg, eine Kreditkarte zu besitzen (in den USA üblich für Kreditkarten, die Vergünstigungen wie beispielsweise Bonusmeilen bieten),
- Zinsen für geliehenes Geld (deren Höhe richtet sich nach der Kreditwürdigkeit des Kreditkartenbesitzers),
- Gebühr für verspätete Zahlungen,
- Zinsen für Käufe, die in Monaten getätigt werden, die eigentlich gebührenfrei sind, weil das Kreditkartenkonto ausgeglichen ist, die aber dennoch fällig werden, wenn die Rückzahlung einen Tag zu spät eingeht, und nicht zuletzt
- eine Gebühr für mögliche Einkäufe im Ausland mit Fremdwährung.

Quelle: *Thaler, R. H./Sunstein, C. R.:* Nudge – Wie man kluge Entscheidungen anstößt, Berlin 2009.

Die **nicht-monetären Aufwendungen** umfassen sämtliche physischen und psychischen Aufwendungen, die im Zusammenhang mit dem Erwerb eines Produktes entstehen (sog. **Transaktionskosten**). Dies sind im einzelnen Aufwendungen für:

- Information (etwa Lesen von Katalogen, Fachzeitschriften und Internetseiten; Führen von Informationsgesprächen),
- Verhandlungen (z. B. Preisverhandlungen mit Anbietern),
- Transfer (u. a. Zeit, um die Distanz zwischen Wohn- und Einkaufsort zurückzulegen) und
- Kontrolle der Richtigkeit des Kaufs (z. B. Suche nach und Verarbeitung von konsonanzfördernden Informationen nach dem Kauf, Risikoempfindungen aus Furcht vor einem Fehlkauf).

Bei den **Leistungskomponenten** lassen sich im Sinne des **Nutzenkonzepts von *Vershofen*** (1940) Grund- und Zusatzleistungen unterscheiden. Die **Grundleistung** konstituiert sich aus wirtschaftlichen, technisch-stofflichen und funktionellen Eigenschaften eines Produktes bzw. einer Dienstleistung. Die **Zusatzleistungen** setzen sich aus folgenden Komponenten zusammen:

- technischer und kaufmännischer Kundendienst,

- gesetzlich festgelegte und/oder freiwillige Garantieleistungen,

- Anmutung,

- Prestige sowie

- externer Nutzen (etwa nachhaltiges Wirtschaften, umweltverträgliches Produzieren, soziales Engagement sowie fairer Umgang mit Lieferanten, Mitarbeitern und Kunden).

Die Entscheidung des Verbrauchers basiert jedoch nicht auf dem objektiven Preis-Leistungs-Verhältnis eines Produktes. Vielmehr handelt es sich um einen Wahrnehmungsprozess und damit um ein **subjektives Phänomen**, was u. a. auf folgende **Gründe** zurückzuführen ist:

- Für den Verbraucher gestaltet es sich schwierig, die Leistung komplexer Güter zu bewerten, da einige **Leistungskomponenten unbekannt** oder **intransparent** sind. Welcher Verbraucher kennt beispielsweise das gesamte Anwendungsspektrum seines Laptops oder seines Handys? Würde man beispielsweise die Menüstruktur und Tasten-Mehrfachbelegung eines Durchschnittshandys auflösen und bekäme jede Funktion eine eigene Taste, würde sich deren Zahl auf 528 belaufen. Vor diesem Hintergrund müssen sich Anbieter die Frage gefallen lassen, ob Produkte oder Programme mit nie genutzten Features nicht überfrachtet sind.

- Nicht die objektive Qualität, sondern der vom Verbraucher empfundene **subjektive Nutzen** einzelner Leistungskomponenten ist entscheidungsrelevant. Beispielsweise misst der sportliche Autofahrer der Leistungsstärke eines Motors einen höheren Stellenwert bei als der sicherheitsbewusste Fahrer.

- **Unterschiede in der Qualität** einzelner Leistungskomponenten können einen objektiven Vergleich zwischen Preis und Leistung erschweren. So können zwei Produkte hinsichtlich des Vorhandenseins bestimmter Ausstattungselemente völlig identisch sein und trotzdem deutliche Unterschiede bei der Qualität aufweisen.

- **Situative Gegebenheiten des Kaufs** (etwa Ort des Erwerbs, Zeitdruck, Verkaufsförderung am Point-of-Sale) können die Wahrnehmung des Preis-Leistungs-Verhältnisses beeinflussen. Für die meisten Verbraucher macht es beispielsweise einen deutlichen Unterschied aus, ob sie einen bestimmten Markenartikel am Kiosk, im Supermarkt oder an der Tankstelle erwerben.

- **Externe Effekte** (etwa Belastung der Umwelt) gehören zwar zum objektiven Preis-Leistungs-Verhältnis eines Produktes, sind für die meisten Verbraucher aber nicht entscheidungsrelevant. **Externe Effekte** sind definiert als Vor- und Nachteile, die aus dem Ge- bzw. Verbrauch eines Gutes durch den Erwerber für Dritte resultieren, ohne dass diese für Vorteile bezahlen müssen bzw. für erlittene Nachteile entschädigt werden.

- **Ambivalenz der Kriterien**: Dies verdeutlicht zum einen das Beispiel der nicht-monetären Aufwendungen: Bedeutet etwa das Durchforsten von Reisekatalogen für den einen eine Last und damit eine nicht-monetäre Aufwendung, kann dies einem anderen durchaus Vergnügen im Sinne einer Vorfreude auf den Urlaub bereiten und damit eine Nutzenkomponente darstellen. Zum anderen können bestimmte Produkteigenschaften sowohl mit Leistung als auch mit Kosten verbunden sein. So ist die Leistungsstärke eines Motors im Regelfall auch mit einem höheren Benzinverbrauch verbunden.

Wie Abb. 4.2 verdeutlicht, ist das subjektive Preis-Leistungs-Verhältnis das Ergebnis einer selektiven Aufnahme und bewertenden Verarbeitung von Informationen. Das Gesamturteil lässt sich gedanklich in einem zweidimensionalen Beurteilungsraum darstellen.

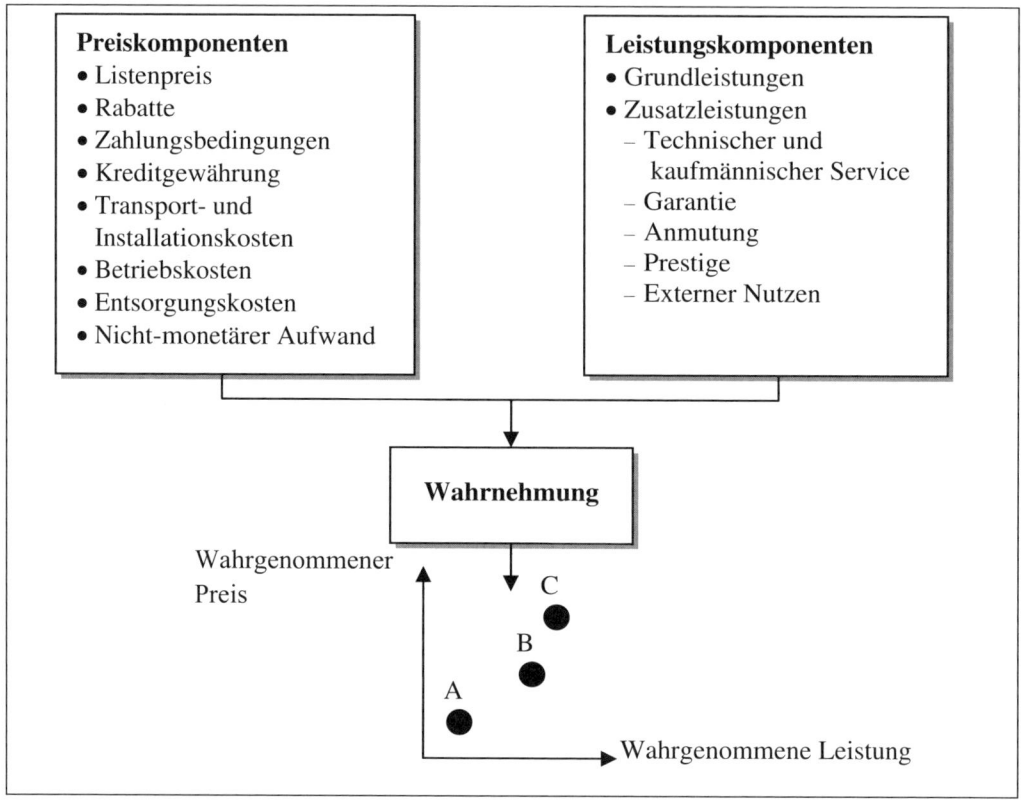

Abb. 4.2: Die Wahrnehmung des Preis-Leistungs-Verhältnisses
(Quelle: in Anlehnung an Lingenfelder 2000)

In der idealtypischen Betrachtung, die in der Realität eher die Ausnahme als die Regel darstellt, ordnet der Verbraucher die in die Entscheidungsfindung einbezogenen Produkte nach ihrem subjektiv wahrgenommenen Preis-Leistungs-Verhältnis an. Für welches Produkt er sich letztlich entscheidet, determinieren die von ihm zugrunde gelegten Entscheidungsregeln. Lässt er sich beispielsweise aus Gründen der Risikominimierung von der Maxime „Kaufe stets das billigste Produkt." leiten, wird er Produkt A erwerben. Steht ihm nur ein begrenztes

Budget zur Verfügung, das er vollständig ausschöpfen möchte, fällt seine Entscheidung auf Produkt B. Kauft er hingegen immer nur das teuerste Produkt, weil er vom hohen Preis auf eine hohe Qualität schließt („Preis als Qualitätsindikator"), ersteht er Produkt C.

4.3.2   Einflussfaktoren der Wahrnehmung

Unter Preiswahrnehmung versteht man die Aufnahme und Verarbeitung von Preisinformationen. Hierbei werden objektive Preise in subjektive Preiseindrücke umgewandelt. Eine genaue Abgrenzung der **Preiswahrnehmung** zur **Preisbeurteilung**, d. h. der subjektiv kontrollierten Bewertung eines Angebotspreises, ist nicht möglich. Bei der Preisbeurteilung müssen Preisgünstigkeitsurteil und Preiswürdigkeitsurteil unterschieden werden (vgl. *Diller* 2000). Preisgünstigkeit bezieht sich ausschließlich auf den Preis, d. h. der Konsument vergleicht die Preise der verschiedenen Konkurrenzprodukte und lässt dabei Qualität und Leistungsumfang der jeweiligen Produkte außen vor. Ein Preisgünstigkeitsurteil macht demnach nur Sinn bei nahezu homogenen und damit austauschbaren Produkten. Bei der Beurteilung der Preiswürdigkeit hingegen wird das Preis-Leistungs-Verhältnis berücksichtigt, d. h. der Verbraucher beurteilt den Preis im Vergleich zum Nutzen. Diese Urteilstechnik eignet sich folglich bei nicht vergleichbaren Angebotsleistungen konkurrierender Produkte.

Bei der Wahrnehmung des Preis-Leistungs-Verhältnisses durch den Verbraucher handelt es sich, wie bereits erläutert, um ein subjektives Phänomen, das durch folgende **Faktoren** beeinflusst wird (vgl. *Nieschlag/Dichtl/Hörschgen* 1997, S. 332–337):

- **Kosten- und Preisbewusstsein**
  Häufig ist sich der Verbraucher nicht über sämtliche Kosten bewusst, die mit dem Erwerb eines Produktes verbunden sind. In der Regel fixiert er sich auf den Anschaffungspreis und vernachlässigt Folgekosten (z. B. für Wartung, Reparatur und Unterhalt) sowie nichtmonetäre Aufwendungen für Information, Verhandlungen, Transfer und Kontrolle der Richtigkeit einer Kaufentscheidung. Hinzu kommt, dass Verbraucher insbesondere im Konsumgüterbereich eine geringe Preiskenntnis besitzen. In diesem Zusammenhang gelangen *Dickson/Sawyer* (1990) zu dem Ergebnis, dass 41 % der Verbraucher bei der Produktwahl nicht auf den Preis achten und 53 % direkt nach dem Einkauf nicht den korrekten Preis der gekauften Produkts nennen konnten. Einschränkend gilt es zu vermerken, dass diese Untersuchung bereits einige Jahre zurückliegt und Preisbewusstsein und -interesse seither zugenommen haben dürften, wie auf der einen Seite der zunehmende Markterfolg von Handelsmarken sowie die steigenden Marktanteile preisaggressiver Betriebstypen des Einzelhandels sowie auf der anderen Seite die wachsende Zahl von **hybriden Konsumenten** und **Smart Shoppern** belegen. Außerdem gilt es zu berücksichtigen, dass das Preisinteresse von Faktoren wie dem verfügbaren Einkommen der Verbraucher oder der Art des einzukaufenden Produkts (etwa Convenience, Shopping oder Speciality Goods) abhängt.

Fallbeispiel „Preisbewusstsein" – Hamsterkäufe trotz bereits erfolgter Preiserhöhung

Dass nicht alle Verbraucher über umfassende Preiskenntnis verfügen, belegt folgende Anekdote: Ein großer deutscher Discounter akzeptierte einen höheren Einstandspreis bei Butter und gab diese Erhöhung durch eine Anhebung des Preises um 20 Cent an die Verbraucher weiter. Fälschlicherweise gelangte die Information, der Discounter würde die Butterpreise in zwei Tagen anheben, erst in die Presse, als die Preiserhöhung bereits erfolgt war. Trotz des bereits höheren Preises nutzten die Verbraucher die vermeintlich günstige Gelegenheit für Hamsterkäufe, die den Absatz kurzfristig um 100 % anhoben.

- **Präsentation der Preisinformation**
  Anbieter versuchen auf vielfältige Weise, dem Verbraucher Preisgünstigkeit zu suggerieren. In diesem Zusammenhang zielt die Preispsychologie darauf ab, den Preis günstiger erscheinen zu lassen als er es tatsächlich ist. Auf diese Weise steigt die Kaufwahrscheinlichkeit, und der Kunde kauft eventuell sogar mehr, als er ursprünglich beabsichtigt hat.

  Zunächst sind hier die sog. gebrochenen Preise (**Odd Pricing**) zu nennen, die sich im Gegensatz zu glatten Preisen (**Even Pricing**; z. B. 1 €, 100 €) dadurch auszeichnen, dass sie knapp unter der nächst höheren Dezimalstufe (etwa 0,99 €, 49,90 €) liegen. Eine solche Preisgestaltung basiert auf der Hypothese, dass der Verbraucher beispielsweise einen Preis von 9,99 € eher dem 9 €-Bereich als dem 10 €-Bereich zuordnet. Konsequenterweise nehmen Verbraucher einen Preis von 9,99 € deutlich günstiger wahr als einen solchen von 10,00 €, obwohl es sich tatsächlich im Verhältnis zum Gesamtpreis um eine nahezu marginale Preisdifferenz handelt. Verantwortlich für diese Übertreibung – der Fachmann spricht von **Kontrastierung** – ist ein einfacher Vereinfachungsmechanismus in unserem Gehirn: der sog. **Primacy-Effekt** (Primus bedeutet lateinisch der erste.) Um Informationen schneller verarbeiten zu können, konzentrieren wir uns auf die erste uns dargebotene Information. Bei einem Preis von 9,99 € ist das die 9, so dass wir den Preis dieser Kategorie zuordnen. Was dahinter kommt, blenden wir quasi aus. Und genauso wird es mit dem Preis von 10,00 € gemacht. Den Schritt von 10,00 € zu 9,99 € bezeichnet man als Preisschwelle. Überschreitet man diese Schwelle von oben nach unten, dann steigt der Absatz wesentlich stärker an als bei Preissenkungen über dieser **Preisschwelle**. Hebt man den Preis hingegen von 9,99 € auf 10,00 € an, bricht der Absatz erheblich ein. Denn der Verbraucher empfindet diese Preiserhöhung stärker als sie tatsächlich ist – er kontrastiert. Beispielsweise finden sich im Verkaufprospekt von *Mitsubishi Motors* nur Verkaufspreise wie 24.490 €, 30.690 €, 21.990 €, 9.990 € und 16.990 €, im Falle von Leasing beläuft sich die monatliche Leasingrate auf 199 €, 279 € oder 159 €, und die Zinsen im Falle einer Finanzierung betragen 3,99 %. Die verkaufsfördernde Wirkung gebrochener Preise konnte bislang nicht eindeutig belegt werden (vgl. *Gedenk/ Sattler* 1999). Trotzdem setzt die Praxis auf diesen Effekt: Eine Analyse der Prospekte von *Aldi Süd* zeigt, dass über 95 % der Preise auf die Ziffer 9 enden, gelegentlich taucht die 5 auf. Bei *Netto* dominiert ebenfalls – wenn auch in deutlich geringerer Häufigkeit – die Ziffer 9. Hier wird häufig mit „Schnapszahlen" wie 1,11 € oder 33 Cent geworben. Ziffern, die überhaupt nicht auftauchen, sind die 6 und die 7.

Einen ähnlichen Effekt wie gebrochene Preise bewirken **abfallende Ziffernabfolgen** bei mehrstelligen Preisen. Abfallende Preisabfolgen – etwa 9.765 € – werden preisgünstiger wahrgenommen als aufsteigende Preisabfolgen wie 9.679 €. Und das, obwohl der erste Preis über dem zweiten liegt.

Des Weiteren suggeriert ein Anbieter Preisgünstigkeit, indem er entsprechende **Referenzpreise** (etwa unverbindliche Preisempfehlung, ehemaliger Preis) anführt. Hierbei lässt man sich von der Überlegung leiten, dass die Reaktion des Verbrauchers nicht nur von dessen absoluter Höhe, sondern von der Differenz zu einem Preisanker abhängt, der als Referenzgröße dient. Dieses Phänomen macht sich die **Preisgegenüberstellung** zu Nutze: Hierbei werden die tatsächlichen niedrigeren Preise den unverbindlichen Preisempfehlungen des Herstellers gegenübergestellt. Auf diese Weise vermittelt der Einzelhändler beim Kunden den Eindruck, dass er die Ware mit deutlichen Preisabschlägen verkauft. Doch auch hier ist Vorsicht angebracht. Und zwar immer dann, wenn ein Händler mit der **ehemaligen unverbindlichen Preisempfehlung** des Herstellers argumentiert. Zur Veranschaulichung dient folgendes Beispiel: Vor einem Jahr empfahl ein Hersteller seinen Händlern für einen LCD-Flachbildschirm einen Preis von 990 €. In der Zwischenzeit sind die Preise, wie in dieser Branche üblich, um 30 % gesunken. D. h. die Preise für ein vergleichbares Produkt betragen mittlerweile gerade einmal 690 €. Der Händler bietet sein Produkt für 749 € und damit rund 25 % unter der ehemaligen Preisempfehlung des Herstellers an. Der Kunde greift bei diesem vermeintlichen Schnäppchen zu, hätte ein vergleichbares Produkt aber für rund 50 € weniger erwerben können.

Zur weiteren Veranschaulichung der Manipulation der Preiswahrnehmung durch Ankerreize dienen die folgenden Beispiele (vgl. *Diller* 2000; *Wübker* 2006):

– **Preisauslobung**: Bei niedrigpreisigen Produkten wird häufiger die relative Preissenkung in % angegeben, in höheren Preisregionen hingegen die absolute Preissenkung. Umgekehrt sollten Preissteigerungen bei niedrigpreisigen Produkten absolut und bei hochpreisigen Produkten in % angegeben werden. Weiterhin lässt sich feststellen, dass mit zunehmender absoluter Preishöhe die subjektive Wahrnehmung für absolut gleich große Preisdifferenzen abnimmt. Der Konsument erachtet deshalb einen Mehrpreis von 5 € für eine Kreditkarte bei einem Preisniveau von 20 € als wesentlich, wohingegen er eine solche Preiserhöhung bei einer schwarzen Kreditkarte für 65 € eher vernachlässigt. Begründen lässt sich dieses Phänomen mit dem *Weber-Fechnerschen* Gesetz der Psychophysik, das übertragen auf die Preispolitik aussagt, dass Kunden nicht auf absolute, sondern auf relative Preisänderungen reagieren.

Fallbeispiel „Preiswahrnehmung" (1) – Absolut identische Preisunterschiede werden relativ unterschiedlich wahrgenommen.

In einem Versuch wird folgende Situation simuliert: Probanden finden in einem Fachgeschäft für Büroartikel einen Füller, der ihnen gefällt und der 25 $ kostet. Den gleichen Füller gibt es in einem anderen, 15 Minuten entfernten Geschäft für 18 $. Mit dieser Situation konfrontiert, würde die überwiegende Mehrheit der Probanden eine viertel Stunde Fahrt auf sich nehmen, um 7 $ zu sparen. Eine andere Gruppe von Probanden findet einen eleganten Anzug für 455 $, der in einem eine viertel Stunde entfernten Geschäft für 448 $ angeboten wird. Obwohl auch hier der Preisunterschied 7 $ beträgt, verzichtet der Großteil der Versuchspersonen auf die 15 Minuten dauernde Fahrt zum anderen Geschäft. Objektiv betrachtet stellt sich in beiden Fälle dieselbe Frage: Sind uns 15 Minuten Fahrt 7 $ Preisvorteil wert oder nicht? Doch offenkundig achten wir auf den relativen Preisvorteil und es spielt für uns eine Rolle, ob wir 7 $ von einem Betrag von 25 $ oder von 455 $ abziehen.

Quelle: *Tversky, A./*Kahneman, *D.*: The Framing of Decisions and the Psychology
            of Choice, in: Science, Vol. 211 (1981), pp. 453–458.

Fallbeispiel „Preiswahrnehmung" (2) – Der Preis ist relativ.

Relativität kennt man nicht nur in der Physik, sondern auch in der Wahrnehmungspsychologie: Ein Produkt wirkt beispielsweise weniger teuer, wenn ein noch teureres Produkt in unmittelbarer Nähe positioniert wird. Stehen zum Beispiel drei ähnliche Produkte mit unterschiedlich hohen Preisen zur Auswahl, wählen wir weder das billigste noch das teuerste Produkt. Wir entscheiden uns vielmehr für die goldene Mitte. Dieses Flucht-zur-Mitte-Phänomen beobachten Forscher insbesondere dann, wenn wir unsere Kaufentscheidung gegenüber Dritten rechtfertigen müssen. Denn dann können wir argumentieren, dass wir weder unnötig viel Geld ausgegeben (was im Falle des teuersten Produkts der Fall wäre) noch schlechte Qualität (was im Falle des billigsten Produkts der Fall wäre) erworben haben (vgl. *Gelbrich/ Wünschmann/Müller* 2008, S. 114 ff.).

Dieser Befund könnte erklären, warum sich manche teueren Ladenhüter in den Regalen und Auslagen von Geschäften befinden: Sie sollen gar nicht verkauft werden, sondern andere Produkte billiger erscheinen lassen.

Nachweisen lässt sich die Relativität des Preises am Beispiel eines Angebots des Wirtschaftsmagazins *The Economist*, das folgende Optionen umfasste (vgl. Abb. 4.3):

- **A**: Nur Internet-Abonnement für 59 $
- **B**: Nur Print-Version-Abonnement: 125 $
- **C**: Abonnement Print-plus-Internet-Version: 125 $

Von 100 Studierenden der *Sloan School of Management des Massachusetts Institute of Technology (MIT)* entschieden sich 16 für Option B, 0 für Option B und 84 für Option C (siehe Versuch 2). Nimmt man Option B, die im vorliegenden Fall als Köder fungierte heraus, wählten 68 Option A und 32 Option C (siehe Versuch 3). Die Einführung eines Köders (Option B) schafft eine einfache Relativität zu C, wodurch C nicht nur im Verhältnis zu B, sondern auch insgesamt: Dies hat zur Folge, dass sich viele Konsumenten durch die Einführung von Option B, selbst wenn niemand sie wählt, letztlich eher für Option C entscheidet.

Quelle: *Ariely, D.:* Denken hilft zwar, nützt aber nichts – Warum wir immer wieder
            unvernünftige Entscheidungen treffen, München 2008, S. 35–44.

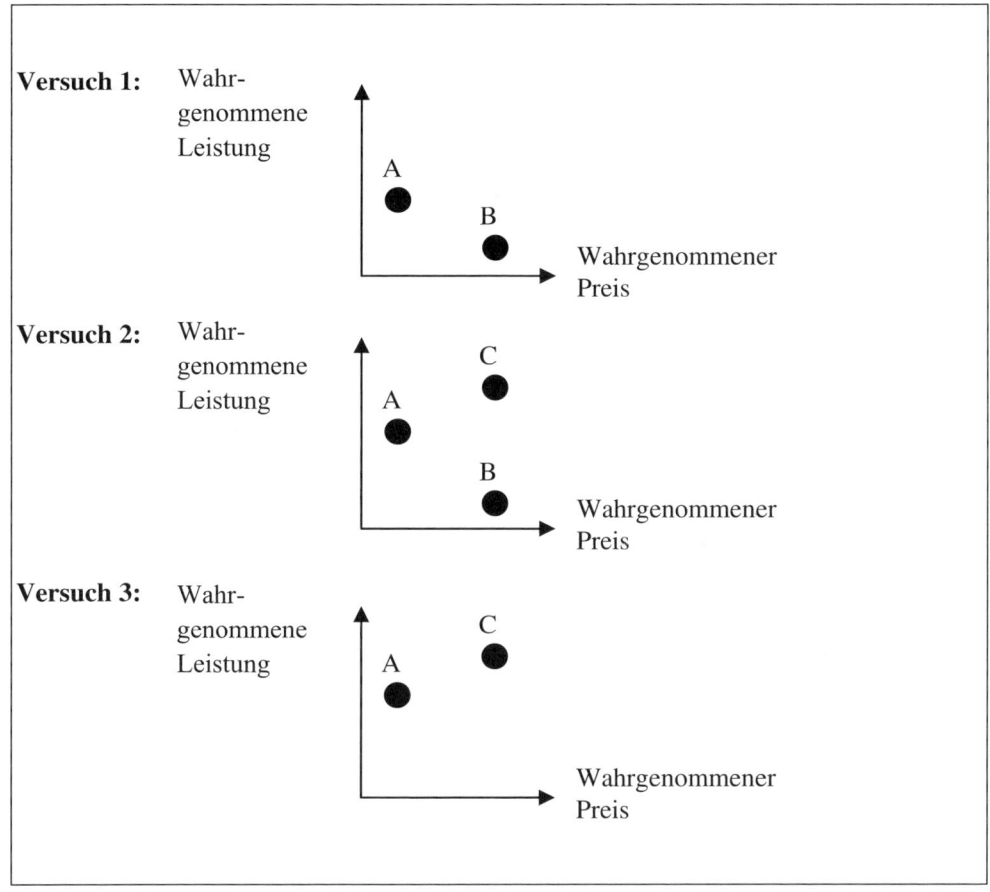

Abb. 4.3: Die Relativität des Preises (Quelle: in Anlehnung an Ariely 2008, S. 42)

– **Mondpreis**: Der als Referenzpreis dienende Normalpreis wird überhöht angegeben. Begründen lässt sich dies mit der **Prospekttheorie** (vgl. *Kahneman/Tversky* 1979), die besagt, dass der Kunde in Abhängigkeit von einem Referenzpreis unterschiedlich auf Gewinne und Verluste reagiert. Mondpreise fallen in Deutschland unter die Rubrik irreführende Werbung und sind daher wettbewerbswidrig. Mondpreise bei einem Räumungsverkauf liegen vor, wenn der alte Preis nicht drei Monate ernsthaft gefordert wurde.

Des Weiteren dient die **grafische Darbietungsform des Preises** dazu, Preisgünstigkeit zu demonstrieren. Zum diesbezüglichen Instrumentarium zählen Preisbrechersymbole (Blitze, Fäuste, Sterne), Bezeichnungen wie Sonderangebot, Gelegenheit, Selbstkostenpreis, Abholpreis, Fabrikpreis oder nur die Schriftgröße der Preisangabe sowie die Farbe des Preisschildes (vorzugsweise rot). Diese grafischen Elemente vermitteln dem Verbraucher den Eindruck von Preisgünstigkeit und lassen den objektiven Preis in den Hintergrund treten. Verstärken lässt sich dieser Effekt durch die enge zeitliche Eingrenzung des Angebots. Eine ähnliche Wirkung entfalten **Produktplatzierungen** wie etwa Zweit- bzw. Mehrfach- und Schüttplatzierungen, für die sich exponierte Stellen wie Eingang, Kassenbereich oder Beförderungseinrichtungen wie Rolltreppen und Beförderungsbänder empfehlen. Außerdem lassen sich durch Platzierung einer Ware in unmittelbarer Umgebung zu einem Produkt, das mit diesem in einer Verbundbeziehung steht, Verbundkäufe auslösen. So wird sich beispielsweise Sauce Hollandaise in der Nähe des Spargels vergleichsweise gut (und zu höheren Preisen!) verkaufen lassen. Und Waren, die neben hochpreisigen Produkten platziert werden, erscheinen dem Verbraucher besonders preisgünstig.

Bietet ein Unternehmen zwei oder mehr Einheiten eines Artikels an (etwa zwei Packungen Duschgel), spricht man von einem **Paketpreis**. Der Verbraucher nimmt solche Angebote als wesentlich günstiger wahr als die Summe der Einzelpreise, auch wenn die Ersparnis nur gering ist. Außerdem steigert sich die abgesetzte Produktmenge, was beim Anbieter mit Stückkosteneinsparungen durch Erfahrungskurveneffekte und damit mit der Chance auf einen höheren Gewinn verbunden ist.

Im Falle der **Preisbündelung** werden Komplementärgüter zu Verkaufspaketen zusammengeschnürt. Ein solches Paket kann beispielsweise aus Zahnbürste, -pasta und -seide bestehen. Wollte der Kunde zunächst nur ein Produkt erwerben, animiert ihn die Preisbündelung nunmehr zu Zusatzkäufen. Auch wenn der Gesamtpreis nicht wesentlich unter der Summe der Einzelpreise liegt, nimmt der Verbraucher ein solches Paket als so preiswert wahr, dass er zugreift. *McDonald's* beispielsweise bot lange Zeit Preisbündel in Form sog. Sparmenüs an. Diese bestanden beispielsweise aus einem Big Mäc (Einzelpreis 2,85 €), einer mittleren Portion Pommes Frites (Einzelpreis 1,25 €) und einem mittleren Getränk (Einzelpreis 1,50 €). Ein solches Sparmenü wurde zu einem Bündelpreis von 4,59 € angeboten, der ca. 18 % unter der Summe der Einzelpreise von 5,60 € lag. Durch den günstigen Paketpreis erwarben nunmehr Kunden, die vorher nur einzelne Komponenten und damit weniger gekauft hätten, das ganze Paket. Verstärkt wurde dieser Effekt durch das flankierende Angebot sog. Maxi-Menüs, bei denen der Kunde für einen Aufpreis von 0,40 € statt einer mittleren eine große Portion Pommes Frites (Einzelpreis 1,50 €) und statt einem mittleren ein großes Getränk (Einzelpreis 1,80 €) erhielt. Ein solches Maxi-Menü wurde zu einem Bündelpreis von 4,99 € angeboten, der ca. 19 % unter der Summe der Einzelpreise von 6,15 € lag. Den Preisnachlass von 1 % im Vergleich zum Bündelpreis des Sparmenüs könnte man – mit spitzem Bleistift gerechnet – als Mengenrabatt bezeichnen.

Beim **Preissplitting**, dem entgegengesetzten Weg der Preisbündelung, wird die Transparenz des Gesamtpreises verringert, indem lediglich die Einzelpreise für die verschiedenen Teile angegeben werden. Diese Komponenten können dann in unterschiedlicher Ausstattung zu einem Gesamtprodukt kombiniert werden. Typisches Beispiel hierfür ist der Verkauf eines Pkws, bei dem zusätzliches Sonderzubehör separat berechnet wird. Die Grundversion des Artikels erscheint zunächst einmal preisgünstig. Ist das Interesse des Kunden einmal geweckt, ist der erste Schritt zum erfolgreichen Kaufabschluss bereits getan. Auch *McDonald's* betreibt mit „SMS – Schnell mal sparen" Preissplitting. Ob Hamburger, Cheeseburger, Veggieburger, Garten Salat, Pommes Frites, Softdrink oder Eis, jedes Produkt kostet nur 1 € bzw. etwas mehr. Durch Entbündelung des Preises fokussieren Verbraucher auf den Preis für das Einzelprodukt, der mit rund 1 € vergleichsweise günstig wirkt. Da wir aber im Regelfall mehrere Produkte (etwa Hamburger, Pommes

Frites, Getränk, Dessert) zu einer Mahlzeit kombinieren, fällt der Gesamtbetrag nicht unbedingt niedrig aus.

Unsere Preiswahrnehmung wird auch manipuliert, wenn regelmäßige große Zahlungen durch eine einmalige sehr große Zahlung und viele kleine Zahlungen ersetzt werden. Das ist das **BahnCard-Prinzip**: Wenn wir die Fahrkarte kaufen, haben wir vergessen, dass wir auch die BahnCard bezahlt haben. Fragen wir uns nun, was uns die Fahrt kostet, nehmen wir nur den reduzierten Preis wahr. Und wenn man gar die BahnCard 100 besitzt, glaubt man sogar, kostenlos Bahn fahren zu können. Beim Unterhalt eines Autos ist es übrigens ähnlich: Wir sehen die Kosten für den Kraftstoff, aber nicht mehr die Aufwendungen für Anschaffung, Versicherung, Steuer, Winterreifen, TÜV-Gebühren, Inspektionen, Reparaturen usw.

Fallbeispiel „Preiswahrnehmung" (3) – *Metro C+C Deutschland* **rückt vom kundenindividuellen Preismanagement ab.**

Traditionell bot *Metro* seinen Stammkunden attraktive individuelle Preisvorteile durch diverse Rabatte und Rückvergütungen. Dieses System stellte sich für die Kunden jedoch zunehmend als zu kompliziert und unverständlich heraus. Erschwerend kam hinzu, dass die für die Wahrnehmung wichtigen Regalpreise im Regelfall über denen der Konkurrenten lagen. Als Konsequenz rückte *Metro* unter dem Slogan „Die besten Preise fürs neue Jahr" von seiner lange praktizierten Strategie der kundenindividuellen Preise ab und reduzierte für alle Kunden zu Beginn des Jahres 2010 die Preise für 500 Artikel.

Quelle: eigene Recherchen

- **Preisbereitschaft bzw. Preiswürdigkeit**
  Verbraucher haben bei vielen Produkten eine mehr oder minder klare Vorstellung von einem fairen Preis (sog. Anker- bzw. Referenzpreis). In diesem Zusammenhang werden Produkte oder Produktbestandteile, deren Preis der Kunde sehr genau kennt oder zu kennen glaubt und die er als Basis für die Preiseinschätzung eines Gesamtprodukts oder des gesamten Sortiments verwendet, als **Markerelemente** bezeichnet. Ein typisches Markerelement ist beispielsweise Butter 250 g, deren Preis die meisten Verbraucher relativ genau kennen. Der Preis für 100 g Pfeffer hingegen dürfte den meisten Kunden relativ unbekannt sein (vgl. *Vocatus* 2002, S. 4). Im Falle von **Signalartikeln** bzw. **Halo-Artikeln** schließt der Kunde vom Preis bekannter (Standard-)-Artikel auf das Preisniveau des gesamten Sortiments. Kostet beispielsweise die Butter bei einem Lebensmittelhändler im Vergleich zur Konkurrenz wenig, schließt der Verbraucher darauf, dass auch das übrige Sortiment relativ günstig ist (sog. **Halo-Effekt**).
  Der als fair wahrgenommene Preis ist abhängig von **drei Einflussfaktoren** (vgl. *Diller* 2000):
  - Preiserfahrungen und -kenntnisse, die bereits vor der Preisbeurteilung vorhanden waren (durch den Konsumenten in näherer Vergangenheit selbst bezahlt und/oder zugänglich durch Informationen seitens Dritter; sog. **interner Referenzpreis**)
  - Preisinformationen, die unmittelbar mit dem zu beurteilenden Preis wahrgenommen werden (z. B. Preise qualitativ gleichartiger Produkte; sog. **externer Referenzpreis**)

– Preiserwartungen, d. h. zukünftig zu erwartende Preisaktionen

Der Ankerpreis gilt im Regelfall nicht für ein bestimmtes Produkt, sondern für das sog. **Evoked Set**. Hierunter fasst man diejenigen Produkte, die dem Verbraucher am Anfang eines Kaufentscheidungsprozesses bekannt sind, als akzeptabel eingestuft werden und deshalb in die engere Auswahl einbezogen werden. Das Evoked Set umfasst normalerweise zwischen einem und fünf Marken und ist damit recht klein.

Den Erkenntnissen der **Assimilations-Kontrast-Theorie** folgend nimmt der Verbraucher kleine Abweichungen vom Ankerpreis nicht wahr, d. h. der tatsächliche Preis wird in Richtung Ankerpreis assimiliert. Weicht der Preis hingegen nach unten oder oben über eine bestimmte Grenze hinaus ab, wird er kontrastiert, d. h. die Preisabweichung wird stärker empfunden, als sie tatsächlich ist. Beispielsweise ergab eine Untersuchung bei Tagesgeldkonten, dass Kunden den Zinsunterschied zwischen 2,5 und 2,9 % kaum wahrnehmen. Erst ab einem Zins größer als 3 % ergaben sich signifikante Reaktionen in Form einer höheren Wechselbereitschaft (vgl. *Wübker* 2006).

- **Preis als Qualitätsindikator**

Eine rationale Bewertung des Preis-Leistungs-Verhältnisses setzt voraus, dass Preis und Leistung unabhängig voneinander wahrgenommen werden. In der Realität zieht der Verbraucher jedoch häufig den Preis als Indikator für Qualität heran, d. h. er schließt von einem geringen Preis auf eine geringe Qualität und von einem hohen Preis auf eine hohe Qualität (vgl. *Nagle/Holden* 1995; *Levitt* 1954). Ein solches Verhalten ist insbesondere dann zu beobachten, wenn:

– die Kenntnisse über das Produkt gering sind,

– ein Produkt als recht komplex wahrgenommen wird,

– das Risiko eines Kaufs als hoch eingeschätzt wird und

– der Verbraucher wenig Vertrauen in seine eigene Urteilsfähigkeit besitzt.

Empirische Studien (z. B. *Diller* 1977, S. 219 ff.) weisen jedoch darauf hin, dass in der Realität nur ein schwach positiver Zusammenhang zwischen Preis und Qualität besteht. Dass teurere Produkte nicht unbedingt eine bessere Qualität aufweisen müssen, belegen u. a. immer wieder die Ergebnisse der *Stiftung Warentest*.

Fallbeispiel „*Stiftung Warentest*" – Analyse nach wissenschaftlichen Methoden

Die *Stiftung Warentest* wurde 1964 vom *Deutschen Bundestag* gegründet. Seither unterzogen die Warentester schon mehr als 75.000 Produkte einer kritischen Beurteilung. 96 % aller Deutschen kennen die Stiftung. Und ein Drittel davon verlässt sich bei wichtigen Kaufentscheidungen auf die Testergebnisse. Freie Testplanung, anonymer Prüfmustereinkauf und Anzeigenfreiheit sollen dem Verbraucher die Unabhängigkeit der *Stiftung Warentest* gewährleisten.

Die Stiftung prüft Produkte und Dienstleistungen nach wissenschaftlichen Methoden in unabhängigen Instituten und veröffentlicht die Ergebnisse in ihren Publikationen. Als unabhängige Stiftung bürgerlichen Rechts ist sie frei bei der Testplanung und bei der Entwicklung sowie Anwendung ihrer Testkriterien. Sie erwirbt die Produkte anonym im Handel und nimmt Dienstleistungen verdeckt in Anspruch.

Des Weiteren wird die Neutralität dadurch abgesichert, dass die Stiftung laut Satzung keine Einnahmen durch Anzeigen erzielen darf. Deshalb bekommt sie eine jährliche Ausgleichszahlung vom Staat, die rund 13 % ihres Etats ausmacht. Zum größten Teil finanziert sie sich aber durch den Verkauf ihrer Publikationen (u. a. die Zeitschriften *test* und *FINANZtest* sowie Bücher aus den Bereichen Gesundheit, Geld oder Informationstechnik).

Dass der Verbraucher vor Irreführung nicht geschützt ist, zeigt folgendes Beispiel: Ein Discounter wirbt in seinem Prospekt für ein Fahrrad mit dem *Stiftung Warentest*-Ergebnis „Gut". Erst bei genauerem Hinsehen – die Erläuterung des Ergebnisses ist so klein gedruckt, dass der Durchschnittsleser eine Lupe benötigt – stellt sich heraus, dass sich das Testurteil nicht auf das Fahrrad, sondern lediglich auf den eingebauten Nabendynamo bezieht.

Quelle: http://www.stiftung-warentest.de; Stand: 25.04.2006.

Fallbeispiel „Preis als Qualitätsindikator" (1) – die Wirkung eines Vitamin-C-Präparates und weitere empirische Befunde

Die Protagonisten der „Behavioral Economics„", einer Forschungsrichtung, die Ökonomie und Psychologie miteinander vernetzt, bringt die Vorstellung vom Menschen als Homo oeconomicus zunehmend ins Wanken. So zeigen Versuche mit Konsumenten, dass deren Schmerzen umso stärker gelindert werden, je teurer ein erworbenes (identisches) Vitamin-C-Schmerzpräparat war. Die Befunde belegen zum einen den bereits bekannten Placebo-Effekt, da Vitamin C nach wissenschaftlichen Erkenntnissen keinerlei schmerzlindernden Effekt besitzt. Zum anderen wird folgender Zusammenhang deutlich: Je teurer ein Produkt ist, desto besser schneidet es in der Erwartung und auch in der Wahrnehmung des Konsumenten ab. Und das, obwohl der Preis nicht notwendigerweise immer mit der Qualität positiv korreliert.

Ein berühmt gewordenes Experiment hat schon 1968 gezeigt, wie sehr sich Verbraucher durch diese Vereinfachungsregel „hoher Preis = hohe Qualität" täuschen lassen. Der amerikanische Marketing-Forscher *Connell* hatte Kunden drei unterschiedlich teure Biermarken über mehrere Wochen zum Testen angeboten. Was die Kunden nicht wussten: Das Bier war immer das gleiche. Das teuerste Bier wurde von 93 % der Kunden als qualitativ gut eingeschätzt, beim billigsten Bier war es nur gut die Hälfte der Kunden.

Forscher am *California Institute of Technology* konnten in einem weiteren Experiment bestätigen, dass die Preiskenntnis die Wirkung und Wahrnehmung der Qualität eines Produkts beeinflusst. Probanden sollten in einem Versuch Rätsel lösen. Zur Stärkung bekamen sie einmal einen vermeintlich teuren und einmal einen vermeintlichen billigen, in Wirklichkeit aber identischen Energiedrink. Nach dem Genuss des vermeintlich teuren Fitmachers lösten die Versuchsteilnehmer die Rätsel besser. Die Kenntnis über den hohen Preis erhöhte die Leistungskapazität im Sinne eines Placebo-Effektes, d. h. die Versuchsteilnehmer schlossen vom Preis auf die Qualität der Energiedrinks.

In einem anderen Versuch wurde Testpersonen bei einer Weinprobe derselbe Wein ausgeschenkt – einmal in einer teuren Flasche mit einem hohen Preis, einmal in einer günstigen Flasche mit niedrigem Preis. Und die Testpersonen waren davon überzeugt, dass der teure Wein deutlich besser schmecke.

Quelle: *Ariely, D.:* Predictably irrational. The hidden forces that shape our decisions, New York 2008.

Fallbeispiel „Preis als Qualitätsindikator" (2) – bei Starterbatterien keine zuverlässige Orientierungshilfe

Ein vom *ADAC* durchgeführter Autobatterientest förderte u. a. zu Tage, dass die Höhe des Preises für den Konsumenten kein sicheres Indiz für Qualität sein muss. Ausgerechnet die teuerste Batterie erzielte das schlechteste Testergebnis, und die zweitteuerste Batterie belegte gerade einmal Rang sieben von zehn getesteten Produkten.

Quelle: *Brieter, K.:* Vorsicht Stromausfall, in: ADACmotorwelt, Heft 11/2007, S. 38–41.

Fallbeispiel „Preiswahrnehmung" (3) – warum wir uns bei Gratisangeboten irrational verhalten

In einem Versuch konnten Probanden zwischen *Lindt*-Pralinen (Premium-Produkt) und *Hershey's Kisses* (Standard-Produkt) wählen. Bei einem Preis von 15 Cent für den *Lindt*-Trüffel und 1 Cent für die *Hershey*-Praline wählten 73 % ersteres und 27 % zweiteres.
In einem weiteren Versuch wurden das *Lindt*-Produkt für 14 Cent und das *Hershey*-Produkt gratis angeboten. Trotz der gleichen relativen Preisdifferenz zum ersten Versuch änderte sich das Verhalten der Verbraucher signifikant: 69 % (vorher 27 %) wählten das Gratis-Produkt, und nur noch 31 % (vorher 73 %) das *Lindt*-Produkt.

Bei Gratis-Angeboten verhalten sich Verbraucher offenkundig irrational. Dies belegt auch folgender Befund: Vor die Wahl zwischen einem kostenlosen *Amazon*-Gutschein für 10 $ und einem *Amazon*-Gutschein über 20 $, für den sie 7 $ entrichten müssen, wählten die meisten Angesprochenen das Gratisangebot (Gewinn = 10 $), obwohl ihnen Alternative zwei einen Gewinn von 13 $ verschaffte. Nur eine Minderheit verhielt sich rational.

Dieses Phänomen macht sich beispielsweise *Amazon* zu Nutze, wenn der Online-Versender seinen Kunden ab einem bestimmten Bestellwert den kostenlosen Versand der Ware anbietet. Zahlreiche Kunden möchten wahrscheinlich gar kein weiteres Produkt, lassen sich durch den Gratisversand jedoch dazu verleiten, mehr als ursprünglich geplant zu erwerben.

Ähnlich agieren Banken, wenn sie ein Gratis-Girokonto (ohne weitere Vergünstigungen) und ein Girokonto zu 3 € anbieten, das kostenlose Reiseschecks, Online-Dienste etc. einschließt. Die meisten Kunden werden das Gratis-Konto wählen, obwohl sie im Laufe der

Zeit viele kostenpflichtige Zusatzleistungen erwerben werden, so dass sie mit dem 3 €-Konto letztlich günstiger gefahren wären.

Quelle: *Ariely, D.:* Denken hilft zwar, nützt aber nichts – Warum wir immer wieder un-vernünftige Entscheidungen treffen, München 2008, S. 91–109.

Fallbeispiel „Preiswahrnehmung" (4) – Deutsche Verbraucher schätzen Produkte oft zu teuer ein.

Die Verbraucher hierzulande verschätzen sich häufig bei Preisen im Lebensmitteleinzel-handel. Lediglich die US-Amerikaner verfügen im internationalen Vergleich über ein schlechteres Preisgespür. Zu diesen Befunden gelangt eine Studie der Un-ternehmensberatung *OC&C Strategy Consulting*, die auf 50.000 Kundenbeurteilungen ba-siert. Hierbei sollten die Verbraucher schätzen, wie viel ein Warenkorb mit ausgewählten Produkten bei den jeweils marktführenden Händlern eines Segments kostet. Im Anschluss verglichen die Berater die geschätzten mit den tatsächlichen Preisen. Die deutschen Verbraucher lagen mit ihren Schätzungen im Durchschnitt um 10,1 % daneben. Bei den Preisen von Lebensmitteln und Unterhaltungselektronik lagen sie vergleichsweise richtig. Kleidung und Schuhe sowie Kosmetika und Parfums werden im Vergleich zur Realität als zu teuer wahrgenommen.

Die Befunde belegen auch, dass eine geschickte Preiswerbung in der Lage ist, bessere Wirkungen zu erzielen als eine reale Senkung des Preisniveaus um mehrere Prozentpunkte. Beispielsweise schätzen die Befragten die Preise von *Media-Markt* im Vergleich zur Kon-kurrenz als besonders günstig ein, obwohl das Preisniveau 1,3 % über dem Branchen-durchschnitt liegt. Auch die Baumarktkette *Praktiker*, die lange Zeit mit dem Slogan „20 % auf alles – ausgenommen Tiernahrung!" warb, nahmen die Verbraucher günstiger wahr, als es der Realität entsprach.

Quelle: *OC&C Strategy Consultants*: Deutsche haben wenig Preisgespür, in: Frankfurter Allgemeine Zeitung, Nr. 272 vom 20.11.2008, S. 12.

Fallbeispiel „Präsentation der Preisinformation" – das Preissystem von *Globus*

- **Dauernd günstig**
  „Dauernd günstig" sind unsere Normalpreise. Wir vergleichen sie regelmäßig mit den Preisen unserer Mitbewerber. So können Sie sicher sein, dass Sie Ihren Einkaufswa-gen nirgendwo in der Region günstiger voll machen.

- **Neuer Preis**
  Am Hinweis „Neuer Preis" erkennen Sie, dass wir einen „Dauernd günstig"-Artikel im Preis gesenkt haben – etwa aufgrund von Wettbewerbsvergleichen oder weil der

Einkaufspreis gesunken ist. Am Regal finden Sie jeweils den alten Preis und das Datum der Preissenkung.

- **Diese Woche günstiger**
  „Diese Woche günstiger" sind unsere Wochenangebote, die Sie zum besonders günstigen Werbepreis erhalten. Im Faltblatt erkennen Sie diese Angebote am roten Preis.

- **Probierpreis**
  „Probierpreise" sind Angebote aus unserer hauseigenen Fachmetzgerei. Wie der Name sagt, können Sie da unsere Spezialitäten probieren – zu einem besonders günstigen Preis.

- **Tiefster Preis**
  „Tiefster Preis" zeigt Ihnen die günstigste Wahl im jeweiligen Sortiment auf, wenn wir Ihnen verschiedene Marken eines Produkts bieten. Es sind Artikel, die Sie nirgendwo günstiger finden. Wenn doch, gilt dieser Preis auch bei uns.

- **Radikal reduziert**
  „Radikal reduziert" sind unsere Sonderangebote, bei denen Sie besonders viel sparen, z. B. bei Schlussverkäufen und Sonderposten. Bei diesen Angeboten gilt: „Solange der Vorrat reicht".

Quelle: http://www.globus.net; Stand: 30.06.2008.

Fallbeispiel „Versteckte Preiserhöhungen" – die zehn beliebtesten Tricks

- **Nr. 1: Das Schrumpfprinzip**
  Bei scheinbar gleicher Packungsgröße und identischem Preis schrumpft der Inhalt eines Packung. So verringerte *Procter & Gamble* die Anzahl der Pampers Windeln in der Kategorie 4 in den 6 Jahren von 47 über 44 und 40 auf 37 Stück pro Packung.

- **Nr. 2: Der Mehr-drin-Trick**
  Eine größere Füllmenge suggeriert zunächst ein „Schnäppchen", wird aber überproportional teuer verkauft. Das Spülmittel Ultra Palmolive von *Colgate-Palmolive* gibt es in 600-Milliliter-Packungen statt vormals 500-Milliliter-Flaschen. Der Preis stieg von 0,85 € auf 1,65 €, was einer Erhöhung von 62 % entspricht.

- **Nr. 3: Das Pseudo-Günstigerprinzip**
  Der Preis eines Produkts wird gleichzeitig mit der Verringerung der Füllmenge gesenkt, doch der Preisnachlass fällt kleiner aus als die Reduzierung des Inhalts. Die Menge der *Rewe* Kuchenglasur Bourbon-Vanille schrumpfte von 200 auf 150 Gramm, doch der Preis sank lediglich von 1,25 Euro auf 1,09 Euro. Dies entspricht einem indirekten Preisaufschlag von 16 %.

- **Nr. 4: Der Händlertrick**
  Das gleiche Produkt wird bei verschiedenen Einzelhändlern in Packungen mit abweichenden Füllmengen angeboten – allerdings zum gleichen Preis. So kosten *Haribo*

Goldbären in 200- und 300-Gramm-Tüten je 0,89 Euro; der Preisunterschied beläuft sich auf 50 %.

- **Nr. 5: Der Sammelpacktrick**
  Mehrfach- oder Sammelpackungen werden genutzt, um Produkte scheinbar besonders preisgünstig, jedoch im kleineren Format anzubieten. Der Schokoriegel Twix von *Mars* etwa wiegt im 5er-Pack 50 Gramm, einzeln abgepackt jedoch 58 Gramm.

- **Nr. 6: Der Portionstrick**
  Produkte in praktisch vorportionierten Beuteln haben insgesamt eine geringere Füllmenge, aber oft den gleichen Preis wie das Ausgangsprodukt. So bietet *Aldi Nord* seinen Typ Cappuccino classico Pulver nicht mehr in einer Dose, sondern in einer Pappschachtel mit Einzelportionen an und steigerte hierdurch den Preis um 31,4 %.

- **Nr. 7: Der Mengentrick**
  Die Stückzahl ersetzt die besser vergleichbare Angabe der Füllmenge auf der Vorderseite einer Verpackung. Auf diese Weise bietet *Bel Deutschland* seinen Leerdammer Käse nach wie vor in Abpackungen von 14 Scheiben mit scheinbar gleicher Menge an. Heute erhält der Kunde jedoch nur 280 Gramm Käse für 3,79 Euro; früher waren es 350 Gramm.

- **Nr. 8: Der Qualitätstrick**
  Durch einen geringeren Anteil an wertgebenden Bestandteilen verschlechtert sich die Qualität eines Produkts. Die Produzenten sparen Kosten und erhöhen damit bei gleichem Preis ihre Marge. Für sein Schlemmer-Filet à la Bordelaise verringerte *Iglo* den Fischanteil von 70 auf 52 % und steigerte damit indirekt den Preis um 34,6 %.

- **Nr. 9: Der Quantitätstrick**
  Veränderte Dosiervorgaben führen dazu, dass größere Mengen eines Produkts benötigt werden. Der Hersteller *Henkel* vergrößerte für sein Geschirrspülmittel *Pril* Kraft-Gel die Ausgussstülle und setzte die Dosierempfehlung von 2 auf 3 Milliliter pro fünf Liter Wasser herauf.

- **Nr. 10: Das Alles-neu-Prinzip**
  Die Wiedereinführung eines Produkts in einer neuen Verpackung wird genutzt, um die Füllmenge zu reduzieren und den Preis zu erhöhen. *Nestlé* bietet seine *Beba* Säuglingsnahrung 1 nicht mehr im Pappkarton, sondern in einer Metalldose an und nutzte den Relaunch für eine Preiserhöhung von knapp 30 Prozent.

Quelle: http://www.vzhh.de/ernaehrung/248409/verschleierungstaktik-im-super-markt.aspx; Stand: 11.07.2012.

4.4   Festlegung des Angebotspreises

4.4.1   Bestimmungsgrößen im Überblick

Preisentscheidungen sind bei der erstmaligen Einführung eines Produktes zu treffen, aber auch dann, wenn sich bestimmte Rahmenbedingungen ändern. **Preisänderungen** für Produkte eines bereits bestehenden Leistungsprogramms können beispielsweise aus folgenden **Gründen** erforderlich werden:

- veränderte Kostensituation (z. B. höhere Preise für Rohstoffe sowie Hilfs- und Betriebsmittel, gestiegene Löhne, Mehrwertsteuererhöhungen),

- veränderte Konkurrenzsituation (z. B. neue Mitbewerber, Unterbieten der eigenen Preise durch die Konkurrenz, Sonderaktionen von Wettbewerbern, neue Substitutionsprodukte) sowie

- veränderte Nachfragesituation (z. B. gesättigte Märkte, neue Trends, geringere Kaufkraft).

Die zentralen Einflussfaktoren der Preisbestimmung sind demnach:

- Kosten (**Cost-based Pricing**),

- Kunden (**Value-based Pricing**) sowie

- Konkurrenten (**Competition-driven Pricing**;   sog. **Magisches Dreieck der Preisfindung**; vgl. Abb. 4.4 sowie im Folgenden *Diller* 2000; *Meffert* 2000, S. 506–542; *Nieschlag/Dichtl/Hörschgen* 2002, S. 810–860).

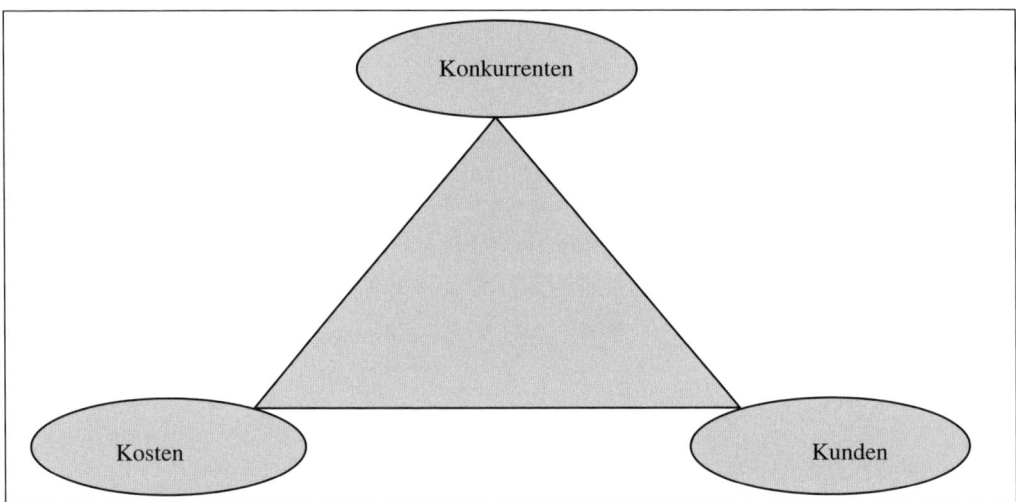

Abb. 4.4: Das magische Dreieck der Preisfindung

4.4.2 Kostenorientierte Preisfindung

4.4.2.1 Überblick

Die kostenorientierte Preisbestimmung basiert auf der Überlegung, dass der Preis so gewählt werden muss, dass zumindest die Gesamtkosten bzw. die variablen Kosten gedeckt sind. Konkret stellen sich folgende **Aufgaben**:

*   Wahl des Kalkulationsverfahrens
*   Bestimmung kostenwirtschaftlicher Preisuntergrenzen
*   Kalkulatorischer Ausgleich

4.4.2.2 Verfahren kostenorientierter Kalkulation

Im Zuge der kostenorientierten Preisbestimmung bieten sich grundsätzlich **zwei Kalkulationsverfahren**:

*   **Progressive Kalkulation**
    Bei der progressiven Kalkulation bilden die anfallenden Kosten den Ausgangspunkt. Um zum Abgabepreis zu gelangen, wird diesem Kostenblock in der Regel ein anvisierter Gewinn zugeschlagen (vgl. Tab. 4.2). Für die progressive Kalkulation spricht die einfache und schnelle Durchführung, da sämtliche Kosteninformationen in den Informationssystemen der Unternehmen vorliegen. Für Unternehmen mit einer ungünstigen Kostenstruktur bedingt die progressive Kalkulation jedoch die Gefahr, sich durch überhöhte Preise, die vom Verbraucher nicht akzeptiert und/oder von Konkurrenten unterboten werden, aus dem Markt herauszukalkulieren. Umgekehrt ist es möglich, dass der Markt durchaus Preise zulassen würde, die über dem progressiv kalkulierten Preis liegen. Am Beispiel eines Handelsunternehmens stellt sich die progressive Kalkulation wie in Tab. 4.3 angeführt dar.

Tab. 4.2: Das Grundschema einer progressiven Kalkulation (in €)

Variable Kosten/Stück	200,--	Kosten
+ Fixkosten/Stück	100,--	
= Herstellkosten/Stück	300,--	
+ Vertriebs- und Verwaltungskosten/Stück	100,--	
= Selbstkosten/Stück	400,--	
+ Gewinnzuschlag (25 %)	100,--	Preis
= Nettoabgabepreis/Stück	500,--	

Tab. 4.3: Die Aufschlagskalkulation im Handel (in €)

Listenpreis des Herstellers	100,--	
- Konditionen (Rabatte, Boni, Skonti)	10,--	Kosten
= Netto-Einkaufspreis des Händlers (= Handelsabgabepreis)	90,--	
+ Bezugskosten	9,--	
= Bezugspreis/Einstandskosten	99,--	
+ Handlungskosten	36,--	
= Selbstkosten	135,--	
+ Gewinnaufschlag	30,--	
= Netto-Verkaufspreis	165,--	
+ Umsatzsteuer	31,35	
= Brutto-Verkaufspreis (= Ladenpreis ungerundet)	196,35	Preis

- **Retrograde Kalkulation**

Dieses Kalkulationsverfahren dient dazu zu überprüfen, ob marktbezogene Preise aus der Kostenperspektive vertretbar sind (vgl. *Diller* 2000, S. 226 ff.). Zu diesem Zweck wird vom Verkaufspreis auf die maximal vertretbaren Selbstkosten zurückgerechnet (vgl. Tab. 4.4). Werden diese überschritten, wurde die Vorgabe bzw. das Ziel (Target) nicht erreicht. Dementsprechend spricht man in diesem Kontext von **Target Costing** (vgl. *Horváth* 2002). In einem solchen Fall gilt es zunächst zu prüfen, inwieweit die Produkte den Kundenanforderungen entsprechen. Gegebenenfalls kann beispielsweise ein „German Overengineering-Produkt" für Industrieländer durch **Downsizing** auf „Just-Enough-Produkte" für Schwellenländer abgespeckt werden. Des Weiteren gilt es, mittels **Benchmarking** und unter Einbeziehung von Lieferanten und Kunden in sog. **Produktkliniken** Kosteneinsparpotentiale zu erschließen. In diesem Kontext gewinnt das **Cost Engineering** an Bedeutung. Hierunter versteht man die Anwendung wissenschaftlicher Methoden und Techniken in Kalkulation, Controlling (Steuerung) und Wirtschaftlichkeitsanalyse bereits in der Projektierungsphase. Entscheidend ist die Vernetzung von technischer Projektierung und kaufmännischem Kostenmanagement, um hierdurch die traditionell strikte Trennung zwischen den Aufgaben von Ingenieuren und Kaufleuten abzubauen (vgl. *Wildemann* 2012, S. 12).

Tab. 4.4: Das Grundschema einer retrograden Kalkulation am Beispiel eines Industrieunternehmens (in €)

Marktpreis	476,--	**Preis**
- Mehrwertsteuer (19 %)	76,--	
- Handelsspanne	80,--	
- Gewinnaufschlag	60,--	
= Maximale Selbstkosten	260,--	**Kosten**

Fallbeispiel „Retrograde und progressive Kalkulation" – Rohstoff- und Herstellungskosten als Ausgangspunkt für Preisverhandlungen zwischen Lieferanten und Handel

Um Spannenverbesserungen durchzusetzen, konfrontieren Handelsriesen ihre Lieferanten zunehmend mit detaillierten Einzelproduktanalysen. Ausgangspunkt sind für jeden Artikel die Verkaufspreise der preisaggressivsten Wettbewerber im Markt. Davon ausgehend – und unter Einbeziehung der gewünschten Handelsspanne – wird ein neuer Netto- sprich Einstandspreis berechnet. Durch eine solch retrograde Kalkulation soll zukünftig verhindert werden, dass ein bestimmtes Handelunternehmen aufgrund anderer Kostenstrukturen nicht die gleichen Verkaufspreise wie beispielsweise ein Discounter bieten kann. Händler versprechen sich von einer solchen Strategie Konditionenverbesserungen von bis zu 20 %.

Gleichzeitig hinterfragen die großen Handelsunternehmen die progressive Kalkulation ihrer Lieferanten. Insbesondere in den Verhandlungen über Handelsmarken – verstärkt aber auch bei Markenartikeln – dividieren sie die Inhaltsstoffe der einzelnen Produkte auseinander und vergleichen diese mit den Entwicklungen an den Rohstoffmärkten. Auf diese Weise wollen sie klären, wann Preiserhöhungen der Lieferanten gerechtfertigt sind und wann nicht, und Trittbrettfahrer, die auf den Zug allgemeiner Preiserhöhungen (etwa auf dem Rohstoffmarkt) aufspringen möchten, außen vor halten.

Doch selbst wenn die Lieferanten höhere Rohstoffpreise belegen können, akzeptiert der Handel keine Preiserhöhungen. Denn, so argumentieren dessen Vertreter, die Verteuerung fände nicht nur bei Rohstoffen, sondern beispielsweise auch im Energiesektor statt. Und hiervon seien nicht nur Produktion und Logistik der Lieferanten, sondern auch Lager, Transporte und Geschäfte des Handels sowie nicht zuletzt die Privathaushalte betroffen.

Quelle: *Chwallek, A.*: Handelsriesen zeigen Härte, in: LebensmittelZeitung, Nr. 37 vom 12. 09.2008, S. 1 u. 3; *Fries, T./Pilar, G. V.*: Schambach zieht neue Saiten auf, in: LebensmittelZeitung, Nr. 38 vom 19.09.2008, S. 4.

4.4.2.3   Kostenwirtschaftliche Preisuntergrenzen

Mit den Kalkulationsverfahren unmittelbar verknüpft ist die Bestimmung von kostenwirtschaftlichen Preisuntergrenzen. Während die Preisobergrenze die maximale Zahlungsbereitschaft des Kunden markiert, versteht man unter Preisuntergrenze denjenigen Preis, bei dessen Unterschreiten es aus Kostengründen geboten erscheint, eine Leistung nicht (mehr) zu erbringen. Anlass für die Bestimmung der Preisuntergrenzen können beispielsweise folgende **Fragestellungen** geben:

- Sollen bestimmte Produkte weiterhin angeboten oder eliminiert werden?
- Sollen bestimmte Betriebsteile weitergeführt oder stillgelegt werden?
- Sollen Aufträge angenommen oder abgelehnt werden?

Für die Bestimmung der kostenwirtschaftlichen Preisuntergrenzen bedient man sich der Berechnung des **Deckungsbeitrags**. Bei der Deckungsbeitragsrechnung wird der Kostenblock in mengenabhängige variable Kosten und zeitabhängige fixe Kosten aufgeteilt. Die **variablen Kosten** sind diejenigen Kosten, die lediglich bei den tatsächlich produzierten Produkten oder den tatsächlich erbrachten Leistungen anfallen, beispielsweise für Material, Löhne und Vertrieb. Die **fixen Kosten** hingegen fallen unabhängig von der produzierten Menge an, also beispielsweise für Forschung & Entwicklung, Mieten oder Zinsen und Abschreibungen für Betriebs- und Geschäftsausstattung.

Der Deckungsbeitrag ist jener Betrag, der von den Erlösen nach Abzug der variablen Kosten übrig bleibt (DB = Umsatzerlöse – variable Kosten). Dieser Betrag steht zur Deckung der fixen Kosten sowie (gegebenenfalls) zur Erwirtschaftung eines Gewinns zur Verfügung.

Grundsätzlich lassen sich **drei Arten von kostenwirtschaftlichen Preisuntergrenzen** unterscheiden:

- Die **kurzfristige Preisuntergrenze** entspricht einem Deckungsbeitrag von 0, d. h. hier deckt der Preis sämtliche variablen Kosten (z. B. Materialkosten, Stundenlöhne, Energieverbrauch).
- Die **mittelfristige Preisuntergrenze** muss gewährleisten, dass die Liquidität eines Unternehmens gesichert ist. Demnach müssen an diesem Punkt neben den variablen Kosten auch die ausgabewirksamen Fixkosten (etwa Gehälter, Miete) gedeckt sein.
- Die **langfristige Preisuntergrenze** liegt dort, wo der Preis sämtliche, d. h. variable und fixe Kosten (z. B. Raummiete, Abschreibungen für Maschinen) deckt. Hier entspricht der Deckungsbeitrag den fixen Kosten und der Gewinn ist gleich null.

Die Bestimmung kostenwirtschaftlicher Preisuntergrenzen birgt folgende **Problemfelder** in sich:

- **Nichtberücksichtigung einer Preisunterbietungsstrategie**
  Es kann durchaus zweckdienlich sein, im Zuge einer aggressiven Preispolitik kostenwirtschaftliche Preisuntergrenzen zu unterschreiten und damit Konkurrenten zu unterbieten. Sind die Wettbewerber aus dem Markt gedrängt, werden die Preise in aller Regel wieder angehoben, da sich dem Verbraucher nunmehr keine oder nur wenige Ausweichmöglichkeiten bieten.

- **Ausklammerung von Folgeaufträgen**
  Bei einem Erstauftrag wird nicht selten unter der kostenwirtschaftlichen Preisuntergrenze kalkuliert, um auf diese Weise bei Neukunden „den Fuß in die Tür zu bekommen". Hat sich die Beziehung dann im Zeitablauf stabilisiert, werden die Preise bei Folgeaufträgen angehoben.

- **Vernachlässigung von Verbundkäufen**
  Ein Verbundkauf ist definiert als die Gesamtheit der Güter, die zu einem bestimmten Zeitpunkt bei einem Unternehmen zusammen gekauft werden. Im Zuge der Mischkalkulation, die im folgenden Kapitel eingehender behandelt wird, werden bei den sog. Ausgleichsnehmern die kostenwirtschaftlichen Preisuntergrenzen unterschritten. Diese Verluste werden durch entsprechend hohe Preise bei den Ausgleichsträgern (über-)kompensiert.

4.4.2.4 Kalkulatorischer Ausgleich

In der Unternehmenspraxis sieht man sich häufig mit dem Problem konfrontiert, dass es nicht sinnvoll bzw. möglich ist, Produkte zu kostendeckenden Preisen zu veräußern (sog. **Kostendeckungsprinzip**). In solchen Fällen agiert man nach dem **Tragfähigkeitsprinzip**. Hierbei werden die Preise bestimmter Produkte (sog. **Ausgleichsträger**) so kalkuliert, dass sie die Verluste anderer Produkte (sog. **Ausgleichsnehmer**) zumindest kompensieren (vgl. auch *Behrends* 2001, S. 78–79):

Grundsätzlich lassen sich **zwei Formen des kalkulatorischen Ausgleichs** unterscheiden:

- **Sukzessivausgleich**
  Hierunter versteht man die dynamische Variante des kalkulatorischen Ausgleichs. Dabei werden die Preise eines/r bestimmten Produktes bzw. Dienstleistung so kalkuliert, dass sie die anfänglichen oder später auftretenden Verluste des/r gleichen oder eines/r mit ihm/r verbundenen Produktes/Dienstleistung (etwa Auto mit Wartung/Reparatur) zumindest kompensieren. Unternehmen nutzen den Sukzessivausgleich beispielsweise in Form der **„Foot-in-the-door"-Technik**: Hierzu werden dem Kunden zunächst günstige Angebote verkauft, die im Regelfall nicht profitabel sind. Ist der Kunde im Laufe der Zeit an das Unternehmen gebunden, werden die Preise angehoben und das Unternehmen gelangt so im Zeitablauf in die Gewinnzone.

- **Simultanausgleich**
  Bei der statischen Form subventionieren Artikel kritische Sortimentsteile (z. B. Sonderangebote, Dauerniedrigpreisartikel, Halo-Artikel). Bei letzteren handelt es sich Regelfall um sog. Prestigeartikel, d. h. um Markenartikel, die im Zentrum der (Prospekt-)Werbung des Handels stehen. Eine solche sog. **Mischkalkulation** kann aus zwei Gründen erfolgen: Im Falle einer defensiven Strategie ist ein Unternehmen gezwungen, auf die Preissenkungen der Wettbewerber zu reagieren. Bei der offensiven Variante hingegen will ein Unternehmen aktiv seine Preiswürdigkeit demonstrieren.

Fallbeispiel „Mischkalkulation"

Das Beispiel in Tab. 4.5 dient dazu, die Vorgehensweise im Zuge der Mischkalkulation zu veranschaulichen. Bei den Produkten A und B handelt es sich um sog. Ausgleichsnehmer. Bei diesen Produkten kann der kostenorientierte Stückpreis nicht am Markt realisiert werden, so dass hier Verluste in Höhe von 280,5 Tsd. € (= 127,5 Tsd. € + 153,0 Tsd. €) entstehen. Diese müssen von Produkt C (= Ausgleichsträger) übernommen werden, so dass hier der Stückpreis nach dem kalkulatorischen Ausgleich über dem kostenorientierten Stückpreis angesiedelt ist. Der Vollständigkeit halber sei angemerkt, dass man in der Realität versuchen würde, den Preis für Artikel C anzuheben und damit näher an eine Preisschwelle zu legen (z. B. 9,99 €). Des Weiteren handelt es sich hier um ein die Realität stark vereinfachendes Beispiel, da hier ein von den Preisänderungen unveränderter Absatz unterstellt wird.

Tab. 4.5: Beispiel für eine Mischkalkulation
(Quelle: in Anlehnung an Nieschlag/Dichtl/Hörschgen 2002, S. 831)

	Artikel A	Artikel B	Artikel C
(1) (Geplanter) Absatz *(in Tsd. Stück)*	250	300	500
(2) Angestrebter Erlös *(in Tsd. €)*	2.000,0	3.000,0	4.500,0
(3) Kostenorientierter Stückpreis *(in €)*	8,00	10,00	9,00
(4) Realisierbarer Stückpreis *(in €)*	7,49	9,49	-
(5) = (1) x (4) Realisierbarer Erlös *(in Tsd. €)* (Absatz x realisierbarer Stückpreis)	1.872,5	2847,0	-
(6) = (5) – (2) Unterdeckung *(in Tsd. €)*	- 127,5	- 153,0	-
(7) = Aggregiertes Erlösdefizit der Ausgleichsempfänger *(in Tsd. €)*	-	-	- 280,5
(8) = (2) – (7) Angestrebter Erlös nach dem kalkulatorischen Ausgleich in *(in Tsd. €)*	-	-	4.780,5
(9) = (8) : (1) Stückpreis nach dem kalkulatorischen Ausgleich *(in €)*	7,49	9,49	9,56

4.4.3   Kundenorientierte Preisfindung

4.4.3.1   Überblick

Die abnehmerorientierte Preisbestimmung basiert auf der Überlegung, dass der Preis so gewählt werden muss, dass die Verbraucher bereit sind, das Produkt zu erwerben. Im Mittelpunkt des Interesses stehen u. a. folgende **Themenkomplexe**:

- Preisbereitschaft und Reaktionen der Nachfrager auf Preisänderungen
- Möglichkeiten der Preisdifferenzierung
- Veranstaltungen zur abnehmer- und anbieterorientierten Preisfixierung

4.4.3.2   Preisbereitschaft und Reaktionen der Nachfrager auf Preisänderungen

Die Abb. 4.5 zu entnehmende **Preis-Absatz-Funktion** vermittelt die Preisbereitschaft der Verbraucher, indem sie angibt, wie viel Stück eines bestimmten Produktes bei einem bestimmten Preis am Markt abgesetzt werden. Somit gibt sie den geometrischen Ort aller mengenmäßigen Reaktionen der Nachfrager auf verschiedene Preisforderungen des Anbieters an. Im Regelfall wird ein negativer linearer Zusammenhang zwischen Preis und Nachfrage unterstellt, da bei steigendem Preis von einer rückläufige Nachfrage auszugehen ist (vgl. zur Preis-Absatz-Funktion und deren Grundtypen *Diller* 2000, S. 80 ff.). Im Punkt p_0 ist der Preis so hoch, dass kein Stück am Markt abgesetzt wird. Im Punkt S hingegen ist der Markt gesättigt, d. h. selbst bei einem Preis von 0 € kann nicht mehr abgesetzt werden. Der Punkt p_M markiert den derzeitigen Marktpreis.

Die **Preiselastizität der Nachfrage** gibt darüber Auskunft, wie sich eine Preisänderung (= unabhängige Variable) auf die Nachfrage (= abhängige Variable) auswirkt, d. h. um wie viel Prozent der Absatz steigt, wenn der Preis um ein Prozent sinkt, bzw. umgekehrt, um wie viel Prozent der Absatz sinkt, wenn der Preis um ein Prozent steigt (vgl. im Folgenden auch *Schneider/Hennig* 2008, S. 275–280 sowie die dort zitierte Literatur).

Die Preiselastizität der Nachfrage ist definiert als

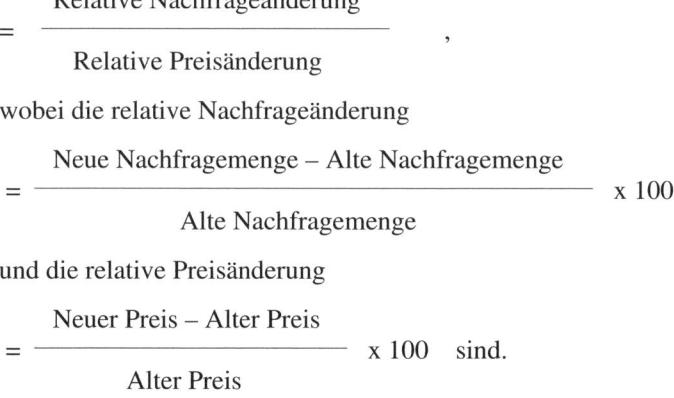

$$= \frac{\text{Relative Nachfrageänderung}}{\text{Relative Preisänderung}} \, ,$$

wobei die relative Nachfrageänderung

$$= \frac{\text{Neue Nachfragemenge} - \text{Alte Nachfragemenge}}{\text{Alte Nachfragemenge}} \times 100$$

und die relative Preisänderung

$$= \frac{\text{Neuer Preis} - \text{Alter Preis}}{\text{Alter Preis}} \times 100 \quad \text{sind.}$$

Dabei unterscheidet man zwischen einem Preis- und einem Mengeneffekt. Unter dem **Preiseffekt** versteht man den Umsatz, der durch eine Preissenkung bzw. -erhöhung verloren bzw. hinzugewonnen wird. Unter **Mengeneffekt** versteht man den Umsatz, der durch die mehr bzw. weniger abgesetzte Menge hinzukommt bzw. abnimmt.

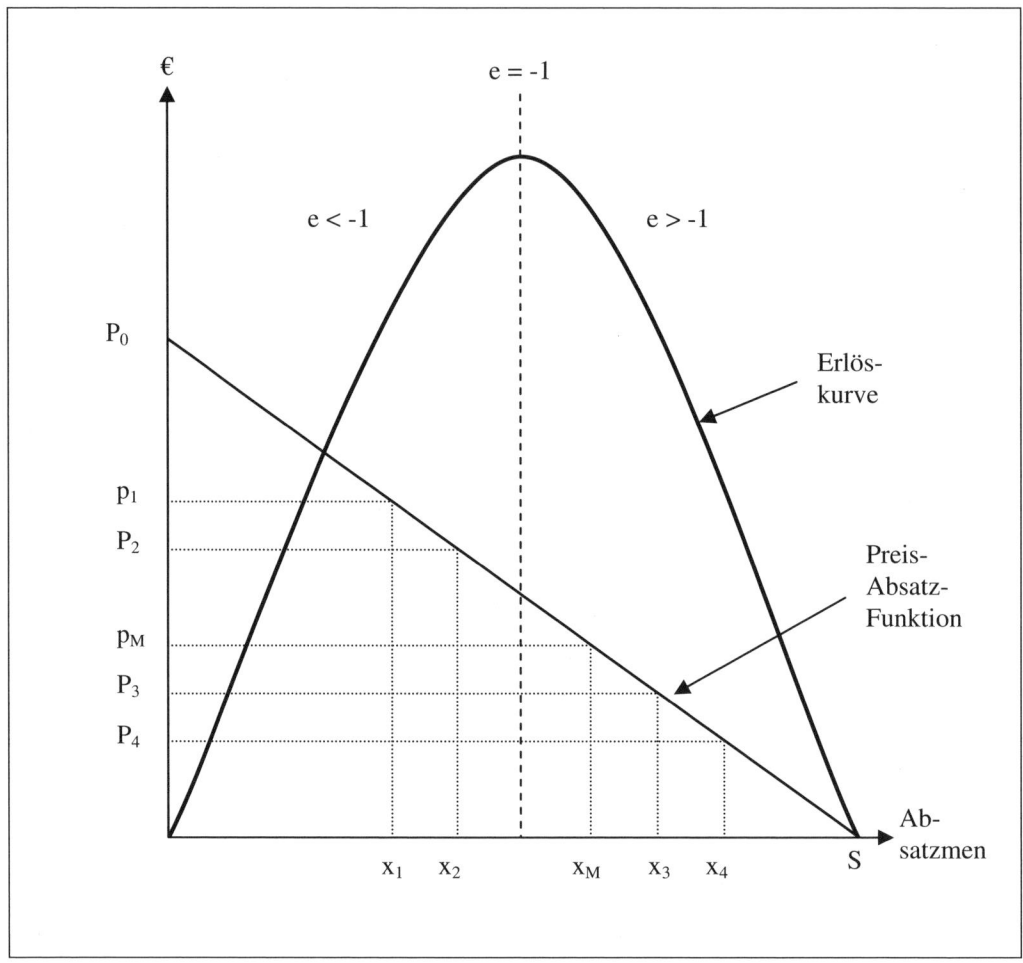

Abb. 4.5: Das Konzept der Preiselastizität auf Basis einer linearen Preis-Absatz-Funktion
*   (Quelle: Nieschlag/Dichtl/Hörschgen 2002, S. 838)*

Bei der Preiselastizität unterscheidet man drei Ausprägungen:

- **Preiselastizität kleiner als −1:**
  Hierbei handelt es sich um eine **elastische Nachfrage** (vgl. Abb. 4.5). Der Mengeneffekt (= B) übersteigt den Preiseffekt (= A), d. h eine Preissenkung führt zu steigenden Erlö-

sen, eine Preiserhöhung zu sinkenden Erlösen. Im Fall der Preissenkung von p_1 nach p_2 steigen die Erlöse an, d. h. es handelt sich um eine elastische Nachfrage (vgl. Abb. 4.5).

- **Preiselastizität = –1:**
  Diesen Zustand bezeichnet man als **indifferente Nachfrage**. Hier wird der maximale Erlös erzielt.

- **Preiselastizität größer als –1:**
  Hierbei handelt es sich um eine unelastische Nachfrage (vgl. Abb. 4.5). Der Preiseffekt (= A) überkompensiert den Mengeneffekt (= B), d. h. eine Preissenkung führt zu sinkenden Erlösen, eine Preiserhöhung zu steigenden Erlösen. Als Beispiel für eine unelastische Nachfrage kann die Preissenkung von p_3 nach p_4 dienen (vgl. Abb. 4.5). Bei einer niedrigen Elastizität können die Preise relativ stark verändert werden, ohne dass die Kunden übermäßig reagieren.

Fallbeispiel „Berechnung der Preiselastizität der Nachfrage"

Ein Anbieter senkt die Preise für Produkt A von 12 auf 9 €. Dadurch steigt der Absatz von 10.000 auf 15.000 Stück. Die Preiselastizität der Nachfrage beträgt – 2 = ([15.000 Stück – 10.000 Stück] : 10.000 Stück) : ([9 € – 12 €] : 12 €) = 0,5 : (- 0,25). Es handelt sich also um eine elastische Nachfrage, d. h. der Mengeneffekt übersteigt den Preiseffekt. Die Preissenkung bewirkt, dass der Umsatz von 120.000 € (= 12 € x 10.000 Stück) auf 135.000 € (9 € x 15.000 Stück) steigt.

Produkte, die eine **elastische Nachfrage** aufweisen, zeichnen sich u. a. durch eine oder mehrere der folgenden **Eigenschaften** aus:

- Hohe Verfügbarkeit von Ausweichprodukten
- Hohe Lagerfähigkeit des Produktes
- Hoher Anteil der Ausgaben für das Produkt an den Gesamtausgaben von Haushalten
- Geringe Dringlichkeit des Bedürfnisses, d. h. die Verbraucher benötigen das Produkt nicht unbedingt (sofort)

Fallbeispiel „Auswirkungen der Dringlichkeit des Bedürfnisses auf die Preiselastizität der Nachfrage" – Bei Flugreisen sinkt die Preissensibilität der Kunden mit abnehmender Vorlaufzeit.

Der Flugpreis wird wesentlich durch die Vorlaufzeit determiniert. Hierbei gilt die Formel: Je früher die Buchung erfolgt, desto geringer ist der Flugpreis. Bis zu einer Vorlaufzeit von zehn Wochen bleibt der Preis bei innerdeutschen Flügen vergleichsweise stabil. Ab diesem Zeitpunkt steigt der Preis exponentiell an und wächst in der letzten Woche vor Reisebeginn am stärksten an.

Auch bei Flügen ins europäische Ausland steigen die Preise in der Woche vor dem Abflug am stärksten an, und ab der zehnten Woche nehmen die Preissteigerungen in signifikantem Ausmaß zu. Die Befunde lassen sich auf folgenden Punkt bringen: Je höher die Dringlichkeit der Bedürfnisses, eine Flugreise zu buchen, desto weniger können die Verbraucher auf Preissteigerungen reagieren, d. h. desto unelastischer ist die Nachfrage.

Quelle: *Hegenauer, M.:* So fliegen die Deutschen, in: Die Welt vom 30.10.2009, S. 8.

Produkte, die über eine **weniger elastische Nachfrage** verfügen, sind charakterisiert durch:

- Wenige oder keine Substitutionsprodukte bzw. Konkurrenten (im Falle eines Monopolisten)
- Keine oder verspätete Realisation der Preisveränderung durch den Konsumenten (etwa infolge indirekter Preisveränderung in Form einer Verringerung der Verpackungsmenge bei gleichem Preis)
- „Träge" Kaufgewohnheiten dergestalt, dass die Käufer nicht sofort nach preisgünstigeren Optionen suchen
- Überzeugung der Verbraucher, dass der höhere Preis aufgrund von Qualitätsverbesserungen, einer allgemeinen Kostensteigerung etc. gerechtfertigt ist

In der Unternehmenspraxis lässt sich häufig beobachten, dass gleiche Preisänderungen bei gleichen Produkten/Anbietern im Zeitablauf eine **unterschiedliche Preiselastizität** verzeichnen. Dieses Phänomen lässt sich auf folgende **Gründe** zurückführen:

- Erste Preisreduzierungen, welche eine Phase hoher Preisstabilität im Markt ablösen, werden von den Kunden intensiv wahrgenommen, was sich in einer elastischen Nachfrage niederschlägt.
- Abnutzungserscheinungen von Preisanreizen (etwa in Folge zahlreicher Preissenkungsrunden) oder Befürchtungen der Kunden, dass bei weiteren Preisreduzierungen Qualitätseinbußen beim Produkt auftreten werden (sog. **Qualitätsbezogenheit der Preisinformation**), bedingen eine unelastische Nachfrage.

Um die Preiselastizität der Nachfrage in der **Praxis** zu ermitteln, bieten sich neben der Sekundärerhebung auf Basis von Kosten- und Leistungsrechnung sowie Verbraucher- und Handelspanels auf der Ebene der Primärerhebung **drei Ansatzpunkte**:

- **Einschätzung** der Absatzmenge für unterschiedliche Preise durch **Experten** (z. B. Wirtschaftswissenschaftler, erfahrene Mitarbeiter, Unternehmensberater) und anschließende Bestimmung der Preis-Absatz-Funktion. Hierbei handelt es sich um eine einfache, kostengünstige und zeitsparende Methode. Das Risiko liegt in kollektiven Fehleinschätzungen der Marktsituation infolge des „Wunschdenkens" unternehmensinterner Experten.
- Ermittlung der Preisbereitschaft des **Kunden** durch **Befragung**:
  - „Was wäre der <u>höchste</u> Preis, den Sie für Produkt X zu zahlen bereit sind?" (maximale Zahlungsbereitschaft) und
  - „Was wäre der <u>niedrigste</u> Preis, den Sie für Produkt X ausgeben würden, ohne Zweifel an dessen Qualität zu hegen?" (minimale Zahlungsbereitschaft)
  - „Bei welcher Preiserhöhung würden Sie von Produkt A zu Produkt B <u>wechseln</u>?" (Wirkungen von Preisänderungen auf den Absatz; vgl. zum Konstrukt der Preisbereitschaft *Diller* 2000, S. 168 ff.)

– Für Kundenbefragungen spricht die kostengünstige, schnelle und einfache Durchführung. Kritisch zu betrachten ist, dass die Aufmerksamkeit der Probanden ausschließlich auf den Preis gelenkt wird und andere Marketing-Instrumente (Produkt, Vertrieb, Kommunikation) in den Hintergrund gedrängt werden.

- Ermittlung der Preiselastizität der Nachfrage mittels **Produkt-, Laden-** und **Markttests**. Beispielsweise kann ein Unternehmen in einer seiner Filialen innerhalb von zwei Zeiträumen (z. B. für jeweils eine Woche) für ein und dasselbe Produkt zwei unterschiedliche Preise verlangen. Können Störgrößen weitgehend ausgeschlossen werden, so ist eine etwaige differierende Nachfrage auf die unterschiedlichen Preise zurückzuführen, so dass die Preiselastizität gemessen werden kann. Wie man dabei konkret vorgeht, verdeutlicht folgendes Fallbeispiel. Dieses Verfahren gilt als fundiert, gleichzeitig aber aufwendig sowie kosten- und zeitintensiv.

Fallbeispiel „Ermittlung der Preiselastizität der Nachfrage in der Praxis unter besonderer Berücksichtigung von Preisschwellen"

Bei einer Erhöhung des Preises für das vorliegende Produkt von 4,59 € auf 4,99 € sinkt der Absatz von 11.900 auf 9.400 Stück (vgl. Tab. 4.6). Das entspricht einer Absatzänderung von – 21,0 %, einer Umsatzänderung von – 14,1 % und einer Preiselastizität von – 3,05 (= elastische Nachfrage). Erhöht man den Preis hingegen von 4,79 € auf 5,19 €, also auch um 0,40 €, überschreitet dabei aber eine Preisschwelle, fallen die Absatz- (- 54,3 %) und Umsatzänderungen (– 50,5 %) deutlich dramatischer aus. Letzteres lässt sich auch an der geringeren Preiselastizität von – 6,51 (= elastische Nachfrage) ablesen.

Ähnlich sieht es bei Preissenkungen aus. Bei einer Preissenkung für das Produkt von 4,29 € auf 3,99 € (= Überschreiten einer Preisschwelle) steigen der Absatz um 27,6 % und der Umsatz um 21,6 %. Hier beträgt die Preiselastizität – 3,95 (= elastische Nachfrage). Bei einer Preisreduzierung von 4,49 € auf 4,19 € erhöhen sich der Absatz hingegen nur um 4,9 % und der Umsatz um 2,3 %. Man erkennt hier im Vergleich zur ersten Preissenkung unschwer, dass die Steigerung geringer ausfällt, was sich auch an der geringeren Preiselastizität von – 2,09 ablesen lässt.

Die entsprechenden Daten erhalten Groß- und Einzelhandelsunternehmen aus den Abverkaufszahlen, die dem Warenwirtschaftssystem zu entnehmen sind. Schwieriger wird es für Hersteller, da diese keinen unmittelbaren Einblick in die Abverkaufszahlen des Handels haben. In diesem Fall muss man sich die Daten aus sog. Handelspanels (= Längsschnittuntersuchungen bei Handelsunternehmen) beschaffen. Solche Handelspanels werden beispielsweise von der *GfK*, Nürnberg, durchgeführt.

Tab. 4.6: Ein Beispiel für die Ermittlung der Preiselastizität der Nachfrage in der Praxis

Preis vorher (in €)	Preis nachher (in €)	Absatz vorher (in Tsd. Stück)	Absatz nachher (in Tsd. Stück)	Absatz-änderung (in %)	Umsatz-änderung (in %)	Preis_-elastizität
Preiserhöhung						
4,59	4,99	11,9	9,4	- 21,0	- 14,1	- 3,05
4,79	5,19	13,8	6,3	- 54,3	- 50,5	- 6,51
Preissenkung						
4,29	3,99	19,9	25,4	+ 27,6	+ 21,6	- 3,95
4,49	4,19	18,8	19,7	+ 4,9	+ 2,3	- 2,09

Ob eine elastische oder eine unelastische Nachfrage für ein Unternehmen von Vorteil ist, hängt von der jeweils verfolgten **Marketing-Strategie** ab:

- So zielen preisaggressive Unternehmen darauf ab, den Preis in den Mittelpunkt ihrer Marketing-Strategie zu stellen (sog. **Preis-Mengen-Strategie**). Dies erhöht die Preissensibilität der Verbraucher, was letztlich zu einer elastischeren Nachfrage führt.

- Positioniert sich ein Anbieter hingegen im **Premium-** und damit im **Hochpreissegment** (sog. **Präferenz-Strategie**), wird er versuchen, die Preiselastizität der Nachfrage möglichst unelastisch zu halten. In diesem Zusammenhang bietet sich zum Beispiel die Möglichkeit, der Austauschbarkeit durch den Verbraucher mittels entsprechender Zusatznutzenkomponenten (etwa Image) entgegenzuwirken.

- Außerdem bietet sich der Ansatzpunkt, den Verbraucher eher auf der **gefühlsmäßigen** und damit weniger auf der rationalen Ebene anzusprechen. Man denke etwa an modische Kleidung (Preiselastizität tendiert gegen 0 und ist damit unelastisch). In diesem Bereich steht der Preis nur selten im Mittelpunkt der (impulsiven) Kaufentscheidung.

- Des Weiteren zeigt sich folgender Zusammenhang: Je mehr der Kunde von einem bestimmten Lieferanten abhängig ist, d. h. je mehr Umsatz er mit diesem realisiert, desto weniger kann er wegen eines hohen Preises ausweichen. Senkt ein Unternehmen die Preise, läuft es Gefahr, Gewinne bei seinen profitabelsten Kunden zu verlieren, obwohl diese aufgrund der hohen Bedeutung des Lieferanten überhaupt nicht abwandern können. Denn viele Unternehmen realisieren den meisten Gewinn mit denjenigen 22 % ihrer Kunden, mit denen sie 68 % ihres Umsatzes erzielen. Weitere 63 % der Kunden trugen wenig zum Gewinn bei, und mit den restlichen 15 % werden sogar Verluste erzielt (vgl. *Giersberg* 2009, S. 12).

- Die Elastizität von Preiszuschlägen bei Serviceleistungen ist im Durchschnitt lediglich halb so hoch wie die von Basispreisen. Dies bedeutet, dass die Kunden auf Preissteigerungen für Service sehr viel weniger reagieren als auf eine Erhöhung des Grundpreises.

- Schließlich können eine geringe Preissensibilität und damit eine unelastische Nachfrage durch **Kundenzufriedenheit** sowie **Aufbau** von **Wechselbarrieren** durch den Einsatz der ökonomischen, juristischen, technologischen, psychologischen, sozialen und situativen Instrumente der **Kundenbindung** gewährleistet werden.

Bei der Berechnung der Preiselastizität darf keinesfalls vernachlässigt werden, dass hier nur Erlös- und damit Umsatzveränderungen betrachtet werden. Demnach lässt sich aus der Preiselastizität **kein Rückschluss** auf die **Gewinnveränderung** ziehen. Beispielsweise kann durch eine Preissenkung zwar durchaus der Umsatz steigen, gleichzeitig führt aber die höhere Absatzmenge zu überproportionalen Kostensteigerungen (etwa durch den Ausbau von Kapazitäten oder eine progressive Steigerung der Werbeaufwendungen), was in Extremfällen einen Gewinnrückgang bewirken kann. Folglich lässt sich eine gewinnoptimale Lösung nur durch eine flankierende Einbeziehung der Kosten berechnen.

In unmittelbarer Beziehung zur Preiselastizität der Nachfrage steht die **Preissensitivität**. Hierbei handelt es sich um einen Kennzahlenwert, der die Reaktion der Verbraucher auf Preiserhöhungen oder -reduzierungen widerspiegelt und damit ein Gradmesser für die Empfindlichkeit der Nachfrager aufgrund von Preisveränderungen ist. Keine Preissensitivität bedeutet keine Nachfrageänderung bei Preisveränderungen, weil Nachfrager Preise nicht kennen oder zum Kauf gezwungen sind (vgl. im Folgenden http://www.gfk.com/imperia/md/content/presse/pressemeldungen2010/100712_pm_gfk-sap-preisstudie_dfin.pdf; Stand: 20. 07.2012)

Nunmehr stellt sich die Frage, welche Warengruppen genauen Preisvorstellungen unterliegen und welche nicht. Dabei geht man von der Annahme aus, dass die Preissensitivität umso höher ist, je stärker die Warengruppe vom Verbraucher wahrgenommen wird. **Indizien für höhere Wahrnehmung** sind:

- **Einkaufshäufigkeit**: Durchschnittliche Einkaufshäufigkeit von Produkten einer Warengruppe im Jahr
- **Käuferreichweite**: Kundenanteil, der Produkte einer Warengruppe innerhalb einem Jahr mindestens einmal kaufte
- **Promotion-Anteil**: Umsatzanteil innerhalb einer Warengruppe, der durch Promotion-Preise erzielt wurde

Nach dem Grad der Preissensitivität lassen sich **drei Warengruppen** unterscheiden:

- **Halo-Produkte**
  - Bewusste Wahrnehmung
  - Starker Reiz, d. h. entscheidend für Preiswahrnehmung des Gesamtsortiments und damit der Einkaufsstätte
  - Regelmäßiger Kauf in kurzen Abständen
  - Güter des täglichen Bedarfs
  - Große Relevanz für Verbraucher
  - Lerneffekt: Kunde kennt Preis durch Erfahrung und nimmt Preisveränderungen schnell wahr
  - Sehr hohe Einkaufshäufigkeit und Käuferreichweite
  - Hoher Promotion-Anteil
  - Hohe Preissensitivität = geringer Preisspielraum
  - Gefahr von heftigen Preiskämpfen, falls Preise gesenkt werden

- **Potenzialprodukte**
  - Regelmäßiger, aber nicht häufiger Kauf
  - Spontankauf
  - Ergänzungskauf
  - Kein Einfluss auf die Geschäftsstättenwahl
  - Weniger Smart-Shopping möglich
  - Abrundung des Sortiments
  - Preisspielräume größer als bei Halo-Produkten, da geringere Lerneffekte bei Kunden
- **Potenzialprodukte**
  - Ca. 20 % des Gesamtumsatzes
  - Keine Hortungskäufe
  - Seltener, aber meist dringlicher Bedarf
  - Preissetzung relativ frei möglich, kaum Gefahr der Kundenabwanderung
  - Margenverbesserung möglich

4.4.3.3   Möglichkeiten der Preisdifferenzierung

Preisdifferenzierung bedeutet die Festlegung verschiedener Preise für das gleiche Produkt. Die Preisdifferenzierung basiert auf der Annahme, dass die Preisbereitschaft zwischen Verbrauchern bzw. Verbrauchersegmenten divergiert. Folglich bietet es sich an, von den jeweiligen Verbrauchern bzw. Gruppen unterschiedlich hohe Preise zu fordern und damit die **Konsumentenrente** (optimal) abzuschöpfen.

Die Preisdifferenzierung lässt sich anhand der folgenden **Kriterien** durchführen (vgl. hierzu Abb. 4.6 sowie *Diller* 2000; 2007, S. 245 ff.; *Fassnacht* 1996; *Simon* 1992):

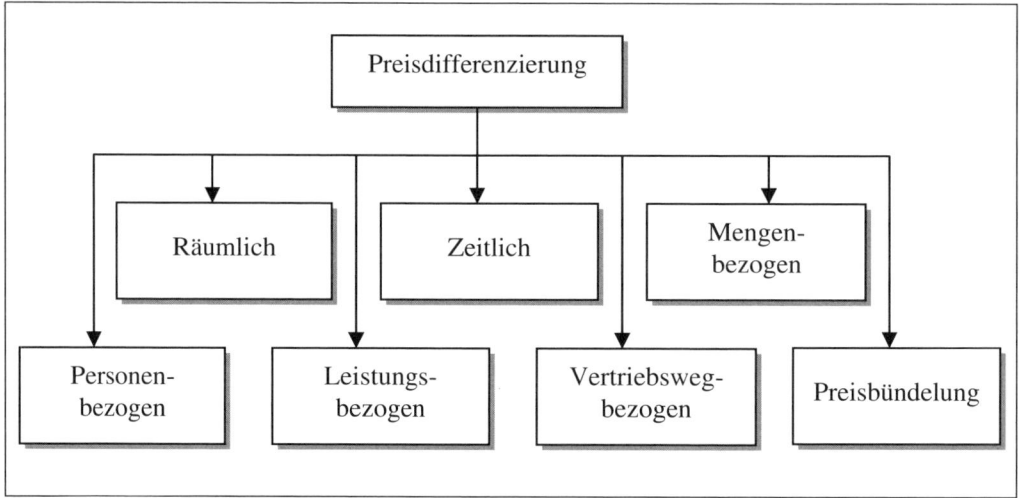

Abb. 4.6: Die Formen der Preisdifferenzierung

- **Räumlich**, d. h. der Preis wird nach Abatzgebieten differenziert (etwa Länder, Regionen). Unterschiedliche Preise für Produkte in verschiedenen Absatzgebieten können in Folge unterschiedlich hoher Transportkosten, Zollabgaben etc. zustande kommen. Eine eindeutige räumliche Preisdifferenzierung liegt demnach nur vor, wenn die Preisunterschiede größer als die Kostenunterschiede sind.

  Der Spielraum für eine räumliche Preisdifferenzierung sinkt mit einer zunehmenden Arbitrageneigung der Konsumenten. Hierunter versteht man deren subjektive Bereitschaft, ab einem bestimmten Arbitragegewinn (= Preisdifferenz – Transaktionskosten für Information, Kontaktaufnahme, Transport etc.) ein Produkt über einen „grauen Markt" und nicht über den traditionellen Vertriebsweg des Anbieters zu beziehen. Die Bereitschaft zu **Arbitrage** ist abhängig von der Preissensibilität der Konsumenten sowie von der Erklärungsbedürftigkeit und dem Vertrauensgutcharakter der Produkte.

Fallbeispiel „Räumliche Preisdifferenzierung" – Was kostet eine Tafel *Ritter Sport* in Peking?

Die im Folgenden dargestellte Analyse der Preise für eine Tafel *Ritter Sport*-Schokolade in ausgewählten Hauptstädten fördert Unterschiede von bis zu 110 % zu Tage:

- Sydney: 1,58 €
- Peking   1,31 €
- Madrid: 1,19 €
- Paris: 1,09 €
- Moskau: 0,84 €
- Berlin: 0,75 €

Quelle: *o. V.*: Was kostet …?, in: Welt am Sonntag, Nr. 33 vom 19.08.2007, S. 26.

- **Zeitlich**, d. h. je nach Absatzzeitpunkt werden unterschiedliche Preise gefordert. Zyklen der zeitlichen Preisdifferenzierung können Tages-, Wochen-, Monats- und Jahresablauf sein. Ein Ziel der zeitlichen Preisdifferenzierung liegt darin, Spitzenbelastungen der Unternehmenskapazitäten zu vermeiden bzw. gleichmäßige Kapazitätsauslastungen zu realisieren. Deshalb kommt der zeitlichen Preisdifferenzierung im Dienstleistungsbereich besondere Bedeutung zu. Daneben kann sich die Preisforderung u. a. an der Stellung eines Produkts im Produktlebenszyklus (Einführung, Wachstum, Sättigung, Degression, Relaunch) orientieren.

Fallbeispiel „Zeitliche Preisdifferenzierung" – Freitags gehen die Spritpreise nach oben.

Eine Untersuchung des *ADAC* förderte zu Tage, dass Diesel und Benzin freitags im Durchschnitt 1,5 Cent mehr kosten als am Montag. Die Mineralölkonzerne erhöhen offenkundig systematisch die Preise, um auf diese Weise von der höheren Kraftstoffnachfrage zum Wochenende zu profitieren. Außerdem sind die Preise am Morgen höher als am Abend, was darauf schließen lässt, dass sich die Mineralölkonzerne den unterschiedlichen Zeitdruck der Autofahrer zu Nutze machen.

Im Kontext von Benzinpreisen sind noch zwei weitere Aspekte erwähnenswert: Ein Fass Rohöl (159 Liter), dass im Irak für 2 € gefördert wurde, kostet im Hafen von Rotterdam bereits 75 €. Und ein Tankstellenpächter erhält gerade einmal 1 Cent pro verkauftem Liter Benzin.

Quelle: *o. V.:* Spritpreise – immer wieder freitags geht's nach oben, in: ADACmotorwelt, Nr. 5/2009, S. 18.

- **Mengenbezogen**: Beispielsweise bekommen Großabnehmer günstigere Konditionen eingeräumt als Kleinabnehmer. Exemplarisch können die unterschiedlichen Preise für Industrie- und Haushaltsstrom angeführt werden. Oder Selbstverwender zahlen andere Preise als Wiederverkäufer. Im Einzelnen lassen sich folgende **Formen** der mengenbezogenen Preisdifferenzierung unterscheiden (vgl. *Berndt* 2004, S. 257 ff.):
  - **Durchgerechneter Mengenrabatt**: Für größere Abnahmemengen oder Umsätze werden gemäß einer Rabattstaffel höhere Rabattsätze gewährt. Der Rabattsatz bezieht sich auf die gesamte Bezugsmenge. Der Preis für eine Menge von 70 Stück und einem Grundpreis von 1,00 € beträgt nach der in Tab. 4.7 angegebenen durchgerechneten Rabattstaffel 66,50 €.
  - **Angestoßener Mengenrabatt**: Der Preisnachlass gilt nur für das angegebene Mengenintervall. Der Preis für eine Menge von 70 Stück und einem Grundpreis von 1,00 € beträgt nach der in Tab. 4.8 angegebenen angestoßenen Rabattstaffel 61,90 €.

Tab. 4.7: Beispiele für eine durchgerechnete Rabattstaffel

Abnahmemenge *(in Stück)*	Rabattsatz *(in %)*
0–19	0
20–49	2
50–99	5
100–199	9
200–499	14
500–999	20
Ab 1.000	27

Tab. 4.8: Beispiele für eine angestoßene Rabattstafel

Abnahmemenge *(in Stück)*	Preis pro Stück (in €)
0–19	1,00
20–49	0,90
50– 99	0,80
100–199	0,70
200–499	0,60
500–999	0,50
Ab 1.000	0,40

– **Bonusprogramme**: Ein Bonus ist eine nachträgliche Vergütung, die auf den gesamten Umsatz bzw. Absatz gewährt wird, den ein Abnehmer in einer bestimmten Periode realisiert hat. Boni sind i. d. R. den einzelnen Waren nicht zurechenbar, wobei hierfür in der Rechtsprechung unterschiedliche Meinungen existieren.

– **Pauschalpreise**: Der Kunde bezahlt für beliebig viele Einheiten eines Produkts einen Einheitspreis (etwa ein All-Inclusive-Tarif).

– **Zweiteiliger Tarif**: Besteht aus einer fixen Grundgebühr und einer variablen Gebühr pro verkaufter bzw. gekaufter Einheit des Produkts.

– **Blocktarif**: Bietet die Wahl zwischen mehreren Tarifen, die sich aus einer Grundgebühr und einem Preis pro Verbrauchseinheit zusammensetzen. Je höher die Grundgebühr ist, desto niedriger ist der variable Preis.

– **Preispunkte**: Für diskrete Abnahmemengen werden bestimmte Preise festgelegt, wobei der Preis pro Stück mit steigender Stückzahl abnimmt.

– **Mehr-Personen-Preisbildung**: Für eine bestimmte Anzahl von Personen wird ein reduzierter Gesamtpreis für eine Leistung festgelegt. Der Durchschnittspreis liegt i. d. R. niedriger als der Preis, den eine einzelne Person für diese Leistung zu zahlen hätte (etwa Familienpreise).

• **Personenbezogen**: Beispiele hierfür sind die Preisdifferenzierung nach Alter (etwa besondere Preise für Kinder, Jugendliche und Senioren), Einkommens- und Ausbildungssituation (z. B. Sonderpreis für Schüler und Studierende), Beruf (etwa Vorzugspreise bei Büchern und Computern für Lehrer und Dozenten) oder Zugehörigkeit zu bestimmten Gruppen (etwa Vorzugspreise im Falle einer Mitgliedschaft, günstigere Versicherungen für Öffentliche Bedienstete und Beamte). Selbstverwender etwa zahlen andere Preise als Wiederverkäufer, und Speisesalz kostet mehr als Viehsalz (= Verwendungszweck).

• **Leistungsbezogen**: Diese Form der Preisdifferenzierung liegt vor, wenn ein Anbieter Varianten eines Produktes offeriert, die hinsichtlich der Leistung unterschiedlich sind, die Preisdifferenz aber nicht dem Unterschied zwischen den Herstellungskosten entspricht. Ein solcher Fall wird unterstellt, wenn eine Bank die Goldene Kreditkarte für 65 € und die normale Kreditkarte für 20 € anbietet. Ausschlaggebend für den Erfolg der leistungsbezogenen Preisdifferenzierung ist, dass die wahrgenommenen Nutzendifferenzen zwischen den Produktvarianten aus Sicht der Nachfrager groß genug sind, um die Preisunterschiede zu rechtfertigen.

- **Vertriebsweg**: Im Zuge der Verbreitung von Internet und E-Commerce gewinnt eine weitere Variante, nämlich die Preisdifferenzierung nach Vertriebswegen an Bedeutung. Beispielsweise räumt die *Lufthansa* ihren Kunden bei Online-Buchung einen Preisnachlass von 10 € ein. Ähnlich agieren Banken gegenüber ihren Online-Kunden, indem sie hier geringere bzw. gar keine Gebühren veranschlagen. Der Fruchtgummianbieter *Haribo* bedient sich einer verdeckten vertriebswegbezogenen Preisdifferenzierung. Abgesehen von Preisaktionen kosten Produkte wie die weltbekannten Gummibärchen hierzulande überall 0,89 €. Doch wer genau hinsieht, erkennt, dass man für diesen Preis bei *Aldi* und *Lidl* 300 g erhält, bei anderen Handelsunternehmen jedoch gerade einmal 250, 200 oder gar nur 175 g bekommt. Die Preisdifferenzierung erkennt nur, wer auf die Grundpreise (=100 g) achtet.

- **Preisbündelung**: Verschiedene Produkte (zumeist komplementären Bedarfs) werden in einem Paket zu einem Gesamtpreis angeboten. Werden Produkte gemeinsam erworben (z. B. Kombinationspackung aus Zahnbürste, -creme und -seide), liegt der Gesamtpreis im Regelfall niedriger als die Summe der jeweiligen Preise der einzelnen Produkte. Im Falle der **reinen Bündelung** werden die Produkte lediglich in Kombination und nicht einzeln angeboten. Bei der **gemischten Bündelung** können die Produkte auch einzeln erworben werden. Hier kann die Konsumentenrente heterogener Nachfragersegmente besser abgeschöpft werden als beim ausschließlichen Verkauf zu Einzelpreisen. Von **Entbündelung** schließlich spricht man, wenn nur noch die Einzelprodukte und keine Bündel mehr verkauft werden (vgl. zur Preisbündelung *Wübker* 1998). In der Automobilindustrie ist die Preisbündelung in Form von Ausstattungspaketen der Regelfall. Auch im Textilhandel findet sich die Preisbündelung (etwa Business-Kleidung für Frauen in Form eines Bündels aus Blazer, Hose und Rock). Ziel ist es, den Kunden zu motivieren, mehr zu kaufen und – den Preisnachlass in Form des Paketpreises vor Augen – auch mehr auszugeben. Gleichzeitig nehmen Preistransparenz und Preissensitivität ab, ein Anbieter bewegt sich weg von der Produkt- hin zur Problemorientierung (vgl. *Sebastian/Maessen* 2003, S. 9–10). Des Weiteren können unattraktive Produkte im Bündel mit erfolgreichen Produkten besser abgesetzt werden. Nicht zuletzt ergeben sich durch das Angebot von Preisbündeln Einsparungen bei den Transaktionskosten.

Aus der **hierarchischen Perspektive** lassen sich drei wesentliche Formen der Preisdifferenzierung unterscheiden (vgl. *Pigou* 1960, S.279):

- **Preisdifferenzierung ersten Grades**: Ein Anbieter fordert von jedem einzelnen Kunden den individuell maximalen Preis, weshalb auch von perfekter Preisdifferenzierung gesprochen wird, weil die gesamte Konsumentenrente abgeschöpft wird.

- **Preisdifferenzierung zweiten Grades**: Hier liegt die Annahme zugrunde, dass man die Nachfrager in Segmente mit unterschiedlichen Maximalpreisen zerlegen kann und dementsprechend auf die Segmente ausgerichtete Preise festlegt. Die Nachfrager sind in ihrer Kaufentscheidung weiterhin frei. Sie segmentieren sich sozusagen selbst, so entfallen Kontrollkosten. Zu dieser Kategorie zählen mengenbezogene, leistungsbezogene, räumliche und vertriebswegbezogene Preisdifferenzierung sowie Preisbündelung.

- **Preisdifferenzierung dritten Grades**: Der Anbieter legt die Segmente anhand beobachtbarer Kriterien selbst fest und fordert von jeder Kundengruppe spezifische Preise.

Hierzu zählen die personenbezogene, die zeitliche und die regionale Preisdifferenzierung sowie die Mehrpersonen-Preisbildung. Allen Formen ist gemeinsam, dass sich die Nachfrager nicht selbst einem Segment zuordnen, sondern aufgrund bestimmter Eigenschaften vom Unternehmen segmentiert werden. Diese Eigenschaften sollten in Verbindung zu unterschiedlichen Zahlungsbereitschaften der Kunden stehen. Anzumerken ist die gleichzeitige Zuordnung der regionalen Differenzierung zum zweiten und dritten Grad. In Abhängigkeit der Entfernung können Konsumenten auf regionale Preisunterschiede reagieren, indem sie einen Weg auf sich nehmen, um das Produkt günstiger zu erwerben.

Die Preisdifferenzierung ist an folgende **Voraussetzungen** geknüpft:

- Die relevanten Teilmärkte müssen durch **unterschiedliche Preis-Absatz-Funktionen** charakterisiert sein.

- Es muss **technisch** möglich sein, unterschiedlich hohe Preise zu fordern (etwa im Falle der personenbezogenen Preisdifferenzierung die Identifikation der Konsumenten, denen Preisvorteile eingeräumt werden, anhand bestimmter Ausweise).

- Es muss ausgeschlossen sein, dass Nachfrager, die das Produkt zu einem günstigen Preis erwerben, dieses auf einem anderen Markt zu einem höheren Preis wiederverkaufen (sog. **Arbitrage;** französisch: arbitre = Schiedsrichter, Schlichter, Richter).

Der zentrale **Vorteil** der Preisdifferenzierung liegt darin, dass sich im Vergleich zur Einheitspreisstrategie unterschiedliche Preisbereitschaften abschöpfen und damit höhere Erlöse erzielen lassen. Als wesentliche **Nachteile** gelten:

- Höhere Komplexität durch Koordination der unterschiedlichen Preisstrategien,

- Kannibalisierungseffekte (z. B. wechseln Konsumenten von den teureren zu den billigeren Angeboten) sowie

- Irritationen der Konsumenten bei Inkonsistenten und zu großen Preisunterschieden (vgl. *Sebastian/Maessen* 2003, S. 7).

Fallbeispiel „Räumliche bzw. zeitliche Preisdifferenzierung" – das Aktionspreisbarometer der *LebensmittelZeitung*

Wie die in Tab. 4.9 aufgeführten Befunde belegen, können die Preise für ein und dasselbe Produkt sogar bei ein und demselben Filialisten zum Teil erheblich differieren. Während beispielsweise die Zahnbürste Oral B Vitality 12.013 beim *Media-Markt*, Halle, in der 13. Kalenderwoche 2006 für 5,- € angeboten wurde, kostete dasselbe Produkt in der 30. Kalenderwoche 2006 im *Media-Markt*, Bochum, 19,-- €. Das entspricht einem Preisunterschied von 380 %. Da davon auszugehen ist, dass beide Filialen über dieselbe Bezugsquelle verfügen und demnach identische Konditionen eingeräumt bekommen, scheiden kostenorientierte Gründe aus. Vielmehr dürften konkurrenz- und/oder nachfrageorientierte Aspekte den Ausschlag für eine solch gravierende zeitliche und/oder räumliche Preisdifferenzierung geben. Einschränkend gilt es zu vermerken, dass die zunehmende Bedeutung des Online-Verkaufs die Möglichkeiten der räumlichen Preisdifferenzierung begrenzt.

Tab. 4.9: Ausgewählte Beispiele einer räumlichen bzw. zeitlichen Preisdifferenzierung bei Elektrokleingeräten (Quelle: LebensmittelZeitung 2006, S. 52)

Artikel-bezeichnung	Hersteller	Höchster Preis/ Anbieter	Werbe-termin (KW/Jahr)	Niedrigster Preis/ Anbieter	Werbe-termin (KW/Jahr)
Espressomaschine Impressa, Z 5, 15 bar	*Jura*	2.099,-- € *Media-Markt*, Nürnberg	05/06	1.550,-- € *Media-Markt*, Magdeburg	03/06
Bodenstaubsauger ohne Beutel DC 08 Origin	*Dyson*	264,-- € *Media-Markt*, Frankfurt	15/06	159,-- € *Media-Markt*, München	23/06
Zahnbürste Oral B Vitality 12.013	*Braun*	19,-- € *Media-Markt*, Bochum	30/06	5,-- € *Media-Markt*, Halle	13/06

Spezielle Varianten einer zeitlichen Differenzierung sind die Skimming- und die Penetrationsstrategie, die erstmals von *Dean* (1951, 1969) systematisch analysiert wurden (vgl. Abb. 4.7 sowie im Folgenden *Meffert* 2000, S. 565–568; *Pepels* 2000, S. 529–531).

Bei der **Skimmingstrategie** (= Abschöpfungsstrategie) wird das neue Produkt zu einem vergleichsweise hohen Preis in den Markt eingeführt. Mit zunehmender Markterschließung und/oder aufkommendem Wettbewerbsdruck wird der Produktpreis sukzessive gesenkt, damit neue Käuferschichten gewonnen werden können (vgl. *Simon* 1992, S. 293). Die Skimmingstrategie empfiehlt sich in erster Linie für Produkte mit:

- hohem Innovationsgrad,
- anfänglich geringer Produktionskapazität sowie
- niedriger kurzfristiger Preiselastizität (Kunden würden das Produkt auch bei geringeren Preisen nicht kaufen, da sich ihnen neue Technologien als zu komplex darstellen, sie keine Notwendigkeit zum Erwerb solcher Produkte sehen oder sie abwarten wollen, bis mögliche „Kinderkrankheiten" von Innovationen ausgemerzt sind).

Die Abschöpfungsstrategie wurde früher bei synthetischen Produkten wie Nylon oder Teflon mit Erfolg eingesetzt und wird heutzutage u. a. bei Produkten der Unterhaltungselektronik und Informationstechnologie praktiziert. So betrug der Preisrückgang bei Fernsehgeräten in 2009 rund 25 % gegenüber dem Vorjahr. Notebooks und Handys wurden im gleichen Zeitraum um rund 20 bzw. 9 % günstiger.

Folgende **Argumente** sprechen für eine Skimmingstrategie (vgl. *Simon* 1992, S. 295):

- Graduelles Abschöpfen der Preisbereitschaft (= Konsumentenrente)
- Erwirtschaftung hoher kurzfristiger Gewinne, die von der Diskontierung (= Abzinsung) vergleichsweise wenig betroffen sind, da sie frühzeitig anfallen

- Überschaubares Obsoleszenzrisiko (= Gefahr der Produktalterung, weil bessere Konkurrenzangebote auf den Markt kommen), da Gewinne in frühen Phasen des Produktlebenszyklus realisiert werden
- Schnelle Amortisation des Forschungs & Entwicklungs-Aufwandes
- Schaffung eines Preisspielraums nach unten und damit Kalkulation „nach der sicheren Seite", da auf diese Weise Preiserhöhungen vermieden werden
- Möglichkeit, den hohen Anfangspreis als Qualitätsindikator zu nutzen

Das **Risiko** bei der Abschöpfungsstrategie liegt darin, dass durch die hohen Preise sowie die damit guten Gewinn- und Wachstumschancen neue Konkurrenten angelockt werden. Vor diesem Hintergrund scheint es geboten zu sein, frühzeitig Markteintrittsbarrieren gegenüber Imitatoren zu errichten. Hierzu dienen u. a. Patente, spezielles Know-how und/oder erhöhter Kapitalbedarf für die Beschaffung von Materialien. Nicht zuletzt birgt eine Abschöpfungsstrategie die Gefahr des sog. **Leap Frogging** (engl. „leap frogging": Bockspringen) dergestalt in sich, dass der Verbraucher seine Kaufentscheidung in die Zukunft verschiebt, weil er hofft, dass in absehbarer Zukunft der Preis noch weiter sinken wird.

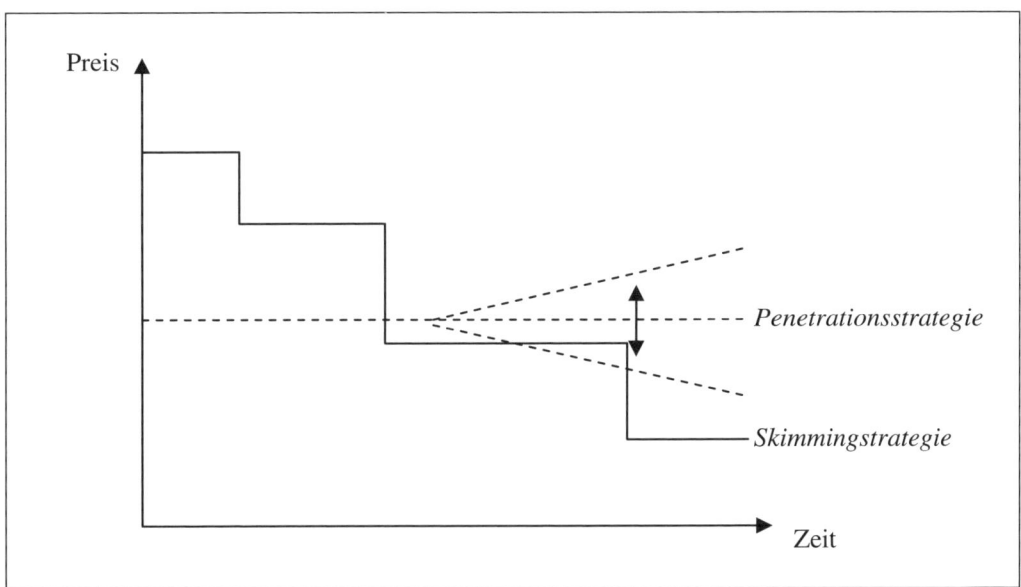

Abb. 4.7: Preisabfolgen im Rahmen ausgewählter Preisstrategien

Bei der **Penetrationsstrategie** (= Durchdringungspreisstrategie) wird das Produkt zu einem besonders niedrigen Preis eingeführt. Über die Preisentwicklung in späteren Lebenszyklusphasen werden zumeist keine präzisen Aussagen getroffen. Grundsätzlich sind die in Abb. 8.6 dargestellten Optionen möglich. Die Penetrationsstrategie zielt darauf ab, mit relativ niedrigen Preisen für neue Produkte schnell Massenmärkte zu erschließen und große Absatzmengen bei niedrigen Stückkosten zu realisieren. Die Penetrationsstrategie empfiehlt sich, wenn die Nachfrager sehr preissensibel reagieren (= hohe kurzfristige Preiselastizität; vgl. *Simon* 1992, S. 294) und niedrige Preise höhere Marktanteile bewirken.

Als **Stärken** der Penetrationsstrategie sind zu nennen:

- Erzielung hoher Gesamtdeckungsbeiträge bzw. Gesamtgewinne trotz niedriger Stückdeckungsbeiträge bzw. Stückgewinne durch schnelles Absatzwachstum („Kleinvieh macht auch Mist.")

- Erreichen eines durch Wettbewerber nur schwer einholbaren Stückkostenvorsprungs, da durch schnelle Erhöhung der kumulierten Absatzmenge Erfahrungskurveneffekte (Economies of large Scale) realisiert werden können

- Abschreckung möglicher Imitatoren und künftiger Mitbewerber vor einem Markteintritt

- Geringes Floprisiko aufgrund niedriger Einführungspreise

Mit dem Einsatz der Penetrationsstrategie sind aber auch **Risiken** verknüpft: Bei Niedrigpreisen dauert es länger, bis sich die Investitionen in ein neues Produkt amortisieren. Des Weiteren assoziieren Abnehmer mit niedrigen Preisen häufig eine geringe Produktqualität. Schließlich kann es sich als schwierig herausstellen, die geplanten Preiserhöhungen zu einem späteren Zeitpunkt am Markt durchzusetzen. Aus diesem Grund streben Unternehmen häufig mit einem niedrigen Produktpreis nach hohen Marktanteilen und setzen mit zunehmender Fertigungserfahrung auf sinkende Stückkosten (= Economies of large Scale), um dadurch einen weiteren Preisspielraum nach unten zu eröffnen.

Im Zuge der kundenorientierten Preisgestaltung gilt es der Vollständigkeit halber noch das **Yield-Management** (deutsch: Ertragsmanagement) anzuführen. Hierunter versteht man ein Marketing-Konzept zur nachfrageorientierten Angebotssteuerung, das vorwiegend im Dienstleistungsbereich Anwendung findet. Durch gezielte preis- und kommunikationspolitische Maßnahmen soll eine Optimierung der Auslastung von zeitlich begrenzt verfügbaren Kapazitäten (z. B. Sitzplätze in einem Flugzeug, Passagierplätze auf einem Kreuzfahrtschiff) erreicht werden. Ziel ist die Steigerung des Ertrages (vgl. *Conrady* 2012).

4.4.3.4   Veranstaltungen zur abnehmer- und anbieterorientierten Preisfixierung

In diesem Kontext sind im Wesentlichen Auktionen und Submissionen zu nennen. **Auktionen** sind Marktveranstaltungen, bei denen sich Kauf-/Angebotsinteressenten darin über-/ -unterbieten, die angebotene Ware zu erhalten/liefern. Der erzielte Preis ist demnach das Resultat eines Wettbewerbs unter Nachfragern/Anbietern, wohingegen kosten- und konkurrenzorientierte Aspekte eine nachgeordnete Rolle spielen (vgl. zu Auktionen *Skiera* 1998, S. 297– 10). Als klassische Form der Versteigerung gilt die offene Auktion, bei der die teilnehmenden Bieter über sämtliche abgegebenen Gebote informiert sind. Bei der verdeckten Auktion geben die Teilnehmer ihre Gebote ohne dieses Wissen ab.

Folgende **Varianten** von offenen Auktionen sind zu nennen:

- Bei der **klassischen Versteigerung** (= aufsteigende Auktion) versuchen die am Erwerb/ Angebot des Produkts Interessierten, sich gegenseitig zu über-/unterbieten. Das höchste/niedrigste Gebot erhält den Zuschlag. Hinsichtlich der Entwicklung des Preises herrscht bei Anbieter und Nachfragern völlige Transparenz.

- Beim **Veiling** (= absteigende Auktion; auch Holländische Auktion; Methode der Versteigerung von Fischen, Blumen, Obst, Gemüse u. a. rasch verderblichen Erzeugnissen) entwickelt sich der Preis in entgegengesetzter Richtung, d. h. von oben nach unten. Auf einer Versteigerungsuhr läuft ein Zeiger langsam über eine fallende Preisskala, bis er durch das erste (und somit höchste) Käuferangebot angehalten wird. Damit erhält derjenige Teilnehmer, der zuerst bietet, den Zuschlag. Im Gegensatz zur klassischen Versteigerung herrscht hier bei den Nachfragern höchste Unsicherheit, da niemand weiß, zu welchem Preis die anderen ein Gebot abgeben, sowie eine höhere Auktionsgeschwindigkeit.

Im Trend liegen über das Internet veranstaltete Auktionen. *eBay* gilt als bekanntester und umsatzstärkster Veranstalter von Internetauktionen, vermakelt Kontakte zwischen Käufern und Verkäufern Online und verdient dabei in erster Linie an Verkaufsprovisionen. Handelsunternehmen ihrerseits nutzen beispielsweise die B2B-Internetplattform *Agentrics*, um Waren und Dienstleistungen zu erwerben. Über diese Internetplattform definieren die Einkäufer von Handelsunternehmen ihren Waren- und/oder Dienstleistungsbedarf und fordern ausgewählte Lieferanten auf, entsprechende Angebote abzugeben. I. d. R. erhält der Lieferant den Zuschlag, der den niedrigsten Preis bietet. Auf diese Weise lassen sich im Regelfall erhebliche Preis- und Zeitvorteile realisieren (vgl. *Metro Group* 2008, S. 91–93).

Fallbeispiel „Auktion" (1) – die Zweitpreis-Auktion nach *William Vickrey*

Die Zweitpreisauktion (Second Price Sealed Bid Auction) wurde von *William Vickrey*, einem US-amerikanischer Ökonomen kanadischer Herkunft, erfunden. Für die Analyse der Vorteile dieses Auktionsverfahrens wurde er 1996 mit dem Nobelpreis für Wirtschaftswissenschaften ausgezeichnet. Bei dieser Spielart der geheimen Auktion erhält – wie bei anderen Auktionen auch – der Höchstbietende den Zuschlag, zahlt aber nur einen Preis in Höhe des zweithöchsten Gebots. Der Vorteil dieser Auktion besteht darin, dass es für Bieter vorteilhaft ist, ein Gebot in Höhe ihrer wahren Wertschätzung für das zu versteigernde Gut abzugeben. Bei der Erstpreisauktion hingegen werden sie niedriger bieten, um im Falle des Zuschlags noch einen Gewinn zu erwirtschaften.

Die Abgabe der Gebote bei der Zweitpreis-Auktion verläuft geheim, oftmals in Form eines One Shot, d. h. die Bieter können nur ein einziges Gebot abgeben. Die Zweitpreis-Auktion gleicht damit die Logik einer geheimen Auktion, bei der zwangsläufig zumindest der Auktionator, oft auch der Verkäufer, alle Angebote einsehen kann, jener einer offenen Auktion an, wo auch der Höchstbieter den Zuschlag zum Zweitbieterpreis (genau genommen: marginal darüber) erhält, da an dieser Stelle der Versteigerungsvorgang endet.

Beispiele für Zweitpreisauktionen sind *eBay*-Auktionen mit Agenten, bei denen die Bieter ihre Wertvorstellungen früh festlegen und dann den Agenten automatisch bieten lassen. Der Gewinner einer solchen Auktion entrichtet das Gebot des zweithöchsten Bieters mit einem kleinen Aufschlag.

Auch persönlich geführte Auktionen bei *eBay* können noch als Zweitpreis-Auktionen gelten, wenngleich sie vor allem in der Endphase einer Auktion von irrationalem Verhalten geprägt sein können. Grund dafür ist vor allem Bietverhalten, das psychologisch auf die anderen Bieter wirken soll, aber auch so bedingt ist. Daneben kann man beobachten, dass manche Bieter über ihre Zahlungsbereitschaft bieten, weil sie die Versteigerung gewinnen wollen (sog. Spaßbieter).

Die Gefahren der Zweitpreis-Auktion liegen in der Fälschung des zweithöchsten Gebotes durch den Auktionator sowie im asozialen Verhalten anderer Bieter, die, wenn sie keine Aussicht auf den Zuschlag sehen, ein Gebot abgeben, das ihrer Zahlungsbereitschaft widerspricht, um den Zweitbieterpreis zu beeinflussen. Wollen sie dem Höchstbieter schaden, werden sie über ihrer Zahlungsbereitschaft bieten, um so – falls sie Zweitbieter werden – den Preis nach oben zu treiben. Hierbei setzt sich ein Bieter jedoch unweigerlich dem Risiko aus, dass sich sein Gebot entgegen der ursprünglichen Erwartung am Ende als das höchste herausstellt und er so zu einem Kauf über der eigenen Zahlungsbereitschaft gezwungen ist.

Will ein Bieter dem Verkäufer schaden, wird er unter der eigenen Zahlungsbereitschaft bieten, um auf diese Weise das Zweitgebot zu senken. Dadurch riskiert er aber, den Zuschlag für das Produkt zu verlieren.

Quelle: *Fehr, B.:* Von Goethe erdacht, von Ebay genutzt: Zweitpreis-Auktionen, in: Frankfurter Allgemeine Zeitung, Nr. 298 vom 22.12.2007, S. 21.

Fallbeispiel „Auktion" (2) – der B2B-Marktplatz CPGmarket von *Nestlé Deutschland*

Seit Dezember 2000 veranstaltet *Nestlé Deutschland* Auktionen mit Hilfe des B2B-Marktplatzes *CPGmarket*, zu dessen Gründern der Konzern gehört. Eine durchschnittliche Auktion von *Nestlé* dauert eine halbe Stunde. Sie wird automatisch um fünf Minuten verlängert, falls in den letzten drei Minuten noch ein Gebot erfolgt. Trotzdem lag das Maximum bislang unter zwei Stunden.

Bei hinreichendem Wettbewerb zwischen den teilnehmenden Lieferanten entwickelt sich der Preis im Regelfall in Form einer S-Kurve. Zunächst geben Lieferanten relativ teure Angebote ab. Dann tritt eine gewisse Ruhephase ein. Einige Zeit vor Ende der Auktion steigt die Angebotsintensität, die Preise gehen nach unten und erste Teilnehmer steigen aus. Neben dieser S-Kurve der ernsthaften Anbieter gibt es immer wieder auch einige Lieferanten, deren Preise weit oberhalb des Feldes der Mitbewerber liegen. Vermutlich nutzen diese die Auktion als Marktforschungsinstrument (Zu welchen Preisen bieten Konkurrenten ihre Waren an?), ohne ein wirkliches Interesse zu haben, den Auftrag zu erlangen.

Nestlé vergibt einen Auftrag nicht automatisch an den günstigsten Bieter. Neue Lieferanten müssen einem Audit unterzogen werden, vor allem bei Verpackungen sind häufig Maschinenversuche erforderlich.

Sämtliche Auktionsteilnehmer kennen die Bedingungen vorab, so dass ein Nachverhandeln nach Auktionsende als unseriös gilt. Konsequenterweise bildet die Spezifikation einen Kernpunkt der Auktion. Diese erfordert beim ersten Mal für eine Warengruppe etwa sechs Wochen, im Falle von Folgeauktionen bei Pflege der Spezifikationen nur wenige Stunden. Zwar wurden auch bei *Nestlé* im Falle von Einkaufsauktionen schon Preise von nur 75 % des Vorjahresniveaus erzielt, doch war dies zumeist auf ein insgesamt fallendes Preisniveau zurückzuführen. Demnach sei nicht der geringere Preis, sondern die Schnelligkeit das langfristige Hauptargument für Auktionen. Eine gute Auktion erspare Dutzende von Gesprächen mit möglichen Lieferanten.

Derzeitig begrenzen die Marktbedingungen vieler Vorprodukte und Dienstleistungen die Anwendbarkeit von Auktionen auf einen Bruchteil des Beschaffungsvolumens von *Nestlé*. Als entscheidend für den Erfolg einer Auktion gelten die Materialgruppe, die Zahl der teilnehmenden Lieferanten, das Marktumfeld (Käufer- versus Verkäufermarkt) sowie das Geschick des Einkäufers.

Quelle: *Rode, J.*: Immer schneller, manchmal billiger, in: LebensmittelZeitung, Nr. 5 vom 01.02.2002, S. 25.

Fallbeispiel „Auktion" (3) – die Internet-Auktion von *Snipster*

Snipster versteigert Markenartikel in Live-Auktionen. Das Auktionsverfahren von *Snipster* verläuft folgendermaßen:

- Jede Auktion startet bei einem Preis von 0,00 € und hat eine bestimmte Laufzeit.
- Man kann per Telefon oder Online bieten. Jedes Gebot kosten 0,50 €.
- Jedes Gebot erhöht den Preis um 1 Cent und verlängert den Countdown um 15 bzw. 10 Sekunden.
- Wenn der Countdown abgelaufen ist, ist die Auktion beendet. Der Letztbietende erhält das Produkt dann zum entsprechenden letzten Gebot.

Wird beispielsweise ein *Apple IPad 4 32 GB* schwarz (Unverbindliche Preisempfehlung: 779 €) zum durchaus realistischen Preis in einer Auktion von 40 € verkauft, hat das Unternehmen 4.000 x 1 Cent = 2.000 € + 40 € = 2.040 € eingenommen. Um eine hohe Bieterintensität zu gewährleisten und damit ein zu frühes Ende der Auktion bei einem niedrigen Versteigerungspreis zu vermeiden, werden die Auktionen zu nachfrageschwachen Zeiten (etwa in den Nachtstunden) ausgesetzt.

Quelle: https://www.snipster.de/So-funktionierts; Stand: 13.12.2012.

Im Gegensatz zur Auktion handelt es sich bei der **Submission** um eine anbieterorientierte Preisfestsetzung. Hierbei werden potenzielle Anbieter im Zuge einer Ausschreibung aufgefordert, ein Angebot für eine vom Nachfrager genau definierte Leistung bis zu einem bestimmten Termin in einem verschlossen Umschlag abzugeben. Preisabsprachen zwischen den Anbietern sind verboten. Den Zuschlag erhält im einfachsten Fall derjenige, der die Leistung zum günstigsten Preis anbietet. Bei der Submission verfügt der Nachfrager über eine hohe Markttransparenz, wohingegen bei den Anbietern Ungewissheit vorherrscht (vgl. *Backhaus* 1999).

Fallbeispiel „Submission" – die Internetplattform *MyHammer*

MyHammer.de bezeichnet sich selbst mit rund 10.000 täglich laufenden Aufträgen als Marktführer unter den Auktionsplattformen für Handwerker und andere Dienstleister. Die Auftragsvergabe erfolgt mittels Submission sprich Rückwärtsauktion. Die Auftraggeber stellen einen Job ein und schlagen einen Preis vor. Die Auftragnehmer unterbieten sich gegenseitig. Wer das niedrigste Angebot unterbreitet, erhält den Zuschlag. Hierfür erhält der Plattformbetreiber vom Auftragnehmer eine Provision zwischen 2 und 4 %.

Quelle: *Riering, B.*: Die Rückkehr der Tagelöhner, in: Welt am Sonntag, Nr. 7 vom
          18.02. 2007, S. 29.

Fallbeispiel „Abnehmerorientierte Preisfindung" – „Pay what you want" (PWYW)

Eigentlich müsste die Vorstellung, dem Kunden die Preisfestlegung zu überlassen, jedem Unternehmer den Angstschweiß auf die Stirn treiben. Doch immer mehr Handels-, Industrie- und Dienstleistungsunternehmen fordern ihre Kunden auf, den zu entrichtenden Obolus für die erworbene Leistung selbst zu bestimmen. Von Autowerkstätten und Brillenläden über Friseure und Fußballvereine bis hin zu Hotels und Restaurants nutzen zahlreiche Unternehmen dieses innovative Instrument zu Marketing- und Marktforschungs-Zwecken. Auch *Procter & Gamble* gehört zu den Pionieren auf PWYW-Gebiet. Um kostenintensive Streuverluste und Mitnahmeeffekte zu reduzieren, sollten die Kunden eines *Real*-Marktes für ein Muster des Rasierers *„Gillette Fusion"* etwas bezahlen. Hierbei konnten sie die Höhe des Preises selbst festlegen. Die Kontrollgruppe in einem vergleichbaren Verbrauchermarkt erhielt das Produktmuster wie bei POS-Sampling-Aktionen üblich gratis. Sowohl Experimental- als auch Kontrollgruppe füllten vor Ort entsprechende Fragebögen aus und wurden nach drei Wochen telefonisch interviewt.

Im Durchschnitt bezahlten die Interessenten in der PWYW-Gruppe für das Produkt, dessen Unverbindliche Preisempfehlung 11,99 € beträgt, 1,42 €. Es ging bei diesem Projekt jedoch weniger um Umsatzgenerierung als um Neukundengewinnung, Wiederkaufrate, Word-of-Mouth-Werbung und Unternehmensimage. Die Rate der Neukunden (= Kunden, die später Klingen für den Rasierer käuflich erwerben) etwa lag bei den "Pay what you want"-Kunden doppelt so hoch wie bei den Erwerbern der Gratismuster.

Aber warum bezahlt der Kunde überhaupt etwas, wenn er den Preis selbst bestimmen darf? Hier spielen offenkundig soziale Normen wie Fairness und Altruismus, aber auch die Furcht vor Blamage und Gesichtsverlust eine wesentliche Rolle. Dies gilt vor allem in kleinen und mittelständischen Betrieben, in denen der Inhaber noch selbst kassiert. Grundsätzlich zahlen Verbraucher etwa 80 % des regulären Preises, wobei Stammkunden sowie ältere und einkommensstärkere Konsumenten über dem Durchschnittswert liegen. Doch diese Preisminderung wird im Regelfall durch die gestiegene Kundenfrequenz deutlich überkompensiert.

Quelle: *o. V.:* Zahlen Sie doch, was Sie wollen, in: LebensmittelZeitung, Nr. 33 vom 14.08. 2009, S. 40.

4.4.4 Konkurrenzorientierte Preisfindung

4.4.4.1 Überblick

Bei diesem Preisbildungsprinzip orientiert sich der Entscheidungsträger an den Preisen der Wettbewerber. Grundsätzlich gilt es in diesem Zusammenhang, folgende **Überlegungen** anzustellen:

- Welche Konkurrenzsituation herrscht vor (Monopol, Oligopol, Polypol),
- wer sind meine Konkurrenten,
- welche Position nehmen diese ein (Marktführer, Preisführer, …),
- welche Preisstrategie verfolgen die Wettbewerber (Skimming-, Penetrations-Strategie, Dauerniedrigpreispolitik, Aktionspolitik) und
- welche Stärken sowie Schwächen weist das eigene Unternehmen gegenüber der Konkurrenz auf?

Während der **Preisführer** den höchsten Preis im Markt vorgibt, passt sich der **Preisfolger** diesem laufend an, positioniert sich allerdings etwas unterhalb des Höchstpreises. Der **Preiskämpfer** schließlich zeichnet sich durch den niedrigsten Preis im relevanten Markt aus.

Im Zuge der konkurrenzorientierten Preisfindung stehen grundsätzlich zwei Optionen zur Verfügung:

- **Adaptives Preismanagement**
  Hier passt sich ein Anbieter an die Preise seiner Konkurrenten an.
- **Aktives Preismanagement**
  Hier agiert ein Anbieter eigenständig, d. h. er gestaltet die Preise aktiv.

4.4.4.2 Adaptives Preismanagement

Beim adaptiven Preismanagement lässt der Anbieter die Perspektive auf Kunden und Kosten außen vor und fokussiert ausschließlich auf den Wettbewerber. Hier bietet sich zum einen die Möglichkeit, **branchenübliche Kalkulationsgrundsätze**, wie sie beispielsweise durch die unverbindliche Preisempfehlung der Hersteller nahe gelegt werden, anzuwenden. Zum anderen können sich Anbieter einem Preisführer unterordnen. In diesem Zusammenhang unterscheidet man **drei Formen der Preisführerschaft** (vgl. *Pepels* 2000, S. 522–523):

- Die **dominante Preisführerschaft** zeichnet sich dadurch aus, dass ein Anbieter aufgrund seiner herausragenden Marktstellung die Möglichkeit hat, seine Konkurrenten so zu beeinflussen, dass sie sich seinem Preis anschließen (etwa *IBM* im Computermarkt oder *Aldi* im deutschen Lebensmitteleinzelhandel). Im Regelfall handelt es sich hier um eine polypolitische Angebotssituation, d. h. eine größere Anzahl von kleinen, marktschwachen Unternehmen orientiert sich mit ihren Preisen am Marktführer.

- **Bei der barometrischen** Preisführerschaft agieren mehrere, im Großen und Ganzen gleichbedeutende Anbieter am Markt, die gegenüber unbedeutenden Wettbewerbern den Marktpreis vorgeben (= oligopolähnliche Marktsituation). Dies ist bei Zigaretten der Fall, wo fünf große Anbieter knapp 90 % Marktanteil auf sich vereinen.

- Bei der **kolludierenden Preisführerschaft** schließlich stimmen sich mehrere Anbieter stillschweigend dahingehend ab, dass wechselweise ein Unternehmen die Position des Preisführers einnimmt und die anderen ihm folgen. Als Beispiel für ein solches Preisgebaren kann die Mineralölbranche dienen.

Eine adaptive Preispolitik liegt zumeist im fehlenden Know-how begründet. Der Preisanpasser vertraut auf das Wissen der Wettbewerber, einen Preis festzulegen. Hierbei bleiben die Ziele des Konkurrenten sowie die zwischen den Unternehmen differierende Kostensituation unberücksichtigt (vgl. *Homburg/Krohmer* 2006, S. 278).

Fallbeispiel „Dominante Preisführerschaft" – *Aldi* macht den Preis.

Aldi Nord und *Süd* geben vor, zu welchem Preis Butter oder Milch in Deutschland angeboten werden. Im sog. Preiseinstiegs-Sortiment gibt *Aldi* seit Jahren den Takt für eine ganze Branche vor. Bei angekündigten Preisveränderungen lassen die Lebensmitteleinzelhandelsunternehmen im Regelfall verlauten, sich marktkonform zu verhalten, was übersetzt nichts anderes als „*Aldi*-konform" bedeutet. Wer die Position von *Aldi* als letzte Preisinstanz in Frage stellt, wird umgehend in seine Schranken verwiesen. Diese schmerzhafte Erfahrung blieb auch *Lidl* nicht erspart. Am 09.07.2008 versuchte der Discounter aus Heilbronn, für den Milchpreis eine neue Bestmarke zu zementieren. Die prompte Antwort von *Aldi* folgte 24 Stunden später: Der Milchpreis von *Lidl* wurde um 3 Cent unterboten. Zahlreiche Händler hatten den *Lidl*-Preis schlichtweg ignoriert und abgewartet, welches Signal *Aldi* aussenden würde. Und erst als der Discount-Primus seine Preismarke setzte, reagierten die übrigen Discounter und zogen nach. Das Prozedere ist immer das gleiche: Greift ein Wettbewerber die Preisführerschaft von *Aldi* an, senkt der Discount-Primus die Preise so lange, bis niemand mehr darunter geht. Das kann im Extremfall auch durchaus dazu führen, dass mit diesem Artikel eine Zeit lang kein Geld mehr verdient wird. Im ersten Halbjahr 2009 reduzierte *Aldi Süd* rund 150 Artikel im Preis. Insbesondere pünktlich zur Grillsaison wollte der Discount-Marktführer seine Preisführerschaft durch Preissenkungen untermauern. Experten sehen darin eine clevere Strategie, denn Saisonartikel sind nur bis September im Sortiment. Und da *Aldi* dauerhafte Preise verspricht, wäre es viel teurer, wenn der Discount-Primus Artikel aus dem Standardsortiment im Preis herabsetzen würde. Experten vermuten, dass die Provokationen aus Neckarsulm gar nicht *Aldi* direkt schaden sollen. Vielmehr wird durch die Preissenkungen von *Aldi* als Reaktion auf aggressive *Lidl*-

Preise der Spielraum für die Verfolger, allen voran der *Edeka*-Discounter *Netto*, nach der Übernahme von *Plus* die Nummer drei im Discountsegment *(*gefolgt von *Penny* und *Norma)*, enger. Deshalb agiert *Lidl* auch in zwei Richtungen: Auf der einen Seite wird *Aldi* bei den Preisen für Eigenmarken unterboten, auf der anderen Seite *Netto* mit einer dauerhaften Preisreduzierung bei Markenartikeln angegriffen. *Aldi Süd* sah sich durch die verschärften Preiskämpfe dazu veranlasst, in 2009 erstmals in der Geschichte des Unternehmens Sonderangebote einzuführen und damit von einem klassischen Unternehmensgrundsatz abzurücken. Bis zu diesem Strategiewechsel wollte *Aldi Süd* als Dauerniedrigpreisanbieter vermeiden, dass die Glaubwürdigkeit seiner Regalpreise durch Sonderangebote in Zweifel gezogen würde. Dies dürfte wohl einer der Gründe dafür sein, dass Sonderangebote nunmehr nur außerhalb des Standartsortiments eingesetzt werden. Die als äußerst aggressiv eingestuften Sonderangebote beziehen sich auf Obst und Gemüse sowie Fleisch und Geflügel, gelten ausschließlich von Donnerstag bis Samstag und werden offensiv in Tageszeitungen beworben. In Österreich hatte die *Aldi*-Tochter *Hofer* mit aller Härte zurückgeschlagen, nachdem Wettbewerber den Discounter wochenlang bei *Coke* im Preis unterboten hatten. Man senkte den Preis von 1,49 € für die 1,5-Liter-Flasche radikal auf 0,99 € herab.

Quelle: *Schulz, H. J.*: Die letzte Instanz, in: LebensmittelZeitung, Nr. 48 vom 28.11. 2008, S. 90; *Schulz, H. J.*: Aldi schlägt mit Macht zurück, in: LebensmittelZeitung, Nr. 6 vom 06.02.2009, S. 8; *Schulz, H. J.*: Ein besonderes Aldi-Angebot, in: LebensmittelZeitung, Nr. 37 vom 11.09.2009, S. 2.

Fallbeispiel „Preisbildung auf dem Mineralölmarkt"

Drei **Komponenten** bestimmen den Mineralölpreis an der Zapfsäule: Neben dem Wareneinstand und der Marge der Mineralölkonzerne sind dies die Abgaben und Steuern, die sich aus folgenden Teilen zusammensetzen:

- Mehrwertsteuer (= 19 % auf den Netto-Kraftstoffpreis) sowie Mineralölsteuer (bei Ottokraftstoffen 50,11 Cent pro Liter, bei Dieselkraftstoff 31,70 Cent pro Liter)

- Beitrag an den Erdölbevorratungsverband (= EBV; bei Ottokraftstoffen 0,51 Cent pro Liter, bei Diesel 0,45 Cent pro Liter). Dieser wird seit 1978 als Reaktion auf die beiden Ölkrisen erhoben und dient dazu, bei Engpässen die Kraftstoffversorgung aufrechterhalten zu können.

- Ökosteuer: Seit dem 01.01.2003 gilt die 5. Stufe, die Höhe beträgt 15,77 Cent pro Liter.

Damit vereinen die Abgaben und Steuern rund drei Viertel des Endverbraucherpreises auf sich. In Deutschland herrscht ein intensiver Preiswettbewerb auf dem Tankstellenmarkt, der u. a. auf die Preissensibilität der Nachfrager und die Dichte des Tankstellennetzes zurückzuführen ist. Hierbei sind folgende **Phänomene** zu beobachten:

- **Große regionale Preisunterschiede**: Bis zu 10 Cent Diskrepanz sind keine Seltenheit und stellen ein klassisches Beispiel für eine **räumliche Preisdifferenzierung** dar. Die Wettbewerbssituation wird im grenznahen Bereich verschärft durch die zwischen den Ländern differierende Besteuerung der Mineralölprodukte.

- **Stadt-Land-Gefälle**, das u. a. darauf zurückzuführen ist, dass die Großbetriebstypen des Einzelhandels im Zuge einer Mischkalkulation die angebundenen Tankstellenbetriebe subventionieren.

Schließlich ist ein permanenter Preisverfall von durchschnittlich 0,5 bis 0,8 Cent pro Liter und Tag festzustellen, da die Unternehmen infolge der Preissensibilität der Verbraucher bestrebt sind, möglichst schnell auf Preissenkungen der Konkurrenz zu reagieren. Dies führt zu einer sich nach unten drehenden Preisspirale, der durch konform laufende Preisanhebungen, den sog. **Preisrunden**, begegnet wird. Diese rufen wiederum die Wettbewerbshüter auf den Plan, die dahinter Preisabsprachen und damit einen Verstoß gegen das Kartellgesetz (= GWB) vermuten.

Abb. 4.8 ist zu entnehmen, wie ein Unternehmen im Rahmen einer adaptiven Preispolitik auf eine Preissenkung der Wettbewerber reagieren kann.

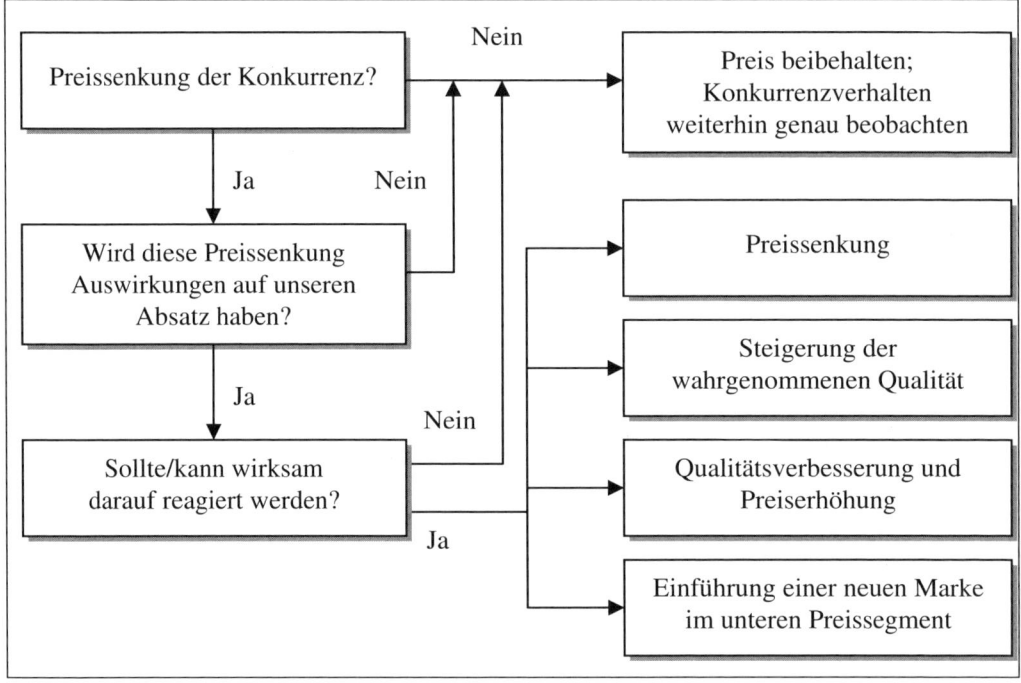

Abb. 4.8: Reaktionsstrategien auf Preisänderungen der Konkurrenz
(Quelle: Kotler/Armstrong/Saunders/Wong 2010, S. 778).

4.4.4.3   Aktives Preismanagement

Beim aktiven Preismanagement agiert ein Anbieter eigenständig, d. h. er gestaltet die Preise aktiv. Zur Positionierung eines Produktes in der richtigen Kombination von Preis und Qualität im Vergleich zur Konkurrenz haben *Kotler/Bliemel* (1995, S. 744–748) das in Tab. 4.10 aufgeführte **Neun-Strategien-Modell** entwickelt.

Zunächst können **drei grundsätzliche Strategien** unterschieden werden:

- **Premiumstrategien** (= 1) sind Strategien, bei denen Produkte von hoher Qualität zu einem hohen Preis angeboten werden.
- Bei **Mittelfeldstrategien** (= 5) wird durchschnittliche Qualität zu durchschnittlichen Preisen offeriert.
- **Billigwarenstrategien** (= 9) sind durch niedrige Qualität und entsprechende Preise gekennzeichnet.

In allen drei Fällen besteht ein ausgewogenes Preis-Leistungs-Verhältnis.

Tab. 4.10: Das Neun-Strategien-Modell zur Optimierung der Preis-Qualitäts-Positionierung gegenüber der Konkurrenz (Quelle: Kotler/Bliemel 1995, S. 745)

Preis / Qualität	Hoch	Mittel	Niedrig
Hoch	1. Premiumstrategien	2. ← →	3. Vorteilsstrategien
Mittel	4. ↕	5. Mittelfeld-strategien	6. ↕
Niedrig	7. Übervorteilungs-strategien ← →	8.	9. Billigwaren-strategien

Die Optionen 2, 3 und 6 sind sog. **Vorteilsstrategien**, da sie dem Verbraucher ein günstigeres Preis-Leistungs-Verhältnis bieten als die o. a. Premium-, Mittelfeld- und Billigwarenstrategien. Ein Anbieter auf Position 6 kann den Unternehmen auf Position 5 gefährlich werden, da er die gleiche mittlere Qualität zu geringeren Preisen offeriert. Das Unternehmen in Position 2 kann Wettbewerber in Feld 1 angreifen, indem es für ein qualitativ gleichwertiges Produkt einen niedrigeren Preis fordert. Noch gefährlicher ist der Anbieter in Position 3, da er einen noch niedrigeren Preis fordert.

Die Optionen 2 und 3 werden als **Preiswettbewerb** bezeichnet. Hierbei unterbietet ein Anbieter bei der Annahme homogener Güter die Preise seiner Wettbewerber. Ein solches Vorgehen ist an **zwei Bedingungen** geknüpft:

- Die **Nachfrage** muss **elastisch** reagieren, d. h. die Preissenkung muss zu einer Umsatzsteigerung führen. Ob dadurch auch der Gewinn steigt, ist jedoch keinesfalls sicher. Um eine diesbezüglich fundierte Entscheidung zu treffen, müssten auch die Kostenveränderungen ins Kalkül gezogen werden.

- Die Konkurrenten dürfen nicht nachziehen (können), da ansonsten ein **Preiskampf** droht, der für alle Beteiligten wenn nicht die Existenzvernichtung, so doch einen Erlösverfall zur Folge hat.

Die **Übervorteilungsstrategien** schließlich belegen die Positionen 4, 7 sowie 8 und sind dadurch gekennzeichnet, dass sie aus Verbrauchersicht ein ungünstiges Preis-Leistungs-Verhältnis aufweisen. Der Preis ist in Relation zum Nutzen zu hoch, die Kunden werden übervorteilt. Seriöse Unternehmen werden eine solche Strategie nur einschlagen, wenn sie beabsichtigen, sich in absehbarer Zeit aus einem Markt zurückzuziehen. Ansonsten besteht die Gefahr, durch die Unzufriedenheit der Kunden (Abwanderung, negative Mund-zu-Mund-Werbung) geschädigt zu werden. Um die Auswirkungen der vorgestellten Strategien auf den Absatz der eigenen Produkte bzw. denjenigen der Konkurrenz einschätzen zu können, bietet sich das Konzept der Kreuzpreiselastizität an.

4.4.4.4   Konzept der Kreuzpreiselastizität

Die Kreuzpreiselastizität gibt darüber Auskunft, um wie viel Prozent der Absatz von Produkt B steigt oder sinkt, wenn der Preis von Produkt A um ein Prozent steigt bzw. sinkt (vgl. im Folgenden *Schneider/Hennig* 2008, S. 186–190). Mit dieser Kennzahl lässt sich nachvollziehen, wie sich eine Preisänderung bei einem Produkt (= unabhängige Variable) auf die Nachfrage bei einem anderen Produkt (= abhängige Variable) auswirkt.

Die Kreuzpreiselastizität berechnet sich folgendermaßen:

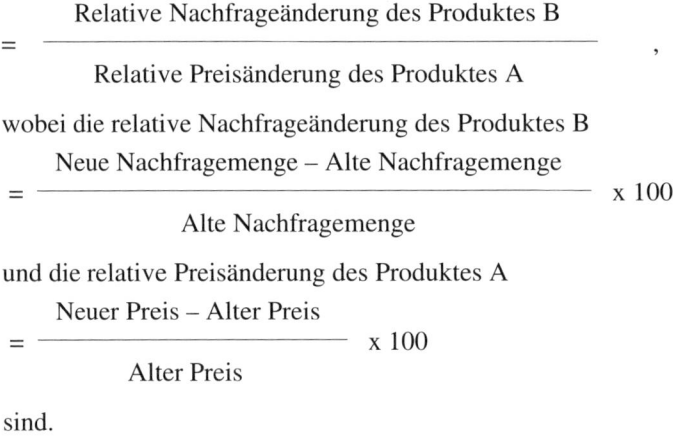

$$= \frac{\text{Relative Nachfrageänderung des Produktes B}}{\text{Relative Preisänderung des Produktes A}},$$

wobei die relative Nachfrageänderung des Produktes B

$$= \frac{\text{Neue Nachfragemenge} - \text{Alte Nachfragemenge}}{\text{Alte Nachfragemenge}} \times 100$$

und die relative Preisänderung des Produktes A

$$= \frac{\text{Neuer Preis} - \text{Alter Preis}}{\text{Alter Preis}} \times 100$$

sind.

Bei der Kreuzpreiselastizität unterscheidet man **drei Ausprägungen**:

- **Kreuzpreiselastizität größer als 0**
  Substituierbare, d. h. sich gegenseitig ersetzende Produkte weisen eine positive Kreuzpreiselastizität auf. Falls beispielsweise eine Steigerung des Butterpreises um 4 % zu einem Absatzzuwachs bei Margarine von 2 % führt, beträgt die Kreuzpreiselastizität 0,5. In diesem Fall weichen die Konsumenten der teurer gewordenen Butter aus, indem sie Margarine kaufen. Eine positive Kreuzpreiselastizität führt bei einer Preissteigerung zu einem Rückgang des Absatzes, weil die Kunden sich einem preisgünstigeren Produkt der Konkurrenz zuwenden werden. Bei einer Preissenkung hingegen wird der entgegengesetzte Fall eintreten, d. h. der Absatz wird ansteigen.
  Die Kreuzpreiselastizität ermöglicht auch interessante Einblicke in die unternehmensinterne Konkurrenz zwischen Produkten. Führt ein Unternehmen beispielsweise ein Produkt A (= Qualitäts- bzw. Premiummarke) sowie ein Produkt B (= Billig- bzw. Preismarke) in seinem Angebotsprogramm bzw. Sortiment und besteht zwischen diesen eine positive Kreuzpreiselastizität, so wird eine Preissteigerung bei A zu einem Rückgang des Absatzes von A und gleichzeitig zu einer Absatzsteigerung bei Produkt B führen. Da Produkt B preisgünstiger als Produkt A ist, wird dies einen sinkenden Gesamtumsatz bewirken.

- **Kreuzpreiselastizität gleich 0**
  In diesem Fall handelt es sich um sog. neutrale Produkte, da völlige Unabhängigkeit zwischen beiden besteht. Steigt bzw. sinkt der Preis von Produkt A (etwa Kartoffeln), so hat dies keinerlei Einfluss auf den Absatz von Produkt B (etwa Zahnpasta).

- **Kreuzpreiselastizität kleiner als 0**
  Hierbei handelt es sich um sog. komplementäre Produkte, die sich gegenseitig ergänzen (z. B. Benzin/Pkw, Fotofilm/Fotoapparat oder Pfeife/Tabak). Demnach werden eine Preissteigerung und der daraus resultierende Absatzrückgang bei Produkt A zu einem geringeren Absatz bei Produkt B führen. Bei einer Preissenkung hingegen wird der entgegengesetzte Fall eintreten, d. h. die Absatzmengen von Produkt A und B werden wachsen.

Fallbeispiel „Berechnung der Kreuzpreiselastizität"

Ein Anbieter steigert die Preise des Produkts A von durchschnittlich 20 € auf 22 €. Infolge dieses Preiswachstums beim Produkt A steigt der Absatz von Produkt B seines Konkurrenten von 20.000 auf 30.000 Stück.

Die Kreuzpreiselastizität beträgt 5 = ([20.000 Stück – 30.000 Stück) : 20.000 Stück] : ([20 € – 22 €] : 20 €) = (- 0,5) : (- 0,1).

Also handelt es sich bei diesen Produkten um substitutionale Güter. Die Preissteigerung bei Produkt A bewirkt, dass der Absatz des Konkurrenzprodukts B zunimmt.

Um die Kreuzpreiselastizität zu ermitteln, bieten sich **zwei Ansatzpunkte**:

- Einschätzung durch Experten (z. B. Wirtschaftswissenschaftler, erfahrene Mitarbeiter, Unternehmensberater)

- Ermittlung der Kreuzpreiselastizität der Nachfrage mittels Produkt-, Laden- und/oder Markttests. Beispielsweise kann ein Unternehmen in einer seiner Filialen innerhalb von zwei Zeiträumen (z. B. für jeweils eine Woche) für ein Produkt A zwei unterschiedliche Preise verlangen. Können Störgrößen weitgehend ausgeschlossen werden, ist eine etwaige unterschiedliche Nachfrage nach Produkt B auf die unterschiedlichen Preise von Produkt A zurückzuführen. Damit kann die Kreuzpreiselastizität gemessen werden. Die entsprechenden Daten erhalten Groß- und Einzelhandelsunternehmen aus den Abverkaufszahlen, die dem Warenwirtschaftssystem zu entnehmen sind. Schwieriger wird es für Hersteller, die Konkurrenzprodukte in die Berechnung einbeziehen wollen. Da diese entweder keinen unmittelbaren Einblick in die Abverkaufszahlen des Handels haben oder nur schwer an die Daten der Konkurrenz herankommen, müssen sie sich die Daten aus sog. Panels (= Längsschnittuntersuchungen) beschaffen. Solche Panels werden beispielsweise von der *GfK*, Nürnberg, und *Nielsen*, Hamburg, durchgeführt.

Bei der Berechnung der Kreuzpreiselastizität darf keinesfalls vernachlässigt werden, dass hier nur Absatzänderungen betrachtet werden, die letztlich auch die Berechnung von Umsatzveränderungen ermöglichen. Rückschlüsse auf Gewinnveränderungen lassen sich aus der Kreuzpreiselastizität jedoch nicht ziehen. Beispielsweise können durch eine Preissenkung bei Produkt A durchaus der Absatz und damit Umsatz von Produkt B steigen; gleichzeitig führt aber die höhere Absatzmenge zu überproportionalen Kostensteigerungen (etwa durch den Ausbau von Kapazitäten), was in Extremfällen zu einem Gewinnrückgang führen kann. Folglich lässt sich eine gewinnoptimale Lösung nur durch eine flankierende Einbeziehung der Kosten berechnen.

Fallbeispiel „Preisstrategien nach Auslauf des Patentschutzes" – das Beispiel Pharmaindustrie

Wenn forschende Pharmaunternehmen den Patentschutz auf die von ihnen entwickelten Produkte verloren hatten, behielten sie in der Vergangenheit grundsätzlich den Preis für ihre Originalprodukte hartnäckig bei. Damit ermöglichten sie den Aufstieg der Generika-Anbieter, die mit mehr oder weniger großen Preisabschlägen nach und nach Marktanteile erobern konnten. Die forschenden Pharmahersteller waren davon überzeugt, mit dem verbleibenden Umsatz bei relativ hohen Marktanteilen noch attraktive Gewinne erwirtschaften zu können.

Der verschärfte Preiswettbewerb innerhalb des Generika-Sektors führt jedoch dazu, dass die Nachahmer-Produkte immer schneller und massiver Marktanteile erobern. In dieser Lage beginnen die etablierten Pharmahersteller, ihre Preise zu senken und auf höhere Mengenrabatte zu setzen. Etablierte Pharmakonzerne bieten den gesetzlichen Krankenkassen massive Preissenkungen für diejenigen Originalprodukte an, die den Patentschutz verloren haben. Ohne gravierende Preisunterschiede entfällt für Ärzte die Notwendigkeit, ihre

Patienten von Originalmedikamenten auf Generika umzustellen, was deren Anbieter massiv unter Druck setzt.

Quelle: *Hofmann, S.*: Konzerne ringen um Pharmamarkt, in: Handelsblatt, Nr. 248 vom 21.12.2007, S. 1.

4.5 Konditionenmanagement

4.5.1 Überblick

Das Konditionenmanagement umfasst:

- Rabattmanagement,

- Festlegung der Liefer- und Zahlungsbedingungen sowie

- Kreditmanagement (vgl. im Folgenden *Meffert* 2000, S. 581–593; *Nieschlag/Dichtl/ Hörschgen* 2002, S. 749–759).

4.5.2 Rabattmanagement

Das Rabattmanagement ist ein Mittel der **preispolitischen Feinsteuerung**, das dazu dient, generell gültige Preise (z. B. Listenpreise) zu variieren (ital.: rabatto, rabattere = niederschlagen, abschlagen). Häufig ist jedoch zu beobachten, dass in bestimmten Branchen Rabatte einheitlich gewährt werden und damit als allgemein übliches Element der Preisstellung angesehen werden. Kaffee beispielsweise wird zu 80 % in Preisaktionen verkauft. Im Vergleich zu **Boni**, die erst im Nachhinein gewährt werden und mit denen ein Lieferant den mit ihm getätigten Umsatz rückvergütet, schlagen sich Rabatte bereits beim Kauf nieder.

Im Wesentlichen lassen sich **zwei Rabattarten** unterscheiden:

- Beim **Geldrabatt** reduziert sich die zu leistende Zahlung gegenüber dem Listenpreis.

- Beim **Naturalrabatt** wird ein Rabatt durch die Lieferung von Waren geleistet. Hierbei unterscheidet man zwischen Dreingabe und Draufgabe. Bei der **Dreingabe** bezahlt der Kunde nur einen Teil der von ihm erworbenen Ware. Der restliche Teil der Güter ist kostenlos („Kaufe zehn, bezahle neun."). Bei der **Draufgabe** bezahlt der Kunde die von ihm gewünschten Güter und erhält zusätzliche Güter kostenlos („Bestelle und bezahle zehn, ein Stück gratis dazu.").

Die Gewährung von Rabatten ist an bestimmte **Voraussetzungen** geknüpft, die starke Ähnlichkeiten zu den Kriterien der Preisdifferenzierung aufweisen (vgl. Abschnitt 4.4.3.3). Hierzu zählen u. a. (vgl. *Steffenhagen* 2002, S. 1459–1460):

- Besondere Merkmale des Abnehmers (z. B. im Falle von Großhandelsrabatten, Einzel-handelsrabatten und Konsumentenrabatten; bei Studenten, Rentner-, Beamten-, Beleg-schafts- und Hochschulrabatten sowie bei Rabatten für Clubmitglieder)

- Besondere Belieferungsvereinbarungen (z. B. Selbstabholerrabatt)

- Kaufzeitpunkt des Abnehmers (z. B. Frühbezugsrabatt, Auslaufrabatt)

- Kaufvolumen des Abnehmers (z. B. Mengenrabatt). Im Falle des **Artikelrabatts** gewährt der Anbieter einen Mengenrabatt für die Abnahme bestimmter Mengen eines Produktes bei einem Auftrag. Steigt die Rabatthöhe mit georderter Menge (linear oder progressiv) an, so werden die Rabattsätze für steigende Auftragsmengen in Rabattstaffeln ausgewiesen. Beim **Auftragsrabatt** handelt es sich um einen Mengenrabatt bezogen auf die Ab-nahmemenge sämtlicher in einem Auftrag zusammengefasster Warenbestellungen, etwa durch einen Einzelhandelsbetrieb bei einem Großhändler. Beim **Gesamt-Umsatzrabatt** (Jahresbonus, Jahresumsatzrückvergütung, Treuerabatt) bezieht sich der Mengenrabatt auf die Abnahmemengen sämtlicher Produkte (unabhängig von der Zahl der Aufträge) in einer Bezugsperiode (z. B. einem Jahr). Sämtliche Formen des Mengenrabattes sind Ge-genleistungen für Kosteneinsparungen der vorgelagerten Wirtschaftstufe. Sie dienen im Geschäft des Großhandels mit den selbstständigen Einzelhändlern der Einkaufskonzen-tration. Mengenrabatte werden von Herstellern gewährt, um den Handel zur Abnahme der eigenen und nicht der konkurrierenden Produkte zu motivieren. In diesem Zusam-menhang bezeichnet **Rabattspreizung** das Missverhältnis zwischen dem Anstieg der Ra-battsätze (z. B. progressiv) und der zusätzlichen Abnahmemengen (z. B. linear). Auf die-se Weise sollen Abnehmer dazu bewegt werden, größere Mengen abzunehmen. Eine sol-che Rabattgestaltung zwingt selbst große Abnehmer im Handel dazu, mit anderen Unter-nehmen im Einkauf zu kooperieren, um die günstigsten Konditionen des größten Abneh-mers zu erhalten. Letztlich führt die Rabattspreizung zum einen zu einer **Konzentration** auf der **Nachfragerseite**, weil kleine und mittlere Unternehmen deutlich schlechtere Konditionen erhalten und damit auf Dauer nicht wettbewerbsfähig sind. Des Weiteren steigt die Nachfragemacht der überlebenden Unternehmen, was die Verhandlungslage der Lieferanten verschlechtert. Verschärft wird diese Situation, wenn Hersteller ihre Produkte international vertreiben und sowohl Preise als auch Konditionen dem jeweiligen Absatz-land anpassen (etwa in Deutschland, Frankreich einerseits und Polen, Tschechien, Slo-wakei) andererseits. Denn international tätige Handelsunternehmen fordern in einem sol-chen Fall, dass ihnen der Rabatt eingeräumt wird, welcher der über die Ländergrenzen hinweg abgenommenen Gesamtmenge entspricht. Hierbei ziehen sie die länderübergrei-fend für sie günstigste Kondition heran.

- Besondere Marktbearbeitung (z. B. Einführungsrabatt bei Neuprodukteinführungen, WKZ = Werbekostenzuschüsse im Falle der Bewerbung eines Produktes durch den Han-del). Der **Werbekostenzuschuss** ist ein Geldbetrag, den Hersteller ihren Handelspartnern überlassen. Ursprünglich diente der WKZ der Finanzierung von Werbe- und Verkaufs-förderungsmaßnahmen, bei denen die Produkte und Leistungen der betreffenden Her-steller besonders berücksichtigt wurden. Heute wird der WKZ häufig als Sammelbegriff für die Zusammenfassung von unterschiedlichen Rabatten und Konditionen verwendet. Wettbewerbsrechtlich problematisch ist der WKZ, wenn er in der Handelskalkulation ausschließlich zu Preisreduzierungen genutzt wird. Dann handelt es sich um eine den Leistungswettbewerb im Handel gefährdende Praktik, da der WKZ nichts anderes als ein Rabatt ohne entsprechende Gegenleistung des Handelsunternehmens darstellt.

- Zahlungszeitpunkt des Abnehmers (z. B. Skonto)

Mit Ausnahme der an die Merkmale des Abnehmers geknüpften Preisnachlässe dienen Rabatte grundsätzlich dazu, Gegenleistungen des Abnehmers abzugelten. Hierbei erscheint es zweckdienlich, den **funktionenorientierten Ansatz der Handelsbetriebslehre** (vgl. Abschnitt 5.3.3.3) in die Überlegungen einzubeziehen: Übernimmt die nachgelagerte Wirtschaftsstufe eine Funktion, die normalerweise von der vorgelagerten Wirtschaftsstufe übernommen werden müsste, erhält sie hierfür einen Rabatt. Welche **Gegenleistungen** das sein können und welche Rabatte daran geknüpft sind, kann beispielhaft Tab. 4.11 entnommen werden.

Tab. 4.11: Rabatte als Gegenleistung für die Erfüllung von Handelsfunktionen

Handelsfunktion	Rabattart
Raumüberbrückung	Selbstabholerrabatt
Zeitüberbrückung	Frühbestellerrabatt (z. B. Ermäßigung der Katalogpreise von Reiseveranstaltern bei frühzeitiger Buchung),
Quantitative Warenfunktion	Mengenrabatt (z. B. als Staffelrabatt, der den Stückpreis beim Erreichen gewisser Mengenklassen reduziert)
Qualitative Warenfunktion	Listungsrabatt
Markterschließungsfunktion	Funktionsrabatt (z. B. WKZ)
Kreditfunktion	Skonto (im Falle der schnelleren Bezahlung bzw. Barzahlung)

Daneben trifft man in der Praxis auf folgende **Formen** der **Rabattierung**:

- Aktionsrabatt im Falle bestimmter Marketing-Aktionen
- Lagerräumungsrabatt, um Lagerplatz für neue Ware zu schaffen (z. B. Sommer- und Winterschlussverkauf)
- Personalrabatt für Betriebsangehörige
- Schadensfreiheitsrabatt in der Kfz-Versicherung
- Sonderrabatt bei bestimmten Anlässen (etwa Firmenjubiläum)
- Treuerabatt für Kunden, die zum wiederholten Mal einkaufen
- Wiederverkäuferrabatt, die dem Groß- und Einzelhandel eingeräumt werden

Fallbeispiel „Rabattierung" – Bei Preisnachlässen setzt unser Verstand aus.

Wie wirksam Rabatte sind, zeigt ein Experiment von *Quarks & Co*, dem Wissenschaftsmagazin des *WDR*. In einem Einkaufszentrum wurden an einem Stand Putzutensilien angeboten: 1 Stück für 59 Cent und – als Sonderangebot und auf einem großen Rabattschild angepriesen – drei Stück für 1,99 €.

Dass das vermeintliche Sonderangebot keines war, merkte kaum jemand. Addiert man nämlich die Preise der Einzelstücke von 59 Cent zusammen, kommt man bei drei Stück auf eine Summe von 1,77 €. Das Gefühl, ein Schnäppchen zu machen, verleitete die meisten Kunden offenkundig dazu, im Vergleich zu den Einzelpreisen 22 Cent mehr zu bezahlen.

Mit Hilfe des **Kernspintomographen** lässt sich erforschen, was im Gehirn des Konsumenten passiert, wenn er ein **Rabattsymbol** entdeckt. In einer Brille sieht er verschiedene Produkte, deren Attraktivität er bestimmen soll. Gleichzeitig macht der Kernspintomograph die Durchblutung verschiedener Gehirnregionen sichtbar. Eine Forschergruppe um die Bonner Neuroökonomiespezialisten *Christian Elger* und *Bernd Weber* zeigte Versuchspersonen verschiedene Produkte, die von Computern und Autos über Äpfel und Tomaten bis hin zu Schokolade reichten. Neben den Produkten wurden Preise eingeblendet, einmal günstig, ein anderes Mal überhöht. In einigen Fällen blendeten die Forscher ein gelb-rotes Rabattschild ein, wobei die Preise und Produkte immer wieder vermischt wurden. Jetzt sollten die Versuchsteilnehmer angeben, ob sie das zuvor gezeigte Produkt kaufen würden oder nicht.

Das Einblenden der Rabattsymbole führte dazu, die Versuchspersonen zum Kauf des überteuerten Produkts zu veranlassen. Im Gegensatz zu einfachen Preisangaben führten die zusätzlich präsentierten Rabattsymbole zu einer **intensiveren Durchblutung** der **Belohnungsregionen** im **Gehirn**. Offensichtlich haben sich Rabattsymbole so tief in unseren Gehirnen eingebrannt, dass wir damit Gefühle wie „Hier kann ich ein Schnäppchen machen" verbinden. Sehen wir also Rabattzeichen, dann ruft dies bei uns die Erwartung hervor, belohnt zu werden.

Weiterhin konnte bei einem Teil der Versuchsteilnehmer ein **Abschalten** des **Kontrollsystems** festgestellt werden. Die Gehirnregion mit dem komplizierten Namen Anteriores Cingulum sorgt dafür, dass wir auf den Kauf des neuen Flachbildschirms verzichten, wenn sich unser Konto im tiefroten Bereich befindet. Wurden nun Rabattsymbole eingeblendet, nahm die Durchblutung dieser Gehirnregion ab. Diese „kortikale Entlastung" bedeutet nichts anderes, als dass bei Rabattsymbolen der Verstand aussetzt. Offensichtlich ist man bei vermeintlichen Preisnachlässen eher bereit, eine Kaufentscheidung zu treffen, auf die man sonst verzichten würde.

Bei den Rabatten kommt noch ein weiterer psychologischer Effekt hinzu: Der hohe Ausgangspreis führt dazu, dass wir erstens die Ware als wertvoll und zweitens den Rabattpreis als günstig empfinden. So glauben wir, mit dem **Rabatt** gleich **doppeltes Glück** zu haben. Diese Erkenntnisse der Hirnforschung gehören schon lange zum Erfahrungsschatz erfahrener Kaufleute. „Erhöhe die Preise vorher um 20 %, räume dann einen Rabatt von 10 % ein und Du wirst sehen: Der Kunde freut sich und greift zu." Kaufleute berichten davon, dass sie die Preise um 10 % erhöht haben, die Preisangabe aber auf einem roten Schild, das sonst nur bei Sonderangeboten verwendet wurde, präsentierten. Der Absatz der Ware nahm trotz des höheren Preises deutlich zu.

Viele Handelsunternehmen setzen noch einen Rabattturbo ein, indem sie die verbilligte Ware **knapp** machen. Das wusste schon *Mark Twain*: „Um einem Mitmenschen eine Sache begehrenswert erscheinen zu lassen, muss man diese nur schwer erreichbar machen." Wir erinnern uns in diesem Zusammenhang an dessen Romanhelden *Tom Sawyer*, der auf Anordnung seiner Tante einen Zaun streichen soll und diese ungeliebte Arbeit also so ehrenhaft darstellt, das seine Freunde ihn mit Geschenken dafür entlohnen, für ihn das Streichen übernehmen zu dürfen.

Deshalb **befristen** viele Handelsunternehmen ihre Sonderangebote oder sorgen dafür, dass die Ware knapp ist. Da wollen wir schnell zugreifen, bevor sie weg ist. Schilder wie „Nur noch heute", „Jetzt schnell zugreifen", „Nur diese Woche", „Jetzt für kurze Zeit" sorgen dafür, dass wir nicht mehr so genau auf den Preis schauen. Auch die Discounter mit ihren knapp eingekauften Aktionsartikeln lassen uns den Preis vergessen – lieber heute mitnehmen als morgen nichts mehr zu bekommen. Und die TV-Shopping-Sender zählen nicht umsonst häufig die Zahl der Artikel herunter, die noch erhältlich sind. Der Druck wird immer größer – wenn wir jetzt nicht bald zugreifen.

Die Kölner Marketing-Professorin *Karen Gedenk* berichtet von einer Studie, die in Amerika durchgeführt wurde. In drei Supermärkten wurde der Preis von *Campbell's Soup* (jene, die *Andy Warhol* in seiner berühmten Grafik abgelichtet hat) deutlich herabgesetzt. Die größte Absatzsteigerung gab es in dem Markt, in dem man eine **Mengenbegrenzung** („Maximal 12 Dosen pro Person") eingeführt hatte. Ohne Mengenbegrenzung wurde deutlich weniger mehr gekauft.

Und Gebrauchtwagenhändler sowie Wohnungsmakler setzen Kunden unter Druck, indem sie zum Termin auch noch andere Kaufinteressenten einladen. Wenn wir uns in Konkurrenz fühlen, wird unser Jagdinstinkt geweckt. Die anderen sollen auf keinen Fall zum Zuge kommen.

Quelle: www.wdr.de/vt/quarks/sendungsbeitraege/2009/0324; Stand: 21.02.2011; *Schneider, W./Hennig, A.: Zur Kasse, Schnäppchen*, München 2010, sowie die dort zitierte Literatur.

Infolge der Konzentration im Handel zwingen marktmächtige Unternehmen ihre Lieferanten nicht selten, ihnen Rabatte einzuräumen, ohne entsprechende Gegenleistungen zu erbringen. Ein solches Verhalten gilt als wettbewerbsrechtlich brisant und wird als sog. **Nichtleistungswettbewerb** bezeichnet. Hierunter fasst man Wettbewerbsbeschränkungen, die dann vorliegen, wenn Marktteilnehmer das überdurchschnittlich Marktgeschehen beeinflussen und damit die Möglichkeit besitzen, Zwang, Diskriminierung und Marktmissbrauch auszüüben,

d. h. die Entscheidungsfreiheit anderer Marktteilnehmer durch Ausbeutungs-, Behinderungs- und Verdrängungsmissbrauch zu beeinträchtigen.

Bis 2001 galt in Deutschland ein von den Nationalsozialisten 1933 eingeführtes **Rabattgesetz**, das die Einräumung von Rabatten streng reglementierte. Seit der Streichung des Gesetzes können in nahezu allen Bereichen individuelle Rabatte gewährt werden. Ausnahmen bilden die **Preisbindung** von **Pharmaprodukten** und **Zigaretten** sowie die **Buchpreisbindung**. Verfechter letzterer Regelung sehen die Gefahr, dass eine mögliche Liberalisierung in dieser Branche zu einem Preiskampf führen wird, durch den kleine Anbieter aus dem Markt gedrängt werden. Eine weitere Form der Preisbindung ist die **Ölpreisbindung der Gaspreise**, eine internationale Branchenvereinbarung, die nicht gesetzlich verankert ist.

Fallbeispiel „Preisbindung" – Im Jahr 1973 fiel die Preisbindung der zweiten Hand.

Heute kennen wir die Preisbindung nur noch bei verschreibungspflichtigen Medikamenten in Apotheken, bei Zigaretten und bei Verlagsprodukten. Doch bis zum Jahr 1973 konnten Markenartikelhersteller aufgrund der gesetzlich zulässigen sog. **Preisbindung der zweiten Hand** autonom die Konsumentenpreise festlegen. Da die Produzenten die volle Kontrolle über die Endverbraucherpreise innehatten, gestaltete sich der Preiswettbewerb zwischen einzelnen Händlern gering. Dies hatte zur Folge, dass die Handelsstruktur vergleichsweise wenig konzentriert war, zahlreiche kleine Händler prägten das Bild.

1973 verbot der Gesetzgeber die Preisbindung im **Gesetz gegen Wettbewerbsbeschränkungen (GWB)**. Dies war der Startschuss zu einem Preiswettbewerb zwischen Händlern. Zum ersten Mal stellte sich Handelsunternehmen die Frage, wie mit dem Marketing-Instrument Preis umzugehen sei. Nachdem der Gesetzgeber zu Beginn dieses Jahrzehnts Rabattgesetz und Zugabeverordnung auflöste, sind Handelsunternehmen bei ihrer Preissetzung nahezu völlig frei. Lediglich die Möglichkeiten des **Unter-Einstandspreis-Verkaufs** durch das **Gesetz zur Bekämpfung von Preismissbrauch in Energiewirtschaft** und **Lebensmittelhandel** im Jahr 2007 engt die preispolitischen Spielräume des Handels ein. Als Konsequenz der Liberalisierung der Konsumentenpreise und des daraus resultierenden verschärften Wettbewerbs nahm die **Konzentration des Handels** kontinuierlich zu. Infolge der gestiegenen Einkaufsmacht und der damit einhergehenden radikalen Machtverschiebung zwischen Hersteller und Handel ist letzterer seit geraumer Zeit nicht mehr der Erfüllungsgehilfe der Industrie. Konsequenterweise wird die Preishoheit auch in Zukunft beim Handel bleiben. Für den **Konsumenten** hatte die Abkehr von der Preisbindung der zweiten Hand **Preisvorteile**. Lag die **Umsatzrendite** des **Lebensmitteleinzelhandels** bei 7,5 %, sind es heute gerade einmal **1,5 %**. Private Haushalte mussten damals rund die Hälfte des Einkommens für Lebensmittel ausgeben, wohingegen es heutzutage nur noch 15 % sind. Beispielsweise musste der Bundesbürger in den 50er Jahren noch 40 Minuten für ein ½ Pfund Butter arbeiten, heutzutage sind es nur noch vier Minuten.

Quelle: *Simon, H./von der Gathen, A.*: Mit aller Preismacht, in: LebensmittelZeitung, Nr. 48 vom 28.11.2008, S. S. 62.

Flankierend zum Rabattgesetz strich der Gesetzgeber die **Zugabeverordnung**, die das Anbieten, Ankündigen und Gewähren von Zugaben in Form von Waren und Leistungen parallel
zum Verkauf eines bestimmten Produkts verbot. Lediglich Zugaben mit einem im Vergleich
zum gekauften Produkt geringen Wert waren erlaubt.

Die Aufhebung von Rabattgesetz und Zugabeverordnung löste im Einzelhandel eine regel-
rechte **Rabattoffensive** aus. Doch auch heute noch sind der Gewährung von Preisnachlässen
und Zugaben Grenzen gesetzt, und zwar durch das **Gesetz gegen den unlauteren Wettbewerb** (**UWG**). Rabatte, die auf der Basis sog. Mondpreise (= Angabe unrealistisch hoher
Normalpreise) eingeräumt werden, oder unverhältnismäßig wertvolle Zugaben sind untersagt, da sie den Verbraucher irreführen können.

Rabatte können für Anbieter aber auch durchaus gefährlich werden. Manche Kunden lassen
sich mit befristeten Preisermäßigungen locken. Andere aber befürchten, dass bei vielen Sonderangeboten infolge von Mischkalkulation der Rest des Sortiments überteuert sei. Außerdem ärgern sich viele Kunden darüber, dass sie beim letzten Mal noch einen höheren (Nicht-
Sonderangebots)-Preis bezahlt haben. Nicht zuletzt bergen Rabatte die Gefahr des sog. **Leap
Frogging** (engl. „leap frogging": Bockspringen) dergestalt, dass der Verbraucher seine Kaufentscheidung in die Zukunft verschiebt, weil er hofft, dass in absehbarer Zukunft noch höhere
Preisnachlässe gewährt werden.

Eine Umfrage des renommierten *Instituts für Handelsforschung* in *Köln* belegt, dass rund die
Hälfte der Kunden ein Geschäft, das oft mit Sonderangeboten wirbt, nicht als günstig ein-
stuft. Ebenfalls die Hälfte der Kunden möchte auf ständige Preisvergleiche verzichten und
kauft deshalb bei Unternehmen, die nicht permanent Preise verändern. Deshalb gibt es auch
Handelsunternehmen (wie z. B. *Aldi*), die lieber mit dauerhaft niedrigen Preisen werben als
den Kunden mit Sonderangeboten zu verärgern und deshalb auf diese gänzlich verzichten.

Hohe Rabatte können weiterhin auf unrealistisch hohe Listenpreise mit entsprechend negativer Außenwirkung, auf mangelnde Konkurrenzfähigkeit der Produkte infolge eines veralteten technischen Standards oder eines Imageproblems, auf einen Gewöhnungseffekt bei den
Kunden bezüglich der Preisnachlässe und/oder auf Bequemlichkeit bzw. unzureichende
Schulung der Verkaufsmitarbeiter hinweisen. In manchen Branchen wie beispielsweise dem
Möbelhandel haben sich mittlerweile Rabatte etabliert, die bis zu 70 % betragen. Kritiker sehen hierin eine Irreführung der Verbraucher. Denn entweder habe der Händler die Preise vor
der Rabattaktion erhöht und gewähre den Preisnachlass nun auf einen **Mondpreis**. Oder aber
er arbeite mit der Mischkalkulation und nutze die rabattierten Produkte als **Lockvogelange-
bote**.

Bei der Rabattvergabe empfehlen Pricing-Spezialisten **drei Entscheidungsregeln**:

- In den Neuen Bundesländern sollten höhere Rabatte vergeben werden als in den Alten.
- Bestandskunden zahlen höhere Preise als Neukunden.
- Neue Produkte rechtfertigen in der Regel höhere Preise (vgl. *Stadie* 2006, S. 41).

Neuromarketing-Studie „Rabattsymbole und deren Einfluss auf die Preiswahrnehmung"

In der Untersuchung dienten als Stimuli wertvolle und einfache Produkte mit zu hohen, normalen und zu niedrigen Preisen mit und ohne Rabatt-Symbol beim normalen Preis. Den Probanden wurden im Kernspin-Tomographen nacheinander Abbildungen der o. a. Stimuli mittels Spezialbrille gezeigt.

Die Untersuchung förderte folgende Befunde zutage:

- Rabatt-Symbole aktivieren das Belohnungs-Zentrum im Gehirn.

- Bei einem Teil der Probanden hemmt das Rabatt-Symbol die interne Kontroll-Instanz, d. h. der Preis wird nicht mehr hinterfragt und das Preis-Leistungs-Verhältnis als optimal wahrgenommen.

- Bei rabattierten wertvollen Produkten zeigen die Probanden ein vorsichtigeres Kaufverhalten als bei rabattierten einfachen Produkten. Hier wird die interne Kontrollinstanz nicht außer Kraft gesetzt, was auf die extensive Kaufentscheidung zurückzuführen ist.

Quelle: *Wilsberg, K./Schäfer, T.:* Neuromarketing – Werbung mit Köpfchen, in: mailing-tage[news], Nr. 14, November 2007, S. 3.

Fallbeispiel „Rabatte" (1) – Sex sells einmal anders herum

Die *Chrysler*-Tochter *Dodge* startete 2008 die bis zum 31.12. desselben Jahres zeitlich befristete Aktion „Helden zeugen", bei der Konsumenten ihren Rabatt erstmals im   (Bei-) Schlaf verdienen konnten. Wer schwanger war oder binnen neun Monaten nach dem Kauf schwanger wurde und dies beim Händler dokumentieren konnte, bekam bis zu neun Raten für seinen *Journey* erlassen und konnte so maximal 1.800 € sparen. Auf diese Weise sollte nicht nur der Absatz kurzfristig stimuliert werden, sondern der als grobschlächtig geltende Minivan als Familienauto neu positioniert werden.

Quelle: *Debus, T.:* Familienplanung bei Dodge, in: Frankfurter Allgemeine Zeitung, Nr. 244 vom 18.10.2008, S. 50.

Fallbeispiel „Rabatte" (2) – Neu- gegen-Alt-Angebote

In 2009 stellte der Staat 1,5 Milliarden € als Abwrackprämie bereit. Beim Erwerb eines Neu- bzw. Jahreswagens und gleichzeitiger Verschrottung eines mindestens neun Jahre alten Autos erhielt jeder Käufer 2.500 €. Die zur Verfügung gestellten 1,5 Milliarden Euro reichten rechnerisch für etwa 600.000 Prämien.

Auch der Einzelhandel bedient sich zunehmend dieser Form des Preisnachlasses. So rief der *Media-Markt* im Februar 2009 für eine Woche zur „Sofort-Maßnahme für Deutschland" auf: Beim Kauf eines Gerätes ab 500 € erhielt jeder Kunde einen 100 €-Gutschein. Beim Erwerb neuer Schuhe gewährt die Schuhkette *Salamander* für alte Schuhe 10 €. Das Münchner *Sporthaus Schuster* rechnet für alte Skischuhe 20 € an, der Haushaltswaren-Hersteller *WMF* gibt 10 € Preisnachlass auf Neuware bei der Abgabe von alten Pfannen und Töpfen und *Minolta* gewährt bis zu 250 € für gebrauchte Drucker. Der österreichische Erotik-Versand *Lustundliebe.de* nimmt für 40 € alte Vibratoren in Zahlung, und der Unterhaltungselektronik-Anbieter *Bose* entschädigt Kunden beim Kauf eines neuen Home-Entertainment-Systems (Preis ab 1.450 €) mit 100 € für die alte Stereoanlage.

Die meisten Verbraucher achten bei solchen Neu-gegen-Alt-Angeboten überhaupt nicht darauf, ob die Neuware überhaupt günstig ist. Die Prämie ist aber genau genommen nichts anderes als ein gewöhnlicher Rabatt. Und hinter vorgehaltener Hand geben die Mitarbeiter zu, dass der Kunde auch dann den Preisnachlass bekommt, wenn er gar kein Alt-Produkt abgibt.

Quelle: *Kusitzky, A.*: 100 Euro für nichts, in: Focus, Nr. 8/2009, S. 116.

Fallbeispiel „Rabatte" (3) – Mengenrabatte via Internet

Auf Websites wie *Groupon* und *Daily Deal* werden Gutscheine verkauft, die speziell auf einzelne Städte und Gemeinden zugeschnitten sind. Interessenten erhalten täglich via E-Mail ein neues Angebot in Form eines Coupons, der rund 50 % Rabatt auf die Leistungen eines spezifischen Geschäfts vor Ort bietet. Die Gutscheine werden aber nur dann verkauft, wenn eine bestimmte Zahl an Kunden zusammenkommt. Manchmal genügt schon eine Bestellung, in einigen Fällen sind auch mehrere hundert Bestellungen notwendig. Indem Unternehmen einen Mengenrabatt für eine ganze Gruppe von Kunden gewähren, erhöhen sie ihre Kundenfrequenz.

Quelle: *Handler, N./Bernau, P.:* Die schöne neue Online-Welt, in: Frankfurter Allgemeine Sonntagszeitung, Nr. 33 vom 22.08.2010, S. 45.

4.5.3   Festlegung der Liefer- und Zahlungsbedingungen

Lieferbedingungen regeln im Allgemeinen (vgl. hierzu *Pepels* 2000, S. 604–607):

- die Waren- und Produktbeschreibung,
- die Liefermenge,
- die Warenübernahme bzw. -zustellung (Ort und Zeit) sowie das Transportmittel,
- den Zeitpunkt des Gefahrenübergangs,

- die Verteilung der zwischen Versendung und Ankunft aufgelaufenen Kosten (Abgaben, Zölle, ...),
- Umtauschrecht sowie
- die Konventionalstrafen bei verspäteter Lieferung.

Unterstützung bei der Vereinbarung von Lieferbedingungen bieten die sog. **INCOTERMS** (**International Commercial Terms;** vgl. *Bredow/Seiffert* 2000; www.controllerspielwiese.de/Inhalte/Toolbox/ref004.htm; www.frankfurt-main.ihk.de/international/importexport/incoterms/; www.toyota-gib.com/German/Logistics/Incoterms/.htm; www.wkw.at/docextern/abtawi/extranet/HIncoterms.htm; Stand: 24.12.2002). Hierbei handelt es sich um **Lieferklauseln**, die von der *International Chamber of Commerce* (*ICC*), Paris, zur Regelung des **internationalen Warenverkehrs** herausgegeben werden und die Übernahme der Transportkosten sowie den Gefahrenübergang regeln. Konkret sind die folgenden grundsätzlichen **Verkäufer-** und **Käuferverpflichtungen** festgelegt:

- Zahlung des vertragsmäßigen Kaufpreises
- Ort und Zeitpunkt des Übergangs der Gefahr der Beschädigung oder des Verlustes der Ware vom Verkäufer auf den Käufer
- Lieferort und Transportart
- Kostenübergang und Kostenteilung
- Besorgung des Beförderungs- und des Versicherungsvertrages
- Beschaffung der mit der Aus-, Ein- und Durchfuhr der Waren erforderlichen Dokumente, die Erledigung der notwendigen Formalitäten und die Verteilung der dadurch entstehenden Kosten

Die 1936 erstmals aufgestellten INCOTREMS wurden bis heute fünfmal erweitert und bestehen derzeit aus insgesamt 13 Klauseln. INCOTERMS sind für die Vertragspartner verbindlich, wenn sie sich eindeutig im Rahmen eines Vertrages auf diese beziehen. Die Regelungen sind international bei Gericht und ähnlichen Instanzen anerkannt.

Die weltweit hohe Akzeptanz der INCOTERMS ist darauf zurückzuführen, dass durch Bezug auf eine der 13 INCOTERMS-Klauseln auf einfache Art und Weise die Bedingungen für die technische Durchführung des Transportes geregelt werden können. Dabei wird eine **eindeutige Regelung** des Übergangs der Kosten und Transportgefahren vom Verkäufer auf den Käufer getroffen, ohne dass hierüber umfangreiche Bestimmungen in den Liefervertrag aufzunehmen sind. Hinzu kommt, dass sich die an einem internationalen Geschäftsvorgang beteiligten Parteien häufig nicht über die im Ausland gängigen Handelspraktiken im Klaren sind. Daraus entstehen des Öfteren Missverständnisse zwischen Lieferant und Käufer. Die Verwendung der international anerkannten INCOTERMS reduziert dieses Risiko.

Seit 01.01.2001 gelten neue INCOTERMS-Regelungen, die in sechs Punkten von der vorherigen Version abweichen. Die derzeit gültigen Klauseln sind in Tab. 4.12 aufgeführt. Hierbei lassen sich **zwei Gruppen** unterscheiden:

- Die Klauseln EXW (= Ex Works), FCA (= Free Carrier), CPT (= Carriage Paid To), CIP (= Carriage and Insurance Paid To), DAF (= Delivered At Frontier), DDU (= Delivered Duty Unpaid) und DDP (= Delivered Duty Paid) beziehen sich auf jede Transportart einschließlich multimodaler Transport (= mehrgliedrige Transportkette, bei der der Transport eines Gutes mit zwei oder mehr unterschiedlichen Verkehrsträgern wie Straße, Schiene, Hochsee- und Binnenschiff durchgeführt wird).

- Die Regelungen FAS (= Free Alongside Ship), FOB (= Free On Board), CFR (= Cost and Freight), CIF (= Cost, Insurance and Freight), DES (= Delivered Ex Ship) und DEQ (= Delivered Ex Quay), die mit einem * gekennzeichnet sind, gelten ausschließlich für Hochsee- und Binnenschifftransporte.

Tab. 4.12: INCOTERMS im Überblick

GRUPPE (E): Abholklausel		
EXW	Ex Works	Ab Werk (… benannter Ort). Der Exporteur trägt keinerlei Kosten für Transport oder Zollabfertigung.
GRUPPE (F): Haupttransport vom Verkäufer nicht bezahlt		
FAS	Free Alongside Ship*	Frei Längsseite Schiff (... benannter Verschiffungshafen). F-Klauseln verpflichten den Exporteur, dem Frachtführer die Ware zu übergeben. Der Importeur trägt die Kosten des Haupttransports.
FCA	Free Carrier	Frei Frachtführer (... benannter Ort). F-Klauseln verpflichten den Exporteur, dem Frachtführer die Ware zu übergeben. Der Importeur trägt die Kosten des Haupttransports.
FOB	Free On Board*	Frei an Bord benannter Verschiffungshafen. F-Klauseln verpflichten den Exporteur, dem Frachtführer die Ware zu übergeben. Der Importeur trägt die Kosten des Haupttransports.
GRUPPE (C): Haupttransport vom Verkäufer bezahlt		
CFR	Cost and Freight*	Kosten und Fracht (... benannter Bestimmungshafen). Der Exporteur trägt alle Transportkosten bis zum Bestimmungshafen. Der Gefahrübergang auf den Importeur erfolgt bereits im Verladehafen bei Überschreitung der Reling. Die Transportversicherung schließt der Importeur ab.
CIF	Cost, Insurance and Freight*	Kosten, Versicherung, Fracht (... benannter Bestimmungshafen). Der Exporteur trägt alle Transportkosten bis zum Bestimmungshafen. Der Gefahrübergang auf den Importeur erfolgt bei Überschreitung der Reling im Verladehafen. Zusätzlich zu CFR trägt der Exporteur die Transportversicherungskosten.

Tab. 8.19: INCOTERMS im Überblick (Fortsetzung)

GRUPPE (C): Haupttransport vom Verkäufer bezahlt		
CIP	Carriage and Insurance Paid To	Frachtfrei versichert (... benannter Bestimmungsort). Der Exporteur trägt die Kosten wie bei CPT, zusätzlich noch die Kosten für die Transportversicherung. Der Gefahrübergang auf den Importeur erfolgt bei Übergabe an den Frachtführer. Der Exporteur trägt zusätzlich zu CPT die Transportversicherungskosten.
CPT	Carriage Paid To	Frachtfrei (... benannter Bestimmungsort). Der Exporteur trägt alle Transportkosten bis zum Bestimmungshafen. Der Gefahrübergang auf den Importeur erfolgt bei Überschreitung der Reling im Verladehafen. Zusätzlich zu CFR trägt der Exporteur die Transportversicherungskosten.
GRUPPE (D): Ankunftsklauseln		
DAF	Delivered At Frontier	Geliefert Grenze (... benannter Ort). Der Exporteur trägt die Kosten und Gefahren bis zum Bestimmungsort an der Grenze. Er trägt auch die Kosten der Exportabwicklung. Die Einfuhrabgaben entrichtet bereits der Importeur.
DDP	Delivered Duty Paid	Geliefert verzollt (... benannter Bestimmungsort). Der Exporteur trägt die Transportkosten bis zum Bestimmungsort sowie die Einfuhrabgaben. Die Gefahr geht auf den Importeur über, sobald er die Ware vom Frachtführer erhält.
DDU	Delivered Duty Unpaid	Geliefert unverzollt (... benannter Bestimmungsort). Der Exporteur trägt die Transportkosten bis zum Bestimmungsort. Die Einfuhrabgaben entrichtet der Importeur. Die Gefahr geht auf den Importeur über, sobald er die Ware vom Frachtführer erhält.
DEQ	Delivered Ex Quay*	Geliefert ab Kai (... benannter Bestimmungshafen). Der Exporteur trägt die Kosten des Transports zum Bestimmungshafen einschließlich Löschkosten und aller Aus- bzw. Einfuhrabfertigungskosten. Der Gefahrübergang erfolgt am Kai.
DES	Delivered Ex Ship*	Geliefert ab Schiff (... benannter Bestimmungshafen). Der Exporteur trägt die Kosten des Transports zum Bestimmungshafen ohne Löschkosten und alle Aus- bzw. Einfuhrabfertigungskosten. Der Gefahrübergang erfolgt auf dem Schiff.

Die **Zahlungsbedingungen** ihrerseits fixieren **Zahlungsabwicklung** (Zahlung gegen Rechnung; Dokumenteninkasso = Vorgang, bei dem der Exporteur einer Ware seine Bank veranlasst, gegen die Aushändigung bestimmter Dokumente seine Forderungen bei der Importeurbank einzuziehen; Dokumentenakkreditiv (= spezifische Form des Akkreditivs, bei der sich die Bank verpflichtet, bei Vorlage eindeutig definierter Dokumente einen im voraus festgelegten Geldbetrag an den Begünstigten zu zahlen), **Zahlungszeitpunkt** (Zahlung vor Lieferung = Vorauszahlung; Teilzahlung vor Lieferung = Anzahlung; Zahlung bei Vorlage der Dokumente per Kreditkarte, Lastschrift, Nachnahme, Paypal, giropay oder auf Rechnung bei entsprechender Bonität [im Rahmen des Dokumentenakkreditivs]; Zahlung innerhalb einer Zeitspanne nach Vorlage der Dokumente; Zahlung bei/nach Erhalt der Ware [Barzahlung, Nachnahme, Cash on Delivery]; Zahlung nach Ablauf eines Zahlungsziels [mit oder ohne Skontogewährung] und **Zahlungsweise** (bar, per Kreditkarte, Lastschrift, Nachnahme, Paypal [= Online-Bezahlsystem], giropay [= Online-Bezahlverfahren einiger Banken der deutschen Kreditwirtschaft, das auf der Überweisung des Online-Bankings basiert und speziell für die Anforderungen des E-Commerce optimiert wurde] oder auf Rechnung bei entsprechender Bonität). Des Weiteren gehören hierzu u. a. Regelungen zu folgenden Bereichen:

- **Inzahlungnahme** von gebrauchten Waren (z. B. beim Verkauf von Kraftfahrzeugen)
- **Kompensationsgeschäfte**: Hierunter fasst man Transaktionen, bei denen der Lieferant für seine Leistungen kein Geld, sondern Produkte oder Dienstleistungen erhält.

4.5.4   Kreditmanagement

Im Zuge des Kreditmanagement räumt der Anbieter dem Nachfrager die Möglichkeit ein, die Leistung erst mit einem bestimmten zeitlichen Abstand zur Bereitstellung zu begleichen. Hier ist zum einen die Einräumung mehr oder weniger langer **Zahlungsfristen** zu nennen.

Die Anonymität der Kundenbeziehungen via Internet oder Telefon begünstigt die Bereitschaft bei Kunden, Zahlungen zu verweigern. Zudem sinkt die Hemmschwelle für Betrügereien. Beispielsweise werden Liefer- und Wohnadressen manipuliert, um die automatisierten Scoring-Systeme der Anbieter in die Irre zu führen. Betroffen sind insbesondere Versandhäuser, Onlineshops, Verlage, Versorgungs-, Telekommunikations- sowie Versicherungsunternehmen. Um das Risiko von Forderungsausfällen zu verkleinern, veräußern die betroffenen Unternehmen **Risiko-Kundenportfolios** an **Factoring-** und **Inkassogesellschaften**. Zu den intensiven Nutzern des Forderungsverkaufs gehören auch Fitnessketten, bei denen der Anteil von Zahlungsverweigerern bis zu 20 % reicht. Denn viele Vertragskunden verlieren bereits nach kurzer Zeit die Motivation zum Trainieren und stellen ihre Zahlungen einfach ein (vgl. *Godek* 2010, S. 50–51).

In diesem Zusammenhang bringt die **Forderungsausfallquote** zum Ausdruck, wie hoch der Anteil ausgefallener Forderungen an der Summe der Forderungen ist (vgl. im Folgenden *Schneider/Hennig* 2008a sowie die dort zitierte Literatur). Die Forderungsausfallquote ist von erheblichem Stellenwert bei Betriebstypen, bei denen nicht bar bezahlt wird. Dies gilt insbesondere für den Versandhandel. Eine hohe Forderungsausfallquote geht mit dem Verlust von Warenwerten einher, der durch Erträge aus dem Verkauf anderer Artikel kompensiert werden muss.

Die Forderungsausfallquote lässt sich zunächst durch die Einschätzung der **Bonität** der Vertragspartner reduzieren. Hierbei unterstützen **Auskunfteien** sowie **Ratings**, die durch Agenturen erstellt werden. Außerdem bieten sich **Bilanz-** und **Jahresabschlussanalysen** sowie **Branchenanalysen** an. Die aktuell in Kreditinstituten diskutierten Ansätze zur Kreditportefeuillesteuerung, die sich auch auf die Forderungsbestände von Unternehmen anwenden lassen, finden bei Firmen bislang nahezu keine Beachtung.

Des Weiteren lässt sich das Forderungsausfallrisiko durch **Kundenlimite** begrenzen. Hierbei bieten sich Nominallimite an, bei denen die Höhe der Forderungen von vorneherein begrenzt wird, sowie Stop-Loss-Limite, bei denen ab einer gewissen Höhe ausstehender Rückzahlungen keine weiteren Lieferantenkredite mehr gewährt werden. Um internationale Risiken, die durch eine zu starke Konzentration auf einzelne Länder entstehen, zu vermeiden, können Länderrisikolimite zum Einsatz kommen. Die Risiken einzelner Länder kommen in Indizes zum Ausdruck, die speziell für diese Zweck erstellt werden (etwa **BERI = Business Environment Risk Index**).

Außerdem haben sich Instrumente wie **Akkreditive**, **Dokumenteninkasso** und (Export-)-**Kreditversicherungen** in der Praxis bewährt. Nicht zuletzt lässt sich das Forderungsausfallrisiko durch den Verkauf von Forderungen (**Forfaitierung** [französisch: vendre à forfait = „im Paket verkaufen": ohne Regress] bezeichnet den Ankauf von Forderungen unter Verzicht auf einen Rückgriff gegen den Verkäufer bei Zahlungsausfall des Schuldners [echte Forfaitierung]. Bei der unechten Forfaitierung ist ein Rückgriff dagegen möglich. Allerdings haftet der Verkäufer in beiden Fällen für den Rechtsbestand [Verität] der Forderung.; **Factoring** [lateinisch: factura = „Rechnung"]ist ein Anglizismus für die gewerbliche, revolvierende Übertragung von Forderungen eines Unternehmens [Lieferant, Kreditor] gegen einen oder mehrere Forderungsschuldner [Debitor] vor Fälligkeit an ein Kreditinstitut oder ein Spezialinstitut [Factor]. Beim echten Factoring werden die Forderungen mit dem Risiko des Forderungsausfalls an den Factor übertragen, beim unechten Factoring verbleibt dieses Delkredererisiko beim Lieferanten. In beiden Fällen haftet der Lieferant für den Rechtsbestand der Forderungen, trägt also weiterhin das Veritätsrisiko. Der wesentliche Unterschied zur Forfaitierung liegt darin, dass die Forfaitierung Einzelgeschäfte mit kurz- bis mittelfristigem Zahlungsziel abdeckt, während Factoring einen Rahmenvertrag voraussetzt, innerhalb dessen das Unternehmen verpflichtet ist, alle seine [nur] kurzfristigen Forderungen regelmäßig an den Factor zu verkaufen.) reduzieren. Moderne Finanzderivate zur Forderungsausfallrisikosteuerung werden noch selten eingesetzt. Eine Minimierung der Forderungsausfallquote kann jedoch dazu führen, dass zu hohe Bonitätsanforderungen an Kunden gestellt werden, so dass zahlreiche Geschäftsabschlüsse überhaupt nicht zustande kommen.

Fallbeispiel „Zahlungsziele" – Konditionenabgleich nach Akquisition bei *Edeka*

Nachdem *Edeka* 2008 den Lebensmitteldiscounter *Plus* übernommen hatte, deckten interne Analysen im Zuge des Konditionenabgleichs auf, dass *Plus* bislang vereinzelt doppelt so lange Zahlungsziele eingeräumt worden waren wie dem Marktführer. Während *Edeka* bei zahlreichen Sortimenten über ein Zahlungsziel von 30 Tagen verfügte, lag *Plus* vielfach bei 40, in Einzelfällen sogar bei 60 Tagen. In Folge verbuchten vor allem einige Mittelständler später als bisher den Zahlungseingang von *Edeka*, da sie – im Gegensatz zu den großen Konzernen – *Plus* bei den Zahlungszielen bislang begünstigt hatten. Auf diese Weise verschaffte sich *Edeka* erheblich mehr Liquidität.

Quelle: *o. V.*: Edeka verlängert Zahlungsziele, in: LebensmittelZeitung, Nr. 8 vom 20.02. 2009, S. 1.

Fallbeispiel „Working Capital" – Wie Lieferanten den Handel vorfinanzieren

Mit einem Working Capital von –35 Tagen nimmt die *Metro Group* Rang eins im deutschen Handel ein (vgl. Tab. 4.13). Konkret ist die Ware bereits 35 Tage bezahlt, ehe *Metro* die Rechnungen seiner Lieferanten begleichen muss. Ein negatives Working Capital bedeutet demnach, dass Lieferanten Umsätze vorfinanzieren. Zwar weist die *Metro* aufgrund ihrer hohen Non-Food-Anteile am Sortiment bei *Media-Saturn* und *Kaufhof* vergleichsweise hohe Bestände mit 40 Tagen Reichweite auf, kann dies aber durch extrem lange Zahlungsziele von im Durchschnitt 78 Tagen deutlich überkompensieren. Mit 42 % extrem hoch ist damit auch der Anteil der Finanzierung des Handelsgeschäfts durch die Lieferanten. Anders gestaltet sich die Situation bei den Discountern: *Lidl* verzeichnet mit 13 Tagen die niedrigste Bestandsreichweite. Da die Neckarsulmer aber auch mit 29 Tagen vergleichsweise geringe Zahlungsziele haben, liegen sie beim Working Capital hinter ihrem Erzrivalen *Aldi* zurück. Und *Lidl* lässt sich mit 15 % in deutlich geringerem Umfang von der Industrie finanzieren als *Aldi Süd* mit ca. 25 %. Sowohl lange Zahlungsziele als auch hohe Forderungen an ihre Kunden verzeichnet *Rewe*, was sich mit dem vergleichsweise hohen Anteil des Großhandels- und Tourismusgeschäfts erklären lässt. *Edeka* schließlich muss die Ware im Durchschnitt 12 Tage vor dem Zeitpunkt bezahlen, an dem die Ware abverkauft ist. Neben den im Verhältnis zur Bestandsreichweite von 21 Tagen kurzen Zahlungszielen von 17 Tagen ist das positive Working Capital darauf zurückzuführen, dass *Edeka* durch sein Großhandelsgeschäft Forderungen gegenüber seinen Einzelhändlern hat. Diese begleichen ihre Rechnungen erst nach durchschnittlich acht Tagen.

Quelle: *o. V.:* Metro lässt das Geld für sich arbeiten, in: LebensmittelZeitung, Nr. 11 vom 18.03.2011, S. 8.

Tab.4.13: Working Capital in ausgewählten Handelsunternehmen (Angaben in Tagen; Basis: Bilanzen 2009; Quelle: o. V.: Metro lässt das Geld für sich arbeiten, in: LebensmittelZeitung, Nr. 11 vom 18.03.2011, S. 8.)

	Metro	*Aldi Süd*	*Aldi Nord*	*Lidl*	*Rewe*	*Edeka Südwest*
Forderungen aus Lieferungen (A)	3	1	1	1	11	8
Bestandsreichweite (B)	40	15	18	13	32	21
Zahlungsziele (C)	78	36	38	29	51	17
Working Capital (A + B – C)	– 35	– 20	– 19	– 15	– 8	12
Lieferantenfinanzierung (= Lieferantenverbindlichkeiten/ Bilanzsumme)	42 %	ca. 25 %	k. A. möglich	15 %	34 %	21 %

Mit der Einräumung von Zahlungszielen unmittelbar verknüpft ist der **Skonto**, d. h. ein Rabatt, der den Abnehmer dazu motivieren soll, den Rechnungsbetrag unverzüglich bzw. innerhalb einer bestimmten Frist zu begleichen und den Lieferantenkredit nicht in Anspruch zu nehmen, d. h. das vom Lieferanten eingeräumte Zahlungsziel nicht (voll) auszuschöpfen. Untersuchungen belegen, dass das eigentliche Ziel des Skontos, nämlich eine schnellere Bezahlung, häufig verfehlt wird. Ganz im Gegenteil ziehen (insbesondere marktmächtige) Kunden auch dann noch Skonto ab, wenn die Rechnung verspätet beglichen wird.

Wenn das Brot, das jeden Morgen frisch in die Regale gepackt wird, erst zum Monatsende bezahlt werden muss, wenn die Rechnung für die zweimal wöchentlich angelieferte Margarine erst in sechs Wochen beglichen wird, dann macht sich das auf den Konten der Discounter deutlich bemerkbar. Mit solchen Zahlungszielen können sie fortwährend einen zinslosen Kredit in mehrstelliger Millionenhöhe in Anspruch nehmen. Dass diese Strategie, lange Zahlungsziele auszuhandeln und die Ware innerhalb weniger Tage zu verkaufen, systematisch umgesetzt wird, lässt sich u. a. daran ablesen, dass Discounter wie *Lidl* und *Aldi* sich bei der Bezahlung ihrer Lieferanten einige Wochen mehr Zeit lassen als die Vollsortimenter.

Vor diesem Hintergrund scheint es zweckdienlicher zu sein, das Angebot des Skonto durch **flexible Zahlungsfristen** zu ersetzen. Beispielsweise wird Neukunden ein Zahlungsziel von 14 Tagen eingeräumt mit dem Hinweis, im Falle termingerechter Bezahlung der Erstlieferung bei einem Wiederholungskauf die Zahlungsfrist auf 30 Tage auszudehnen. Wird einer der Folgekäufe nicht termingerecht beglichen, verkürzt sich die Zahlungsfrist erneut auf 14 Tage. Im Vergleich zum Skonto sind flexiblere Zahlungsfristen für den Lieferanten kostengünstiger und der positive Effekt auf die tatsächliche Zahlungsdauer ist höher (vgl. *Lauer* 1998).

Fallbeispiel „Berechnung des Skonto"

Ein Unternehmen räumt seinen Kunden folgende Zahlungsbedingung ein: „Innerhalb von 10 Tagen abzüglich 2 % Skonto, innerhalb 30 Tagen rein netto". Zahlt der Kunde innerhalb von zehn Tagen, werden ihm demnach 2 % Skonto gewährt. Nutzt der Kunde das Zahlungsziel von 30 Tagen aus und verzichtet demnach auf Skontierung, kostet ihn dieser Lieferantenkredit 36 % Zinsen p. a. = (2 % x 360 Tage) : 20 Tage. Da der Kunde einen solchen Kredit am Kapitalmarkt deutlich günstiger aufnehmen kann, wird er normalerweise den Skonto in Anspruch nehmen. Tut er dies nicht, weist dies entweder auf einen geringen betriebswirtschaftlichen Sachverstand, eine schlechte Buchhaltung oder auf Zahlungsschwierigkeiten hin, da der Abnehmer am Kapitalmarkt offensichtlich nicht mehr kreditwürdig ist und deshalb den ungünstigen Lieferantenkredit nutzen muss.

Die **Skontoquote**, also der Anteil des Gesamt-Skontowerts am Bruttoumsatz, gibt den durchschnittlichen Skontosatz an, der den Kunden gewährt wurde, weil sie ihre Rechnungen innerhalb der Skontofrist beglichen haben (vgl. im Folgenden *Schneider/Hennig* 2008a sowie die dort zitierte Literatur). Eine hohe Skontoquote sollte zum Anlass genommen werden zu überprüfen, ob die Skontofristen, innerhalb derer Skonto gewährt wird, zu lang bemessen sind und ob die Zahlungsbereitschaft sowie -fähigkeit der Kunden unterschätzt und daher unnötigerweise ein zu hohes Skonto angeboten wird. Umgekehrt kann eine sinkende Skontoquote darauf hinweisen, dass sich wichtige Kunden in Zahlungsschwierigkeiten befinden und notgedrungen den vergleichsweise teuren Lieferantenkredit in Anspruch nehmen müssen, indem sie nicht mehr skontieren.

Neben der Skontierung bietet sich die Möglichkeit, mittels einer längerfristigen Kreditierung des Kaufpreises, häufig verbunden mit Ratenzahlung, den Kreis der Abnehmer um diejenigen zu erweitern, die zwar kaufwillig, aber zum jetzigen Zeitpunkt nicht zahlungsfähig oder -bereit sind.

Fallbeispiel „Schaffung zusätzlicher Absatzmöglichkeiten durch Finanzierung" – das Unternehmen *Heidelberger Druckmaschinen*

Heidelberger Druckmaschinen, weltgrößtes Unternehmen seiner Branche, finanziert einen Teil einen zunehmenden Teil seines Umsatzes selbst, d. h. vergibt Kredite an seine Kunden. Die Ursache für diesen Anstieg liegt aber nicht an weniger zahlungsfähigen Kunden oder risikoscheuen Banken, sondern an dem Umstand, dass *Heideldruck* mit der Zeit vormals unabhängige Händler und Vertriebsgesellschaften übernommen hat und jetzt den Vertrieb in Eigenregie betreibt. In diesem Kontext bietet die Absatzfinanzierung den Vorteil, Märkte besser entwickeln und neue Absatzmöglichkeiten schaffen zu können.

Die Kreditprüfung läuft ähnlich wie in einer Bank ab: Es wird ein Rating einschließlich Länderrisiko erstellt, Bilanz sowie Gewinn-und-Verlust-Rechnung werden analysiert, und der Kunde muss begründen, warum er mit der neuen Druckmaschine erfolgreich am Markt agieren wird. Über die Kreditvergabe entscheidet nicht der Vertrieb allein, da dieser u. U. zu stark auf den eigenen Umsatz fokussiert ist, sondern eine Abteilung in der Konzernzentrale. Ab einem Volumen von drei Millionen € muss der Vorstand den Kredit genehmigen. Als Sicherheit dient in aller Regel die gelieferte Druckmaschine, d. h. die Finanzierung wird so gestaltet, dass der aktuelle Kreditbetrag zu keinem Zeitpunkt den Wert der Maschine übersteigt.

Quelle: *o. V.*: Kredit erst nach dem „Crash"-Rating, in: Frankfurter Allgemeine Zeitung, Nr. 16 vom 20.01.2003, S. 21.

Im Kontext des Kreditmanagement ist auch das **Leasing** (engl. to lease = mieten, pachten) zu nennen. Hierbei handelt es sich um eine Finanzierungsform, bei welcher der Leasinggeber (direkt = Anbieter des Gutes; indirekt = Finanzinstitut) dem Leasingnehmer (Gewerbetreibender oder Privatperson) das Leasinggut (Mobilien oder Immobilien) gegen Zahlung eines vereinbarten Leasingentgelts, das die Kosten für die Herstellung bzw. Beschaffung, die Finanzierung, die Versicherung sowie einen Gewinnaufschlag abdeckt, zur Nutzung überlässt. Von der Miete unterscheidet sich Leasing dadurch, dass die mietvertraglich geschuldete Wartungs- und Instandsetzungsleistung bzw. der Gewährleistungsanspruch auf den Leasingnehmer übertragen wird (vgl. *Bender* 2001).

Nach Ende des Leasingvertrages geht das Leasinggut an den Leasinggeber zurück oder wird an den Leasingnehmer oder einen Dritten veräußert. Während Finance-Leasing die Miete sowie eine Kaufoption umfasst, bezieht sich Operate-Leasing ausschließlich auf die Miete.

Leasing wird zumeist von Gewerbetreibenden genutzt, spielt jedoch in manchen Branchen (etwa Kraftfahrzeuge) auch bei Privatkunden eine zunehmend wichtigere Rolle. Hier trifft man häufig auf das sog. Null-Leasing, bei dem die Leasingraten keinen Aufwand für Zinsen und laufende Kosten enthalten. Diese Leasingart dient als ein Instrument der Absatzförderung. Die nicht gedeckten Kosten werden von Händlern bzw. Herstellern übernommen.

Eine weitere Sonderform des Leasing bildet das **Sale-and-Lease-Back-Verfahren**: Hier verkauft ein Unternehmen die Objekte (etwa Gebäude, Fuhrpark) an eine Leasinggesellschaft und least sie dann zurück. Auf diese Weise gewinnt das Unternehmen an Liquidität.

Bei der **Liquidität** lassen sich **drei Arten** unterscheiden:

- **Liquidität 1. Grades** $= \dfrac{\text{Zahlungsmittel}}{\text{Kurzfristige Verbindlichkeiten}} \times 100\,\%$

- **Liquidität 2. Grades** $= \dfrac{\text{Zahlungsmittel} + \text{kurzfr. Forderungen}}{\text{Kurzfristige Verbindlichkeiten}} \times 100\,\%$

- **Liquidität 3. Grades** $= \dfrac{\text{Zahlungsm.} + \text{kurzfr. Ford.} + \text{Vorräte}}{\text{Kurzfristige Verbindlichkeiten}} \times 100\,\%$

Die Liquidität 1. Grades sollte nicht mehr als 110 % betragen, wobei die flüssigen Mittel schnellstmöglich zur Bezahlung der kurzfristigen Verbindlichkeiten verwendet werden sollten, um den Skontoabzug beim Lieferanten vorzunehmen.

Die Liquidität 2. Grades sollte zwischen 100 % und 120 % liegen. Darunter könnte das Unternehmen Probleme bei der Wertschöpfung haben oder sich bei verschiedenen Produkten verkalkuliert haben. Es besteht aber auch die Möglichkeit, dass zu viele Produkte im Lager liegen, die noch nicht verkauft werden konnten.

Die Liquidität 3. Grades sollte zwischen 120 % und 150 % liegen. Liegt sie darunter, kann es bei der Preisgestaltung Probleme geben. Liegt sie darüber, sind Warenbestand und damit Kapitalbindung zu hoch.

5 Vertriebsmanagement

Dieses Kapitel vermittelt:

- was man unter Vertriebsmanagement versteht,
- welche Aufgaben dem Vertriebsmanagement zufallen,
- welche Entscheidungen im Zuge der Wahl des externen und internen Standorts zu treffen sind,
- welche Varianten von Vertriebswegen zur Verfügung stehen,
- welche jeweiligen Vor- sowie Nachteile diese bieten,
- was es im Rahmen des Kundenmanagement zu beachten gilt und
- welche Optionen im Rahmen der Vertriebslogistik zur Verfügung stehen.

5.1 Überblick

Das Vertriebsmanagement eines Unternehmens umfasst sämtliche Maßnahmen, die den Transfer der Produkte und/oder Dienstleistungen an nachgelagerte Wirtschaftsstufen sowie den Rücktransfer derselben zum Produzenten betreffen (vgl. im Folgenden *Ahlert* 1996; *Bruhn* 2001, S. 249–276; *Diller* 2001, S. 327–328; *Froböse/Kaapke* 2000, S. 226–248; *Kotler/Bliemel* 1995, S. 851–905; *Meffert* 2000, S. 600–677; *Nieschlag/Dichtl/Hörschgen* 2002, S. 880–983; *Uhr/Müller* 1998). Grundsätzlich lassen sich **zwei Komponenten** unterscheiden:

- Der **physische Vertrieb** fällt die Aufgabe zu, die Ware zu verteilen, d. h. eine Leistung vom Ort ihrer Entstehung unter Überbrückung von Raum und Zeit an den Ort zu bringen, wo sie in den Verfügungsbereich des Käufers übergeht (= **Verteilungsfunktion**). Des Weiteren fallen hierunter **Rückholleistungen** (Redistribution). Punktuelle Redistribution findet beispielsweise bei Rückrufaktionen von Automobil-, Unterhaltungselektronik- oder Handyherstellern aufgrund von Materialproblemen bzw. -fehlern statt. Generelle Redistributionssysteme sind z. B. alle Mehrwegsysteme, wie sie in der Getränkeindustrie anzutreffen sind. Schließlich zählt das **Recycling** (= Entsorgung von Produkten und/oder deren Verpackung [beispielsweise Verkaufs- und Transportverpackungen]) dazu.
- Der **akquisitorische Vertrieb** zielt darauf ab, die Ware zu verkaufen, d. h. den Kontakt zum Kunden anzubahnen und diesen an das Unternehmen zu binden.

Konkret sind folgende **Aktionsparameter** des Vertriebsmanagement zu nennen:

- **Standortwahl**
  Diese umfasst sowohl Entscheidungen über den Unternehmensstandort als auch die Gestaltung des innerbetrieblichen Standorts (= Space Management).

- **Absatzwegewahl**
  Hier gilt es zu entscheiden, auf welchem Weg eine Leistung vom Produzenten zum Verbraucher gelangt. In Bezug auf den Vertriebsweg müssen festgelegt werden:
  - Länge, d. h. die Anzahl der Absatzstufen, die zwischen Hersteller und Verbraucher eingeschaltet sind (ein-, zwei- und mehrstufiger Vertrieb)
  - Tiefe, d. h. die Anzahl verschiedener Typen von Verkaufsorganen und Handelsbetrieben auf jeder Absatzstufe (Finden sich die Produkte nur in Fachgeschäften wie etwa im Falle *Stihl* Motorsägen [= flach] oder treffen wir die Produkte in den Regalen sämtlicher Betriebstypen des Handels [Discounter, Supermärkte, Warenhäuser, Kioske, Tankstellen, Warenautomaten, ...] wie etwa im Falle von *Haribo* Gummibärchen [= tief] an?)
  - Breite, d. h. die Anzahl gleichartiger Verkaufsorgane bzw. Verkaufsstätten (Sämtliche Discounter haben beispielsweise *Coca-Cola* gelistet [= breit], aber nur wenige Discounter haben *Mumm* Sekt gelistet [= schmal].)
  - Vertriebssystem, d. h. die Art der Kooperation zwischen Hersteller, Absatzmittler und Verbraucher

- **Kundenmanagement**
  Das Kundenmanagement übernimmt folgende akquisitorische Funktionen:
  - Informationsfunktion, d. h. Übermittlung von Informationen an (potenzielle) Kunden (Überschneidungen mit Kommunikationsmanagement) und Gewinnung von Marktinformationen (Überschneidungen mit Marketing-Forschung)
  - Kontrahierungsfunktion, d. h. Vorbereitung und unmittelbare Durchführung von Kaufabschlüssen

- **Vertriebslogistik**
  Hier gilt es sicherzustellen, dass die Waren
  - zur richtigen Zeit
  - in der richtigen Menge
  - am gewünschten Ort
  - im gewünschten Zustand und
  - zu möglichst geringen Kosten
  den Kunden erreichen. Dementsprechend sind Auftragsabwicklung, Lagerung, Transport, Verpackung sowie Redistribution zu optimieren.

5.2 Standortwahl

5.2.1 Wahl des externen Standorts

Standort bezeichnet den **Ort**, an dem die **Produktionsfaktoren** eingesetzt werden, um Produkte und/oder Dienstleistungen herzustellen (vgl. im Folgenden *Müller-Hagedorn* 2001, S. 1600–1601 sowie 1601–1603; *o. V.:* Falsche Standortwahl häufig Ursache von Unternehmenskrisen, in: Frankfurter Allgemeine Zeitung, Nr. 142 vom 23.06.2003, S. 19; www.newcome.de/gruenderguide/Der_Standort/Einstieg_Standort.php; www.frankfurt-main.ihk.de/starthilfe_foerderung/existenzgruendung/basisinfos/standort/#; Stand: 20.03.2003).

Anlässe für eine Standortentscheidung können sein:

- Neugründung,
- Verlegung,
- Spaltung bzw. Zusammenlegung sowie
- Schließung.

Dabei kann die Standortentscheidung auf **drei Ebenen** angesiedelt sein:

- internationale Standortwahl (sog. Makro-Standortwahl, z. B. einzelne Länder),
- interlokale Standortwahl (sog. Meso-Standortwahl, z. B. Regionen oder Orte) sowie
- lokale Standortwahl (sog. Mikro-Standortwahl, z. B. bestimmte Objekte).

Auf jeder dieser Ebenen lassen sich harte und weiche Standortfaktoren identifizieren. **Harte Standortfaktoren** sind quantifizierbar und leicht messbar, bei **weichen Faktoren** ist das Gegenteil der Fall. Letztere lassen sich weiter differenzieren in weiche unternehmensbezogene Faktoren (etwa Wirtschaftsklima) und weiche personenbezogene Faktoren (z. B. Freizeitangebot einer Region). Die Ausprägungen der jeweils relevanten Standortfaktoren bedingen die Entscheidung für oder gegen einen Standort. Einen Überblick über die zahlreichen Standortfaktorenkataloge vermittelt *Bienert* (1996), der aus 30 Katalogen **vier Basisdimensionen** herausdestillieren konnte:

- Verkehr,
- Konkurrenz,
- Konsum sowie
- Raum.

Der folgende **Standortfaktorenkatalog** verdeutlicht die Vielzahl der gegebenenfalls zu berücksichtigenden Faktoren (vgl. *Bea* 1997, S. 424 ff.; *Wöhe* 2002, S. 321 ff.):

- **Beschaffungsorientierte Standortfaktoren**
  - Grundstück / Gebäude (Größe, Kosten, Nutzungsmöglichkeiten, Erweiterungsmöglichkeiten, ...)
  - Agglomerationsvorteile (Standortvorteil aufgrund einer Ansammlung von Unternehmen einer Branche am selben Standort)

  – Roh-, Hilfs- und Betriebsstoffe (z. B. Preise, Transportkosten, Verfügbarkeit)
  – Energie (z. B. Verfügbarkeit, Kosten)
  – Verkehrsanbindung (Autobahnanschluss, Flughafen, Schiene, Seeweg...)
  – Anliefermöglichkeiten (Zufahrtsmöglichkeiten für LKW, Lieferwagen, PKW)

- **Arbeitsorientierte Standortfaktoren**
  – Lohn- und Gehaltsniveau
  – Qualifikationsniveau der Mitarbeiter
  – Weiterbildungs- und Qualifizierungsmöglichkeiten
  – Image des Standortes
  – Freizeitwert der Region

- **Infrastrukturelle Standortfaktoren**
  – Verkehrseinrichtungen
  – Kommunikationseinrichtungen
  – Ver- und Entsorgung
  – Bildungs- und Gesundheitseinrichtungen

- **Fertigungs- und umweltorientierte Standortfaktoren**
  – Technische Gegebenheiten (bauliche Voraussetzungen, Nähe zu Kooperationspartnern, ...)
  – Natürliche Gegebenheiten (Bodenbeschaffenheit, Klima, ...)
  – Umweltschutzauflagen (Lärm, Rauch, Staub/gesetzliche Regelungen, ...)
  – Sicherheitsauflagen (gesetzliche Regelungen)
  – Unternehmerfreundlichkeit und Flexibilität der Verwaltung/Politik (Baugenehmigung, ...)
  – Beziehungen zu Behörden, Lieferanten etc.
  – Öffentliche Meinung (Ablehnung von Branchen, Existenz von Bürgerinitiativen, ...)

- **Absatzorientierte Standortfaktoren**
  – Absatz- bzw. Ertragspotenzial (Kaufkraft, Konkurrenzsituation, „Herkunfts-Goodwill" [etwa Made in Germany, Herkunft aus der Region und damit Förderung von Konsumpatriotismus]; Laufkundschaft, Frequentierung, Lage, Erreichbarkeit, ...)
  – Ausliefermöglichkeiten (Verkehrsanbindung, entstehende Transportkosten, Erreichbarkeit, ...)
  – Absatzkontakte (persönliche Beziehungen, Messen, Händler, Werbemöglichkeiten und -agenturen, ...)
  – Entwicklungsmöglichkeiten (Konkurrentenentwicklung, Bevölkerungsentwicklung, plant die Gemeinde/das Stadtviertel bedeutsame Maßnahmen?)

- **Abgabenorientierte Standortfaktoren**
  – Durch Steuersystem bedingte Differenzen (z. B. Gewerbe-/Grundsteuer)
  – Durch dezentrale Finanzverwaltungen bedingte Differenzen (Ermessenspielraum z. B. bei Abschreibungssätzen, der Abgrenzung zwischen Betriebsausgaben und Privatentnahmen, Steuererlass/-stundung)

Als einer der wesentlichen Standortfaktoren gilt die **Kaufkraft** (vgl. im Folgenden *Schneider/Hennig* 2008a sowie die dort zitierte Literatur). Hierunter versteht man diejenige Geldmenge, die den privaten Haushalten innerhalb eines bestimmten Zeitraumes zur Verfügung steht. Die Kaufkraft setzt sich zusammen aus dem verfügbaren Nettoeinkommen zuzüglich der Entnahmen aus Ersparnissen (einschließlich des in Geldvermögen umgewandelten Sachvermögens) und aufgenommener Kredite abzüglich der Bildung von Ersparnissen und der Tilgung von Schulden. Die Kaufkraft des Geldes steht in einem reziproken sprich umgekehrten Verhältnis zu den einzelnen Preisen für Güter bzw. zum Preisindex eines mengenmäßig fixierten Warenkorbes. Die einzelhandelsrelevante Kaufkraft, d. h. die finanziellen Ressourcen, die für Ausgaben im Einzelhandel potenziell zur Verfügung stehen, berechnet sich aus der Kaufkraft abzüglich der Aufwendungen für Wohnen, Versicherungen und private Altersvorsorge sowie der Ausgaben für Kraftfahrzeuge, Brennstoffe und Reparaturen.

Die regionalen **Kaufkraftkennzahlen**, die in jährlichem Turnus von Marktforschungsinstituten (etwa *GfK-Gesellschaft für Konsumforschung*, *Nielsen*) erstellt werden, zeigen die Kaufkraft einer regionalen Einheit (z. B. Stadt- oder Landkreis, Regierungsbezirk, Bundesland). Die Kaufkraftkennzahlen geben an, wie viele Promille der gesamten Kaufkraft in Deutschland auf die betrachtete geographische Einheit entfallen. Sie ergeben sich aus der Multiplikation des Bevölkerungsanteils des Gebietes an der Gesamtbevölkerung mit einem sog. Kaufkraftfaktor. Der Kaufkraftfaktor berechnet sich nur aus dem Nettoeinkommen der Wohnbevölkerung des jeweiligen Gebiets und gibt die Höhe des durchschnittlichen Nettoeinkommens im Vergleich zum Bundesdurchschnitt an (vgl. *Institut für Handelsforschung an der Universität Köln* 2006).

Die *GfK-Gesellschaft für Konsumforschung* ermittelte z. B. für alle Einwohner der Stadt Köln im Jahr 2009 eine Kaufkraft von 20,22 Mrd. €. Die durchschnittliche Kaufkraft pro Einwohner in Köln betrug für diesen Zeitraum 20.430 €.

Als weitere wichtige Kennzahl für die Wahl des regionalen Standorts insbesondere von Einzelhandelsunternehmen gilt die **Einzelhandelszentralität** einer Region (z. B. einer Stadt oder eines Landkreises; vgl. im Folgenden *Schneider/Hennig* 2008a sowie die dort zitierte Literatur). Diese ergibt sich aus der Gegenüberstellung des vor Ort erzielten Umsatzes im Einzelhandel zu der am Ort vorhandenen einzelhandelsrelevanten Kaufkraft.

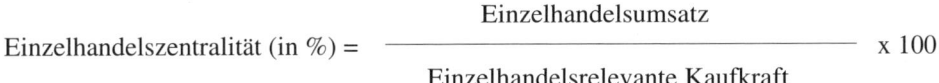

$$\text{Einzelhandelszentralität (in \%)} = \frac{\text{Einzelhandelsumsatz}}{\text{Einzelhandelsrelevante Kaufkraft}} \times 100$$

Die einzelhandelsrelevante Kaufkraft ist das verfügbare Nettoeinkommen zuzüglich der Entnahme aus Ersparnissen und aufgenommener Kredite abzüglich der Bildung von Ersparnissen und Tilgung von Schulden sowie Aufwendungen für Wohnen, Versicherungen und private Altersvorsorge sowie für Kraftfahrzeuge, Brennstoffe und Reparaturen sowie Reisen und sonstige Dienstleistungen. Die Berechnung der zugrunde liegenden Einkommen erfolgt aus der Lohn- und Einkommensteuerstatistik unter Berücksichtigung staatlicher Transferzahlungen (Renten, Sozialhilfe, Arbeitslosengeld und Arbeitslosenhilfe, BAföG).

Der Neutralwert der Einzelhandelszentralität liegt bei 100 %. Wenn die Zentralität einen Wert von über 100 % einnimmt, fließt mehr Kaufkraft zu als Kaufkraft abfließt. Liegt die Zentralität unter 100 %, so existieren Abflüsse von Kaufkraft, die nicht durch entsprechende Zuflüsse kompensiert werden können. Per Saldo fließt demnach einzelhandelsrelevante Kaufkraft an andere Standorte bzw. in den Versandhandel oder E-Commerce ab.

Je größer die Zentralität einer Kommune ist, desto größer ist ihre Sogkraft auf die Kaufkraft im Umland. Die Zentralität einer Kommune wird z. B. durch die Qualität und Quantität an Verkaufsfläche, den Branchen-Mix, die Verkehrsanbindung sowie die Kaufkraft im Marktgebiet beeinflusst. Die Innenstadtlage Trier beispielsweise hat eine Einzelhandelszentralität von 190,2 % und ist damit Nr. 1 in Deutschland (vgl. *GfK GeoMarketing*). Während die einzelhandelsrelevante Kaufkraft bei nur 495,2 Mio. € liegt, beträgt der tatsächliche Umsatz 941,8 Mio. €.

$$\text{Einzelhandelszentralität von Trier (in \%)} = \frac{941{,}8 \text{ Mio. €}}{495{,}2 \text{ Mio. €}} \times 100 = 190{,}2 \text{ \%}$$

Im Vergleich dazu verzeichnet Frankfurt am Main eine Einzelhandelszentralität von 118,7 %, Regensburg 174,8 % und Erfurt 127,8 %. Die Einzelhandelszentralität ist demnach ein wichtiger Indikator dafür, wie weit es einer Region gelingt, Kaufkraft zugunsten des jeweils niedergelassenen Einzelhandels anzuziehen.

Der Standort eines Unternehmens hat in vielen Branchen eine herausragende Bedeutung. Vor allem im Einzelhandel, in der Gastronomie und bei Dienstleistern, die sich an Privatkunden wenden, kann allein die Wahl des Mikro-Standorts über Erfolg oder Misserfolg entscheiden. Einen Eindruck über die Bedeutung der **räumlichen Kundennähe** für den Einzelhandel vermittelt die in Tab. 5.1 aufgeführte und nach Unternehmen differenzierte Anzahl der Geschäfte, die in zehn Minuten Fahrzeit erreichbar sind.

Tab.5.1:   Nach Unternehmen differenzierte Anzahl der Geschäfte, die in zehn Minuten Fahrzeit erreichbar sind (Quelle: GFK Consumer Scan 2009)

Unternehmen	Anzahl der Geschäfte, die in zehn Minuten Fahrzeit erreichbar sind
Edeka gesamt	3,5
Aldi	3,2
Netto Süd	3,0
Rewe	2,4
Lidl	2,4
Penny	1,8
Rossmann	1,5
DM/DM-Werner	1,2
Kaisers	0,8
Norma	0,7

Unter Berücksichtigung der zahlreichen Einflüsse ist es oft schwierig, eine klare Entscheidung für oder gegen einen Standort zu treffen. Hilfe bieten in diesen Fällen Kammern, Verbände, Unternehmensberatungen oder auch die Gewerbeförderstellen der Landkreise und Gemeinden.

Die Wahl des Standorts von Einzelhandelsgeschäften richtet sich nach Kundenfrequenz, Verkehrsanbindung, Einzugsgebiet, Zielpublikum und Parkmöglichkeiten. Stehen mehrere Standorte zur Auswahl, unterstützen sog. **Scoring-Modelle**, die i. d. R. folgendermaßen aufgebaut sind:

- Identifikation der für den Betrieb relevanten Standortfaktoren

- Gewichtung der Standortfaktoren nach ihrer Bedeutung für den Betrieb

- Bewertung der einzelnen Standorte anhand der Qualität der Standortfaktoren

- Multiplikation der Gewichtungsfaktoren mit der Qualitätsbewertung

- Addition der Punkte für jeden Standort

Der Standort mit der höchsten Punktzahl entspricht am besten den Anforderungen eines Unternehmens. Die Güte eines solchen Scoring-Modells hängt im Wesentlichen von der Vollständigkeit und Überschneidungsfreiheit der Standortfaktoren ab. Letzteres gewährleistet die Vermeidung von Doppelbeurteilungen.

Fallbeispiel „Standortwahl auf Basis eines Scoring-Modells"

Die drei Standorte A, B und C stehen zur Auswahl (vgl. Tab. 5.2). Diese werden anhand von neun Einflussfaktoren jeweils anhand einer von 1 = sehr schlecht bis 10 = sehr gut reichenden Skala bewertet. Die Gewichtung der Standortfaktoren nach ihrer Bedeutung für den Betrieb erfolgt auf einer Skala von 1–10, wobei 10 sehr wichtig und 1 völlig unwichtig bedeuten. Die Gewichtungsfaktoren werden mit der Qualitätsbewertung multipliziert und sodann für jeden Standort addiert. Im vorliegenden Beispiel entspricht Standort C mit 381 Punkten am ehesten den Anforderungen.

Fallbeispiel „Standortwahl" (1) – Wie britische Supermarktketten ihre Wettbewerber behindern

Britische Supermarktketten kaufen systematisch Grundstücke auf, um sie nicht nur für das eigene Unternehmen zu nutzen, sondern um Wettbewerber davon abzuhalten, auf diesen Grundstücken neue Standorte zu errichten. Die Behinderung des Wettbewerbs geht mancherorts sogar so weit, dass Supermarktketten Grundstücke mit der Auflage verkaufen, dass sich an diesen Standorten keine Konkurrenten ansiedeln dürfen.

Quelle: *o. V.:* Supermärkte keine Bedrohung, in: Frankfurter Allgemeine Zeitung, Nr. 257 vom 05.11.2007, S. 16.

Tab. 5.2: Beispiel für ein Scoring-Modell im Zuge der Standortanalyse
(Quelle: www.Fbwi.fh-karlsruhe.de/existenzgruendung/Basiskurs/Orientierung/
OststandortanalyseT.htm; Stand: 20.03.2003)

Standort Einfluss-faktoren	Gewich-tung	A Bewer-tung	Punkte	B Bewer-tung	Punkte	C Bewer-tung	Punkte
Kundennähe	10	3	30	2	20	8	80
Verkehrslage	8	3	24	4	32	5	40
Kundenpark-plätze	8	2	16	6	48	4	32
Versorgung/ Energie	5	4	20	5	25	5	25
Konkurrenz	8	3	24	2	16	5	40
Kosten	7	5	35	4	28	5	35
Anliefermög-lichkeiten	7	5	35	8	56	5	35
Nutzungsbe-schränkung	8	2	16	7	56	8	64
Erweiterungs-möglichkei-ten	6	1	6	4	24	5	30
Summe Punkte			206		305		381
Rang			3		2		1

Fallbeispiel „Standortwahl" (2) – Bei *Aldi* steht die Standortoptimierung im Vordergrund.

Während zahlreiche Konkurrenten einen Teil ihres Umsatzzuwachses aus der Flächenexpansion erzielen, ist dieses Potenzial für *Aldi* in Deutschland weitgehend ausgeschöpft. Denn nahezu jede neue Filiale kannibalisiert zu einem erheblichen Teil die Umsätze eines bestehenden Standorts. Der Schwerpunkt der Standortentscheidungen liegt deshalb auf dem Austausch vorhandener Standorte oder deren Modernisierung.

5.2.2 Management des innerbetrieblichen Standorts

Im Zuge der innerbetrieblichen Standortwahl bzw. -gestaltung (= **Space Management**) sind folgende **Entscheidungsfelder** zu unterscheiden:

- Ladengestaltung im weiteren und engeren Sinn,

- Platzierung von Waren auf der Verkaufsfläche sowie

- Anordnung von Waren innerhalb der Warenträger (vgl. *Haller* 1997, S. 330–335; *Müller-Hagedorn* 2002, S. 307–313).

Die **Ladengestaltung** im weiteren Sinn setzt sich zusammen aus:

- Fassadengestaltung,

- Schaufenstergestaltung,

- Ladengestaltung im engeren Sinn (Layout, Boden-, Treppen-, Deckengestaltung, Möblierung, Dekoration, Beleuchtung, Hintergrundmusik, Raumklima, Beduftung) und Warenpräsentation (= Visual Merchandising) sowie

- Kassenorganisation (vgl. *Diller* 2001, S. 885–889).

Fallbeispiel „Musik am Point-of-Sale"

Durch Hintergrundmusik mit unterschiedlicher Taktgeschwindigkeit und verschiedene Musikrichtungen lassen sich die Gehgeschwindigkeit der Kunden in Verkaufsräumen verlangsamen und damit deren Verweildauer steigern. Untersuchungen in amerikanischen Supermärkten belegen, dass Kunden bei langsamer Musik signifikant länger im Laden bleiben und auch mehr Geld ausgeben. In einem Bekleidungsgeschäft konnten durch Anpassung der Musik an die jeweilige Zielgruppe (unaufdringliche Hintergrundmusik in der Damenbekleidungsabteilung, Rock & Pop-Musik in der Jugendabteilung) der Umsatz gesteigert sowie das Image verbessert werden.

In einer amerikanischen Weinhandlung wurde untersucht, wie sich Top-40-Musik und klassische Musik auf das Kaufverhalten auswirken. Im Vergleich konnte bei klassischer Musik zwar nicht die Anzahl der verkauften Flaschen erhöht, aber der Preis pro verkaufte Flasche verdreifacht werden.

Quelle: *Areni, C. S.:* The Influence of Background Music on Shopping Behavior: Classical versus Top-Forty Music in a Wine-Store, in: Advances in Consumer Research, Vol. 20 (1993), pp. 336–340; *Milliman, R. E.:* Using Background Music to Affect the Behavior of Supermarket Shoppers, in: Journal of Marketing, Vol. 46 (1982), pp. 86–91; *Yalsh, R. F.:* Using Store Music for Retail Zoning: A Field Experiment, in: Advances in Consumer Research, Vol. 20 (1993), pp. 632–636.

Bei der **Platzierung der Waren auf der Verkaufsfläche** gilt es zu klären, an welcher/n Stelle/n auf der Verkaufsfläche welche Waren in welchem Umfang positioniert werden sollen. Bei der Anordnung der Ware lässt sich eine Vielzahl von Kriterien anwenden, wie z. B. **Warengliederungen** nach Materialien (etwa Eisenwarenabteilung), Größen (sperrige Produkte in der Nähe des Lagers und/oder Ausgangs, um das Warenhandling für Mitarbeiter und Kunden zu optimieren), Farben (z. B. im Obst- und Gemüsesortiment), Preislagen (günstige Produkte im Erdgeschoss eines Kaufhauses), Marken bzw. Herstellern (etwa *Nivea*-Regal),

Zielgruppen (Männer- versus Frauenschuhe), Bedarfskreisen (z. B. „Alles für den Garten-freund"), Saisoncharakter (etwa Oster- oder Weihnachtssüßigkeiten), Aktionscharakter (Aktionsware in den Mittelgängen der Discounter), technischen Merkmalen (z. B. Kühl- bzw. Tiefkühlprodukte), Herkunft (z. B. Asia-Regal) usw. (vgl. *Diller* 2001, S. 1838).

Flankierend gilt es ins Kalkül zu ziehen, dass die Platzierung der Ware die Wegführung des Kunden und umgekehrt beeinflussen kann. In diesem Zusammenhang lassen sich attraktive und unattraktive Verkaufszonen unterscheiden (vgl. Tab. 5.3). **Attraktive Artikel** können so positioniert werden, dass sie den Kunden in **verkaufsschwache Zonen** lenken. Deshalb finden sich hier zum einen Produkte, die aufgrund ihrer hohen Attraktivität höhere Einkaufsmühen vertragen, sowie Muss-Artikel, die Kunden unbedingt benötigen. Discounter beispielsweise bieten im vergleichsweise unattraktiven Mittelgang Aktionsartikel an, die nur einen begrenzten Zeitraum angeboten werden und die deshalb attraktiv für Kunden sind. Und bei fast jedem Einkauf benötigt der Kunde Butter, Joghurt, Wurst, Käse oder Milch. Aus diesem Grund steht das Kühlregal immer am weitesten entfernt von Eingang und Kasse, so dass die Konsumenten das ganze Geschäft durchqueren müssen. So werden sie an möglichst viel Ware vorbeigeführt, was die Wahrscheinlichkeit von Spontan- sprich Impulskäufen erhöht. Weiterhin findet man auf den weniger attraktiven Flächen solche Artikelgruppen, für deren Einkauf sich der Kunde aufgrund des hohen Preises mehr Zeit nimmt, die aufgrund des speziellen Bedarfs nur für einen kleinen Teil der Kunden interessant sind oder die pro Artikel viel Raum benötigen.

In **verkaufsstarken Bereichen** werden **ertragsstarke Artikel** angesiedelt. Des Weiteren werden hier Artikelgruppen positioniert, die häufig gekauft werden, die zum Kernsortiment des Unternehmens gehören und die den Bedarf breiter Massen decken. Schließlich finden sich hier Produkte, die der Kunde spontan kaufen soll. Hierzu zählen typische Impulswaren (nicht ohne Grund stoßen Kunden bei den Rolltreppen griffbereit auf beispielsweise Autoschwämme, Topfreiniger oder Süßigkeiten), Innovationen und nicht in der Werbung annoncierte Sonderangebote.

Tab. 5.3: Charakteristika minder- und hochwertiger Verkaufszonen
(Quelle: Berekoven 1995, S. 289; Haller 2001, S. 331)

Minderwertige bzw. verkaufsschwache Zonen	Hochwertige bzw. starke Zonen
• Mittelgänge im Verkaufsraum • Flächen, die links vom Kunden liegen • Eintrittsbereich, da dieser schnell passiert wird • Sackgassen • Etagen, die weit von der Eintrittsebene entfernt sind • Räume im Anschluss an Kassenbereich	• Hauptwege der Verkaufsräume • Flächen, die rechts vom Kunden liegen • Auflaufflächen, auf die der Kundenstrom gelenkt wird • Kreuzungen mehrerer Gänge • Wartezonen (Bedienungs- und Kassenzonen, Zonen um Beförderungseinrichtungen wie Aufzug, Rolltreppe)

Schließlich muss zwischen einer **Einmal-** und einer **Zweit- bzw. Mehrfachplatzierung** entschieden werden. Für letztere eignen sich der Eingangsbereich, Gänge, das Ende eines Ganges oder der Kassenbereich. Mit Zweit- und Mehrfachplatzierungen will ein Anbieter auf Produkte aufmerksam machen und/oder (vermeintliche oder tatsächliche) Preisgünstigkeit demonstrieren (vgl. *Gedenk* 2001, S. 1946–1947). Im Regelfall zahlen Industrie und Lieferanten dem Handel Geld, wenn dieser deren Waren mehrfach präsentiert.

Bei **Kombinationsplatzierungen** (z. B. Dosentomaten und Parmesankäse neben den Spaghettis) wird die Bequemlichkeit des Verbrauchers für die Durchsetzung höherer Preise genutzt. Mit **Stapelware** (etwa gestapelte DVD-Player im Fachmarkt für Unterhaltungselektronik) hingegen soll den Kunden Preisgünstigkeit suggeriert werden.

Bezüglich der **Konstanz** der **Warenplatzierung** lässt sich kein Patentrezept ausstellen. Discounter beispielsweise verändern die Warenplatzierung sowohl innerhalb der einzelnen Filiale als auch zwischen den einzelnen Standorten kaum und vermitteln den Verbrauchern so Sicherheit. Supermarktbetreiber hingegen wechseln nicht selten dann die Platzierung von „Muss-Artikeln", wenn sich die Kundschaft daran gewöhnt hat. Im Vorfeld solcher als Versteckspiele bezeichneten Platzierungstaktiken, die darauf abzielen, den Kunden bei der Suche nach der Ware zu Spontankäufen zu verleiten, wurde genau analysiert, wie viel an Lauf- und Suchpensum den Kunden zugemutet werden kann, bis sie zu den Warengruppen gelangen, wegen derer sie eigentlich in das Geschäft gekommen sind.

Hinsichtlich der **Platzierung von Waren innerhalb der Warenträger** hat sich eine **vertikale Positionierung** in Sicht- bzw. Griffhöhe als optimal herausgestellt, wohingegen die Bückzone grundsätzlich vergleichsweise geringe Abverkaufszahlen aufweist. Diesen Erkenntnissen folgend werden ertragsstarke Artikel im Regelfall in der Sichtzone platziert, wohingegen ertragsschwächere und/oder qualitativ geringerwertige Artikel in der Bückzone eingeordnet werden. Erweiternd sollten jedoch auch die Schwere (bzgl. leichterer Entnahme) und Stabilität der Waren (bzgl. Bruchgefahr) sowie die Auffälligkeit der jeweiligen Verpackung berücksichtigt werden. Grundsätzlich lassen sich schlechtere vertikale Positionierungen durch breitere horizontale Anordnungen kompensieren (vgl. *Diller* 2001, S. 1839).

Neben dem Regalplatz (Regalfach = vertikale Platzierung im Regal, z. B. oberstes oder unterstes Regalfach, sowie horizontale Platzierung) müssen die **Regalvolumina** festgelegt werden. Hierbei gilt es,:
- **Facing** (= Platzierungsmenge, die ein einzelner Artikel an der Front des Regals einnimmt),
- **Front** (= vertikaler Abstand zu anderen Artikeln) und
- **Bestandsmenge** (optimaler Bestand, Höchstbestand, Mindestbestand) im Regal

unter artikelspezifischen Rohertrags- und Deckungsbeitragsgesichtspunkten zu optimieren. Hinsichtlich der optimalen vertikalen Platzierung von Produkten gelten die in Tab. 5.4 aufgeführten Empfehlungen.

Des Weiteren gilt die Bildung **vertikaler Warenblöcke** als erfolgreich. Hierbei gibt die **Kontaktstrecke** gibt, welche Breite einem Artikel im Regal eingeräumt wird. Untersuchungen des Neuromarketing-Experten *Hans-Georg Häusel* (2002 a, b) zeigen, dass einem Artikel im Optimalfall eine Breite von ca. 30 cm eingeräumt werde sollte. Ist das einzelne Produkt schmaler, müssen mehrere Artikel nebeneinander gestellt werden, um das Optimum zu erreichen. Wird die ideale Kontaktstrecke von 30 cm unterschritten, greifen wir seltener zu.

Tab. 5.4: Empfehlungen für die vertikale Präsentation von Produkten

Zone	Höhe	Durchschnittliche Kauf-wahrscheinlichkeit (in %)	Geeignete Produkte
Reckzone	> 1,70 m	15	Hochwertige Produkte sowie „Muss-Artikel"
Sichtzone	1,21–1,70 m	40	Produkte, deren Verkauf ange-kurbelt werden soll (hohes Altwarenrisiko bzw. großer Rohertrag)
Griffzone	0,80–1,20 m	30	Umsatz- und ertragsstarke Ar-tikel sowie Neuheiten
Bückzone	< 0,80 m	15	Preisgünstige Produkte, Plan-kaufprodukte, große und schwere Produkte

Hinsichtlich der **horizontalen Platzierung** von Waren innerhalb der Warenträger belegen sämtliche einschlägigen Untersuchungen folgenden Zusammenhang: Stehen Kunden vor ei-nem Regal, kaufen sie die rechts von der Mitte platzierten Waren mit höherer Wahrschein-lichkeit ein als die restlichen Produkte. Dieses Phänomen machen sich Händler zunutze, in-dem sie links im Regal die für sie wenig gewinnträchtige Ware anordnen. Ganz rechts finden sich dann die Produkte, mit denen Anbieter den höchsten Erfolg erzielen möchten (vgl. *Schneider/Hennig* 2010 und die dort zitierte Literatur).

Die **Blickfangquote** belegt, dass nur etwa ein Fünftel aller Kunden ein durchschnittliches Produkt im Supermarktregal sieht. Um die Platzierung der Waren im Regal zu optimieren, bedienen sich Fachleute sog. **Blickaufzeichnungsgeräte (Eye Tracking)**. Hierbei handelt es sich um eine Augenkamera, welche die Testperson wie eine Brille aufsetzt und mit deren Hilfe die Bewegungen der Pupille genau registriert werden. Dabei werden Blickrichtung und Verweildauer der Augen auf einem bestimmten Punkt erfasst. Ziel dabei ist es zu ermitteln, ob der Kunde die angebotenen Informationen überhaupt wahrnimmt, und, falls ja, ob dies in der anvisierten Reihenfolge geschieht.

Um den Erfolg von Platzierungsmaßnahmen zu überprüfen, bietet es sich weiterhin an, **Pro-duktivitätskennzahlen** zu berechnen. Hierbei wird die Erfolgsgröße (etwa Umsatz, Roher-trag, Deckungsbeitrag) ins Verhältnis zur Bezugsgröße (etwa genutzte Fläche des Verkaufs-raums, des Regals etc.) gesetzt (vgl. im Folgenden *Schneider/Hennig* 2008a sowie die dort zitierte Literatur).

Als wichtigste Produktivitätskennzahl gilt in diesem Zusammenhang die **Flächenprodukti-vität**, die angibt, wie viel Umsatz pro Quadratmeter Verkaufsfläche erwirtschaftet wird.

$$\text{Flächenproduktivität (in €)} = \frac{\text{Umsatz pro Periode (in €)}}{\text{Reine Verkaufsfläche (in qm)}}$$

Der Umsatz kann der Finanzbuchhaltung (Summen- und Saldenliste) entnommen werden. Die Verkaufsfläche errechnet sich im Regelfall aus der Regallänge mal die Regaltiefe plus die halbe Gangbreite.

Eine Warengruppe erzielt beispielsweise im Jahr einen Umsatz von 30.000 €. Die Ware nimmt die gesamte Regalhöhe in einer Regallänge von 1,80 Meter und eine Regaltiefe 0,50 Meter ein. Der Gang vor dem Regal ist 2,00 Meter breit. Die Verkaufsfläche errechnet sich im Regelfall als Produkt aus Regallänge mit der Summe aus Regaltiefe und halber Gangbreite.

$$\text{Flächenproduktivität (in €)} = \frac{30.000 \text{ €}}{1,8 \text{ m x } (0,5 \text{ m} + 1,0 \text{ m})} = 11.111,11 \text{ € pro qm}$$

Der deutsche Lebensmitteleinzelhandel liegt rund 30 bis 40 % unter der Flächenproduktivität in Großbritannien oder Frankreich. Im Do-it-yourself-Segment beträgt der Rückstand etwa 15 bis 20 %. Die schwache Flächenproduktivität, bedingt durch zu viel Fläche und zu geringe Pro-Kopf-Ausgaben, gilt als eine wesentliche Ursache für die niedrigen Gewinnspannen im deutschen Einzelhandel.

Die Flächenproduktivität ist stark von der Branche, von Betriebstyp bzw. -form sowie der Geschäftsgröße abhängig. Bedingt durch den Trend zu großflächigen Einzelhandelsimmobilien wird die durchschnittliche Flächenproduktivität weiter absinken (vgl. *KPMG-Studie Trends im Handel 2010*).

Wie wichtig eine hohe Flächenproduktivität ist, wird u. a. deutlich, wenn man die in Deutschland erfolgreichen Einzelhandelsunternehmen betrachtet. *Aldi Süd* zum Beispiel ist zwar berühmt für sein striktes Kostenmanagement, erwirtschaftet aber auch in einer durchschnittlichen Filiale rund 10.000 € Umsatz pro Quadratmeter und Jahr und damit mehr als doppelt soviel wie ein Supermarkt. Bei *Aldi Nord* sind es 6.000 €, bei *Edeka*, *Lidl* und *Tengelmann* gerade einmal 4.000 bis 5.000 €. Der Drogeriewarenbetreiber *DM* liegt bei einer Flächenproduktivität von rund 6.300 €, *Rossmann* bei 5.000 € und *Müller* bei 4.000 € pro qm Verkaufsfläche. *Media-Markt* und *H&M* sind weitere Beispiele auf dem deutschen Markt für eine extrem hohe Flächenproduktivität. Einschränkend gilt zu berücksichtigen, dass die Flächenproduktivität nichts über die erwirtschafteten Gewinne bzw. Roherträge aussagt.

Fallbeispiel „Flächenproduktivität bei *Real*"

Die zum damaligen Zeitpunkt zur *Metro-Gruppe* gehörende *Real* Warenhausgruppe mit Sitz in Mönchengladbach erwirtschaftete im Jahr 2000 mit einer durchschnittlichen Anzahl von 66.000 Artikeln einen Umsatz von 8,11 Mrd. €. Die 246 SB-Warenhäuser hatten eine durchschnittliche Fläche von 7.115 qm. Insgesamt vertrieb *Real* seine Artikel also auf

1.750.290 qm. Daraus ergibt sich eine Flächenproduktivität von 4.633 € pro qm (= 8,11 Mrd. € : 1.750.290 qm).

Ein interessantes Beispiel für die Aussagekraft von Flächenproduktivität bietet die Tatsache, dass die *Real-Gruppe* ihre Fläche etwa 50:50 auf den Food- und den Non-Food-Bereich aufgeteilt hatte, die Umsätze sich aber im Verhältnis 74:26 zugunsten des Food-Bereichs verteilten. Für den Non-Food-Bereich gilt also in Bezug auf den Umsatz eine wesentlich ungünstigere Flächenproduktivität als für den Food-Bereich.

Food-Artikel sind alle Stoffe, die dazu bestimmt sind, in unverändertem, zubereitetem oder verarbeitetem Zustand gegessen oder getrunken zu werden (Ausnahme: Arzneimittel). Non-Food sind Waren, die nicht zum Verzehr bestimmt sind (etwa Spielzeug, Büromaterialien, Töpfe). Genussmittel (z. B. Zigaretten), Heimtiernahrung, Wasch-, Putz- und Reinigungsmittel, Hygieneartikel, Körperpflegemittel sowie Drogeriewaren werden bisweilen als Near-Food bezeichnet.

Als weitere wichtige Kennzahl für die Qualität des Space Management gilt die **Kundenverweildauer**, die den durchschnittlichen Zeitraum, die sich ein Kunde pro Einkaufsakt in einer Einkaufsstätte befindet, beziffert (vgl. im Folgenden *Schneider/Hennig* 2008a sowie die dort zitierte Literatur). Dabei wird zwischen der Verweildauer und der Anzahl der gekauften Artikel bzw. dem Einkaufsbetrag grundsätzlich ein positiver Zusammenhang unterstellt.

Die Verweildauer wird bei Handelsbetrieben im Regelfall im Zuge von **Kundenlaufstudien** erhoben. Dabei registrieren als Mitarbeiter getarnte Beobachter Weg, Warenkontakt und Kauf des Kunden. Am Ende des Einkaufs wird der Kunde um seine Zustimmung zur Nutzung der erhobenen Daten gebeten. Alternativ bieten sich elektronische Erfassungssysteme an. Hierbei wird der Lauf des Kunden über Sendevorrichtungen am Einkaufswagen bzw. vom Kunden zu tragende Minisender und an der Decke angebrachte Empfänger aufgezeichnet.

Die **Kundenverweildauer** lässt sich neben einer Verbesserung des Space Management (etwa Ladengestaltungsmaßnahmen, welche die Ladenatmosphäre verbessern und/oder den Kundenlauf beeinflussen) durch Verkaufsförderungsaktionen (z. B. Probierstände) erhöhen. Des Weiteren können Faktoren, welche die Verweildauer negativ beeinflussen, ausgeschaltet werden. Zu diesem Maßnahmenbündel zählen die Betreuung der Kinder während des Einkaufs (z. B. in Einkaufszentren und Möbelhäusern) und die Einrichtung eines Restaurants, in dem man(n) eine Verschnaufpause einlegen kann.

Bei der Interpretation der Kundenverweildauer muss einschränkend berücksichtigt werden, dass sich Wartezeiten (z. B. im Thekenbereich, an der Kasse) zwar positiv auf die Verweildauer, aber negativ auf die Kaufbereitschaft des Kunden auswirken. Solche Wartezeiten lassen sich durch Ausbau der Kapazitäten (z. B. Kassenplätze und deren Besetzung) sowie eine nachfrageorientierte Personaleinsatzplanung verringern. Außerdem kann der Kassiervorgang durch eine Optimierung des Kassenplatzes beschleunigt werden. Als herausragendes Beispiel hierfür können die Scanner-Kassenplätze von *Aldi* Süd dienen. Kritiker führen jedoch in diesem Zusammenhang an, dass die *Aldi*-Kassen bereits überoptimiert in dem Sinne seien, dass die Kunden durch die Beschleunigung des Scanning-Vorgangs unter Druck geraten. Schließlich räumen einige Unternehmen ihren Kunden eine Wartezeitgarantie ein (Zahlung von 3 € bei Wartezeiten von mehr als zehn Minuten an der Kasse).

Abschließend bleibt festzuhalten, dass sich das Management des innerbetrieblichen Standorts keinesfalls ausschließlich von den hier fokussierten Marketing-Überlegungen leiten lassen darf. Vielmehr gilt es, flankierend zum Marketing-Standpunkt technische (etwa Kühlung), ablauforganisatorische (etwa Gewicht der Güter), kostenwirtschaftliche (etwa Schwund durch Diebstahl) und nicht zuletzt gesetzliche Gesichtspunkte (etwa Sicherheitsaspekte) ins Kalkül zu ziehen (vgl. *Lerchenmüller* 1995, S. 110–111).

Fallbeispiel „Verhalten der Kunden im Verkaufsraum und daraus abzuleitende Konsequenzen für die Ladengestaltung"

Paco Underhill (2000), Gründer des *Envirotech Instituts*, gilt als Vertreter der **Anthropologie des Konsumentenverhaltens**, die auf der Annahme basiert, dass sich Verbraucher unabhängig von ihrer soziökonomischen, soziokulturellen und individuellen physischen und psychischen Situation nach **generellen Grundsätzen** verhalten (zur philosophischen Lehre der Anthropologie vgl. *Gehlen* 1986). Seine Erkenntnisse bezieht *Underhill* aus Videoaufzeichnungen sowie begleitenden Beobachtungen von Konsumenten während des Einkaufs. Die Informationen werden auf Beobachterbögen festgehalten, im Anschluss an die Beobachtung per EDV erfasst sowie ausgewertet und schließlich zu quantitativen sowie qualitativen Daten verdichtet.

Grundsätzlich konstatiert *Underhill* folgende **Veränderungen in der Konsumlandschaft**:

- Härterer Wettbewerb um Kunden infolge gesättigter Märkte

- Überflutung mit Werbebotschaften

- Schwindender Einfluss von Markennamen

- Zunehmende Entscheidungsfindung am Point-of-Sale

- Positiver Zusammenhang zwischen Kundenverweildauer im Geschäft sowie Einkaufsvolumen. Dieser Befund von *Underhill* muss jedoch differenziert betrachtet werden. Beim hochwertig ausgerichteten Fachhandel und Warenhaus trifft der konstatierte Zusammenhang im Regelfall zu, so dass diese Betriebstypen bestrebt sind, die Verweildauer ihrer Kunden im Geschäft zu erhöhen. Zu diesem Zweck entwickeln sie ansprechende und abwechslungsreiche Warenpräsentationen, strategische Wegeführungen, die den Kunden durch das Geschäft leiten, sowie spezielle Service- und Ruhezonen, in denen sich der Kunde erholen kann (etwa Kaffeebar). Selbstbedienungswarenhäuser, Verbrauchermärkte und Discounter hingegen konzipieren ihre Verkaufsräume i. d. R. so, dass schnelles und bequemes Einkaufen möglich ist. Der Konsument findet die Ware leicht, wird durch ein Kundenführungssystem schnell durch die Verkaufsräume geführt, kann zügig bezahlen und den Point-of-Sale rasch verlassen (vgl. *Metro Group* 2008, S. 170–171).

- Tendenziell bescheidene Kenntnisse des Handels über die Psychologie des Konsumentenverhaltens

Generelles Verhalten im Laden

Verbraucher überqueren in aller Regel schnell den Parkplatz, werfen einen raschen Blick ins Schaufenster auf die (häufig zu kleinen) Exponate und betreten die Geschäftsräume mit Schwung. Hier benötigt der Kunde eine Art **Landebahn**, um langsamer zu werden und sich an die neue Umgebung zu gewöhnen. Demnach macht es wenig Sinn, bereits in dieser Zone zahlreiche Plakate, Hinweistafeln oder Informationsterminals zu positionieren. Ratsamer erscheint die Begrüßung des Kunden, da auf diese Weise die Ladendiebstahlsquote gesenkt werden kann.

Weiterhin sind folgende **Sachverhalte** festzustellen:

- Der Kunde benötigt zum Einkauf **beide Hände**. Als Lösung dieses Problems bieten sich Theken, Abstellflächen, Einkaufswägen und -körbe, Tragetaschen sowie Garderoben an.

- Hinweistafeln und Plakate sollten dort positioniert werden, wo die Kunden Zeit haben. Dies ist beispielsweise an Rolltreppen und Warteschlangen sowie nach dem Toilettengang der Fall.

- Bei spiegelnden Oberflächen reduziert der Kunde seine **Schrittgeschwindigkeit**.

- Verbraucher tendieren dazu, **rechts herum** zu gehen. Waren werden eher rechts im Regal ergriffen. Demnach sollten Marktführer in der Mitte und neue Marken rechts positioniert werden.

- Schaufenster werden **seitlich** und nicht frontal gesehen. Konsequenterweise sollten Exponate schräg zur Seite angerichtet sein.

- Es sollten **Sitzgelegenheiten** für Begleitpersonen geschaffen werden.

Für den Kunden stellt es ein zentrales Problem dar, wenn er warten muss. Dabei ist festzustellen, dass der Kunde bei über 90 Sekunden **Wartezeit** zur Kontrastierung neigt, d. h. er nimmt die Zeitspanne größer wahr, als sie tatsächlich ist. Dem Anbieter bieten sich grundsätzlich **drei Ansatzpunkte**, um das Zeitgefühl positiv zu beeinflussen:

- **Interaktion** mit dem Kunden wie beispielsweise Signal des Verkäufers, dass man den Kunden wahrgenommen hat, elektronische Wandtafel mit voraussichtlicher Wartezeit u. ä.

- **Ordnung**, wie z. B. die Einhaltung der Reihenfolge bei der Bedienung

- **Ablenkung**, wie Videofilme, Verkostungen, Ständer für Spontankäufe oder Tafeln zum Lesen.

Das größte **Zeitproblem** entsteht an den Kassen, wobei erschwerend hinzukommt, dass es sich hierbei um den zweifellos langweiligsten Teil des Einkaufserlebnisses handelt. Der Kassiervorgang kann mittels folgender Instrumente (subjektiv) beschleunigt werden:

- Einsatz der Scanner-Technologie

- Trennung von Kassieren und Einpacken

- Genügend Kassierer und Kassenplätze

- Positionierung der Kassenplätze nicht unmittelbar am Eingang, da der Kunde die Wartezeit ansonsten als noch belastender empfindet.

Verhalten der Männer

Das Einkaufsverhalten von Männern lässt sich folgendermaßen charakterisieren:

- Sie kaufen im Vergleich zu Frauen eher selten ein, empfinden dabei weniger Vergnügen und haben einen schwächeren Bezug zum Einkaufsbummel.
- Sie sind sog. Einkaufssprinter, d. h. sie schauen nicht so lange hin und fragen nur ungern das Verkaufspersonal.
- Sie nutzen seltener Einkaufslisten, ignorieren häufig den Preis und zeichnen sich bei Gütern des täglichen Bedarfs durch häufigere Spotankäufe aus.
- Sie lehnen ein feminines Ambiente (etwa Gesundheits-, Schönheitspflege) ab.
- Sie sind eher beeinflussbar, da sie das Geschäft schneller verlassen wollen. Dies schlägt sich auch auf die Verweildauer im Geschäft beim kollektiven Kauf nieder (Frau mit Frau 8 Minuten, Frau alleine 5 Minuten, Frau mit Mann 4 Minuten). Angesichts solcher Befunde erscheint es zweckdienlich, die Männer in einer spezifischen Zone zu „parken". Diese sollte nicht am Eingang angesiedelt und mit Videos, Zeitungen u. ä. bestückt sein.
- Beim gemeinsamen Einkauf bezahlt zumeist der Mann.

Verhalten der Frauen

Aus der historischen Perspektive war das Einkaufen für Frauen die erste Chance, das Haus zu verlassen und sich zu **emanzipieren**. Demnach verwundert es nicht, dass Frauen den Einkaufsbummel auch heute noch als beliebte soziale Aktivität einstufen. Folgende **Spezifika** lassen sich identifizieren:

- Frauen stellen höhere Ansprüche an die **Ausstattung** von Verkaufsräumen.
- Sie besitzen einen **besonderen Raumbedarf**: Während beispielsweise in Fast-Food-Restaurants Männer häufiger in vorderen Bereichen mit Überblick anzutreffen sind, sitzen Frauen eher in ungestörten Zonen weiter hinten.
- Beim Internet-Einkauf ist – analog zur Nutzung der TV-Fernbedienung – ein Rollentausch zugunsten der Frau festzustellen.

Verhalten älterer Konsumenten

Obwohl die Zahl älterer Menschen stetig steigt, werden deren Bedürfnisse nur unzureichend berücksichtigt. Beispielsweise sind Zeitungen, Bücher, Displays, Anzeigen und Verpackungsaufschriften häufig zu klein geschrieben. So kann es nicht verwundern, dass rund jeder fünfte ältere Kunde den Verkäufer um Hilfe beim Lesen bittet. Konkret leiten sich folgende **Gestaltungsempfehlungen** ab:

- Mehr Bilder und Graphiken auf Verpackungen
- Schärfere Kontraste

- Keine subtilen Farbabstufungen
- Hellere und rollstuhlgerechte Geschäftsräume
- Positionierung sperriger, schwerer Waren auf Höhe des Einkaufswagens
- Größere Bedienungstasten (etwa im Falle der Selbstbedienung bei Obst und Gemüse)
- Instruktionen durch ältere Bedienstete (etwa bei Bankautomaten), da diese sich besser in die Bedürfnisse ihrer Altersgenossen hineindenken können und ihr Rat von diesen eher akzeptiert wird.

Verhalten von Kindern

Im Falle von Scheidung bzw. Berufstätigkeit beider Elternteile kauft ein Elternteil häufig zusammen mit Kind(ern) ein. Des Weiteren ist zu beobachten, dass Jugendliche zunächst gemeinsam Produkte aussuchen und dann später mit den Eltern einkaufen. Schließlich ist ein vergleichsweise starker Einfluss von Werbung auf Kinder festzustellen. Demnach sollen:

- Verkaufsräume kinderfreundlich gestaltet sein (etwa Bereitstellung von Kinderwägen, niedrige Theken, Unterhaltung für die Kleinen).
- Waren so positioniert sein, dass Kinder sie anfassen können.
- Erwachsene darüber informiert werden, ab welchem Alter welche Produkte geeignet sind.
- Kinderkrippen offen einsehbar, unfallsicher und getrennt nach Altersgruppen aufgebaut sein.

In Tab. 5.5 sind abschließend Präferenzen und Abneigungen von Verbrauchern zusammengefasst.

Tab. 5.5: Präferenzen und Abneigungen von Verbrauchern im Verkaufsraum
(Quelle: Underhill 2000)

Präferenzen	Abneigungen
Spiegel	Zu viele Spiegel
Berühren und Probieren	Warteschlangen
Entdecken	Ware, die nicht auf Lager ist
Reden	Dumme Fragen stellen müssen
Erkannt werden	Bedienung, die einen einschüchtert
Schnäppchen	Unleserliche Preisschilder, Verpackungsaufdrucke und Hinweistafeln

5.3 Bestimmung der Absatzwege

5.3.1 Determinanten

Grundsätzlich lassen sich bei der Wahl des Absatzweges folgende **Einflussfaktoren** feststellen (vgl. *Nieschlag/Dichtl/Hörschgen* 2002, S. 923–926; *Meffert* 2000, S. 623; *Schröder/Ahlert* 2001, S. 1811; www.wiwi.uni-tuebingen.de/marketing/Definitionen/MkDF0004. htm; Stand: 26.03.2003):

- **Unternehmensbezogene Faktoren**: Größe, Angebotspalette, Finanzkraft, Erfahrungen, Positionierung, Image, Umsatz, bestehende Absatzkanäle für andere Produkte, Marketing-Konzept

- **Produktbezogene Faktoren**: Wert, Größe, Volumen, Standardisierungsgrad, Kompliziertheit, Erklärungsbedürftigkeit, Transportempfindlichkeit, Lagerfähigkeit, Wartungsbedürftigkeit, Image, Umfang von Zusatzleistungen

- **Konsumentenbezogene Faktoren**: Zahl der potenziellen Kunden (wenige, viele), geographische Verteilung der Kunden (dicht gedrängt, weit verteilt), Bedarfshäufigkeit beim Verbraucher (selten, häufig; periodisch, aperiodisch, Einkaufsgewohnheiten der Kunden (räumlich, zeitlich, bevorzugte Betriebstypen), Aufgeschlossenheit gegenüber verschiedenen Verkaufsmethoden (z. B. Direktverkauf, Online-Shops, TV-Shops)

- **Konkurrenzbezogene Faktoren**: Zahl der Mitbewerber, Art der Konkurrenzprodukte, Vertriebsmethoden der Konkurrenz, Stärken und Schwächen des Angebotes gegenüber der Konkurrenz

- **Absatzmittler- und absatzhelferbezogene Faktoren**: Zugänglichkeit der Vertriebskanäle (etwa Listungsbereitschaft des Handels), Konfliktpotenzial/Machtverhältnisse (etwa Machtübergewicht des Handels), Rechte und Pflichten von Herstellern und Absatzmittlern sowie -helfern (Schutz von Vertriebsbindungen in bestimmten Branchen; Be- und Vertriebsvorbehalte bestimmter Geschäftsformen [z. B. gegenüber dem Vertrieb von Zigaretten, Alkohol, Videospielen]; Ausgleichsansprüche, beispielsweise des Handelsvertreters, bei Abbruch der Geschäftsbeziehungen; mögliche Verbote der Diskriminierung und des Boykotts [Muss ich jeden beliefern, der beliefert werden will?]), Leistungspotenzial (etwa kaufmännischer und technischer Kundendienst des Absatzmittlers und -helfers), Kapazität, Kosten und Sortiment von Absatzmittlern und -helfern

- **Umfeldfaktoren** (bzgl. Makro-Umwelt): konjunkturelle Situation; soziokulturelles Umfeld wie Werthaltungen, Normen und Einstellungen der Gesellschaft; technologische Entwicklungen wie die Verbreitung neuer Kommunikationsmedien (etwa im Falle des Einkaufs per Internet); rechtliche Vorschriften, insbesondere GWB (= Gesetz gegen Wettbewerbsbeschränkungen), HGB (= Handels-Gesetz-Buch), UWG (= Gesetz gegen unlauteren Wettbewerb), BauNVO (= Bau-Nutzungs-Verordnung) und Ladenschlussgesetz.

5.3.2   Varianten

Will ein Unternehmen seine Produkte vertreiben, so stehen grundsätzlich **zwei Optionen** zur Verfügung (vgl. im Folgenden *Ahlert* 1996; *Schröder/Ahlert* 2001, S. 1809–1814; *Specht* 1998):

- **Direkter Vertrieb**, d. h. zwischen Hersteller und Endkunde sind keine Handelsbetriebe zwischengeschaltet. Der direkte Vertrieb kann zum einen durch Außendienstmitarbeiter der Hersteller (persönlicher Verkauf, z. B. *Vorwerk*) erfolgen. Zum anderen können Produkte und Dienstleistungen auch direkt über Telefon, Fernsehen, Katalog oder Internet vertrieben werden. Nicht zuletzt bietet sich der Absatz über eigene Marken-Stores sowie Factory Outlets (etwa *Hugo Boss*). Für den Hersteller sprechen hier der größere Einfluss auf den Vertriebskanal sowie der direkte Zugang zu Kundeninformationen. Der direkte Vertrieb eignet sich in folgenden Fällen:
  – Investitionsgüter bzw. allgemein Güter von sehr hohem Wert
  – erklärungsbedürftige und/oder sortimentsungebundene Produkte
  – wenige Großabnehmer bzw. kleiner Abnehmerkreis
  – monopolähnliche Position als Spezialhersteller
  – Dienstleistungen und mit Serviceleistungen verbundene Produkte
  – nicht standardisierte, transportempfindliche oder schnell verderbliche Produkte
  Konsequenterweise ist der direkte Vertrieb bei Investitionsgütern am häufigsten anzutreffen. Zunehmender Kostendruck zwingt aber auch immer mehr Dienstleister (z. B. Airlines oder Reiseveranstalter) und Konsumgüterhersteller zum Direktverkauf über unternehmenseigene bzw. interne Aufgabenträger. Manche Unternehmen wollen sich mit dem Haus-zu-Haus-Verkauf auch gezielt von der Konkurrenz unterscheiden. Hierzu zählt der weltweit führende Kosmetikkonzern *Avon*. Hier gehen die Mitarbeiterinnen direkt zu den einzelnen Haushalten und präsentieren ihre Waren in der vertrauten Umgebung der Käuferin. Anfangs vertrieb *Avon* nur Kosmetik- und Körperpflegeprodukte. Das Konzept hatte Erfolg und wurde auf weitere Artikel wie Schmuck ausgedehnt. Mittlerweile ist *Avon* mit 3,5 Mio. Beraterinnen in 143 Ländern der Welt präsent. Ein weiteres Unternehmen, welches auf Direktvertrieb baut, ist die Firma *Tupper*. Die Ware wird auf privaten *Tupper*ware-Parties im Freundeskreis angeboten.

- **Indirekter Vertrieb** über unternehmensfremde bzw. externe Aufgabenträger. Als Stärken gelten die hohe Distributionsdichte, die geringe Kapitalbindung, die Sortimentsbildung und (räumliche und psychische) Kundennähe des Handels sowie die Möglichkeit, durch relativ wenige Kontakte zu Absatzmittlern eine hohe Zahl von potenziellen Nachfragern zu erreichen. Als Nachteile des indirekten Absatzes für den Hersteller gelten der fehlende Kontakt zum Endverbraucher und dadurch das späte Erkennen von Marktveränderungen, eine Verringerung der Gewinnspanne, die Abhängigkeit vom Gatekeeper Handel sowie der geringe Einfluss auf die Präsentation der Produkte gegenüber den Endkunden. Der indirekte Vertrieb eignet sich bei:
  – problemlosen und/oder sortimentsgebundenen Markenartikeln,
  – zahlreichen Kleinabnehmern,
  – häufigem Bedarf beim Kunden,
  – breiter geographischer Streuung der Kunden sowie
  – einem hohen Bekanntheitsgrad des Produzenten als Markenartikelhersteller.

Zu den **internen Aufgabenträgern** zählen:

- **Verkaufsabteilung**: Bei Vorhandensein eines Außendienstes (z. B. Reisende, Handelsvertreter) fallen der Verkaufsabteilung tendenziell eher verkaufspassive Tätigkeiten (z. B. Reklamations- und Garantiebearbeitung, Beantwortung von Kundenanfragen) sowie der Telefonverkauf zu.

- **Verkaufsniederlassungen**, d. h. Verkaufsorgane, die durch Ausgliederung der Verkaufsabteilung aus dem Mutterunternehmen entstehen, aber rechtlich und wirtschaftlich in die Organisation eines Herstellers eingebunden sind (etwa die *Daimler Benz*-Verkaufsniederlassungen). Für die Einrichtung von Verkaufsniederlassungen sprechen folgende Gründe:
  – Nähe zu den Abnehmern,
  – intensive Betreuung des Kunden,
  – Erbringung von technischen und kaufmännischen Kundendienstleistungen sowie
  – schnelle Belieferung.

- **Reisende**: Hierbei handelt es sich um Angestellte des Unternehmens, die an die Weisungen ihres Arbeitgebers gebunden sind und die Kunden in regelmäßigen Zeitabständen aufsuchen (vgl. hierzu auch §§ 59 ff. HGB).

- **Geschäftsleitung**: Diese schaltet sich ab einem bestimmten Auftragsvolumen, bei wichtigen Abnehmern und/oder im Falle einer begrenzten Anzahl von Abnehmern (etwa bei kleinen und mittelständischen Unternehmen sowie im Investitionsgütersektor) in den akquisitorischen Vertrieb ein.

Im Zuge des indirekten Vertriebs werden **externe Aufgabenträger** eingeschaltet. Hierzu zählen (vgl. *Institut für Handelsforschung an der Universität Köln* 2006.):

- **Absatzmittler**: Dabei handelt es sich um wirtschaftlich und rechtlich selbständige Organe, die beim Prozess des Vertriebs absatzpolitische Instrumente einsetzen. Im Wesentlichen sind dies die Betriebsformen Groß- und Einzelhandel (mehrstufig-indirekter sowie einstufig-indirekter Vertrieb) mit den auf der jeweiligen Absatzstufe anzutreffenden vielfältigen Betriebstypen.

- **Absatzhelfer:** Sie sind ebenso wie die Absatzmittler rechtlich selbständig, erwerben im Gegensatz zu diesen jedoch kein Eigentum an der Ware. Hierzu gehören neben absatzunterstützenden Organen wie Warenlogistik- (z. B. Spediteure, Frachtführer, Lagerhalter), Marketing- (aus den Bereichen Markt- und Marketing-Forschung [etwa Marktforschungsinstitute], Verkaufsförderung [etwa Agenturen, die Personal zur Betreuung von Probierständen am Point-of-Sale zur Verfügung stellen], Werbung [etwa Werbeagenturen] und Kundenbetreuung [etwa beauftragte Call Center]) und Finanz-Dienstleister (etwa Kreditinstitute, Versicherungen, Factoring-Gesellschaften [= Finanzierungsinstitut, das die Forderungen aus Lieferung oder Leistung seines Vertragspartners kauft, das Risiko des Forderungsausfalls (Delkrederefunktion) trägt und die Verwaltung übernimmt. Liegen alle drei Funktionen vor, spricht man von echtem **Factoring**.]):
  - **Handelsmakler** (vgl. hierzu §§ 93 ff. HGB) sind selbständige Gewerbetreibende, die ohne ständiges Vertragsverhältnis mit einem Auftraggeber für diesen Verträge vermitteln oder Gelegenheiten zum Abschluss von Verträgen nachweisen. Aufgrund gesetzlicher Vorschrift haben Handelsmakler eine besonders starke und mit einer Haftung verknüpfte (§ 98 HGB) Verpflichtung, die Interessen beider Partner zu wahren. Ist der vermittelte Vertrag rechtswirksam zustande gekommen, hat der Handelsmakler Anspruch auf Vergütung, wobei er von beiden Parteien, also von Anbieter und Nachfrager je die Hälfte des Maklerlohnes (Courtage) fordern kann. Ihnen kommt bei Versteigerungen (etwa Wolle, Obst, Gemüse) sowie beim Handel von Grundstücken, Immobilien, Versicherungen und Finanzdienstleistungen Bedeutung zu.
  - **Handelsvertreter** sind selbständige Gewerbetreibende, die ständig damit betraut sind, für mindestens einen anderen Unternehmer Geschäfte zu vermitteln oder in dessen Namen abzuschließen (vgl. hierzu §§ 84 ff. HGB). Durch das Vermitteln in fremdem Namen für fremde Rechnung (z. B. für Hersteller, Großhandelsunternehmen) unterscheidet sich der Handelsvertreter, der demnach kein Eigentum an der Ware erwirbt, von einem Kaufmann, der die Geschäfte in eigenem Namen und auf eigene Rechnung (Eigengeschäft) abschließt. Beispielsweise stellt ein Handelsvertreter in seinen Räumen Produkte ausländischer Hersteller aus, die Handelsunternehmen bei ihm ordern können. Der Hersteller liefert die Ware an den Kunden und wird von diesem auch direkt bezahlt. Der Handelsvertreter fungiert lediglich als Vermittler und erhält hierfür eine Provision vom Hersteller (vgl. *Metro Group* 2010, S. 115). Die Handelsvertretung ist der Gewerbebetrieb eines Handelsvertreters. Neben der zentralen Funktion der Auftragsgewinnung (Akquisition) übernehmen Handelsvertreter zum Teil auch Aufgaben des physischen Vertriebs (= Überbrückung von Raum und Zeit). Darüber hinaus können sie auch Eigengeschäfte betreiben. Als wichtigste Formen der Handelsvertretung gelten Einfirmenvertreter – Mehrfirmenvertreter, Einkaufsvertreter – Verkaufsvertreter, Vermittlungsvertreter – Abschlussvertreter, Generalvertreter mit Untervertretern, Binnenhandelsvertreter – Außenhandelsvertreter (vgl. *Institut für Handelsforschung an der Universität Köln* 2006).
  - Zu den Handelsvertretern im Sinne des HGB gehören auch die sog. **Haushaltsvertreter**. Sie vermitteln, zum Teil für den Versandhandel (Versandhandelsvertreter), Umsätze mit privaten Haushalten. Zu diesen zählen auch Hausfrauen, die als Nebenbeschäftigung Aufträge akquirieren (sog. Vertreter im Nebenberuf). Der Aufgabenbereich des Handelsvertreters gestaltet sich analog zu dem von Reisenden. Als Vorteile von Handelsvertretern aus Sicht von Hersteller und Großhandel gelten das Vorhandensein

eines Kundenstamms, keine Fixkostenbelastung und damit kein Auslastungsrisiko sowie die Ergänzung des eigenen Sortiments durch Zweitsortimente und damit höhere Produktakzeptanz beim Kunden. Als nachteilig können sich die schlechtere Steuerbarkeit durch beschränkte Weisungsbefugnis, der nur indirckte Kontakt zum Kunden sowie die Unsicherheit über das Engagement des Handelsvertreters für die eigenen Produkte erweisen. Handelsvertreter gelten gemeinsam mit den Handelsmaklern als die wichtigsten Handelsvermittler.

– **Kommissionäre**, die auf Rechnung ihres Auftraggebers (Kommittent), aber in eigenem Namen handeln (vgl. hierzu §§ 383 ff. HGB). Sie kaufen Waren und/oder Wertpapiere und veräußern diese. Für ihre Aktivitäten erhalten Kommissionäre eine erfolgsabhängige Provision (ausgerichtet am Umsatz, Rohertrag etc.). Kommissionäre gelten laut Legaldefinition des HGB (Handelsgesetzbuch) nicht als Handelsvermittler.

- **Marktveranstaltungen**: Hierbei handelt es sich um institutionalisierte Gelegenheiten zur Gewinnung von Informationen, Herstellung und Pflege von Kontakten sowie zur Anbahnung und zum Abschluss von Geschäften. Beispiele sind:

  – **Messen**: Hier werden Fertigwaren eines oder mehrerer Wirtschaftszweige ausgestellt. Diese Form der Marktveranstaltung wird regelmäßig an einem bestimmten Ort durchgeführt, ist zeitlich begrenzt und meist an Fachbesucher gerichtet. Häufig werden solche Messen vorzugsweise an Wochenenden aber auch für das breite Publikum geöffnet. Für Aussteller (Anbieter) und Messebesucher (Nachfrager) bietet sich die Chance, persönlich in Kontakt zu treten. Die Ausstellung unterscheidet sich von der Messe darin, dass sie nicht unbedingt regelmäßig stattfinden muss und sich stärker an die Öffentlichkeit richtet.

  – **Auktionen**, wobei grundsätzlich zwei Formen unterschieden werden. Bei der

  – **Versteigerung**, bei welcher der Preis vollkommen transparent ist, ruft der Auktionator die Ware einzeln auf. Die Kaufinteressenten versuchen, durch ihr jeweiliges Preisgebot andere Nachfrager zu überbieten und dadurch die angebotene Ware zu ersteigern, indem sie sich in ihren Preisgeboten gegenseitig überbieten. Beim Veiling (auch „holländische" Auktion) hingegen setzt der Auktionator (unterstützt durch entsprechende Technologien) den geforderten Preis stetig bis zu einem Mindestpreis herab. Wer zuerst zuschlägt, erhält die Ware.

  – **Warenbörsen**, an denen fungible Waren (z. B. landwirtschaftliche Produkte, Kaffee, Zucker), aber auch Kontrakte (z. B. Termingeschäfte), Währungen und Finanzinstrumente (z. B. **Aktien**, Anleihen) zumeist international gehandelt werden.

Entscheidet sich ein Unternehmen für den indirekten Absatz, gilt es weiterhin festzulegen:

- **Anzahl der Vertriebspartner**
  - Exklusiver Vertrieb: geringe Zahl ausgesuchter Partner
  - Selektiver Vertrieb: Einschaltung mehrerer, aber nicht aller willigen Vertriebspartner
  - Intensiver Vertrieb: Einschaltung aller möglichen Partner, was zu hoher Marktpräsenz bis hin zur Ubiquität (= Überallerhältlichkeit der Ware) führt

- **Ähnlichkeit der Vertriebspartner**: eingleisiger (= Single-Channeling) versus mehrgleisiger Vertrieb (= Multi-Channeling). Ein Beispiel hierfür wäre ein Einzelhandelsgeschäft, das seine Waren gleichzeitig im Markt, im Internet, per Katalog und via TV vertreibt. Im Gegensatz zum Motorsägenhersteller *Stihl*, der seine Produkte eingleisig über den Facheinzelhandel vertreibt, bekennt sich der Töpfe- und Pfannenhersteller *Fissler* zu einer breiten Vertriebsstrategie. Die Produkte werden neben dem Facheinzelhandel auch über Möbelhäuser und den SB-Handel vermarktet, wenn diese Markenauftritte mit Beratung ermöglichen. Hierbei sind die Vermarktungskonzepte darauf ausgerichtet, auch vertriebslinienspezifische Sortimente anzubieten.

Abb. 5.1 vermittelt einen zusammenfassenden Überblick über die grundlegenden Varianten von Vertriebswegen.

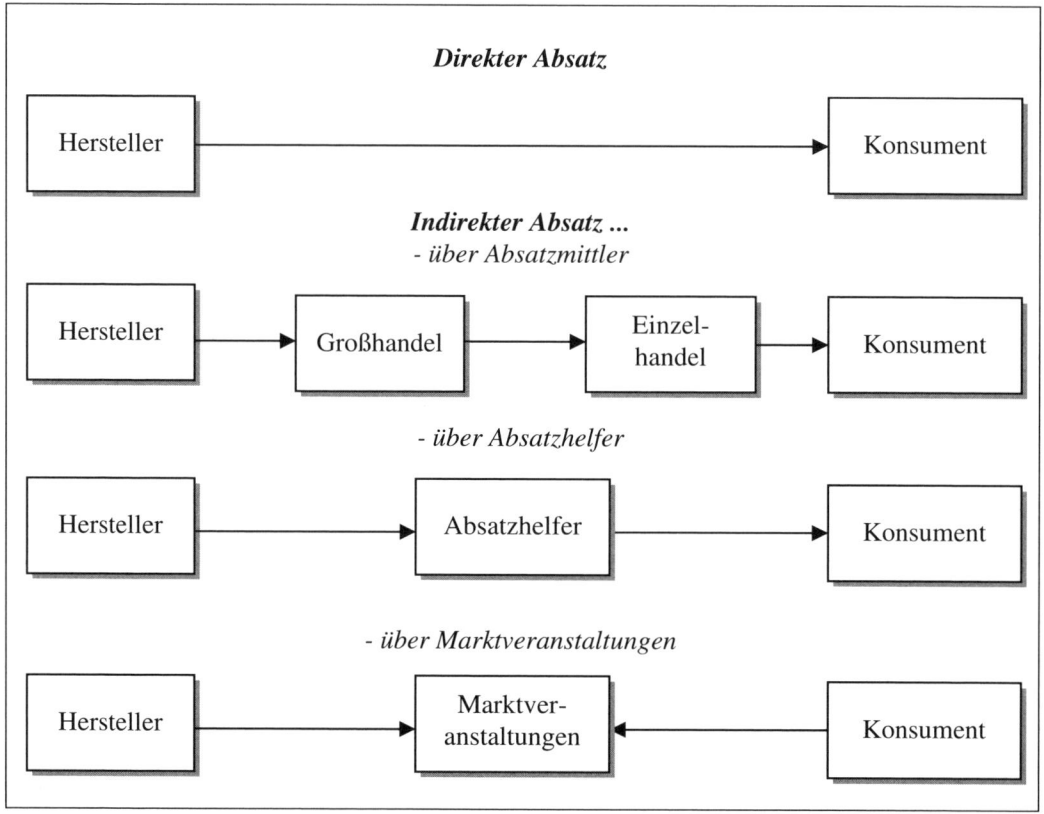

Abb. 5.1: Ausgewählte Varianten von Vertriebswegen

Fallbeispiel „Direkter versus indirekter Vertrieb" – der Strategiewechsel von *Dell Computers*

Der amerikanische Computerhersteller *Dell* galt lange Jahre als Paradebeispiel für traditionellen Direktvertrieb. Doch der Verlust der Marktführerschaft im Geschäft mit Personalcomputern an *Hewlett-Packard* zwang *Dell* zu einem Strategiewechsel. In Zukunft werden deren Computer stärker über den Einzelhandel vertrieben werden, damit der Kunde sie anfassen und erleben kann, bevor er sie erwirbt.

Quelle: *Lindner, R.:* Mehr Masse statt Klasse, in: Frankfurter Allgemeine Zeitung, Nr. 125 vom 31.05.2008, S. 20.

Für Hersteller und Händler bietet die zunehmende Verbreitung des Internets einen weiteren Vertriebsweg. Via **E-Commerce** (vgl. *Meier/Stormer* 2008; *Hess* 2011) können (potenzielle) Kunden über ihren Computer Informationen über Produkte sammeln, Preise vergleichen, Waren rund um die Uhr bestellen und das Ganze, ohne Unternehmen persönlich aufsuchen zu müssen. Die Anzahl der Besucher von virtuellen Einkaufswelten wächst kontinuierlich. Dieser Anstieg ist zum einen auf die **zunehmende Sicherheit** für die Kunden bei der Bezahlung zurückzuführen. So wird die Kreditkarte nur noch bei etwa einem Viertel aller Bestellungen von deutschen Online-Kunden eingesetzt. Der Großteil der Online-Käufe wird über das **elektronische Lastschriftverfahren** abgewickelt, wenngleich damit ein höheres Risiko für den Händler verbunden ist. Auch die Angleichung des **Widerrufsrechts** gewährt dem Kunden eine höhere Sicherheit, da er noch zwei Wochen nach Vertragsabschluss von diesem zurücktreten kann. Zum anderen findet sich im Internet eine immer **größere Auswahl** an Produkten und Dienstleistungen. Besonders gefragt sind Produkte, die vorher vom Kunden nicht ausprobiert werden müssen bzw. im stationären Handel getestet werden können (z. B. Tonträger, elektrische Geräte, Unterhaltungselektronik und Informationstechnologie).

Der Online-Vertrieb bietet Anbietern folgende **Vorteile**:

- Keine zeitlichen und räumlichen Restriktionen
- Niedrige Einstiegsbarrieren aufgrund überschaubaren Investitionsbedarfs
- Schnelle Erschließung neuer Vertriebskanäle und damit Möglichkeit, kostengünstig eine Multi-Channel-Strategie einzuschlagen
- Netzwerkbildung durch Portale und Marktplätze
- Aufbau einer"virtuelle Fassade", hinter der nicht unbedingt ein manifestes Unternehmen stehen muss
- Individueller Dialog mit Endkunden (1to1-Marketing), was bei klassischer Massenkommunikation nicht möglich ist
- Hohe Kundennähe durch Direktvertrieb
- Datentransparenz ("gläserner Kunde") und damit Option der Marktsegmentierung
- Kosten- und Zeitvorteile bei Abwicklungsprozessen: Die Bestellung des Kunden ist bereits elektronisch erfasst und muss nicht erst ins Datenverarbeitungssystem eingegeben werden. Kosten für den Unterhalt einzelner Verkaufsstandorte entfallen. Es genügt u. U. ein zentrales Lager. Anbieter können mit überschaubarem Aufwand den Direktvertrieb nutzen und die Handelsspanne der Zwischenhändler selbst einbehalten. Die Kosten für Werbung via Internet fallen im Vergleich zu anderen Werbeträgern gering aus.

- Möglichkeit eines aggressiven Preismanagement aufgrund der im Vergleich zum stationären Handel geringeren Kosten des Verkäufers
- Schnelle und kostengünstige Preisanpassungen

Der Online-Vertrieb bietet Anbietern folgende **Nachteile**:

- Intensiver Wettbewerb aufgrund hoher Preistransparenz
- Notwendigkeit einer synchronen Preisgestaltung in stationärem und Online-Handel und damit keine Möglichkeit einer räumlichen Preisdifferenzierung: Während beispielsweise *Media-Märkte* und *Saturn* bei Herstellermarken ihre Preise je nach regionalem Wettbewerb vor Ort lange Zeit weitgehend eigenständig und damit dezentral bestimmen konnten, werden seit dem professionalisierten Internet-Auftritt die Preise für Produkte von der Zentrale festgelegt und gelten damit sowohl für den stationären als auch für den Internet-Handel.
- Fehlende Akzeptanz bei Konsumenten infolge von Sicherheitsbedenken (Datenübertragung, Seriosität der Anbieter, Bezahlung mittels Kreditkarte), bei bestimmten Produktgruppen (komplizierte Produkte; Produkte, die persönlich in Augenschein genommen bzw. ausprobiert werden müssen; bei geringem Bestellwert, da Kunde meist die Versandkosten trägt; in Deutschland bei Lebensmitteln)
- Keine Laufkundschaft und damit begrenzte Möglichkeit des Auslösens von Impulskäufen
- Zielgruppenspezifischer Einsatz der Werbung, damit sie vom Kunden im Netz überhaupt gefunden wird

Zum einen gibt es Unternehmen, die ihre Produkte und Dienstleistungen ausschließlich über das Internet vertreiben (sog. **Single-Channeling**). Beispielsweise können die Flüge der Airline *Ryan Air* nur über das Internet gebucht werden. Andere Unternehmen betreiben **Multi-Channeling**, indem sie den Online-Verkauf mit dem traditionellen stationären Handel kombinieren. Hierzu zählt etwa *Tchibo*, die zum einen in zahlreichen Städten mit Filialen präsent sind und zum anderen einen Internet-Shop betreiben. Nicht zuletzt gibt es Unternehmen, die ihren Vertrieb noch traditionell abwickeln, aber auf ihrer **Homepage** einen Überblick über ihr Leistungsangebot vermitteln (etwa *Aldi*).

Amazon ist mit rund 4 Millionen Besuchern jährlich die am häufigsten aufgerufene deutsche E-Commerce-Site und belegt Platz eins unter den Online-Händlern in Deutschland und Westeuropa. Das Logistik-Zentrum von *Amazon* befindet sich in Bad Hersfeld. Hier werden an Spitzentagen bis zu 100.000 Pakete am Tag in 170 Länder der Welt verschickt (vgl. www.amazon.de; Stand: 21.08.2012).

5.3.3   Gatekeeper Handel

5.3.3.1   Überblick

Eine zentrale Funktion im Zuge des Transfers von Waren vom Produzenten zum Verbraucher kommt dem Handel zu (zu den Besonderheiten des Handelsmarketing vgl. *Berekoven* 1995; *Haller* 2001; *Liebmann/Zentes* 2001; *Müller-Hagedorn* 2002; *Oehme* 2001; *Tietz* 1993). Grundsätzlich lassen sich **zwei Auffassungen von Handel** unterscheiden (vgl. *Institut für Handelsforschung an der Universität Köln* 2006; *Lerchenmüller* 1995, S. 15–16):

- **Handel im institutionellen Sinne** umfasst diejenigen Institutionen, deren wirtschaftliche Tätigkeit ausschließlich oder überwiegend aus dem Handel im funktionellen Sinne besteht. In der Amtlichen Statistik wird eine Unternehmung oder ein Betrieb dann dem Handel zugeordnet, wenn aus der Handelstätigkeit eine größere Wertschöpfung resultiert als aus einer zweiten oder aus mehreren sonstigen Tätigkeiten.

- **Handel im funktionellen Sinne** liegt vor, wenn Marktteilnehmer Güter, die sie in der Regel nicht selbst be- oder verarbeiten (sog. Handelswaren; Manipulationen wie z. B. Sortieren, Mischen, Abpacken gelten dabei nicht als Be- oder Verarbeitung), von anderen Marktteilnehmern (etwa Konsumgüterhersteller) beschaffen und an Dritte (etwa Endverbraucher) absetzen. In der Praxis wird der Begriff im Allgemeinen auf den Austausch von Sachgütern, noch häufiger auf den Austausch von beweglichen Sachgütern begrenzt.

Die beiden Begriffsauffassungen basieren auf zwei unterschiedlichen Forschungszweigen der Handelsbetriebslehre, nämlich dem institutionenorientierten und dem funktionenorientierten Ansatz (vgl. *Berekoven* 1990, S. 16–17).

5.3.3.2   Institutionenorientierter Ansatz

Im Mittelpunkt des **institutionenorientierten Ansatzes** steht das Bemühen, empirisch vorkommende Organisationsformen des Handels zu beschreiben und zu klassifizieren. Hierbei wird zwischen Betriebsform und Betriebstyp unterschieden. **Betriebsform** charakterisiert die Stellung des Handelsbetriebs in der Distributionskette (= vertikale Perspektive). Konsequenterweise lassen sich hier Groß- und Einzelhandel differenzieren. Für den EU-Binnenmarkt wurde 1990 die Systematisierung der Betriebsformen des Handels harmonisiert. Diese Systematik untergliedert den Handel in Kraftfahrzeughandel, Handelsvermittlung und Großhandel sowie Einzelhandel; letzterer wird noch weiter differenziert (z. B. in „in" und „nicht in" Verkaufsräumen stattfindenden Einzelhandel; vgl. *Institut für Handelsforschung an der Universität Köln* 2006).

Der **Betriebstyp** bezeichnet eine Variante von Handelsbetrieben, die auf einer Wirtschaftsstufe auftritt und sich durch gleiche oder ähnliche Kombinationen von Merkmalen auszeichnet, die über einen längeren Zeitraum beibehalten werden. (= horizontale Perspektive; vgl. *Barth* 1988, S. 58–59, 89). Bei der Wahl des Betriebstyps handelt es sich um eine strategische Entscheidung, bei der ein Handelsbetrieb seine Struktur (etwa Standort, Geschäftsausstattung, Mitarbeiterzahl), sein Leistungsspektrum (= Sortiment, das gegebenenfalls durch kaufmännische und technische Serviceleistungen flankiert wird) und seinen Marktauftritt (z. B. aggressiv versus beratungsintensiv) festlegt.

Zum **Großhandel** sind Handelsbetriebe zu zählen, die Güter, die sie i. d. R. nicht selbst be- oder verarbeiten (Handelswaren), von Herstellern oder anderen Lieferanten beschaffen und an Wiederverkäufer (z. B. Einzelhandel), Weiterverarbeiter (z. B. Industriebetriebe), gewerbliche Verwender (z. B. Behörden, Bildungsstätten) oder an sonstige Institutionen (z. B. Kantinen, Vereine) und damit nicht an private Haushalte bzw. Endverbraucher absetzen (vgl. *Institut für Handelsforschung an der Universität Köln* 2006.). Wie ein Blick in die Unternehmenspraxis zeigt, bedeutet dass jedoch nicht, dass dort vereinzelt nicht auch Endverbraucher anzutreffen sind. Die Betriebstypen des Großhandels lassen sich u. a. anhand der regionalen Ausrichtung (Binnen- versus Außengroßhandelsbetriebe), Dienstleistungs- und Logistikintensität (Abhol- versus Zustellgroßhandel), Schwerpunkt der Markttätigkeit (kollektierender versus distribuierender Großhandel) sowie Sortimentsdimensionierung (schmal versus breit; tief versus flach) differenzieren. Beispielhaft seien folgende **Betriebstypen** angeführt (vgl. *Barth* 1988, S. 58; *Lerchenmüller* 1995, S. 16–17, 255–262; *Weis/Gönner/Lind* 1992, S. 173–177):

- **Binnengroßhandelsbetriebe,** deren Aktivitäten sich auf ein Land beschränken, damit innerhalb nationaler Grenzen eines Staates angesiedelt sind und die sowohl auf der Beschaffungs- als auch auf der Absatzseite ausschließlich mit inländischen Marktpartnern zusammenarbeiten
  - Kollektierender Großhandel (Schwerpunkt: Beschaffungsseite), dessen Hauptaufgabe im Beschaffen (Sammeln) von Waren und deren Zusammenstellung zu verkaufsgeeigneten Sortimenten besteht. Betriebe des Aufkaufgroßhandels sind tätig bei der Beschaffung landwirtschaftlicher Erzeugnisse (Eier, Obst, Gemüse, Teilen der Baumwoll- oder Kautschukernte, Häuten u. a.) und zunehmend bei den verschiedenen Formen des Recycling (bei Schrott, Altpapier, Glas, Batterien, Müll und einer Vielzahl sonstiger Wertstoffe; vgl. *http://wirtschaftslexikon.gabler.de/Archiv/56440/aufkaufhandel-v3.html*; Stand: 16.01.2013).
    - Detailkollekteur (z. B. der Schrotthandel als Aufkaufgroßhandel) sammelt nach bestimmten Auswahlgesichtspunkten kleine Mengen, nimmt eine Vorsortierung vor und verkauft diese Mengen an Großkollekteure.
    - Grossokollekteur (z. B. landwirtschaftlicher Aufkaufhandel in großen Partien mit spezifischen Manipulationen wie Sortierung und Reinigung)
  - Distribuierender Großhandel (Schwerpunkt: Absatzseite)
    - Grossierer = Großhandelsbetrieb, der an Einzelhandelsbetriebe, gewerbliche Verwender und Großverbraucher absetzt
    - Zentralgrossierer = Großhandelsbetriebe, die an zentralen Marktplätzen ansässig sind, vornehmlich an andere Großhandelsbetriebe absetzen (z. B. die Zentralen der Handelsgruppen im Lebensmittelhandel) und deshalb im Regelfall nur bei Import über den Seeweg bzw. den Luftraum im Rahmen der Versorgung des tieferen Binnenlandes eingeschaltet werden

- **Außengroßhandelsbetriebe**, deren Aktivitäten (Beschaffung = Einfuhr und/oder Absatz = Ausfuhr) sich zwischen Ländern abspielen und damit über die nationalen Grenzen eines Staates hinausreichen

- Exporthandelsbetriebe (Ausfuhrhandel)
- Importhandelsbetriebe (Einfuhrhandel)
- Transithandelsbetriebe (Durchfuhrhandel)
- Globalhandelsbetriebe (= Außengroßhandelsbetriebe die mehr als die Hälfte ihres Umsatzes im Ausland beschaffen und gleichzeitig absetzen)

Cash & Carry repräsentiert einen speziellen Betriebtyp des Großhandels, bei dem die Kunden nach dem Selbstbedienungsprinzip die gewünschten Produkte in einem Markt selbst zusammenstellen, bezahlen und abtransportieren. Das Leistungsangebot richtet sich ausschließlich an gewerbliche Kunden und Großverbraucher (z. B. Gastronomie, Großküchen und Kantinen, Krankenhäuser, soziale Einrichtungen). Metro Cash & Carry gilt als Weltmarktführer in diesem Segment (vgl. *Metro Group* 2008, S. 98).

Der **Zustellgroßhandel** seinerseits beliefert in regelmäßigen Abständen selbständige Lebensmitteleinzelhändler mit einem Food- und Non-Food-Sortiment. **Der Großverbraucher-Zustelldienst** seinerseits versorgt turnusmäßig Großverbraucher mit einem Spezialsortiment (Nahrungsmittel, Gastronomie- und Anstaltsbedarf).

Einen weiteren Betriebstyp des Großhandels repräsentiert der **Produktionsverbindungshandel**. Hierbei handelt es sich um Großhandelsbetriebe, die Produktionsbetriebe mit Investitionsgütern, Roh-, Hilfs- und/oder Betriebsstoffen beliefern.

Fallbeispiel „Handelskette" – Wie gelangen Erdnüsse in die Regale eines deutschen Supermarkts?

Von den Erdnussplantagen der Farmer in Kalifornien werden die rohen Erdnüsse von einem kollektierenden Großhändler in Kansas aufgekauft (vgl. Abb. 5.2). Dieser sortiert die Nüsse nach Güteklassen und verkauft sie u. a. an einen Nahrungsmittelhersteller an der Ostküste der USA weiter. Dort werden die Erdnüsse geschält, geröstet, gesalzen und in Dosen verpackt. Danach werden sie u. a. an einen exportierenden Großhändler (Schwerpunkt: Distribution) in Washington verkauft. Dieser wiederum beliefert u. a. einen importierenden Großhändler (Schwerpunkt: Kollektion) in Hamburg, der seinerseits die Erdnüsse an regionale Großhändler (Schwerpunkt: Distribution) absetzt. Von hier aus gelangen sie in die verschiedenen Betriebstypen des Einzelhandels, wo sie der Endverbraucher in den Regalen vorfindet.

Quelle: *Schenk, H.-O.:* Marktwirtschaftslehre des Handels, Wiesbaden 1991, S. 490.

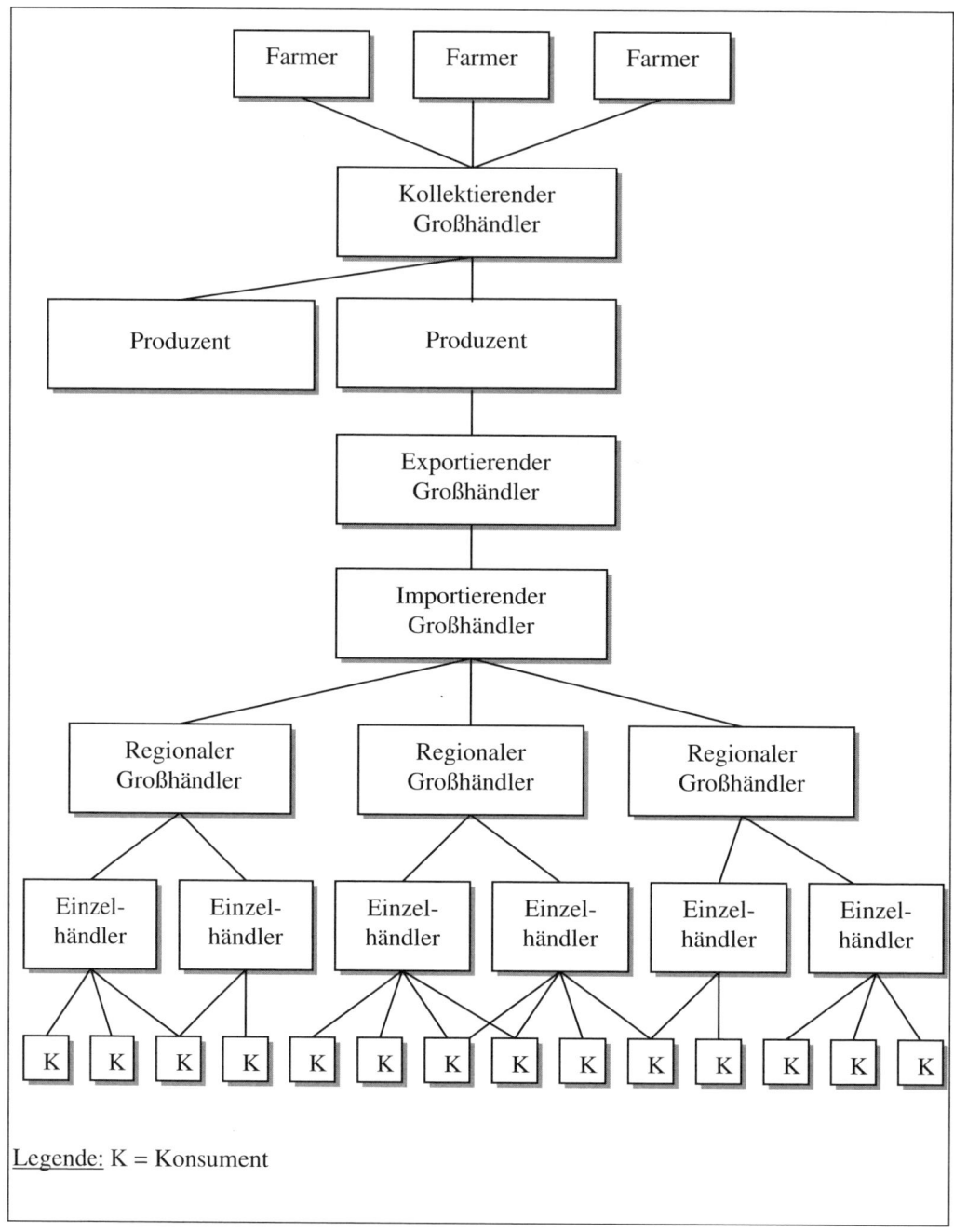

Abb. 5.2: Ein Beispiel für eine Handelskette

Der **Einzelhandel** beschafft Güter, die er i. d. R. nicht selbst be- oder verarbeitet (Handelswaren), von anderen Marktteilnehmern und setzt diese an private Haushalte ab. Zur **Systematisierung der Betriebstypen** des Einzelhandels bieten sich u. a. folgende **Kriterien** an:

* Branche, der die im Sortiment geführten Waren angehören (etwa Food versus Non-Food),
* Struktur des Sortiments (breit versus schmal, tief versus flach),
* Preisniveau (hoch, mittel, tief),
* Bedienungsform (Bedienung, Teilbedienung und Selbstbedienung),
* Fläche (Geschäfts- bzw. Verkaufsfläche; Einzelhandelsgeschäfte mit einer Verkaufsfläche von über 800 m² gelten in der aktuellen Praxis und Rechtsprechung in Deutschland als „großflächig" und sind nur in den Innenstädten [Kerngebieten] sowie in ausgewiesenen sonstigen Sondergebieten zulässig.) sowie
* Standort (Innenstadt versus Randlage).

Zur weiteren Systematisierung einzelner Betriebstypen des Einzelhandels werden folgende **Merkmale** herangezogen:

* Art des Inkassos (= Einzug von Forderungen: etwa per Nachnahme, Kreditkarte, Bankeinzug oder Überweisung),
* Distanzüberwindung (etwa Distanzhandel, bei dem Kauf und Verkauf von Waren über eine gewisse Entfernung hinweg erfolgen. Hierzu zählen der Versandhandel sowie der E-Commerce. In solchen Fällen besichtigt der Kunde die Ware nicht vor Ort beim Anbieter, sondern bestellt per Katalog, Internet oder anhand eines Musters, das ihm geliefert wurde [vgl. *Metro Group* 2010, S. 109].),
* Zahl der Betriebsstätten (etwa Filialisten),
* Art des Kundenkreises (etwa Familien bei *TOYS"R"US* versus tendenziell eher ältere Menschen im Sanitätsfacheinzelhandel)
* Integration eines Betriebes in eine Agglomeration (= Zusammenballung von Betrieben wie etwa in einem Einkaufszentrum).

Häufig siedeln sich Handelsbetriebe bei Unternehmen der gleichen (= branchengleiche Agglomeration) oder anderer Branchen (= branchenungleiche Agglomeration) an. Eine solche räumliche Konzentration wird als **Agglomeration** bezeichnet. Durch die große Auswahl an Produkten und Dienstleistungen erhöht sich die Attraktivität eines derartigen Standorts, was sich in erhöhter Kundenfrequenz und damit einem größeren Absatzpotenzial für das einzelne Unternehmen niederschlägt. Typische Beispiele für eine Agglomeration sind Fußgängerzonen, in denen sich unterschiedliche Betriebstypen des Handels mit differierenden Sortimenten zusammen mit Gastronomiebetrieben, Telekommunikationsanbietern, Kinos etc. in unmittelbarer Nachbarschaft zueinander ansiedeln. Eine branchengleiche Agglomeration bedeutet, dass die Konzentration von ähnlich strukturierten Einzelhandelsbetrieben miteinander im Wettbewerb steht. Beispielsweise lässt sich beobachten, dass *Aldi* und *Lidl* (ähnlich wie *McDonald's* und *Burger King*) sich häufig in ummittelbarer Nähe zueinander ansiedeln. Branchenungleiche Agglomeration heißt, dass in einem Shopping-Center unterschiedliche

Branchen und Betriebsformen des Einzelhandels sowie sonstige Dienstleistungsbetriebe räumlich zusammengefasst werden.

Abb. 5.3 vermittelt in vereinfachter Form einen Überblick über bedeutende Betriebstypen des Einzelhandels (vgl. im Folgenden auch http://wirtschaftslexikon.gabler.de/; www.handelswissen.de; Stand: 22.12.2012). Die Charakterisierung der einzelnen Betriebstypen bezieht sich nicht auf sämtliche, sondern nur auf die jeweils konstituierenden Merkmale. Infolge der sich ergebenden Überschneidungen ist es nicht möglich, sämtliche derzeit existierende Betriebstypen eindeutig in einem Schaubild anzuordnen. Probleme ergeben sich u. a. dort, wo ein Betriebstyp durch mehrere Merkmale gekennzeichnet ist (etwa im Falle des Supermarkts, der sich sowohl durch starke Ausrichtung auf das Sortiment als auch durch Frischevorteile auszeichnet).

Auf der obersten Gliederungsebene wird zwischen Betriebstypen des Einzelhandels mit festem Standort und solchen mit beweglichen Standorten unterschieden. Zu letzteren gehört neben **Heimdiensten** (Belieferung von Kunden in deren Wohnungen in regelmäßigen Abständen mit z. B. Getränken, landwirtschaftlichen Erzeugnissen sowie Tiefkühlkostprodukte [etwa *Bofrost*, *Eismann*]) der **ambulante Handel**. Bei diesen Betriebstypen findet der Verkauf an wechselnden Standorten und teilweise auch ohne Verkaufsstellen statt. Hierzu zählen:

- **Hausierhandel**: Der Händler bietet seine Ware an verschiedenen Orten an und geht dabei von Haustür zu Haustür.

- **Markthandel:** Handel auf bestimmten, meist in regelmäßigen Zeitabständen abgehaltenen Märkten (Jahrmärkten, Krammärkten, Kirchweihfesten [Kirmes], Weihnachtsmärkten). Vornehmlich in ländlichen und kleinstädtischen Gebieten, aber auch in Großstädten (Altstadtfeste)

- **Messehandel**: Dessen Ursprung ist eng mit der katholischen Kirche verknüpft. Wenn hohen Feiertagen in Städten mit Kathedralen und Münstern oder an Wallfahrtstätten Messen gelesen wurden, strömten die Gläubigen von nah und fern heran. Diesen Umstand machten sich Kaufleute, Krämer etc. zu Nutze, in dem sie an solchen Tagen ihre Waren anboten. Mittlerweile versteht man unter Messen im wirtschaftlichen Sinne zeitlich begrenzte Veranstaltungen in unterschiedlich wiederkehrenden Intervallen, auf denen neue Produkte und Dienstleistungen vorgestellt und/oder verkauft werden.

- **Straßenhandel**: Angebot einer begrenzten, spezialisierten Warenauswahl an Straßen, auf Plätzen oder in Fußgängerzonen. Hierzu zählen auch Eiswagen und Schnellimbissbuden. Eine Abgrenzung zum Kiosk ist nur schwer möglich. Gleiches gilt, wenn stationärer Einzelhandel und Gastronomie ihr Angebot in den Straßenbereich hinein ausdehnen.

- **Wochenmärkte**: wöchentlich regelmäßig stattfindende Marktveranstaltung, auf der vorwiegend frische Nahrungsmittel wie Obst, Gemüse, Molkereiprodukte, Fisch und Fleisch angeboten werden.

Bei den Betriebstypen des Einzelhandels **ohne Verkaufsraum** dominiert der **Versandhandel**, der Waren nach dem **Distanzprinzip** (auch Versandprinzip) anbietet (vgl. im Folgenden *Hennig/Schneider* 2012). Der Anbieter tritt mit potenziellen Kunden über unpersönliche Kommunikationsmittel wie Anzeigen, Werbebriefe, Preislisten, Telefonanrufe,

Kataloge, Internet-Seiten oder Fernsehsendungen in Kontakt. Die unmittelbare Warenpräsentation wird durch Fotos, Bilder, Filme und ausführliche Beschreibungen ersetzt. Der
Käufer kann aus den eigenen vier Wänden ungestört und ohne zeitliche Begrenzung durch
Ladenschlusszeiten sowie die Notwendigkeit zur Raumüberbrückung seine Kaufentscheidungen treffen. Als nachteilig gilt, dass körperliche Inspektion und Prüfung der Waren nicht
möglich sind. Außerdem fehlen die attraktive Präsentation des Warenangebots am Point-of-
Sale und die damit verbundenen Anreize zu Impulskäufen. Dem Kunden steht bei Versand-
geschäften ein Widerrufsrecht (§ 355 BGB) oder ein Rückgaberecht (§ 356 BGB) zu.

Manche Versandhändler bedienen sich Vertretern im Nebenberuf (**Sammelbesteller**), die
das Katalogangebot präsentieren sowie erläutern und Bestellungen entgegennehmen. Die
Ware wird nach Bestellung möglichst kurzfristig angeliefert (Bringprinzip).

Grundsätzlich lassen sich **drei Arten** von Versandhändlern unterscheiden:

- Großversandhäuser mit einem breiten Sortiment (Universalversender)
- Spezialversender mit schmalem Sortiment (Kaffee, Wein, Fisch, Textilien, Lederwaren,
  Jagdbedarf und -mode, Sportbedarf, Briefmarken, Kunstgegenstände etc.)
- Kombinationen: Universalversender haben zur genaueren Zielgruppenansprache und zur
  Reduzierung der Katalogkosten Fachversandabteilungen, z. B. für Fotoartikel, Fertighäu-
  ser oder preiswerte Sonderangebote.

Weiter gibt es Versender mit **stationären Servicestationen** (eigene Filialen, Katalogschauräume).

Ein vergleichsweise innovativer Betriebstyp ist der **Shopping-Club** (etwa *Brands 4 Friends*,
Vente Privée und die *Otto*-Tochter *Limango*), der auf Impulskäufe und demnach auf Bedarfs-
weckung fokussiert. Dieser bietet seinen registrierten Mitgliedern exklusive und limitierte
Restposten in Form schnell wechselnder Markenprodukte (Auslaufmodelle, Waren aus
Überproduktion, Vorsaisonware) in regelmäßigen Auktionen mit Preisnachlässen von bis zu
70 % an.

Über E-Mail erhalten die Mitglieder Informationen über aktuelle Angebote, meist mit auf-
wendigen Flash-Filmchen ansprechend präsentiert. Die Kurzfristaktionen laufen nach dem
Woot!-Prinzip nur einige Tage lang. Mit Woot! bezeichnet man einen Internet-Retailer, der
ein bestimmtes Discount-Angebot jeweils nur einen Tag anbietet.

Mitglied im Shopping-Club kann nur werden, wer über einen werbenden „Paten" eingeladen
wird, was aber in aller Regel kein großes Problem darstellt. Dieses Club-Verhältnis („nur für
Mitglieder"), welches auf persönlicher Empfehlung basiert, soll nach außen suggerieren, dass
das Angebot nicht für jedermann zugänglich und damit exklusiv ist. Außerdem wird hierdurch das Konfliktpotenzial mit den klassischen Absatzkanälen (etwa Facheinzelhandel) gering gehalten. Denn die tradierten Betriebstypen haben kein Interesse daran, dass zum einen
die Konkurrenz noch mehr intensiviert wird und zum anderen die Hersteller den direkten
Kontakt zum Endverbraucher suchen.

Über Shopping-Clubs werden insbesondere Waren von Markenherstellern verkauft, deren
Produkte – wie Mode, Schuhe, Accessoires oder Sportartikel – einem häufigen Saisonwech-

sel unterliegen. Die Hersteller suchen deshalb nach Wegen, die Restposten der letzten Saison zu möglichst hohen Preisen, aber möglichst markenschonend und am besten an zahlreiche Endkunden abzusetzen. Denn für das Image eines Markenherstellers ist es nachteilig, wenn seine Waren über Großbetriebstypen des Einzelhandels in Schüttplatzierungen verramscht werden.

Mit dem privaten Einladen wird ebenso verhindert, dass sich professionelle Zwischenhändler einschleichen, die Massenverkäufe am Handel vorbei organisieren. Auch deshalb sind Käufe nur in kleinen Stückzahlen möglich. Außerdem findet der Verkauf vergleichsweise indiskret statt, da dieser passwortgeschützt ist und der Kunde sich anmelden muss. Auf diese Weise wird Preisvergleichsmaschinen und *Google* der Zugang zu Shopping-Clubs verwehrt. Schnäppchenpreise werden nicht mit den Markenherstellern in Verbindung gebracht, da diese ihre aktuellen Kollektionen weiterhin über die klassischen Kanäle absetzen wollen.

Das Verkaufsprinzip des Shopping-Clubs unterscheidet sich von anderen Ansätzen nicht zuletzt dadurch, dass zunächst Bestellungen generiert werden und erst dann die Ware beim Produzenten geordert wird. Die Artikel werden auf diese Weise beim Hersteller geblockt. Eingekauft wird also erst dann, wenn die Waren bereits bei den Mitgliedern abgesetzt sind. Obwohl dadurch mitunter recht lange Wartezeiten entstehen, liegen die Retourenquoten vielfach lediglich im einstelligen Prozentbereich (vgl. *Handler/Bernau* 2010, S. 45; http://brainwash.webguerillas.de/uncategorized/online-marketing-shopping-club/; Stand: 02.01.2010; *Mehringer* 2010, S. 32).

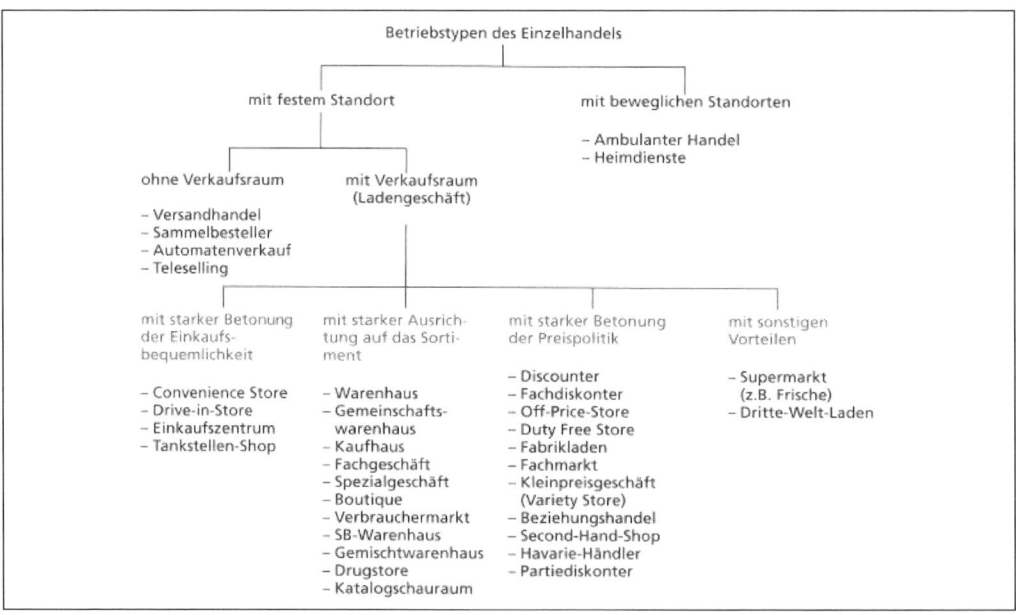

Abb. 5.3: Ausgewählte Betriebstypen des Einzelhandels (Quelle: Müller-Hagedorn 1998, S. 45)

In Tab. 5.6 finden sich die Profile **wichtiger ausgewählter Betriebstypen** des **Einzelhandels** mit **Verkaufsraum** in der Reihenfolge, wie sie in Abb. 5.3 aufgeführt sind.

Tab. 5.6: Profile ausgewählter Betriebstypen des Einzelhandels
(Quelle: Institut für Handelsforschung an der Universität Köln 2006; Metro
Group 2008; www.gfk-geomarketing.de/standortforschung/beratung.php;
http://www.saarlorlux.org/vektor/ha_betriebstypen_ deutschland.htm; Stand:
17.01.2006).

Betriebstyp/*Vertreter*	Ausgewählte Charakteristika
Convenience Store	Betriebstyp, der durch ein eng begrenztes Sortiment an Waren des täglichen Bedarfs und Dienstleistungen bis hin zu einem kleinen Gastronomiebereich charakterisiert ist. Die Öffnungszeiten überschreiten häufig die üblichen Ladenschlusszeiten. Typische Vertreter sind beispielsweise Nachbarschaftsmärkte und Tankstellen-Shops, *Tante-Emma-* und *Onkel-Mehmet*-Läden.
Einkaufszentrum bzw. Shopping-Center oder -Mall Breuningerland/Stuttgart, CentrO/Oberhausen, ElbeParkDresden, Olympia-Einkaufszentrum/ München, Rhein-Galerie/Ludwigshafen Rhein-Neckar-Zentrum/ Viernheim, Weserpark/Bremen	Ein Einkaufszentrum ist eine im Zeitablauf gewachsene (= Geschäftszentrum) oder als Einheit geplante Konzentration von Einzelhandels- und Dienstleistungsbetrieben, die als zusammengehörig wahrgenommen werden. Die als Einheit geplanten Einkaufszentren können in Wohn-, Gewerbe- oder Mischgebieten oder am Rande und außerhalb von Wohngebieten errichtet sein. Innerstädtische Einkaufszentren können als große überdachte Gebäudekomplexe, Passagen, Galerien oder offene Ladenstraßen konzipiert sein. Sie ergänzen das in den etablierten Einkaufslagen vorhandene Einzelhandelsangebot. Einheitlich geplante Einkaufszentren, zumeist an Verkehrsströmen ausgerichteten Solitärstandorten oder in Stadtteilzentren, verfügen über eine breite Mischung von Einzelhandels- und Dienstleistungsbetrieben (z. B. Gastronomiebetriebe, Kreditinstitute, Reisebüros, Kinos; sog. Branchen-Mix). Leitbetriebe können sowohl Warenhäuser, Kaufhäuser oder SB-Warenhäuser als auch große Fachgeschäfte sein. Die Eigentümer und Träger geplanter Einkaufszentren sind bestrebt, das äußere Erscheinungsbild (Corporate Design) und die Marketing-Strategie (u. a. Corporate Communications) durch ein zentrales Management zu gestalten (sog. Center-Management).

Tab. 5.6: Profile ausgewählter Betriebstypen des Einzelhandels (Fortsetzung)

Betriebstyp/*Vertreter*	Ausgewählte Charakteristika
Factory-Outlet-Center *Metzingen* *Wertheim* *Zweibrücken*	Ein Factory-Outlet-Center (FOC) repräsentiert eine spezielle Form eines Einkaufszentrums, in dem Geschäfte angesiedelt sind, die jeweils nur eine Marke führen. FOCs finden sich im Regelfall auf der grünen Wiese und werden einheitlich geplant, finanziert, erstellt und gemanagt. Typischerweise finden sich hier Geschäfte aus den Branchen Mode/Textilien, Lederwaren, Schuhe, Accessoires und Schmuck. Im Wesentlichen werden hier Zweite-Wahl-Artikel, Produktionsüberhänge, Auslaufmodelle oder Musterkollektionen mit deutlichen Preisreduktionen angeboten. FOCs finden sich beispielsweise in Metzingen, Wertheim und Zweibrücken.
Warenhaus/Kleinpreis-kaufhaus *Karstadt* *Kaufhof* *Woolworth*	Überwiegend mehrgeschossiger Einzelhandelsgroßbetrieb in zentraler Lage. Waren aus zahlreichen Branchen – Hauptrichtung Bekleidung, Textilien, Hausrat, Wohnbedarf –, teilweise auch Nahrungs-/Genussmittel. Kombination aus Bedienungs-/Selbstbedienungsprinzip, wobei das Bedienungsprinzip bei beratungsintensiven Warengruppen die Regel ist. Häufig ist ein eigenes Parkhaus angegliedert.
Kaufhaus *C&A* *H&M* *SinnLeffers*	Größerer Einzelhandelsbetrieb (ab ca. 1.000 m² Verkaufsfläche), der – zumeist Bedienungs- und Selbstbedienungsprinzip kombinierend – Waren aus einer oder wenigen Branchen, davon wenigstens aus einer Branche in tiefer Gliederung, anbietet. Am stärksten verbreitet sind Textil- und Bekleidungskaufhäuser. Standortlage in Innenstädten, Nebenzentren oder Shopping-Centern. Eine Sonderform, die mittlerweile vom Aussterben bedroht ist und die sich durch eine Positionierung im unteren Preisniveau auszeichnet, ist das Billigkaufhaus (*Woolworth*; früher *Kaufhof*-Tochter *Kaufhalle*, *Hertie*-Ableger *Bilka*).
Fachgeschäft Spirituosen-, Wein-, Textil-, Unterhaltungselektronik-, Bürobedarfsfachgeschäft	Einzelhandelsbetrieb, der Waren einer Branche bzw. eines Branchenbereichs (spezielles Fachsortiment wie z. B. Sportartikel, Wein) oder für eine Bedarfsgruppe (z. B. Bürobedarf) überwiegend mittlerer und hoher Qualität meist nach dem Bedienungsprinzip (qualifizierte Beratung durch fachkundiges Personal) anbietet. Es überwiegen kleine und mittlere Verkaufsflächen mit i. d. R. unter 1.000 m². Das Angebot wird durch diverse Serviceleistungen (etwa Montageservice, Druckereiservice für Briefbögen und Visitenkarten, Verkostungen) ergänzt.

Tab. 5.6: Profile ausgewählter Betriebstypen des Einzelhandels (Fortsetzung)

Betriebstyp/*Vertreter*	Ausgewählte Charakteristika
Fachmarkt *dm, Rossmann, Müller, Ihr Platz* *Media-Markt, Saturn* *OBI, Praktiker, Bauhaus, Hornbach, Toom, Hagebau* *Auto-Teile-Unger* *TOYS"R"US* *IKEA*	Ein nach Warenbereich (Ware, z. B. Bekleidungsfachmarkt, Schuhfachmarkt), Bedarfsbereich (z. B. Sportfachmarkt, Baufachmarkt) oder Zielgruppenbereich (z. B. Möbel- und Haushaltswarenfachmarkt für designorientierte Kunden) spezialisierter Einzelhandelsbetrieb, der im Regelfall ebenerdig auf größeren Verkaufsflächen (i. d. R. ab 1.000 m², Ausnahme: Drogerie-, Schuh- und Textilmärkte, die sich öfters auch in Innenstadtlagen befinden und weniger Verkaufsfläche aufweisen) bei tendenziell niedrigem bis mittlerem Preisniveau in übersichtlicher Präsentation ein breites und oft auch tiefes Sortiment anbietet. Standort traditionell meist an der Peripherie von Städten (z. B. in Gewerbegebieten) mit guter Verkehrsanbindung und großzügigem Parkplatzangebot entweder isoliert oder in gewachsenen und geplanten Zentren. In jüngerer Zeit Fachmarkt-Filialen zunehmend auch an innerstädtischen Standorten in Shopping-Centern, deren Centermanagement an einem attraktiven Branchen- und Betriebstypen-Mix interessiert ist. Je nach Sortiment sind im Vergleich zu anderen Betriebstypen im Einzelhandel vergleichsweise häufig neben privaten Abnehmern auch gewerbliche Kunden (z. B. Handwerker beim Sanitär- und Fliesenfachmarkt und beim Installationsfachmarkt) oder Dienstleistungsbetriebe (z. B. Gaststätten beim Drogeriemarkt und beim Getränkefachmarkt) anzutreffen. Die Verkaufsmethoden sind Selbstbedienung und Vorwahl, meist mit der Möglichkeit einer fachlichen und sortiments-spezifischen Beratung auf Wunsch des Kunden. Im Fachmarktbereich sind auch Franchise-Systeme anzutreffen (etwa bei *OBI*). Serviceorientierte Fachmärkte bieten neben einem Warensortiment auch eine Vielfalt sortimentsbezogener und selbständig vermarktbarer Dienstleistungen (z. B. Reise-, Bank-, Versicherungsleistungen). Discountorientierte Fachmärkte verzichten oft auf jegliche Beratung und Dienstleistung zugunsten niedriger Preise. Der Spezialfachmarkt führt Ausschnittssortimente (z. B. Fliesenfachmarkt, Holzfachmarkt) aus dem Programm eines Fachmarktes (z. B. Baumarkt).

Tab. 5.6: Profile ausgewählter Betriebstypen des Einzelhandels (Fortsetzung)

Betriebstyp/*Vertreter*	Ausgewählte Charakteristika
Verbrauchermarkt oder SB-Warenhaus *Real, Marktkauf, E center, Extra, Kaufland, Kauf-Markt, Toom, Globus*	Zumeist preispolitisch aggressiver, großflächiger Einzelhandelsbetrieb (1.500 – 4.999 m² Verkaufsfläche), der vor allem Nahrungs- und Genussmittel in Selbstbedienung anbietet. Mit zunehmender Größe verlagert sich der Schwerpunkt zu den Sortimenten der aperiodischen Bedarfsdeckung, sofern sie für die Selbstbedienung geeignet sind und rasch umgeschlagen werden können (eine begrenzte Auswahl aus weißer [z. B. Kaffeemaschine] und brauner Ware [etwa Fernsehgeräte] sowie Textilien, Schuhen etc.). Wöchentliche Sonderangebote mit herausragend niedrigen Preisen bestimmen die Medienwerbung. Verbrauchermärkte verzichten auf aufwendige Ladenausstattung und Warenpräsentation, reduzieren Beratung und sonstige Serviceleistungen auf ein Mindestmaß, bevorzugen verkehrs- und kostengünstige Stadtrandlagen, so dass eine Kalkulation niedriger Preise möglich ist, und verfügen über ein großzügiges Parkplatzangebot. Das Sortiment umfasst zwischen 21.000 und 40.000 Artikeln und damit deutlich mehr als Supermärkte und Discounter. SB(Selbstbedienungs)-Warenhäuser (im Ausland als Hypermarkt bezeichnet) sind zwar den Verbrauchermärkten planungsrechtlich gleichzustellen, verfügen aber im Gegensatz zu diesen über 5.000 m² Verkaufsfläche. SB-Warenhäuser zeichnen sich durch eine verkehrsgünstige Lage und tiefe Sortimente von 33.000 mit bis zu 80.000 Artikeln aus, die überwiegend in Selbstbedienung angeboten werden. Zu einem Drittel bis zur Hälfte handelt es sich hierbei um Nonfood-Produkte wie Gebrauchs- (= längerfristig nutzbar wie z. B. Haushaltsgeräte) und Verbrauchsgüter (etwa Bekleidung). Unternehmen experimentieren zunehmend mit übersichtlicheren Formaten. Flächen von 8.000 bis 10.000 m² werden reduziert und Konzessionäre (etwa Fast-Food-Gastronomie, Bäckereien, Zeitschriftenläden) hinzugenommen. Als starke Konkurrenten gelten Discounter im Food-Bereich und Fachmärkte im Non-Food-Bereich.

Tab. 5.6: Profile ausgewählter Betriebstypen des Einzelhandels (Fortsetzung)

Betriebstyp/*Vertreter*	Ausgewählte Charakteristika
Discounter (Lebensmittel) *Aldi, Lidl, Penny, Netto, Norma*	Betriebstyp mit eng begrenztem sowie flachem Sortiment von Waren (i. d. R. zwischen 780 und 1.600 Artikeln) mit hoher Umschlagshäufigkeit; geringer Aufwand für Warenpräsentation, Ladeneinrichtung sowie Service einschließlich Beratung. Charakteristisch ist die aggressive Niedrigpreispolitik. Zumeist ein mittelflächiger Betrieb mit Verkaufsflächengrößen von max. 1200 m². Die Spezialform Hard-Discounter zeichnet sich durch besonders starke Einschränkungen bezüglich Warensortiment (rund 1.000 Produkte im Sortiment) sowie hohe Preisaggressivität aus. Standorte zumeist in Fachmarktzentren sowie an Ausfallstraßen; angesichts des Trends zum innerstädtischen Wohnen auch (wieder) zunehmend in der City mit Kompromissen bei der Verkaufsfläche sowie der Nutzung von Flächen in Untergeschossen (= Basement).
Supermarkt (von lat.: super = über, mercatus = Handel) *E aktiv markt, Edeka Markt, E neukauf, Ihre Frische, HIT Kaiser´s, Marktfrisch, Markant, Rewe, Tengelmann*	Ein Selbstbedienungsgeschäft, das überwiegend Nahrungs- und Genussmittel einschließlich Frischwaren (Obst, Gemüse, Südfrüchte, Fleisch, Molkereiprodukte) sowie bestimmte Ver- und Gebrauchsgüter (etwa Haushalts- und Schulbedarf) anbietet und heutzutage weitgehend die Funktion eines Nachbarschaftsladens übernimmt. Das Sortiment umfasst zwischen 7.000 und 12.000 Artikeln. Die Verkaufsfläche reicht von 400 m² bis ca. 1.500 m², wobei der Anteil der Fläche für Nonfood im Regelfall unter 25 % liegt. In der DDR war der Begriff Supermarkt ungebräuchlich. Dort wurden solche Geschäfte Kaufhalle genannt.

Fallbeispiel „Discounter" – unterschiedliche Ausprägungsformen in der Praxis

Die Bezeichnung Discounter (engl. Discount = Preisnachlass, Rabatt) basiert auf dem Umstand, dass hier ein Rabatt gleich in den Preis einberechnet wird, statt ihn wie früher üblich nur den Stammkunden über Rabattmarken zu gewähren. Nach Auffassung der *BBE Unternehmensberatung Köln* lassen sich idealtypisch drei Formen von Discountern unterscheiden, die in der Realität durch eine Vielzahl von **Mischformen** (auch mit anderen Betriebstypen) ergänzt werden:

- **Soft-Discounter** bieten neben Eigenmarken auch Markenartikel an. Das Sortiment ist im Vergleich zu anderen Discountern groß. Das Marketing bedient sich auch klassischer Sonderangebote.

- **Hard-Discounter** bieten überwiegend Eigenmarken zu absoluten Tiefpreisen an und verzichten folgerichtig weitgehend auf Sonderangebote. Das Sortiment ist mit etwa 1.000 Artikeln stark eingeschränkt. Non-Food-Artikel werden in Aktionen zu absoluten Tiefpreisen angeboten.

- **Lean-Discounter** zeichnen sich durch systematische Kosteneinsparung bei Personal, Ausstattung, Service und Warenpräsentation aus. Konsequenterweise gibt es die Ware in aufgeschnittenen Kartons, und infolge des Mangels an Kassenarbeitsplätzen bilden sich regelmäßig Kundenschlangen.

Eine erfolgreiche Discountstrategie ist im Wesentlichen an folgende **Voraussetzungen** geknüpft:

- Konzentration auf ein in Tiefe und/oder Breite begrenztes Sortiment und die für den Kundennutzen zentralen Leistungskomponenten (Leistungsvereinfachung, etwa Verzicht auf Beratung und Service). Im Standardsortiment waren dies im Ursprung 250 Artikel, mittlerweile beläuft sich der Umfang auf 800–1.000 Produkte. Ergänzt wird das Standardsortiment durch 2.000–2.500 Aktionsartikel pro Jahr (= zeitlich begrenztes Angebot) sowie rund 100 Food-Saisonartikel pro Jahr (z. B. Schokoladenosterhasen und -weihnachtsmänner).

- Hohe Qualitätsstandards, die sich nicht zuletzt in guten Rankings bei Verbraucherschutzorganisationen (etwa *Stiftung Warentest*) niederschlagen, was wiederum das Verbrauchervertrauen stärkt

- Geringe Komplexität für den Verbraucher, die durch hohe Kontinuität bei Muss- bzw. Grundprodukten sowie identisches Sortiment mit gleicher Platzierung zum gleichen Preis über das gesamte Filialnetz hinweg gewährleistet wird

- Dauerhafte Preisvorteile, die von den Kunden deutlich als solche wahrgenommen werden (Preisführerschaft)

- Klare Kostenführerschaft, die neben den Mengenvorteilen im Einkauf durch hohe Standardisierung in Ladenlayout und Warenangebot, schlanke und dezentrale Organisation sowie ständige Optimierung selbst kleinster Details erreicht wird (z. B. Arbeitsabläufe, Kundenlaufwege)

In Deutschland ist *Aldi Süd/Nord* mit deutlichem Abstand Marktführer (27 Mrd. € Umsatz p. a.; 4.200 Filialen), gefolgt von *Lidl* (13,3 Mrd. Umsatz p. a.; 2.900 Filialen). Die Käuferreichweite von *Aldi* und *Lidl* gemeinsam liegt bei 93 % der deutschen Konsumenten, davon kaufen 70 % sowohl bei *Aldi* als auch bei *Lidl*, 16 % exklusiv bei *Aldi* und 7 % exklusiv bei *Lidl* ein. *Lidl* erwirtschaftet nahezu ein Viertel seines Umsatzes mit Herstellermarken, bei *Aldi* sind dies gerade einmal knapp 12 %.

Exkurs

Die Höhe des **Durchschnittsbons**, also des Gesamtumsatzes im Betrachtungszeitraum dividiert durch die Anzahl der Kassenbons, ist eine im Einzelhandel zentrale Kennzahl, wobei im Regelfall der Tages- oder Wochenumsatz zugrunde gelegt wird. Der Durchschnittsbon steht im Regelfall in einer positiven Beziehung zur Betriebsgröße: Je größer die Verkaufsfläche, desto höher der Durchschnittsbon. Der durchschnittliche Einkaufsbetrag steht auch in einem Abhängigkeitsverhältnis zur durchschnittlichen Einkaufshäufigkeit. Mit abnehmender Einkaufshäufigkeit ist eine Zunahme des durchschnittlichen Einkaufsbetrages pro Kaufakt anzunehmen. Die Höhe des Durchschnittsbons wird festgelegt durch die Menge, die von einem Artikel erworben wird, den Preis pro Packungseinheit eines Artikels sowie die Zahl der gemeinsam gekauften Artikel (sog. Verbundkäufe).

Um den durchschnittlichen Einkaufsbetrag zu erhöhen, bieten sich grundsätzlich zwei Ansatzpunkte: Einmal kann das geplante Kaufverhalten positiv beeinflusst werden durch die Vermeidung von Regallücken, die Erweiterung (z. B. um Non-Food-Produkte) und/oder Umstrukturierung des Sortiments nach den Bedürfnissen der Kunden sowie die Erhöhung der durchschnittlichen Einkaufsmenge durch Mengenrabatte, Aktionen und Veränderung der Verpackungsgrößen. Zum anderen können Impuls- bzw. Spontankäufe durch entsprechende Verkaufsförderungsaktionen (z. B. Probierstände mit Verkostungen, Events, Sonderpreisaktivitäten) positiv beeinflusst werden.

Die Höhe des Durchschnittsbons beläuft sich bei *Aldi* auf 22 €, bei *Lidl* auf 20 € und im Durchschnitt bei sämtlichen Discountern (einschließlich *Aldi und Lidl*) auf gerade einmal 18 €. Auch beim Aktionsgeschäft im Nonfood-Bereich ist *Aldi* erfolgreicher als seine Wettbewerber im Discountbereich. Im Durchschnitt geben *Aldi*-Kunden hier 4,60 € aus, bei *Lidl* 3,40 €. Der relativ hohe Nonfood-Anteil an den Gesamtausgaben ist ein wesentlicher Grund für den höheren Durchschnittbon bei *Aldi*, ein anderer die unterschiedliche Lage der *Aldi*-Filialen. Dies führt dazu, dass *Aldi* häufiger als andere Discounter mit dem Auto angesteuert wird, was es den Kunden erleichtert, größere Mengen einzukaufen und bequem nach Hause zu transportieren.

Eine differenzierte Analyse der beiden *Aldi*-Gesellschaften zeigt, dass *Aldi Süd* (Filialumsatz knapp 7 Mio. € p. a.; Vorsteuerrendite knapp über 5 %) erfolgreicher agiert als *Aldi Nord* (Filialumsatz rund 4 Mio. €; Vorsteuerrendite knapp 3 %).

Quelle: *Kohfink, M.-W.*: Die Erotik der kleinen Preise, in: handelsjournal, Nr. 12, Dezember 2002, S. 10–15; *Sebastian, K.-H./Maessen, A.*: Pricing-Strategie – Wege zur nachhaltigen Gewinnmaximierung, Bonn 2003; *GfK Panel Services Deutschland/Accenture*: Discounter am Scheideweg – Wie kaufen die Kunden künftig ein?, Nürnberg 2008; Bilanzen der 66 Aldi-Regionalgesellschaften, zitiert nach: *Schulz, H. J.*: Nonfood-Geschäft bremst Aldi aus, in: LebensmittelZeitung, Nr. 6 vom 06.02.2009, S. 4.

Der Vollständigkeit halber werden im Folgenden die bislang noch nicht vorgestellten **Betriebstypen** des **Einzelhandels** mit **Verkaufsraum** in der Reihenfolge, wie sie in Abb. 5.3 aufgeführt sind, kurz charakterisiert:

- **Drive-in-Stores** sind Einzelhandelsunternehmen, bei denen der Kunde vorfährt, um die meist großvolumigen Waren sofort in sein Fahrzeug einzuladen bzw. sein Fahrzeug überhaupt nicht verlässt, um bestimmte Leistungen in Anspruch zu nehmen. Beispiele sind Baustoffhandlungen (Zementhalle), Holzhandlungen (Zäune), Baumschulen, Bankschalter, die ohne Verlassen des Fahrzeugs zu erreichen sind, Schalter für die Direktabholung von Lebensmitteln sowie Fastfood u. ä.

- Zu den vergleichsweise jungen Betriebstypen zählen auch die **Drive-in-Supermärkte**, eine Kombination aus Einkauf via Internet und Abholservice. Der Kunde bestellt über die

Internetseite des Händlers. Ist die Einkaufsliste fertig gestellt, legt der Kunde eine Abhol-zeit fest. Im Anschluss packen die Mitarbeiter des Marktes die Ware in einen Klappkorb. Zum vereinbarten Zeitpunkt steigt der Kunde kurz aus seinem Fahrzeug, bezahlt bar oder mit Karte und erhält im Gegenzug die Ware (vgl. *Bös* 2010, S. 18). Möglich ist auch die Lieferung nach Hause. In diesem Fall liefert ein Paketdienst die Ware in einer Kühlbox aus.

- **Gemeinschaftswarenhaus** bezeichnet die Zusammenfassung von zumeist selbststän-digen Fachgeschäften und Dienstleistungsbetrieben verschiedener Größe und aus unter-schiedlichen Branchen zu einem räumlichen und organisatorischen Verbund. Grundidee ist, auf der Fachkompetenz und Initiative selbstständiger Einzelhändler aufbauend, ein räumlich konzentriertes, warenhausähnliches Warenangebot zusammenzustellen, das in seiner Gesamtheit dem (Bequemlichkeits-)Bedürfnis nach „Einkauf unter einem Dach" entspricht (Agglomeration). Gemeinsame Aufgaben (Werbung, Reinigung u. a.) sowie die erforderliche Koordination werden in Versammlungen oder Ausschüssen der Betei-ligten oder von einem zentralen Management (oft stark von der Trägergesellschaft des Gebäudes bestimmt) entschieden. Unterschiede zum Einkaufszentrum sind in der Lage in der Innenstadt sowie der Mehrstöckigkeit des Gebäudes zu finden.

- **Spezialgeschäfte** weisen im Vergleich zu einem Fachgeschäft eine geringere Sortiments-breite, aber eine größere Sortimentstiefe auf. Als Beispiele gelten Spezialgeschäfte für Krawatten, Damenstrümpfe, Blusen, Hemden, Handschuhe.

- **Boutiquen** (französisch: kleines Geschäft, Kramladen) sind Einzelhandelsläden, die Modeartikel wie Kleidung, Schmuck oder die dazugehörigen Accessoires verkaufen.

- **Gemischtwarengeschäfte** (früher: Kolonialwarenladen, Krämerladen) sind kleine bis mittelgroße Einzelhandelsbetriebe, die breite, relativ flache Sortimente mit mittlerem Preisniveau meist mit Bedienung anbieten. Sie existieren heute noch in manchen Regio-nen zur Versorgung der ländlichen Bevölkerung. Gemischtwarengeschäfte sind mittler-weile weitgehend verdrängt von Nachbarschaftsgeschäften, Supermärkten und Discoun-tern.

- **Drugstores** sind eine Mischform aus Gemischtwarengeschäft und Kiosk, die vor allem in den USA weit verbreitet ist. Hierbei handelt es sich Nachbarschaftsgeschäfte, die neben Drogeriewaren auch Süßwaren, Bücher, Zeitungen, Zeitschriften, Schreibwaren, Spiel-zeug, Geschenkartikel sowie einfache Schmuckwaren führen. Zumeist verfügen sie über eine Imbissecke sowie Getränkebar.

- **Kioske** führen Artikel des kurzfristigen Bedarfs in geringer Sortimentsbreite und -tiefe (z.B. Tabakwaren, Süßigkeiten, Zeitungen; häufig kombiniert mit Getränkeausschank oder Eisverkauf). Bevorzugte Standorte sind Plätze mit dichten Passantenströmen wie Bahnhöfe, Marktplätze und Haltestellen sowie an Ausfallstraßen.

- **Katalogschauräume** (Catalog-Show-Room) haben ihren Ursprung in den USA und zeichnen sich dadurch aus, dass Teile des Sortiments den Kunden nicht in Form von Mustern, sondern nur durch entsprechende Auslage von Bildern im Katalog präsentiert werden. Der Kunde kann die von ihm ausgewählte Ware an einer Art Magazin-Schalter in Empfang nehmen und direkt mitnehmen. Diese kann ihm aber auch zugeschickt wer-den. Eine abgewandelte Form ist das Ausstellen von Originalwaren in Vitrinen. Der Katalogschauraum darf nicht mit den Verkaufsagenturen der Versandhändler verwechselt werden, da dort im Regelfall nur Warenmuster ausliegen und die vom Kunden gewünschte Ware erst bestellt werden muss und dann zugeschickt wird. Die Vertriebsform des Katalogschauraumes ist in Deutschland jedoch kaum verbreitet.

- **Fachdiscounter** sind klein- bis mittelflächige Einzelhandelsbetriebe mit schmalem/flachem Sortiment von Waren des täglichen Bedarfs. Charakteristika sind Selbstbedienung, Verzicht auf Service sowie niedrigste Preise. Als Vertreter gelten Markenartikeldiscounter (Off-Price-Store) sowie Discount-Boutiquen (z. B. für Textilien, Parfümeriewaren, Schmuck)

- **Off-Price-Stores** sind eine spezielle Form des Fachdiscounters. Hierbei handelt es sich um einen mittel- bis großflächigen Einzelhandelsbetrieb, der vorwiegend bekannte Markenartikel des Nichtlebensmittelbereichs (Textilien, Schuhe, Glaswaren, Porzellan, Sportartikel) in Selbstbedienung zu äußerst günstigen Preisen anbietet. Das Sortiment besteht prinzipiell aus nicht regulärer Ware (z. B. Reklamationsware, Auslaufmodelle, Überschussware, Saisonware, Zweite-Wahl-Ware, Remissionsware). Die Sortimentszusammensetzung wechselt schnell, da zumeist Partien ohne Nachordermöglichkeit verkauft werden, und zwar so lange, bis die Vorräte ausverkauft sind.

- **Duty-free-Store** (engl.), zu Deutsch abgabenfrei, bezeichnet die sog. „Duty-free-Shops". Hierbei handelt es sich um Warenhäuser zwischen zwei Zollstellen (z. B. nach der Passkontrolle an Flughäfen oder auf Fähren), in denen Waren zu günstigen Preisen angeboten werden, da auf diese kein Zoll sowie keine Mehrwertsteuer oder Verbrauchsteuern erhoben werden. Insbesondere bei Tabakprodukten, alkoholischen Getränken, Parfüm und sonstigen Kosmetikprodukten sind die Preise dadurch oftmals deutlich niedriger, als wenn diese besteuert werden müssten.

- **Kleinpreisgeschäfte** zeichnen sich durch ein flaches Sortiment sowie das Angebot qualitativ eher geringwertiger Waren zu möglichst niedrigen Preisen aus (etwa 1-€-Läden).

- **Beziehungshandel** bezeichnet den direkten Vertrieb von Herstellern oder Großhändlern an bestimmte Endverbraucher, denen sie sich besonders verpflichtet fühlen (etwa unter unzulässiger Ausnutzung von Personalrabatten).

- **Second-Hand-Shops** erwerben gebrauchte, aber noch weiterhin nutzbare Waren (v. a. Textilien) und verkaufen diese zu verhältnismäßig niedrigen Preisen weiter.

- **Harvariehändler** verkaufen durch Unfälle und Betriebssteuerungen beschädigte Waren (etwa Pkws, aber auch bei Unfällen beschädigte Transportware).

- **Partiediscounter** bieten Warenmengen (Partien) aus Überproduktion, Sonderanfertigungen, Versicherungsfällen (Feuerschäden, Wasserschäden), Insolvenzen und Restbeständen zu niedrigen Preisen. Vielfach sind diese Märkte nur begrenzt geöffnet („Drei-Tage-Märkte"), insbesondere dann, wenn die Beschaffung geeigneter Ware Probleme bereitet.

- **Dritte-Welt-Läden** zeichnen sich durch ein großes Sortiment an Waren aus an (etwa fair gehandelte Produkte wie Kaffee und Schokolade), bei denen gewährleistet wird, dass die Erzeuger in der Dritten Welt faire Entgelte für ihre Leistungen erhalten.

Dem institutionenorientierten Ansatz haftet die Kritik mangelnder Aktualität aufgrund einer statisch-deskriptiven Perspektive (, d. h. es wird nur eine Momentaufnahme gemacht, ohne zeitliche Veränderungen zu beleuchten) an, da die meisten Betriebsformen und -typen im Zeitablauf einem Wandel unterliegen. Theoretisch untermauert wird dieser Vorwurf durch die Theorie von der **Dynamik der Betriebstypen** (sog. *„Wheel of Retailing"*; [vgl. *Barth* 1988, S. 117–121]), die Gesetzmäßigkeiten über die Entwicklung von Handelsbetrieben aufstellt. Diesem Konzept folgend durchläuft jeder Betriebstyp vier Phasen, die durch die in Tab. 5.7 angeführten Besonderheiten charakterisiert sind.

Tab. 5.7: Dynamik der Betriebstypen
(Quelle: in Anlehnung an Nieschlag/Kuhn 1980, S. 85 ff.)

Phase	Charakteristika
Entstehung	• Aggressive Preisstrategie
	• Reduziertes Leistungsangebot (Auffinden preisgünstiger Bezugsmöglichkeiten, keine Bedienung/Beratung, drastische Reduzierung bzw. vollständiger Verzicht auf Serviceleistungen und zusätzliche Dienstleistungen, gezielte Sortimentsbegrenzung und Konzentration auf Schnelldreher [= Artikel bzw. Produkte mit hoher Umschlagshäufigkeit], einfache Ladenausstattung, rationeller Einsatz der übrigen Betriebsmittel (etwa Kasse, Lager, Fuhrpark etc.) etc.
Aufstieg	• Marktanteilsgewinne
	• Umsatzexpansion bei günstiger Gewinnentwicklung
Reife	• Stagnation von Umsatz und Gewinn (Ursache: Imitatoren, neue Betriebstypen, verändertes Konsumentenverhalten), Einsetzen von „Store Erosion" (= konzeptioneller Verschleiß eines Betriebstyps)
	• Trading-up durch verstärkten Einsatz von Nicht-Preisparametern (Sortimentsausweitung, Intensivierung des Kundendienstes etc.)
Assimilation	• Verlust der preispolitischen Flexibilität aufgrund erhöhter Betriebskosten
	• Annäherung des neuen Betriebstyps an konventionelle Betriebstypen
	• Dadurch Einstiegspotenzial für neue Betriebstypen

Wenn die Theorie des „Wheel of Retailing" auch ausschließlich auf das Preis-Leistungs-Verhältnis fokussiert (Gegenbeispiel: Entstehung des Erlebnishandels) und durch zahlreiche Gegenbeispiele aus der Empirie widerlegt wird (etwa *Aldi*, wo kein wesentliches Trading-up zu beobachten ist), bleibt doch unbestritten, dass die meisten Betriebsformen und -typen im Zeitablauf einem Funktionswandel unterliegen. Ein Beispiel ist *Metro Cash & Carry*, die sich im Getränkehandel zusätzliche Marktanteile sichern will und nunmehr mit dem Zustellhandel beginnt.

Fallbeispiel „Trading-up" – *Aldi*-Weine mit Prädikat

Aldi ist mit einem Marktanteil von 25 % Marktführer im deutschen Weinhandel. Seit Jahren baut der Discounter gezielt seine Marktstellung aus und nimmt mehr und mehr anerkannte Erzeuger sowie deren Qualitätsprodukte ins Sortiment. Beschränkte sich das Trading-up traditionell auf ausländische Produkte, arbeitet *Aldi Süd* seit einiger Zeit mit den deutschen Spitzenwinzern *Fritz Keller* vom Kaiserstuhl und *Raimund Prüm* von der Mosel zusammen. Beim Preis bewegt man sich zwischen 6 und 7 € für die 0,75-Liter-Flasche Weißwein und 7 bis 8 € für den Rotwein. Das liegt deutlich über dem Preis von 2,36 €, den deutscher Wein im Durchschnitt erzielt. 2008 vermarktete *Aldi Süd* eine Million Flaschen der „Edition *Fritz Keller*" (Weiß- und Spätburgunder Jahrgang 2007), die mit einem *Bauhaus*-Etikett (mit dem „zwölfteiligen Farbkreis" von *Ludwig Hirschfeld Mack* aus dem Jahr 1922) ausgestattet sind. *Fritz Keller* begleitet und bestimmt die Erzeugung des *Aldi*-Weins vom Rebschnitt bis zur Abfüllung, wobei 2007 432 Erzeuger (2009: 750 Erzeuger) in dieses Projekt eingebunden waren.

Quelle: *von Hiller, Ch.*: Aldi-Weine – bald auch mit Prädikat, in: Frankfurter Allgemeine Zeitung, Nr. 191 vom 18.08.2007, S. 12; *Pigott, S.*: Bei Aldi im Keller, in: Frankfurter Allgemeine Sonntagszeitung, Nr. 15 vom 13.04.2008, S. 15.

Fallbeispiel „Dynamik der Betriebstypen" (1) – das Sterben der Warenhäuser

„Bis zum Jahr 2010 hat jedes zweite Warenhaus in Deutschland keine Zukunft mehr" so *Hans-Joachim Zentes*, Professor für Handelsmanagement und Marketing an der Universität Saarbrücken, im Jahr 2004. Das massive Kaufhaussterben werde die beiden in Deutschland verbliebenen Warenhausketten *Kaufhof* und *Karstadt* gleichermaßen treffen oder auch das Ende eines der beiden Konkurrenten bedeuten. Der Anteil der Warenhäuser am deutschen Einzelhandelsumsatz werde sich von 5 bis 6 % in 2004 auf 2 bis 3 % in 2010 halbieren. Chancen bestünden nur noch für Großstadtwarenhäuer in Metropolen wie Düsseldorf, Berlin oder Hamburg. Neben der zunehmenden Konkurrenz durch Fachmärkte auf der Grünen Wiese hätten die Warenhäuser zunehmend mit Imageproblemen zu kämpfen. Angesichts des massiven Sterbens der Warenhäuser drohe zahlreichen Innenstädten nun die Verödung. Es bleibt dem Leser überlassen zu beurteilen, inwieweit die damaligen Prognosen mittlerweile eingetroffen sind.

Quelle: *o. V.*: Das Kaufhaus hat ausgedient, in: Frankfurter Allgemeine Zeitung, Nr. 229 vom 01.10.2004, S. 16.

Fallbeispiel „Dynamik der Betriebstypen" (2) – der Verbrauchermarkt der Zukunft

Wir schreiben das Jahr 2017. Morgens fällt dem Kunden beim Blick auf den **Kühlschrank** auf, dass er dringend einkaufen muss. Richtig gelesen: In (!) den Kühlschrank muss der Kunde nicht mehr schauen, es reicht der Blick auf (!) den Kühlschrank. Denn der Kühlschrank der Zukunft kann weit mehr als nur Lebensmittel frisch halten.

Der intelligente Kühlschrank zeigt an, welche Produkte im Kühlschrank drinstehen und wie lange diese Produkte noch haltbar sind. Erkennen kann der Kühlschrank das, weil alle Produkte mit kleinen Chips ausgestattet sind, die alle relevanten Informationen an den Kühlschrank senden. Der Kühlschrank kann aber nicht nur Einkaufsempfehlungen geben, indem er automatisch das bisherige Konsumverhalten analysiert. Er hat über das Internet auch Zugriff auf die Artikelliste und die Sonderangebote des Verbrauchermarkts in der Nachbarschaft. Der Kunde sieht die Angebote auf dem Touchscreen des Kühlschranks und kann mit wenigen Fingerzeigen seine **Einkaufsliste** eingeben. Nun schnell noch auf Speichern drücken, damit die Einkaufsliste in seinem persönlichen Internetkonto gespeichert wird.

Nach einem langen Arbeitstag hat der Kunde endlich Zeit, einkaufen zu gehen. Wenn er draußen am Schaufenster vorbeigeht, erkennen Sensoren, welche Produkte er besonders fixiert, sodass diese speziell angeleuchtet werden können. **Projektoren** werfen zusätzliche Bilder und Informationen zum Produkt von innen auf die Scheibe. Über einen **Touchscreen** kann der Kunde weitere Informationen anfordern, sich durch das Warensortiment klicken oder sogar eine Vorbestellung aufgeben. Das **Schaufenster** der Zukunft wird mit dem Kunden sprechen. Schaut er beispielsweise länger als zehn Sekunden auf eine ausgestellte Kaffeemaschine, erklärt eine Stimme die Vorzüge des Produkts. Im Schaufenster aufgestellte Bildschirme vermitteln Zusatzdaten zur Kaffeemaschine und zeigen deren Nutzung in bewegten Bildern. Ermöglicht wird das Ganze durch eine neue Technologie. Via Kamera und mittels einer Spezialsoftware lässt sich erfassen, wie lange ein Passant ein bestimmtes Produkt betrachtet. Nach einer festgelegten Zeitspanne werden dann die Ton- und Bilddokumente eingespielt. Und schon ist der Kunde auf dem Weg ins Geschäft.

Der Kunde betritt den Verbrauchermarkt, zieht sein Mobilfunktelefon aus der Tasche und befestigt es an seinem **Einkaufswagen**. Im Verbrauchermarkt wird das Handy über das **mobile Internet** nun zum persönlichen Einkaufsbegleiter. Als Scout informiert es den Kunden bei seinem Weg zwischen den Regalen über das Sortiment, über einzelne Artikel und über Preisaktionen. Der Einkaufswagen erkennt den Kunden anhand des Mobilfunktelefons, greift nun automatisch auf das Benutzerprofil im Internet zu und zeigt die Einkaufsliste an, die der Kunde morgens am Kühlschrank eingegeben hat. Er kennt automatisch den Weg zu all den Artikeln, die auf der Einkaufsliste stehen. Er enthält Technologien, die den Kunden direkt zum Regal lotsen. Der Einkaufwagen benutzt dazu ein **Navigationssystem**, sodass der Kunde auf dem Display des Einkaufswagens sieht, wo er sich im Markt befindet und wie er zum nächsten Artikel gelangt.

Die ersten Artikel sind rasch eingekauft; der Einkaufswagen lotst den Kunden schnell durch die Gänge. Wenn er vor dem Müsliregal steht und eine Packung in den Einkaufswagen legt, erscheinen auf dem Bildschirm des Einkaufswagens die Inhaltsstoffe. Außerdem bekommt der Kunde angezeigt, wer der Hersteller ist, wann diese Schachtel Müsli wo produziert wurde, wie lange das Müsli haltbar ist und wie die Nährwerttabelle aussieht: Das alles weiß der **RFID-Chip** auf der Müslipackung und sendet es an den Einkaufswagen. Nachdem der Kunde auf dem **Touchscreen** des Einkaufswagens auf das Feld „Produktvergleich" gedrückt hat, nimmt er eine andere Sorte Müsli aus dem Regal. Der Touchscreen zeigt dem Kunden in einer Tabelle im Vergleich die wichtigsten Fakten zu den beiden Müslisorten an. Dann entscheidet er sich.

Aber der Einkaufswagen greift nicht nur die Einkaufsliste auf: Das System kennt den Kunden und weiß, welche Artikel er bei seinem letzten Einkäufen erworben hat. Beim Weg durch den Verbrauchermarkt macht sein **persönlicher Einkaufsbegleiter** ihn auf solche Artikel aufmerksam, sagt, welche Waren heute günstig sind, und stellt ihm Aktionen vor. Außerdem zeigt er ihm auf Anfrage, wo er bestimmte Waren findet. Er scannt mit dem Handy die Artikel ein, die er kaufen möchte, und legt diese in seinen Einkaufswagen. Sein zum persönlichen Einkaufsassistenten mutiertes Telefon listet ihm alle Einkäufe mit Wert und Menge auf, damit er immer den Überblick über seinen Einkaufswagen behält.

Der Kunde hält an einem **Kiosk-Terminal** an. Dort kann er sich Wege anzeigen lassen, über Sonderangebote informieren, ausführliche Produktinformationen über sämtliche Artikel des Sortiments abfragen und in sein Kundenkonto schauen, wenn er sich vorher per Kundenkarte ausgewiesen hat. Er kann dieselben Informationen auch über seinen persönlichen Einkaufsassistenten abrufen. Aber hier kann er die Informationen aufgrund des größeren Bildschirms besser ablesen.

Neben dem Kunden steht ein **Mitarbeiter** und nutzt ebenfalls das Kiosk-Terminal, um aktuelle Informationen über Aktionstermine, Liefersituationen und andere Interna abzurufen. Auch für Schulungszwecke setzt man das Kiosksystem ein. Der inkompetente Mitarbeiter hat damit ausgedient.

Der Kunde entscheidet sich für ein mehrgängiges italienisches Menü. Denn das Kiosk-Terminal hat ihn darüber informiert, dass er hierbei aufgrund der heutigen Sonderangebote besonders günstig wegkommt. Die Zubereitungstipps gibt es gratis dazu.

In der Obst- und Gemüseabteilung legt der Kunde Tomaten, Zitronen und Ananas auf eine **intelligente Waage**. Intelligent, weil die Waage mittels einer Digitalkamera erkennt, was der Kunde auf die Wiegeplatte legt, und direkt anzeigt, was es kostet. Vorbei sind die Zeiten, als er die entsprechenden Warennummern eintippen musste.

Plötzlich kommt ein **Roboter** auf den Kunden zu und fragt: „Interessieren Sie sich für unsere Sport- und Freizeitabteilung?" Das üppige Menü vor Augen und angesichts seines Gürtels, der heute Morgen um ein weiteres Loch erweitert werden musste, antwortet der Kunde mit „Ja". Er folgt dem Roboter, und dieser führt ihn auf eine Freifläche. Dort stehen Hantelbänke, Stepper und Fahrradergometer zum Ausprobieren.

Schnell kommt der Kunde zu der Erkenntnis, dass eine gemächlichere Gangart für ihn die Bessere ist. Er wechselt in die angrenzende Fahrradabteilung und wird langsamer und entspannter. Zufall? Nein, denn beim Eintritt hört er plötzlich keine **Hintergrundmusik** mehr, sondern nimmt Vogelgezwitscher wahr. Offensichtlich haben Soundingenieure einen spezifischen Wald-Sound entwickelt. Und um den Angriff auf seine Sinne zu vervollständigen, riecht es nach Nadelbäumen, Harz und Feuchtigkeit. Die **Duftingenieure** haben einen guten Job geleistet, denn ihr Duft-Mix Black Forrest erinnert tatsächlich an seinen letzten Ausflug in den Nadelwald.

Der Kunde geht weiter, legt Pasta in seinen Einkaufswagen und kommt nun in die Fleischabteilung, weil ihm für seine Spaghetti Bolognese noch das Hackfleisch fehlt. Ausverkaufte Ware – der Experte spricht hier von Regallücken – und Produkte, deren Mindesthaltbarkeitsdatum abgelaufen ist, gehören der Vergangenheit an. **RFID** macht's möglich. Der Chip speichert Informationen über das Verfallsdatum und meldet einem zentralen Computer, wenn sich ein abgelaufenes Produkt in der Kühltruhe befindet. Weiterhin erhalten die Metzger in der Fleischerei Informationen über den Warenbestand. So können sie schnell verkaufte Ware nachfüllen und die Produktion weniger nachgefragter Waren reduzieren. Die Displays werden über eine drahtlose Datenübertragung vernetzt, wodurch eine zentrale Verwaltung von **Verkaufsförderungsaktionen** ermöglicht wird. Beispielsweise können auf Knopfdruck Aktionsvideos an allen Standorten gleichzeitig gestartet werden. Man kann darüber auch Sonderangebote und Preise prominent herausstellen, vor allen Dingen aber die Inhalte jederzeit ändern und anpassen. Mit ihrer brillanten Bildqualität werden die Advertising Displays zur Produktinformation und zur Unterstützung von Aktionen eingesetzt.

Weiter geht's auf seinem Giro d'Italia durch den Verbrauchermarkt. Der Kunde kommt in die Frischfischabteilung, um dort mit dem Seeteufel den Höhepunkt seines italienischen Menüs zu erwerben. Doch hier steigen ihm statt penetrantem Fischgeruch Kräuter- und Limonendüfte in die Nase. Offensichtlich ein **Sensorikexperiment**, um den Kunden mit allen Sinnen anzusprechen.

In der Nähe der Weinabteilung erscheint auf einem **Advertising Display** ein Informationsspot über Rotweine. Was auf den ersten Blick als Zufall erscheint, ist genau kalkuliert. Denn wer Spaghetti Bolognese kochen möchte und die entsprechenden Produkte bereits im Einkaufswagen hat, wird sich häufig auch eine Flasche Rotwein gönnen. Abgesichert werden solche Vermutungen durch **Cross-Selling-Analysen**. Sämtliche Einkäufe werden dahingehend ausgewertet, welche Produkte zusammen erworben werden.

Der **Informationsspot**, der durch die RFID-Chips auf der Pasta-Packung in seinem Einkaufswagen ausgelöst wurde, hat das Interesse des Kunden geweckt, und er geht näher an den **Flachbildschirm** heran. Den Ton hört er nur, wenn er direkt unter der ca. 1 qm großen **Sounddusche**, einer Art Deckenplatte, steht. Auf diese Weise werden andere Kunden nicht beim Einkauf gestört. Die gleichen Soundduschen gibt es auch beim Probehören in der CD-Abteilung, wo der Kunde später noch eine CD mit italienischen Popsongs erwerben wird.

Weil er noch unsicher ist, welchen der umworbenen Weine er kaufen möchte, entnimmt er dem neben seiner Sounddusche stehenden **Klimaschrank** diverse Gratisproben von Rot-

und Weißweinen. Während er sich einen französischen Grand Cru auf der Zunge zergehen lässt, ertönt eine charmante Frauenstimme, die mit französischem Akzent die Vorzüge des Weines anpreist. Der Chianti mundet ihm jedoch am besten, und er drückt auf einen entsprechenden Knopf am Klimaschrank. Ein **Laserstrahl** am **Fußboden** leitet ihn nun zu dem Regalplatz, an dem sein ausgewählter Wein gelagert ist. Kaum hat er den Wein in seinen Einkaufswagen gelegt, fährt ein blinkender **Roboter** auf ihn zu und fragt: „Interessieren Sie sich für unsere Kosmetikabteilung?" Er hat Interesse, und Robby führt ihn zu den Beauty-Produkten. Dort unterzieht sich der Kunde einem kostenlosen Hauttest. Er nimmt einen Teststreifen, streicht diesen über seine Gesichtshaut und führt ihn dann in das Lesegerät des Computers ein. Der Computer informiert ihn, welchen Hauttyp er hat und welche Cremes aus dem Sortiment für ihn geeignet sind.

An der **Kasse** – leider werden wir auch im Verbrauchermarkt der Zukunft bezahlen müssen – erinnert nichts mehr an die alten Kassen mit Scanner und Kassenband, die es früher einmal gab. Der Kunde schiebt einfach nur seinen Einkaufswagen durch **zwei Säulen**, in denen Empfänger für **RFID-Chips** versteckt sind. Der Kassencomputer scannt beim Schieben des Wagens durch die Säulen alle Artikel im Einkaufswagen. Auch die Tafel Schokolade, die der Kunde versehentlich in die Jackentasche gesteckt hat, wird erfasst. Gleichzeitig überträgt der **Shopping-Computer** im Handy des Kunden zum Vergleich die Einkaufsdaten an die Kasse. Auf einem **Touchscreen** erscheint seine Rechnungssumme, die er durch **Eingabe** einer **PIN** auf seinem **Handy** oder **per Fingerabdruck** bezahlt. Für Nostalgiker, die gerne mit Bargeld bezahlen, gibt es eine spezielle Kasse am Ende, an der ein Automat das Münz- und Notengeld entgegennimmt. Erschöpft schiebt der Kunde seinen Einkaufswagen aus dem Verbrauchermarkt.

Quelle: Schneider, W./Hennig, A.: Zur Kasse, Schnäppchen – Warum wir immer mehr kaufen, als wir wollen, München 2010, S. 9–14.

5.3.3.3 Funktionenorientierter Ansatz

Der o. a. Kritik am institutionenorientierten Ansatz, nämlich der Ausklammerung des Wandels der Betriebstypen im Zeitablauf, begegnet die **funktionenorientierte Handelsbetriebslehre**, die zu Beginn des vergangenen Jahrhunderts entwickelt wurde mit dem Ziel, den Vorwurf von der im Vergleich zur Industrie „Unproduktivität" des Handels und der Ausbeutung des Verbrauchers durch überhöhte Handelsspannen zu entkräften. Dieser Vorwurf kann als Ausdruck eines auflodernden Antisemitismus gewertet werden, wenn man bedenkt, dass sich zahlreiche Handelsunternehmen – etwa *Hertie* (Gründer: *Oscar Tietz*; Eigentümer: *Hermann Tietz*), *Kaufhof* (*Leonhard Tietz*), *KaDeWe* (*Adolf Jandorf*) sowie die Warenhäuser der Familie *Wertheim* – in jüdischer Hand befanden.

Ausgangspunkt des funktionenorientierten Ansatzes war die Erkenntnis, dass zwischen Produktion und Konsum räumliche, zeitliche, quantitative und qualitative Spannungen bestehen. Diese beziehen sich auf die Handelsobjekte (Waren, Dienstleistungen, Rechte sowie Abfall), Entgeltobjekte (Zahlungsmittel, -ansprüche und Verbindlichkeiten, Steuern, Gebühren) sowie Daten/Informationen (vgl. Tab. 5.8).

Tab. 5.8: Systematik der Distributionsfunktionen des Handels
(Quelle: Treis 2001, S. 563 – 569; in Anlehnung an Ahlert 1996, S. 12)

Prozess-beziehungen	Dimensionen			
	Raum	Zeit	Quantität	Qualität
Realgüter-strom	Hersteller ← Handelsgüter → Verbraucher			
	Warentransporte von Ort zu Ort	Vorratshaltung	Sammeln, Auf-teilen, Umpa-cken, Kommissi-onieren (= Zu-sammenstellen von Artikeln aus einem Sortiment aufgrund von Kunden- oder Produktionsauf-trägen durch ei-nen Kommissio-nierer, Picker oder Greifer)	(Aus-)Sortieren, Manipulieren (z. B. Mischen, Ab-packen), Markie-ren (im Falle von Handelsmarken), Sortimentieren, Zusatzleistungen (technisch und kaufmännisch)
Nominalgüter-strom	Hersteller ← Zahlungsmittel → Verbraucher			
	Übermitteln der Zahlungsmittel von Ort zu Ort	Vorfinanzieren des Herstellers (meist kurzfristig, d. h. auf 1 bis 2 Jahre angelegte Kreditgewährung, damit der Produ-zent die für die Produktion von etwa Handels-marken erforder-lichen Investitio-nen vornehmen kann), Kreditie-ren des Verbrau-chers	Sammeln, Auf-teilen der Zah-lungsbeträge und -belege (etwa im Falle von Rück-vergütungen und Remissionen)	Umwandeln der Zahlungsmittel (z. B. im interna-tionalen Waren-verkehr) und Si-cherungsformen (z. B. Voraus-zahlung/Anzah-lung; [verlän-gerter] Eigen-tumsvorbehalt, durch die sich der Verkäufer das Eigentum an der Ware bis zur vollständigen Bezahlung si-chert)

Tab. 5.8: Systematik der Distributionsfunktionen des Handels
(Fortsetzung)

Prozess-beziehungen	Dimensionen			
	Raum	Zeit	Quantität	Qualität
Informations-strom	Hersteller ⟵——— Informationen ———⟶ Verbraucher			
	Übermitteln von Informationen von Ort zu Ort	Speichern, Vor-disponieren	Sammeln von In-formationen, Aufteilen von Kommunikati-onsmitteln (z. B. bei Werbekos-tenzuschüssen)	Verdichten, Kommentieren, Interpretieren, Ergänzen, Prog-nostizieren

Die **Funktionen des Handels** sollen am Beispiel des Realgüterstroms verdeutlicht werden (vgl. *Oberparleiter* 1955; *Falk/Wolf* 1992, S. 41–42):

- **Abbau räumlicher Spannungen**
  Ursache für solche Friktionen ist die räumliche Trennung zwischen Herstellung und Gebrauch bzw. Verbrauch von Gütern. Der Handel löst dieses Problem durch seine Be-schaffungs- und Transportsysteme und erreicht dadurch, dass die Ware vom Ort der Pro-duktion zum Ort des Konsums gelangt. Heimzustelldienste (z. B. *Bofrost, Eismann*) bei-spielsweise bauen die räumlichen Spannungen gänzlich ab, in dem sie die Ware bis zur Haustür des Kunden liefern. Beim Cash & Carry-Großhändler *Metro* hingegen holen die gewerblichen Kunden die Ware selbst ab, d. h. sie bauen die räumlichen Spannungen ab, was mit entsprechenden Preisvorteilen für sie verbunden ist. Ähnlich gelagert liegt der Fall bei Factory Outlets, bei denen Kunden im Regelfall eine erhebliche Strecke zurück-legen, um Ware zu erwerben.

- **Abbau zeitlicher Spannungen**
  Während der Hersteller den sofortigen Absatz seiner Produktion anvisiert, tendiert der Nachfrager zu einem zeitlich versetzten Beschaffungsverhalten. Der Handel baut diese Spannung durch seine Vorratshaltung ab. Räumt beispielsweise ein Reiseanbieter Kun-den einen Frühbucherrabatt ein, delegiert er den Abbau zeitlicher Spannungen an diese und räumt ihnen im Gegenzug dafür einen Preisvorteil ein. Im Gegensatz dazu erhält der Kunde Preisnachlässen, wenn er Saisonware erst in Schlussverkäufen erwirbt.

- **Abbau quantitativer Spannungen**
  Indem der Handel die Waren durch Aufteilen, Umpacken und Kommissionieren men-genmäßig aufteilt, gleicht er zwischen der Herstellung in großen und damit betriebswirt-schaftlich einzelkostensenkenden Mengen durch die Industrie und der Verwendung in kleinen, ge- oder verbrauchsgerechten Mengen durch den Verbraucher aus. Da der Groß-handel sich in erster Linie an gewerbliche Abnehmer richtet, baut er quantitative Span-nungen weniger stark ab als der Einzelhandel. Dies zeigt sich beispielsweise bei einem Blick in das Prospekt des Cash & Carry-Großhändlers *Metro*, der u. a. einen 20-kg-

Karton Roastbeef, eine 10-kg-Box Pflanzenfett, eine 4250-ml-Flasche Olivenöl oder ein 3-kg-Brot Edamer Käse anbietet. Im Gegensatz dazu baut der Aufkaufgroßhandel (etwa Schrotthandel) quantitative Spannungen ab, indem er Ware in kleinen Mengen aufsammelt und zu einer großen Mange bündelt.

- **Abbau qualitativer Spannungen**
  Die Vorstellungen von Nachfragern und Herstellern über Nutzen und Verwendungsfähigkeit von Versorgungsobjekten können voneinander abweichen. Die hieraus resultierenden Spannungen versucht der Handel durch (Aus-)Sortieren (Er wählt unter der Vielzahl von Produkten die für seine Klientel besten aus.), Manipulieren (wie z. B. Sortieren, Mischen, Abpacken. Beispielsweise präsentiert er die Ware in ansprechender bzw. zweckmäßiger Weise.), Markieren (Er wählt für seine Handelsmarken die besten Produzenten hinsichtlich Preis-Leistungs-Verhältnis aus), Sortimentieren (Er gestaltet die für seine Zielgruppen optimale Sortimentsbreite und –tiefe) sowie das Angebot von Zusatzleistungen (Beratung, Planung, Lieferung, Installation, verlängerte Gewährleistungspflichten) abzubauen. Beispielsweise konstatieren zahlreiche Verbraucher *Aldi* eine Selektionsfunktion dergestalt, dass der Discount-Primus diejenigen Hersteller auswählt, die höchsten Qualitätsansprüchen gerecht werden und dem Verbraucher damit den höchsten Nutzen vermitteln. Damit das Qualitätsversprechen eingehalten werden kann, definiert *Aldi* im Auftragsheft die Vorgaben an die Hersteller bis ins kleinste Detail. Der Discounter rühmt sich, mit seinem Qualitätsanspruch selbst die Maßstäbe renommierter Markenartikel zu übertreffen. Und der Cash & Carry-Großhändlers *Metro* lässt seine Kunden die Waren selbst kommissionieren sowie direkt bezahlen und verzichtet auf das Angebot solcher Leistungen, d. h. er baut hier die qualitativen Spannungen weniger ab, was letztlich zu Preiseinsparungen bei den Verbrauchern führt.

Der Realgüterstrom fließt jedoch nicht nur vom Produzenten zum Verbraucher, sondern auch in umgekehrter Richtung (sog. **Redistribution**). Auch hier erfüllt der Handel eine wichtige Funktion, wie am Beispiel des Flaschenpfandsystems unmittelbar ersichtlich wird. Insbesondere dem Lebensmitteleinzelhandel stellt sich des Weiteren das Problem einer effizienten Redistribution im Zusammenhang mit defekten (in der Garantie- bzw. Gewährleistungsfrist), zurückgegebenen oder nicht-abverkauften (im Falle entsprechender Rücknahmevereinbarungen mit den Lieferanten) Aktionsartikeln, die dezentral in den Vorratslägern der Filialen oder zentral (etwa im Logistikzentrum) gesammelt und zum festgelegten Abholungstermin an den Lieferanten zurückgegeben werden.

Existieren keine Rücknahmevereinbarungen mit den Lieferanten, werden Dienstleister eingeschaltet, welche die Waren in den Filialen abholen, lagern, sortieren und einer **Zweitvermarktung** zuführen (sog. Restpostenhändler). Im Falle von Warenüberhängen, Restbeständen von Aktionswaren, Fehl- und Überproduktionen sowie Havarie- und Insolvenzware bieten professionelle Restantenverwerter ihre Dienste an. Denn **Restanten** belegen im stationären Handel Fläche, die eigentlich für Neuware bestimmt ist. Üblicherweise werden die Preise solcher Produkte schrittweise gesenkt mit dem Ziel, sie letztlich doch noch abzusetzen. In diesem Zusammenhang gilt es auch ins Kalkül zu ziehen, die Restanten sofort abzuschreiben und somit einem Ende mit Schrecken einem Schrecken ohne Ende vorzuziehen.

Fallbeispiel „Einwegpfand" – Die Verbraucher schenkten dem Handel 1,4 Milliarden €.

Wie das Beispiel Einwegpfand belegt, kann es für Unternehmen durchaus ökonomisch zweckmäßig sein, die Redistribution nicht zu optimieren. Als Einwegpfand bezeichnet man ein Pfand auf Einwegverpackungen wie Getränkedosen, Einweg-Glasflaschen und Einweg-PET-Flaschen. Die Pfandpflicht gilt in Deutschland seit dem 1. Januar 2003 für Einwegverpackungen von Getränken, die traditionell auch in Mehrwegflaschen angeboten werden. Das Einwegpfand wird auch als Dosenpfand bezeichnet, die amtliche Bezeichnung ist Einwegpfand.

Bis zum 30. April 2006 gab es verschiedene Pfandsysteme, was dazu führte, dass die jeweiligen Verpackungen nur in bestimmten Geschäften abgegeben werden konnten. Geschätzt wird, dass zwischen Januar 2003 und April 2006 etwa 10 bis 25 % aller pfandpflichtigen Einwegverpackungen nicht in den Handel zurückgebracht wurden (etwa aus Bequemlichkeit der Verbraucher). Daraus ergibt sich, dass die Endverbraucher bis zu 1,4 Milliarden € Pfand nicht zurück erhielten.

Seit dem 1. Mai 2006 müssen alle Geschäfte mit mehr als 200 m² Ladenfläche alle Getränkeverpackungen der Materialarten, die sie verkaufen, auch zurücknehmen.

Quelle: *o. V.*: Teure Bürgerpflicht – Dosenpfand für die Tonne, auf: http://www.n-tv.de/659 640.html; Stand: 21.04.2006.

Fallbeispiel „Redistribution" (1) – Rabattpunkte für leere Plastik- und Glasverpackungen

Angesichts steigender Erdölpreise erhöhen sich auch die Preise für leere Joghurtbecher und Shampooflaschen, aus denen neuer Kunststoff gewonnen werden kann. Vor diesem Hintergrund planen Anbieter, Parkplätze deutscher Supermarktketten zu Sammelstellen für Plastikabfälle aufzurüsten. Als Vorbild dient die britische Supermarktkette *Tesco*: Dort können die Verbraucher in mehr als 10 Meter langen Automaten Glas- und Kunststoffverpackungen zurückgeben. Als Belohnung erhalten sie Gutschriften auf ihrer Payback-Karte. Als alternativer Anreiz winkt die Teilnahme an Verlosungen.

Quelle: *o. V.*: Rabattpunkte für leere Shampooflaschen, in: Frankfurter Allgemeine Zeitung, Nr. 160 vom 11.07.2008, S. 18.

Fallbeispiel „Redistribution" (2) – die Entsorgung von Alt-Computern

Die durchschnittliche Nutzungsdauer eines Computers hat sich in den vergangenen Jahrzehnten stark verkürzt. Wurde ein Gerät, das in den sechziger Jahren erworben wurde, noch zehn Jahre lang genutzt, sind dies heutzutage gerade noch vier bis fünf Jahre. Ähnliches gilt für andere Elektro- und Elektronikgeräte, was zur Konsequenz hat, dass die rund 38 Millionen deutschen Haushalte jährlich 1,5 Millionen Tonnen Elektronikschrott produzieren.

Angesichts dieser Entwicklung musste der Gesetzgeber reagieren und hat ab 2005 sämtliche Produzenten in Europa verpflichtet, Altgeräte zurückzunehmen. Die Hersteller müssen nunmehr die Abholung der Computer und anderer Elektronikgeräte von den kommunalen Sammelstellen sowie deren Wiederverwertung und Entsorgung finanzieren. Die Entsorgung wird über einen Fonds finanziert, in den sämtliche Hersteller und Handelsunternehmen je nach Verpackungsmenge einzahlen. Mit dem Einsammeln, Sortieren und Verwerten werden diejenigen Unternehmen beauftragt, die im Zuge der jeweiligen Ausschreibung das günstigste Angebot abgeben. Hierbei spielt es keine Rolle, ob es sich um private oder städtische Entsorgungsunternehmen handelt. Im Falle gewerblich genutzter Geräte wird die Rücknahme zwischen Hersteller und Nutzer geregelt.

Angesichts des Preiskampfs auf dem Markt für Personalcomputer können die damit verbundenen Zusatzkosten nicht an die Kunden weitergegeben werden, so dass die zusätzlichen Belastungen durch niedrigere Produktionskosten kompensiert werden müssen.

Quelle: *Knop, C.*: Wenn der neue Computer zum alten Eisen wird, in: Frankfurter Allgemeine Zeitung, Nr. 139 vom 18.06.2004, S. 18.

Der Vollständigkeit halber sei erwähnt, dass *Oberparleiter* noch eine **Kreditfunktion** sowie eine **Werbefunktion** anführt. Diese entsprechen im Wesentlichen den in Tab. 5.8. angeführten Funktionen des Handels zur Steuerung des Nominalgüter- und Informationsstroms. Der Ansatz von *Oberparleiter* wird in jüngerer Zeit durch **Sozialfunktionen** erweitert: Hierzu zählen zum einen das Einkaufen als **Freizeitbeschäftigung**. Diesem Bedürfnis versucht der Erlebnishandel gerecht zu werden, indem er Lichteffekte, Farben, Musik und/oder interaktive Instrumente wie das Ausprobieren eines Golfschlägers, einer Spielekonsole oder eines Haushaltsgeräts oder das Kosten eines Espresso aus einem bestimmten Kaffeevollautomaten direkt und verstärkt im Geschäft einsetzt (vgl. *Metro Group* 2010, S. 123.). Zum anderen fungieren Handelsbetriebe zunehmend als **Ort menschlicher Kontakte**, was nicht zuletzt durch den steigenden Anteil von Senioren an der Gesamtbevölkerung sowie durch die Zunahme an Single-Haushalten an Bedeutung gewinnen wird.

Den Überlegungen des funktionalen Erklärungsansatzes folgend bezieht der Handel seine Existenzberechtigung dadurch, dass er je nach Betriebsform bzw. -typ mehr oder minder stark zum Abbau der skizzierten Spannungen beiträgt. Bezieht man die vorliegenden Erkenntnisse auf die Frage nach der Wahl des Vertriebsweges, so werden Hersteller bzw. Kunden diejenigen Absatzmittler wählen, welche die von ihnen gewünschten Handelsfunktionen am besten erfüllen.

Beim **Crowdsourcing** beschreiten Unternehmen den entgegengesetzten Weg, indem sie Funktionen, die ihnen nach dem funktionenorientierten Ansatz zufallen, an den Kunden delegieren. Crowdsourcing bezeichnet die bewusste Beteiligung einer großen Masse (crowd) – im Regelfall der Kunden – an unternehmensinternen Prozessen mit dem Ziel, Kosten zu senken. Die folgenden **Beispiele** veranschaulichen das Spektrum der Spielarten einer Kundenbeteiligung:

- Sportartikelhersteller stellen verschiedene Ideen für neue Sportschuhe ins Internet und lassen die Kundschaft über deren Weiterentwicklung entscheiden. Auf diese Weise werden Kunden bewusst an der Entwicklung von Produkten beteiligt.
- Beim Billig-Bäcker packen Kunden ihre Brötchen eigenständig ein.
- Via Internet werden Tickets bestellt, Hotelzimmer gebucht, Überweisungen und andere Banktransaktionen veranlasst.
- Von zu Hause aus werden Briefmarken ausgedruckt oder der Check-In vor dem Flug in den Urlaub erledigt.
- An Süßigkeiten-, Kaffee- oder Softdrink-Automaten wird mit dem Mobiltelefon bezahlt.
- Mittels RFID-Technik (Radio Frequency Identification) mit kaum sichtbaren Funkchips, welche Daten wie den Preis oder die Lieferkette speichern und leicht ausgelesen werden können, wird es für den Kunden zukünftig möglich sein, seine Waren in den Einkaufswagen zu legen und an einem Lesegerät vorbeizufahren, das die Preise zusammenrechnet und die Abbuchung vom Konto veranlasst (vgl. *o. V.*: Wenn der Kunde zum Mitarbeiter wird, in: Frankfurter Allgemeine Zeitung, Nr. 2 vom 03.01.2009, S. 16; *Hammon/Hippner* 2012, S. 165–168.).

Fallbeispiel „Crowdsourcing" – wie das digitale Zeitalter unsere Suche nach Problemlösungen revolutioniert

Will man im Zeitalter digitaler Netze ein Problem lösen und dabei das Potenzial der Öffentlichkeit nutzen, bieten sich u. a. folgende Möglichkeiten:

- Eingabe des Problems in eine Suchmaschine, vielleicht hat jemand bereits eine Lösung gefunden
- Beschreibung des Problems in einem Blog und Analyse der Kommentare einschließlich ihrer Links
- Formulierung des Problems mit maximal 140 Zeichen in *Twitter* und Beobachtung, ob es weitergetweetet wird
- Umwandlung in ein quelloffenes Problem, Hinzufügen einiger Instruktionen, die den Stand der Problemlösung zeigen, und Beobachtung, ob die Gemeinschaft die Lösung um einige Schritte vorantreibt
- Starten eines sozialen Netzwerks über das Problem mittels *Ning*, Benennung nach dem Problem und Beobachtung, ob sich eine Gruppe um das Problem bildet
- Erstellung eines Videos über das Problem, Hochladen bei *Youtube* und Beobachtung, ob es sich viral verbreitet und ob sich eine Medienkonzentration darum bildet
- Entwurf einer (vermeintlichen) Problemlösung in Form einer Anwendung, eines Produkts und Abwarten, ob jemand es realisiert.
- Verschärfung und Vergrößerung des Problems durch Medienauftritte

- Suche im „Looking into the Past"-Pool der Online-Fotoplattform *Flickr*, indem jeweils ein historisches Foto einer entsprechenden aktuellen Aufnahme gegenübergestellt wird, nach einer auf das Problem passenden Illustration.

Quelle: *Sterling, B.:* Unser quälendes Unbehagen, in: Frankfurter Allgemeine Zeitung,
Nr. 61 vom 13.03.2010, S. 31.

5.3.3.4 Entwicklungen in der Binnenhandelsstruktur

Wirft man einen Blick auf die Binnenhandelsstruktur in Deutschland, so lassen sich auf den verschiedenen Ebenen folgende zentrale Entwicklungen feststellen (vgl. *Falk/Wolf* 1992, S. 20–38; *Lerchenmüller* 1995, S. 510–521; *Meffert* 2000, S. 1179–1182):

- **Handelsware**
  Hier ist eine grundsätzliche Ausbreitung des Warenangebotes zu beobachten. Dies ist zunächst auf sog. **„Me-too"-Produkte** der Industrie zurückzuführen, bei denen erfolgreiche Markenartikel der Konkurrenz kopiert oder variiert werden. Dies sowie die zunehmende Anzahl unausgereifter Produktinnovationen führen u. a. zu einer erheblichen Steigerung der **Floprate**. Des Weiteren diversifiziert der Lebensmittelhandel zunehmend in den Non-Food-Bereich, was den Kampf der Industrie um knappe Regalplatzfläche noch verschärft. Schließlich strebt der Handel danach, sich durch leistungsfähige Handelsmarken im Premiumsegment zu profilieren und damit Kunden an die Geschäftsstätten zu binden.

- **Betriebsformen und -typen**
  Hier zeichnet sich zunächst ein Trend zur Größe ab, was zum einen am starken Rückgang bei Geschäften unter 400 qm und damit bei Bedienungs-, Selbstbedienungs- und Fachgeschäften und zum anderen an der zunehmenden Bedeutung großflächiger Betriebstypen (SB-Warenhäuser und Verbrauchermärkte) abzulesen ist. Die skizzierten Entwicklungen führen zu einer erheblichen Firmenauslese und damit zu einer Unternehmens- sowie Umsatzkonzentration. So vereinen die Top 5 des Lebensmitteleinzelhandels in Deutschland (angeführt von der *Edeka*-Gruppe, gefolgt von *Rewe*-Gruppe, *Metro*-Gruppe, *Schwarz*-Gruppe und *Aldi*-Gruppe) rund ein Drittel des Umsatzes auf sich, die Top 30 zeichnen für rund 98 % des Umsatzes verantwortlich (Quelle: *LebensmittelZeitung/Nielsen Trade Dimensions*, zitiert nach: *o. V.:* Edeka bleibt weit vor Rewe, in: LebensmittelZeitung, Nr. 11 vom 19.03.2010, S. 52–53). Wesentliche Ursachen für den **Konzentrationsprozess** im Handel sind:
  – Fortschreitende Ballung der Bevölkerung
  – Bequemlichkeit der Kunden, was sich in dem Bedürfnis niederschlägt, „alles unter einem Dach" in Warenhäusern oder SB-Warenhäusern zu erwerben bzw. tiefe Sortimente auf großen Flächen in Fachmärkten präsentiert zu bekommen. Verstärkt wird der Trend zum **„One-Stop-Shopping"** (= Deckung des gesamten Bedarfs an Waren und damit verbundenen Dienstleistungen in einem einzigen Geschäft bzw. Einkaufszentrum; „*Real* – einmal hin, alles drin!") durch die steigende Mobilität der Bevölkerung sowie die zunehmende Berufstätigkeit der Frau.

- Steigende Kapitalintensität im Einzelhandel, da die Umstellung auf moderne Verkaufsmethoden wie Selbstbedienung, Vorwahl etc. und Techniken wie Scanning dazu führen, dass Personal durch sachliche Betriebsmittel substituiert wird.
- Steigende Wettbewerbsintensität und Kostendruck erfordern die Erlangung von Stück-
kostenvorteilen durch Erfahrungskurveneffekte (**Economies of Large Scale**). Verschärft wird der Wettbewerbsdruck durch die sinkenden Ausgaben der Konsumenten
für Lebensmittel. Mussten die Deutschen 1970 noch rund ein Viertel ihrer gesamten
Konsumausgaben für Essen und Trinken ausgeben, sind es heute gerade einmal 14 %.
Während die Einkommen gestiegen sind, blieb das Preisniveau bei Lebensmitteln lange
Zeit vergleichsweise stabil (vgl. *GfK-Gesellschaft für Konsumforschung*, zitiert nach: *o.
V.*: Kostenstudie – günstige Lebensmittel, in: FOCUS, Nr. 41 vom 06.10.2008, S. 14).
- Übernahme von kleinen Einzelhandelsunternehmen durch Filialisten infolge des Gene-
rationenwechsels
- Nutzung mehrerer Absatzwege durch Großbetriebstypen (etwa Versandhandel: Waren-
hausfilialen, Electronic Shopping)
- Notwendigkeit zur Internationalisierung

Des Weiteren lässt sich ein Trend hin zu preisaggressiven Betriebstypen (große Zu-
wächse bei [Fach-]Discountern und Fachmärkten) feststellen. Außerdem ist eine Verviel-
fältigung von Geschäfts- und Betreibungskonzepten (= Multiplikationseffekt) zu beobachten, was an der Zunahme von Franchise-Konzepten und Filialbetrieben deutlich
wird. Nicht zuletzt entstanden bzw. entstehen neue Organisationsformen (z. B. POS-
Banking, Integrierte Warenwirtschaftssysteme, Just-in-Time-Belieferung, virtuelle
Marktplätze) und Vertriebstechniken (etwa Factory Outlets, E-Commerce einschließlich
Versteigerungen via Internet).

- **Handelsstandorte**
Auf der einen Seite üben Innenstädte eine zunehmende Anziehungskraft auf Filialisten
und Franchisenehmer aus. Auf der anderen Seite gewinnt die „grüne Wiese" als Standort
an Attraktivität, weil der Verbraucher infolge der durch die Liberalisierung des Ladenschlussgesetzes verlängerten Öffnungszeiten dorthin tendiert. Hinzu kommen räumliche
Dekonzentrationstendenzen hin zu Vorstädten sowie Versorgungslücken in kleineren
Städten und Dörfern.

- **Machtstrukturen**
Angesichts der skizzierten Dynamik verwundert es nicht, dass sich die Machtverhältnisse
radikal verändert haben bzw. permanent verändern. Auf der horizontalen Ebene sind
deutliche Bestrebungen der Filialisten (= Einzelhandelsunternehmen, das Verkaufsstellen
an unterschiedlichen Standorten unter zentraler Leitung betreibt) zu beobachten, mittelständische Unternehmen zu übernehmen. Diese Bedrohung des Mittelstandes ruft Reaktionen von Herstellern in Form von Franchise-Systemen sowie von Händlern in Gestalt der
Vertragssysteme von Handelskooperationen hervor. Zu letzteren zählen Einkaufsgenos-
senschaften wie *Edeka* oder *Rewe*, in denen sich mittelständische Einzelhändler zusam-
menschließen, um durch Bündelung der Nachfrage höhere Einkaufsvolumina und damit
bessere Einkaufskonditionen zu erreichen sowie Dienstleistungen wie Sortiments-
beratung oder Werbe- und Verkaufsförderungsaktionen gemeinsam zu entwickeln.
Auf der vertikalen Ebene hat sich das Machtübergewicht bereits seit geraumer Zeit zugunsten des Handels verlagert. Ausschlaggebend hierfür war und ist die zunehmende
Konzentration auf Seiten der Absatzmittler, was deren Position gegenüber der Industrie

als Gatekeeper zum Kunden gestärkt hat bzw. weiterhin stärkt. In diesem Zusammenhang gehen Experten davon aus, dass die Markenartikelindustrie mit Erlösschmälerungen für die Leistungsvergütung des Handels von bis zu 60 % des Bruttolistenpreises leben muss. Verschärfend kommt hinzu, dass zahlreiche Hersteller durch die Entwicklung der Handelsmarken an Angebotsmacht verlieren. So beträgt deren Anteil im Lebensmitteleinzelhandel mittlerweile 43 % (Stand: 2008; vgl. *Endl/Dölle* 2008, S. 66). Dies lässt die grundlegenden **Zieldivergenzen zwischen Hersteller und Handel**, die in Tab. 5.9 aufgeführt sind, zunehmend schärfer hervortreten.

Tab. 5.9: Ausgewählte Zieldivergenzen zwischen Hersteller und Handel
(Quelle: in Anlehnung an Hansen 1990, S. 134; Steffenhagen 1975, S. 75)

Zielbereich	Hersteller	Handel
Produkt-/ Sortiments- management	• Hoher Grad an Produktdifferenzierung • Hohe Innovationsrate • Schnelle Produktneueinführung • Imitation erfolgreicher Konkurrenzprodukte • Herstellermarkenprofilierung • Verbrauchergerechte Verpackungen	• Geringe Produktdifferenzierung • Tendenz zur Stabilität des Angebots • Ausführliche Markttests • Keine „Me-too"-Produkte • Sortiments-/Handelsmarkenprofilierung • Handlingorientierte Verpackungen
Preismanagement	• Niedrige Handelsspanne • Einfluss auf Endverbraucherpreis • Marken- und imagebezogenes Preismanagement • Einheitliche Preispolitik im Markt • Preisdifferenzierung gegenüber dem Handel in abgrenzbaren räumlichen Segmenten • Einfaches, kostenorientiertes Preis- und Rabattsystem	• Hohe Handelsspanne • Autonome Preisgestaltung • Betriebstypadäquate Preisgestaltung (Mischkalkulation) • Regionale Anpassung des Preises • Internationaler Einkauf zu den günstigsten Konditionen • Streben nach (nicht-) leistungsbezogenem Konditionensystem

Tab. 5.9: Ausgewählte Zieldivergenzen zwischen Hersteller und Handel (Fortsetzung)

Zielbereich	Hersteller	Handel
Vertriebs-management	• Produkt-/markenorientierte Platzierung • Hohe Distributionsquote • Wunsch nach „Hineinverkauf" aller Produkte aus An-gebotspalette (Push-Effekt) • Frühzeitige Abschlüsse mit dem Handel mit langer Gül-tigkeit • Umsetzung der zentral getrof-fenen Vereinbarungen vor Ort • Warenkundliches Know-how des Handels	• Sortiments-/warengruppen-orientierte Platzierung • Listung deckungsbeitragsstar-ker Marken • Starke Selektion aus der Ange-botspalette • Häufige Bestellungen und kurzfristige Preisnachverhand-lungen • Lokale Umsetzungsspielräume vor Ort • Selbstverkäuflichkeit der Ware
Kommunikations-management	• Erhöhung der Markentreue • Produkt/Marke als Erlebnis • Dominanz nationaler Werbung • Verbraucherbezogene Image-werbung (Pull-Effekt) • Autonome, standardisierte Verkaufsförderungsaktionen	• Erhöhung der Händler- bzw. Geschäftsstättentreue • Schaffung von Einkaufserleb-nissen • Starke Stellung von Printwer-bung (Anzeigen, Beilagen, Postwurfsendungen etc.) mit teilweise regionaler Anpassung • Preiswerbung und aktionsori-entierte Promotions • Einbindung der Hersteller in vertriebslinienspezifische Ver-kaufsförderung

Beim **Produktmanagement** streben Hersteller danach, ein eigenständiges Unternehmens- und Markenimage aufzubauen, das auf einer stringenten Positionierung quer über sämtliche Absatzmittler basiert, aber nicht auf die Positionierung der jeweils belieferten Handelsunter-nehmen eingeht. Die Angebotspalette soll hinsichtlich Differenzierung, Innovation und Ver-packung ständig an die Bedürfnisse der anvisierten Zielgruppen angepasst und gegenüber Konkurrenzprodukten profiliert sowie abgesichert werden. Handelsunternehmen hingegen fokussieren sich auf die Optimierung des eigenen Sortiments. Sie visieren eine eigenständige Positionierung mit entsprechendem Image an, konzentrieren sich hierbei auf Ertragsorientie-rung und fördern dazu gegebenenfalls die eigenen Handelsmarken, bei denen im Regelfall höhere Handelsspannen realisiert werden als bei Markenartikeln. Außerdem sind Handelsun-ternehmen zurückhaltend gegenüber Produktinnovationen vor dem Hintergrund hoher Flop-raten sowie gegenüber Produktdifferenzierungen angesichts von Bedenken, durch zahlreiche Produktvarianten die Flächenproduktivität zu verringern.

Da das **Preismanagement** bei der Markenpositionierung eine zentrale Rolle spielt, will der Hersteller den Preis bis auf die Stufe des Endverbrauchers möglichst verbindlich vorgeben. Im Idealfall strebt er hierbei niedrige Spannen für den Handel und eine Konditionenstruktur (Rabatte, Boni, Serviceleistungen) an, die für alle Handelspartner identisch ist. Handelsunternehmen hingegen möchten den Preis autonom sowie variabel gestalten und gegebenenfalls regional differenzieren, um sich gegenüber ihren Wettbewerbern zu profilieren. Hierbei bedienen sie sich der Mischkalkulation, um bestimmte Produkte (= Ausgleichsnehmer), die durch andere Produkte (= Ausgleichsträger) subventioniert werden, attraktiv anzubieten. Nicht zuletzt streben sie eine möglichst hohe **Handelsspanne** an, indem sie u. a. günstigste Konditionen fordern, ohne entsprechende Gegenleistungen zu erbringen (sog. Nichtleistungswettbewerb).

Die **Handelsspanne** ist die Differenz zwischen Einkaufs- oder Einstandspreisen und Verkaufspreisen der abgesetzten Waren eines Handelsbetriebes. Mit dieser sollen die Handlungskosten (z. B. Personal-, Miet-, Werbekosten und Abschreibungen) gedeckt und Gewinne erzielt werden, wobei auch Warenverluste (z. B. Diebstahl, Verderb) berücksichtigt werden. Die Handelsspanne wird in unterschiedlicher Weise differenziert bzw. aggregiert. Die Artikelspanne bezieht sich auf einen einzelnen Artikel, also entweder auf ein einzelnes Stück (Stückspanne) oder auf die während einer Periode von diesem Artikel abgesetzten Stückzahlen. Die Warengruppenspanne fokussiert auf eine Warengruppe. Betriebsspanne bzw. Betriebshandelsspanne konzentriert sich auf die Gesamtheit aller von einem Betrieb abgesetzten Artikel. Sie ergibt sich aus der Differenz zwischen dem Umsatz zu Verkaufspreisen, vermindert um die gewährten Preisnachlässe und die Mehrwertsteuer, und dem Wareneinsatz ohne Vorsteuer. Der Wareneinsatz ergibt sich seinerseits aus der Summe der Einkaufsrechnungen (zuzüglich der Bezugskosten, abzüglich der Lieferantenskonti sowie sonstiger Preisnachlässe der Lieferanten) und der Lagerbestandsveränderungen. Die Branchenspanne bezieht sich auf die von einer Branche abgesetzten Waren.

Handelsspannen können absolut (Betragsspanne, Rohertrag) oder relativ im Verhältnis zum Verkaufspreis bzw. Umsatz oder Einstandspreis (Prozentspanne, Marge) ausgewiesen werden. Konkret lassen sich **drei Formen** unterscheiden:

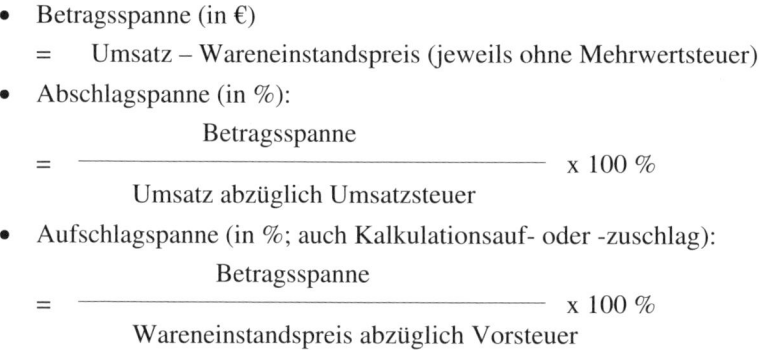

- Betragsspanne (in €)

    = Umsatz – Wareneinstandspreis (jeweils ohne Mehrwertsteuer)

- Abschlagspanne (in %):

    $$= \frac{\text{Betragsspanne}}{\text{Umsatz abzüglich Umsatzsteuer}} \times 100\,\%$$

- Aufschlagspanne (in %; auch Kalkulationsauf- oder -zuschlag):

    $$= \frac{\text{Betragsspanne}}{\text{Wareneinstandspreis abzüglich Vorsteuer}} \times 100\,\%$$

Beispielsweise will ein Getränkeeinzelhändler die Betragsspanne für eine Flasche Bier berechnen. Hierzu subtrahiert er den Netto-Einkaufspreis (0,45 €) vom Netto-Verkaufspreis (0,65 €) und erhält eine Betragsspanne von 0,20 €. Dies entspricht einer Abschlagspanne von

30,8 % (= [0,20 € : 0,65 €] x 100 %) und einer Aufschlagspanne von 44,4 % (= [0,20 € : 0,45 €] x 100 %).

In der Amtlichen Statistik wird die Handelsspanne für Branchen dargestellt und als Rohertrag bzw. als Rohertragsquote (= prozentuales Verhältnis von Rohertrag zu Umsatz) bezeichnet (vgl. *Institut für Handelsforschung an der Universität Köln* 2006).

Beim **Vertriebsmanagement** visiert der Hersteller große Bestellmengen sowie eine hohe Distributionsdichte an. Idealerweise soll der Handel über warenkundliches Know-how verfügen, um den Kunden fundiert beraten zu können, was entsprechende Schulungen der Mitarbeiter voraussetzt. Außerdem soll er die gesamte Angebotspalette des Herstellers abnehmen und bevorzugt platzieren, um so einen schnellen Abverkauf sicherzustellen. Im Gegensatz dazu bevorzugen Handelsunternehmen eine Just-in-time-Lieferung kleinerer Mengen, um dadurch Kapitalbindung, Lagerkosten und Absatzrisiken zu reduzieren. Ein selektiver oder gar exklusiver Vertrieb würde Wettbewerbsvorteile bieten. Außerdem wählt der Handel aus der Angebotspalette der Lieferanten deckungsbeitragsstarke Artikel aus. Nicht zuletzt präferiert er selbstverkäufliche Ware, die sich ohne Beratung absetzen und unter sortiments- bzw. warengruppenorientierten Gesichtspunkten platziert lässt.

Das **Kommunikationsmanagement** des Herstellers schließlich hat die Aufgabe, den Verbraucher an die Marke zu binden, unabhängig davon, bei welchem Handelsunternehmen er diese erwirbt. Hierzu will er im Vertriebskanal einen Pull-Effekt auslösen, was er mit autonomen sowie weitgehend standardisierten Werbe- und Verkaufsförderungsaktionen realisieren will. Dies steht häufig im Gegensatz zur eigenständigen Positionierung sprich Profilierung des Handelsunternehmens, das darauf abzielt, Kunden für die Geschäftsstätte zu gewinnen bzw. an diese zu binden sowie deren Frequenz zu erhöhen, unabhängig davon, welche Marken diese erwerben.

Fallbeispiel „Zielkonflikte zwischen Industrie und Handel" – das Beispiel *Langnese-Iglo* und *Edeka*

Bei Handelsunternehmen mit einem Vollsortiment ist eine zunehmende Bereitschaft festzustellen, solche Lieferanten auszulisten, die durch Maßnahmen dazu beitragen, Discounter zu stärken. Denn nach Ansicht vieler Vollsortimenter bevorzugen Markenartikelhersteller Discounter über Gebühr konditionell. Die Vollsortimenter pochen dabei auf ihre Sortimentsleistung. Sie seien es schließlich, welche die Distribution und Ubiquität sprich Überallerhältlichkeit der Markenartikel gewährleisteten.

So sorgte die *Unilever Bestfoods* Tochter *Langnese-Iglo* mit der Belieferung von *Lidl*, dem von zahlreichen Vollsortimentern zum „Staatsfeind Nr. 1" erklärten Hard-Discounter, mit in einer Sondergröße abgepackten Tiefkühl-Fischstäbchen für erheblichen Zündstoff in deren Beziehung zu Handelsunternehmen. Beispielweise drohte die Hamburger Gruppe *Edeka* mit Auslistungen bei *Langnese-Iglo*-Produkten, wenn bei weiteren Gesprächen mit dem Lieferanten keine tragfähigen Lösungen erzielt würden, und betonte, sich keinesfalls mit Zugeständnissen bei den Konditionen zufrieden zu geben. Verschärft wurde der Konflikt durch zeitgleich in einigen *Lidl*-Regionen durchgeführte Tests für erst vor kurzer Zeit eingeführte *Knorr*-Fertiggerichte.

Edeka sieht in solchen und ähnlich gelagerten Aktivitäten Belege für die Geschäftspolitik zahlreicher Markenartikelproduzenten, sich verstärkt auf expandierende Discounter zu fokussieren und dabei die Interessen der Vollsortimenter mit breiter Sortimentsleistung zu vernachlässigen. Die Markenartikler ihrerseits sehen sich in einer Zwickmühle: Sie wollen auf weder den einen noch den anderen Umsatz verzichten, können aber auch nicht den Kostennachteil der Vollsortimenter konditionell kompensieren. Den Leistungswettbewerb müsste die Handelsstufe unter sich selbst ausmachen, heißt es aus Kreisen der Markenartikler unmissverständlich.

In diesem Zusammenhang verwies *Unilever Bestfoods* darauf, dass penible Preisaufzeichnungen belegen würden, dass *Lidl* die *Langnese-Iglo*-Produkte in aller Regel zum Normalpreis anbieten würde. Ausreißer nach unten seien hier vielmehr nicht selten Aktionsangebote von *Edeka*. Dies kann als Indiz dafür gewertet werden, dass Vollsortimenter bislang noch keine schlüssige Strategie gegen den Vormarsch der Discounter entwickelt haben.

Quelle: *o. V.*: Edeka droht Langnese-Iglo, in: LebensmittelZeitung, Nr. 19 vom 07.05.
           2004, S. 1–2; *o. V.*: Streit um Auslistung, in: LebensmittelZeitung, Nr. 20 vom
           14.05.2004, S. 3.

Auf den **Punkt** gebracht: Der Hersteller möchte möglichst viele seiner Produkte verkaufen. Dabei ist es ihm grundsätzlich egal, über welches Handelsunternehmen er seine Produkte absetzt. Ein Handelsunternehmen hingegen möchte mehr Waren als seine Wettbewerber absetzen. Dabei ist es nachgelagert, wer die Waren produziert.

Der Herstellerseite bieten sich grundsätzlich **drei Ansatzpunkte**, um den skizzierten Zielkonflikten zwischen Hersteller und Handel zu begegnen:

- **Konfrontation**, die stets konfliktär und als Nullsummenspiel verläuft, bei dem es einen Gewinner und einen Verlierer gibt. Zu diesen teilweise überholten Verhaltensmustern zählen die mitunter recht aggressiv verlaufenden Bargaining-Prozesse sprich Verhandlungen zwischen Lieferant und Abnehmer, bei denen es u. a. um die Verteilung der Distributionsspanne geht.

- **Umgehung**, indem die Hersteller durch Vorwärtsintegration die Funktionen des traditionellen Handels übernehmen und diesen dadurch ausschalten bzw. umgehen. Beispiele hierfür sind die Gründung von Factory Outlets sowie Konzepte der Industrie, ihre Produkte via Katalog (= Versandhandel) oder Internet (= E-Commerce) direkt an den Endverbraucher zu vertreiben. Ein weiteres Beispiel findet sich im Automobilhandel: Mittlerweile verkaufen Hersteller bereits ein Drittel der Fahrzeuge – Tendenz steigend – in ihren Niederlassungen und drängen damit traditionelle Autohäuser aus dem Markt. Verschärft wird diese Situation durch die großen Handelsgruppen, denen aufgrund höherer Mengenrabatte eher der kostenintensive Sprung zum Mehrmarkenanbieter gelingt.

- **Kooperation**, die von **Trade Marketing** (= Ausrichtung der Herstelleraktivitäten an den Bedürfnissen bzw. Zielen des Handels) bis hin zu **Efficient Consumer Response** (= gemeinsame effiziente Reaktion von Industrie und Handel auf die Kundennachfrage) reicht.

Fallbeispiel „Geschichte des Versandhandels" – wie Phoenix aus der Asche

Den ersten Aufschwung und damit die Gründung von Versandhäusern wie *Quelle*, *Neckermann*, *Otto* oder *Klingel* erlebte der Versandhandel in der Phase zwischen 1925 und 1950. Sowohl in der Weltwirtschaftskrise der Zwanziger Jahre als auch im Nachkriegsdeutschland war der Versandhandel mit Festpreisen für mindestens sechs Monate (aufgrund des jeweiligen Katalogs) ein stabilisierender Faktor in inflationären Zeiten. Außerdem trug er wesentlich dazu bei, entlegene Regionen mit Mode, bezahlbarer Technik oder Pauschalreisen zu versorgen. Doch mit der Zeit beklagten die Universalversender ähnliche Probleme wie die großen Kaufhäuser. Mit der Selbstbedienungswelle bis 1975 und dem sich anschließenden Aufbau von großflächigen Einzelhandelsunternehmen wie Fachmärkten und Einkaufszentren wurde die Konkurrenz durch den stationären Handel schneller und flexibler. Doch weiterhin verfügte der Versandhandel über große Vorteile: freie Standortwahl, bequemes Einkaufen von zu Hause aus sowie rund um die Uhr und ein umfangreiches Sortiment zu garantierten Preisen. Doch mit der Liberalisierung des Ladenschlussgesetzes und den hierdurch verlängerten Ladenöffnungszeiten wurde auch das Einkaufen im stationären Handel einfacher. Außerdem ließ der wachsende Wettbewerbsdruck die Preise sinken. Die garantierten Preise, die in den Zeiten der Inflation ein Wettbewerbsvorteil gewesen waren, erwiesen sich mehr und mehr als Nachteil, den man durch das kostenintensive Nachsenden von Schnäppchenkatalogen kompensieren musste. Und nicht zuletzt konnte der Versandhandel mit den immer kürzer werdenden Modezyklen nicht mehr Schritt halten. Der Versandhandel drohte mit einem Marktanteil von 4 bis 5 % – im internationalen Vergleich immer noch ein Spitzenwert – zur Einkaufsquelle für ältere Konsumenten auf dem Lande zu degenerieren. Die Schwierigkeiten der Branche wurden temporär durch die Wiedervereinigung kaschiert, da ein flächendeckender stationärer Handel in den Neuen Bundesländern erst aufgebaut werden musste und der Versandhandel diese zeitweilige Lücke schloss. Aber Mitte der Neunziger Jahre traten die Schwierigkeiten der Branche wieder zu Tage. Die Universalversender verloren an Terrain, da sie die Bedeutung der Marke insbesondere im Textilbereich sowie den Stellenwert des Internets lange Zeit verkannt hatten.

Obwohl gerade viele ältere Verbraucher auch heute noch postalisch oder per Telefon bestellen, erwies sich das Internet nach der Jahrtausendwende als entscheidender Wachstumstreiber. Experten gehen davon aus, dass der Versandhandel im Jahr 2015 einen umsatzbezogenen Marktanteil von 15 % des Einzelhandels auf sich vereinen wird. 10 % werden auf den Onlinehandel fallen.

Quelle: *Giersberg, G.:* Der zweite Aufschwung, in: Frankfurter Allgemeine Zeitung, Nr. 6 vom 08.01.2008, S. 15.

Fallbeispiel „Kurze Geschichte des Einkaufswagens"

Heutzutage gilt der Einkaufswagen als janusköpfiges Symbol einer konsum-orientierten Gesellschaft: Einerseits steht er für Wohlstand, Konsum und Selbstbedienung, andererseits für Armut und Obdachlosigkeit, weil er den Außenseitern als fahrbarer Untersatz und mobile Heimstatt dient. Doch wo liegt der Ursprung des Einkaufswagens?

Beim US-amerikanischen Kaufmann *Sylvan Goldman* reifte mit den Jahren die Erkenntnis heran, dass die Kunden seines Supermarktes in Oklahoma City mehr einkaufen könnten, wenn sie beide Hände frei hätten und er ihnen mehr als nur einen Tragekorb zur Verfügung stellen würde. Die Anstellung von Schülern, die den Kunden die vollen Tragekörbe abnahmen und im Tausch gegen einen neuen leeren Korb zur Kasse trugen, war da nur die erste Idee. Im Jahr 1937 bastelte der clevere Geschäftsmann in Anlehnung an seinen rollenden Bürostuhl einen Metallrahmen auf vier Rädern, in den sich zwei Drahtkörbe übereinander einhängen ließen: Der Einkaufswagen war geboren.

Doch am Anfang zündete die Idee überhaupt nicht: Die Frauen fühlten sich an einen Kinderwagen erinnert. Und die Männer waren in ihrer Ehre gekränkt, da sie den Eindruck hatten, man traue ihnen das Tragen der Ware nicht mehr zu. Erst als *Goldman* Statisten einsetzte, die in seinem Laden umhergingen und wie selbstverständlich den Einkaufswagen benutzen, nahm die Kundschaft langsam den neuen Service an.

Ein Landsmann von *Goldman*, *Orla E. Watson*, griff dessen Idee auf und entwickelte den Einkaufswagen zum Telescoping Shopping Cart weiter. Er baute ihn so um, dass man fortan mehrere Exemplare platzsparend ineinander schieben konnte. Außerdem wurde der Nachlauf der Räder vergrößert, wodurch die Richtung beim Schieben stabilisiert wurde.

Der Sprung über den Atlantik

Erst nach dem Zweiten Weltkrieg begann der Einkaufswagen mit den eingehängten Körben auch in Deutschland zu rollen. Der aus dem Sudetenland vertriebene Geschäftsmann *Rudolf Wanzl* betrieb im bayerischen Leipheim eine kleine Waagenbauwerkstatt. Er erkannte als einer der Ersten das Potenzial der langsam aufkommenden Selbstbedienung im Einzelhandel.

Deshalb ließ er sich im Jahr 1951 einen Einkaufswagen mit festem Drahtkorb patentieren. Dieser Urtyp des germanischen Einkaufswagens wurde seither immer wieder aktuellen Entwicklungen angepasst und in seiner Variantenvielfalt erweitert, aber nie wesentlich verändert. Der hierbei verwendete Drahtkorb bietet zwei wesentliche Vorteile: Er spart nicht nur Material bei der Herstellung, sondern ermöglicht es dem Kassenpersonal auch, den Inhalt des Einkaufswagens ganz einsehen zu können.

Der *Wanzl*-Einkaufswagen entwickelte sich zu einem Exportschlager und eroberte die Welt. Heute ist *Wanzl* der weltweit größte Hersteller von Einkaufswagen. Von den rund 50 Mio. Einkaufswagen, die durch die Handelsunternehmen rund um den Globus chauffiert werden, kann *Wanzl* von sich behaupten, knapp die Hälfte produziert zu haben. Und jedes Jahr kommen 2 Mio. neue hinzu. Das Korbvolumen variiert zwischen 22 Litern für den schnellen Einkauf beispielsweise im Drogeriemarkt und 315 Litern für schwere Lasten, die dem Kunden etwa im Baumarkt das Leben erleichtern sollen.

Im Laufe der Jahre wurde der Einkaufswagen mittels diverser Zusatzausstattungen aufgerüstet: ein Bodenrost unter dem Korb als Ablagefläche für Getränkekartons, Toilettenpapier oder Windeln; eine Schlaufe vorne für die Tragetasche; ein Zusatzbrett für die Bierkiste, damit auch der Mann gerne einkaufen geht; ein Kindersitz oder eine Babyschale, um das Einkaufen mit kleinen Kindern zu vereinfachen und den Eltern mehr Spielraum zum Einkaufen zu verschaffen.

Mittlerweile stellt *Wanzl* rund 100 verschiedene Einkaufswagentypen her. Für jeden Einkauf, ob für Lebensmittel, Getränkekisten, Baumarktartikel, Gartenbedarf oder anderes, steht immer eine komfortable Transporthilfe in Form eines entsprechenden Einkaufswagens zur Verfügung. Selbst die *Porsche*-Fahrerin im feinen Kostüm kann ihre luxuriösen Kosmetikartikel in einem Einkaufswagen chauffieren.

Das Leben eines Einkaufswagens

Für die Herstellung eines Einkaufswagens werden nur 12 Minuten reine Produktionszeit und rund 90 Meter Draht benötigt. Im Vergleich mit uns Menschen ist das Leben eines Einkaufswagens kurz, intensiv und manchmal auch gefährlich. Die rollende Transporthilfe legt im Laufe ihres Lebens die Strecke von der Erde bis zum Mond zurück und findet nach durchschnittlich acht Jahren ihr Ende in der Stahlschmelze. Die Recyclingquote beträgt beachtliche 72,2 %.

Im Laufe der Zeit wurden immer mehr Einkaufswagen gekidnappt und ihren Eigentümern nicht mehr zurückgebracht. Deshalb sahen sich die Supermarktbetreiber gezwungen, Schüler zu engagieren, welche die Einkaufswagen in der Umgebung der Märkte einsammelten und an ihren Bestimmungsort zurückbrachten.

Doch auch jetzt kehrten unzählige Einkaufswagen nicht mehr in den Supermarkt zurück, sondern wurden als Grill oder modisches Möbelstück zweckentfremdet, fanden ihre Bestimmung als Abfall in der Landschaft, in Flüssen und Seen oder wurden Opfer von Vandalismus. Deshalb versuchte man, durch Einbehalt eines Geldbetrages als Pfand den Kunden dazu zu bewegen, den Wagen selbst wieder zurückzubringen. Schließlich führte man das Münzsystem im Zusammenspiel mit der Sperrkette ein. Zu diesem Zweck sind die meisten Einkaufswagen seit den 80er Jahren mit einem Münzschloss ausgestattet. Diese können mit Münzen unterschiedlicher Größe (von der 50-Cent- bis zur 2-Euro-Münze) entriegelt werden. Der Benutzer hat meist eine passende Münze bei sich und kann sich so problemlos einen Einkaufswagen ausleihen. In der Schweiz werden in der Regel 1- oder 2-Franken-Stücke verwendet, in ländlichen Kantonen gibt es jedoch auch noch Einkaufswagen ohne Pfandsystem.

Mitarbeiter von Supermärkten, die für die Verteilung der Wagen in beispielsweise Einkaufsmärkten mit mehreren Eingängen zuständig sind, verwenden einen Spezialschlüssel. Damit können sie das Pfandschloss aufsperren und den Schlüssel unmittelbar danach aus dem Schlitz des Pfandschlosses ziehen.

Das Pfand soll die Kunden dazu bewegen, ihren Einkaufswagen zurückzubringen. Die allgegenwärtigen Einkaufschips, mit denen man das Pfandschloss ebenfalls aufsperren kann und die beliebte Werbegeschenke sind, haben die Absicht der Handelsunternehmen aber unterlaufen. Diese Chips sind dünner als offizielle Münzen, da es gesetzlich verboten ist, Chips mit gleichem Durchmesser und gleicher Dicke wie Münzen herzustellen und zu vertreiben.

Um zu vermeiden, dass an den Sammelstellen zu viele Einkaufswagen ineinander geschoben werden und lange Einkaufswagenschlangen den Autoverkehr auf den Parkplätzen behindern, finden sich bei einigen Einkaufsmärkten neuerdings verschiedenfarbige Wagenreihen. Durch unterschiedliche Formen der Schließzungen lassen sich nur Wagen derselben Farbe aneinanderkoppeln. Hierdurch wird gewährleistet, dass der Kunde seinen Wagen genau in der Reihe wieder abstellt, wo er ihn vor dem Einkauf abgekoppelt hat.

Der *Handelsverband Deutschland* schätzt, dass hierzulande jährlich 100.000 Einkaufswagen untertauchen. Damit verschwindet jeder 20. Einkaufswagen innerhalb eines Jahres. Bei einem Einkaufspreis von 90 bis 130 Euro pro Wagen bedeutet dies für die Handelsunternehmen einen Verlust von rund 10 Mio. Euro.

Kein Wunder also, dass die Unternehmen neue Diebstahlsicherungssysteme entwickelt haben. Diese sollen verhindern, dass der Einkaufswagen das Firmengelände verlässt. Dazu werden zwei diagonal gegenüberliegende Räder mit einer Stoppvorrichtung ausgerüstet, die bei Überfahren der Grundstücksgrenze auslöst. Entweder sorgen im Boden eingelassene Magnete für das Zuschnappen einer Bremse, oder ein in der Radbremse integrierter Funkempfänger reagiert auf ein unterirdisch verlegtes Antennenkabel. Tests zeigen, dass sich bei funkgesteuerten Blockiersystemen der Diebstahl von Einkaufswagen um 95 % verringert.

In einigen Ländern wie den USA und Südafrika konnte sich die Sicherung von Einkaufswagen durch Pfandschlösser nicht durchsetzen. Lediglich *Aldi* verwendet in den *USA* Wagen mit Pfandschlössern. Hierbei handelt es sich um einen Mosaikstein in der weltweit verfolgten Strategie, Kostenführer zu sein und wo immer möglich Kosten einzusparen. Insbesondere große Handelsunternehmen setzen in den Vereinigten Staaten weitaus mehr Personal ein als hierzulande, um das Risiko von Schadensfällen durch herrenlose Einkaufswagen auf dem Parkplatz zu begrenzen. Bei *Wal-Mart* beispielsweise stellen sog. „people greeters" (deutsch: „Begrüßer") die Wagen in den Eingangsbereichen bereit. Größere Supermärkte beschäftigen generell Mitarbeiter, welche die benutzten Wagen vom Parkplatz zurück in die Eingangsbereiche bringen. In einigen Supermärkten helfen diese Mitarbeiter den Kunden, die Waren ins Auto zu verladen.

Immer ein bisschen zu groß

Heute gehört der Einkaufswagen zum Standardrepertoire nahezu jedes Handelsunternehmens – auf Wunsch auch mit Kindersitz und Extraablage. Hierzulande sind es zwischen 80 bis 120 Einkaufswagen je Markt, zu Weihnachten und Ostern ein paar mehr.

Der Konsument bringt es auf durchschnittlich 50 Stunden pro Jahr, in denen er einen Einkaufswagen vor sich her schiebt.

Interessanterweise sind die Einkaufswagen auf der Welt unterschiedlich groß. In Nordeu-
ropa sind sie größer als in Deutschland, in Südeuropa hingegen kleiner. In den USA gibt es
mit 400 Litern Volumen die größten Einkaufswagen der Welt, und die Japaner kommen
mit den kleinsten Wägelchen zurecht.

Die unterschiedlichen Größen dürften sich auf zwei Gründe zurückführen lassen: Je häufiger eine Nation einkauft, desto kleiner können die Einkaufswagen dort sein. Und je teurer
die Grundstückspreise und je kleiner demnach die Geschäfte sowie deren Flächen sind,
desto schnittiger müssen die Einkaufshilfen sein. Aber trotz der Größenunterschiede haben
alle Einkaufswagen auf der Welt eines gemeinsam: Sie sind im Laufe der Zeit immer größer geworden.

Die gähnende Leere eines großen Einkaufswagens setzt uns unterbewusst unter Kaufdruck.
Der Durchschnittseinkauf von zehn Artikeln sieht in den großen Behältnissen viel zu klein
aus; uns beschleicht das Gefühl, das da doch noch etwas fehlen muss, und so fühlen wir
uns animiert, den Wagen weiter zu füllen.

Zu groß dürfen die Einkaufswagen aber auch nicht sein: Hat der Kunde das Gefühl, dass er
diesen riesengroßen Einkaufswagen sowieso nicht voll bekommt, stoppt er das Einkaufen.
Außerdem muss er den Einkaufswagen bequem und ohne Kollision mit entgegenkommen-
den oder parkenden Fahrzeugen durch die Einkaufsschluchten manövrieren können. Es
braucht also die ideale Größe, die abhängig von der Größe des Supermarktes und des Sortiments ist. Deshalb gibt es in Handelsunternehmen unterschiedlicher Größe auch unterschiedlich große Einkaufswagen, die aber alle eines gemeinsam haben: Sie sind immer ein
bisschen größer als nötig.

Zusätzlich ist die Grundfläche eines jeden Einkaufswagen angeschrägt und fällt zum Kunden hin ab. So rollen einige Produkte in Richtung des schiebenden Kunden und damit aus
seinem Blickfeld. Und weil sie auch noch etwas tiefer liegen, sieht der Einkaufswagen weniger gefüllt aus.

Oberstes Gebot: Bequemlichkeit

Aber damit ist die Raffinesse heutiger Einkaufswagen noch nicht am Ende: Die Rollen
moderner Einkaufswagen sind so konstruiert, dass sich der Einkaufswagen umso einfacher
schieben und manövrieren lässt, je voller der Warenkorb gefüllt ist. Wir Kunden nehmen
das unterbewusst war und laden viele Sachen in den Einkaufswagen, damit wir leichter
schieben können.

Aber nicht nur die Tatsache, dass wir mehr einkaufen können, spricht für große Einkaufswagen. Auch dass wir mit den großen Einkaufswagen in den engen Gängen immer langsamer werden, kommt den Supermarktbetreibern entgegen: Denn je langsamer wir sind,
desto eher erblicken wir weitere Produkte, die wir dann impulsiv und damit schnell in unseren Einkaufswagen wandern lassen.

Was sollen die Nummern in den Einkaufswagen?

Die auf dem Boden eingestanzte Nummer hat nichts mit dem Einkaufswagen als solchem zu tun, sondern soll Kundendiebstähle verhindern. Bevor der Mitarbeiter an der Kasse den Einkauf abkassieren kann, muss er die Nummer des Einkaufswagens eingeben. Dadurch wird er auf jeden Fall alle Artikel wahrnehmen und abkassieren, die auf dem Boden des Einkaufswagens liegen. Auch der teure kanadische Wildlachs, der in seiner flachen Packung unter dem Sack Kartoffeln liegt, wird so nicht vergessen. Das verhindert absichtliche und unabsichtliche Kundendiebstähle.

Zukunftsmusik schon heute

Der Einkaufswagen ist noch lange nicht am Ende seiner Entwicklung angelangt. In den Filialen des Lebensmittelhändlers *Wakefern* gibt es Einkaufswagen, die über ein Funknetzwerk auf den Zentimeter genau bestimmen, welche Wege der Kunde geht und vor welchem Regal er wie lange stehen bleibt. So ist nicht nur eine genaue Analyse der Kundenwege möglich, sondern auch die richtige Werbung zu richtigen Zeit: Denn ein Display am Einkaufswagen zeigt vor dem jeweiligen Regal die passenden Werbespots. Einzige Schwäche: Falls der Kunden seinen Einkaufswagen parkt und ohne ihn den Weg zur Ware zurücklegt, wird das System hinters Licht geführt.

Auch in einem Ingolstädter Supermarkt hat die Zukunft schon begonnen. Am Griff des Einkaufswagens befindet sich ein Kasten mit einem großen Knopf. Drückt der Kunde den Button, wird er mit einem Mitarbeiter an der Infotheke verbunden, der über das Sprechfunkgerät Fragen über das Sortiment, Artikelstandorte oder Preise geben kann. Bei Bedarf kommt der Mitarbeiter auch zu dem Kunden, um persönlich weiterzuhelfen. Gerade für die älteren Kunden kann diese Innovation nützlich sein.

Und in Schweinfurt gibt es einen Supermarkt, wo die Kunden sich am Eingang einen Kaffee holen und ihn während des Einkaufs in einem speziellen Kaffeehalter am Einkaufswagen unterbringen können. Und wenn der Kunde dann mit einem *Latte Macchiatto* entspannt durch den Laden schlendert, ist er langsamer und kann mehr kaufen.

Von der Wiege …

Spezielle Varianten von Einkaufswagen begleiten uns in jedem Lebensabschnitt. Einkaufswagen mit Babysafe erleichtern den Einkauf für junge Mütter oder Väter. Diese Einkaufswagen werden jetzt immer öfter auch von Discountern angeboten. In Großbritannien geht der Supermarkt-Konzern *Tesco* noch einen Schritt weiter: Dort gibt es Einkaufswagen, die auf einem kleinen Bildschirm Zeichentrickfilmchen für Kinder zeigen. Dadurch wird verhindert, dass sich die Kinder zu schnell beim Einkauf langweilen. Denn dann würden sie damit beginnen, ihre Eltern zu nerven. Und die müssten sich dann mit dem Einkauf beeilen.

Eine weitere Variante befriedigt das Spielbedürfnis von Kindern. In Kindereinkaufsautos sitzen die Jüngsten unten in einem Auto; darüber ist der Einkaufskorb befestigt, der von den Eltern geschoben wird.

Sind die Kinder dem Kinderwagen entwachsen, können sie ihre eigenen Miniatureinkaufs-wagen durch den Supermarkt bugsieren. Diese sind üblicherweise mit einer Fahnenstange ausgestattet, damit sie aufgrund ihrer niedrigen Höhe nicht übersehen werden. An dieser Stange ist bei einigen Modellen zudem ein Handgriff montiert, der es den Erwachsenen er-möglicht, die Kleinen beim Schieben des Wagens zu unterstützen. Stolz kutschieren sie ih-re Mini-Gefährte mit der Fahnenstange durch die Gänge. Der Vorteil liegt auf der Hand: Erstens gewöhnen sich die Kiddies schon mal an das Einkaufen mit dem rollenden Korb. Und zweitens gilt: Was einmal im Kinder-Einkaufswagen liegt, kann von den Eltern nur noch gegen den heftigen und lautstarken Widerstand der Kleinen ins Regal zurückgelegt werden.

In den Vereinigten Staaten, wo Supermärkte meist geräumiger sind als in Europa und so-mit mehr Fläche zum Abstellen der Einkaufswagen vorhanden ist, ist das Spektrum der Einkaufswagen deutlich umfangreicher als in Deutschland. Neben Wagen mit Babyschale, Kindereinkaufsautos und Miniatureinkaufswagen sind dort insbesondere Wagen verbreitet, auf denen zwei bis drei Kinder mitfahren können.

... bis ins hohe Alter

Der soziodemographische Wandel geht auch am Einkaufswagen nicht spurlos vorbei. Dem zunehmenden Anteil von Senioren an der Gesamtbevölkerung tragen Supermarkt- und Drogeriemarktbetreiber durch Lupen Rechnung, die an den Einkaufswagen hängen. Mit solchen Lesehilfen können betagte Kunden das Kleingedruckte und die Preisschilder bes-ser entziffern. Einige Einkaufswagen sind mit einer Sitzmöglichkeit ausgestattet. Während der Ruhepause arretiert der Wagen automatisch.

Beim Blick über den Atlantik zeigen sich noch weitere Varianten. In sämtlichen größeren amerikanischen Einzelhandelsunternehmen finden sich Rollatoren, konventionelle Roll-stühle zum Schieben sowie Elektro-Rollstühle mit Einkaufskorb, die ebenfalls von Gehbe-hinderten benutzt werden können. Und für Behinderte mit Rollstuhl gibt es leicht lenkbare und mit der Fahrhilfe koppelbare Exemplare.

Die Kalorienbremse

Der britische Supermarktbetreiber *Tesco* setzt in Pilot-Filialen so genannte „Trimm-Dich-Einkaufswagen" ein. Mit ihnen können Kunden während des Einkaufs gleichzeitig noch ein Fitnessprogramm absolvieren. Der Kunde stellt selbst ein, wie groß der Widerstand beim Schieben des Wagens sein soll. Am Griff des Einkaufswagens wird die Herzfrequenz des Kunden gemessen. Und ein Display zeigt an, wie viel Kalorien beim Einkaufen bislang verbrannt wurden. Nicht untersucht wurde, inwieweit die verbrauchten Kalorien dazu füh-ren, dass Kunden guten Gewissens Süßigkeiten in den Einkaufswagen packen und damit ihr Energiereservoir gleich wieder auffüllen.

In London wurde jüngst ein Einkaufswagen vorgestellt, der ungesunde Nahrungsmittel er-kennt und rot aufblinkt, wenn Dickmacher in den Wagen gelegt werden. Außerdem macht der rollende Diätassistent dem Käufer Angaben zu Nährwert, Herkunft und Zutaten der eingekauften Artikel. Auch über die Wiederverwertbarkeit der Verpackung informiert der Wagen. Auf einer Karte werden außerdem die Einkaufsgewohnheiten des Käufers gespeichert. Der Wagen führt den Einkäufer dann zu den Regalen mit seinen Lieblingsprodukten.

Der sprechende Einkaufswagen

Der Einkaufswagen der Zukunft wird noch viel mehr können: In einigen Jahren werden wir uns mittels einer Kundenkarte am Einkaufswagen einloggen. Auf diese Weise werden sich Kundenprofile erstellen lassen, und bereits nach drei bis vier Besuchen werden wir dann Einkaufstipps via am Einkaufswagen angebrachten Bildschirm erhalten. Von da an ist es nur noch ein kleiner Schritt bis zur Versendung von E-Mails, die uns in den eigenen vier Wänden daran erinnern werden, dass unser Vorrat an Waschmittel demnächst zur Neige geht.

In nicht allzu ferner Zukunft wird der Einkaufswagen, der dann schon aus Kunststoff bestehen wird, auch zu sprechen beginnen. Sensoren werden dann automatisch unseren Standort im Laden erkennen und uns Hinweise auf Produkte oder Sonderangebote in der Nähe geben. Rollen wir vors Käseregal, wird uns der Einkaufswagen den neuen französischen Weichkäse in höchsten Tönen anpreisen. Und vor der Palette mit dem Toilettenpapier wird er uns eindringlich auf das neuste Sonderangebot hinweisen.

Es wird auch nicht mehr lange dauern, bis der Einkaufswagen die Kasse ersetzt. Das Zauberwort heißt **RFID**. Hinter dieser Abkürzung, die für die Identifikation von Objekten mittels Radiowellen (Radio Frequenz Identifikation) steht, verbirgt sich eine neue Technologie, die schon in ein paar Jahren flächendeckend eingesetzt werden wird.

Alle Produkte werden dann mit winzigen Chips ausgestattet sein, auf denen Artikelname, Preis und andere Informationen wie das Mindesthaltbarkeitsdatum gespeichert sind. Der Einkaufswagen der Zukunft registriert, welche Artikel in den Einkaufswagen gelegt werden und was sie kosten. An der Kasse muss dann nicht mehr jeder Artikel einzeln eingegeben oder eingescannt, sondern nur noch bezahlt werden. Und das nicht mehr mit Bargeld oder Kreditkarte, sondern per Fingerabdruck.

Eine andere Funktion werden die Supermarktketten wohl nicht nutzen: Immer wenn ein Produkt vom Kunden in den Einkaufswagen gelegt wird, könnte auf einem Display angezeigt werden, was der Einkauf bislang kostet. Das aber würde viele Kunden mit Blick auf das bereits ausgegebene Geld vor weiteren Käufen zurückschrecken lassen. Deshalb werden wir den Gesamtpreis wohl weiterhin erst beim Durchschreiten des Kassentores erfahren. Was aber angezeigt werden könnte, wäre der Betrag, den wir durch den Erwerb von Sonderangeboten eingespart haben. Und das wiederum dürfte uns darin beflügeln, durch Zusatzkäufe noch mehr zu sparen.

Ab unter die Dusche

Dass der Fortschritt auch manchmal seltsame Blüten treibt, zeigt das folgende Beispiel aus den Vereinigten Staaten. Im Land der unbegrenzten Möglichkeiten gibt es spezielle Waschanlagen für Einkaufswagen. Sie sollen die von den Handgriffen ausgehende Infektionsgefahr verringern. Denn hier treiben so manche Staphylokokken, Enterokokken und andere Bakterien ihr Unwesen. Und solche Anlagen finden immer dann reißenden Absatz, wenn wieder mal eine Grippe-Epidemie im Anmarsch ist. Die Schweinegrippe lässt grüßen.

Übertriebene Vorsorge? Nicht, wenn man Studien der *University of Arizona in Tucson* glauben darf. Dort haben Wissenschaftler die Griffe verschiedener Einkaufswagen klinisch untersucht und Besorgniserregendes zu Tage gefördert: Die Belastung der Griffe mit Bakterien, Fäkalien und Speichel sei höher als auf einer öffentlichen Toilette, so ihr Befund.

Quelle: *Schneider, W./Hennig, A.:* Zur Kasse, Schnäppchen – Warum wir immer mehr kaufen, als wir wollen, München 2010, und die dort angegebene Literatur.

5.4   Kundenmanagement

Dem Kundenmanagement fallen die **akquisitorischen Aufgaben** zu, Informationen an (potenzielle) Kunden zu übermitteln und Informationen über den Markt zu sammeln (= **Informationsfunktion**) sowie Aufträge zu erlangen (= **Kontrahierungsfunktion;** vgl. *Nieschlag/Dichtl/Hörschgen* 2002, S. 934–953).

Die Qualität der Kontrahierungsfunktion zeigt sich u. a. daran, wie viele der vergebenen Aufträge später vom Kunden nicht wieder storniert werden. Ein hoher Anteil stornierter Aufträge an der Gesamtzahl der Aufträge (= **Stornoquote**) hingegen deutet darauf hin, dass der Vertrieb sich ausschließlich darauf konzentriert, den potenziellen Käufer zu überrumpeln und schnell zu einem Verkaufsabschluss zu kommen (**Hard- bzw. High-Pressure-Selling**). Eine solche Strategie ist allenfalls dann empfehlenswert, wenn der einmalige Verkauf im Vordergrund steht und demnach keine langfristige Kundenbeziehung aufgebaut werden soll.

Will man hingegen langfristige Beziehungen zum Kunden herstellen, weist eine hohe Anzahl von stornierten Aufträgen auf Defizite im Kundenmanagement hin. In diesen Fällen empfiehlt sich eine Intensivierung des **Soft-Selling**. Dieser Verkaufstechnik folgend unterstützt der Verkäufer den potenziellen Kunden bei der Bewältigung seiner Probleme und schließt ein Geschäft nur dann ab, wenn dies eine gute Lösung für den Klienten darstellt.

Im Rahmen des Kundenmanagement gilt es, folgende **Entscheidungen** zu treffen:

- Wahl der Kommunikationsform (Persönlicher Verkauf, Verkauf über Kommunikationsmedien, Ausschreibungen etc.)

- Wahl der Kontraktformen (Einzelaufträge, Rahmenvereinbarungen [= Vertrag, der zumeist am Anfang einer auf Dauer angelegten Geschäftsbeziehung steht, Regelungen zu Leistungsstörungen, zu Haftungsfragen sowie zur Beendigung des Vertragsverhältnisses enthalten kann und damit spätere Regelungen beschleunigt bzw. vereinfacht, indem gewisse Absprachen für alle Einzelverträge im Vorfeld getroffen werden], Jahresabschlüsse etc.)

- Wahl der Betreuungsorgane (Reisende, Handelsvertreter, Verkaufsabteilung, Key Account Manager, Geschäftsleitung etc.)

Traditionell kommt in diesem Kontext der **Wahl zwischen Reisendem und Handelsvertreter** ein hoher Stellenwert zu (vgl. *Nieschlag/Dichtl/Hörschgen* 2002, S. 940–945; *Meffert* 2000, S. 626–631). Die Entscheidungsfindung lässt sich durch eine quantitative Analyse mittels der **Break-Even-Analyse** unterstützen, wofür es zunächst erforderlich ist, die Kostenfunktionen für beide Absatzwege aufzustellen:

Kostenfunktion Reisender   Kostenfunktion Handelsvertreter

$K_R = K_{F,R} + U \times K_{V,R}$ $K_{HV} = K_{F,HV} + U \times K_{V,HV}$

Hierbei bedeuten:

K_R = Gesamtkosten Reisender

K_{HV} = Gesamtkosten Handelsvertreter

$K_{F,R}$; $K_{F,HV}$ = Fixkosten Reisender bzw. Handelsvertreter

$K_{V,R}$; $K_{V,HV}$ = Variable Kosten Reisender bzw. Handelsvertreter

U = Umsatz

Dabei gelten: $K_{F,R} > K_{F,HV}$ und $K_{V,R} < K_{V,HV}$

Der **kritische Umsatz** liegt an der Stelle, wo sich die Gesamtkostenfunktionen von Reisendem und Handelsvertreter schneiden (vgl. Abb. 5.4):

$K_R = K_{HV}$

$K_{F,R} + U \times K_{V,R} = K_{F,HV} + U \times K_{V,HV}$

$U \times K_{V,R} - U \times K_{V,HV} = K_{F,HV} - K_{F,R}$

$U_{krit.} = (K_{F,HV} - K_{F,R}) : (K_{V,R} - K_{V,HV})$

Bei geringeren Umsätzen erscheint der Einsatz von Handelsvertretern sinnvoll. Bei höheren Umsätzen empfiehlt sich infolge der geringeren Kosten die Nutzung von Reisenden.

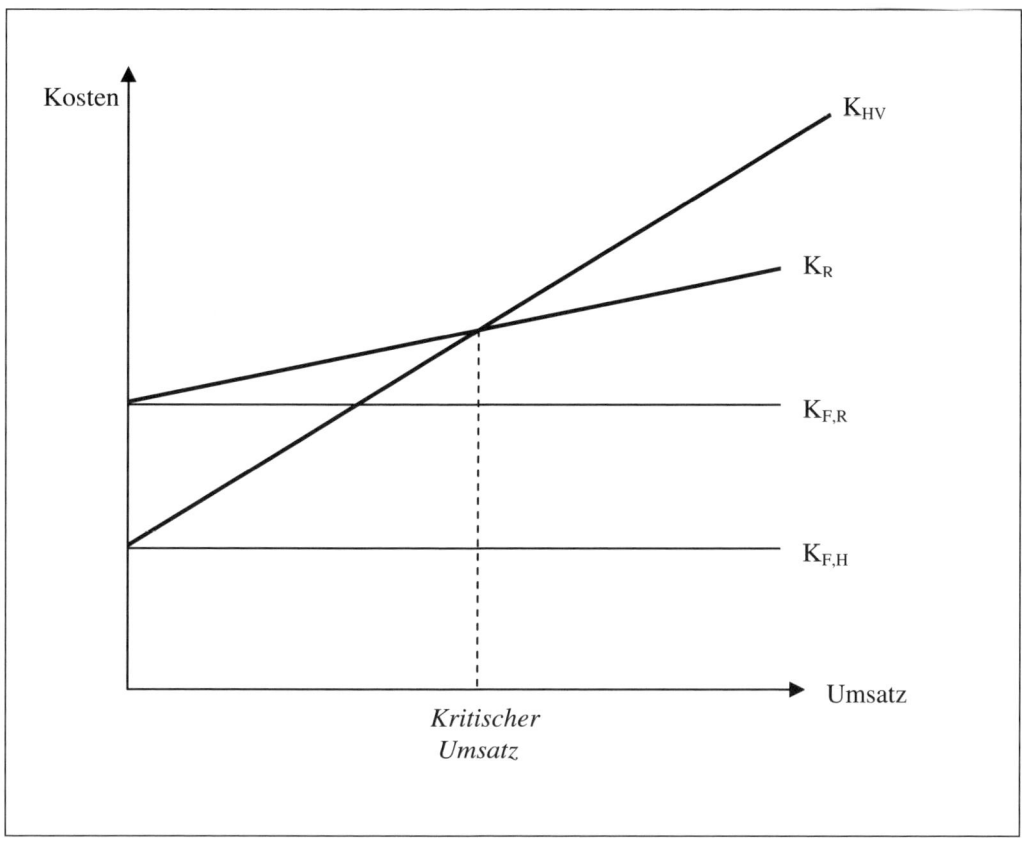

Abb. 5.4: Die Entscheidungsfindung zwischen Handelsvertreter und Reisendem mittels der Break-Even-Analyse

Bei einer ausschließlichen Entscheidungsfindung auf Basis der Break-Even-Analyse erscheinen folgende **Annahmen problematisch**:

- Die unterstellten Umsätze werden tatsächlich erreicht, d. h. es besteht Prognosesicherheit.

- Die Kostenfunktion lässt sich ohne viel Aufwand ermitteln und verläuft stetig. Aspekte wie beispielsweise Abfindungszahlungen bei Handelsvertretern beim Wechsel zu Reisenden bleiben hierbei außen vor.

- Es findet eine reine Kostenbetrachtung statt, d. h. Kriterien wie Kontaktqualität, Steuerbarkeit, Bereitstellung von Informationen an das Unternehmen etc. werden nicht ins Kalkül gezogen.

Insbesondere angesichts des letzten Punktes erscheint es sinnvoll, die in Tab. 5.10 angeführten jeweiligen qualitativen Vor- und Nachteile von Reisenden und Handelsvertretern in die Auswahlentscheidung einzubeziehen.

Tab 5.10: Der qualitative Vergleich zwischen Reisendem und Handelsvertreter (Quelle: Nie-schlag/Dichtl/Hörschgen 2002, S. 944–945; Befunde vom Verfasser verdichtet)

Absatzweg Kriterium	Reisender	Handelsvertreter
Entlohnung	-	+
Motivation	-	+
Produktkenntnisse	+	-
Fluktuation	-	+
Steuerung	+	-
Kontrolle	+	-
Informationsfluss	+	-
Sortimentsbildung	-	+
Verkaufsanstrengungen	+	-
Einteilung der Verkaufsbezirke	+	-
Übernahme zusätzlicher Aufgaben	+	-
Kostenbelastung	-	+
Bearbeitung bereits erschlossener Märkte	+	-
Bearbeitung neuer Märkte	-	+
Kundenbindung	-	+
Besuchsfrequenz	-	+
Unternehmenspräsentation im Markt	+	-
Rechtliche Rahmenbedingungen	+	-
Legende: + = Vorteil aus Sicht des Unternehmens; – = Nachteil aus Sicht des Unterneh-mens		

Abschließend bleibt anzumerken, dass Reisende und Handelsvertreter bei größeren Kunden zunehmend durch ein **Key Account Management** ersetzt werden (vgl. im Folgenden *Senn* 2001, S. 768–769). Hierunter versteht man die gezielte, individuelle Betreuung einzelner Kunden durch Mitarbeiter der mittleren und oberen Managementebene. Ein Key Account bemisst sich nach der Bedeutung eines Kunden für den Umsatz bzw. Ertrag eines Unternehmens. Als **Ursachen** für die zunehmende Bedeutung des Key Account Management sind zu nennen:

- Entscheidungsverlagerung zu den Zentralen des Handels. Einschränkend gilt es zu vermerken, dass Filialisten in verschiedenen Warengruppen (etwa Wein, Brot) auch weiterhin **Local Sourcing** praktizieren. Konkret werden bei räumlich verteilten Standorten verschiedene Lieferanten gemäß der jeweiligen regionalen Anspruchsprofile beauftragt.

- Höhere Kompetenz der Einkäufer bzw. Verhandlungspartner

- Weniger, dafür aber größere Aufträge

Als **Vorteile** dieser Form des Kundenmanagement gelten:

- Genaue Kenntnis des Kunden, nicht zuletzt durch persönliche Kontakte
- Kompetente, individuelle Betreuung und damit Realisierung von Kundennähe
- Ausschöpfung von Kundenpotenzialen
- Verhandlungsführung „auf gleicher Augenhöhe"

5.5 Vertriebslogistik

Im Zuge der Vertriebslogistik gilt es sicherzustellen, dass

- die richtigen Waren
- zur richtigen Zeit
- in der richtigen Menge
- am gewünschten Ort
- im gewünschten Zustand und
- zu möglichst geringen Kosten

den Kunden erreichen (vgl. *Bruhn* 2001, S. 270).

Die Vertriebslogistik besteht aus den **Systemelementen**:

- Auftragsabwicklung,
- Lagerhaltung,
- Transport,
- Verpackung sowie
- Redistribution,

die durch Waren- und Informationsflüsse miteinander verbunden sind (vgl. im Folgenden *Pfohl* 1996; *Froböse/Kaapke* 2000, S. 240–243).

Die **Auftragsabwicklung** umfasst folgende Entscheidungsfelder:

- Form der Auftragsübermittlung (persönlich oder medial per Telefon, Brief, Fax, Internet, E-Mail etc.)
- Form der Auftragsbearbeitung (automatisiert versus manuelle Abarbeitung; Reihenfolge: nach Auftragseingang versus Priorität aufgrund Kundenstatus oder Auftragsvolumen; Geschwindigkeit)
- Analyse des Auftrags als Informationsquelle. Beispielsweise können auf Basis der bisherigen Aufträge der Kundenwert berechnet, Cross-Selling-Potenzial aufgespürt und/oder Wiederbeschaffungszeitpunkte prognostiziert werden.

- Weiterleitung der Auftragsinformation an Kommissionierung (= Zusammenstellung von Waren in einer vorgegebenen Menge und Zusammensetzung und ihre Bereitstellung für die Auslieferung), Fakturierung etc.

Im Zuge der **Lagerhaltung** gilt es festzulegen:

- **Lagerstandort**: Wo sollen Lager angesiedelt werden? Hier muss grundsätzlich zwischen zentraler und dezentraler Lagerhaltung entschieden werden, wobei die jeweils anvisierte Nähe zu den Abnehmern, Schnelligkeit der Lieferung und Höhe der Kosten ins Kalkül zu ziehen sind.

- **Lagerumfang**: Wie viele Produkte sollen vorrätig sein? Auf der Suche nach dem optimalen Lagerumfang gilt es, die zeitliche Diskrepanz zwischen Produktionsrhythmus und Nachfrageverlauf, die anvisierte Lieferfähigkeit sowie etwaige Produktionsstörungen (etwa durch Streik) zu berücksichtigen.

- **Eigen- versus Fremdbetrieb** der Lagerhäuser, wobei die Stabilität und räumliche Konzentration der Nachfrage sowie die erforderlichen Kenntnisse hinsichtlich der Lagerhaltung die Wahl beeinflussen.

- **Lagerausstattung und -organisation** (Personal, Regale und sonstige Warenträger, Beleuchtungseinrichtungen, Geräte zur Kühlung, Belüftung, Beheizung, Befeuchtung, Brandabwehr etc.; geordnete versus chaotische Lagerhaltung)

- **Kauf versus Miete/Leasing** von Lagerhaus und -ausrüstung

Beim **Transport** müssen folgende Entscheidungen getroffen werden:
- Art der Transportmittel (Bahn, Schiff, Auto, Flugzeug; vgl. hierzu Tab. 5.11)
- Eigen- versus Fremdbetrieb der Transportmittel
- Kauf versus Miete der Transportmittel
- Kombination der Transportmittel
- Organisation der Transportabwicklung (Wahl optimaler Transportwege, Einsatzpläne und Beladung der Transportmittel usw.)

Neben der Verkaufs- (= Information und Präsentation der Ware zur Steigerung des Absatzes) und Verwendungsfunktion (= Erleichterung des Konsums der Ware) erfüllt die **Verpackung** im Zuge der Vertriebslogistik insbesondere folgende Funktionen (vgl. hierzu auch Abschnitt 3.2.2):

- **Schutzfunktion** = Schutz des Packgutes vor Umwelteinflüssen sowie Schutz der Umwelt vor Packgut

- **Lager-, Transport- und Manipulationsfunktion** = Verbesserung der Transport-, Lager- und Manipulationsfähigkeit sowie der Raumausnutzung

- **Bildung logistischer Einheiten** (Lager-, Transporteinheiten usw.) als Voraussetzung für die Bildung rationeller Transportketten

Der **Redistribution** schließlich fällt die Aufgabe zu, Verpackungen und Altprodukte an Hersteller und Handelsunternehmen zurückzuführen mit dem Ziel, diese ökologiefreundlich weiterzuverwenden, zu recyceln oder zu entsorgen. Ob und in welchem Maße ein Unternehmen seine Produkte redistribuiert, kann von den gesetzlichen Rahmenbedingungen, aber auch vom Stellenwert des Umweltschutzgedankens in der Firmenphilosophie abhängen.

Tab. 5.11: Der Vergleich zwischen verschiedenen Verkehrswegen
(Quelle: in Anlehnung an Becker 1999, S. 151)

Verkehrsweg / Kriterium	Schiene	Wasser	Strasse	Luft
Spektrum der transportierbaren Güter	sehr breit	breit	mittel	schmal
Geschwindigkeit	mittel	sehr gering	mittel	sehr hoch
Transportkosten	mittel	sehr gering	hoch	sehr hoch
Verlässlichkeit der Auslieferung	mittel	gering	hoch	sehr hoch
Geographische Verfügbarkeit	hoch	gering	sehr hoch	hoch

Die Elemente der Vertriebslogistik sind sowohl Träger von Vertriebsfunktionen als auch Verursacher von Vertriebskosten. Vor diesem Hintergrund gilt es die Transformationsprozesse so zu gestalten, dass die anvisierten **Leistungsziele** und **Kostenziele** erreicht werden. Das **Leistungsziel** der Vertriebslogistik ist der **Qualitätsgrad des Lieferservice**, der durch folgende **Komponenten** bestimmt wird (vgl. hierzu *Pfohl* 1996; *Delfmann/Arzt* 2001, S. 910–912):

- **Lieferzeit** = Intervall zwischen dem Auftragseingang beim Lieferanten und dem Wareneingang beim Abnehmer
- **Lieferzuverlässigkeit** = Grad der Verlässlichkeit, mit der ein Auftrag nach Art, Menge, Termin und Lieferart vertragsgemäß abgewickelt wird
- **Lieferungsbeschaffenheit** = Zustand der Ware beim Eingang beim Kunden·
- **Lieferflexibilität** = Grad der Fähigkeit sowie Bereitschaft des Lieferanten, auf Kundenwünsche einzugehen

Die operativen **Kosten** der Vertriebslogistik setzen sich zusammen aus:

- Lagerhaltungskosten, die aus Handlingkosten und Kapitalbindungskosten bestehen,
- Kosten der Auftragsabwicklung sowie
- Transportkosten.

Die Kosten- und Leistungsziele der Vertriebslogistik stehen in einer konfliktären Beziehung, d. h das Erreichen des einen Zieles wirkt sich negativ auf das Erreichen des anderen Zieles aus (vgl. *Delfmann/Arzt* 2001, S. 922–923). Zur Bewältigung solcher Zielkonflikte bieten sich folgende **Ansatzpunkte** an:

- **Zieldominanz** (z. B. „Maximiere die Lieferzuverlässigkeit!")

- **Zielrestriktion** (z. B. „Minimiere die Vertriebskosten unter der Nebenbedingung, mindestens 98 % Lieferzuverlässigkeit zu erzielen.")

- **Zielschisma** (z. B. „Maximiere in einer frühen Phase des Kundenkontakts die Lieferzuverlässigkeit, und minimiere in späteren Phasen die Vertriebskosten.")

6 Kommunikationsmanagement

Dieses Kapitel vermittelt:

- was man unter Kommunikationsmanagement versteht und welche Aufgaben hierbei anfallen,
- auf welchen theoretischen Grundlagen das Kommunikationsmanagement basiert,
- welche klassischen sowie innovativen Instrumente dem Kommunikationsmanagement zur Verfügung stehen und
- welche Gestaltungsmöglichkeiten die einzelnen Instrumente bieten.

„Man kann nicht nicht kommunizieren."

Paul Watzlawick (* 25. Juli 1921; † 31. März 2007), Kommunikationswissenschaftler, Psychotherapeut, Psychoanalytiker, Soziologe, Philosoph und Autor

„Enten legen ihre Eier in aller Stille. Hühner gackern dabei wie verrückt. Was ist die Folge? Alle Welt isst Hühnereier."

Henry Ford

„Wer aber ‚Träume noch leben kann' (*Münchner Freiheit*), wird ebenfalls bestens bedient. Jede kann schließlich alles werden in der Marktwirtschaft. Vor allem, wenn sie frei nach *Gittes* Gassenhauer ‚Ich will alles, und zwar sofort' die richtige Kriegsbemalung (‚Weil ich mir es wert bin') und das Dreiwetterhaarspray wählt, Figur verträgliches (‚Du darfst') verzehrt, mit der richtigen Kreditkarte (‚Die Freiheit nehm ich mir') die Boutiquen abklappert und fortwährend Erfolgskaffee (‚Du bist aktiv den ganzen Tag') schlürft."

Wieczorek, T.: Die verblödete Republik, München 2009, S. 213.

6.1 Begriff, Bedeutung und Aufgaben

Das Kommunikationsmanagement umfasst sämtliche Entscheidungen, welche die bewusste Gestaltung von Informationen betreffen, die auf die Umwelt und an die Mitarbeiter eines Unternehmens gerichtet sind (vgl. im Folgenden *Bagozzi/Rosa/Celly/Coronel* 2000, S. 627–720; *Bodenstein/Spiller* 1998, S. 204–221; *Bruhn* 2002; *Froböse/Kaapke* 2000, S. 248–283; *Kot-*

ler/Bliemel 1995, S. 907–1030; *Nieschlag/Dichtl/Hörschgen* 2002, S. 985–1164; *Pepels* 2000, 613–732; *Stender-Monhemius* 2002, S. 162–203). Grundsätzlich lässt sich eine zunehmende Bedeutung des Kommunikationsmanagement im Rahmen des Marketing-Mix feststellen, die im Wesentlichen auf folgende **Ursachen** zurückzuführen ist:

- Auf **Massenmärkten** besteht normalerweise keine persönliche Beziehung zwischen Anbieter und Nachfrager. Diese Funktion übernimmt das Kommunikationsmanagement, welches die anbieterseitigen Informationen übermittelt und ggf. Feedback seitens der Nachfrager ermöglicht (z. B. durch Coupon-Anzeigen, auf Plakaten propagierte Hotlines, mittels E-Mails).

- Nahezu alle Märkte zeichnen sich durch einen **hohen Sättigungsgrad** aus. Hier fällt dem Kommunikationsmanagement die – häufig kritisierte – Aufgabe zu, zum einen neue Bedürfnisse und zum anderen Ersatzbedarf bei den Verbrauchern zu wecken.

- Es gestaltet sich zunehmend schwieriger, innovative Problemlösungen zu entwickeln. Verstärkend kommt hinzu, dass infolge des hohen Fertigungsstandards die Homogenität und damit die Austauschbarkeit von Produkten zunehmen. Da nahezu keine Differenzierung vom Wettbewerber auf Basis objektiver Produkt- und Leistungsvorteile möglich ist und das Informationsinteresse des Verbrauchers nachlässt, rückt die informative Werbung in den Hintergrund. Angesichts dieser Entwicklung sehen sich Unternehmen dazu veranlasst, ihre Produkte mittels kommunikationspolitischer Maßnahmen **emotional zu differenzieren**.

- Die Produktlebenszyklen verkürzen sich und damit intensiviert sich der **Zeitwettbewerb**. Deshalb müssen neue Produkte möglichst schnell mit kommunikativen Aktivitäten flächendeckend bekannt gemacht werden.

Das Kommunikationsmanagement gilt gemeinhin als Sprachrohr des Marketing. Konkret erfüllt es folgende **Aufgaben** (vgl. *Meffert* 2000, S. 724–726):

- **Informationsfunktion**
  Mittels des Kommunikationsinstrumentariums informieren Anbieter über die Existenz eines (neuen) Produkts sowie über dessen Eigenschaften, Preis, Verfügbarkeit etc.

- **Positionierungsfunktion**
  Die Unternehmenskommunikation beeinflusst die Wahrnehmung eines Produkts, indem sie bestimmte Eigenschaften des Produktes hervorhebt, dadurch gegenüber der Konkurrenz differenziert und damit letztlich zu dessen Positionierung beiträgt.

- **Angriffsfunktion**
  Die vergleichende Werbung beispielsweise greift direkt das Angebot der Wettbewerber an.

- **Standardisierungsfunktion**
  Die Unternehmenskommunikation dient dazu, Geschmack und Präferenzen von Verbrauchern zu vereinheitlichen (etwa in der Mode). Hierdurch reduziert sich die Heterogenität der Nachfrage, was der Massenproduktion entgegenkommt.

- **Beeinflussungsfunktion**
  Die Unternehmenskommunikation zielt darauf, Verbraucher zu einem bestimmten Verhalten zu veranlassen. Dies können der Erwerb einer Unternehmensleistung, die Teil-

nahme an Tests oder Aktionen (etwa Lichttests bei Kraftfahrzeugen im Herbst) und sonstige Verhaltensweisen (z. B. vernünftiges Autofahren, Teilnahme an Vorsorgeuntersuchungen, gesunde Ernährung, körperliche und geistige Fitness) sein.

- **Steuerungsfunktion**
  Die Unternehmenskommunikation steuert die Nachfrage mit dem Ziel, Angebot und Nachfrage auszugleichen. Damit stellt das Kommunikationsmanagement ein flankierendes bzw. alternatives Instrument zum Kontrahierungsmanagement dar. Unternehmenskommunikation lässt sich zu diesem Zweck antizyklisch einsetzen, d. h. bei Nachfragerückgang wird der Einsatz intensiviert (etwa Coupons von *McDonald's* in der Fastenzeit oder zu Jahresbeginn, wenn viele Verbraucher den guten Vorsatz für das Neue Jahr gefasst haben, weniger Fast-Food zu verzehren). Des Weiteren kann das Engagement saisonal variieren (etwa Verstärkung in der (Vor-)Weihnachtszeit [z. B. *Coca-Cola*]). Nicht zuletzt bietet sich die Möglichkeit, das Kommunikationsmanagement dem Lebenszyklus eines Produktes anzupassen (etwa intensive Werbung in der Einführungsphase sowie beim Relaunch eines Produkts).

- **Bestätigungsfunktion**
  Die Unternehmenskommunikation bestätigt den Verbraucher darin, die richtige Kaufentscheidung getroffen zu haben (etwa durch das Zusenden von Kundenzeitschriften, in denen positive Testergebnisse über das erworbene Produkt veröffentlicht werden). Dadurch trägt sie dazu bei, Nachkaufdissonanzen bzw. kognitive Dissonanzen zu vermeiden bzw. abzubauen.

Der Vollständigkeit halber sei angemerkt, dass kommunikative Wirkungen nicht nur vom Kommunikationsmanagement, sondern auch von anderen Marketing-Instrumenten ausgehen. Als Beispiele können Produkt (Design, Farbe, Ton, Material), Verpackung und Verkaufsgespräch angeführt werden.

Fallbeispiel „Angriffsfunktion der Unternehmenskommunikation" – die mediale Attacke der Baumarktkette *Praktiker* auf den Konkurrenten *Obi*

In wenigen Branchen wird so aggressiv geworben wie in der Baumarktbranche. Die Werbespots und -anzeigen von *Obi*, *Praktiker* und *Hornbach* sind frech, innovativ, nicht selten beleidigend und omnipräsent. Wer kennt beispielsweise nicht den Slogan „20 % auf alles – außer Tiernahrung". Insbesondere der saarländische *Praktiker*-Konzern geht in seiner Werbung auf Konfrontationskurs. In 2007 wartete dessen Marketing-Abteilung mit einem Aprilscherz auf, den der Wettbewerber und Marktführer *Obi* überhaupt nicht lustig fand. In einem TV-Spot verkündet der *Bruce-Willis*-Imitator *Manfred Lehmann* mit seriöser Stimme, dass *Obi* billig sei; dann bricht er in schallendes Gelächter aus, und kurz darauf prangert der Schriftzug „April, April" auf dem Bildschirm. *Obi* klagte erfolgreich gegen den Werbespot. Dessen Ausstrahlung im Fernsehen wurde untersagt, und *Praktiker* durfte ihn auch nicht mehr im Internet schalten. Trotzdem wertete die Baumarktkette die Kampagne infolge ihrer Öffentlichkeitswirkung als Erfolg.

Quelle: *Trotier, K.*: Werbeschlacht, in: Frankfurter Allgemeine Zeitung, Nr. 167 vom 21.07.2007, S. 39.

Fallbeispiel „Vergleichende Werbung" – *Burger King* versus *McDonald's*

Ihren Ursprung hat der aggressive Wettbewerb zwischen *Burger King* und *McDonald's* in den USA. Hier begannen im Jahre 1982 die großen Drei der Branche – *McDonald's*, *Burger King* und *Wendy's* – die sog. „Media Burger Wars". Hierbei wurden mit hohen Budgets ausgestattete Medienkampagnen gestartet, deren Ziel es war, den Verbraucher zu überzeugen, dass das eigene Produkt der bessere Burger sei. Hierzu bediente man sich der vergleichenden Werbung, die sich dadurch auszeichnet, dass sie mehr oder minder offen Bezug auf den Konkurrenten bzw. dessen Produkte oder Dienstleistungen nimmt. Hierzulande spielt/e sich die Auseinandersetzung auf dem Burger-Markt im Wesentlichen zwischen *McDonald's* und *Burger King* ab.

Nach den §§ 2, 3 S. 2 UWG Gesetz gegen unlauteren Wettbewerb ist die vergleichende Werbung grundsätzlich zulässig. Verglichen werden müssen einzelne Eigenschaften der Produkte, wozu auch der Preis zählen kann. Letzteres gilt übrigens als Hauptfall vergleichender Werbung. Bei den Eigenschaften muss es sich zudem um Qualitätsindikatoren der Produkte handeln. Weiterhin muss der Kunde objektiv nachprüfen können, dass die Eigenschaften tatsächlich vorliegen. Beispielsweise wurde folgender Slogan von *Burger King* als wettbewerbswidrig eingestuft, da Geschmack subjektiv ist: „62 % aller Deutschen schmeckt unser *Whopper* besser als der *Big Mac* von *McDonald's*." Der Slogan wurde als wettbewerbswidrig beurteilt, da Geschmack subjektiv ist.

Die Werbung von *Burger King* wurde bereits mehrfach wegen Verletzung des Verbotsprinzips für unzulässig erklärt: Parallel zur 98-er Bundestagswahl schaltete das Unternehmen rund ein Jahr lang eine Kampagne mit dem Slogan „Geh wählen! Wähl den *Whopper*!". Eingebettet war die Werbekampagne in eine Marketing-Offensive, in deren Zentrum der Angriff auf den Marktführer *McDonald's* stand. Unter anderem rief *Burger King* die Verbraucher zu einem vergleichenden Geschmackstest auf. Außerdem wurde das Marktforschungsinstitut *Infratest/Burke* damit beauftragt, 1.000 Testpersonen zu ihren Präferenzen zu befragen. In einer eigens eingerichteten virtuellen Parteizentrale trugen sich rund 100.000 Mitglieder der eigens gegründeten Partei *Burger King für Deutschland (BKD)* ein. Des Weiteren wurden die Restaurants zu Wahllokalen umfunktioniert, in denen diverse Gewinnspiele lockten. Am Wahlsonntag gab es eine Wahlparty in München. Den Abschluss dieser Kampagne bildeten Plakate, auf denen das Ergebnis der Untersuchung von *Infratest/Burke* zu sehen war: 62 % der Wähler hatten sich demnach für den *Whopper* entschieden und nur 38 % für den *Big Mäc* von *McDonald's*. Mit unterschiedlichen Aussagen wie z. B. „Danke Deutschland" wurde dieses Ergebnis noch unterstrichen. Die Werbung konnte jedoch nur zwei Tage geschaltet werden, dann fiel sie dem Verbot zum Opfer, da Geschmack kein objektives und nachprüfbares Merkmal ist.

Vor dem Kölner Landgericht ließ *McDonald's* seinem Verfolger die Behauptung verbieten, *Burger Kings Whopper* schmecke besser als der *Big Mäc*. Dabei verzichtete die Nummer eins darauf, den schwächeren Wettbewerber mit einer Gegenkampagne noch prominenter als nötig zu machen. Trotzdem konnte man kurz danach vor der *Burger King*-Filiale am Berliner Alexanderplatz ein Plakat mit der Aufschrift „Könige sind out. Kommen Sie zu *McDonald's.*" sehen, das jedoch nach kurzer Zeit ebenfalls entfernt wurde.

Im Kampagnenjahr 1998 konnte die Nummer zwei ihren Umsatz um 28,1 % von 320 Millionen auf 410 Millionen D-Mark seigern. Außerdem erhielten die Macher der Kampagne, die Agenturen *Start AG*, München, und *DArcy*, Hamburg, einen der begehrten Werbe-Oskars *„Effie"*, die vom Gesamtverband der Werbeagenturen *GWA* verliehen und mit denen besonders kreative sowie erfolgreiche Kampagnen gewürdigt werden.

Quelle: *Schneider, W.*: McMarketing, Wiesbaden 2007, sowie die dort zitierte Literatur.

Fallbeispiel „Antizyklische Werbung" – Werbefrust in Konjunkturflaute

In Zeiten der Rezession lässt sich immer wieder beobachten, dass Unternehmen als Erstes ihre Werbebudgets reduzieren. In Folge verlieren die Werbeagenturen Aufträge, die Fernsehsender senken ihre Preise, und in den Printmedien werden weniger Anzeigen geschaltet. Dabei gilt Werbung dann am effektivsten, wenn sie antizyklisch eingesetzt wird. Denn in Krisenzeiten muss der Konsument dringender stimuliert werden, als wenn er ohnehin in Kauflaune ist, und es lassen sich leichter als sonst Marktanteile gewinnen.

Quelle: *Lembke, J.*: Werbefrust, in: Frankfurter Allgemeine Zeitung, Nr. 228 vom 29.09. 2008, S. 11.

6.2 Kommunikationstheoretische Grundlagen

6.2.1 Begriff und Arten der Kommunikation

Der Begriff Kommunikation (lat.: communis = gemeinsam) bedeutet eine gemeinsame Basis mit jemandem herzustellen, indem eine Information, Idee oder Einstellung mitgeteilt wird. Welche Elemente am Kommunikationsprozess beteiligt sind, lässt sich anschaulich an den in Anlehnung an *Lasswell* (1948) entwickelten **7 Ws der Kommunikation** nachvollziehen:

- **Wer** (Sender, Quelle, Kommunikator)
- sagt **was** (Botschaft)
- unter **welchen Bedingungen** (Situation)
- über **welche Kanäle** (Medien, Kommunikationsträger)
- zu **wem** (Empfänger, Rezipient, Kommunikant)
- unter Anwendung **welcher Instrumente** (Instrumente)
- mit **welchen Wirkungen** (Erfolg, Effekt)?

Kommunikation kann grundsätzlich als Individual- und Massenkommunikation stattfinden. Ein Grundmodell zum Ablauf der **individuellen Kommunikation** findet sich in Abb. 6.1. Hierbei handelt es sich um eine direkte, zweiseitige Kommunikation mit der Möglichkeit einer direkten Rückkoppelung zwischen den Kommunikationspartnern.

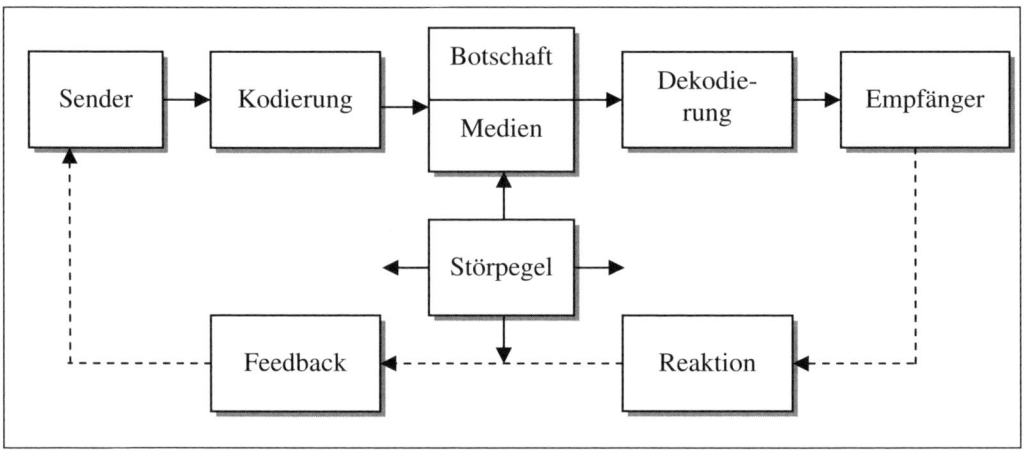

Abb. 6.1: Der Ablauf der Kommunikation (Quelle: Kotler u. a. 1999, S. 669)

Der Sender, im Fall der Wirtschaftskommunikation ein Anbieter, verschlüsselt zunächst eine Botschaft, d. h. er fasst sie in Worte, Bilder, Farben, Töne, Geschmack und/oder Gerüche. Durch ein Medium übermittelt er die verschlüsselte Botschaft an einen Empfänger (im vorliegenden Fall der Verbraucher). Dieser decodiert, d. h. entschlüsselt die Botschaft, indem er sie vor dem Hintergrund eigener Bedürfnisse, Werte und Erfahrungen übersetzt und interpretiert. Dann reagiert der Empfänger auf die Botschaft (z. B. durch Meinungsänderung, Kauf eines Produkts) und/oder übermittelt dem Sender eine Rückmeldung (etwa Rücksendung eines Anzeigen-Coupons, Anruf einer Hotline).

Auf diesen Kommunikationsprozess können verschiedene **Störeinflüsse** wirken, die dazu führen, dass der Empfänger die Botschaft nicht indem vom Empfänger beabsichtigten Sinn versteht. Dies kann auf folgende **Gründe** zurückzuführen sein:

- Missverständnisse zwischen Sender und Empfänger (letzterer versteht die Botschaft nicht),

- auf das Medium zurückzuführende technische und inhaltliche Übermittlungsfehler (z. B. technische Störungen, mangelnde Glaubwürdigkeit des Mediums [etwa Boulevardzeitung]),

- konkurrierende bzw. konträre Informationen aus der Umwelt (z. B. Wettbewerber, soziales Umfeld) und nicht zuletzt

- mangelnde Leistungsfähigkeit des Empfängers (geringe Aufmerksamkeit [Ablenkung durch andere Informationen, etwa im Falle eines Radiospots während des Autofahrens] oder intellektuelle Leistungsfähigkeit u. ä.).

Im Gegensatz zur Individualkommunikation richtet sich die **Massenkommunikation** an ein disperses, d. h. mehr oder weniger abgrenzbares Publikum. Demnach lässt sich die Botschaft nicht exakt auf die Bedürfnisse jeder einzelnen Zielperson abstimmen. Hinzu kommt, dass der Kommunikationsprozess lediglich in eine Richtung verläuft und der Empfänger folglich keine Möglichkeit hat, mit Fragen, Antworten und/oder Kritik zu reagieren.

Massenkommunikation läuft in ihrer einfachsten Form einstufig ab, d. h. der Sender übermittelt seine Informationen unmittelbar an die Empfänger (**Einstufenmodell**). Hierbei besteht eine unmittelbaren Beziehung zwischen beiden (vgl. Abb. 6.2).

Alternativ besteht die Möglichkeit, sich sog. **Meinungsführer** (= Opinion Leaders) zu bedienen. Hierunter versteht man Menschen, die einen besonders großen Einfluss auf ihr soziales Umfeld ausüben. Gelingt es einem Anbieter, diese Meinungsführer zu erreichen, tragen sie seine Botschaft durch persönliche Kommunikation in ihr soziales Umfeld weiter (**Zweistufenmodell**), d. h. sie multiplizieren die Botschaft um ein Vielfaches (sog. **Multiplikatorfunktion**). Mehrstufige, indirekte Kommunikation mit zwischengeschalteten Elementen bietet u. a. den Vorteil, dass der Transmitter die Botschaft vom ökonomischen Interesse des Senders entkoppelt, was deren Glaubwürdigkeit steigert.

Allerdings gestaltet es sich in der Unternehmenspraxis schwierig, **Meinungsführer** zu identifizieren, d. h. sie anhand soziodemographischer (Alter, Geschlecht, Schulbildung etc.), psychographischer (Bedürfnisse, Einstellungen, Interessen etc.) und verhaltensspezifischer Merkmale (Freizeitverhalten, Mediennutzung etc.) zu charakterisieren. Lässt man diesbezügliche Studien Revue passieren, lassen sich folgende **Ergebnisse** festhalten (vgl. *Schweiger/Schrattenecker* 1995, S. 14–17):

- Meinungsführer existieren in allen sozialen Schichten. Dabei orientieren sich Meinungsfolger an Personen mit vergleichbarem sozialem Status und nicht, wie früher angenommen, an sozial höher stehenden Personen.

- Meinungsführer sind wesentlich kommunikativer als ihre Mitmenschen.

- Meinungsführer sind auf bestimmte Gebiete bzw. Themen (etwa Sport, Mode, Freizeit) spezialisiert. Der themenübergreifende Opinion Leader bildet die Ausnahme.

- Meinungsführer nutzen häufiger Fachmedien (etwa Fachzeitschriften) als ihre Mitmenschen. Bezüglich der Nutzung von Massenmedien bestehen keine signifikanten Unterschiede zu anderen Bevölkerungsgruppen.

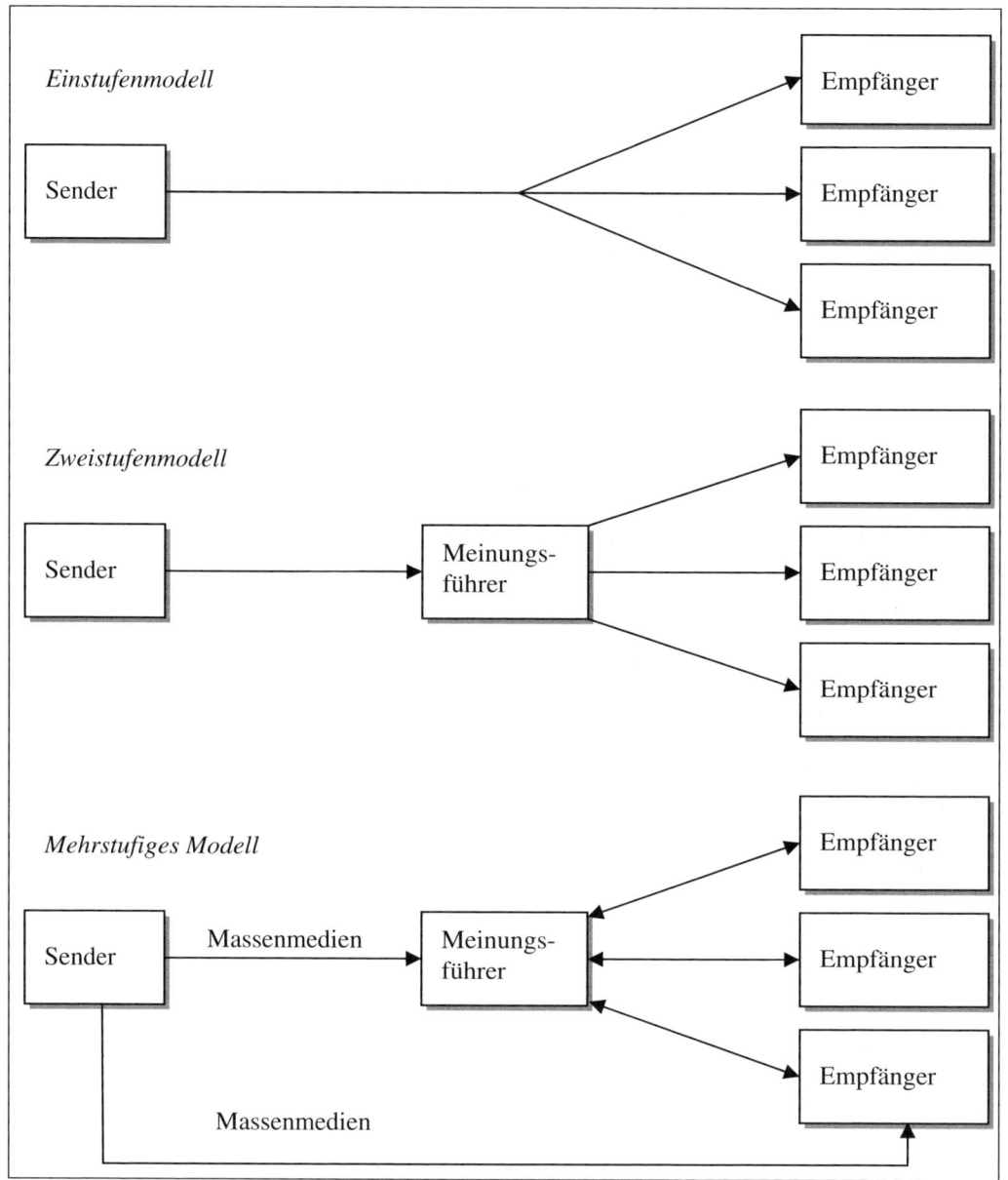

Abb. 6.2: Ausgewählte Modelle der Massenkommunikation

Fallbeispiel „Identifikation von Meinungsführern" – das Beispiel *Amazon*

Das soziale Netzwerk eines Kunden spielt unter Marketing-Aspekten eine viel versprechende Rolle, ist bislang aber nur wenig erforscht. Für die Berechnung des Customer Lifetime Value ist es eine Sache, wie viel ein Kunde persönlich im Laufe seines Lebens ausgibt, und eine ganz andere Sache, wie viel Umsatz er in seinem sozialen Umfeld durch seinen Einfluss initiiert.

Amazon.com besitzt im Internet eine Funktion, mit der Kunden gerade gekaufte Produkte an Bekannte weiterempfehlen können, und damit eine Messeinrichtung, um Meinungsführer herauszufiltern. Wenn ein Kunde aufgrund der Empfehlung eines anderen Kunden das gleiche Produkt kauft, erhalten beide jeweils zehn Prozent Rabatt.

Quelle: *o. V.*: Ich suche, also bin ich; Interview mit *Andreas Weigend*, dem ehemaligen Chefwissenschaftler von Amazon.com, in: Focus, Nr. 41 vom 04.10.2004, S. 146–148.

Das zweistufige Kommunikationsmodell, das auf der Annahme basiert, dass Massenmedien grundsätzlich die Meinungsführer informieren und diese ihr Wissen durch persönliche Kommunikation an die Meinungsfolger weitergeben, wird durch die Befunde zahlreicher empirischer Studien in Frage gestellt (vgl. *Schweiger/Schrattenecker* 1995, S. 17). Vielmehr ist dem **mehrstufigen Modell** der Vorzug zu geben, das den einstufigen und den zweistufigen Ansatz miteinander verbindet und erweitert. Hier übermittelt der Sender seine Botschaft parallel auf zwei Wegen an die Empfänger: zum einen auf indirektem Wege über die Meinungsführer und zum anderen auf direktem Wege über Massenmedien (etwa TV, Rundfunk, Zeitungen und Zeitschriften). Denn auch die sog. Meinungsfolger erhalten den Großteil ihrer Informationen direkt über Massenmedien, insbesondere dann, wenn es sich um risikoarme Kaufentscheidungen handelt. Außerdem wurde empirisch nachgewiesen, dass Meinungsführer in einer wechselseitigen Austauschbeziehung mit den Meinungsfolgern stehen. D. h. sie übermitteln ihrem sozialen Umfeld Informationen, suchen ihrerseits aber auch Rat bei ihren Bekannten und Verwandten.

Fallbeispiel „Kommunikation auf allen Sinnesebenen"

Die Kommunikation von Unternehmen ist zu 83 % und damit nahezu ausschließlich visuell geprägt. Die anderen Sinne werden fast überhaupt nicht angesprochen. Dabei belegen Studien, dass schon die Ansprache eines weiteren Sinnes die Kundentreue signifikant erhöhen kann. Bedient man alle fünf Sinne, erhöht dies die Preisbereitschaft um bis zu 300 %, so *Martin Lindström*, Management-Guru und Leiter einer Marketing-Agentur, die auf multisensuale Kommunikation spezialisiert ist.

Die Automobilbranche hat die Bedeutung von Düften für die Marke bereits erkannt. Was der Konsument im Innenraum eines neuen Fahrzeugs riecht, ist nahezu immer künstlich. Auch die folgenden Beispiele belegen die zunehmende Bedeutung eines multisensualen Marketing:

- 40 % der Männer bekommen Durst, wenn sie das „Plopp" beim Öffnen einer *Flensburger-Pils*-Flasche hören.

- Der Klang eines Eimers von *Tupperware* ist ein geschütztes Markenzeichen.

- In *Bang & Olufsen*-HiFi-Anlagen ist zusätzliches Aluminium verbaut, um sie schwerer und damit hochwertiger erscheinen zu lassen.

Lindström weist noch auf einen weiteren Aspekt hin. Düfte tragen nicht nur dazu bei, eine Marke unwiderstehlich zu machen, sondern bieten auch einen Schutz gegenüber Kopierern. So gebe es zwar chinesische Imitationen des amerikanischen „*Crayola*"-Buntstiftes, die dem Original zum Verwechseln ähnlich sehen, doch sie riechen nicht genauso. Und der „*Crayola*"-Buntstift-Duft rangiere in den USA auf Rang 18 unter den beliebtesten Düften.

Quelle: *Nöcker, R.*: Der Herr der Sinne, in: Frankfurter Allgemeine Zeitung, Nr. 203 vom 01.09.2007, S. C4.

6.2.2   Stufenmodelle der Kommunikation

Die Kommunikation von Unternehmen zielt auf das Verhalten der Konsumenten, also z. B. Kauf eines Produktes oder Wechsel eines Anbieters. Dieser Handlung geht aber in aller Regel ein psychischer Prozess (etwa eine Einstellungsänderung) voraus, der im Inneren des Verbrauchers abläuft und der mittels der sog. **Stufenmodelle der Kommunikation** abgebildet werden soll. Zu den bekanntesten Vertretern dieser Ansätze gehören:

- das **AIDA-Modell** von *Lewis*,

- das **DAGMAR-Modell** von *Colley* sowie

- das „**Hierarchy-of-Effects"-Modell** von *Lavidge/Steiner* (vgl. Abb. 6.3).

Alle drei Modelle basieren auf der Hypothese, dass der Käufer bestimmte Stufen von der Wahrnehmung bis zur Entscheidung durchläuft (vgl. im Folgenden *Koschnick* 2002; *Schweiger/Schrattenecker* 1995, S. 57–60).

Gemäß der von *Elmo Lewis* 1898 entwickelten **AIDA-Formel** – der Name ist ein Akronym – ist Kommunikation dann erfolgreich, wenn sie folgende Vorgänge nacheinander beim Betrachter auslöst:

- **A**ttention, d. h. Aufmerksamkeit erregen

- **I**nterest, d. h. das Interesse des Betrachters wecken, damit sich dieser eingehender mit der Werbung bzw. dem Angebot auseinandersetzt

- **D**esire, d. h. das Bedürfnis wecken, das beworbene Angebot kennen zu lernen bzw. zu besitzen

- **A**ction, d. h. erreichen, dass der Betrachter Kontakt zum Anbieter aufnimmt bzw. das angebotene Produkt kauft oder die Dienstleistung nutzt

Einzelne, eher einstufige Kommunikationsmaßnahmen (etwa Anzeigen, Anrufe im B2C-Telefonverkauf) lassen sich mittels des AIDA-Modells überprüfen und optimieren. Für mehrstufige und/oder dialogorientierte Kommunikationsinstrumente (vgl. Abschnitt 6.2.1) gilt das Modell als weniger geeignet.

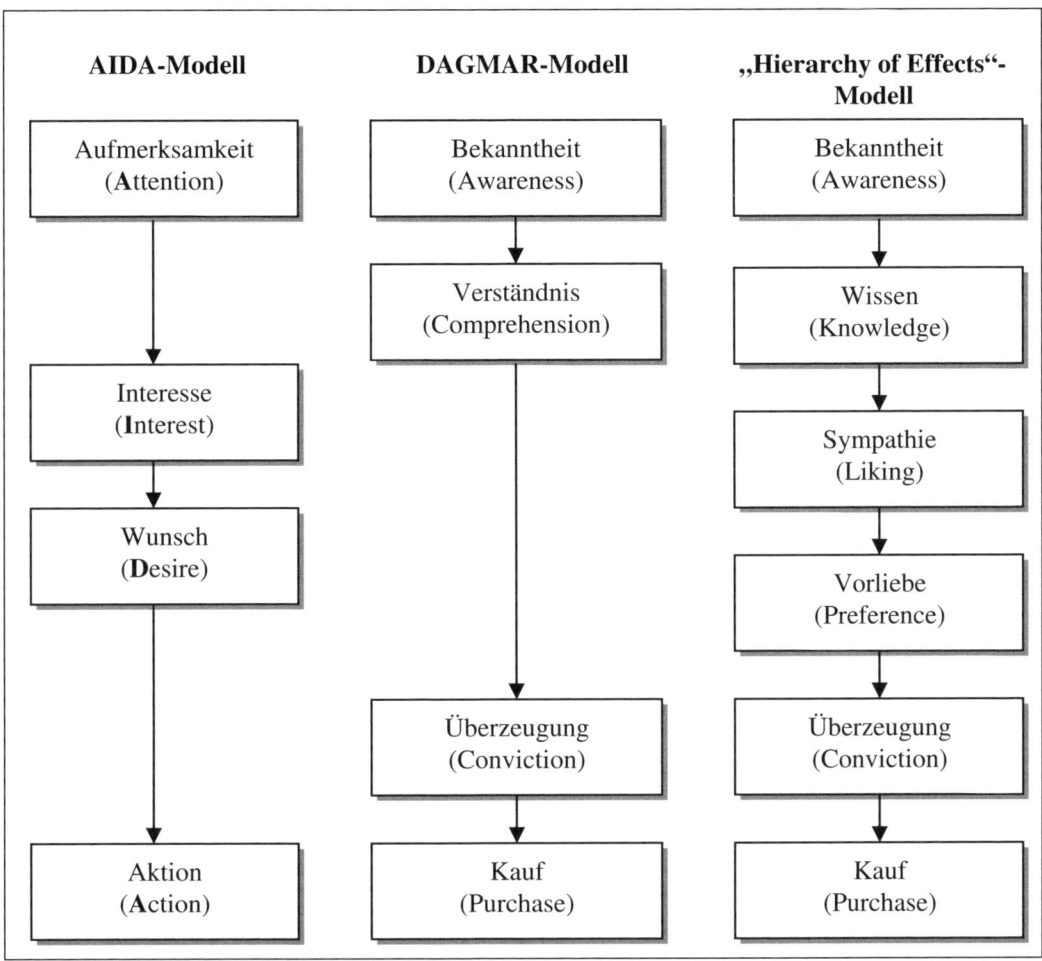

Abb. 6.3: Ausgewählte Stufenmodelle der Kommunikation im Überblick

Das von dem US-amerikanischen Werbeforscher *Russell H. Colley* 1961 entworfene **DAGMAR-Modell** (**D**efining **A**dvertising **G**oals for **M**easured **A**dvertising **R**esults) der Werbewirkung basiert auf der Überlegung, dass Werbung im Gegensatz zu den ökonomischen Zielen, welche durch die anderen marketingpolitischen Instrumente (Produkt bzw. Sortiment, Preis, Vertrieb) zu realisieren seien, vor allem Kommunikationsaufgaben zu erfüllen habe. Bei der Verwirklichung dieser Aufgaben durchlaufe die Werbung **vier hierarchische Stufen**:

- Schaffung von **Bekanntheit** (**Awareness**) eines bis dahin unbekannten Werbeobjekts
- Vermittlung von **Einsicht** (**Comprehension**) in den Nutzen eines Objekts
- Entwicklung der **Überzeugung** (**Conviction**), dem Inhalt der Werbebotschaft Folge zu leisten
- Auslösen des Akts der **Verwirklichung** (**Action**), z. B. durch die Kaufhandlung

Folglich muss Werbung je nach erreichtem Stadium darauf gerichtet sein, entweder Awareness, Comprehension, Conviction oder Action zu realisieren.

Am Beispiel „Kauf eines neuen Produkts" sollen die einzelnen Stufen noch einmal beschritten werden: Da ein neues Produkt vollkommen unbekannt ist, muss es zunächst einen hohen Bekanntheitsgrad (Awareness) erzielen. Hat es diesen erreicht, muss den potenziellen Käufern das Verständnis (Comprehension) dafür vermittelt werden, was das neue Produkt eigentlich ist und welchen Nutzen es für sie hat. In der nächsten Phase muss Werbung bei den potenziellen Abnehmern die Überzeugung (Conviction) verankern, dass sie dieses und kein anderes Produkt kaufen müssen. Dann gilt es sie nur noch sie dazu zu veranlassen, diese Überzeugung auch in die Tat (Action) umzusetzen. Je nach erreichtem Stadium muss nach dem DAGMAR-Modell Werbung also darauf gerichtet sein, je nach Phase entweder Awareness, Comprehension, Conviction oder Action zum Ziel der Aktivitäten zu machen (vgl. *Colley/ Dutka* 1995).

Das von *Lavidge/Steiner* (1961) entwickelte „**Hierarchy-of-Effects**"-Modell geht von einer hierarchischen Abfolge der Werbewirkungen aus. Demnach beschreitet ein Betrachter als Folge des Kontakts mit Werbung sechs verschiedene Stufen, die ausgehend von der Stufe vollkommener Unwissenheit über die Existenz eines Gutes bis hin zu seinem Kauf führen. Die einzelnen **Stufen** sind:

- Wissen von der Existenz des Produkts (**Awareness**)
- Kenntnis der Produkteigenschaften (**Knowledge**)
- Schätzen des Produkts (**Liking**)
- Präferenz für das Produkt (**Preference**)
- Überzeugung, das Produkt kaufen zu müssen (**Conviction**)
- Kauf (**Purchase**)

Integriert man die Befunde der drei vorgestellten **Stufenmodelle der Werbewirkung**, lässt sich Folgendes festhalten:

- Werbewirkung setzt die Wahrnehmung der Werbebotschaft voraus. Um die Aufmerksamkeit der Zielperson zu erregen, müssen sowohl das gewählte Medium als auch die inhaltliche und formale Gestaltung der Botschaft auf die Bedürfnisse der Zielperson ausgerichtet sein.
- Text und Optik müssen so gestaltet sein, dass die Informationen möglichst schnell und leicht verarbeitet werden können.

- Werbung muss dazu beitragen, eine positive Einstellung gegenüber der Unternehmensleistung zu entwickeln. Für diesen Zweck müssen die Stärken gegenüber dem Konkurrenzangebot herausgestellt werden.

- Wurden diese Schritte erfolgreich durchlaufen, ist die Wahrscheinlichkeit eines Kaufs relativ hoch. Doch trotz Kaufabsicht muss es nicht unbedingt zum Kauf kommen. Gründe hierfür können Verfügbarkeit (etwa Out-of-Stock-Situation oder Nicht-Listung) und Preis des eigenen Produkts (Überschreiten des verfügbaren Budgets) und der Produkte von Konkurrenten, der Einfluss des Verkaufspersonals und der begleitenden Personen, Werbung und Verkaufsförderung am Point-of-Sale u. ä. sein.

Es bleibt festzuhalten, dass die Stufenmodelle der Kommunikation wesentlich dazu beigetragen haben, **nicht-ökonomische Ziele der Werbewirkung** zu entwickeln. Diese bieten den Vorteil, dass sie als Frühindikatoren des Werbeerfolgs herangezogen werden und damit frühzeitig Hinweise auf den ökonomischen Werbeerfolg vermitteln können. Wie schwierig es sich gestaltet, den Erfolg einer Werbekampagne zu erfassen, belegt das legendäre, aber an Aktualität nichts eingebüsste Bonmot: „I know half the money I spend for advertising is wasted, but I can never find out which half." („Die Hälfte meiner Werbeausgaben ist verschwendet. Das Problem ist: Ich weiß nicht, welche Hälfte.") Diese Aussage wird gemeinhin *Lord Leverhulme*, dem „Seifenkönig", und später dem US-amerikanischen Warenhauspionier *John Wanamaker* zugesprochen. Wahrscheinlich stammt der Ausspruch jedoch von *Adolph S. Ochs*, einst Verleger der New York Times, aus dem Jahre 1916 (vgl. *Disch* 2000, S. 330–335).

6.3 Instrumente des Kommunikationsmanagement im Überblick

In Abb. 6.4 sind die Instrumente des Kommunikationsmanagement aufgeführt. Die in der Literatur übliche und auch hier übernommene Unterscheidung zwischen **klassischen** und **innovativen Instrumenten** erscheint jedoch zumindest im Falle von Messen und Ausstellungen, die bereits seit Jahrhunderten existieren und nichtsdestotrotz i. d. R. der innovativen Gruppe zugeordnet werden, überdenkenswert.

Erweitert wurde die Systematisierung um die Kategorie **Schnittstelleninstrumente**. Hierbei handelt es sich um Kommunikationsinstrumente, die weder den klassischen noch den innovativen Instrumenten eindeutig zuzuordnen sind und denen somit übergreifende Funktion zukommt. Die Bezeichnungen Blog, Permission und Virales Marketing sind allerdings insofern irreführend, da in aller Regel ausschließlich die Kommunikation von Botschaften gemeint ist, das Kommunikationsmanagement jedoch nur eine Facette des Marketing-Mix bildet. Streng genommen dürfte man nur dann von XXX Marketing sprechen, wenn der gesamte Marketing-Mix, also product, price, place und promotion, eingebunden ist.

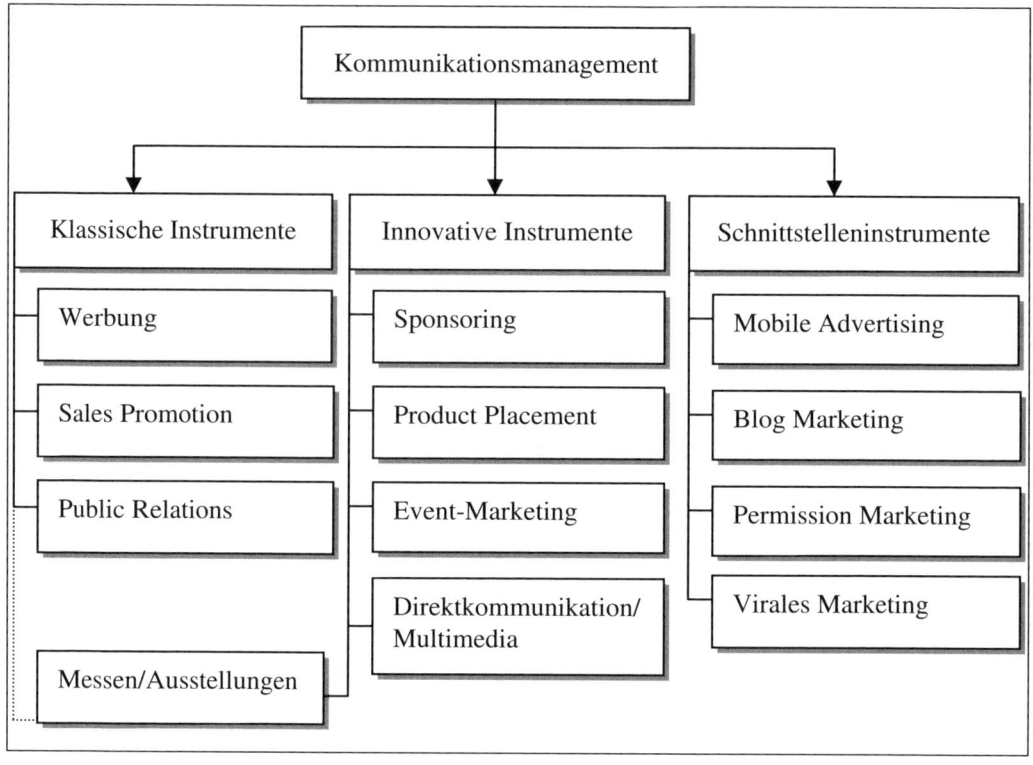

Abb. 6.4: Die Instrumente des Kommunikationsmanagement im Überblick

6.4   Klassische Instrumente

6.4.1   Werbung

6.4.1.1   Überblick

Von allen Kommunikationsinstrumenten kommt der Werbung die **größte Bedeutung** zu (z. B. hinsichtlich Investitionsvolumen, quantitativem Aufkommen, Wachstumsdynamik der Einnahmen, Nutzungsintensität; vgl. im Folgenden *Meffert* 2000, S. 712–720; *Nieschlag/Dichtl/Hörschgen* 2002, S. 989–991; *Schweiger/Schrattenecker* 1995). Werbung bezeichnet den bewussten Versuch, Marktpartner durch den Einsatz spezifischer Kommunikationsmittel zu einem bestimmten absatzwirtschaftlichen Zwecken dienenden Verhalten zu bewegen.

Für den **Verbraucher** erfüllt die Werbung folgende **Funktionen**:

- Zeitvertreib und Unterhaltung

- Vermittlung emotionaler Konsumerlebnisse

- Informationen für (Konsum-)Entscheidungen

- Erlernen von Verhaltensmustern, indem Normen durch Modelle (etwa Meinungsführer) übermittelt werden

Der **idealtypische Ablauf der Werbeplanung** ist in Abb. 6.5 wiedergegeben. Dabei wird die Grundkonzeption des Werbeinhalts in einer **Copy-Strategie** festgelegt. Sie bildet den mittel- bis langfristigen Rahmen eines Werbekonzepts und dient als Vorgabe für die kreative Gestaltung der Werbebotschaft. Entweder gibt das werbetreibende Unternehmen die Copy-Strategie in Form eines Briefings der Werbeagentur an die Hand oder sie wird von beiden Parteien gemeinsam entwickelt.

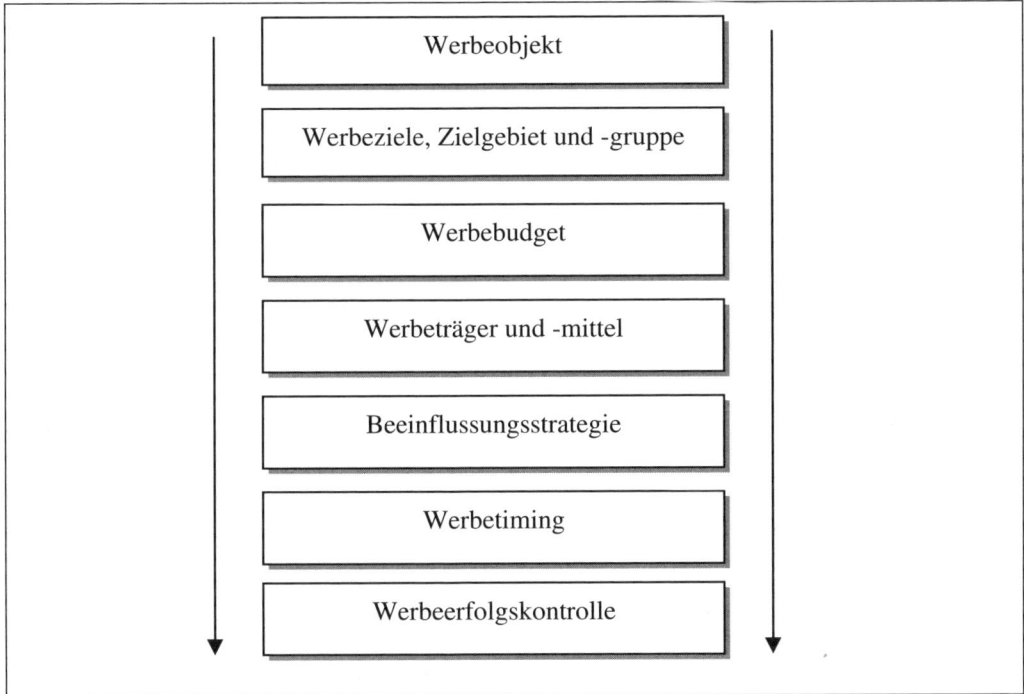

Abb. 6.5: Der Prozess der Werbeplanung und -kontrolle

6.4.1.2   Festlegung des Werbeobjekts (= Phase 1)

Im ersten Schritt gilt es zunächst die Frage zu beantworten, was umworben werden soll. Als **Werbeobjekte** kommen grundsätzlich in Betracht:

- Produkte bzw. Dienstleistungen (sog. Produkt- bzw. Dienstleistungswerbung),
- Programme bzw. Sortimente (sog. Programm- bzw. Sortimentswerbung),
- Unternehmen (sog. Unternehmenswerbung),
- Branchen (sog. Branchenwerbung),
- Kontinente, Länder, Regionen und Städten (etwa im Zuge der Akquisition von Besuchern oder Investoren),
- Ideen (etwa die Integration von Migranten) sowie
- gemeinnützige Projekte (sozial, kulturell).

Des Weiteren gilt es zu klären, ob

- alleine (sog. **Individualwerbung**) oder
- im Verbund mit anderen Unternehmen (sog. **Kollektivwerbung** etwa *Bosch* als Waschmaschinenhersteller mit der Marke *Finish*, früher *Calgonit* [„Wir empfehlen …"])

geworben werden soll.

6.4.1.3   Festlegung von Werbeziel, Zielgebiet und Zielgruppe (= Phase 2)

Hier muss zunächst geklärt werden, welche Ziele mit Hilfe der Werbung erreicht werden sollen (vgl. im Folgenden *Meffert* 2000, S. 680–681; *Nieschlag/Dichtl/Hörschgen* 2002, S. 1059–1068). Dabei lassen sich grundsätzlich psychographische und ökonomische Ziele differenzieren. In Anlehnung an die in Abschnitt 6.2.2 vorgestellten Stufenmodelle der Werbewirkung sind folgende **psychographische Ziele** zu nennen:

- Steigerung von Wahrnehmung, Marken- und Firmenbekanntheit, Vertrautheit
- Positionierung des Produktes gegenüber Konsumenten und Konkurrenten (z. B. Qualität, Prestige, Ökologiefreundlichkeit, günstiges Preis-Leistungs-Verhältnis)
- Verbesserung/Stabilisierung von Einstellungen und Images
- Erhöhung der Kaufabsicht

Ökonomische Ziele sind den psychographischen Zielen nachgelagert und verfolgen im Wesentlichen **zwei Stossrichtungen**: Umsatzsteigerung und Kostensenkung. **Umsatzexpansion** kann durch die erfolgreiche Einführung neuer Produkte und die Umsatzausweitung für eingeführte Artikel (z. B. durch Absatzpreiserhöhung, Erhöhung der Kaufintensität, Erschließung neuer Käufergruppen und Märkte) erreicht werden. **Kostenersparnis** lässt sich zum einen durch die Lenkung der Nachfrage herbeiführen. Während die **Kontinuitätswerbung** darauf ausgerichtet ist, Umsatzschwankungen auszugleichen, ist es Aufgabe der **Synchronisationswerbung**, die Nachfrage an den Produktionsrhythmus anzupassen. Zum anderen ist die Rationalisierung des Absatzes anzuführen. Exemplarisch hierfür steht die Werbung für Großeinkäufe bzw. Mindestauftragsgrößen oder für bestimmte Einkaufstechniken (etwa Bestellung per Internet).

Fallbeispiel „Werbung in der *DDR*"

In der *DDR* wurde 1960 die Figur eines Pirols (ein etwa starengroßer Singvogel, der auch Goldamsel genannt wird) als Werbemaskottchen eingesetzt. Seine Aufgabe war es, *Minol*-Kraftstoffe anzupreisen. Wie erfolgreich diese Kampagne war, lässt sich nur schwerlich beurteilen, denn in der *DDR* gab es nur diesen einen Kraftstoff. Doch bis sich die Erkenntnis durchsetzte, dass Werbung für Monopolisten von lediglich nachgeordneter Bedeutung bzw. bedeutungslos ist, sollte es noch Jahre dauern. Und so traten Werbefiguren wie *Korbine Früchtchen* und *Korbian Stengel* (eine Erdbeere und eine Knallschote, die als Alles-Sammler aus Wald, Feld, Flur und Schreber-Garten helfen sollten, den „Tisch der Republik" besser und reichhaltiger zu decken) im Werbefernsehen auf, bis die Partei der *SED* 1975 Werbung generell verbot (vgl. *von Petersdorff* 2007, S. 54).

Bezüglich des **Zielgebiets** muss festgelegt werden, ob regional, national, international oder global geworben wird. Parallel hierzu müssen die anvisierten **Zielgruppen** definiert werden. Als **Kriterien** für die Auswahl und Beschreibung von Zielgruppen sind zu nennen:

- **soziodemographische, ökonomische und geographische Merkmale** (Alter, Geschlecht, Einkommen, Beruf, Region/Ortsgröße etc.),
- **psychographische Merkmale** (Motive, Einstellungen, Lebensstile, Werte etc.) sowie
- **Konsummerkmale** (Käufer/Nichtkäufer, Kaufvolumen, Markentreue, Preisverhalten, Einkaufsstättenwahl).

Die Merkmale der unterschiedlichen Zielgruppen geben konkrete Hinweise auf die weitere Planung der Kommunikation, z. B. für die Botschaftsgestaltung und Mediaselektion, und bilden den Ausgangspunkt zur Formulierung von Kommunikationsstrategien.

Nicht zuletzt gilt es seitens der Industrie zu klären, ob Handelskunden und/oder Endverbraucher angesprochen werden sollen. Diese Frage stellt sich im Kontext einer sog. „**Push-and-Pull**"-**Strategie**, bei dem der Hersteller an zwei Hebeln ansetzt (vgl. Abb. 6.6): Zum einen drückt er die Ware in den Absatzkanal, indem er auf die Wünsche sowie Vorstellungen des Handels eingeht und diesem spezielle Anreize wie etwa Leistungszahlungen (Einlistungs- und Regalrabatte, WKZ) und Aktionsrabatte bietet (**Push-Effekt**). Zum anderen umwirbt er mittels stufenübergreifender Media-Werbung den Endverbraucher und schafft somit einen Nachfragesog, der den Handel zwingt, die Ware zu listen (**Pull-Effekt**; vgl. *Feige* 1995).

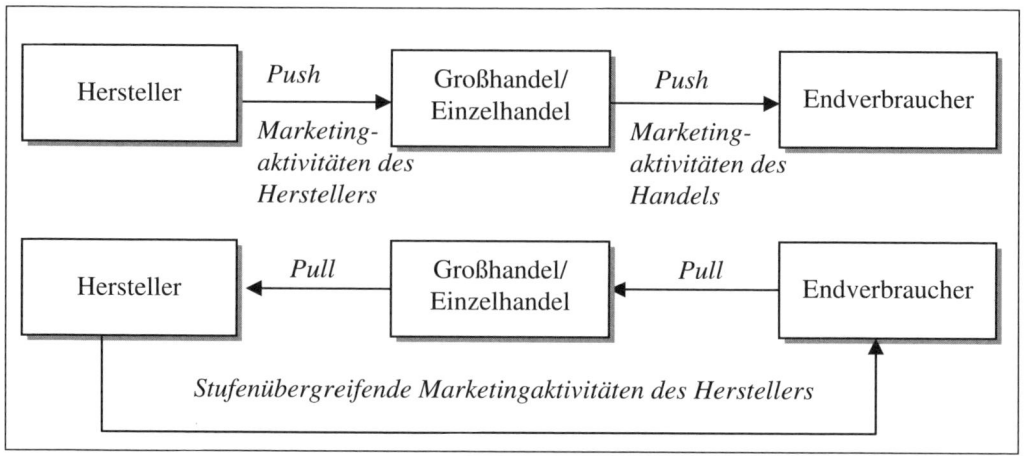

Abb. 6.6: Push- und Pull-Strategie im vergleichenden Überblick

6.4.1.4   Festlegung des Werbebudgets (= Phase 3)

Das Werbebudget umfasst die **Gesamtheit der für eine Periode geplanten Werbeausgaben**. Experten gehen beispielsweise davon aus, dass die US-amerikanische Pharmaindustrie in Werbung doppelt so viel wie in Forschung und Entwicklung investiert. Neben den theoretischen Ansätzen zur Festlegung des Werbebudgets, die sich an den anvisierten Zielsetzungen ausrichten (vgl. hierzu *Schweiger/Schrattenecker* 1995, S. 70–74), sind die folgenden **Budgetierungsmethoden der Unternehmenspraxis** zu nennen:

- **Methode der finanziellen Tragbarkeit („All-You-Can-Afford"-Methode)**
  Hier wird das Werbebudget anhand der vorhandenen finanziellen Ressourcen des Werbetreibenden festgelegt. Das Werbebudget gilt hier als eine Art Residualgröße, die nach Abzug aller sonstigen als notwendig erachteten Marketing-Ausgaben vom gesamten Marketing-Etat übrig bleibt.

- **Umsatz- bzw. Gewinnanteilmethode („Percentage-of-Sales"-Methode)**
  Dabei werden die Werbekosten als Prozentsatz der in der Vergangenheit erzielten oder anvisierten Umsätze bzw. Gewinne geplant (etwa 2 % des zu erzielenden Umsatzes werden in Werbung investiert).

- **Methode der Werbekosten je Verkaufseinheit („Per-Unit"-Methode)**
  Pro zu verkaufender Produkteinheit wird ein bestimmter Betrag für Werbung eingeplant (etwa pro zu verkaufendem Fahrzeug 400 €).

Allen drei Methoden ist gemeinsam, dass sie einer tendenziell **prozyklischen Werbung** Vorschub leisten: In Zeiten hoher Umsätze wird viel geworben, in schlechten Zeiten hingegen neigt man dazu, das Werbebudget zu reduzieren.

- **Wettbewerbs-Paritäts-Methode**
  Ausgangspunkt für die Festlegung des Werbebudgets sind hier die in einer Branche üblichen Werbeausgaben.

Fallbeispiel „Antizyklische Werbung" – die Automobilindustrie

Pro verkauftes Auto in Deutschland werden rund 2,2 % des durchschnittlichen Kaufpreises in Werbung investiert. Dabei fallen die Werbeausgaben pro Einheit umso höher aus, je geringer der Marktanteil ist. Dies führt dazu, dass Importmarken pro verkaufte Einheit vergleichsweise viel in die Werbung investieren, um auf diese Weise den geringeren Bekanntheitsgrad gegenüber deutschen Marken zu kompensieren.
Deutsche Hersteller verhalten sich grundsätzlich eher prozyklisch, d. h. in Zeiten einer Absatzflaute reduzieren sie ihre Werbeaufwendungen, in Boomzeiten erhöhen sie ihre Werbebudgets. Die Produzenten der Importmarken hingegen verhalten sich tendenziell eher antizyklisch, was in der Vergangenheit zu einem beträchtlichen Ausbau der Marktposition geführt hat und unter anderem darauf zurückzuführen ist, dass die eigenen Aktionen im Umfeld abnehmender Werbeintensität stärker auffallen.

Quelle: *o. V.*: Mehr Werbung, mehr Marktanteil, in: Frankfurter Allgemeine Zeitung, Nr. 57 vom 08.03.2004, S. 22.

Der Vorteil der vorgestellten Verfahren der Werbepraxis liegt in ihrer **einfachen Handhabbarkeit**. Als nachteilig ist einzustufen, dass sie die jeweils verfolgten **Kommunikationsziele** (etwa Steigerung des Bekanntheitsgrades, Veränderung der Positionierung) **nicht berücksichtigen**. Vor diesem Hintergrund sollten sich Unternehmen bei der Festlegung des Werbebudgets an der jeweiligen Aufgabe orientieren und anstreben, das anvisierte Werbeziel mit möglichst geringen Kosten zu realisieren.

Im Falle von Umsatzzielen kann die **Werbeelastizität** die Budgetentscheidung unterstützen. Die Werbeelastizität gibt darüber Auskunft, um wie viel Prozent der Umsatz steigt, wenn die Werbeaufwendungen um ein Prozent steigen, bzw. um wie viel Prozent der Umsatz sinkt, wenn die Werbeaufwendungen um ein Prozent sinken (vgl. *Schneider/Hennig* 2008, S. 367). Mit dieser Kennzahl lässt sich nachvollziehen, wie sich eine Änderung des Werbeaufwands (= unabhängige Variable) auf den Umsatz eines Produkts (= abhängige Variable) auswirkt.

Die Werbeelastizität ist definiert als

$$\frac{\text{Relative Umsatzänderung}}{\text{Relative Werbeaufwandsänderung}},$$

wobei die relative Umsatzänderung

$$= \frac{\text{Neuer Umsatz} - \text{Alter Umsatz}}{\text{Alter Umsatz}} \times 100$$

und die relative Werbeaufwandsänderung

$$= \frac{\text{Neuer Werbeaufwand} - \text{Alter Werbeaufwand}}{\text{Alter Werbeaufwand}} \times 100 \text{ sind.}$$

Bei der Werbeelastizität unterscheidet man **drei Ausprägungen**:

- **Werbeelastizität kleiner als 0:**
  Die Intensivierung der Werbeaktivitäten war ein Misserfolg, der Umsatz ist sogar zurückgegangen. Hierfür können Faktoren wie Aktivitäten der Konkurrenz, sinkende Realeinkommen etc., aber auch Reaktanz verantwortlich sein. Spüren Menschen, dass sie mittels Werbung in eine bestimmte Richtung beeinflusst werden sollen, verhalten sie sich in geradezu entgegengesetzter Weise. In folgendem Experiment konnte **Reaktanz** nachgewiesen werden: Probanden bekamen einen Geldbetrag zur Verfügung gestellt, um einkaufen zu gehen. 25 % der Versuchsteilnehmer, die nichts weiter gesagt bekamen, erwarben eine bestimmte Brotsorte. Bei den Kunden, denen dezent empfohlen worden war, diese bestimmte Sorte zu kaufen, hatten 70 % dieses Brot im Einkaufswagen. Bei den Kunden, die sehr eindringlich darauf hingewiesen worden waren, erwarben hingegen nur 50 % das Brot (vgl. *Brehm* 1966).

- **Werbeelastizität zwischen 0 und 1:**
  Hier handelt es sich um die sog. starre Werbeelastizität. Die prozentuale Umsatzveränderung liegt unter der sie verursachenden prozentualen Werbebudgetveränderung.

- **Werbeelastizität größer als 1:**
  Der Umsatz steigt prozentual stärker an als die verursachende Werbebudgetveränderung. Diesen Zustand bezeichnet man als flexible Werbeelastizität.

Fallbeispiel „Berechnung der Werbeelastizität"

Bei einem Unternehmen für Milchprodukte ist der Werbeaufwand gegenüber der Vorperiode von 200.000 € auf 220.000 € (= 10 %) gestiegen. Der Umsatz dagegen ist lediglich von 4.000.000 € auf 4.200.000 € (= 5 %) angewachsen.
Die Werbeelastizität beträgt damit 0,5 = ([4.200.000 € – 4.000.000 €] : (4.000.000 €) : ([220.000 € – 200.000 €] : (200.000 €) = 5 % : 10 %.
Die Kennzahl liegt zwischen 0 und 1. Hierbei handelt es sich um eine starre Werbeelastizität. Die prozentuale Umsatzveränderung liegt unter der sie verursachenden prozentualen Werbebudgetveränderung.

Die Werbeelastizität ist ein Maßstab für den ökonomischen Erfolg von Werbemaßnahmen. Diese Kennzahl gibt Aufschluss darüber, ob sich eine Erhöhung des Werbebudgets auch in einer entsprechenden Umsatzsteigerung niederschlägt. Damit dient sie einmal der Kontrolle des Erfolges bereits durchgeführter Kampagnen. Zum anderen spielt sie aber auch bei der Planung zukünftiger Aktivitäten eine zentrale Rolle. Deshalb sollte diese Kennzahl in regelmäßigen Abständen berechnet werden. Auf diese Weise lassen sich **Zeitreihenanalysen** durchführen.

Die Werbeelastizität kann für das gesamte Werbebudget und den Gesamtumsatz berechnet werden. Einen genaueren Einblick in den Erfolg der Werbeaktivitäten gewinnt man jedoch, wenn die Werbeelastizität **spezifisch** für einzelne Produkte, Regionen, Werbekampagnen und/oder Werbeträger berechnet wird.

Abgesehen davon, dass psychographische Ziele außen vor bleiben, gilt es bei der Interpretation der Werbeelastizität folgende **Einschränkungen** ins Kalkül zu ziehen:

- Bei der Berechnung der Werbeelastizität darf keinesfalls vernachlässigt werden, dass hier – wie bei allen Elastizitäten – nur Erlös- und damit Umsatzveränderungen betrachtet werden. Demnach lässt sich aus der Werbeelastizität **kein Rückschluss auf eine Veränderung des Gewinns** bzw. **Deckungsbeitrags** ziehen.

- Umsatzveränderungen sind im Regelfall nicht ausschließlich auf Werbeaktivitäten, sondern auf den gesamten **Marketing-Mix** sowie ein **Bündel von externen Faktoren** (etwa Aktivitäten der Wettbewerber, veränderte Einkommenssituation der Verbraucher) zurückzuführen.

- Bei der Beurteilung des Erfolgs von Werbemaßnahmen müssen **drei Phänomene** berücksichtigt werden:
  - Werbung für ein bestimmtes Produkt kann auf andere Produktbereiche des Unternehmens ausstrahlen (sog. **Ausstrahlungs- bzw. Spill-Over-Effekt**).
  - Werbung in einer Periode wirkt sich normalerweise auch auf den Umsatz der Folgeperioden aus (**sog. Wirkungsverzögerung bzw. Carry-Over-Effekt**). Beispielsweise kann sich ein Verbraucher, der heute einen Werbespot sieht, zu einem späteren Zeitpunkt, an dem er einen entsprechenden Kaufwunsch empfindet, an das beworbene Produkt erinnern und es erst dann kaufen.
  - Auch dem sog. **Beharrungs- bzw. Decay-Effekt** muss Rechnung getragen werden. Denn eine Umsatzsteigerung tritt weder unmittelbar mit dem Beginn einer Werbekampagne ein, noch bildet sie sich nach deren Beendigung unmittelbar zurück. Demnach wirken vorangegangene Werbekampagnen in aller Regel noch nach, was zu einer Überschätzung des Erfolgs der zuletzt getroffenen Werbemaßnahmen führt.

6.4.1.5   Auswahl von Werbeträger und –mittel (= Phase 4)

6.4.1.5.1   Varianten von Werbeträgern

Ein Werbeträger ist definiert als **Medium**, durch das ein **Werbemittel** an die **Umworbenen herangetragen** wird. Hierzu zählen:

- **Zeitungen** (Tageszeitungen; Wochenzeitungen; Supplements, d. h. Beilagen wie Sonderseiten und Magazine): Reichweite regional oder überregional, Inhalt = aktuelle Informationen, Zielgruppe breit definiert. Charakteristisch sind:
  - Hohe Flexibilität, Aktualität, Glaubwürdigkeit
  - Weite Verbreitung
  - Kurze Aktualität (bei Tageszeitungen ein Tag)
  - Einfache Druckqualität
  - Kurze Dauer des Werbekontaktes

- **Zeitschriften** (Publikumszeitschriften: Erscheinungshäufigkeit i. d. R. wöchentlich, Reichweite i. d. R. überregional, Inhalt = Unterhaltung [Illustrierte] oder Information [Programmzeitschriften oder Nachrichtenmagazine], Zielgruppe breit definiert; Kunden- zeitschriften; Special-Interest-Zeitschriften: Erscheinungshäufigkeit unterschiedlich, Reichweite i. d. R. überregional, Inhalt = Konzentration auf bestimmte Themenbereiche wie Mode, Sport, Essen, Zielgruppe eng abgegrenzt; Fachzeitschriften: Erscheinungshäu- figkeit i. d. R. monatlich oder quartalsweise, Reichweite i. d. R. national oder internatio- nal, Inhalt = Informationstransfer zur Wissensvermittlung bzw. beruflichen Aus- und Weiterbildung, Zielgruppe begrenzt und produktgruppenspezifisch). Für und gegen Zeit- schriften als Werbeträger sprechen:
  - Große Auswahl an Zeitschriften nach geographischen, soziodemographischen (etwa Al- ter, Geschlecht), psychographischen (Interessen) und verhaltensbezogenen (etwa Life- style) Kriterien
  - Gute Druckqualität
  - Längere Aktualität
  - Lange Vorlaufzeiten für Anzeigen
  - Hohe Kosten

- Anzeigen- bzw. Offertenblätter, die dadurch charakterisiert sind, dass sie regional er- scheinen, sich aus Anzeigen finanzieren und kostenlos an alle Haushalte verteilt werden

- Ad Specials, d. h. Sonderinsertionsformen oder Zugaben:
  - Beilagen = der Zeitschrift lose beigelegte Drucksachen
  - Beihefter = fest in der Zeitschrift eingeheftete Prospekte
  - Beikleber = CDs oder Postkarten, die auf einer fest gebuchten Anzeige aufgeklebt sind
  - Flappe = halbseitiger Umschlag über die Titelseite und beidseitig bedruckbar
  - Gatefolder = links und rechts auszuklappende Seiten bei Anzeigen oder bei Beiheftern
  - Altarfalz = die rechte oder linke Seite ist um eine weitere Anzeigendoppelseite seitlich ausklappbar
  - Duft- und Warenproben

- **TV** und neue **elektronische (audio-)visuelle Medien** (z. B. Videotext). Als Charakteris- tika sind zu nennen:
  - Funktion eines Basismediums und hierdurch u. a. Möglichkeit, Angebote in kürzester Zeit schnell bekanntzumachen
  - Umfangreiches Programm- und Werbeangebot durch das Aufkommen privater Fernseh- sender
  - Intensiv wirkende und vielfältige Gestaltungsvariation aufgrund einer kombinierten An- sprache von Text, Bild und Ton
  - Neben informativer auch emotionale Werbung
  - Vorstellung erklärungsbedürftiger Produkte, da die reale Handhabung demonstriert werden kann
  - Wirkungssteigerung durch Fit zwischen Werbung und Programmumfeld (etwa Au- to/Bier und Sportsendung)
  - Geographisch und zeitlich flexibel nutzbar
  - Differenzierte Befunde bzgl. der Qualität der Fernsehkontakte (aufgrund z. B. mangeln- der Aufmerksamkeit, Zapping = Umschalten auf anderes Programm, sobald Werbe- spots ausgestrahlt werden)

– Hohe Kosten
– Starker Streuverlust, da Massenmedium
– Begrenzte Möglichkeiten der Eingrenzung auf Zielgruppe
– Restriktionen hinsichtlich Platzierung, Spotlänge, Gesamtwerbezeit: In der *Europäischen Union* ist die maximal zulässige Werbezeit im Fernsehen seit 2007 auf zwölf Minuten pro Stunde reglementiert. Dafür dürfen einzelne Mini-Reklamefenster permanent eingeblendet werden. Sender dürfen Werbeblöcke alle dreißig Minuten schalten. Lediglich bei Sportsendungen existieren keine zeitlichen Vorgaben hinsichtlich der Abstände zwischen den einzelnen Werbeblöcken. Den Mitgliedstaaten ist es erlaubt, national strengere Regeln oder Verbote zu erlassen (vgl. *o. V.*: Neue Werbefreiheit, in: LebensmittelZeitung, Nr. 19 vom 11.05.2007, S. 28).

- **Rundfunk**, der sich durch folgende Eigenschaften auszeichnet:
  – Preisgünstig
  – Hohe Benutzungshäufigkeit
  – Große Auswahl in Bezug auf geographisches und demographisches Profil
  – Schnell kumulierte Reichweite (durch Belegung verschiedener Sender)
  – Eignung für regionale Kampagnen
  – Nur audielle Reize
  – Geringere Aufmerksamkeit als beim Fernsehen und damit i. d. R. geringere Erinnerungswirkung

- **Kino**, für das charakteristisch ist:
  – Hohe Kontaktwahrscheinlichkeit und -intensität, da kaum Ablenkung
  – Relativ geringe Reichweite
  – Reaktanzgefahr, d. h. der Betrachter widersetzt sich der Intention der Werbebotschaft

- **Internet** mit folgenden Eigenschaften:
  – Hohe Zielgruppengenauigkeit
  – Geringe Kosten, da immaterieller Werbeträger
  – Hohe Flexibilität und Aktualität
  – Möglichkeit interaktiver Werbung
  – Nicht repräsentative Nutzergruppe (mit abnehmender Tendenz)
  – Geringe Werbewirkung
  – Empfänger bestimmt Betrachtung

- **Plakate**, die sich auszeichnen durch:
  – Flexibilität
  – Hohe Wiederholungsrate und damit hohe Erinnerungswirkung
  – Geringe Kosten
  – Wenig Konkurrenz
  – Genaue Platzierung
  – Geringe Zielgruppengenauigkeit
  – Nur großflächig-optisch Reize

- (Öffentliche) **Verkehrsmittel** (Busse, Bahnen, Taxis)

- **Verpackungen**

- **Geschenke** (etwa Stifte, Schreibblöcke, Feuerzeuge, Streichhölzer)

- **Schaufenster**
- **Messestand**
- **Kassentransportbänder**, die mit Spezialfolien bedruckt werden
- **Telekommunikationsverzeichnisse** (Adress- und Telefonbücher, Branchen-Telefonbücher wie z. B. Gelbe Seiten)

Einen vergleichsweise neuen Werbeträger repräsentieren die **Ambient Medien**. Hierbei handelt es sich um Medienformate im direkten Lebensumfeld der Zielgruppe. Konkret wird auf Objekten, die einen Teil des täglichen Lebens der Konsumenten bilden, geworben. Das Spektrum reicht von Heißluftballons, Zeppelinen, öffentlichen Verkehrsmitteln, Taxen und Strandkörben über Zigarettenhülsen, Videoboards an Straßen, hinterleuchtete Säulen in Kinos, Großleinwand-TVs und klassische Plakatanschläge in bzw. an Bahnhöfen, Wartehallen, Haltestellen, Brücken, Unterführungen, Gebäuden und Telefonzellen bis hin zu Spind- und Toilettenwerbung, Floorgrafics, Mousepads, Brötchentüten, Samplings, Pizzakartons und Kaffeebechern.

Die Anfänge des Ambient Media reichen in die frühen neunziger Jahre in Großbritannien zurück. Zielgruppe sind junge, konsumfreudige Verbraucher zwischen 16 und 35 Jahren, die an ihren Aufenthaltsorten wie Cafés, Diskotheken, Schulen, Fitnessstudios, Bushaltestellen und Kinos unmittelbar kontaktiert werden sollen. Indem die Ambient Medien im Lebensumfeld junger Konsumenten so angesiedelt sind, dass sie Unterhaltung und Spaß vermitteln, schließen sie eine bei den klassischen Medien bislang klaffende Lücke (vgl. *Holland* 2007, S. 20).

Als **Vorteile** von Ambient-Medien gelten:

- Exklusivität und höhere Aufmerksamkeit für Werbetreibende
- Differenzierung gegenüber Wettbewerbern durch Einsatz innovativer bzw. kreativer Werbeformen
- Kontaktierung der Zielgruppe in ihrem Umfeld, indem niemand mit Werbung rechnet
- Vermeidung von Streuverlusten durch zielgruppengenauen Einsatz
- Eignung zur Erhöhung der Markenbekanntheit, schnellen Bekanntmachung eines Produkts sowie Aktualisierung bereits vorhandener Werbeinhalte (= Erinnerungswerbung)
- Möglichkeit des zeitgenauen Einsatzes
- Möglichkeit von Mehrfachkontakten

Als **Nachteile** werden angeführt:

- Begrenzte Reichweite der meisten Ambient-Medien
- Gefahr von Irritationen, da die Verbraucher durch die Werbung verunsichert bzw. gestört werden können
- Unzureichender Fit, d. h. unkonventionelle Ideen passen nicht zu Zielgruppe und/oder Unternehmen
- Mangelnde Eignung für die Vermittlung detaillierter Produkteigenschaften und komplexer Images
- Kurze und flüchtige Wahrnehmung

- Vandalismus, Diebstahl, Witterungseinflüsse

Werbemittel bezeichnet die **Ausgestaltung bzw. Kombination von Kommunikationsmitteln** (z. B. Wort, Ton, Bild, Symbol), mit denen eine Werbebotschaft dargestellt wird. Dies sind beispielsweise:

- Anzeigen
- TV- und Rundfunkspots
- Banner-Werbung im Internet
- Plakate
- Aufdrucke
- Warenpräsentationen
- Telefon- und Adressbuchwerbung

Grundsätzlich können **werbeträgerbezogene** (z. B. Anzeigen) und **werbeträgerfreie Werbemittel** (etwa Prospekt) unterschieden werden. Aber auch werbeträgerfreie Werbemittel können durch klassische Werbung vertrieben werden (z. B. Prospekte als Zeitungsbeilage).

Häufig belegen Unternehmen nicht nur ein Medium, sondern mehrere Werbeträger parallel. Hierbei besteht die Gefahr einer **zersplitterten Kommunikation**, da Unternehmen die Kunden häufig mit differierenden Aussagen, Bildern und formalen Auftritten konfrontieren und die unterschiedlichen Werbeträger bzw. -mittel nicht aufeinander abstimmen. In diesem Zusammenhang bezeichnet die integrierte bzw. **Cross-Media-Kommunikation** die Vernetzung einzelner Kommunikationsinstrumente miteinander, um in einem kanalspezifisch angepassten, aber möglichst ineinander greifenden Markenauftritt einen Kommunikationsmehrwert für eine Marke zu schaffen (= **integrierte Kommunikation**). Dabei gilt es festzulegen, welche Botschaften wann, wie und wo kommuniziert sowie miteinander verknüpft werden. Die Vernetzung erfolgt durch die inhaltliche, formale und/oder zeitliche Verzahnung unterschiedlicher Kommunikationskanäle, Werbeträger und Werbemittel mit dem Ziel, einen höheren Werbeerfolg zu realisieren und/oder Kosten einzusparen. Die Zielgruppe wird über mehrere Kanäle mit teils aufeinander aufbauenden Botschaften angesprochen. Komplexe Cross-Media-Kampagnen gehen über primäre Mediaziele wie Erhöhung der Kundenkontaktchance pro Zielperson hinaus und setzen etwa stufenförmig am gesamten Kaufentscheidungsprozeß (Markenbekanntheit, Sympathie, Kaufbereitschaft, Kaufauslösung, Kundenzufriedenheit, Kundenbindung; vgl. hierzu auch Abschnitt 6.2.2) an (vgl. *Brechtel* 2012).

Fallbeispiel „Werbeträger" – *Haribo*-**Goldbär geht in die Luft.**

Der Goldbär aus dem Haus des Bonner Fruchtgummiherstellers *Haribo* ziert seit 2009 eine Boing 737 der Fluglinie *Tuifly*. Das Flugzeug mit dem Namen „GoldbAir" bildet den Ausgangspunkt zahlreicher Promotion- und Marketing-Aktionen beider Unternehmen.

Mit einem Flugzeug als Werbeträger schlagen *Haribo* und *Tuifly* einen im deutschsprachigen Raum innovativen Weg im **Co-Branding** ein. Auf diese Weise wollen beide Unternehmen eine Markendifferenzierung und Alleinstellung in Werbung und Public Relations erreichen.

Quelle: *o. V.*: Haribo schwingt sich in die Lüfte, in: LebensmittelZeitung, Nr. 51 vom
          19.12.2008, S. 24.

Fallbeispiel „Werbemittel" – warum bei Privatsendern die Werbung immer lauter wirkt als der Spielfilm

Spielfilme haben eine gewisse Dynamik in der Lautstärke. Wenn beispielsweise der Täter sein Opfer bedroht und dieses schreit, ist das die lauteste Stelle im Film. Um Verzerrungen zu vermeiden, wird diese auf das Maximum ausgepegelt. Das hat zur Konsequenz, dass der durchschnittliche Geräuschpegel im Film etwa 70 % des Maximums beträgt. Die digitalen Träger mit der Werbung sind jedoch immer an die 100 % heran gepegelt. Dies erweckt beim Zuschauer den Eindruck, die Werbung sei vergleichsweise laut. In das Reich der Mythen und Legenden gehört es demnach, dass ein Tontechniker im Sender die Lautstärkeregler nach oben schiebt, wenn die Werbepause beginnt.

Quelle: eigene Recherchen

Nicht immer wird das gesellschaftliche und ökonomische Potenzial eines Werbeträgers von Beginn an richtig eingestuft, wie die folgenden **Zitate** belegen:

- „Es gibt keinen Grund, warum irgendjemand einen Computer in seinem Haus wollen würde." *Ken Olsen*, Präsident der *Digital Equipment Corporation*, 1977.
- „Das Telefon hat zu viele ernsthaft zu bedenkende Mängel für ein Kommunikationsmittel. Das Gerät hat von Natur aus einfach keinen Wert." Interne Kurzinformation an die Mitarbeiter der *Western Union*, 1876.
- „Die Menschen werden es bald satt haben, jeden Abend in eine Sperrholzkiste zu starren." *Darryl F. Zanuck*, Chef *der 20th Century Fox*, 1946.

6.4.1.5.2   Mediaselektion

Im Zuge der **Mediaselektion**, d. h. der Auswahl von Medien, sind zum einen die Wirksamkeit und zum anderen die Kosten (für Gestaltung, Herstellung, Streuung, Informations-, Planungs- und Kontrollfunktionen) ins Kalkül zu ziehen. Die **Kennzahlen der Mediaanalyse** unterstützen Unternehmen bei der Entscheidung, welche Werbeträger bzw. Medien für eine Werbekampagne geeignet sind und dementsprechend belegt werden sollen. Die Kennzahlen werden für die verschiedenen Hörfunk-, Fernseh- und Printmedien, das Internet sowie Kino und Außenwerbung (z. B. Plakate) erhoben (vgl. im Folgenden *Schneider/Hennig* 2008).

Eine Reihe von **Einrichtungen**, wie z. B. die *Informationsgemeinschaft zur Feststellung der Verbreitung von Werbeträgern e. V. (IVW)* und die *Arbeitsgemeinschaft Media-Analyse e. V. (AG.MA)*, stellt die Kennzahlen systematisch und in regelmäßigen Abständen zur Verfügung. Die hierfür benötigten Daten werden durch Befragung (etwa im Falle von Printmedien) oder (technisch automatisierte) Beobachtung (z. B. bei Fernsehen und Internet) erhoben. Die Medien wiederum stellen die Kennzahlen mit dem Ziel der Akquisition ihren Werbekunden zur Verfügung, so dass Unternehmen diese nicht selbst erheben müssen, sondern sich im Zuge der Sekundärforschung beschaffen.

Eine zentrale Rolle in der Mediaplanung bzw. -selektion kommt dem **Werbeträger- bzw. Werbemittelkontakt** zu. Kontakt bezeichnet jede noch so flüchtige Berührung einer Person oder eines Haushalts mit einem Werbeträger (z. B. Zeitung) oder Werbemittel (z. B. Anzeige). Die Messung des Werbeträger- bzw. Werbemittelkontakts erfolgt anhand sog. **Kontaktzahlen**. Die **quantitativen Kontaktzahlen** geben in absoluten Zahlen oder Prozentsätzen an, wie viele Kontakte mit einem bestimmten Werbeträger oder Werbemittel erreicht werden können. Diese Kontakte werden in **Reichweiten** und **Kontakthäufigkeiten** ausgedrückt.

Dabei beantwortet die **Reichweite** die Frage, wie viele Personen in einem bestimmten Zeitraum Kontakt mit dem jeweiligen Werbeträger bzw. -mittel haben. Die Reichweite bzw. Mediareichweite ist die bedeutendste quantitative Kontaktzahl und damit zentrale Grundlage der Mediaplanung (vgl. Tab. 6.1).

Tab. 6.1: Reichweitenmaße der Mediaplanung im Überblick

Zahl der Einschaltungen / Zahl der Medien	Einmalig	Wiederholt
Ein Medium	Bruttoreichweite	Kumulierte Reichweite bereinigt um interne Überschneidungen
Mehrere Medien	Nettoreichweite bereinigt um externe Überschneidungen	Kombinierte Reichweite bereinigt um externe und interne Überschneidungen

Allen Reichweitebegriffen ist gemeinsam, dass eine Person nur einmal gerechnet wird, gleichgültig, ob sie einmal oder mehrmals Kontakt mit der Werbebotschaft hat. Dies hat zur Folge, dass die Reichweite nichts darüber aussagt, wie häufig die einzelne Person mit der Werbebotschaft konfrontiert wird. Da dies jedoch einen wesentlichen Einfluss auf die Werbewirkung hat, muss flankierend zur Reichweite die **Kontakthäufigkeit** erhoben werden.

Während **Reichweiten** die Frage beantworten, **wie viele Personen** in einem bestimmten Zeitraum Kontakt mit dem jeweiligen Werbeträger bzw. -mittel haben, geben **Kontakthäufigkeiten** darüber Auskunft, **wie oft Personen** in einem bestimmten Zeitraum in Kontakt mit einem bestimmten Werbeträger bzw. -mittel kommen. Unterschieden wird zwischen Erstkontakt und Wiederholungskontakt, weil eine einzelne Person von einem Werbeträger bzw. Werbemittel oft mehr als nur einmal erreicht wird. Aus der Summe der Erst- und Wiederholungskontakte ergibt sich die Zahl der Gesamtkontakte. Die beiden Kriterien Reichweite und Kontakthäufigkeit stehen konträr zueinander, d. h. es ist nicht möglich, mit einem bestimmten Budget beide Größen gleichzeitig zu maximieren.

Die **ökonomischen Kontaktzahlen** schließlich berücksichtigen auch **Kostengesichts-punkte**. In der Praxis weit verbreitet ist dabei der **Tausenderpreis**, der angibt, wie viel der Kontakt zu tausend Personen einer Leser- oder Hörergruppe kostet. Der Tausenderpreis dient dazu, das Preis-Leistungs-Verhältnis von Werbemedien miteinander zu vergleichen und damit die Planung der Belegung zu erleichtern. Ihm liegt die Erkenntnis zugrunde, dass für den Werbetreibenden der absolute Preis eines Werbemittels nur wenig aussagekräftig ist und deshalb ins Verhältnis zu seinen Nutzern gesetzt werden muss.

Für andere Werbeträger werden analog die Sendezeiten des Fernsehspots, die Vorführdauer von Werbefilmen, der Preis für die Belegung einer Ganzstelle pro Tag bei Plakaten usw. herangezogen, so dass – allgemeiner formuliert – der Tausenderpreis das Maß der Werbekosten pro eintausend Zielgruppeneinheiten (Leser, Hörer, Zuschauer, Erwachsene, Hausfrauen usw.) ist, die ein Werbemittel oder ein Werbeträger erreicht. So werden für den Tausenderpreis des Werbefernsehens anstelle des Anzeigenpreises für 1/1 Seite der Preis für einen 30-Sekunden-Werbespot und anstelle der Auflagenziffer die Zahl der eingeschalteten Fernsehgeräte zugrunde gelegt.

Demnach kann man je nach zu untersuchendem Werbemedium analog zum Tausend-Leser-Preis den Tausend-Seher- und Tausend-Hörer-Preis berechnen. Gegenüber dem quantitativen Tausenderpreis werden diejenigen Kennzahlen, bei denen die unterschiedlichen Kontaktqualitäten berücksichtigt werden, qualitative Tausenderpreise genannt.

Trotz aller Verfeinerungen bleibt festzuhalten, dass die Tausenderpreise ein relativ grobes Maß für die Effizienz eines Werbeträgers bzw. Werbemittels sind. Nach dem Kriterium des Tausenderpreises allein sind Publikumszeitschriften günstige und der Hörfunk der mit weitem Abstand günstigste Werbeträger. Die Tausenderpreise für Tageszeitungen und Filmtheater sind relativ hoch. Nach dem Kriterium des Tausenderpreises wäre die Direktwerbung außerordentlich teuer.

Vor diesem Hintergrund wird nachvollziehbar, dass nicht nur die Kosten, sondern auch der **Nutzen von Werbeträger- bzw. Werbemittelkontakten** bei der Media- bzw. Werbeplanung in die Überlegungen einbezogen werden muss. Neben Qualität der Werbung und Reichweite des Mediums spielen hier Aspekte wie zeitliche Verfügbarkeit des Mediums (Wie lange nutzt der Leser beispielsweise eine Zeitschrift?), redaktionelles (Übereinstimmung zwischen Werbeobjekt und -träger) und werbliches (etwa Quantität und Qualität der Konkurrenzanzeigen) Umfeld sowie Image des Mediums eine Rolle. Daneben gilt es in den Intermediavergleich Aspekte wie Erscheinungsweise und Verfügbarkeit des Werbeträgers für den Werbetreibenden sowie Produktionskosten des Werbemittels einzubeziehen.

Neben Befragungen (etwa nach Bekanntheitsgrad, Imageveränderung, Kaufabsicht) lässt sich der Nutzen von Werbeträger- bzw. Werbemittelkontakten anhand der sog. **Response** (auch Resonanz, Reaktion, Rücklauf, Zahl der Antworten, Bestellungen, Coupons usw. auf eine Aussendung) ermitteln. Diese ist definiert als unmittelbare Auswirkungen einer Marketing-Aktivität auf den Markt, etwa die einer Werbekampagne oder Preissenkung direkt zurechenbare Absatzsteigerung.

Fallbeispiel „Werbewirkung" – der Zusammenhang zwischen Anzeigengröße und Erinnerungs- bzw. Wiedererkennungswert

Je größer die Anzeige ist, desto eher nimmt sie der Leser wahr. Allerdings steigen die Erinnerungs- und Wiedererkennungswerte unterproportional zur Formatgröße. Wie die Ergebnisse der „*Stern*"-ARGUS Copytest-Untersuchungsreihe belegen, steigt der Wiedererkennungswert vom Format kleiner als 1/1 zu einem ganzseitigen Format um 70 %, von einer ganzseitigen zu einer doppelseitigen Anzeige aber nur noch um 17 %. Die Studie, die in Zusammenarbeit zwischen Werbetreibenden und Agenturen sowie dem *Institut Media Markt Analysen* entstanden ist, umfasst Forschungsergebnisse zu 7.116 Testanzeigen

Quelle: *o. V.*: Stern Argus: Wie wirken Anzeigen?, auf: www.wuv.de; Stand: 05.02.2002.

6.4.1.6   Wahl der Beeinflussungsstrategie (= Phase 5)

Werbung zielt darauf ab, den Verbraucher zu aktivieren, ihm Informationen zu übermitteln und ihn zu bestimmtem Verhalten anzuregen. Um die Aufmerksamkeit der Verbraucher zu wecken, bieten sich u. a. folgende **Werbeinhalte**:

- Originalität

- Humor: Wer kennt sie nicht, die Werbung des japanischen Autoherstellers, in der sprechende Tiere ihre Kommentare zum damals neuen PKW-Modell *Corolla* abgeben und am Ende zwei Bären singen: „Nichts ist unmöglich – *Toyota*".

- Sex („Sex sells"): Beispielsweise zeigte die *Fá*-Werbung in den 70er Jahren eine nackte Frau, die in der Brandung des Meers badete. Auf diese Weise gelang es, einer Seife ein erotisches Image zu verleihen. Und *Marylin Monroes* Werbeauftritt in den ganzen USA verhalf dem *Playboy* in den 50er Jahren zum Durchbruch auf dem dortigen Markt. Die Sexbotschaft wird jedoch häufig nicht nur durch die weiblichen Werbemodelle, sondern auch über die Form des Produkts übermittelt. Man denke in diesem Zusammenhang beispielsweise an die *afri-Cola*-Flasche.

- Angst bzw. Schockierung: Der Kaffeehersteller *Nescafé* etwa schaltete für sein Produkt „*K-fee*" (ein in Dosen abgefülltes Kaffee-Kalt-Getränk) einen Fernsehspot, der zunächst ein junges Paar in der untergehenden Sonne am Strand zeigt, das sich verliebt gegenseitig anschaut. Während hierzu langsame, einschläfernde Musik spielt, schießt plötzlich ein glatzköpfiger, teufelsähnlicher Kopf ins Bild und schreit hysterisch. Danach folgt der von einer weiblichen Stimme vorgetragene Slogan „*K-fee*. So wach warst Du noch nie – Kaffee in hohen Dosen".

Um die Werbewirkung zu verstärken, empfehlen sich folgende **Techniken**:

- Verwendung von **Leitbildern** (etwa Sportler, Künstler)
- „**Slice-of-Life**"-**Technik** (Ausschnitt aus dem täglichen Leben)
- **Testimonial-Werbung**: Prominente oder Frau/Mann von der Straße testen das Produkt. Unter Fachleuten gilt *Günther Jauch* mit einem Bekanntheitsgrad in der Bevölkerung von nahezu 100 % und einem außerordentlich positiven Image als am Besten geeignet, unbekannte Marken populär zu machen und die Absatzzahlen etablierter Marken zu erhöhen (vgl. *Löhr/Ashelm* 2012, S. 17).
- **Presenter**: Ein Sprecher stellt das Produkt vor.
- **Analogie** (z. B. „Wie Vitamine Ihrem Körper, gibt XY Ihrem Auto Kraft.", „Wenn ein Baum keine Rinde mehr hat, ist er schutzlos der Witterung ausgesetzt. Genauso ist es bei Zähnen, wenn die Zahnhälse freiliegen. Das ist der wunde Punkt." Werbeanzeige für *elmex*-Zahnpasta)
- **Special Effects** (z. B. Zeichentrick)
- Kaschierung von Anzeigen als redaktionelle Beiträge (sog. **Advertorials**)

Fallbeispiel „Testimonial" – *Haribo* **schafft es mit** *Gottschalk* **ins** *Guinness*-**Buch der Rekorde.**

Der seit 1990 laufende Vertrag zwischen *Thomas Gottschalk* und *Haribo* gelangte als bis dato weltweit längste Werbepartnerschaft ins *Guinness*-Buch der Rekorde. Außerdem belegte der Entertainer hierzulande lange Zeit Rang eins unter den erfolgreichsten Testimonials. Laut einer repräsentativen Studie wissen ungestützt 67 % der Deutschen, dass *Gottschalk* für *Haribo* wirbt. Immerhin noch 40 % verbinden ihn mit *DHL*. Lediglich 36 % assoziieren die drittplatzierte Kooperation, *Steffi Graf* und *Barilla*, miteinander.

Quelle: *Gotthold, K./Frener, R.:* Vom Promi zum Werbestar, in: LebensmittelZeitung, Nr. 48 vom 28.11.2008, S. 134.

Je mehr eine Werbung die folgenden **drei Kriterien** erfüllt, desto größer gilt die Chance, dass sie die anvisierten Ziele erreicht. Dies soll am Beispiel der „Geiz ist geil"-Kampagne des *Media-Markts* illustriert werden:

- Consumer Benefit (Welcher Nutzen bietet sich dem Kunden?): Hier erhalten Sie Elektronik-, Entertainment- und Haushaltswaren aller Art.
- Reason Why (Warum soll der Kunde gerade dieses Produkt erwerben?): Geiz ist geil und wir sind am billigsten.
- Tonality (Welche Reize werden eingesetzt?): Aggressiv, Erotik günstiger Preise, modern.

Fallbeispiel „Werbeerfolg" – Kreativität versus „Content Fit"

Eine Studie von *McKinsey* und *Art Directors Club für Deutschland* (ADC) entwickelt für die Gestaltung erfolgreicher Werbekampagnen **drei Grundsätze**:

Kreativität und **Content Fit** beeinflussen maßgeblich die Werbewirkung. Mindestens ein Faktor muss gegeben sein.

Für **kreative Werbung** gelten fünf Erfolgsfaktoren:

- **Originalität**: Ist die Werbung neu, überraschend, innovativ?
- **Klarheit**: Ist der Inhalt leicht zu erfassen?
- **Überzeugungskraft**: Sind die Argumente für das Produkt glaubwürdig und in sich schlüssig?
- **Machart**: Ist die Werbung handwerklich gelungen, und bilden alle Elemente ein homogenes Ganzes?
- **„Want to see again"-Faktor**: Macht es Spaß, die Werbung mehrmals anzuschauen?

Für den Erfolgsfaktor **Content Fit** (= exakter Zuschnitt von Inhalt und Botschaft auf Zielgruppe, Produkt und Marke) wurden ebenfalls **fünf Kriterien** definiert:

- **Relevanz**: Passt die Werbung zu Zielgruppe und beworbenem Produkt?
- **Differenzierung**: Hebt die Werbebotschaft das Produkt von seinen Wettbewerbern ab?
- **Konsistenz**: Steht die Botschaft im Einklang mit früheren Kampagnen und der übergeordneten Produkt- und Markenstrategie?
- **Glaubwürdigkeit**: Überzeugen die Argumente?
- **Aktivierungswirkung**: Animiert die Werbung die Zielgruppe zum Kauf?

2. Der **richtige Mix** zwischen Kreativität und Content Fit hängt von der **Warengruppe** ab. Emotional aufgeladene Produkte (= High-Involvement-Produkte mit langer Lebensdauer, starkem Identifikationspotenzial und hohem Kaufwert wie Autos, Uhren, Schmuck, teure Elektronik) verkaufen sich mit Kreativität besonders gut. Für kurzlebige Konsumgüter (etwa Waschmittel) eignet sich Content Fit.

3. Die größte Erfolgschance hat eine Kampagne, wenn ihr die **Kombination beider Werbeformen** gelingt.

Quelle: *Perrey, J./Turner, S.*: Die zwei Gesichter guter Werbung, in: Frankfurter Allgemeine Zeitung, Nr. 228 vom 01.10.2007, S. 24.

Fallbeispiel „Werbeslogans" – Claims und Werbefiguren, die Verbrauchergenerationen überdauern

„Quadratisch, praktisch, gut." *Ritter Sport*

„Kraft in den Teller – *Knorr* auf den Tisch" *Franz Beckenbauer*

„Halt, mein Freund, wer wird denn gleich in die Luft gehen?" *HB*-Männchen *Bruno*

„Sexy-mini-super-flower-pop-op-cola" *Afri-Cola*

„Wie *Bluna* bist Du?"

„Nichts geht über *Bärenmarke*."

„Der Tag geht, *Johnnie Walker* kommt."

„Milka – die zarteste Versuchung, seit es Schokolade gibt."

„*Mars* macht mobil – bei Arbeit, Sport und Spiel"

„*Rama* – macht das Frühstück gut."

„Nogger Dir einen" *Langnese*

„Pack den Tiger in den Tank." *Esso*; Im *James-Bond*-Film „Octopussy" begegnet *Roger Moore* dem gejagten Raubtier sichtlich irritiert im Dickicht des indischen Dschungels mit den Worten: „Du gehörst doch in den Tank!" Die Szene zählt zu einem der bekanntesten Fälle von Product Placement.

„Sail away" *Beck´s Bier*

„Alles *Müller* oder was?" *Müller-Milch*

„It´s cool, man!" *Milka*

„Ja, bin ich schon drin?" *Boris Becker*

„Red Bull verleiht Flügel."

„Wohnst Du noch, oder lebst Du schon?" *IKEA*

„Trucks you can trust." *Mercedes Benz*

Quelle: *Krost, H.:* „Wie Bluna bist Du?", in: LebensmittelZeitung, Nr. 48 vom 28.11.2008, S. 129; *Gotthold, K./Frener, R.:* Vom Promi zum Werbestar, in: LebensmittelZeitung, Nr. 48 vom 28.11.2008, S. 134.

6.4.1.7   Werbetiming (= Phase 6)

Hier sind **drei grundsätzliche Entscheidungen** zu treffen:

- **Wann** soll geworben werden (Jahreszeit, Woche, Tag, Uhrzeit)?

- **Mit welcher Intensität** soll im Zeitablauf geworben werden? Hier bieten sich u. a. die gleich bleibende, die punktuelle sowie die pulsierende Werbung an (vgl. Abb. 6.7).

- **In welchen Abständen** soll die Werbung geschaltet werden?
  Werbung kann grundsätzlich komprimiert oder verteilt geschaltet werden. Welche Erinnerungswirkungen damit jeweils erzielt werden, verdeutlicht die Untersuchung von *Zielske* (1959). Er analysierte die unterschiedliche Wirkung von zeitlich verteilter und intensiver Werbung auf die Gedächtnisleistung. Bei Verteilung der Werbekontakte über das ganze Jahr hinweg steigt die Erinnerungsleistung mit jedem Kontakt an, erreicht aber nicht das Spitzenniveau der komprimierten Werbung.

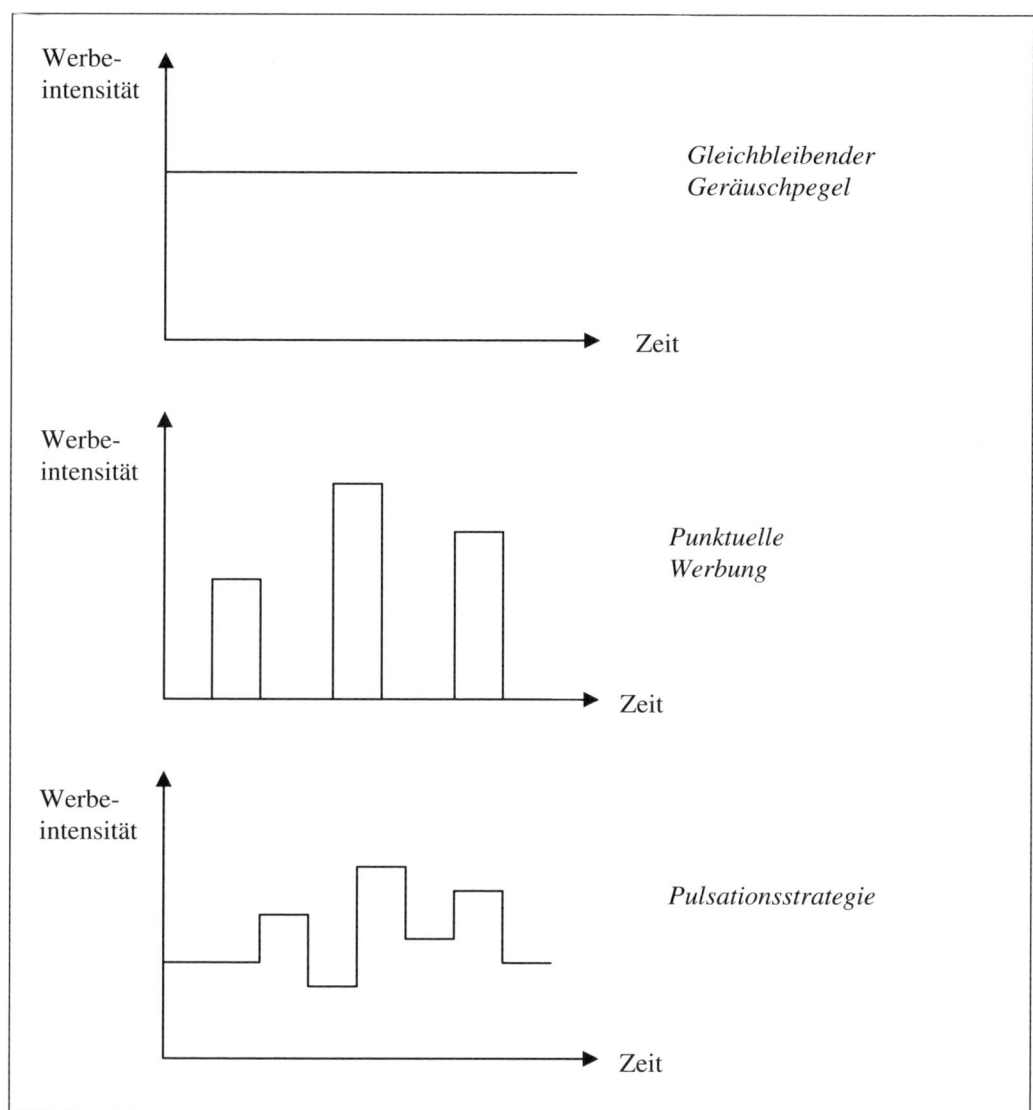

Abb. 6.7: Nach der Intensität differierende Werbestrategien

Bei wöchentlicher Schaltung steigt die Erinnerungsleistung schnell und auf ein recht hohes Niveau an. Wird die Werbung nach 13 Wochen eingestellt, sinkt die Gedächtnisleistung aber wieder schnell ab und nähert sich gegen Jahresende dem Nullpunkt (sog. *Zielske*-Effekt).
Aus den Ergebnissen von *Zielske* lassen sich folgende **Konsequenzen** ableiten:

– **Verteilte Werbung** ist geeignet, um einen kontinuierlichen bzw. über einen längeren Zeitraum ansteigenden Absatz zu gewährleisten.

– **Komprimierte Werbung** dagegen empfiehlt sich bei Saisonartikeln und bei neuen Produkten, bei denen schnell ein hoher Bekanntheitsgrad erreicht bzw. Lernwiderstände bei den Verbrauchern abgebaut werden müssen

6.4.1.8   Werbeerfolgskontrolle (= Phase 7)

Ebenso wie bei den Werbezielen lassen sich beim Werbeerfolg ökonomische und außerökonomische Werbewirkungen unterscheiden. Der Werbeerfolg lässt sich konsequenterweise anhand folgender **Verfahren** ermitteln (vgl. im Folgenden *Koschnick* 2003.):

- **Evaluative (bewertende) Verfahren**: Hier wird der Erfolg einer Kommunikationsmaßnahme anhand der Verkaufswirkungen (etwa Umsätze, Marktanteile) und damit anhand der ökonomischen Konsequenzen bewertet.

- **Diagnostische Verfahren**: Hier werden die Voraussetzungen für ökonomischen Erfolg analysiert. Diese geben Aufschluss über die Entstehung von Kommunikationswirkungen. Die Werbewirkungsreaktionen lassen sich in momentane, dauerhafte (= Gedächtnisreaktionen) und finale Reaktionen (= Verhaltensreaktionen) unterteilen.

Momentane Reaktionen umfassen sämtliche Vorgänge, die sich entweder bei oder unmittelbar nach dem Kontakt mit einem Werbemittel in einer Person abspielen (etwa Aktivierung, Aufmerksamkeit, Anmutung, Wahrnehmung).

Aktivierung (Arousal) bezeichnet sämtliche Vorgänge, die mit inneren Erregungen verbunden sind und menschliches Verhalten antreiben. Sie versorgen den Organismus mit Energie und versetzen ihn in einen Zustand der Leistungsbereitschaft und -fähigkeit. Damit ist Aktivierung notwendige, aber nicht hinreichende Bedingung für kognitiven Prozesse (= Informationsaufnahme, -verarbeitung und -speicherung). Zur Messung der Aktivierung bedient man sich gemeinhin psychophysiologischer Methoden (wie z. B. Messung von Hirnströmen, des psychogalvanischen Hautwiderstands, der Pupillenreaktionen, der Körpertemperatur, des Blutdrucks, des Adrenalinspiegels und des Hormonausstoßes).

Die **Aufmerksamkeit** fungiert als Mittler zwischen der reinen Sinneswahrnehmung und der Aufnahme ausgewählter Reize in das Kurzzeitgedächtnis. Diese lässt sich beispielsweise anhand des Kontakts zwischen Werbemittel und Umworbenem messen. Beim **Compagnon-Verfahren** wird das Leseverhalten von Anzeigen in quasi-biotischer (= ziemlich, aber nicht völlig lebensnaher) Anordnung beobachtet. Zu diesem Zweck wird ein Proband im Teststudio unter einem Vorwand zum Lesen bzw. Durchblättern einer mit einer Werbeanzeige präparierten Zeitschrift aufgefordert. Mittels entsprechender Kamera- und Spiegel-Installationen wird heimlich das Blickverhalten aufgezeichnet. Auf diese Weise lässt sich ermitteln, ob die Testanzeige im Umfeld von Text und anderen Anzeigen Aufmerksamkeit erregen konnte. Ein weiteres Verfahren ist das **Blickregistrierungsverfahren**, bei dem mit Hilfe eines auf dem Kopf der Versuchsperson sitzenden brillenähnlichen Geräts die Blickbewegung aufgezeichnet wird. Auf diese Weise lässt sich ermitteln, ob Markenname und Slogan oder nur der

Blickfang registriert werden, wie häufig die für das Werbemittel wesentlichen Elemente fixiert werden und in welcher Reihenfolge die einzelnen Bildbestandteile angeschaut werden.

Anmutungsqualität (= erster spontaner und unreflektierter Eindruck, den ein Reiz hinterlässt) und **Wahrnehmung** (= Aufnahme und Verarbeitung von Umwelt- und Körperreizen [sehen, hören, riechen, schmecken, fühlen]) schließlich lassen sich mittels **Tachistoskop** (= Gerät, mit dessen Hilfe einer Testperson Produkte, Plakate oder Anzeigen in unterschiedlichen Darbietungszeiten – beginnend mit wenigen Millisekunden bis hin zu wenigen Sekunden – vorgeführt werden) und Schnellgreifbühne (= größerer Kasten, der eine Öffnung in Augenhöhe der Testperson aufweist und mehreren Produkten und Packungen nebeneinander Platz bietet. Zu Beginn eines Versuches ist die Bühne bzw. Öffnung durch eine Vorrichtung [Vorhang, Klappe] abgedeckt, die durch einen entsprechenden Mechanismus so geöffnet werden kann, dass ein Zugriff zu den dahinter befindlichen Produkten nur für einen Augenblick möglich ist. Die vorgesehene Darbietungszeit wird dabei vom Versuchsleiter über eine Drucktaste festgelegt, die auch die Beleuchtung steuert. Solange dieser Zustand anhält, hat sich die Versuchsperson für einen oder mehrere der ausgestellten Gegenstände zu entscheiden) messen. Dabei konzentriert sich das Interesse besonders auf die emotionale Erstanmutung einer Werbebotschaft. Die aktualgenetischen Verfahren der Werbemittel- und Marktforschung zielen auf die zeitliche Verkürzung des Wahrnehmungsprozesses entweder durch apparative Verfahren mit Hilfe von technischen Geräten wie dem Tachistoskop oder durch Verhaltensinstruktionen wie bei der Greifbühne, um so durch Spontanhandlungsverfahren Wahlhandlungen zu untersuchen, die unreflektiert verlaufen. Aktualgenetische Untersuchungen gehören zu den klassischen Verfahren der Markt- und Werbepsychologie. Sie werden heute bevorzugt im Rahmen von Pretests eingesetzt.

Bei der **dauerhaften Reaktion** wird mittels der Verfahren der **Wiedererkennung (Recognition) und Erinnerung (Recall)** gemessen, welche Informationen im Gedächtnis abgespeichert wurden (vgl. Abschnitt 2.4.2.2). Auf diese Weise soll, wie in der psychologischen Gedächtnisforschung üblich, zwischen den beiden Gedächtnisleistungskomponenten Behalten (Speichern) und Erinnern (Reproduktion) unterschieden werden.

Im Zuge des **Folder-Tests** geht ein Proband eine Mappe durch, die neben redaktionellen Inhalten einige Anzeigenbeispiele enthält. Nach der Durchsicht wird die Testperson gestützt oder ungestützt gefragt, an welche Anzeigen sie sich erinnert bzw. welche Anzeigen sie wieder erkennt.

Der *Starch*-Test seinerseits ist ein Wiedererkennungstest zur Kontrolle der Werbewirkung, der auch heute noch in dieser Form durchgeführt wird. Hierzu werden dem Probanden einzelne Anzeigen aus Zeitungen, Zeitschriften, aber auch redaktionelle Beiträge in Form einer künstlichen Zeitschrift vorgelegt, um zu ermitteln, welche Anzeigen sie schon einmal gesehen bzw. in geringerem oder größerem Umfang schon gelesen haben. Hierbei wird ermittelt, ob die Anzeigen ganz oder teilweise wiedererkannt werden. Aus den Ergebnissen werden Rückschlüsse auf Interesse und mögliche Kaufabsichten gezogen. Der *Starch*-Test wird als Pretest vor der Schaltung einer Anzeige oder als Posttest zur Werbeerfolgskontrolle eingesetzt.

Der **Impact-Test** (Impact-Verfahren) ist ein in der amerikanischen Media- und Werbeforschung von der Firma *Gallup & Robinson* entwickelter Test zur Messung der Stärke und Intensität des Werbeeindrucks bei den Umworbenen. Es ist ein kombiniertes Verfahren zur Überprüfung der ungestützten Erinnerung und der Wiedererkennung von Anzeigen in Druckmedien. Im ersten Untersuchungsschritt werden die Leser einer Zeitschrift befragt, an welche der darin enthaltenen Anzeigen bzw. beworbenen Marken, Firmen oder Waren sie sich erinnern können (claimed recall). Dann werden sie um eine möglichst genaue Beschreibung der Anzeigen gebeten.

Ergibt sich so eine überprüfte Erinnerung (proven recall), folgen weitere Fragen nach der genauen Position der Anzeige, nach der Stärke des Eindrucks, den die Werbebotschaft bei den Befragten hinterlassen hat, nach der positiven oder negativen Resonanz der Anzeige, nach den Assoziationen, die sie ausgelöst hat, nach den Auswirkungen des Werbemittelkontakts auf Kaufwünsche und Kaufverhalten und nach dem Abschneiden der untersuchten Anzeigen im Vergleich zu gleichfalls in derselben Zeitschrift enthaltenen Konkurrenzanzeigen.

Das Impact-Verfahren wurde in den USA erstmals 1951 eingesetzt. In der Bundesrepublik Deutschland wurde es seit 1954 unter der Bezeichnung *Emnid*-Impacttest durchgeführt, bis 1981 an seine Stelle der weiterentwickelte *Emnid* Recall & Recognitiontest und später der *Emnid*-Werbe-Awareness-Test trat.

Bei **AdPlus** wird die Werbewirkung unter biotischen sprich realen Bedingungen getestet. Zunächst werden die Markenpräferenzen der Testpersonen erfasst. Nach einer anschließenden Filmvorführung, die durch einen Werbeblock unterbrochen wird, beantworten die Probanden Fragen zum Film und geben an, welche Marken ihnen aufgefallen sind. Nun wird der Werbeblock wiederholt und die Markenpräferenzen erneut gemessen. Durch einen Vorher-Nachher-Vergleich lassen sich nunmehr Einstellungsänderungen in Bezug auf die umworbenen Marken identifizieren.

Beim **Day-After-Recall-Test** wird im Falle der TV-Werbung einen Tag nach Ausstrahlung des Spots im regulären Fernsehprogramm mittels einer telefonischen Befragung ermittelt, wie viele Personen sich an den Spot erinnern und welche Inhalte noch bekannt sind. Ähnlich wird im Falle von Print-Werbung vorgegangen: Der Testperson wird ein Originalheft mit eingefügten Werbeanzeigen für mehrere Tage zur Verfügung gestellt. Einen Tag, nachdem das Heft zurückgenommen wurde, wird der Proband nach Wiedererkennung der bzw. Erinnerung an die Anzeige befragt.

Die Messung der **finalen Reaktion** erfolgt anhand der **Kaufintention**. Zu diesem Zweck wird der Proband zunächst befragt, für welche Marke aus einem vorgegebenen Set an Optionen er sich entscheiden würde, wenn er zwischen diesen zu wählen hätte. Danach wird ihm das entsprechende Werbemittel präsentiert, um schließlich mittels derselben Frage die Messung zu wiederholen. Aus der Differenz der Nennungen zwischen Vorher- und Nachherbefragung wird auf die Wirkung des Werbemittels geschlossen (vgl. *Schaper* 2009).

Fallbeispiel „Werbeerfolg" – objektive technische Daten versus subjektives Qualitäts-empfinden

Produkte mit technischen Angaben verkaufen sich besser, selbst wenn sie schlechter als Vergleichsprodukte sind. So hatten Probanden die Wahl zwischen zwei Digitalkameras. Die eine machte die schöneren, lebendigeren Bilder, die andere verfügte über mehr Pixel. Hatten die Testpersonen keine Informationen über die unterschiedliche Pixelzahl, wählten 74 % die Kamera mit den besseren Bildern.

Wurden die Untersuchungspersonen hingegen auf die unterschiedliche Zahl der Bild-punkte hingewiesen, entschieden sich nunmehr 75 % für die Kamera mit der höheren Pi-xelzahl, aber den schlechteren Bildern. Die Befunde lassen den Schluss zu, dass Verbrau-cher den „objektiven" technischen Angaben mehr vertrauen als ihrem eigenen Qualitäts-empfinden.

Nicht nur bei technischen Geräten wie Digitalkameras oder Handys, sondern auch bei Kar-toffelchips, Sesamöl und Handtüchern lassen sich Verbraucher von Zahlen überzeugen. Wurde die Weichheit von Handtüchern durch einen Parameter spezifiziert, stieg die Kauf-rate auf 83 %. Alleine nach Anfühlen entschieden sich lediglich 57 % für dieses Produkt.

Quelle: *Hsee, Ch.*, zitiert nach *Lossau, N.*: Zahlen sind die beste Werbung, in: Die Welt vom 27.12.2008, S. 1.

6.4.2   Verkaufsförderung (Sales Promotions)

Verkaufsförderung bezeichnet alle kurzfristigen, unmittelbaren Maßnahmen, die dazu die-nen, die Marktbeteiligten (Verbraucher, Absatzmittler und -helfer, Händler) zu aktivieren und damit den Absatz zu stimulieren. Nach den anvisierten Zielgruppen lassen sich **drei Formen der Verkaufsförderung** unterscheiden (vgl. Tab. 6.2):

*   **Verbraucherpromotions** (z. B. Gewinnspiele, Preisnachlässe, Gutscheine, „Self Liqui-dating Offers", d. h. [zumeist sortimentsfremde] Artikel, die [häufig von Verbraucher-märkten und SB-Warenhäusern] zum Einkaufs- bzw. Selbstkostenpreis angeboten wer-den mit dem Ziel, Stammkunden zu binden, die Kundenfrequenz zu erhöhen und Neu-kunden zu gewinnen; „Banded Pack": Zwei oder mehr (nicht unbedingt) komplementäre Produkte werden in einer Verpackung angeboten [z. B. Zahnpasta mit Zahnbürste, Zahn-seide und Mundwasser; Pasta mit Olivenöl und Kräutermischung; Schinken mit Bier-krug] mit dem Ziel, Lagerbestände abzubauen, neue Produkte in den Markt einzuführen sowie den Handel dazu zu bewegen, auch das neue Produkt zu listen. Im Falle des gleich-zeitigen Angebots nicht komplementärer Produkte zu einem optisch günstigen Gesamt-preis wird der Preis für das Hauptprodukt nicht reduziert. Das Produkt wird somit nicht zum Objekt von Sonderpreisaktionen, wodurch u. U. dessen Image abgewertet bzw. spä-tere Preissteigerungen erschwert werden könnten. Gleichzeitig erzielt der Anbieter durch den attraktiven Paketpreis eine verkaufsfördernde und somit absatzsteigernde Wirkung.)

Tab. 6.2: Arten der Verkaufsförderung nach relevanten Funktionen
(Quelle: Meffert 2000, S. 723)

Funktion Zielgruppe	Information	Motivation	Schulung/ Training	Verkauf
Verbraucher	• Handzettel • Prospekte • Verbraucher-zeitung	• Preisaus-schreiben • Gewinnspiel • Muster/ Warenproben	•Lehrveranstal-tung	• Rabatte/ Son-derkonditio-nen • Zugaben/ Gutscheine • „Self-Liquida-ting-Offers" • Produkte mit Zusatznutzen (etwa Senf im Bierglas)
Außen-dienst/Verkaufs-organisation	• Verkäufer-briefe • Verkäufer-information • Verkäuferzei-tungen	• Entlohnung und Prämien-systeme	•Tonbild-schauen •Filme/ CDs •Ausbildung zum Vekaufs-berater	• Sales Folder • Argumentati-onshilfen • Testergebnisse • Hostessen/ Dekorateure • Verkaufshand-bücher
Händler/ Absatzmittler	• Verkaufsbriefe • Anzeigen/ Beilagen • Handelsmes-sen/Fachaus-stellungen	• Wettbewerbe/ Preisaus-schreiben • Gadgets (Beigaben) • Sonder-konditionen • Partneraktio-nen	•Handelssemi-nare	• Sonder-/ Zweitplatzie-rungen • Displays • Sonderaktio-nen

- **Außendienstpromotions** (z. B. Wettbewerbe, Incentive-Reisen, Schulungs- und Infor-mationsveranstaltungen, Bereitstellung von Verkaufshilfen wie z. B. Sales Folder [= Faltprospekt, in welchem das zu bewerbende Objekt detaillierter vorgestellt wird])

- **Händlerpromotions** (z. B. Preiszugeständnisse und Naturalrabatte, Einsatz von Propa-gandisten, Bereitstellung von Display-Material, Werbekostenzuschüsse, Gadgets [englisch für technische Spielerei;], d. h. technische Werkzeuge oder Geräte mit cleverer oder bisher so nicht bekannter Funktionalität und einem i. d. R. außergewöhnlichen De-sign als Beigaben etwa Spritzpistole als Kamera getarnt in *Micky Maus*-Heften)

Kritisch anzumerken bleibt, dass der Verkaufsförderung auch Instrumente wie etwa Werbekostenzuschüsse, Rabatte/Sonderkonditionen und Sonder-/Zweitplatzierungen subsumiert
werden, die streng genommen anderen Marketing-Mix-Bereichen (etwa Kontrahierungs-,
Vertriebsmanagement) angehören.

Fallbeispiel „Verkaufsförderung" – Food-Aktionen bei *Aldi Süd*

Der Erfolg der Non-Food-Aktionen von *Aldi Süd* ist legendär und gilt als höchst effektives
Instrument zur Steigerung von Frequenz, Umsatz und Ertrag. Allerdings stößt man hier seit
einiger Zeit an Wachstumsgrenzen, und es wird zunehmend schwieriger, für die verdop-
pelte Anzahl von Aktionsterminen (von Mittwoch auf Montag und Donnerstag) neue Produktbereiche zu erschließen.

Angesichts dieser Entwicklung setzt *Aldi Süd* bei Aktionen verstärkt auf den Food-Bereich, wobei in dreierlei Sicht eine neue Qualität gegenüber bisherigen Aktionen geschaffen wurde:

1. Es werden nicht mehr einzelne Artikel isoliert angeboten, sondern *Aldi Süd* offeriert
   nunmehr komplette Warenwelten. So konnte der Kunde beispielsweise ein aus über 20
   Artikeln bestehendes China-Sortiment erwerben, das von Snacks über Kochzutaten bis
   hin zu Getränken im Tetra-Pack reichte. Ihm folgten ein italienisches Sortiment mit
   ebenfalls 20 Artikeln und daran anschließend ein aus fünf Artikeln bestehendes mexi-
   kanisches Sortiment. Hierbei sucht man systematisch nach Synergien mit Non-Food-
   Aktionen, wie sie speziell beim italienischen Sortiment auffallen, wo parallel mediter-
   ranes Kochgeschirr, Capuccino- und Espresso-Tassen, italienische Kochbücher und
   CDs angeboten wurden.
2. Die Non-Food-Artikel werden nicht mehr wie klassische Aktionsartikel für ein bis zwei
   Wochen, sondern für einen Monat und länger disponiert. Dadurch erhält der Kunde die
   Möglichkeit, die Produkte auszuprobieren und bei Bedarf nachzukaufen.
3. Der Raum für den gesamten Aktionsbereich in den Filialen wurde zu Lasten der sog.
   Nährmittel wie Nudeln, Knödel, Suppen, Saucen, Backzutaten etc. ausgeweitet.

Durch die Ausweitung der Aktionen in den Food-Bereich gelingt es *Aldi Süd*, die vom
Konsumenten wahrgenommene Sortimentsfülle ohne große Effizienzeinbußen deutlich zu
vergrößern. Dies setzt voraus, dass der Konsument sein Kaufverhalten inhaltlich und zeitlich an *Aldis* Angebot anpasst. D. h. er kauft auch weiterhin das, was er bei *Aldi* findet, und
nicht das, was er sucht.

Quelle: *Roeb, Th.*: Generation Aldi wird erwachsen, in: LebensmittelZeitung, Nr. 14 vom
           02.04.2004, S. 48–49.

Fallbeispiel „Abnehmerorientierte Verkaufsförderung" – Steigerung von Kundenfrequenz und Durchschnittsbon durch Verlosung bei *Praktiker*

„30 Jahre *Praktiker* – 30 *Ford Fiesta* zu gewinnen. Einfach vom 17.11.–20.11.08 für mind. 100 Euro einkaufen und automatisch an der Verlosung teilnehmen.

Es gilt die Belegnummer des Kassenbons. Die Gewinner werden nicht schriftlich benachrichtigt. Bekanntgabe der Gewinn-Belegnummern ab 01. Dezember in allen *Praktiker*-Märkten und auf www.praktiker.de"

Auf diese Weise wird nicht nur der Durchschnittsbon gesteigert, sondern auch die Kundenfrequenz erhöht. Denn die Kunden müssen eine Filiale oder die Internetseite aufsuchen, um zu überprüfen, ob sie gewonnen haben.

Grundsätzlich ist bei den Verbrauchern eine Tendenz dahingehend festzustellen, die Informationsaktivitäten von der Vorkauf- in die Kaufphase zu verlagern, was der Bedeutung von Verbraucherpromotions zuträglich ist, wohingegen der Werbung eine abnehmende Bedeutung zugesprochen wird. Damit einher geht eine Verlagerung von der aktiven zur passiven Aufnahme von Preisinformationen. Da die Konsumenten auf die am Point-of-Sale präsentierten Preisinformationen zugreifen, werden insbesondere die Produkte bzw. Marken erworben, die vom Handel als besonders preisgünstig herausgestellt werden.

Verstärkend kommen die immer größer werdenden Streuverluste der klassischen Werbung hinzu, wodurch die Verkaufsförderung am Point-of-Sale und hier u. a. die **digitale Instore-Werbung** (Spots von max. 15 Sekunden, die während der gesamten Dauer das Produkt zeigen, Emotionen ansprechen und ohne Ton wirken; Screens, auf welche die Kunden im Laden eine längere Strecke zulaufen oder die in Schlangenbereichen vor der Kasse sowie an Bedientheken positioniert werden) weiterhin an Bedeutung gewinnen. Studien belegen, dass rund 50 % der Kaufentscheidungen erst vor Ort fallen (vgl. *Konzept & Markt/POS Support* 2009). Als wichtiger Indikator gilt hier die **Instore-Decision-Rate**. Die Kennzahl bringt zum Ausdruck, wie viel Prozent der Kaufentscheidungen erst im Verkaufsraum getroffen werden. Diese setzen sich aus vage geplanten und ungeplanten Kaufentscheidungen zusammen. Bei vage geplanten Einkäufen weiß der Kunde zwar, welches Produkt er erwerben möchte, aber er hat sich noch nicht auf eine bestimmte Marke fixiert. Als völlig ungeplant gelten Einkäufe, wenn vor dem Einkauf weder Produktart noch Marke feststehen. Ein geplanter Einkauf liegt hingegen vor, wenn der Verbraucher bereits vor dem Shopping weiß, welche Ware er erwerben will, und sie auch tatsächlich erwirbt.

Die Instore-Decision-Rate muss durch eine Befragung der Kunden ermittelt werden, am besten im unmittelbaren Anschluss an den Kaufvorgang. Hierfür bietet sich beispielsweise eine Befragung im Laden (sog. **Instore-Befragung**) nach dem Kassiervorgang an.

Eine hohe Instore-Decision-Rate kann einmal auf **Impulskäufe** hinweisen, die normalerweise nur bei Selbstbedienung möglich sind. Hierunter versteht man Käufe, die ungeplant, spontan und sehr schnell ablaufen. Impulskäufe treten insbesondere bei nicht gewohnheitsmäßigen Produkten auf (z. B. bei Bekleidung, Süßigkeiten), wohingegen sie bei höherwertigen Produkten (z. B. Haushaltsgeräte, Unterhaltungselektronik, Informationstechnologie) selten zu beobachten sind. Neben der Produktart wird das impulsive Kaufverhalten durch die am Verkaufsort (= Point-of-Sale) auftretenden Reize (Verpackung, Produktpräsentation, Sonderangebote, Geschäftsausstattung) gesteuert.

Weiterhin kann eine hohe Instore-Decision-Rate darauf hindeuten, dass der Kunde bereits mit einem konkreten Bedürfnis (z. B. Kauf eines Waschmittels) in das Geschäft kommt, die Entscheidung für ein konkretes Produkt (z. B. *Persil*) aber erst vor Ort fällt. Neben Verpackung und Präsentation sind hierfür Verkaufsförderungsaktionen (z. B. Sonderpreisaktionen, Probierstände) verantwortlich.

Eine Erhöhung der Instore-Decision-Rate kann u. a. erreicht werden durch: Warenpräsentation (u. a. ansprechende Verpackungen und Displays, Zweitplatzierungen) Verkaufsförderungsaktionen (z. B. Sonderpreisaktionen, Probierstände mit Verkostungen, **Merchandising**-Aktionen wie Preisausschreiben, Incentives; vgl. *Schneider/Hennig* 2008a sowie die dort zitierte Literatur).

Der Begriff des **Merchandising** ist in den USA, wo er entstand, nicht minder unklar als im deutschsprachigen Raum. I. d. R. wird darunter die Gesamtheit aller Maßnahmen der Absatzförderung verstanden, die ein Hersteller beim Einzel- und Großhandel ergreift. Eine andere Bedeutung hat Merchandising im Bereich der Medien. Hier bezieht sich Merchandising auf den Verkauf von Begleitmaterial bzw. Produkten zu Programmen bzw. Filmen. Dieser Vorgang wird vielfach auch als **Licensing** bezeichnet. Als Licensing gelten Maßnahmen der kommerziellen und gewinnorientierten Nutzung einer öffentlichkeitswirksamen Figur, Persönlichkeit oder Marke auf Basis einer Lizenzvergabe. Diese stellen also eine profitable Einnahmequelle für den Lizenzgeber dar. Ziel des Licensing ist es, Produkte und/oder Werbemaßnahmen durch den Einsatz von Lizenzthemen emotional zu positionieren und den Absatz zu steigern. Ein Beispiel hierfür ist die Beigabe von Spielfiguren zum *Wicki*-Spielfilm zu den Happy Meals von *McDonald's*.

Eine spezifische Form der verbraucherbezogenen Verkaufsförderung stellt das **Couponing** dar. Coupons sind Bescheinigungen, die dem Inhaber beim Erwerb einer Unternehmensleistung eine festgelegte Ersparnis garantieren (vgl. im Folgenden *Barowski* 2004; *Keller* 2003; *Kreutzer* 2003; *Ploss/Berger* 2003; *Zacharias* 2007). Der erste Gutschein für eine kostenlose Produktprobe wurde bereits 1895 von *Coca-Cola* verteilt. Bis zum Jahr 2001 verhinderten in Deutschland Rabattgesetz und Zugabeverordnung, dass Zugaben und Rabatte in Form eines Coupons gegeben werden durften. Als am 25. Juli 2001 Zugabeverordnung und Rabattgesetz abgeschafft wurden, boten sich Händlern und Herstellern nunmehr neue Wege, um ihren Kunden Kaufanreize zu bieten. War zuvor höchstens die Gewährung eines dreiprozentigen Barzahlungsrabatts erlaubt, boten die neuen Regelungen einen deutlich erweiterten Gestaltungsspielraum. Im Jahr 2004 wurde das UWG wiederholt umfassend novelliert. Unter anderem wurde das Sonderveranstaltungsangebot aufgehoben, was früher zu Problemen mit Couponlaufzeitbeschränkungen führen konnte. Wurde ein Rabattgutschein mit einer Laufzeit versehen: „Sparen Sie 25 % auf Ihren gesamten Einkauf von 01. – 30. Juli", konnte dies als unzulässige Sonderverkaufsveranstaltung gedeutet werden und Rechtsfolgen nach sich ziehen.

Abb. 6.8: Der erste Coupon 1895 (Quelle: The Coca-Cola Company)

Als die skizzierten Beschränkungen fielen, war dies gleichzeitig die Grundsteinlegung für ein bis dahin nicht nutzbares Marketing-Instrument – das Couponing. Vor allem Mobile- und Onlinecoupons werden sich in Zukunft noch weiter etablieren und auch die Einlöseraten erhöhen.

Nach dem **Herausgeber** lassen sich **zwei Arten von Coupons** unterscheiden:

- **Herstellercoupons**: Das klassische bzw. mehrstufige Couponing ist eine Kooperation zwischen Hersteller und Handel. Es bezeichnet Verkaufsförderungsaktionen, die es dem Verbraucher ermöglichen, einen Gutschein einzulösen, der ihm einen Preisnachlass oder eine Zusatzleistung gewährt. I. d. R. streuen Markenhersteller die Coupons über Handzettel, Beilagen oder Zeitungsanzeigen. Der Käufer löst diese im Handel ein und erhält den Face-Value (= Couponwert) erstattet. Der Handel verrechnet die eingelösten Coupons mit dem Herstellerunternehmen und erhält von diesem den Face-Value zuzüglich einer Handlingpauschale erstattet. Diese Abrechnung wird als „Clearing" bezeichnet.

- **Händlercoupons**: Fungiert der Handel als Herausgeber der Coupons, so wird dies als „einstufiges Couponing" bezeichnet. Der wesentliche Unterschied ist, dass das Clearing zwischen Handel und Hersteller nicht erfolgt, da der Handel in diesem Fall Distributor und Einlösestelle in einem ist. Zudem hat der Handel vollkommene Gestaltungsfreiheit, was Art und Aussehen der Coupons betrifft. Allerdings bezahlt er den Face-Value an den einlösenden Kunden aus eigenen Mitteln. Genutzt wird dies vor allem in Branchen, in denen der Handel selbst stark mit seinen Eigenmarken vertreten ist.

Als **Verteilungsarten** kommen in Frage.

- Versand per Post
- Beilage zu anderen Produkten
- Bestandteil von Anzeigen in Zeitungen/Zeitschriften
- Aufdruck auf Kassenbons
- Coupons zum Ausdrucken am Point-of-Sale
- Online-Coupons zum Ausdrucken
- SMS

Nach Art des **Face-Value** und **Produktbezug** lassen sich folgende **Arten** von Coupons unterscheiden:

- **Produktbezogene Cash Coupons**: Hierbei handelt es sich um einen Artikel- oder Mengenrabatt in Form eines Absolutbetrags oder eines prozentual ausgewiesenen Preisnachlasses.

- **Produktübergreifende Cash Coupons**: Hierbei handelt es sich um einen Aktionsrabatt, der gewährt wird, wenn die Einkaufssumme einen bestimmten Betrag übersteigt.

- **Produktbezogene Warengutscheine**: „Buy one, get one free!" (BOGOF-Prinzip) bzw. „Two for one" („241"-Prinzip). Der Waren-Coupon kann sich aber auch auf eine einfache Produktzugabe zu einem bestehenden Kauf oder eine Gratisprobe beziehen.

- **Produktübergreifende Warengutscheine**: Treue-Coupons/Sammelpunkte, Verteilung von Einkaufsgutscheinen

Hinsichtlich des **Distributionszeitpunkts** existieren folgende Arten:

- **Pre-Sales-Coupons** werden vor einem möglichen Kaufakt distribuiert, um denselben anzustoßen.

- **After-Sales-Coupons** werden nach dem Kaufakt verteilt, um die Wahrscheinlichkeit eines Wiederkaufs zu erhöhen. Hierfür werden durch den Coupon bestimmte Vorteile für den Folgekauf geschaffen.

Nach dem **Grad des Personalisierung** können differenziert werden:

- **Personalisierte Coupons** sind mit Kundennamen, Adresse oder einer anderen eindeutigen Identifikation versehen. Deswegen sind sie insbesondere für Controllingmaßnahmen und individualisierte Angebote geeignet. Kundendatenbanken bieten darüber hinaus die Möglichkeit, Coupons individuell auszugestalten.

- **Unpersonalisierte Coupons** werden massenhaft in identischer Form distribuiert. Hier erfolgt keine kundenindividuelle Ansprache oder Kennzeichnung.

Nach der **zeitlichen Bedingung der Gewährung des Couponwerts** sind zu unterscheiden:

- **Instant-Benefit-Coupon**: Der ausgelobte Vorteil kann sofort in Anspruch genommen werden (beispielsweise BOGOF- oder Cash-Coupon).

- **Deferred-Benefit-Coupon**: Hier wird zuerst der volle Preis bezahlt und es folgt eine nachträgliche Gutschrift.

Die Herausgeber verfolgen mit Coupons folgende **Ziele**:

- Gewinnung von Erstverwendern für neue Produkte

- Akquisition von Markenwechslern

- Erhöhung bzw. Halten der Wiederkaufrate bei bestehenden Produkten

- Ausschöpfung von Cross-Selling-Potenzialen bei vorhandenen Kunden

- Erhöhung des Absatzes von Produkten in der Reifephase ihres Lebenszyklus

Coupons bieten den Vorteil der **Preisniveaustabilisierung**, d. h. im Vergleich zu Sonderpreisaktionen, bei denen der Preis gesenkt wird, bleibt hier das ursprüngliche Preisniveau beibehalten. Als Nachteil gilt, dass durch Coupons die Preissensitivität der Konsumenten steigt, was letztlich zu einer **abnehmenden Markenloyalität** führt. Das Couponing erfährt grundsätzlich in rezessiven Zeiten einen Aufwärtstrend.

Fallbeispiel „Couponing" – Anregung zu Mehrkäufen durch individuelle Gutscheine

Coupons werden zumeist von Herstellern eingesetzt, um neue Kunden für ihr Produkt zu gewinnen und/oder derzeitige Kunden zu binden. In jüngerer Zeit erkennen jedoch auch immer mehr Handelsunternehmen das Nutzenpotenzial dieses Verkaufsförderungsinstruments.

Getreu dem Motto „Sage mir, was Du kaufst, und ich sage Dir, was Du (noch) brauchst." wird parallel zum elektronischen Kassiervorgang mittels Scannerkasse auf einem zweiten Computer beispielsweise registriert, dass ein Kunde immer viel Käse kauft. Daraufhin wird dem Kunden ein Gutschein über 3 € beim Kauf von Rotwein ausgedruckt. Oder das Handelsunternehmen versucht, den Kunden mittels eines Coupons über 10 % Rabatt für Obst und Gemüse zum Kauf gesunder Lebensmittel zu motivieren. Derartige Gutscheine erhält der Kunde gemeinsam mit dem Kassenbon überreicht und kann sie beim nächsten Einkauf einlösen. Demnach dient das Ganze als Kundenbindungsinstrument und soll zum vermehrten Einkauf im gleichen Handelsunternehmen anregen.

Quelle: *o. V.*: „Zu Ihrem Käse fehlt der Rotwein", in: Frankfurter Allgemeine Zeitung, Nr. 3 vom 04.01.2007, S. 14.

Cross-Promotion repräsentiert eine weitere Form der Verkaufsförderung. Hierbei führen mindestens zwei Unternehmen gemeinsam Kommunikationsmaßnahmen durch und transportieren eine einheitliche Botschaft an eine für beide bzw. alle interessanten Zielgruppe/n. Auf diesem Weg lassen sich Kosten teilen bzw. es kann ein größeres Kommunikationsvolumen realisiert werden. Des Weiteren profitiert jeder Partner von dem Image des bzw. der anderen Werbetreibenden. Ein Beispiel für Cross-Promotion ist die *Bild*-Kleider-Kollektion von *C& A*.

6.4.3   Öffentlichkeitsarbeit (Public Relations)

Die Öffentlichkeitsarbeit zielt auf die systematische Gestaltung und Pflege der Beziehungen eines Unternehmens bzw. einer Organisation zur Öffentlichkeit (sog. Stakeholder: Kunden, Kapitalgeber, Lieferanten, Mitarbeiter, Institutionen, An- bzw. Bewohner, Bürgerinitiativen, Staat, Medien etc.) mit dem Ziel, Vertrauen und Verständnis zu gewinnen bzw. auf- und auszubauen (vgl. im Folgenden *Aberle/Baumert* 2002; *Meffert* 2000, S. 724–726). Hierfür bieten sich folgende **Maßnahmen** an:

- Pressearbeit: Herstellung guter Kontakte zu Presse und Rundfunk (Roundtable-Gespräche, Redaktionsbesuche mit Kunden, Beantworten von Presseanfragen, Durchführung von Journalistenreisen, Interviews), Durchführung von Pressekonferenzen sowie Verfassen von Pressemitteilungen, Themenbeiträgen, Anwenderberichten, Reden, Biografien etc.

- Lobbyismus, d. h. der Versuch, politische Entscheidungsträger zu beeinflussen
- Veranstaltungsorganisation: Betriebsbesichtigungen, Feste, Info-Mobile und Messestände, Verbraucherveranstaltungen, Seminare, Konferenzen und Tagungen, Schulungen
- Mediengestaltung: Geschäftsberichte und Sozialbilanzen (, in denen Unternehmen freiwillig Auskunft über soziale/n Nutzen und Kosten betrieblicher Tätigkeiten geben), Jubiläumsschriften, Broschüren, Newsletter, Verbraucher- und Mitarbeiterzeitschriften, Internet- und Intranetauftritt
- Medien- und Umweltbeobachtung: Monitoring der Medienpräsenz, Auswertung und Analyse der Berichterstattung, Situations- und Meinungsanalysen

Dabei fallen der Öffentlichkeitsarbeit folgende **Funktionen** zu:

- Informationen für und Kontakt zu sämtlichen Zielgruppen des Unternehmens
- Harmonisierung und Kontinuität, d. h. Pflege der Beziehungen zur Öffentlichkeit
- Stabilisierung bzw. Verbesserung des Images
- Absatzförderung im Sinne der Unterstützung der anderen Marketing-Instrumente
- Sozialfunktion, d. h. die Übernahme gesellschaftlicher Aufgaben durch das Unternehmen
- Balancefunktion, d. h. Ausgleich zwischen den Interessen des Unternehmens und der Gesellschaft

Fallbeispiel „Öffentlichkeitsarbeit" (1) – *Wal-Mart*

Das gemessen am Umsatz größte Unternehmen der Welt sieht sich im Zuge seiner rasanten Expansion der vergangenen Jahre zunehmend in der öffentlichen Kritik. Dem Unternehmen wird vorgeworfen, mit seinen großflächigen Einzelhandelsbetrieben kleinere Händler in den Ruin zu treiben. Darüber hinaus sieht sich *Wal-Mart* mit dem Vorwurf konfrontiert, seine Mitarbeiter mit Niedrigstlöhnen sowie zu langen Arbeitszeiten auszubeuten und sich Geschlechter diskriminierend sprich frauenfeindlich zu verhalten. Schließlich kam das Unternehmen in die Schlagzeilen, als bei einer Razzia in Kalifornien Hunderte von illegal beschäftigten Einwanderern festgenommen wurden, die als Reinigungskräfte eingesetzt worden waren.

Die öffentliche Wahrnehmung wurde für *Wal-Mart* zunehmend zu einer Hürde in der Expansion. Insbesondere in Kalifornien, wo das Unternehmen verstärkt Verbrauchermärkte errichten wollte, regte sich in kleineren Gemeinden Widerstand. Beispielsweise blockierte die Kleinstadt Inglewood mit einer Bürgerabstimmung den Bau eines *Wal-Mart* Supercenters.

Seit 2003 geht das Unternehmen nun in die Offensive. In regelmäßig geschalteten Werbe-Spots loben Beschäftigte die Arbeitsbedingungen, und Kunden berichten von den segensreichen Auswirkungen eines *Wal-Mart* Geschäfts auf ihre Gemeinde. Des Weiteren wurde eine Reihe von Initiativen gestartet, mit denen das Arbeitsumfeld verbessert werden sollte.

Beispielsweise wurden Kassenmitarbeiter mit elektronischen Signalen aufgefordert, ihre Pausen einzuhalten. Im Falle eines Verstoßes wurden die Kassen automatisch abgeschaltet. Um die Distanz zu den Medien zu verringern, vergab *Wal-Mart* Stipendien für angehende Journalisten im Wert von jährlich 500.000 Dollar, die auf zehn verschiedene Universitäten verteilt wurden. Außerdem sponserte das Unternehmen einen Radiosender sowie eine Fernseh-Talkshow.

Schließlich veröffentlichte das Unternehmen in kalifornischen Zeitungen einen ausführlichen offenen Brief, um den bestehenden Vorwürfen zu begegnen. Das Unternehmen betonte, wettbewerbsfähige Löhne zu zahlen, Sozialleistungen anzubieten und gemeinnützige lokale Anliegen zu fördern. Und *Wal-Mart* vergaß auch nicht, das Portemonnaie der Verbraucher anzusprechen: Das Unternehmen zitierte eine Studie, nach der kalifornische Haushalte im Durchschnitt 589 Dollar p. a. durch den Einkauf bei *Wal-Mart* einsparen können, wenn das Unternehmen erst einmal einen bestimmten Marktanteil erreichen würde.

Quelle: *o. V.*: Der Einzelhändler Wal-Mart wirbt um Sympathie, in: Frankfurter Allgemeine Zeitung, Nr. 225 vom 27. September 2004, S. 18.

Fallbeispiel „Öffentlichkeitsarbeit" (2) – *Silvretta Arena Ischgl Samnaun*

Wussten Sie, dass …

- im Skigebiet wieder viele Pistenbereiche gemäht und gemulcht werden, was sich sehr positiv auf die Artenzusammensetzung der Vegetation, das Landschaftsbild und den Erholungswert auswirkt?

- täglich während der Nachtstunden 31 Pistengeräte die Abfahrten präparieren, um Ihnen ungetrübten Skilauf zu garantieren?

- jedes dieser Pistengeräte ca. € 220.000,00 kostet?

- unsere Anlagen ca. 80.200 Personen pro Stunde befördern können?

- allein in den letzten 5 Jahren über € 120.000.000,00 in die Verbesserung unseres Skigebietes investiert wurden?

- durch unsere Solar- und Wärmerückgewinnungsanlagen pro Jahr ca. 50.000 kW Stunden Energie gewonnen werden?

- in den letzten 10 Jahren ca. 15–20 ha Abfahrten, welche vor 20–30 Jahren mit Schubraupen planiert und nicht begrünt wurden, rekultiviert wurden?

- unsere Restaurants mittels Kanalisation an die örtliche Abwasseranlage angeschlossen sind?

- zur Ermöglichung dieser Investitionen unsere Aktionäre seit Bestand des Unternehmens auf die Ausschüttung von Dividenden verzichtet haben?

- für jeden erkauften Skipass allein für die Beschneiung ca. € 4,50 aufgewendet werden müssen?

- im Winter über 600 Personen im Skigebiet Beschäftigung finden?

- wir seit 1998 unseren Bauern 326 Rinder, 94 Kälber und 92 Lämmer zu einem fairen Preis abgekauft und in unseren Restaurantbetrieben verwertet haben?

- die meisten Pisten des Skigebietes während der Sommermonate aus Almen – mittlerweile häufig als „Bioalmen" – genutzt werden, wobei heute mehr Vieh aufgetrieben werden kann als vor Erschließung des Skigebietes?

- die Seilbahnen und Lifte im Winter 2003/2004 über 23,7 Millionen Mal benützt wurden?

- durch unsere Investitionen ca. 250 weitere Arbeitsplätze gesichert wurden?

- 1963/64 eine Wochenkarte rund € 29,00 kostete? Das entspricht einem heutigen Wert von rund € 127,00. Eine Wochenkarte kostet jetzt € 172,50 und ist somit nur unwesentlich teurer – damals standen allerdings nur zwei Anlagen zur Verfügung, heute sind es 42.

- wir jährlich ca. 150 t Mist von den Höfen unserer Bauern für die Düngung und Begrünung der Pisten und Abfahrten verwenden und in den letzten drei Jahren 12.000 Bäume neu gepflanzt haben?

- die *Silvretta Arena* für ihre Bemühungen um eine intakte Umwelt schon mehrfach ausgezeichnet und von Lesern des *„Ski Magazin"* zum umweltfreundlichsten Skigebiet gewählt wurde?

- die *Silvretta Arena* bei internationalen Vergleichen regelmäßig an der Spitze der Top-Skigebiete rangiert?

- die *Silvrettaseilbahn AG* und die *Bergbahnen Samnaun AG* zwei der wichtigsten Wirtschaftsfaktoren der Region sind und die *Silvrettaseilbahn AG* eines der größten Unternehmen in *Tirol* ist?

Quelle: Prospekt Tarife Winter 2004/05 der Silvretta Seilbahn AG", aus: www.silvretta.at; Stand: 25.03.2005.

Fallbeispiel „Öffentlichkeitsarbeit" (3) – die verdeckten PR-Aktivitäten der *Deutschen Bahn*

In 2009 gab die Konzernspitze der *Deutschen Bahn* zu, 2007 1,3 Mio. € für verdeckte PR-Aktivitäten zur Imageverbesserung in Form von vorproduzierten Medienbeiträgen, Blog- und Forenbeiträgen, Leserbriefen und Meinungsumfragen, bei denen der Urheber bzw. Auftraggeber nicht zu erkennen ist (sog. „No badge"-Aktivitäten), ausgegeben zu haben. Der eigentliche Auftraggeber wurde dabei doppelt verdeckt. Die Zahlungen der *Deutschen Bahn* flossen hierbei zunächst an die *Agentur European Public Policy Advisers GmbH (EPPA)*, die wiederum den Verein *Berlinpolis* mit konkreten PR-Maßnahmen beauftragte. *Berlinpolis* bezeichnet sich selbst als „unabhängige und eigenverantwortliche Denkfabrik". *Berlinpolis* hatte u. a. im Oktober 2007 in der Hochphase des Bahnstreiks eine Umfrage veröffentlicht, nach der 55 % der Bundesbürger gegen den Streik der Lokführer seien. Als Basis wurde eine repräsentative *Forsa*-Umfrage genannt. Im Tätigkeitsbericht der *EPPA* wurde auch die Webseite *Meinebahndeinebahn.de* angeführt. Die Homepage sei 2007 plötzlich „als vermeintliche Bürgerinitiative pro Bahnprivatisierung" aufgetreten. Hier wurde offensichtlich versucht, die Öffentlichkeit und die politische Debatte zu manipulieren, indem der Eindruck erweckt wurde, vermeintlich unabhängige Dritte täten hier ihre ehrliche Meinung kund.

Quelle: *Sönke, I./Krummheuer, E.:* Bahn zahlte Millionen für Täuschung, in: Handelsblatt, Nr. 102 vom 29.05.–01.06.2009, S. 1.

6.5   Innovative Instrumente

6.5.1   Sponsoring

Nachdem sich gerade kritische Verbrauchersegmente der klassischen Werbung zunehmend verweigern oder diese angesichts der anschwellenden Informationsflut nur flüchtig wahrnehmen, ist es unabdingbar, im Kommunikationsmanagement neue Wege zu beschreiten. Hierzu zählt das Sponsoring, bei dem das Unternehmen eine Person bzw. Institution fördert mit dem Ziel, diese in Form festgelegter Gegenleistungen (im Regelfall der Einräumung der wirtschaftlichen Rechte) für bestimmte, dem Unternehmen förderliche Zwecke nutzen zu können (vgl. im Folgenden *Heinrich/Hüchtermann/Nowak* 2002; *Schneider/Müller/Mai* 1991, S. 129–134). Grundsätzlich lassen sich die in Abb. 6.9 aufgeführten **Formen des Sponsoring** unterscheiden.

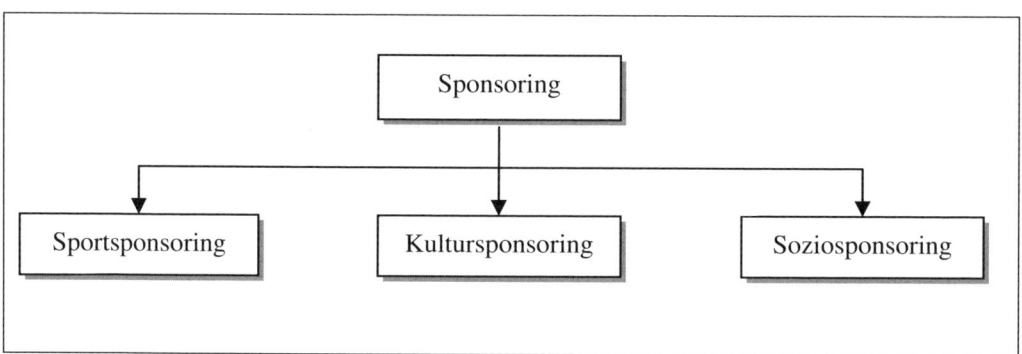

Abb. 6.9: Formen des Sponsoring

Daneben hat sich das sog. **Programmsponsoring** etabliert. Hierbei finanzieren Unternehmen die Ausstrahlung von Fernsehübertragungen, einzelnen Sendungen oder Serien mit. Als Gegenleistung werden vor, während und nach dem Programm Logo und Name des Sponsors eingeblendet.

Sponsoring basiert auf dem wirtschaftlichen **Prinzip des gegenseitigen Leistungsaustauschs** und unterscheidet sich insofern vom unternehmerischen Mäzenatentum bzw. Spendenwesen, welches ausschließlich an altruistischen bzw. idealistischen Zielen ausgerichtet ist. Die klassische Form der Sponsoringleistung besteht in der Vergabe einmaliger oder regelmäßiger **finanzieller Zuwendungen**. Daneben hat die Vergabe von **Sachmitteln**, die in erster Linie aus dem Produktbereich des Unternehmens stammen, an Bedeutung gewonnen. Als Beispiele können Fahrzeuge für Transportdienste, Computer und Software für Schulen und Hochschulen, Ausstattung von Sportlern mit Sportgeräten und -kleidung u. ä. angeführt werden. Im Falle der Erbringung von **Dienstleistungen** schließlich übernimmt der Sponsor beispielsweise administrative Aufgaben für den Gesponserten (etwa Veranstaltungsmanagement, Vermittlung von Know-how, Entsendung von Mitarbeitern für einen bestimmten Zeitraum zum Gesponserten [= **Secondment**]).

Die Gegenleistung des Gesponserten besteht neben der Nennung des Sponsors in Veranstaltungen, auf Internetseiten, in Publikationen, auf Verpackungen etc. darin, dass er dem Förderer folgende **Optionen** einräumt:

- Markierung von Ausrüstungsgegenständen (etwa Trikots, Sportgeräte)

- Präsenz im Umfeld von Veranstaltungen (Bandenwerbung, exklusiver Vertrieb von Nahrungsmitteln während einer Veranstaltung)

- Namensgebung (etwa *Allianz*-Arena des Fußballklubs Bayern München, *Tesafilm*-Festival in Hamburg zur Förderung junger Regisseure)

- Nutzung von Prädikaten (etwa offizieller Ausrüster der deutschen Fußballnationalmannschaft)

Während es sich beim Sponsoring aus der Perspektive des Leistungsempfängers um ein Beschaffungs- bzw. Finanzierungsinstrument handelt, verfolgen Unternehmen hiermit hauptsächlich **kommunikative Zielsetzungen**. Vereinfacht ausgedrückt geht es darum, **externen** (Marktpartner, Konsumenten, breite Öffentlichkeit) und **internen Zielgruppen** (Mitarbeiter, Aktionäre) die Bereitschaft des Unternehmens zu signalisieren, gesellschaftspolitische Verantwortung zu übernehmen (Corporate Citizenship). Grundsätzlich werden mit Sponsoringengagements eher psychographische als unmittelbar ökonomische Zielsetzungen verfolgt. Solche **Ziele** können in Bezug auf externe Zielgruppen sein:

- Steigerung des Bekanntheitsgrades sowie der Wissens- und Erinnerungswirkungen (kognitive Reaktion)

- Imagevariation, -verbesserung, -stabilisierung sowie Einstellungswirkungen durch Transfer des Images vom Gesponserten auf den Sponsor (affektive Reaktion)

- Kontaktpflege zu ausgewählten Zielgruppen, wie z. B. Schlüsselkunden, Meinungsbildnern, Multiplikatoren (Hospitality-Maßnahmen wie z. B. VIP-Lounges bei Sportveranstaltungen)

- Aufbau von Goodwill, Demonstration von gesellschaftlicher Verantwortung

Jede Form des Sponsoring zielt letztlich darauf, eine (breite) Öffentlichkeit zu erreichen. Zum einen soll die Botschaft den aktiven Teilnehmern und Besuchern (im Falle einer gesponserten Veranstaltung) vermittelt werden, zum anderen will man einen erweiterten Personenkreis kontaktieren. Damit die Sponsoringaktivitäten nicht nur dem gewöhnlich eng begrenzten Förderkreis, der mit der unterstützten Person bzw. Institution in Verbindung steht, bekannt wird, bedarf es neben der Multiplikatorfunktion durch Präsenz in den Medien einer **Vernetzung** des Sponsoring **mit den klassischen kommunikationspolitischen Instrumenten** Werbung, Verkaufsförderung und Öffentlichkeitsarbeit. Mögliche **Ansatzpunkte** hierfür sind Tab. 6.3 zu entnehmen.

Tab. 6.3: Ansatzpunkte zur Vernetzung von Sponsoring mit den klassischen Kommunikationsinstrumenten

Klassische kommunikations-politische Instrumente	Ansatzpunkte zur Vernetzung mit Sponsoring-Aktivitäten
Werbung	• Information ausgewählter Stakeholder über Förderkampagnen durch Direct Mail-Aktionen • Verwendung von Signets des Gesponserten zur Produkt- und Verpackungskennzeichnung (Produktsponsoring) • Sponsorship-Hinweise in der TV-, Hörfunk- und Anzeigenwerbung
Verkaufsförderung	• Bereitstellung von Displaymaterial mit dem Hinweis auf das Förderengagement (Händlerpromotions) • Durchführung von Gewinnspielen im Zusammenhang mit dem Sponsoring-Engagement (Verbraucherpromotions)
Öffentlichkeitsarbeit	• Darstellung des Sponsorship in Pressemitteilungen, Fachzeitschriften, Geschäftsberichten • Durchführung von Benefizveranstaltungen • Auslobung von Preisen • Ausrichtung von Symposien

Fallbeispiel „Affinität zum Sponsoring-Objekt" – das Beispiel *Lacoste*

„*Lacoste* erneuert seinen Beitrag zum Schutz von Krokodilen.

Als *René Lacoste* 1927 das Krokodil als Markenzeichen für seine Polohemden auswählte, konnte er noch nicht ahnen, dass rund 80 Jahre später Krokodile vom Aussterben bedroht sein würden. Im Jahr 2009 hat *Lacoste* im Rahmen der weltweiten Save Your Logo Initiative erste Beiträge zum Schutz von unterschiedlichen Krokodilarten geleistet.

Im Jahr 2010, dem Internationalen Jahr der Artenvielfalt, erweitert *Lacoste* seinen Aktionsplan mit Tierschutzprogrammen in Nepal, dem Amazonas-Regenwald und China. Denn die Rettung einer Tierart hält das gesamte fragile Gleichgewicht der Natur aufrecht."

Quelle: www.lacoste.com; Stand: 10.07.2010.

Als **Vorteile** des Sponsoring sind zu nennen:

- **Erreichen schwer zugänglicher Zielgruppen** (z. B. Verbraucher, die der Werbung bewusst – etwa durch Zapping – ausweichen)
- **Umgehen von Werbebeschränkungen** (etwa im Falle von Zigaretten, Alkohol)
- Ansprache von Zielgruppen in einem **attraktiven, nicht unmittelbar kommerziellen Umfeld** (z. B. während Veranstaltungen)
- **Umgehen von Kommunikationsbarrieren** (z. B. Nicht-Wahrnehmung von Werbung durch das Informationsüberangebot)
- **Verminderte Reaktanzwahrscheinlichkeit** (Reaktanz = der Umworbene widersetzt sich bewusst der Einflussnahme seitens des Werbetreibenden)
- **Multiplikatorfunktion**, d. h. durch Sponsoring kann die Botschaft der klassischen Kommunikationsinstrumente glaubhaft untermauert werden
- **Imagetransfer** vom Gesponserten auf den Sponsor und umgekehrt

In letztem Punkt liegt wohl auch das größte **Risiko** des Sponsoring: Wandelt sich beispielsweise das Image eines der Partner ins Negative (etwa durch Doping, Sexskandale, Gewalttätigkeiten, Steuerhinterziehung oder andere Verfehlungen eines Sportlers), strahlt dies entsprechend auf den anderen aus.

Fallbeispiel „Gefahren des Sportsponsoring" – die Beispiele Radsport und Golf

Nach dem Doping-Fall um den Fahrer *Patrik Sinkewitz* stellten *ARD* und *ZDF* die Fernsehübertragung der Tour de France 2007 ein. Die fehlende Berichterstattung durch die öffentlich-rechtlichen Fernsehanstalten machte den Radsport für Sponsoren unattraktiver, da der Privatsender *Sat 1*, der in die Übertragung eingestiegen war, eine deutlich geringere Reichweite verzeichnete. Hinzu kam, dass die *Deutsche Telekom* zum damaligen Zeitpunkt immer mehr Kunden im Festnetz verlor und im Zuge einer Imageverbesserung keine negativen Schlagzeilen gebrauchen konnte.

Vor diesem Hintergrund wurde der Ausstieg der *Telekom* aus dem Sponsoring des Profi-Radsports, das mit 13 Mio. € im Jahr veranschlagt war, mehr und mehr zum wahrscheinlichen Szenario. Dies wiederum hätte eine Kettenreaktion unter den Sponsoren auslösen können. Der Sportartikelhersteller *Adidas*, der Trikotsponsor des *T-Mobile*-Teams, und der Autoproduzent *Audi*, der dem Team zwei Dutzend Begleitfahrzeuge zur Verfügung gestellt hatte, begannen zum damaligen Zeitpunkt bereits zu prüfen, ob ein Ausstieg nicht zwingend geboten zu sein schien. Auch andere Team-Sponsoren waren in heller Aufregung, wenngleich in den Medien vorerst noch die Unschuldsvermutung für die eigenen Mannschaften hervorgehoben wurde.

Ähnlich erging es dem Golfer und ehemaligen Vorzeigechampion *Tiger Woods*, dessen sexuelle Eskapaden und Skandale bei seinen Sponsoren zum zumindest zeitweiligen Rückzug führten. Zwar sicherte sein größter Sponsor *Nike* seinem Partner die volle Unterstützung zu. Aber die Telefongesellschaft *AT&T*, deren Logo auf der Golftasche von *Woods* platziert war und die als Titelsponsor seiner Turniere in Washington und Philadelphia fungierte, kündigte an, die Beziehung zu überdenken. *Gillette* platzierte keine Spots mehr im Fernsehen. Und sein Sponsoringpartner *Accenture* entfernte das Bild von *Woods* auf seiner Website.

Quelle: *o. V.*: Die Sponsoren wollen vom Rad steigen, in: Frankfurter Allgemeine Zeitung, Nr. 167 vom 21.07.2007, S. 11.

Eine weitere Gefahr für Sponsoren, die in jüngerer Zeit heranwächst, ist das sog. **Ambush-Marketing**. Hierunter versteht man eine Strategie, bei der Unternehmen die Aufmerksamkeit der Medien für ein Großereignis nutzen, ohne offizieller Sponsor zu sein. Beispielsweise verteilen Unternehmen an Besucher einer Sportveranstaltung außerhalb der geschützten Sponsoring-Zone kostenlose T-Shirts mit aufgedrucktem Firmen-Logo. Diese sieht der Fernsehzuschauer dann bei der Übertragung der Sportveranstaltung.

Schließlich kann es zu Konflikten zwischen Hersteller- und Handelsunternehmen kommen, wenn beide Sponsoringrechte am gleichen Event erhalten. Beispielsweise wollte der Olympia-Sponsor *Coca-Cola* das *Internationale Olympische Committee (IOC)* daran hindern, Sponsorships an die britischen Handelsunternehmen *Sainsbury´s* und *Marks & Spencer* für das 2012 in London stattgefundene Großereignis zu vergeben. *Coca-Cola* befürchtete **Überschneidungen** bei Erfrischungsgetränken, falls die Eigenmarken der Händler ebenfalls das Olympia-Logo führen dürften.

6.5.2   Product Placement

Product Placement bezeichnet die **Integration von Markenprodukten in die Handlung von Filmen, Fernsehsendungen oder Videoclips** und – seltener – von **Theateraufführungen** und **Video-** sowie **Computerspielen** (vgl. im Folgenden *Hermanns/Leman 2007, S. 1232–1236.*). Das Ausmaß der Einbindung reicht von der reinen Platzierung als Requisite, wobei die Marke für den Zuschauer deutlich erkennbar präsentiert wird, bis zum Verbal Product Placement, bei dem der Markenname im Geschehen genannt wird. Im Gegenzug für die Platzierung von Produkten leistet ein Unternehmen Geld- oder Sachzuwendungen. Verbreitet sind auch Gegengeschäfte dergestalt, dass sich das Unternehmen verpflichtet, zum Kinostart eines Films eine Werbekampagne zu starten, in der gebührend auf den Film hingewiesen wird.

Als Geburtsstunde des modernen Product Placement gilt das Jahr 1967 mit der Einbindung eines roten Alfa Romeo Spider in den Film „Die Reifeprüfung" mit *Dustin Hoffmann*. Ein beliebter Werbeträger war in der Vergangenheit *James Bond*. In „Golden Eye" fuhr 007 einen *BMW Z3*. Und in „Quantum of Solace" stattete der deutsche Hersteller *Interstuhl* das Hauptquartier des britischen Geheimdienstes mit Sitzmöglichkeiten aus. Im Film „Sex and the City", der sich um das Karriere- und Liebesleben von vier New Yorkerinnen dreht, waren 25 Modemarken platziert. Hinzu kamen Dutzende weiterer Produkte, vom *Blackberry* über den Kinderwagen *Bugaboo* bis zur japanischen Instantsuppe *Cup Noodles (vgl. o. V.:* Werbung, die nicht wie Werbung aussieht, in: Frankfurter Allgemeine Zeitung, Nr. 68 vom 22. 03.2010, S. 17).

Nach Art des platzierten Objekts lassen sich folgende **Formen** des Product Placement unterscheiden:

- **Product Placement i. e. S.**: Platzierung von Markenprodukten
- **Corporate Placement**: Einblendung oder Nennung des Namens eines Unternehmens bzw. Präsentation dessen Logos
- **Generic Placement**: Präsentation eines bestimmten Produkts, nicht aber einer konkreten Marke (der Hauptdarsteller trinkt z. B. mehrfach Milch).

Anhand des **Grades der Einflussnahme auf das Drehbuch** ergeben sich verschiede **Intensitätsstufen des Product Placement**:

- Bereitstellung von Produkten ohne Auflagen (= **kein Einfluss**)
- Platzierung des Produkts ohne enge Verknüpfung mit der Handlung *(=* **On-Set-Placement**)
- Abstimmung der Handlung auf das Produkt in bestimmten Grenzen (= **Creative Placement**)
- Festlegung eines zentralen Platzes des Produkts in der Handlung bereits bei der Erstellung des Drehbuchs (= **uneingeschränkter Einfluss**).

Seit 2007 ist die Platzierung von Produkten in Serien, Spielfilmen und Sportsendungen in der *Europäischen Union* erlaubt. Ausgenommen werden lediglich Kinder-, Nachrichten- und Informationssendungen sowie Dokumentarfilme. In jeder Sendung, die Produktplatzierung enthält, muss im Vor- und Abspann sowie nach einer Werbepause bzw. alle zwanzig Minuten darauf hingewiesen werden, dass Produkte präsentiert werden. Den einzelnen Mitgliedstaaten ist es erlaubt, strengere Regeln oder Verbote zu erlassen (vgl. *o. V.:* Neue Werbefreiheit, in: LebensmittelZeitung, Nr. 19 vom 11.05.2007, S. 28). In Deutschland dürfen nur private Sender Product Placement praktizieren.

Mit einem Product Placement werden folgende **Ziele** verfolgt:

- Erhöhung des Bekanntheitsgrades von Produkt, Marke bzw. Unternehmen
- Schaffung, Stabilisierung oder Veränderung des Produkt-, Marken- oder Unternehmensimages

Neben den im Vergleich zu TV-Spots vergleichsweise günstigen Reichweiten gelten als weitere **Stärken** des Product Placement:

- Erzwungene Wahrnehmung des Produkts, da kein Zapping (= Vermeidung von Werbung, indem der Fernsehkanal gewechselt wird) und Zipping (= Aufnahme der Sendungen und späteres Überspulen der Werbepausen) durch den Zuschauer möglich ist (sog. Werbe-vermeidungsstrategien). Letzteres wird durch immer leistungsfähigere Festplattenrekor-der begünstigt, die es ermöglichen, Werbespots zu überspringen.

- Glaubwürdige Darstellung der Produktleistung in einer im Vergleich zum TV-Spot realistischen Situation

- Mehr oder minder unbewusste Informationsaufnahme, die ähnlich abläuft wie bei der redaktionellen Schleichwerbung

- Imagetransfer vom Star auf das Produkt, was eine gewisse Affinität zwischen beiden voraussetzt

- Umgehung rechtlicher Restriktionen (etwa Werbeverbot für Zigaretten)

Als **Nachteile** des auch als „Branded Entertainment" bezeichneten Product Placement gelten die Gefahr von Reaktanz infolge von Überladung mit bzw. unzureichender Natürlichkeit des Product Placement sowie bei internationalen Filmproduktionen eine Begrenzung auf zumeist globale Marken. Kritisch anzumerken bleibt weiterhin, dass die Wirkung des Product Placement auf Bekanntheitsgrad und Image des Produktes bislang nicht eindeutig nachgewiesen werden konnte, da sich diese Kommunikationsmaßnahme kaum von anderen Determinanten wie Involvement, Vorher-Bekanntheitsgrad und Werbung isolieren lässt. Vor diesem Hintergrund erscheint es dringend geboten, eine standardisierte Messmethodik zu entwickeln, um die Wirkung des Product Placement wissenschaftlich zu quantifizieren und zu bewerten.

Fallbeispiel „Product Placement" (1) – das Beispiel *I, Robot*

Beim klassischen Product Placement werden Markenprodukte nur als Beiwerk verwendet: Beispielsweise handelt es sich beim Fahrzeug des Kommissars in einer Krimiserie um eine Requisite, die ohnehin in der dargestellten Realität vorkommt, und No-Name-Produkte gibt es nun mal bei Fahrzeugen nicht. Hinzu kommt, dass Fahrzeuge und Marke weder besonders hervorgehoben noch ihnen in der Handlung eine besondere Aufmerksamkeit geschenkt werden.

In dem Hollywoodfilm *I Robot* mit *Will Smith* in der Hauptrolle gestaltet sich der Sachverhalt deutlich anders. Hier sieht sich der Zuschauer in den ersten 20 Minuten mit Produktplatzierungen der Firmen *Audi, JVC, FedEx, Ovomaltine* und *Converse* konfrontiert. Die Mehrzahl der Produkte ist konkret in die Handlung eingebunden.

Besonders auffällig ist dies beim Placement der Schuhe: In einer Szene öffnet *Will Smith* ein Paket und freut sich über seine *Converse Vintage 2004*. Kurze Zeit später fragt ihn seine Großmutter, was für schöne Schuhe er anhabe, und er nennt den Markennamen ein zweites Mal (Verbal Product Placement). In einer dritten Szene streitet er sich mit seinem Chef in einem Schnellrestaurant. Als der Hauptdarsteller den Imbiss verlässt, ruft ihm sein Chef hinterher: „Nice shoes!" Wie das Beispiel zeigt, geht diese Art der Produktplatzierung, die als „Integrierte Werbung" oder auch „Creative Placement" bezeichnet wird, weit über das klassische Product Placement hinaus.

Fallbeispiel „Product Placement" (2) – das Beispiel *James Bond*

Eine Kombination von Visual und Verbal Product Placement findet sich im *James-Bond*-Film Moonraker. Nachdem bei einer Fahrt mit einem Krankenwagen wie zufällig ein am Straßenrand stehendes Plakat der Zigarettenmarke *Marlboro* ins Bild kommt, reitet der Hauptdarsteller *Roger Moore* in der nächsten Szene auf einem Pferd und untermalt von der weltbekannten Musik aus den *Marlboro*-Werbespots durch eine Naturlandschaft. Die Ähnlichkeit zu der durch die Prärie reitenden *Marlboro*-Cowboys ist offenkundig beabsichtigt.

Bei „Casino Royal" und „Ein Quantum Trost" konnten durch Produktplatzierung 100 Millionen Dollar erwirtschaftet werden. Und bei „Skyfall" haben Lizenzverträge mit Unternehmen, die ihre Produkte als Requisite zur Verfügung gestellt haben, rund 45 Millionen Dollar eingebracht, was rund ein Drittel der Produktionskosten des Films abgedeckt hat. In dem Jubiläumsfilm – bei der Premiere arbeitete *James Bond* seit 50 Jahren als Spion im Auftrag Ihrer Majestät – finden sich Produkte von *Audi*, *Land Rover*, *Sony*, *Heineken*, *Omega* und *Caterpillar*. Und so haben Kritiker den bereits legendären Vorstellungssatz der Doppel-Null umgewandelt: „Mein Name ist Brand, James Brand."

Quelle: *Slodczyk, K:* „Mein Name ist Brand, James Brand", in: Handelsblatt, Nr. 212 vom
    01.11.2012, S. 22.

**Fallbeispiel „Das Product Placement flankierende Kommunikationsaktivitäten" –
Coca-Cola auf geheimer Mission**

Anlässlich des 22. *James Bond*-Films „Ein Quantum Trost", in dem auch *Zero* zu sehen ist, änderte *Coca-Cola* seinen Markennamen für begrenzte Zeit und in limitierter Auflage in Anlehnung an den Code-Namen des Agenten auf *Zero Zero 7* ab. Flankiert wurde die Aktion von einer globalen Werbekampagne sowie On-pack-Promotions. Außerdem wurden im Netz jeweils um 0:07 Uhr diverse Preise wie Kinotickets und LCD-Fernsehgeräte verlost. Die Gewinncodes befanden sich unter den Flaschendeckeln.

Quelle: *o. V.:* Coca-Cola geht auf geheime Mission, in: LebensmittelZeitung, Nr. 37 vom
    12.09.2008, S. 48.

6.5.3   Event-Marketing

Mit Event-Marketing umschreibt man die Inszenierung, d. h. die **zielgerichtete** und **systematische Planung**, **Organisation** und **Kontrolle** von **Ereignissen** bzw. **Veranstaltungen** im Rahmen der Unternehmenskommunikation. Durch erlebnisorientierte firmen- und produktbezogene Veranstaltungen werden emotionale und physische Reize sowie starke Aktivierungsprozesse bei unternehmensinternen (Führungskräfte, Mitarbeiter sämtlicher Hierarchieebenen) und -externen Zielgruppen (Schlüsselkunden, Konsumenten) ausgelöst.

Zentrale **Zielsetzung** ist die Präsentation des Unternehmens in erlebnisorientierter Form. Events bieten zwar wenige, aber qualitativ hochwertige Kontakte, da unmittelbare Beziehungen zu den Zielgruppen hergestellt werden können.

Fallbeispiel „Event-Marketing" – kostenlose Toiletten am Times Square

New York ist für seinen Mangel an öffentlichen und kostenlosen Toiletten berühmt berüchtigt. Diesen Umstand macht sich der amerikanische Konsumgüterproduzent *Procter & Gamble* mit seinem Toilettenpapier *Charmin* zu nutze. Auf zwei riesigen Plakaten an der Fassade des *Bertelsmann* Building sind die Maskottchen der Marke, die *Charmin*-Bärchen zu sehen. Darunter weisen ein großer Pfeil und das Wort „Restrooms" in Richtung der Toiletten hin. Im Inneren des Gebäudes trifft man auf puren Luxus. Vorbei an einem flackernden künstlichen Kamin erreicht man die hufeisenförmig angeordneten und aufwendig gestalteten Toiletten. Jede von ihnen verfügt über ein eigenes Waschbecken, Holzvertäfelung an den Wänden und einen großen Vorrat an – was sonst – *Charmin*-Toilettenpapier. Einige der Kabinen besitzen ein eigenes Motto. In der „Wall Street"-Toilette etwa hängt ein elektronischer Aktienticker, über den jedoch keine Akteinkurse, sondern die *Charmin*-Werbeslogans laufen. Neben den Toiletten findet sich ein Lounge-Bereich.

Die Gratis-Toiletten sind der wohl auffälligste Marketing-Event, den die Metropole seit langem gesehen hat und der auch am mit Werbung nur so überladenen Times Square direkt ins Auge sticht. Bei *Procter & Gamble* war der Event der zweitgrößte Einzelposten im Jahres-Marketing-Budget von *Charmin*. Das Toilettenpapier gehört zu den wichtigsten Produkten in der Angebotspalette von *Procter & Gamble* und ist eine von 22 Konzernmarken mit einem Jahresumsatz von mindestens 1 Milliarde Dollar. In den USA gilt *Charmin*, das seit 2002 auch in Deutschland erhältlich ist, mit einem Marktanteil von über 25 % als die populärste Toilettenpapiermarke.

Quelle: *o. V.*: Toiletten für den Times Square, in: Frankfurter Allgemeine Zeitung,
       Nr. 137 vom 16.06.2003, S. 22.

Das Event-Marketing gewinnt angesichts der Reizüberflutung der Konsumenten durch die klassische Werbung sowie der Fragmentierung der Märkte, was eine Massenkommunikation erschwert, an Stellenwert. Events lassen sich anhand folgender **Kriterien** systematisieren (vgl. *Inden* 1993, S. 30; *Nufer* 2008, S. 163; *Bordne* 2006, S. 50):

- **Zielgruppe**: Events können für interne oder externe Adressaten ausgerichtet werden, wobei auch Mischformen (etwa Veranstaltungen, zu denen sowohl Mitarbeiter als auch Kunden eingeladen werden) möglich sind.

- **Inszenierung**: Events können informativ (z. B. wissenschaftliche Vorträge), unterhaltend (etwa die Air-Shows von *Red Bull*) und/oder erlebnisorientiert (etwa Sport-Wettbewerbe) gestaltet werden. Kombinationen zwischen diesen Ausprägungen sind möglich und oft sinnvoll. Die Kombination „informativ/unterhaltend" wird als „Infotainment" bezeichnet. Zur Inszenierung gehört auch der Grad der Interaktion, zu dem die Teilnehmer in das Event-Geschehen eingebunden werden.

- **Konzept des Event-Marketing**: Das Event kann anlassbezogen (z. B. bei Jubiläen) oder permanent (z. B. Brandlands wie die Autostadt Wolfsburg, welche die Marken- oder Produktinszenierung in den Vordergrund stellen) bzw. unternehmens- oder markenorientiert ausgerichtet werden. Es existieren ebenso Mischformen, die einen besonderen Anlass, z. B. ein Jubiläum, mit Markenbotschaften verknüpfen.

Mögliche **Arten** von Marketing-Events systematisiert nach der angesprochenen Zielgruppe sind in Tab. 6.4 aufgeführt.

Tab. 6.4: Arten von Events (Quelle: Meffert 2000, S. 740)

Art des Events	Zielgruppe	Veranstaltungen
Firmeninterne Events	• Führungskräfte, Mitarbeiter aller Hierarchieebenen	• Außendienstkonferenzen • Händlerpräsentationen • Aktionärsversammlungen • Festakte/Jubiläen
Firmenexterne Events	• Konsumenten, Schlüsselkunden (Key Accounts)	• Pressekonferenzen • Messen • Kongresse • Sponsoring-Events • Sportveranstaltungen (z. B. *Adidas* Streetball-Turniere, *Swatch*-Snowboard-Meetings, Tennis-/Golfturniere) • Musikveranstaltungen • Kulturelle Veranstaltungen • Wissenschaftliche Veranstaltungen

Tab. 6.4: Arten von Events (Fortsetzung)

Art des Events	Zielgruppe	Veranstaltungen
Events im Handel	• Konsumenten	• Bühnenauftritte bekannter Stars/Imitatoren
		• Talkshows mit Prominenten
		• Kleinkunst regionaler Künstler
		• Gewinnspiele
		• Kinderunterhaltung (z. B. Autoscooter, Wildwasserbahn)
		• Mitmachaktionen (z. B. sportliche Wettläufe, Rodeo)
		• Multimedia-Produktpräsentationen

6.5.4   Direktkommunikation

Direktkommunikation (auch Direktmarketing und Dialogmarketing) umfasst sämtliche Kommunikationsaktivitäten, bei denen Unternehmen und Konsument in **direktem Kontakt** stehen und ein **Dialog** bzw. eine Interaktion zwischen den Marktpartnern möglich ist (vgl. im Folgenden *Meffert* 2000, S. 743–746; *Nieschlag/Dichtl/Hörschgen* 2002, S. 1123–1128; http://www.ddv.de/direktmarketing/index_direktmarketing_faq_3352.html, Stand: 18.05.20 08, 17:15 Uhr.). Gegenüber der Massenkommunikation grenzt sich die Direktkommunikation durch ihre **individuelle Zielgruppenansprache** ab. Im Gegensatz zur klassischen Werbung, bei der die Positionierung des Leistungsangebots im Vordergrund steht, zielt die Direktkommunikation darauf ab, einen individuellen Dialog mit den Zielkunden aufzunehmen und eine Reaktion (Response) auszulösen (vgl. *Holland* 2001, S. 17 f.).

Zur Direktkommunikation zählen:

- **Werbung mit „direkten Medien"** (z. B. Direct Mailing sprich adressierte Werbesendungen per Post, Fax etc.; Haushaltdirektwerbung wie Prospekte, Kataloge und Postwurfsendungen = unadressierte Werbesendungen; teiladressierte Werbesendungen wie „Postwurf Spezial"; aktives [nur bei gewerblichen Kunden] und passives Telefonmarketing, Direktwerbung mit neuen Medien wie etwa E-Mail-Werbung)

- **Direct-Response-Werbung** (z. B. Couponanzeigen, Beilagen, Direct-Response-Funk/-TV, Werbung in Onlinenetzen wie Bannerwerbung, Plakat- und Außenwerbung mit Responsefunktion)

Response bedeutet in diesem Zusammenhang, dass ein Adressat auf eine Werbebotschaft direkt antwortet (etwa Zurückschicken einer Postkarte, die einer Anzeige beigeklebt ist; Antwort auf einen adressierten Werbebrief; Reaktion per E-Mail oder Fax; Anruf nach Ausstrahlung eines Fernsehspots). Responseelemente (Reaktions-/Antwortmöglichkeiten) sind demnach die eingeblendete Telefonnummer in einem Werbespot oder auf einem Plakat,

Antwortkarten in Anzeigen und Zeitungsbeilagen, ein Coupon, Call-Me- oder Call-Back-Buttons auf der Homepage, E-Mail-Adresse oder eine Telefonnummer, die im Radio genannt wird.

Der Response, d. h. die Reaktions- und Antworthäufigkeit resultiert hauptsächlich aus den eingesetzten Direktmarketinginstrumenten. Darüber hinaus ist der Response von zahlreichen Faktoren abhängig, wie von der Adressqualität beim Mailing, von Darstellung, Attraktivität und Preis des Angebotes. Die Responsequoten liegen daher in einer weiten Bandbreite zwischen 0,1 und 45 %.

Die Direktkommunikation **zielt** darauf ab,

- Neukunden zu gewinnen,
- die Kundennähe zu verbessern,
- die Kundenbindung zu erhöhen und
- das Image zu verbessern.

Als **Vorteile** der Direktkommunikation lassen sich anführen:

- Zielgerichtete Ansprache von Käufergruppen entweder auf der Basis von Adresslisten oder Ansprache in Massenmedien mit Responsemöglichkeiten
- Sammlung und Auswertung kundenindividueller, marketingrelevanter Daten
- Individualisierte und personalisierte Ansprache einzelner Kunden auf der Basis spezifischer Kundencharakteristika
- Exklusivität, da keine Werbung der Konkurrenz im selben Werbeträger
- Genaue Messbarkeit des Erfolgs von Direktkommunikationsmaßnahmen.

Der **Erfolg** der Direktkommunikation lässt sich unter anderem anhand folgender **Kriterien** messen:

- Responsequote, d. h. wie viel Prozent haben reagiert,
- Cost per Order (CPO), d. h. Gesamtkosten pro erfolgter Bestellung/Auftrag, sowie
- Kennzahlen der Kundenbindung (etwa Stammkundenquote).

Als zentrale **Nachteile** der Direktkommunikation gelten die starke **Ablehnung** durch die Empfänger aufgrund der Überflutung mit entsprechenden Aktivitäten sowie die relativ hohen Kosten pro Kontakt.

Beim **Direct Mailing**, dem zahlenmäßig wichtigsten Instrument der Direktkommunikation, lassen sich folgende **Prozessphasen** unterscheiden (vgl. *Wirtz* 2005, S. 22):

- Planung (Situationsanalyse, Ziele, Zielgruppe, Strategie)
- Kreation (Form und Inhalt, Gestaltung, Berücksichtigung rechtlicher Aspekte)
- Durchführung (Produktion, Versand)
- Kontrolle (Tests, Erfolgsmessung).

Beim Direct Mailing kommen der **Adressgewinnung** und **-auswahl** eine zentrale Funktion zu. Hierbei bieten sich folgende **Möglichkeiten**:

- Unternehmen speichern Adressen von bestehenden Kunden oder Interessenten, um sie z. B. später zu kontaktieren.

- Unternehmen nutzen frei zugängliche Quellen, wie Telefonbuch, Branchenverzeichnisse und Handelsregister.

- Unternehmen mieten Adressen zur einmaligen Nutzung von einem Adressvermittler bzw. -verlag oder anderen Unternehmen.

- Unternehmen kaufen Adressen zur uneingeschränkten eigenen Nutzung von einem Adressvermittler bzw. -verlag oder anderen Unternehmen.

- Unternehmen abonnieren Adressen zur uneingeschränkten eigenen Nutzung von einem Adressvermittler bzw. -verlag oder anderen Unternehmen. Hierbei werden die Listen regelmäßig aktualisiert.

- Unternehmen leasen Adressen von einem Adressvermittler bzw. -verlag oder anderen Unternehmen zur mehrfachen Ansprache der gleichen Zielgruppe innerhalb eines festgelegten Zeitraums.

Zu den Unternehmen, die sich auf die Vermarktung von Adressen spezialisiert haben, zählen Adressvermittler (Listbroker) und Adressverlage (Listcompiler). **Adressvermittler (Listbroker)** sind Unternehmen bzw. Makler, die Adressen von Unternehmen und Privatpersonen verleihen oder verkaufen (indirekt zu Marketing-Zwecken). Ein Listbroker verfügt über Marktkenntnisse und vielfältige Kontakte zu Unternehmen, die bereit sind, ihren Adressbestand für Werbezwecke zur Verfügung zu stellen. Er verhandelt mit Adresseigentümern, um Freigaben für Werbeaktionen zu erreichen, und informiert seine Kunden über Qualitätsunterschiede und Preise.

Adressverlage (Listcompiler) sind Unternehmen, die Listen mit Adressen von Konsumenten oder Unternehmen erstellen und verkaufen oder vermieten. In Abgrenzung zum Listbroker oder auch Adressvermittler werden die Adresslisten auf Grund externer Quellen wie Telefonbüchern, Tagespresse oder Geschäftsberichten selbst erstellt. Die Adressen werden Interessenten angeboten, welche diese Adressen dann für eigene Marketing-Kampagnen verwenden können.

Um Streuverluste zu vermeiden, gilt es zunächst, die Adressen im Einklang mit dem **Bundesdatenschutzgesetz** nach zielgruppenrelevanten Faktoren zu selektieren. Nach dem Bundesdatenschutzgesetz können neben Name und Anschrift auch Merkmale wie Berufs-, Branchen- oder Geschäftsbezeichnung, das Geburtsjahr sowie ein Gruppenmerkmal – z. B. „Käufer von Gartenartikeln" – weitergegeben werden. Nicht weitergeleitet werden dürfen sensible Informationen, beispielsweise Daten über religiöse oder politische Anschauungen oder Arbeitnehmerdaten. Hierbei gilt es anzumerken, dass Privatadressen nur vermietet werden dürfen, während Firmenadressen auch verkauft werden können.

Danach werden die gemieteten Adressen zu einem neutralen **Lettershop** übermittelt. Hier werden die Adressen mit dem Mailing des Adressmieters zusammengeführt und versandfertig zur Post gebracht. Auf diese Weise wird gewährleistet, dass die Adressen rechtlich gesehen niemals den Listeneigner verlassen.

Um die Qualität der Adressen zu erhöhen, bieten die Lettershops bei Bedarf sog. **Abgleiche** an. Hierbei werden Adressen, welche doppelt geliefert wurden oder bereits zum Kundenstamm des Adressmieters gehören (Dublettenabgleich gegen eine bestehende Kundenliste), ausgesondert. Auch Werbeverweigerer, die auf der **Robinsonliste** stehen, und zahlungsunfähige Personen, die der InFoScore- bzw. ProtectorProfiler-Liste entnommen werden, gilt es von einer Mailing-Aktion auszuschließen (vgl. *Holland* 2004).

Das Versenden eines Mailings fällt unter die vom Grundgesetz garantierte Freiheit der Meinungsäußerung und ist daher grundsätzlich zulässig (vgl. *Bruns* 2007, S. 187). Voraussetzung ist allerdings, dass der Adressat keinen Widerspruch einlegt, unabhängig davon, ob der Beworbene eine natürliche oder juristische Person ist (vgl. *Wirtz* 2005, S. 83). Der Widerruf kann entweder durch gezielte Aufforderung der einzelnen Unternehmen oder durch die Eintragung in die Robinsonliste erfolgen (vgl. *Baron* 2003, S. 159).

Der *Deutsche Direktmarketing Verband e. V.* 1971 führte als freiwillige Einrichtung der Werbewirtschaft die **Robinsonliste** ein, um Verbrauchern die Möglichkeit zu geben, sich vor Werbebriefen/Mailings zur Neukundengewinnung zu schützen. Diese umfasst rund 260.000 Einträge in der Mobilfunk-Robinsonliste, 815.000 Einträge in der E-Mail-Robinsonliste, 360.000 Einträge in der Post-Robinsonliste und 725.000 Einträge in der Telefon-Robinsonliste (Stand: Februar 2012; Quelle: http://www.retarus.com/de/robinsonliste/index.php; Stand: 25.07.2012). Die Post-Robinsonliste gilt nur für personalisierte Werbebriefe, d. h. wenn Verbraucher persönlich angeschrieben werden. Wer keine Prospekte mehr erhalten möchte, sollte den Briefkastenaufkleber „Bitte keine Prospekte einwerfen" anbringen. Dieser ist bei der *DDV*-Geschäftsstelle erhältlich. Verbraucher, die sich in die Robinsonliste eintragen lassen möchten, können die Unterlagen telefonisch oder per Postkarte kostenlos anfordern beim: *DDV, Deutscher Direktmarketing Verband*, Stichwort „Robinsonliste", Postfach 14 01, 71243 Ditzingen, Telefon 07156/951010. Der Antrag muss schriftlich gestellt werden. Weitere Informationen finden sich auf der speziell für Verbraucherfragen eingerichteten Website www.direktmarketing-info.de.

Eine Nichtbeachtung des Widerspruchs kann als Verletzung des Persönlichkeitsrechts im Sinne einer unerlaubten Handlung gemäß § 823 BGB angesehen werden (vgl. *Holland* 2004, S. 318). Des Weiteren sind die in der Novellierung des Gesetzes gegen unlauteren Wettbewerb (UWG) gemachten Bestimmungen zu beachten, wonach der Werbecharakter von Wettbewerbshandlungen nach § 4 Satz 3 nicht verschleiert werden darf (vgl. *UWG* 2004, S. 2). Das bedeutet, dass der Empfänger den Werbebrief spätestens nach dem Öffnen als solchen erkennen muss (vgl. *Bruns* 2007, S. 187). Im Übrigen liegen keine weiteren Einschränkungen vor, da mit der Abschaffung von Rabattgesetz und Zugabenverordnung nun auch Rabatte über drei Prozent und nicht mehr nur Zugaben von geringem Wert wettbewerbsrechtlich zulässig sind (vgl. *Wirtz* 2005, S. 82).

6.5.5   Multimedia-Kommunikation

Multimedia-Kommunikation bezeichnet die Planung, Organisation, Durchführung und Kontrolle sämtlicher Maßnahmen, die dazu dienen,

- durch Versendung von Botschaften, die über die Kombination von Text-, Graphik, Bild-, Ton- und Bewegtbildern gestaltet sind (**Multimediamittel**),

- mittels elektronischer Medien (**Multimediaträger**)

- mit dem **Kunden** in Interaktion zu treten und

- die **Kommunikationsziele** des Unternehmens zu realisieren.

Nach Ort und Anwendungsstatus lassen sich die in Tab. 6.5 aufgeführten Formen der Multimedia-Kommunikation unterscheiden.

Tab. 6.5: Formen der Multimedia-Kommunikation (Quelle: Meffert 2000, S. 749)

Ort Anwendungsstatus	Domizil	Nicht-domizil
Offline	z. B. CD-Rom mit Produktinformationen	z. B. POS (Point-of-Sale)/POI (Point-of-Information)-Terminals ohne Anbindung an ein Netzwerk
Online	z. B. Werbung, Vertrieb oder Service über Angebote im Internet	z. B. POS/POI-Terminals mit Anbindung an ein Netzwerk (Möglichkeit der Bestandsprüfung, Bestellmöglichkeit)

Wirft man einen genaueren Blick auf die Kommunikation im Internet, so bieten sich hier grundsätzlich folgende **Optionen** (*vgl. Meffert* 2000, S. 761):

- **One-to-Many-Kommunikation**
  Hierbei stellt ein Unternehmen Informationen im World Wide Web bereit und die Konsumenten können diese auf interaktivem Wege abrufen.

- **One-to-Few-Kommunikation**
  Zum einen können Unternehmen ein Formular im World Wide Web zur Verfügung stellen, mit Hilfe dessen sich Konsumenten registrieren lassen. Zum anderen bietet sich die Möglichkeit, per E-Mail gezielte Information an registrierte Personen zu verteilen.

- **One-to-One-Kommunikation**
  Hier bieten sich folgende Optionen:
  - (Un-)bewusste Angabe von Präferenzen durch Konsument im World Wide Web (etwa durch Aufruf bestimmter Homepages)
  - Individualisiertes World Wide Web, d. h. automatisierte Bereitstellung von Informationen durch Unternehmen und Abruf durch Konsument
  - Einrichten einer Chatplattform durch Unternehmen im World Wide Web; der Konsument kann in einem solchen Forum Informationen abrufen und hinzufügen
  - Individuelle Information eines Konsumenten durch ein Unternehmen per E-Mail

Fallbeispiel „*Google*" – die wohl beste Suchmaschine der Welt

Google gilt als beste Suchmaschine der Welt und damit als Lebensader des Internet. Ob Online-Händler, Reiseanbieter, Produktvergleichsmaschine oder Medium – nahezu jeder, der im Internet Geld verdient, akquiriert einen Großteil seiner Klientel über *Google*. Je weiter oben ein Unternehmen auf den Trefferlisten – oder den rechts daneben platzierten Werbespalten – rangiert, desto größer ist die Wahrscheinlichkeit, dass Nutzer die entsprechenden Internetseiten besuchen.

Um die Suchergebnisse in maximal einer halben Sekunde und damit schnell anzeigen zu können, wird eine Suchanfrage nicht nur an einen, sondern an Tausende von Computern gleichzeitig versendet. Kommen die Seiten mit den Fundstellen zurück, muss *Google* eine Rangfolge erstellen mit dem Ziel, die besten Suchergebnisse auch oben anzuzeigen.

Hierzu setzt *Google* einen streng geheim gehaltenen **Algorithmus** ein, der sich aus mehr als 200 Kriterien zusammensetzt. Diese lassen sich vereinfacht auf **zwei Dimensionen** verdichten:

- **Reputation** einer Internetseite, die im Wesentlichen auf der Page Rank basiert. Die Bedeutung einer Internetseite berechnet sich anhand der Zahl der Verweise von anderen Seiten auf die betreffende Seite.
- Bedeutung des Suchbegriffs auf der Internetseite (= **Topicality**). Kriterien, die entsprechend ihrer Gewichtung zu einem Index aggregiert werden, sind beispielsweise die Häufigkeit, mit der ein Begriff auf einer Internetseite vorkommt, ob ein Begriff im Titel der Seite oder in der Internetadresse auftaucht, wie dicht die Nennungen beieinander stehen und wann die betreffende Seite zuletzt aktualisiert wurde.

Je höher die indexierte Kombination aus Reputation einer Internetseite und Bedeutung des Suchbegriffs auf der Internetseite (= **Signalnummer**) ist, desto weiter oben rangiert die Internetseite auf der Trefferliste. Wird ein von *Google* festgelegter Mindestwert hinsichtlich der Kombination der beiden Kriterien unterschritten, taucht die Seite auf der Trefferliste nicht auf.

Die Trefferlisten sehen aber nicht immer gleich aus, wie folgende Beispiele zeigen:

- Die *Bank of England* etwa ist ein gutes Suchergebnis, wenn ein Brite den Begriff „Bank" eingibt. Für Deutsche wäre ein solches Ergebnis nahezu wertlos. Dies erfordert **länderspezifische Trefferlisten**.
- Das Suchergebnis kann sich innerhalb von Minuten ändern. *Google* **Trends** misst, wie häufig ein Suchbegriff in aller Welt eingegeben wird. Sobald die Suchwörter schnell ansteigen (beispielsweise in Folge eines Bombenanschlags), reagiert das System und streut mehr aktuelle Suchtreffer ein.
- Parallel sendet *Google* die Anfrage zu einem **Rechtschreibeserver**, der gegebenenfalls Vorschläge für eine andere Schreibweise unterbreitet. Außerdem werden **semantische Verwandtschaften** berücksichtigt. Gibt ein Nutzer den Begriff „*Angela Merkel*" ein, müssen auch Seiten angezeigt werden, die den Begriff „Bundeskanzlerin",

nicht aber deren Name enthalten. Die Zahl der Seiten von einer Internetadresse wird **begrenzt**, damit der Nutzer eine ausgewogene Mischung erhält. Auf diese Weise wird beispielsweise vermieden, dass unter den ersten 20 Treffern nur Seiten eines Anbieters vorkommen.

- Wird die **persönliche Suche** eingeschaltet, kann das Suchergebnis noch weiter optimiert werden. Hat ein Nutzer in der Vergangenheit häufig Seiten der *Frankfurter Allgemeinen Zeitung* aufgerufen, wandern Artikel über *Angela Merkel* in dieser Zeitung auf der Trefferliste nach oben. Außerdem wird berücksichtigt, ob der Nutzer ein Textdokument, ein Video, ein Bild oder eine Nachricht als Suchergebnis präferiert.

Quelle: *o. V.*: Die Lebensader des Internet, in: Frankfurter Allgemeine Zeitung, Nr. 180 vom 06.08.2007, S. 19.

Fallbeispiel „Btx" – die Keimzelle des Internet

1983 wurde der Kommunikationsdienst Btx (= Bildschirmtext, der auf einer Vernetzung von Nutzern mittels Telefon, Fernseher und Modem basierte) nach Feldversuchen in Düsseldorf und Berlin per Staatsvertrag ins Leben gerufen. Doch der *Deutschen Post* gelang es nicht, dem System in der breiten Öffentlichkeit zum Durchbruch zu verhelfen, obwohl das Btx bereits alles bot, was Nutzer heute am Internet schätzen (u. a. Online-Banking, Bestellungen beim Versandhandel, Reservierung von Mietwägen, Fahrplanauskunft der *Deutschen Bundesbahn*, elektronische Tageszeitungen wie die *Tele-F.A.Z.*, Verfassen persönlicher Mitteilungen, Chatten).

Als der von Marktforschern und Marketing-Spezialisten prognostizierte Erfolg ausblieb (einige sagten voraus, dass im Jahr 2000 rund die Hälfte des Einzelhandelsumsatzes in Deutschland über Btx abgewickelt werden würde!), zogen sich immer mehr Unternehmen zurück. Erst Mitte der 90er Jahre – die Internet-Welle schwappte bereits aus den USA herüber und einige technische Veränderungen sowie neue Namen (zunächst Datex-J, später T-Online) wurden kreiert – kam mit rund 1 Million Teilnehmern in Deutschland noch einmal ein Aufschwung. Doch Btx wurde bald vom Internet verdrängt, das Informationen schneller, vielfältiger, attraktiver und weltumspannend übermitteln konnte.

Quelle: *o. V.*: Btx lebt, in: Frankfurter Allgemeine Zeitung, Nr. 205 vom 02.09.2008, S. T1.

6.5.6   Messen und Ausstellungen

Messe bezeichnet eine **zeitlich begrenzte, regelmäßig wiederkehrende Marktveranstaltung**, die an einem **bestimmten Ort** durchgeführt wird und sich **zumeist** an **Fachbesucher** richtet (etwa die *CeBIT* in Hannover und die *Internationale Automobilausstellung [IAA]* in

Frankfurt). Die **Ausstellung** unterscheidet sich von der Messe darin, dass sie **nicht unbedingt regelmäßig** stattfinden muss und sich stärker an die **Öffentlichkeit** richtet. Beide Veranstaltungen bieten Anbietern die Möglichkeit, ihre Produkte und/oder Dienstleistungen zu präsentieren, zu erläutern und gegebenenfalls zu verkaufen. **Messeveranstaltungen** lassen sich anhand folgender **Kriterien** typisieren (vgl. im Folgenden *Meffert* 2000, S. 741–743; *Nieschlag/Dichtl/Hörschgen* 2002, S. 911–913 sowie 1002):

- Breite des Angebots (z. B. Spezial-, Branchen-, Fachmessen, Mehrbranchen- und Universalmessen)

- Angebotsschwerpunkt (Konsum- und Investitionsgütermessen)

- Funktion einer Messe (Informations- und Ordermessen)

- Aussteller- und Besucherreichweite (regionale, nationale, internationale Messen)

- Zielgruppe (Fachbesucher-, Händler- und Konsumentenmessen sowie Messen für potenzielle Mitarbeiter)

- Branche und Wirtschaftsstufe (Landwirtschafts-, Handels-, Industrie- und Dienstleistungsmessen)

- Wichtigkeit (Leit- bzw. Primär- und Sekundärmessen)

- Übermittlungsmedium (traditionelle physische sowie virtuelle Messen)

- Hauptrichtung des Absatzes (Export- und Importmessen)

Waren Messen ursprünglich Verkaufsveranstaltungen, die dem unmittelbaren Kauf- und Verkauf von Leistungen dienten, überwiegen heutzutage **Mustermessen**, auf denen Produkte nur als Muster geführt werden und der Informationsaspekt im Vordergrund steht.

Im Falle einer Messebeteiligung gilt es folgende **Aufgaben** zu bewältigen:

- Konzeption des Messestandes

- Auswahl der Exponate (Was soll ausgestellt werden?)

- Auswahl, Schulung und Einsatz des Personals

- Auswahl kommunikativer Maßnahmen (z. B. Verkaufsgespräche, Produktpräsentation, Video- und Internetunterstützung)

Zu den zentralen **Stärken** von Messen und Ausstellungen zählen:

- Direkte Ansprache von und persönlicher Kontakt zu (potenziellen) Kunden

- Hohe Kommunikationsdichte und Informationsqualität

- Möglichkeit des direkten Vergleichs mit dem Wettbewerber (Benchmarking)

- Hohe Kommunikationsqualität durch den Ereignischarakter

6.6   Schnittstelleninstrumente

6.6.1   Mobile Advertising

Eine vergleichsweise innovative Form der Kommunikation repräsentiert das **Mobile Advertising**. Hierunter versteht man die Durchführung von Kommunikationsaktivitäten über **mobile Endgeräte** (= Werbeträger) wie Handys, PDAs (= Handhelt-Computer mit Organizerfunktion), Smartphones (, die Funktionen eines Mobiltelefons mit denen eines PDAs vereinigen) sowie Laptops mit WLAN-Anschluss, was eine kabellose Internetverbindung ermöglicht (vgl. im Folgenden *Clemens* 2003; *Dufft* 2003; *Holland* 2007; *Oswald/Tauchner* 2005; *Poussttchi/Turowski* 2004).

Angesichts zunehmender Marktpenetration von Handys und der schrittweisen Etablierung leistungsfähiger Übertragungsstandards steigt das Interesse von Unternehmen, dieses Medium zum Zwecke der werblichen Kommunikation zu nutzen. Führende FMCG-Hersteller (FMCG = Fast Moving Consumer Goods) wie *Coca-Cola*, *Haribo*, *Maggi* und *Kraft-Foods* nutzen hierzu u. a. **Apps**. Hierbei handelt es sich um kleine, i. d. R. für wenig Geld aus dem Internet herunterzuladende Programme für Multimedia-Handys wie das *I-Phone* von *Apple*. Durch die Miniprogramme bietet sich dem Smartphone-Nutzer unabhängig von Zeit und Raum Zugang zu Markenanwendungen wie Produktinformationen, Nährwertangaben, Rezeptservices, Einkaufslisten oder elektronischen Spielen.

Den Marketing-Treibenden eröffnen sich durch Apps neue Kommunikationsoptionen, aber auch **Bedrohungen**. Die Software *Barcoo* beispielsweise macht das Handy zu einem Barcode-Scanner. Das Mobiltelefon kann nunmehr vor Ort zum Preisvergleich genutzt werden. So ermöglicht *Barcoo* die Suche nach dem günstigsten Preis, den ein stationärer Einzelhändler in der näheren Umgebung des Handy-Nutzers für die gesuchte Ware anbietet.

Die **Varianten** des Mobile Advertising lassen sich anhand von **drei Kriterien** charakterisieren:

- **Ohne versus mit Responsefunktion**
  Während der Empfänger im Falle des Fehlens einer Responsefunktion nicht antworten kann (etwa bei der regelmäßigen Informationen einer Supermarktkette über Sonderangebote), bietet ihm ein Responseelement die Möglichkeit, auf beispielsweise eine SMS (= Short Message Service, d. h. Kurznachricht, die über Mobiltelefone versendet wird), EMS (= Enhanced Message Service, d. h. erweiterter Nachrichtenservice, der zusätzlich in der Lage ist, Bilder und Töne mitzusenden) bzw. MMS (= Multimedia Messaging Service, der die Möglichkeit bietet, mit einem Mobiltelefon multimediale Nachrichten an andere mobile Endgeräte oder an normale E-Mail-Adressen zu schicken) zu reagieren (etwa Bestellung eines Produktkatalogs durch eine Antwort-SMS, -EMS bzw. -MMS).

- **Cross- versus Uni-Medial**
  Im Falle des cross-medialen Mobile Advertising kommen mindestens zwei unterschiedliche Medien zum Einsatz. Beispielsweise wird der Konsument über TV, Rundfunk und/

oder Print-Medien dazu aufgefordert, an einem Gewinnspiel teilzunehmen, und antwortet mit einer Nachricht an eine angegebene Handynummer. Bei uni-medialen Kampagnen hingegen läuft der gesamte Kommunikationsprozess über ein einziges Medium ab. Im Falle des Mobile Couponing etwa werden in der Regel digitale Coupons per SMS auf die mobilen Endgeräte des Konsumenten gesendet. Der Coupon kann die SMS selbst sein oder aber ein Barcode, der auf dem Handydisplay dargestellt und beim Kassiervorgang durch einen Scanner erfasst wird. Doch auch das Mobile Couponing kann cross-medial aufgebaut sein. Beispielsweise wird dem Empfänger ein Zugangscode auf sein Handy geschickt. Mit diesem erlangt er via Internet Zugang zu einer bestimmten Internetseite, von der er sich dann einen Coupon ausdrucken kann.

- **Push- versus Pull-Strategie**
  Im Zuge der Push-Strategie kontaktiert das werbetreibende Unternehmen per Mitteilung (z. B. SMS, EMS, MMS oder Mobile Coupon) Personen, die sich zuvor generell mit dem Empfangen von Werbung über dieses Medium einverstanden erklärt haben (siehe Permission Marketing). Bei der Pull-Strategie hingegen weist das Unternehmen mittels anderer Medien (etwa TV-Werbung, Produktverpackungen etc.) auf seinen mobilen Kommunikations-Auftritt hin. Daraufhin wird der Kunde aktiv, indem er beispielsweise per Mobiltelefon an einem Preisausschreiben teilnimmt oder einen Klingelton anfordert (vgl. *Homburg/Krohmer* 2006, S. 819 ff.).

Als **Stärken** des Mobile Advertising gelten:

- **Reichweite**
  Diese liegt in der hohen Diffusion von Handys in der Bevölkerung sowie der Möglichkeit einer zeit- und ortsunabhängigen Kundenansprache begründet.

- **Lokalisierbarkeit**
  Der Aufenthaltsort des Mobilfunknutzers kann mittels bestimmter Techniken wie beispielsweise GPS (Global Positioning System) lokalisiert und mit einer auf seinen aktuellen Aufenthaltsort ausgerichteten Werbebotschaft angesprochen werden. Über Location Based Services ist das Netz mittels „Handy-Ortung" in der Lage zu identifizieren, wo sich der Konsument gerade aufhält. Befindet sich ein Kunde beispielsweise vor einem Drogeriemarkt, wird ihm ein Mobile Coupon für ein bestimmtes Parfum per SMS übermittelt. Neue Technologien sind des Weiteren Bluetooth Areas, in denen über eine entsprechende Schnittstelle moderner Handys Veranstaltungstipps, Werbeslogans oder virtuelle Rabattgutscheine empfangen werden. Nicht zuletzt können Passanten mittels proaktiver Werbung sprich Werbeplakaten, die mit entsprechenden Sendern ausgestattet sind, angefunkt werden.

- **Zielgruppengenauigkeit**
  Jeder Nutzer ist anhand seiner Mobilfunknummer eindeutig identifizierbar. Dies eröffnet die Option, auf Basis einer Kundendatenbank den Konsumenten im Sinne eines „One-to-One"-Marketing maßgeschneidert anzusprechen. Die Möglichkeit der Personalisierung ist insbesondere dadurch gegeben, dass ein Mobiltelefon nur selten von mehreren Personen genutzt wird und dementsprechend im Normalfall eine eindeutige Zuordnung von Gerät und Nutzer gewährleistet ist.

- **Bidirektionale Kommunikation**
  Beim Vorhandensein einer Responsefunktion kann der Empfänger direkt, mit überschaubarem Aufwand und schnell mit dem Unternehmen in Kontakt treten und kommunizieren.

- **Multiplikationspotenzial**
  Ist eine Werbebotschaft nicht nur informativ, sonder auch unterhaltend, kann es zu sog. „viralen Effekten" kommen. Konkret leitet der Empfänger etwa ein Bild oder einen Videoclip an Freunde und Bekannte weiter, so dass sich die Botschaft wie ein Virus ausbreitet. Diese Spielart der mehrstufigen Kommunikation erhöht die Glaubwürdigkeit sowie die Kontakthäufigkeit der Botschaft, ohne das Unternehmen mit zusätzlichen Kosten zu belasten. Ein zentraler Vorteil des **Viral Marketing**, das als Begriff erstmals 1996 auftauchte, liegt in der Gelegenheitsempfehlung, die sich aus der Situation ergibt und keine langjährige Beziehung zum Kunden voraussetzt. Humor, Schock- und Überraschungseffekte versprechen die schnelle Ausbreitung der Werbebotschaft. Da der virale Clip einen anderen Status als unerwünscht präsentierte Werbung besitzt, sind die Empfänger vergleichsweise häufig bereit, sich mit dem Angebot auseinanderzusetzen. Die erste „Virusepidemie" in Deutschland löste *Johnnie Walker* mit seinem Internet-Videospiel „Moorhuhnjagd" aus. Diese verfehlte letztlich aber ihr eigentliches Ziel, da nahezu keiner der Spieler wusste bzw. weiß, dass dieses Spiel *Johnnie Walker* von stammt.

Alle Formen des Mobile Advertising setzen voraus, dass der (potenzielle) Kunde eine **Einverständniserklärung** zum Empfang von mobiler Werbung erteilt (siehe Permission Marketing). Hierfür bieten sich **drei Verfahren** an:

- **„Single-Opt-In"-Verfahren**
  Hier registriert sich der Interessent beispielsweise auf einer Internetseite und erteilt dort seine einmalige Verständniserklärung.

- **„Confirmed-Opt-In"-Verfahren**
  Hier erhält der Nutzer zusätzlich eine Bestätigung seiner Anmeldung per SMS oder E-Mail.

- **„Double-Opt-In"-Verfahren**
  Hier erhält der Interessent im Anschluss an seine Anmeldung eine E-Mail oder SMS mit einem Passwort. Indem er auf die Nachricht antwortet, bestätigt er seine Einwilligung. Zahlreiche Unternehmen nutzen dieses Verfahren, um sich gegen ungewollte Anmeldungen durch Dritte abzusichern (vgl. *Holland/Bamel* 2006, S. 45; *Högler/Bulander/Schiefer/Sandel* 2004).

6.6.2   Blog Marketing

Ein **Weblog** (engl. Kontamination aus Web und Log), oft einfach nur Blog genannt, ist eine **Webseite**, die ähnlich einem Tagebuch **periodisch neue Einträge** enthält, d. h. **in regelmäßigen Abständen ergänzt** wird. Neue Einträge stehen an oberster Stelle, ältere folgen in umgekehrt chronologischer Reihenfolge (vgl. *Holland* 2007, S. 20).

Werden Weblogs für die interne und externe Kommunikation eines Unternehmens benutzt, bezeichnet man sie als **Corporate Blogs**. Diese treten in unterschiedlichen Formen auf und erfüllen in erster Linie Image- und Unternehmensfunktionen, indem sie etwa ein Produkt, eine Dienstleistung oder die Strategie des Unternehmens nach innen oder außen kommunizieren. Charakteristisch für Corporate Blogs ist, im Gegensatz zu anderen, im Marketing genutzten Weblogs, dass sie gebrandet sind, d. h. dass sie z. B. das Logo des Unternehmens tragen oder anderweitig klar ersichtlich wird, dass das Unternehmen das Weblog herausgibt.

Weblogs sind als Kommunikationsinstrumente von Unternehmen relativ neu. Bisher werden sie vor allem von US-amerikanischen Konzernen genutzt, mittlerweile halten sie aber auch in Deutschland Einzug.

Blogs bieten Unternehmen grundsätzlich drei **Nutzungsmöglichkeiten**:

- Imagewerbung in eigener Sache

- Aktiver Einsatz von Bloggern für eigene Werbezwecke (Multiplikatorfunktion)

- Markt- bzw. Marketingforschung

Wer Blogs zu **Marktforschungszwecken** heranzieht, muss zwar die mangelnde Repräsentativität berücksichtigen, vermeidet aber Provokationen, wenn er anonym bleibt oder eigens Teilnehmer eines Projekts zum Austausch via Blog auffordert (vgl. *Mehringer* 2008, S. 36). Mittlerweile werten Spezialisten für Internetmarktforschung die Communities, Blogs und Foren, in denen Konsumenten ihre Meinung äußern, mittels Programmen, die mit Hilfe linguistischer Tools Inhalte analysieren (sog. Inhaltsanalyse), aus.

6.6.3   Permission Marketing

Permission Marketing bezeichnet den **Versand** von **Werbe- und Informationsmaterialien** (i. d. R. E-Mails) mit der ausdrücklichen **Erlaubnis** (Permission) des **Kunden** bzw. **Empfängers**. Der Begriff wurde erstmals 1999 von *Seth Godin* in seinem Buch „Permission Marketing: Turning Strangers Into Friends and Friends Into Customers: Strangers into Friends into Customers" verwendet. Diese Form der Kommunikation bietet gegenüber konventioneller Werbung in Massenmedien (z. B. in Zeitschriften, Fernsehen usw.) dem werbenden Unternehmen die Möglichkeit, den (potenziellen) Kunden direkt durch personalisierte Informationen anzusprechen.

Zu den **Spielarten** des Permission Marketing zählen:

- Formulare zum Bezug eines Newsletters, der dem Kunden einen Mehrwert (z. B. Branchen- oder Fachinformationen) bietet, und die i. d. R. auf der Homepage eines Anbieters zu finden sind

- Formulare zur Anforderung von Produktinformationen

- Call-Back-Formulare, mit denen ein (potenzieller) Kunden einem Unternehmen erlaubt, ihn telefonisch zurückzurufen

6.6.4   Virales Marketing

Virales Marketing (auch Viral-Marketing und Virus-Marketing) ist eine Spielart des Marketing, die existierende **soziale Netzwerke** ausnutzt, um **Aufmerksamkeit auf Marken, Produkte oder Kampagnen** zu lenken. Hierbei wird darauf gesetzt, dass sich Nachrichten epidemisch, d. h. wie ein **Virus** ausbreiten. Die Verbreitung der Nachrichten basiert damit letztlich auf **Mundpropaganda**, also der Kommunikation zwischen Konsumenten auf freiwilliger Basis (vgl. http://www.werbeagentur-smile.de/news/6-marketing-news/38-viralmarketing-spots; Stand: 20.07.2012; *Bauer/Große-Leege/Rösger* 2007).

Vor allem via *Internet* (Online-Videos, Blogs, Podcasts [= Produzieren und Anbieten von Mediendateien (Audio oder Video) über das Internet] und Spiele) können sich Marketing-Botschaften viral verbreiteten. Als Paradebeispiel für Virales Marketing gilt das Werbespiel Moorhuhn, das von der Internetseite des Unternehmens *Johnnie Walker* kostenlos heruntergeladen werden konnte und zu seinen Hochzeiten bemerkenswert weit verbreitet war. Wie sich dies auf Image und Umsätze der Marke „*Johnnie Walker*" ausgewirkt hat, lässt sich jedoch allenfalls abschätzen.

Symptomatisch für Projekte, die dem Viral Marketing zuzurechnen sind, ist: Sie kommen scheinbar aus dem Nichts, verzichten auf flankierende klassische Kommunikationsinstrumente und agieren mit geringem finanziellen Aufwand. Dennoch erreichen sie z. T. erstaunliche Bekanntheitsgrade.

Die Bezeichnung „virales Marketing" (oder Viral Marketing) ist allerdings irreführend, da in aller Regel ausschließlich die Verbreitung von Werbung gemeint ist, Werbung jedoch nur eine Facette des Marketing-Mix bildet. Streng genommen dürfte man nur dann von viralem Marketing sprechen, wenn der gesamte Marketing-Mix, also product, price, place und promotion zur viralen Verbreitung einer Botschaft beitragen. Dies ist in wenigen Fällen – etwa *Bionade* – gegeben.

Die Übertragung von digitalen viralen Botschaften geschieht auf **drei Arten**:

- **Tell-A-Friend-Funktionen**: Ausfüllen von Formularen im Web, welche die Information der Seite als E-Mails an die Empfänger (Freunde) schickt („Artikel als E-Mail senden"). In den zugestellten Infos finden sich entsprechende Weblinks.
- **E-Mail**: Weiterleiten von E-Mails mit Witzen, Preisausschreiben, interessanten Bildern, Ton- und Filmclips oder Folienpräsentationen. Dies gilt als häufigste Verbreitungsart.
- **Weblogs**: Wenn viele Weblogbetreiber eine virale Botschaft aufnehmen und verbreiten, kann es zu einer Verbreitung im Netz kommen.

Eine häufig angewandte Methode zum Auslösen viraler Effekte sind außerdem **Petitionen** und **sonstige Unterschriftensammlungen** oder **Wetten** im Internet, die bestimmte Klickzahlen auf den beworbenen Internetseiten sicherstellen sollen. Insbesondere hinter Wetten stecken häufig Werbemittel in Form von Bannerwerbung auf den entsprechenden Zielseiten. Bei manchen sich verbreitenden Inhalten handelt es sich auch schlicht um Aktivitäten einzelner Personen, die keine Marketing-Ziele im eigentlichen Sinne verfolgen.

Als **Erfolgsfaktoren** viraler Effekte gelten:

- Kampagnengut, das unterhaltsam, nützlich, neu, falls möglich kostenlos und/oder einzigartig sein sollte.

- Rahmenbedingungen: Um eine schnelle Verbreitung zu gewährleisten, müssen ausreichende Verfügbarkeit, Serverkapazitäten, außerdem ggf. Presseunterstützung sichergestellt werden.

- Weiterempfehlungsanreize, mit welchen die Konsumenten ggf. für die Weiterempfehlung belohnt werden (etwa Gutscheine, Prämien oder Preisausschreiben).

Fallbeispiel „Virales Marketing" – der Werbe-Wirbel um *Harry-Potter*-Bücher und *Apple*-Produkte

Harry Potter sowie iPod bzw. iPhone von *Apple* schaffen etwas, wovon Marketing-Treibende träumen: Käufer, die nicht einfach Konsumenten, sondern fanatische Fans sind. Symptomatisch für diese Produkte ist, dass die Öffentlichkeit ihnen eine beispiellose weltweite Aufmerksamkeit widmet, die kaum von klassischer Werbung, sondern vor allem von redakionellen Berichten in den Medien und Mund-zu-Mund-Propaganda getragen wird. Das Erfolgsprinzip lautet Virales Marketing, das auf der Idee basiert, die Begeisterung für ein Produkt gleich einem Virus von einem potenziellen Käufer zum nächsten zu tragen.

Wenn man von der Unterschiedlichkeit beider Produkte einmal absieht und die objektive Qualität außen vor lässt, weisen sie aus der Marketing-Perspektive ähnliche Eigenschaften auf:

- **Mythos und Legendenbildung**: In beiden Fällen – der Autorin *Joanne K. Rowling*, einer ehemaligen Sozialhilfeempfängerin, und dem charismatischen und unangepassten *Apple*-Gründer *Steve Jobs* – basiert der Marketing-Mythos auf einer Aufsteigergeschichte – Menschen, die für ihre Idee gekämpft haben, dabei auch manche Rückschläge in Kauf nehmen mussten, letztlich aber Erfolg hatten.

- **Knappheit des Produkts**: Klug lancierte Nachrichten über Lieferengpässe und riesige Warteschlangen vor Buchhandlungen bzw. Elektronikgeschäften ziehen potenzielle Käufer geradezu magnetisch an. Die Furcht, nicht zu den Ersten zu gehören, die das begehrte Produkt in den Händen halten, weckt das Verlangen.

- **Inszenierte Geheimhaltung**: Während andere Unternehmen einen Großteil ihres Werbebudgets dafür einsetzen, Konsumenten bereits Wochen vor der Markteinführung mit Produktdetails zu versorgen, soll in den vorliegenden beiden Fällen vor dem Markteintritt nichts über das Produkt an die Öffentlichkeit gelangen. Dass gerade deshalb zahlreiche Gerüchte kursieren, die dann von den Medien verbreitet werden, spielt beiden Unternehmen in die Karten. Nicht ohne Grund verzichten diese grundsätzlich darauf, Gerüchte zu kommentieren.

Während der Wirbel um *Harry Potter* beim ersten Band jedoch mehr oder weniger zufällig entstand und erst später systematisch angefacht wurde, hat *Steve Jobs* seit seiner Rückkehr zu *Apple* 1997 bewusst auf die skizzierten Faktoren gesetzt. Zudem erkannte er frühzeitig die Bedeutung von Meinungsführern für den Erfolg der *Apple*-Produkte. Wohl kaum ein anderes Unternehmen betreibt einen so engen Austausch mit seinen Kunden wie *Apple* – und diese leisten dann in persönlichen Gesprächen oder Internetforen unbezahlte Überzeugungsarbeit.

Quelle: *Lembke, J.*: Das magische Virus, in: Frankfurter Allgemeine Zeitung, Nr. 167 vom 21.07. 2007, S. 18.

7 Festlegung des Marketing-Mix

7.1 Beziehungsgefüge zwischen den Marketing-Instrumenten

Dieses Kapitel vermittelt:
- welche Beziehungen zwischen den einzelnen Instrumenten bestehen können,
- welchen Restriktionen das Marketing-Instrumentarium unterliegt und
- welche Probleme bei dessen Einsatz auftreten können.

Zwischen den einzelnen Instrumenten des Marketing-Mix existieren funktionale, zeitliche und hierarchische Beziehungen (vgl. *Pepels* 1999, S. 124 ff.). Die **funktionalen Beziehungen** charakterisieren, inwieweit sich die einzelnen Instrumente gegenseitig beeinflussen. Hierbei lassen sich unterscheiden:

- **Komplementarität** („Harmonie"): Die Instrumente ergänzen sich gegenseitig, z. B. eine hohe Leistungsqualität und ein hoher Preis.

- **Indifferenz** („Neutralität"): Die Instrumente beeinflussen sich gegenseitig nicht (etwa Gestaltung des Logos und Wahl des Vertriebswegs).

- **Konflikt** („Konkurrenz"): Ein Instrument wirkt sich negativ auf ein anderes aus. Beispielsweise steht das anvisierte Image einer hohen Qualität des Herstellers in Konflikt zu einer aggressiven Preispolitik des Handels.

- **Substituierbarkeit:** Hier ersetzt ein Instrument ein anderes. Z. B. kann die Verkaufsförderung – zumindest unter bestimmten Bedingungen – an die Stelle der klassischen Werbung treten.

- **Konditionalität:** Hier bedingen sich zwei oder mehr Instrumente wechselseitig. Einheitliche Endverbraucherpreise über die verschiedenen Vertriebswege etwa erfordern vom Hersteller eine intensive Endverbraucherwerbung, da nur so ein starker Nachfragesog ausgelöst werden kann (Pull-Effekt), der wiederum eine entsprechendes Machtübergewicht des Herstellers gegenüber dem Handel bewirkt.

Hinsichtlich der **zeitlichen Beziehungen** lassen sich unterscheiden:

- **Paralleler Einsatz:** Zwei oder mehr Instrumente werden völlig zeitgleich nebeneinander eingesetzt (etwa Preissenkung und Verkaufsförderungsaktion im Handel).

- **Sukzessiver Einsatz:** Hier kommen die Instrumente schrittweise zum Einsatz (etwa zunächst Werbung, daran anschließend Verkaufsförderung am Point-of-Sale), so dass sie schließlich nebeneinander eingesetzt werden.

- **Intermittierender Einsatz:** Zwei oder mehr Instrumente wechseln sich ohne Unterbrechung oder mit Lücken gegenseitig ab.

- **Ablösender Einsatz,** d. h. ein Instrument löst ein anderes ab, ohne dass dieses wieder in unmittelbarem Anschluss eingesetzt wird.

- **Versetzter Einsatz,** d. h. zwei oder mehr Instrumente werden jeweils ähnlich lang eingesetzt und überlappen einander allenfalls.

- **Vorlaufender oder nachlaufender Einsatz,** d. h. ein Instrument setzt den vorherigen Einsatz eines anderen Instruments voraus bzw. folgt auf ein anderes (z. B. Ankündigungswerbung vor der Produkteinführung oder Kundendienstangebot nach der Produktelimination).

- **Hierarchische Beziehungen** charakterisieren die relative Bedeutung der Instrumente zueinander. Im Falle von Markenartikeln wäre die klassische Werbung ein dominantes Instrument, wohingegen Sponsoring gemeinhin als unterstützendes Instrument gilt.

7.2 Besonderheiten des Marketing-Mix

Beim Einsatz des Marketing-Instrumentariums können folgende **Probleme** auftreten (vgl. *Pepels* 1999, S. 124 ff.):

- Die Marketing-Instrumente können sich gegenseitig beeinflussen. Zum einen kann es sich um **substitutive Beziehungen** handeln, d. h. die Instrumente können sich gegenseitig ersetzen. Beispielsweise kann eine Verbesserung der Produktqualität einen Abbau der Werbeanstrengungen kompensieren. Zum anderen existieren **komplementäre Beziehungen**. So wird eine Preissenkung im Normalfall erst durch Werbung voll wirksam.

- Die **Wirkungsverläufe** (sog. Response Functions) der Marketing-Instrumente sind meist **nicht linear** und weisen mitunter **Schwellenwerte** auf. Zum Beispiel nehmen Verbraucher die Werbung erst ab einem bestimmten Volumen wahr oder es bestehen sog. **Preisschwellen**, bei deren Unterschreiten der Absatz sprunghaft anschweigt. Aus diesem Grund wählen Anbieter in der Regel gebrochene Preise wie 99 €, 1,49 € etc. (sog. **Odd Pricing**). Schließlich wirken die Instrumente nicht selten mit **zeitlicher Verzögerung.** Insbesondere die Werbewirkung tritt häufig erst lange nach der Veröffentlichung ein. Solche zeitlichen Ausstrahlungseffekte sind zum einen auf ein Nachwirken des Instrumentes bzw. Beharren des Verbrauchers (sog. **Carry-Over-Effekt**) und zum anderen auf Verzögerung der angestrebten Wirkung (sog. **Decay-Effekt**) zurückzuführen. Mit Hilfe von Marktreaktionsmodellen (**Response Functions**) wird versucht, den dynamischen

Aspekt zeitlich verzögerter Umsatz- bzw. Absatzreaktionen auf Maßnahmen der Absatzförderung und der Werbung durch sog. **Lag-Variablen** (= **Verzögerungsvariablen**) abzubilden.

- Die Marketing-Instrumente strahlen häufig positiv bzw. negativ über den objekt-, raum-, zeit- und/oder intensitätsmäßig definierten Zielbereich hinaus (sog. **Spill-Over-Effekt**e). Beispielsweise wirkt sich ein schlechtes *Stiftung-Warentest*-Ergebnis eines Produktes negativ auf das Image sämtlicher Produkte des betroffenen Unternehmens aus. Und auch Verbraucher in Österreich und der Schweiz nehmen einen Werbespot wahr, der in Deutschland ausgestrahlt wird.

- Die **Ungewissheit über zukünftige Entwicklungen** lässt sich auch mit noch so hohem Aufwand nicht beseitigen, da sich das menschliche Verhalten nie mit Sicherheit prognostizieren lässt. Es bestehen somit unsichere Aktions-, Reaktions- und Tendenzerwartungen. Beispielsweise kann eine Preissenkung zu Absatzsteigerungen, aber auch zu Absatzverlusten führen, da der Verbraucher damit eine schlechte Qualität verbindet.

- Nur ein Teil der Instrumente ist kurzfristig aktivierbar (taktische Optionen, etwa eine Preissenkung). Meist ist nur eine **langfristige Disposition** möglich (z. B. im Falle des Produktmanagement, man denke hier beispielsweise an Produktinnovation, -modifikation und -differenzierung).

- Das **Vermarktungsobjekt determiniert** oft einen bestimmten **Einsatz spezieller Marketing-Instrumente**. Beispielsweise bedienen sich Lebensmitteldiscounter eher der Prospekt- als der TV-Werbung, da erstere für das Herausstellen von günstigen Preisen besser geeignet erscheint.

7.3 Restriktionen beim Einsatz der Marketing-Instrumente

Generell bleibt festzuhalten, dass die Marketing-Instrumente in zahlreichen Fällen nicht frei einsetzbar sind, sondern gewissen **Einschränkungen** unterliegen (vgl. im Folgenden *Nieschlag/Dichtl/Hörschgen* 2002, S. 329–336). Hierzu zählen:

- **Produktspezifische Restriktionen**
  Im Rahmen des Vertriebsmanagement etwa erfordert die Erklärungsbedürftigkeit komplizierter Produkte qualifizierte Absatzmittler (Deshalb vertreibt *Stihl* seine Motorsägen ausschließlich über den Facheinzelhandel.) oder ein ungünstiges Wert/Gewicht-Verhältnis erlaubt lediglich den Verkauf an Großabnehmer (etwa Briefumschläge, die einzeln nicht verkauft werden, oder Brennholz, das nur ab einer gewissen Abnahmemenge angeliefert wird).

- **Rechtliche Restriktionen**
  Als Beispiele können die (noch bestehende) Einschränkung der Ladenöffnungszeiten durch das Ladenschlussgesetz, das Verbot von Werbung für Alkoholika und Zigaretten in bestimmten Medien sowie die Preisbindung bei Büchern und Pharmaprodukten angeführt werden.

- **Finanzielle und produktionstechnische Restriktionen**
  Beispielweise ist nicht genug Kapital für den Aufbau eigener Verkaufsniederlassungen oder eine Reisendenorganisation vorhanden. Oder aber eine zu hohe Fixkostenbelastung verhindert eine flexible Preispolitik. Oder aber die Produktionskapazität begrenzt das Absatzvolumen.

- **Unternehmenspolitische Restriktionen**
  Bei vielen Unternehmen verbieten es die ethischen Grundsätze, eine Politik der geplanten Veralterung von Produkten durch Sollbruchstellen (Planned Obsolescense), eine aggressive Preispolitik oder die Manipulation von Kindern durch Werbung zu verfolgen. Oder aber ein Handelsunternehmen verzichtet auf den Vertrieb von Gewalt verherrlichenden Video-Spielen.

- **Natürliche Restriktionen**
  Die begrenzte Lagerfähigkeit verderblicher Produkte etwa bedingt eine hohe Liefergeschwindigkeit. Oder aber die begrenzte Belastbarkeit der Umwelt erfordert umfangreiche Investitionen in ökologiefreundliche Technologien, was sich wiederum auf das Preismanagement auswirkt. Oder aber die Verteuerung von Rohstoffen verhindert eine aggressive Preisgestaltung.

8 Marketing-Kontrolle

Dieses Kapitel vermittelt:

- was man unter Marketing-Kontrolle versteht,
- welche Aufgaben die Marketing-Kontrolle erfüllt,
- was ein Marketing-Audit ist und wie sich ein solcher Prozess gestaltet,
- wie die ergebnisorientierte Marketing-Kontrolle abläuft und
- wie eine Balanced Scorecard aufgebaut ist.

8.1 Begriff und Funktionen

Die idealtypisch letzte Phase im Marketingmanagementprozess bildet die Marketing-Kontrolle. Marketing-Kontrolle wird verstanden als die Gesamtheit der Aktivitäten, welche den **Prozess** sowie das **Ergebnis** von **Marketingentscheidungen** überprüfen mit dem Ziel, ein Unternehmen **ergebnisorientiert** auszurichten.

Konkret erfüllt die Marketing-Kontrolle **zwei Aufgaben**:

- Zum einen muss im Sinne einer prozessbegleitenden Kontrolle überwacht werden, inwieweit Anpassungen des Planungs- und Implementierungsprozesses erforderlich sind. Dies ist Aufgabe des **Marketing-Audit**.
- Zum anderen gilt es im Sinne eines ex-post durchgeführten Soll-Ist-Vergleichs zu prüfen, inwieweit die anvisierten Ziele durch die eingeleiteten Strategien und Maßnahmen erreicht wurden. Dies ist Gegenstand der **ergebnisorientierten Marketing-Kontrolle**.

Ein Konzept, das sowohl die Prozess- als auch die Ergebnisperspektive miteinander vernetzt, ist die **Balanced Scorecard**, die in Abschnitt 8.4 vorgestellt wird. Hierbei handelt es sich um ein Kennzahlensystem, mit dessen Hilfe sich ein Unternehmen flexibel und effizient steuern lässt.

8.2   Marketing-Audit

Das Marketing-Audit hat zur Aufgabe, **Prämissen** und **Rahmenbedingungen** für **Planungen**, **Kontrollen** und **Steuerungsmaßnahmen** im Marketing-Bereich zu **überprüfen** (vgl. *Köhler* 2001, S. 965–966; *Töpfer* 1995, Sp. 1533–1541). Im Gegensatz zur Ergebniskontrolle, welche die Marketing-Ergebnisse analysiert, fokussiert das Marketing-Audit auf die betrieblichen Voraussetzungen für das Erzielen von Resultaten (= **Prozesskontrolle**). Damit trägt man dem Umstand Rechnung, dass ein Verfehlen des Zieles u. a. auch daran liegen kann, dass der eingeschlagene Weg untauglich war.

Demnach dient das Marketing-Audit dazu, **frühzeitig** auf sich abzeichnende Fehlentwicklungen aufmerksam zu machen. Während es sich bei der Ergebniskontrolle um eine Wirkungskontrolle handelt, die erst ex-post sprich im Nachhinein einsetzt, erfüllt das Marketing-Audit eine prozessbegleitende **Überwachungsfunktion**, die es dem Unternehmen ermöglich, frühzeitig auf Veränderungen zu reagieren (**Monitoring**; vgl. *Nieschlag/Dichtl/Hörschgen* 2002, S. 1167–1168).

Das Marketing-Audit lässt sich in folgende **Objektbereiche** untergliedern (vgl. hierzu Abb. 8.1):

- **Prämissen-Audit**: Hier werden die Daten der Unternehmens- und Umweltanalysen (sprich Marketing-Forschung) auf ihre Entscheidungsrelevanz, Vollständigkeit und Aktualität hin überprüft.

- **Ziel-Audit**: Diesem fällt die Aufgabe zu zu überwachen, inwiefern die festgelegten Ziele (noch) realistisch, kompatibel und operationalisierbar sind. Daneben muss die Konsistenz von Ober-, Zwischen- und Unterzielen, strategischen, taktischen und operativen Zielen sowie psychographischen und ökonomischen Zielen überprüft werden. Schließlich gilt es zu beobachten, ob die operativen Ziele erreicht werden, um auf diese Weise Gefahren frühzeitig zu erkennen und zu begegnen.

- **Strategien-Audit**: Hier befasst man sich mit dem konsistenten Gesamtaufbau eines Strategieentwurfs sowie dessen Kompatibilität mit den Prämissen, Zielen und Marketing-Maßnahmen.

- **Marketing-Mix-Audit**. Hier stehen das operative Marketing und damit die Marketing-Maßnahmen auf dem Prüfstand. U. a. geht es dabei um die Frage der Kompatibilität. Während die vertikale Kompatibilität die Abstimmung der Instrumente untereinander betrifft (etwa Produkt- und Preismanagement), gilt es auf der vertikalen Ebene zu überprüfen, ob der Marketing-Mix (etwa Preismanagement) mit den Prämissen (etwa Kapitalbedarf, Qualifikation der Mitarbeiter), Zielen (etwa Gewinn- versus Umsatzsteigerung) und Strategien (etwa Präferenz-Strategie) harmonisiert.

- **Prozess- und Organisations-Audit**: Hier liegt das Augenmerk auf den methodischen und organisatorischen Aspekten des Marketing-Management. Zum einen werden die aufbau- und ablauforganisatorischen Regelungen unter Effizienz- sowie Koordinationsgesichtspunkten überprüft. Zum anderen gilt es zu untersuchen, inwieweit das Unternehmen hinsichtlich der Informations-, Planungs- und Kontrolltechniken auf einem aktuellen und angemessenen Stand ist.

Grundsätzlich bleibt festzuhalten, dass zwischen den Objektbereichen des Marketing-Audit ein enger Zusammenhang und damit ein erheblicher Koordinationsbedarf besteht.

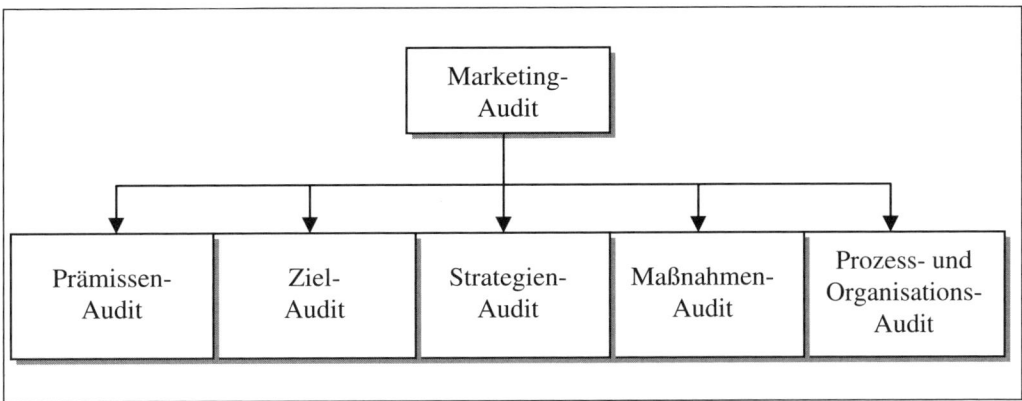

Abb. 8.1: Die Grundstruktur des Marketing-Audit

8.3 Ergebnisorientierte Marketing-Kontrolle

Wahrend im Zentrum des Marketing-Audit die Marketing-Prozesse stehen, überprüft und analysiert die ergebnisorientierte Kontrolle den Zielerreichungsgrad. Ein solcher **Soll/Ist-Vergleich** kann sich auf sämtliche in Abschnitt 2 vorgestellten Marketing-Ziele beziehen. Am geläufigsten ist die in Abb. 8.2 vorgestellte Strukturierung der ergebnisorientierten Marketing-Kontrolle (vgl. *Köhler* 2001, S. 1913–1914; *Reinecke/Tomczak/Dittrich* 1998, S. 177 ff.).

Im Falle der **submixbezogenen Wirkungskontrolle** bezieht sich die Überprüfung auf ausgewählte Marketing-Mix-Instrumente (im vorliegenden Beispiel auf die Werbung). Der Werbeerfolg kann zum einen anhand außerökonomischer sprich psychographischer Ziele (z. B. Bekanntheitsgrad) überprüft werden, was den Vorteil der Früherkennung von erfolgsgefährdenden Entwicklungen in sich birgt. Zum anderen bietet sich die Option, den ökonomischen Werbeerfolg beispielsweise anhand der Entwicklung des Umsatzes, Absatzes, Gewinns oder Deckungsbeitrags zu messen.

Im Gegensatz zur submixbezogenen Kontrolle basiert der **gesamtmixbezogene Ansatz** auf der Überlegung, dass es wenig Sinn macht, den Erfolg einzelner Marketing-Instrumente isoliert zu erfassen. Vielmehr geht man hier von einem Zusammenspiel der einzelnen Marketing-Instrumente im Sinne eines Marketing-Mix aus, so dass eine ganzheitliche Kontrolle zweckmäßig erscheint. Diese kann wiederum an außerökonomischen (etwa Image) und/oder ökonomischen Zielgrößen (z. B. Umsatz, Gewinn, Marktanteil) ansetzen.

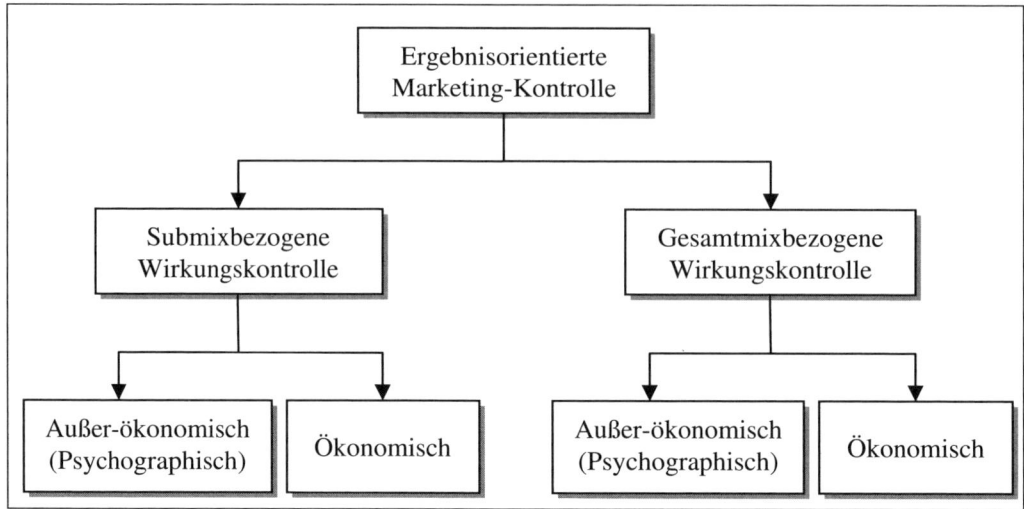

Abb. 8.2: Ansatzpunkte zur ergebnisorientierten Marketing-Kontrolle

Fallbeispiel „Werbeerfolgskontrolle" – Impuls-TV bei *Marktkauf*-SB-Warenhäusern

Ein Kunde betritt ein *Marktkauf*-SB-Warenhaus der Bielefelder Handelsgesellschaft *AVA*, nimmt einen Einkaufswagen und überquert die Eingangsschranke. Von ihm unbemerkt registriert ein Sensor, dass der Einkaufswagen Nummer 624 auf die Verkaufsfläche geschoben wird. In der Griffleiste des Einkaufswagens befindet sich ein Transponder, der einige Meter weiter den Start eines Werbespots auf einem großen Plasma-Flachbildschirm auslöst, der unter der Decke des Marktes angebracht ist. Wenn der Kunde nach seinem Einkauf an die Kasse kommt, wird dort die Nummer des Einkaufswagens eingegeben und mit den Scannerdaten des Einkaufs verknüpft.

Neben der Analyse der Wirkung eines bestimmten Spots auf das Kaufverhalten werden auf diese Weise auch die Wirkungen auf die Angebote der Konkurrenz bzw. die gesamte Warenkategorie transparent. Außerdem lassen sich Informationen über den Kundenlauf und die Verweildauer erheben und auswerten, wobei der einzelne Kunde anonym bleibt. Nicht zuletzt können so Kundenströme erfasst werden, so dass sich die Besetzung der Kassenplätze optimieren lässt. Beispielsweise kann das System mit dem Namen „Many X" der Aufsicht im Markt genau sagen, wie viele Kassen in zehn Minuten geöffnet werden müssen. Kernstück des Systems ist eine Prognosesoftware, die aus den Daten, zu welchem Zeitpunkt wie viele Kunden die Filiale betreten, den zukünftigen Ansturm auf die Kassenzone vorhersagt. Geplant ist, auch Kalenderdaten und Wetterberichte in die Berechnungen einzubeziehen. Bei schlechtem Wetter beispielsweise steigt die Verweildauer des Kunden in den Verkaufsräumen.

Quelle: *Biester, S.*: Impulse beleben den POS, in: LebensmittelZeitung, Nr. 42 vom
15.10. 2004, S. 42; *o. V.*: AVA besetzt Kassen mit System, in: LebensmittelZeitung, Nr. 39 vom 24.09.2004, S. 30.

Als zentrale Messgröße für den ökonomischen Erfolg eines Unternehmens und damit letztlich auch für den Marketing-Erfolg gilt heute der **Economic Value Added** (EVA) =

Geschäftsergebnis

– Kapitalkosten   oder

Geschäftergebnis

– (Geschäftsvermögen x gewichteter Kapitalkostensatz).

Ein positiver EVA wird erreicht, wenn das Geschäftsergebnis (= operativer Gewinn vor Fi-
nanzierungskosten abzüglich Ertragsteuern) über den für die Finanzierung des Geschäftsver-
mögens notwendigen Kapitalkosten liegt. Um die Kapitalkosten zu ermitteln, wird das Geschäftsvermögen (= im Betrachtungszeitraum gebundenes Anlagevermögen + Nettoumlauf-
vermögen) mit dem Kapitalkostensatz (= gewichtetes Mittel von Eigen- und Fremdkapital-
satz) multipliziert. Im Sinne einer an Wertsteigerung ausgerichteten Unternehmenssteuerung
ist der EVA ein wesentlicher Bestandteil im variablen Vergütungssystem von Führungskräf-
ten. Für die Beurteilung des Unternehmenserfolgs ist der ΔEVA (= aktueller EVA – EVA des
Vorjahres) entscheidend (vgl. *Metro Group* 2008, S. 106).

Als zentraler Nachteil der ergebnisorientierten Marketing-Kontrolle gilt, dass der (Miss-)Er-
folg erst ex-post und damit im Nachhinein überprüft werden kann. Will man diese Schwäche
abmildern, müssen/muss entweder die Kontrollzyklen verkürzt (etwa Umstellung von einer
Jahres- auf eine Quartals- oder Monatskontrolle) und/oder flankierend ein Marketing-Audit
implementiert werden.

8.4   Balanced Scorecard als integrativer Controlling-Ansatz

8.4.1   Begriff

Ein Konzept, das sowohl die Prozess- als auch die Ergebnisperspektive miteinander vernetzt,
ist die von *Kaplan/Norton* (1997) entwickelte **Balanced Scorecard** (= ausbalanciertes Kennzahlensystem). Hierbei handelt es sich um eine Management-Methode, mit deren Hilfe sich
ein Unternehmen mittels weniger, aber entscheidender **Kennzahlen** flexibel und effizient
steuern lässt (vgl. im Folgenden *Horvath & Partner* 2000; *Hennig/Schneider u. a.* 2008; *Ossola-Haring* 1999; *Schneider/Hennig* 2008 a, b; *Schneider/Ossola-Haring* 2002; *Töpfer*
2000).

Die Balanced Scorecard hat ihren Ausgangspunkt an der Kritik am traditionellen Umgang mit Kennzahlen. Die meisten Unternehmen nutzen bereits seit geraumer Zeit Kennzahlen, die sie über die eigene Entwicklung informieren sollen. In der überwiegenden Mehrzahl handelt es sich hierbei um **Finanzkennzahlen** wie Umsatz, Gewinn oder Rendite (Return on Investment). Derartige Kennzahlen weisen jedoch zwei zentrale **Nachteile** auf:

- Bei Finanzkennzahlen handelt es sich im Regelfall um sog. **Spätindikatoren**, d. h. um Kennzahlen, die erst mit erheblicher zeitlicher Verzögerung Hinweise über die Richtigkeit einer Entscheidung geben. Nachvollziehbar wird dies am Zusammenhang zwischen Kundenzufriedenheit und Gewinn. Die (Un-)Zufriedenheit der Kunden (= Frühindikator) schlägt sich erst nach geraumer Zeit im Gewinn (= Spätindikator) nieder. Die Balanced Scorecard tritt dieser Gefahr entgegen, indem sie das Augenmerk des Management verstärkt auf **Frühindikatoren** lenkt und so Fehlentwicklungen aufdeckt, bevor sie sich in den finanziellen Größen ausgewirkt haben.

- Finanzkennzahlen geben keine Auskunft über die **Ursachen** für eine bestimmte Entwicklung und bieten damit keine Ansatzpunkte für etwaig durchzuführende Maßnahmen. Deshalb interessiert man sich bei der Balanced Scorecard auch für diejenigen Prozesse, die für die Entwicklung der Finanzkennzahlen verantwortlich sind.

8.4.2   Aufbau

Die Balanced Scorecard basiert auf dem Prinzip, dass der wirtschaftliche Erfolg eines Unternehmens von Einflussfaktoren abhängt, die hinter den rein finanziellen Zielgrößen stehen, diese aber stark beeinflussen. Dabei wird folgender **Zusammenhang** unterstellt: fähige und motivierte Mitarbeiter → verbesserte Geschäftsprozesse → zufriedene Kunden → finanzieller Erfolg.

Konsequenterweise integriert die Balanced Scorecard - in umgekehrt Reihenfolge zur vorherigen Wirkungskette - folgende **Perspektiven**:

- **Finanzperspektive**
  Diese Dimension umfasst die klassischen finanziellen Kennzahlen über die Vermögens-, Finanz- und Ertragslage eines Unternehmens. Typische Vertreter dieser Kategorie sind Deckungsbeitrag, Gewinn, Return on Investment sowie Umsatz.

- **Kunden- und Marktperspektive**
  Hier wird die Positionierung eines Unternehmens im Konkurrenzumfeld sowie gegenüber dem Kunden betrachtet. Exemplarisch können aus diesem Bereich Marktanteil, Kundenzufriedenheit sowie Stammkundenquote (= Verhältnis Stammkunden zu Gesamtkunden) genannt werden.

- **Interne Prozessperspektive (Aufbau- und Ablauforganisation)**
  Diese Kennzahlen umschreiben, wie gut bzw. schlecht die internen Prozesse ablaufen. Im vorliegenden Zusammenhang erscheint es sinnvoll, in einer leichten Abwandlung vom klassischen Konzept diese Perspektive auf die Marketingprozesse sprich den Marketing-Mix zu richten. Nach diesem Verständnis geht es im Wesentlichen um die Effizienz des Produkt- bzw. Sortimentsmanagement, des Kontrahierungsmanagement, des Vertriebs-

management sowie des Kommunikationsmanagement. Floprate, Preiselastizität der Nachfrage, Distributionsquote und Response sind Vertreter dieser Kategorie.

- **Lern- und Entwicklungsperspektive (Mitarbeiter und Human Resources)**
  Diese Kennzahlen beleuchten die Motivation und Qualifikation der Mitarbeiter. Im Vordergrund stehen dabei für unsere Zwecke die Marketing- und Vertriebsmitarbeiter. Beispiele für diese Kategorie sind Eigenkündigungsquote, Krankenquote sowie Verbesserungsvorschlagsquote.

Der Vollständigkeit halber sei erwähnt, dass es durchaus zweckmäßig sein kann, neben den vorgestellten Perspektiven noch weitere Bereiche einer Analyse zu unterziehen (z. B. Kreditgeber, Lieferanten, Zulieferer, Versicherungen, Forschung und Entwicklung, Unternehmensethik, interne Unternehmenskommunikation, Öffentlichkeit, Politik und Gesellschaft, Internationalität und Kooperationen).

Um die Balanced Scorecard nicht zu überfrachten, sollten je Perspektive nicht mehr als fünf Kennzahlen gebildet werden, so dass sich bei vier Perspektiven insgesamt etwa 20 Kennzahlen ergeben. Selbst große Unternehmen arbeiten in der Praxis häufig nur mit wenigen Kennzahlen, die als sog. **Schlüsselkennzahlen** die zentralen Sachverhalte abbilden. Grund hierfür ist die Tatsache, dass umfangreiche „Kennzahlen-Friedhöfe" derart abschrecken, dass sie kaum gelesen, beurteilt geschweige den überwacht werden können.

Mit Hilfe der Balanced Scorecard können **Ursache-Wirkungsketten** erstellt und damit Querverbindungen zwischen sowie Abhängigkeiten von Kennzahlen aufgedeckt werden. Die Finanzkennzahlen stehen also nicht isoliert, sondern werden aus den anderen drei Kategorien abgeleitet. Ein Beispiel soll diese Vorgehensweise verdeutlichen: In der Lern- und Entwicklungsperspektive wird das Ziel erreicht, die Verbesserungsvorschläge pro Mitarbeiter und Jahr von zwei auf vier zu erhöhen. Dadurch steigt die Qualität der Produkte, was sich wiederum an der sinkenden Floprate zeigt (= interne Prozessperspektive). Die resultierende Erhöhung der Kundenzufriedenheit (= Kunden- bzw. Marktperspektive) steigert ihrerseits schließlich Umsatz und Gewinn (= Finanzperspektive).

Durch die Integration der vorgestellten Perspektiven gelingt es, Management und Mitarbeitern einen ständigen Überblick über den Kurs des Unternehmens und seiner einzelnen Bereiche zu vermitteln. Insofern ist die Balanced Scorecard mit einem modernen Auto vergleichbar, das über Bordcomputer und Navigationssystem verfügt. Hier werden alle wichtigen Informationen über den Zustand des Autos sowie der Weg angezeigt, der eingeschlagen werden muss, um an das angesteuerte Ziel zu gelangen.

Ein konkretes **Beispiel** zur Ausgestaltung einer Balanced Scorecard findet sich in Tab. 8.1. Hierbei werden zunächst für jede der vier Perspektiven (Finanzen, Kunde, Prozesse, Mitarbeiter) strategische Ziele formuliert. Für jedes Ziel gilt es in einem nächsten Schritt, eine oder mehrere Kennzahlen sowie die entsprechenden Zielwerte zu formulieren. Schließlich werden konkrete Maßnahmen zur Ereichung der anvisierten Ziele entwickelt.

Tab. 8.1: Ein Beispiel für eine Balanced Scorecard

Perspektive	Strategische Ziele	Kennzahlen	Zielwerte	Konkrete Maßnahmen
Finanzen	Rendite verbessern	Return on Investment	> 5 %	Steigerung des Umsatzes, Verringerung des Umlaufvermögens, Kostenmanagement
	Wachstum beschleunigen	Umsatzsteigerung	> 20 %	Kauf von Lizenzen, Entdeckung neuer Einsatzgebiete für die Produkte, Internationalisierung
	Innenfinanzierungskraft und damit Kreditwürdigkeit erhöhen	Cash-Flow	> 10 Mio. €	Erhöhung der Einzahlungen, Verringerung der Auszahlungen
Kunden	Kundenwünsche identifizieren und erfüllen	Erhöhung des Kundezufriedenheitsindex	2,0 auf einer von 1 bis 6 reichenden Schulnotenskala	Kundenbefragung, Beschwerdemanagement
	Kunden binden	Steigerung der Wiederkäuferrate	>70 %	Aufbau persönlicher Verbindungen, Unterhaltung von Kundenclubs, Förderung der Abnehmertreue durch Rabatt- und Bonussysteme
	Neue Kunden gewinnen	Steigerung der Neukundenrate	> 40 %	Ansprache neuer Zielgruppen, Bearbeitung neuer regionaler und nationaler Märkte

Tab. 8.1: Ein Beispiel für eine Balanced Scorecard (Fortsetzung)

Perspektive	Strategische Ziele	Kennzahlen	Zielwerte	Konkrete Maßnahmen
Prozesse	Innovationskraft steigern	Erhöhung der Innovationsquote	> 25%	Investitionen in Forschung und Entwicklung, Benchmarking
	Erfolgreiche Produkte entwickeln	Senkung der Floprate	< 15 %	Verstärkte Marktforschung, um Kundenbedürfnisse zu identifizieren
	Höhere Preise am Markt durchsetzen	Senkung der Rabattkundenquote	< 50 %	Verkäuferschulung
	Leistungsfähigkeit des Außendienstes steigern	Angebotserfolgsquote	> 70 %	Außendienstschulung, Verbesserung des Preis-Leistungs-Verhältnisses
	Unternehmen und seine Produkte in der Öffentlichkeit bekannt machen	Bekanntheitsgrad	> 50 %	Intensivierung des Kommunikationsmanagement (klassische Werbung, Online-Werbung, Verkaufsförderung, Öffentlichkeitsarbeit, Sponsoring)
Mitarbeiter	Motivation der Mitarbeiter erhöhen	Mitarbeiterzufriedenheit	2,2 auf einer von 1 bis 6 reichenden Schulnotenskala	Mitarbeiterbefragung, Einführung eines Prämiensystems
	Wissen der Mitarbeiter besser nutzen	Verbesserungsvorschlagsquote	> 15 % der Mitarbeiter p. a.	Einführung und Bekanntmachen eines Prämiensystems/innerbetrieblichen Vorschlagswesens
	Qualifikation der Mitarbeiter steigern	Schulungsquote	> 40 % der Mitarbeiter p. a.	Ermittlung des Schulungsbedarfs und Entwicklung des Weiterbildungsangebotes

Fallbeispiel „Balanced Scorecard" – der Kennzahlen-Kompass im SB-Warenhaus-Bereich von *Real*

Infolge zahlreicher Fusionen, Akquisitionen und Umstrukturierungen verzeichnete die *Metro* SB-Warenhaus-Tochter *Real* eine zunehmend uneinheitliche Unternehmens- und Führungskultur sowie ein unterschiedliches Leistungsniveau in ihren rund 250 Outlets. Vor diesem Hintergrund entschloss sich die Geschäftsführung, neben einer Umstrukturierung des Vertriebs eine dezentrale Management Balanced Scorecard, den sog. „Kennzahlen-Kompass", in den Filialen einzuführen, um so die Eigeninitiative vor Ort zu verbessern. Kompass arbeitet mit 16 Kennziffern aus den vier Steuerungsbereichen Finanzen, Kunden, Abläufe und Mitarbeiter (vgl. Abb. 8.3).

Die anzuvisierenden Zielwerte für die Kennzahlen legt der einzelne Markt fest, wobei die Zielkorridore durch Ampelfarben gekennzeichnet sind: Rot bedeutet, dass unmittelbare Verbesserungsmaßnahmen entwickelt und durchgeführt werden müssen. Grün hingegen weist den richtigen Weg.

Für die Analyse und Umsetzung von Maßnahmen wurden in den einzelnen Häusern sog. Schnelle Aktions-Teams (SAT) installiert, die sich aus vier bis sechs Mitarbeitern aus verschiedenen Abteilungen zusammensetzen. Diese treffen sich wöchentlich, um Ursachen für Fehlentwicklungen aufzudecken und mögliche Maßnahmen zu diskutieren. Die Ergebnisse der SAT-Teams werden in einem Kompass-Ticker unternehmensweit kommuniziert und in einer Datenbank sowie über Intranet zugänglich gemacht.

Quelle: *o. V.*: Real sucht mit Kompass nach Optimierungspotenzialen in den Märkten, in: LebensmittelZeitung, Nr. 2 vom 10.01.2002, S. 45.

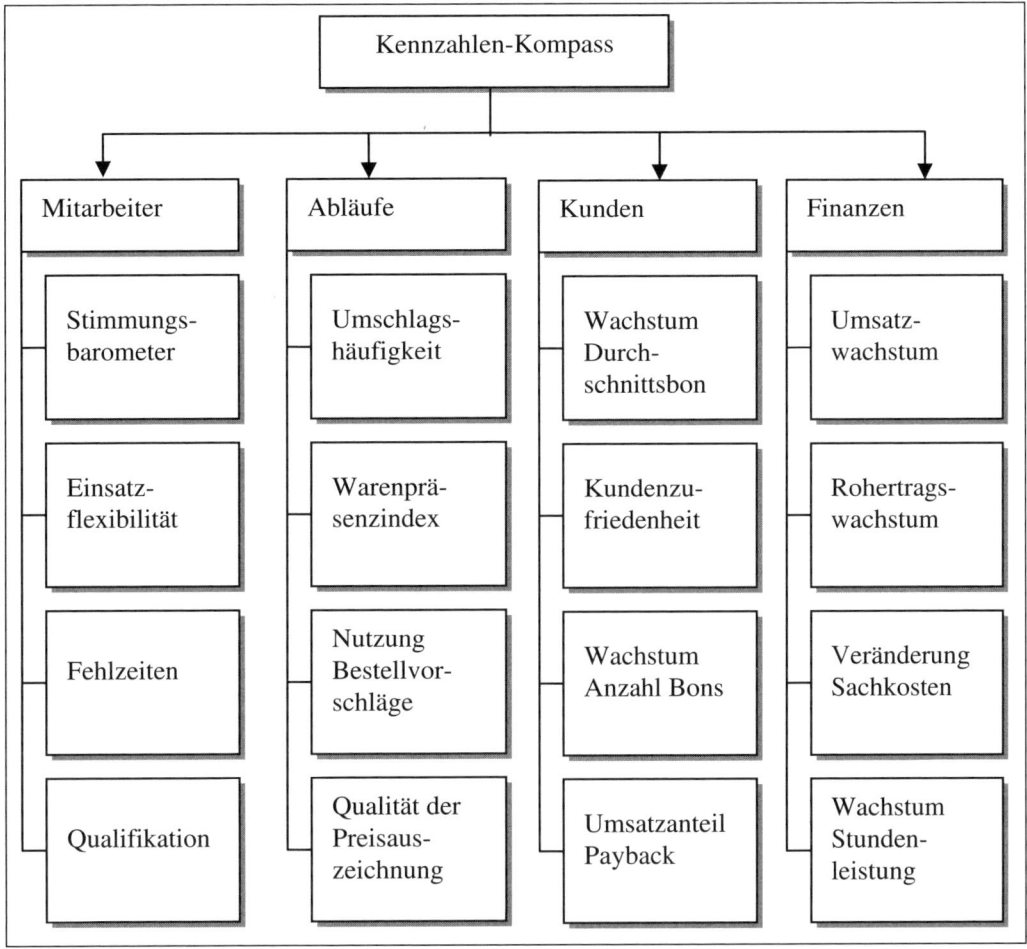

Abb. 8.3: Der Kennzahlen-Kompass der Metro-Tochter Real

9 Marketing-Ethik

9.1 Überblick

Die bisherigen Ausführungen haben sich mit den vielfältigen Möglichkeiten auseinandergesetzt, die Marketing bietet. Damit stellt sich unweigerlich die Frage, ob alles, was möglich ist, auch moralisch vertretbar ist. Deren Beantwortung widmet sich die Marketing-Ethik (vgl. im Folgenden *Hansen* 2001, S. 970–972; *Nieschlag/Dichtl/Hörschgen* 2002, S. 48–61).

Ethik bezeichnet die Lehre von den **Normen menschlichen Handelns** und deren **Rechtfertigung**. Die Marketing-Ethik ihrerseits befasst sich in ihrem Kernbereich mit den Ansprüchen sämtlicher Marktpartner eines Unternehmens an dessen Leistungsangebot (sog. **Mikro-Umwelt**) sowie den Ansprüchen weiterer gesellschaftlicher Gruppen, die von den Konsequenzen dieses Leistungsangebots betroffen sind (sog. **Makro-Umwelt**). Sie regelt damit das marketingspezifische Verhalten im rechtsfreien Raum, der jenseits schriftlich fixierter Rechtsnormen sowie Gewohnheits- und Naturrecht liegt (vgl. zum Themenkomplex Marketing-Recht *Eisenmann/Reuthal* 1998). Marketing-Ethik beschäftigt sich somit mit den Werten sowie Normen des Marketing und seiner gesellschaftlichen Verantwortung.

Ausgelöst durch die **Konsumerismusbewegung** in den USA Ende der 60er Jahre des vergangenen Jahrhunderts rückten die negativen Konsequenzen des kommerziellen Marketing zunehmend in den Fokus der öffentlichen Diskussion. Im Mittelpunkt der Kritik standen Themen wie Manipulation bzw. Irreführung von Verbrauchern durch Werbung; geplante Veralterung bzw. Obsoleszenz von Produkten, die Mutation des Verbrauchers zum gläsernen Konsumenten infolge zunehmend ausgeklügelter Marktforschungsmethoden sowie daraus resultierender Datenschutzprobleme und nicht zuletzt die ausufernde Abfallproblematik durch zunehmenden Verpackungsmüll.

Die sich verstärkende Kritik weiter gesellschaftlicher Kreise am Marketing zwang die verantwortlichen Entscheidungsträger dazu, ihr Verhalten nicht mehr ausschließlich am „magischen Dreieck" Kunde, Handel und Wettbewerber auszurichten. Nunmehr galt es sich mit der Frage auseinanderzusetzen, was einzelne gesellschaftliche Gruppierungen, die direkt (etwa Landwirte als Produzenten von Nahrungsmitteln in Entwicklungsländern) oder indirekt (etwa Menschen, die durch Umweltverschmutzung belastet werden) von den (negativen) Folgen des Einsatzes der Marketing-Technologie tangiert werden, von einem Unternehmen erwarten. Damit wollte man sicherstellen, dass insbesondere diejenigen Ansprüche, die nicht über den Markt artikuliert werden, außen vor bleiben. Wissenschaft und Praxis erkannten zunehmend die Notwendigkeit, sich im Sinne eines Public Marketing bzw. Human Concept of Marketing sämtlichen Anspruchsgruppen eines Unternehmens gegenüber zu öffnen („**Deepening the Marketing-Concept**").

In der Forschung lassen sich präskriptive sowie deskriptive und explikative Ansätze der Marketing-Ethik identifizieren. Die **präskriptive Marketing-Ethik** widmet sich der Frage, wie sich Entscheidungsträger in bestimmten Situationen verhalten sollen. Ansätze der **deskriptiven** und **explikativen Marketing-Ethik** ihrerseits beschäftigen sich mit der Beschreibung sowie Erklärung von (un-)ethischem Verhalten und leiten daraus Wertorientierungen für das Marketing ab.

Fallbeispiel „Konsumerismus" – Flashmobs sorgen für Unruhe im Einzelhandel.

Immer häufiger wird der Einzelhandel von sog. Flashmobs heimgesucht. Hierunter versteht man einen Menschenauflauf, der über Internet oder Handy organisiert wird mit dem Ziel, die Betriebsabläufe ausgewählter Unternehmen für eine begrenzte Zeit lahm zu legen.

Demonstranten, die gegen die Arbeitsbedingungen in Zulieferbetrieben protestieren, sanken beispielsweise in einer *Lidl*-Filiale für 90 Sekunden zu Boden. Und in einem *Edeka*-Markt schoben über 50 Beteiligte ihre voll gefüllten Einkaufswagen an die Kasse und verschwanden, ohne zu bezahlen. Gewerkschaften setzen dieses Mittel ein, um ihren tarifvertraglichen Forderungen Nachdruck zu verleihen.

Davon zu unterscheiden sind sog. **Carrotmobs**. Öko-Aktivisten bündeln per SMS-Aufrufe ihre Kaufkraft. Die „gemobbten" Händler investieren einen Teil des Mehrumsatzes in Klimaschutz- und Energiesparmaßnahmen.

Quelle: www.lebensmittelzeitung.net/news/top/protected/show.php?id...1; Stand: 25.07. 2012

9.2   Präskriptive Marketing-Ethik

Die **präskriptive Marketing-Ethik** widmet sich der Frage, wie sich Entscheidungsträger in bestimmten Situationen verhalten sollen. Hierbei konzentriert man sich entweder auf die dem Verhalten zugrundeliegende Gesinnung (**Gesinnungsethik**) oder auf die Handlungsfolgen (**Erfolgsethik**). Im Gegensatz zur Gesinnungsethik lässt die **Erfolgsethik** demnach die Einstellungen und Motive der Handelnden außen vor, sondern beurteilt Verhalten ausschließlich anhand der Folgen für die Gesellschaft.

Dass Verhalten unter gesinnungs- und erfolgsethischen Gesichtspunkten geradezu entgegengesetzt beurteilt werden muss, wird am Beispiel einer Public-Relations-Agentur deutlich (vgl. hierzu *Nieschlag/Dichtl/Hörschgen* 2002, S. 49–50). Diese beriet lange Jahre die Zigarettenindustrie und erwarb dort umfangreiche Branchenkenntnisse, bewarb sich dann aber mit Erfolg um den Auftrag für eine Anti-Raucher-Kampagne, der mit einem stattlichen Etat versehen war. Der Wechsel ins feindliche Lager ist angesichts der Folgen des Rauchens für die Gesellschaft und damit unter erfolgsethischen Gesichtspunkten zu befürworten, muss jedoch unter gesinnungsethischen Gesichtspunkten unzweifelhaft als verwerflich eingestuft werden.

Ähnlich verhält es sich mit einem Unternehmensberater, der lange Jahre einen großen Lebensmitteldiscounter beriet und dort umfangreiche Branchenkenntnisse erwarb. Später veröffentlichte er ein Buch, indem er Verbraucher über die Marketing-Tricks der Lebensmitteldiscounter aufklärte, und bot entsprechende Seminare an.

In der präskriptiven Marketing-Ethik lassen sich nach ihrem Inhalt **materiell-ethische** und **formell-ethische Normen** unterscheiden. Zu den **materiell-ethischen Normen** zählen z. B. Verhaltenskodizes und ethische Grundsatzkataloge. Obwohl diese häufig unverbindlich bleiben und selten mit ausreichenden Sanktionsmöglichkeiten ausgestattet sind, verdeutlichen sie, dass Fragen der Marketing-Ethik bereits bei der Festlegung der Unternehmens- bzw. Marketing-Grundsätze eine Rolle spielen.

Fallbeispiel „Materiell-ethische Normen" (1) – verantwortliches Marketing bei *Unilever*

Der britisch-niederländische *Unilever*-Konzern hat sich selbst Richtlinien für ein verantwortungsvolles Marketing auferlegt. Künftig dürfen in Werbespots nur noch Darsteller/innen mit einem Body-Maß-Index zwischen 18,5 und 25 auftreten. Durch die Verbannung dünner Models aus der *Unilever*-Werbung soll gewährleistet werden, dass sich Konsumenten in ihrem Körper wohlfühlen und nicht unter ihrem vermeintlichen Übergewicht leiden.

Des Weiteren soll der Anteil gesünderer Produkte im Portfolio u. a. durch entsprechende Innovationen systematisch erhöht werden. Und nicht zuletzt dürfen Nahrungsmittel und Getränke für Kinder im Alter zwischen sechs und elf Jahren nur noch dann beworben werden, wenn sie „ein positives Nutrition-Profil" aufweisen.

Quelle: *o. V.:* Unilever ändert Marketing-Strategie, in: LebensmittelZeitung, Nr. 19 vom 11.05.2007, S. 17.

Auf der Ebene materiell-ethischer Normen bietet sich Unternehmen des Weiteren die Möglichkeit, den Handlungsspielraum in ethisch bedenklichen Bereichen durch **freiwillige Selbstbeschränkungen** einzugrenzen. Ein Beispiel hierfür sind die sog. **Robinsonlisten**, welche seit 1971 existieren und die Kontaktdaten von Personen enthalten, die keine unaufgeforderte Werbung erhalten wollen. Der Name „Robinsonliste" wurde in Anlehnung an die Geschichte der von *Daniel Defoe* geschaffenen Romanfigur des *Robinson Crusoe* gewählt, der viele Jahre ohne Verbindung zur Außenwelt einsam auf einer abgelegenen Insel verbrachte.

Solche Listen existieren für Briefpost, E-Mail, SMS, Telefon und Telefax. Branchenverbände der Direktmarketing-Unternehmen sowie des Verbraucherschutzes führen diese Listen. Die in diesen Branchenverbänden organisierten Direktmarketing-Unternehmen verpflichten sich, dem Wunsch der registrierten Verbraucher nach Werbefreiheit nachzukommen und in keiner Form kommerziell Kontakt zu ihnen aufzunehmen. Der Eintrag in die Robinsonlisten ist grundsätzlich kostenlos.

Seit dem 1. Oktober 2005 haben Verbraucher die Wahl: Sie können entweder weiterhin die Option „keine Werbung" wählen oder ihren Eintrag anhand von 13 Kategorien (Banken, Versicherungen; Münzen, Briefmarken, sonstige Sammelartikel; Auto und Zubehör; Bücher und Musik; Touristik; Gesundheit, Nahrungsergänzung, Pflegeprodukte; Mode und Accessoires; Essen und Trinken; Kommunikation, Telefon, Computer und Internet; Horoskope, Glückszahlen, Esoterik; Lotterien, Lotto, Toto usw.; Zeitungen/Zeitschriften) spezifizieren, also nur bestimmte Produkt- und Themenkreise auswählen, über die sie keinesfalls informiert werden wollen:

Fallbeispiel „Materiell-ethische Normen" (2) – die freiwillige Selbstverpflichtung von *Jägermeister*

„Jägermeister meint es ernst – verantwortungsvoller Genuss von Alkohol ab 18!

Als Hersteller eines alkoholhaltigen Getränks ist sich *Jägermeister* seiner gesellschaftlichen Verantwortung bewusst und tritt bei allen Aktivitäten für einen verantwortungsbewussten Umgang mit Alkohol ein.

Voraussetzung für jegliche Kommunikation von *Jägermeister* ist neben der selbstverständlichen Einhaltung der gesetzlichen Bestimmungen auch die lückenlose Beachtung und Umsetzung der „Verhaltensregeln des Deutschen Werberats über die kommerzielle Kommunikation für alkoholhaltige Getränke".

Mit unseren Marketing-Maßnahmen möchten wir ausschließlich den verantwortungsvollen Genuss von *Jägermeister* fördern. So soll unsere Markenkommunikation nur aufgeklärte Erwachsene ansprechen. Um sicher zu gehen, dass unsere Marken-Botschaften keine Minderjährigen erreichen, haben wir unsere Kommunikation mit folgenden Maßnahmen gestärkt:

- spezielle und regelmäßige Schulungen aller Mitarbeiter
- keine Ausgabe von *Jägermeister* und Werbematerialen an Minderjährige und angetrunkene Personen
- Ausweiskontrolle
- deutlich sichtbare Schilder an Promotionsständen mit Hinweis, dass *Jägermeister* nur an Erwachsene ausgeschenkt wird
- unverzügliche personelle Konsequenzen bei Verstößen durch verantwortliche Mitarbeiter

- kein Einlass von Minderjährigen bei *Jägermeister*-Veranstaltungen durch vertraglich festgelegte Verpflichtung der Veranstaltungspartner

- keine Darsteller unter 25 Jahren in der gesamten Kommunikation

- keine Ausstrahlung von Werbung auf jugendaffinen TV-Sendern."

Quelle: http://www. jaegermeister.de; Stand: 28.07.2007, 12:30 Uhr.

Formell-ethische Normen betreffen Entscheidungsmethodiken, die ethisches Handeln fördern. Hier ist die sog. **Diskurs-Ethik** einzuordnen, bei der ein gleichberechtigter Dialog mit allen Betroffenen (Marktteilnehmer, Anspruchsgruppen) gewährleistet werden soll. Ihren Niederschlag finden die Diskurs-Ethik u. a. in:

- gesellschaftsbezogener Rechnungslegung (etwa Sozialbilanzen),

- Verbraucherabteilungen und Verbraucherbeiräten bzw. Händlerbeiräten sowie

- Schiedsstellen und Berufung sog. Ombudsmen, deren Anliegen es ist, Konflikte zwischen Anbieter und Nachfrager ohne die Bemühung der Gerichte zu lösen bzw. zu entschärfen.

Fallbeispiel „Formell-ethische Normen" – der *Deutsche Werberat*

Der 1972 vom *ZAW* (*Zentralverband der deutschen Werbewirtschaft e.V.*) gegründete *deutsche Werberat* hat die Aufgabe, Konflikte zwischen Beschwerdeführern aus der Bevölkerung und werbetreibenden Unternehmen zu lösen. Die Arbeit des *Deutschen Werberats* dient der freiwilligen Selbstkontrolle der Werbewirtschaft und zielt darauf ab, das Vertrauen der Verbraucher in kommerzielle Kommunikation zu gewährleisten. Die in der Werbewirtschaft tätigen Unternehmen wollen hierdurch gegenüber Gesellschaft und Politik dokumentieren, dass sie ihre soziale Verantwortung wahrnehmen.

Nach den Leitlinien des *deutschen Werberats* „darf Werbung

- das Vertrauen der Verbraucher nicht missbrauchen und mangelnde Erfahrung oder fehlendes Wissen nicht ausnutzen

- Kindern und Jugendlichen weder körperlichen noch seelischen Schaden zufügen

- keine Form der Diskriminierung anregen oder stillschweigend dulden, die auf Rasse, Abstammung, Religion, Geschlecht, Alter, Behinderung oder sexuelle Orientierung bzw. die Reduzierung auf ein sexuelles Objekt abzielt

- keine Form gewalttätigen, aggressiven oder unsozialen Verhaltens anregen oder stillschweigend dulden

- keine Angst erzeugen oder Unglück und Leid instrumentalisieren

- keine die Sicherheit der Verbraucher gefährdenden Verhaltensweisen anregen oder stillschweigend dulden."

Nach Eingang einer Beschwerde, die nicht von vornherein unbegründet ist, erhält das von der Kritik betroffene Unternehmen Gelegenheit zur Gegenäußerung. Wenn der *Werberat* die Werbemaßnahme weiterhin beanstandet, wird das betroffene Unternehmen dazu aufgefordert, entweder die Kampagne zu beenden oder die Werbung entsprechend der Beanstandung abzuändern Entspricht ein Unternehmen dieser Aufforderung nicht, rügt der *Werberat* und schaltet die Öffentlichkeit ein: Die Redaktionen der Massenmedien erhalten eine Mitteilung über die Rüge, die sich dann in der Berichterstattung und Kommentierung der Presse widerspiegelt. Mit der Rüge verbunden ist der Appell an die Medien, die Werbemaßnahme nicht mehr zu schalten.

Der *Deutsche Werberat* muss sehr selten zum Instrument der öffentlichen Rüge greifen, etwa im Falle einer Herstellerwerbung mit einer halbnackten Frau als „geiler Bodenbelag". Bereits die Androhung einer Rüge bewirkt, dass nahezu alle Unternehmen (rund 93 %) die beanstandete Werbung vom Markt nehmen oder sie der Kritik folgend ändern.

Bei vermuteten Gesetzesverstößen verweist der *Werberat* den Fall unverzüglich an hierauf spezialisierte Stellen – zum Beispiel an die *Zentrale zur Bekämpfung unlauteren Wettbewerbs* (Bad Homburg), an den *Verein für lautere Heilmittelwerbung* (Bonn) oder an die Staatsanwaltschaft.

Insgesamt stuft der *Werberat* lediglich rund ein Viertel der Beschwerden als stichhaltig ein. Verworfen wurde beispielsweise die Beschwerde, dass *Oetker* in der Fernsehwerbung mit der Comic-Kuh *Paula* Frauen mit demselben Namen diskriminieren würde. Als nichtstichhaltig wurde auch die Beschwerde gegenüber der Werbung von *Meica* für Deutschländer Würstchen eingestuft: „Die sind knackig wie Wiener … und würzig wie Frankfurter." Der Beschwerdeführer monierte, dass die gleichrangige Aufzählung einer österreichischen und einer deutschen Stadt eine inakzeptable Nähe zur Einverleibung Österreichs durch die Nationalsozialisten schaffe.

Quelle: http://www.werberat.de, Stand: 24.03.2010; *o. V.:* Freispruch für Paula, in: LebensmittelZeitung, Nr. 11 vom 19.03.2010, S. 32.

Vor dem Hintergrund einer an Bedeutung gewinnenden Diskurs-Ethik setzt sich bei immer mehr Marketing-Treibenden die Erkenntnis durch, dass Unternehmen langfristig nur dann erfolgreich sein werden, wenn sie die Beziehungen zu ihren Stakeholders (etwa Mitarbeiter, Gewerkschaften, Franchise-Nehmer, Kunden, Öffentlichkeit, Staat) überdenken sowie gegebenenfalls neu gestalten und sich damit letztlich ethisch verhalten. Eine ausschließliche **Shareholder-Value-Politik** (vgl. hierzu *Rappaport* 1999) hingegen, bei der sämtliche Aktivitäten am (kurzfristigen) Wert des Unternehmens (etwa Aktienkurs) ausgerichtet sind, untergräbt jede stabile Beziehung zu den Kunden sowie den anderen Beziehungspartnern der Unternehmen (vgl. hierzu im Folgenden *Freimüller* 2001, S. 1597; *Küting/Lorson* 1999, S. 28). Steht nämlich lediglich der kurzfristige Unternehmenserfolg im Vordergrund, wird die von zahlreichen Unternehmen propagierte Idee eines zur langfristigen Verantwortung fähigen Unternehmens mittel- bis langfristig degenerieren.

Der Begriff „Stakeholder" charakterisiert die Personen oder Gruppen, welche Ansprüche an oder Eingriffsmöglichkeiten in ein Unternehmen haben und die deshalb als relevant einzustufen sind. Im Gegensatz zum Shareholder-Value-Ansatz, aus dessen Perspektive die Eigentümer bzw. Aktionäre die einzige Anspruchsgruppe eines Unternehmens bilden, berücksichtigt der **Stakeholder-Value-Ansatz** neben den Anteilseignern sämtliche Anspruchsgruppen, nämlich Mitarbeiter, Gewerkschaften, Franchise-Nehmer, Kunden, Öffentlichkeit, Staat u. ä.. Charakteristisch für den Stakeholder-Value-Ansatz ist sein Zielpluralismus. Er verabschiedet sich demnach von der Eindimensionalität des Shareholder-Value-Ansatzes und kann als dessen Weiterentwicklung gesehen werden.

Ziel des Stakeholder-Value-Ansatzes ist in erster Linie eine langfristige Unternehmensentwicklung. Die Unternehmenspolitik zielt damit insbesondere darauf ab, neue Erfolgspotenziale zu identifizieren und zu nutzen. Entsprechend wird dieser Ansatz als **entwicklungsorientierte** oder **progressive Unternehmenspolitik** bezeichnet, die das langfristige Überleben eines Unternehmens sichern soll.

Kritiker des Stakeholder-Value-Ansatzes verweisen auf folgende Punkte:

- Es ist fraglich, ob sich die Vorstellung einer gleichzeitigen und möglichst gleichwertigen Berücksichtigung der Ziele sämtlicher Anspruchsgruppen in einer marktwirtschaftlich orientierten Wirtschaftsordnung erfolgreich durchsetzen lässt.

- Bislang ist weitgehend ungeklärt, wie sich die heterogenen, zum Teil auch divergierenden Zielvorstellungen der einzelnen Anspruchsgruppen zu einem messbaren Stakeholder-Value zusammenfassen lassen können.

- Aufgrund der sich permanent wandelnden Engpässe erlangen die Ziele der Stakeholder nur in Ausnahmefällen einen gleichrangigen Stellenwert. Die Unternehmensführung wird sich immer an der Anspruchsgruppe ausrichten, die über eine Ressource verfügt, welche für die Zielerreichung einen kritischen Erfolgsfaktor darstellt (im Regelfall Kapital).

- Die Ansprüche sämtlicher Stakeholder lassen sich nur dann befriedigen, wenn vorher ein Wert für die Anteilseigner geschaffen wurde und damit ein solider Ressourcenbestand vorhanden ist.

Trotz der angeführten Kritikpunkte macht der Stakeholder-Value-Ansatz deutlich, dass einem im Blickpunkt der Öffentlichkeit stehenden Unternehmen langfristig nur dann Erfolg beschieden sein dürfte, wenn es sich aus Sicht seiner unterschiedlichen Anspruchsgruppen ethisch verhält. In diesem Zusammenhang bezeichnet **Corporate Social Responsibility** eine nachhaltige Unternehmensführung, die sich auf die Übernahme sozialer und ökologischer Verantwortung ausrichtet. Wenn sich Unternehmen gesellschaftlich verantwortlich verhalten, tragen sie dazu bei, ökonomische, soziale und ökologische Ziele miteinander in Einklang zu bringen. Konkret schlägt sich Corporate Social Responsibility im Engagement von Unternehmen für die eigenen Mitarbeiter, Umweltschutz und soziale Projekte nieder. Zahlreiche Unternehmen dokumentieren in einem sog. Nachhaltigkeitsbericht ihren Beitrag in den Bereichen Wirtschaft, Umwelt, Personal und gesellschaftliches Engagement (vgl. *Metro Group* 2008, S. 100 f.). **Nachhaltigkeit** bezeichnet in diesem Zusammenhang das Wirtschaften von Staaten, Organisationen und Unternehmen mit dem Ziel, den Bedarf in der Gegenwart zu decken, ohne die Lebensqualität der Nachkommen zu beeinträchtigen.

Seinen Niederschlag findet Nachhaltigkeit u. a. in der **Corporate Governance**, den Verhaltensmaßstäben für die Unternehmensleitung und die Unternehmenskontrolle. Der Deutsche Corporate Governance Kodex fasst die wesentlichen gesetzlichen Vorschriften zur Leitung und Überwachung deutscher börsennotierter Unternehmen zusammen. Weiterhin enthält der

Kodex international und national anerkannte Standards guter und verantwortungsvoller Unternehmensführung.

9.3   Deskriptive und explikative Marketing-Ethik

Ansätze der **deskriptiven** und **explikativen Marketing-Ethik** ihrerseits beschäftigen sich mit der Beschreibung sowie Erklärung von (un-)ethischem Verhalten und leiten daraus Wertorientierungen für das Marketing ab (vgl. im Folgenden *Nieschlag/Dichtl/Hörschgen* 2002, S. 48–61). In diesem Zusammenhang lassen sich folgende **Fallgruppen ethisch fragwürdigen Verhaltens** identifizieren:

* **Unterlassung von Innovation bzw. Produktverbesserungen**, da diese z. B. den Ersatzbedarf reduzieren würden oder die bisherigen Maschinen noch nicht voll abgeschrieben sind. Beispielsweise verzichten einige Autohersteller darauf, Tankdeckel und -stutzen mit einem Stück Plastik zu verbinden, und provozieren dadurch, dass man den Tankdeckel irgendwo ablegt und anschließend vergisst. Hier kurbeln Unternehmen den Ersatzteilbedarf an, indem sie sich den sog. **Post Completion Error** zunutze machen: Wurde die Hauptaufgabe (= Tanken) erledigt, neigen wir dazu, die in unmittelbarem Zusammenhang stehenden Dinge (= Zuschrauben des Tankdeckels) zu vergessen (vgl. *Thaler/Sunstein* 2009).

* **Bereitstellung und Verkauf bedenklicher Erzeugnisse** (z. B. Produkte, die gesundheitsschädlich, umweltbelastend bzw. ökologiefeindlich sind oder Tiere [etwa bei Tierversuchen, im Falle von Stallmast und Käfighaltung] bzw. Menschen [etwa beim Bezug von Waren aus der Zweiten und Dritten Welt] ausnützen)

* **Belieferung problematischer Abnehmer** (etwa totalitärer bzw. pseudodemokratischer Staaten mit Waffen oder „Dual Use"-Produkten wie Transportmitteln, Kommunikationstechnologie, optischen Geräten und Medikamenten. Im Außenhandel werden unter „Dual Use"-Produkten sämtliche Güter gefasst, die sowohl militärisch als auch zivil genutzt werden können.)

* **Wahrnehmung von Marktchancen unter Einsatz bedenklicher Mittel** (z. B. Korruption, irreführende oder sittenwidrige Werbung, bewusste Ansprache gefährdeter Zielgruppen [etwa Jugendliche, sozial Schwache, Verbraucher mit geringem Bildungsniveau], Unterlassung von Rückrufaktionen aufgrund von Kosten/Nutzen-Analysen, Obsoleszenzstrategien zur künstlichen Veralterung von Produkten durch bewusste technische oder psychologische Veralterung [= Planned Obsolescence] bzw. Sollbruchstellen [= Built-in Obsolescence]).

Der Begriff **Obsoleszenz** (= Veralterung) bezeichnet die künstliche und natürliche Veralterung eines Produkts (vgl. hierzu http://www.wirtschaftslexikon24.net/d/obsoleszenz/obsoleszenz.htm; Stand: 20.07.2012; http://de.wikipedia.org/wiki/oboleszenz; Stand: 15.05.2009). Hierbei lassen sich folgende Formen unterscheiden:

* **Geplante Obsoleszenz**: Hier werden beim Herstellprozess bewusst Schwachstellen in das Produkt eingebaut (Built-in Obsolescence) und/oder Rohstoffe von schlechter Quali-

tät eingesetzt. Das Produkt wird deshalb schnell schad- oder fehlerhaft, kann deshalb nicht mehr (in vollem Umfang) genutzt werden und muss ersetzt werden. Denkbar ist auch der Einbau eines Mechanismus, welcher nach einer bestimmten Betriebsstunden-zahl, die im Regelfall erst nach Ablauf der Garantiefrist erreicht wird, entweder eine Zer-störung wichtiger Komponenten einleitet oder eine Betriebsstörung vortäuscht, welche nur durch einen Servicetechniker behoben werden kann. Letzteres war bei manchen PC-Druckern möglich. Schließlich gibt es einen indirekten Verschleiß, bei dem durch Ver-schlechterung eines Moduls ein anderes Bauteil schneller unbrauchbar wird. Denkbar ist der Fall, dass durch Verschlechterung eines Reglers eine Auto-Batterie schneller ersetzt werden muss.

- **Funktionelle Obsoleszenz**: Hier kann das Produkt durch neue Anforderungen (etwa von Komplementärprodukten) nicht mehr in vollem Umfang genutzt werden. Beispielsweise stellen neue Computerspiele Anforderungen an bereits sich länger auf dem Markt befind-liche Betriebssysteme, die diese nicht erfüllen können. Weitere Ursache ist die Abkündi-gung von (zumeist elektronischen) Bauteilen oder die Aufkündigung von Software-Up-grades.

- **Technische Obsoleszenz** durch technische Entwicklungen mit höherem Leistungspoten-zial (etwa Abkehr von der Analogie- und Hinwendung zur Digitalphotographie). Solche Produktneuheiten werden häufig mit eigenständigen Zubehörvarianten ausgestattet (= **geplante Systemvariation**). Konsequenterweise müssen Konsumenten, welche die Inno-vation erwerben, auch das Zubehör neu kaufen. Beispiele sind innovative Spiegelreflex-kameras, für die ein neues Objektiv oder Blitzlicht erworben werden muss, da die bishe-rigen Komponenten nicht mit den neuen Geräten kompatibel sind.

- **Psychische Obsoleszenz**: Ein Produkt wird nicht mehr präferiert bzw. nachgefragt, weil es an Attraktivität bzw. Popularität eingebüßt hat und deshalb nicht mehr „ein vogue" ist. Ursache sind sich wandelnde Modetrends. Das Produkt an sich ist zwar noch uneinge-schränkt nutzbar, verliert aber aufgrund einer Imageverschlechterung infolge veralteten Designs und/oder schlechter Vermarktung an Popularität. Konsequenterweise gilt das Design als probates Mittel, um psychische Obsoleszenz herbeizuführen.

- **Geplanter Mehrverbrauch**: Da bei Verbrauchsgütern eine Veralterung im Sinne eines Verschleißes aufgrund des vergleichsweise kurzen Nutzungszeitraums nicht möglich ist, muss hier der Verbrauch des Produkts pro Kunde gesteigert werden. In diesem Zusam-menhang kommt der Verpackung eine bedeutsame Rolle zu. Beispiele sind eine Erhö-hung des Verbrauchs durch größere Flaschenöffnungen (etwa bei Getränken, Shampoos oder Badezusätzen), Verpackungen, die sich nicht vollständig entleeren lassen (etwa bei Ketchupflaschen), und Produkte, die sich nicht verbrauchsgerecht dosieren lassen (z. B. bei Speiseölen). Denkbar sind auch künstlich herabgesetzte Mindesthaltbarkeitsdaten (etwa bei Gewürzen), die zu einer zu frühen Entsorgung der Produkte führen. Ähnlich ge-lagert ist der Fall bei Ersatzteilen, die während einer Inspektion frühzeitig ausgetauscht werden. Ein erhöhter Verbrauch besteht hier, weil die Teile nicht bis zum endgültigen Verschleiß genutzt werden.

Als **Ursachen** von Obsoleszenzstrategien der Anbieter sind zu nennen:

- (Vermeintliche) Notwendigkeit zum Unternehmenswachstum trotz Marktsättigungserscheinungen
- Unzureichend funktionierender Wettbewerb aufgrund von Konkurrenzabsprachen (insbesondere bei oligopolistischen Märkten)
- Beschränkte Markttransparenz, was zur Folge hat, dass der Kunde Produkte mit geplanter Obsoleszenz nicht identifizieren kann
- Hohe frei verfügbare Kaufkraft und Prestigekonsum, was zu vorzeitigem Produktneukauf führt

Fallbeispiel „Deskriptive und explikative Marketing-Ethik" (1) – das *Fairtrade*-Gütesiegel

Die mit dem *Fairtrade*-Siegel gekennzeichneten Produkte garantieren den Produzenten in den Ursprungsländern faire Preise und zielen gleichzeitig auf nachhaltigen Anbau ab. Die *Fairtrade*-Organisation verfügt über Niederlassungen in 22 Ländern. Spitzenreiter der fair gehandelten Produkte sind Kaffee und Bananen, in deutlichem Abstand gefolgt von Süßwaren (etwa Schokolade), Blumen und Orangensaft.

In Deutschland stützt sich der Absatz der *Fairtraide*-Produkte auf rund 5 Mio. Stammkäufer und 11 Mio. gelegentliche Käufer mit zunehmender Tendenz. Zur steigenden Zahl der *Fairtrade*-Kunden tragen u. a. die Listung bei großen Handelsunternehmen (etwa *Lidl*) sowie Großabnehmern wie Fluggesellschaften (etwa *Air Berlin*) bei.

Quelle: *o. V.*: Deutschland spielt bei den fair gehandelten Produkten in der Top-Liga, in: LebensmittelZeitung, Nr. 13 vom 30.03.2007, S. 17.

Fallbeispiel „Deskriptive und explikative Marketing-Ethik" (2) – *Mattel* und der „schwule" *Ken*

Der Spielwarenhersteller *Matell* präsentierte 1993 „Ken mit dem magischen Ohrring", oder den „neuen *Ken*", wie die Figur allgemein bezeichnet wurde. Der Freund von *Barbie* trug ein Netzhemd, eine rote Lederweste und einen Ring im linken Ohr. *Mattel* hatte im Vorfeld eine Umfrage unter Mädchen durchgeführt, derzufolge diese sich wünschten, dass *Ken* cooler aussehen sollte. Der neue *Ken* war allerdings ziemlich schnell als „schwuler *Ken*" verschrien. Sogar Talkmaster *Jay Leno* sah in der Puppe ein Symbol für den Wandel von Geschlechteridentitäten und Werten. Als Reaktion stellte *Mattel* – das Unternehmen betrachtet *Ken* und *Barbie* als Symbole zentraler gesellschaftlicher Werte – die Produktion der Puppe ein und rief so viele Modelle wie möglich zurück.

Quelle: *Redl, R.:* Marketing-Flops, auf: http://leuropa.eu/Marketing; Stand: 06.05.2007.

Fallbeispiel „Deskriptive und explikative Marketing-Ethik" (3) – absurde Warnhinweise als Instrument zum Schutz vor Verbraucherklagen

- „Nicht bügeln, wenn Sie das Hemd tragen" (Warnhinweise eines Herstellers von Bügelapplikationen auf seinen Produkten)
- „Keine Kinder in die Packtasche setzen" (Hinweis auf einem zusammenklappbaren Kinderwagen, an dem eine kleine Tasche befestigt ist)
- „Schutzbrille empfohlen" (Warnhinweis eines Herstellers von Brieföffnern)
- „Dieser Stift mit unsichtbarer Tinte sollte nicht zum Unterschreiben von Schecks oder juristischen Dokumenten benutzt werden." (Warnhinweise des Schreibgeräteherstellers)

10 Praxisbeispiel „Marketing-Mix des Fast-Food-Unternehmens *McDonald's*"

10.1 *McDonald's* – Ursprung und Aufstieg

Nur wenige Unternehmen rufen in der Öffentlichkeit so **ambivalente Gefühle** und **Reaktionen** hervor wie *McDonald's*. Zum einen ist die *McDonald's* Corporation der weltgrößte Konzern von Fast-Food-Restaurants. Zum anderen bietet *McDonald's* eine Angriffsfläche für die mehr oder minder begründete Kritik von Verfechtern einer gesunden Ernährung, Umweltschützern, Arbeitnehmervertretern, Globalisierungsgegnern, Islamiten und nicht zuletzt von Gegnern des American Way of Life. Unter Experten als unbestritten gilt jedoch, dass *McDonald's* ein Paradebeispiel für erfolgreiches Marketing gibt. Die weiteren Ausführungen basieren auf Informationen von den Internetseiten von *McDonald's* (www.mcdonalds.de, www.mcdonalds.com; Stand: 19.07.2012), *Kroc/Anderson* 1987, Interviews mit *McDonald's*-Mitarbeitern sowie auf eigenen Recherchen, die weitgehend auf *Schneider* (2007) sowie der dort zitierten Literatur aufbauen bzw. die dort durchgeführten Analysen aktualisieren und/oder weiterführen.

Will man den heutigen Erfolg von *McDonald's* und die dahinter stehenden Prinzipien verstehen, ist es unumgänglich, die Ursprünge des Unternehmens auszuleuchten. *Richard* und *Maurice McDonald*, genannt *Dick* und *Mac*, errichten 1940 ihr erstes *McDonald's*-Restaurant in San Bernardino, Kalifornien. Im Laufe der Jahre erkannten die *McDonald's*-Brüder, dass die von *Taylor* entwickelten und von *Ford* perfektionierten Prinzipien auch erfolgreich auf ihr Unternehmen angewendet werden konnten: **Standardisierung** und **Fließfertigung**. Damit setzten sie erstmals zwei Techniken in der Fast-Food-Gastronomie ein, die zum damaligen Zeitpunkt unmittelbar miteinander verknüpft waren und den Aufstieg der amerikanischen Industrie begründet hatten.

Wirft man heute einen Blick hinter die Kulissen eines *McDonald's*-Restaurants, sticht ins Auge, dass sämtliche Arbeitsabläufe in einem Restaurant hochgradig standardisiert sind. Jede Tätigkeit ist in kleine Arbeitsschritte zerlegt, mit minutiösen Planvorgaben zur Erledigung versehen und in einem 700seitigen, bebilderten und illustrierten „**Operations and Training Manual**" (Arbeits- und Trainingshandbuch) dokumentiert. Dort wird nahezu alles festgelegt:

wie groß der Vorrat an Pommes Frites an der entsprechenden Station zu sein hat, wie ein Beutel Pommes Frites auf verschiedene Friteusen zu verteilen ist etc. Sämtliche Bereiche der Arbeitsorganisation – von den Kleidungsvorschriften über die Zubereitungsvorschriften (etwa Garzeiten, Garniervorschriften, Hygienevorschriften) bis hin zu den Verkaufsvorschriften – sind schriftlich fixiert.

Für den Kassenbereich schreiben Skripte, deren Inhalt die Mitarbeiter erlernen müssen, vor, wie Kunden zu begrüßen, zu befragen, zu bedienen, abzukassieren und zu verabschieden sind. Konkret werden **sechs Schritte** aufgeführt, die ein Mitarbeiter an der **Kasse** durchzuführen hat:

- Freundliche Begrüßung des Kunden
- Frage, welche Produkte er haben möchte
- Evtl. Hinweis auf bestimmte Angebote
- Nennen des Rechnungsbetrags
- Legen der Produkte auf das Tablett
- Freundliche Verabschiedung des Kunden

Die **Formalisierung**, d. h. schriftliche Fixierung, und Standardisierung, und damit Vereinheitlichung des Kassiervorgangs ermöglichen es, in Mitarbeiterschulungen auch ausländischen Mitarbeitern mit Sprachdefiziten das Bedienen an der Kasse zu vermitteln. Die Computerkassen sind mit Produktpiktogrammen (z. B. das Symbol eines Produkts, etwa eines Big Mäc) ausgestattet, so dass Fehler bei der Berechnung des zu zahlenden Betrags nahezu ausgeschlossen sind. An diesem Beispiel wird deutlich, dass einzelne Tätigkeiten in ihrem Anforderungsprofil soweit reduziert sind, dass sie auch von nicht qualifizierten Arbeitskräften innerhalb kürzester Zeit erlernt werden können. Beispielsweise war es möglich, Analphabeten und Menschen mit geistigen Einschränkungen wie dem Down-Syndrom an der Kasse bei *McDonald's* anzulernen.

Ein Mitarbeiter an der „Kontrolle" (Warmhalteregal zwischen Kassen- und Küchenbereich) registriert den Kundenandrang, überprüft, wie viel von welchem Produkt noch im Regal vorhanden ist, schätzt den Bedarf ab und fordert die Mitarbeiter an den einzelnen Stationen gemäß den erforderlichen Mindestbeständen auf, eine entsprechende Anzahl von Produkten zuzubereiten. Die Zeitspanne, die zwischen Bestellung und Auslieferung an den Kunden vergehen darf, ist auf maximal drei Minuten festgelegt.

Die Arbeitsschritte an den Stationen sind in der Abfolge genau vorgegeben. Die Küchenmaschinen sind so konstruiert, dass sie mit Warntönen und Stoppsignalen die Mitarbeiter steuern, was nichts anderes bedeutet, als dass sie ähnlich einem **Fließband** den Arbeitstakt vorgeben. Wenn ein Zwischenprodukt fertig ist, ertönt ein Signal, das den Mitarbeiter auffordert, es abzuholen und weiterzuverarbeiten. Sämtliche Arbeitsschritte wiederholen sich ständig, Fehlbedienungen werden maschinell ausgeschlossen. Alle zwei Stunden haben die Mitarbeiter die Gelegenheit, fünf Minuten Pause zu machen. Wer Durst hat, kann sich an der Getränkestation bedienen. Kritiker weisen darauf hin, dass hier wie bei der industriellen Produktion alter Prägung Pausen nur als minimale Arbeitsunterbrechungen pro Stunde sowie als ablösungspflichtige Pausen mit Genehmigung des Schichtführers festgelegt sind.

Die Menge der einzelnen Zutaten zu einem Gericht, besser gesagt zu einem Produkt, sind genormt. Beispielsweise wird im „**Operations and Training Manual**" die korrekte Platzierung von Ketchup und Senf mit jeweils fünf im Kreis angeordneten Spritzern illustriert und gefordert. Sollte ein Mitarbeiter nicht ausgelastet sein, so sieht das Arbeitshandbuch vor, dass dieser seinen Arbeitsplatz reinigt. Oder wie der Firmengründer *Ray Kroc* es ausdrückte: „Time to lean means time to clean."

Die Standardisierung führt zu steigender Produktivität und ist das Ergebnis einer Tätigkeitsanalyse und Planung, die von *McDonald's*-eigenen Industrieingenieuren sekundengenau ausgearbeitet wird. Die besonderen Fähigkeiten des einzelnen Mitarbeiters spielen konsequenterweise eine zu vernachlässigende Rolle. Ein derartiges Produktionsmuster ermöglicht es, gering qualifizierte Beschäftigte, zum Teil mit Sprachdefiziten oder Lernstörungen, effektiv einzusetzen (sog. *McJob*). Außerdem ist es *McDonald's* durch die hohe Standardisierung gelungen, sowohl die Ausbildungs- und Anlernzeiten der als auch die Qualitätsanforderungen an die Mitarbeiter zu verringern. Ob es sich hierbei um eine Entwertung und Entqualifizierung der Arbeit handelt oder ob auf diese Weise Mitarbeitern, die ansonsten nur geringe Chancen auf dem Arbeitsmarkt hätten, überhaupt erst eine Beschäftigungsmöglichkeit geboten wird, bleibt dem Urteil des Lesers überlassen.

Am 20. Dezember 1948 eröffneten die *McDonald's*-Brüder ihr nach den Prinzipien „**Standardisierung und Fließfertigung**" grundlegend umgestaltetes Schnell-Restaurant. Sie führten das sog. „**Speedee Service System**" ein, eine innovative und rationelle Art, auf Basis der Fließfertigung Hamburger „zusammenzubauen", und stellten auf Selbstbedienung um. Ein kleiner Hamburger-Mann namens „Speedee" wurde zum Firmensymbol. Den Erfolg ihres Unternehmens verdankten die *McDonald's*-Brüder in erster Linie einem neuen Kundensegment: Familien mit Kindern (vgl. Abb. 10.1 und 10.2).

Abb. 10.1: Das Restaurant der McDonald's Brüder in San Bernadino, California (Quelle: www.mcdonalds.com; Stand: 19.07.2012)

Abb. 10.2: Die Werbung zur Eröffnung des ersten McDonald's Restaurant in San Bernadino (Quelle: www.mcdonalds.com; Stand: 19.07.2012)

Obwohl die Brüder mit ihrem Restaurant in San Bernardino erfolgreich waren, nutzten sie das Franchise-Potential des von ihnen entwickelten Geschäftskonzepts nur unzureichend, und eine rasant wachsende Zahl von Plagiaten überschwemmte die Branche, ohne dass sie selbst daraus einen finanziellen Vorteil ziehen konnten. Dies sollte sich ändern, als im Jahre 1954 ein Milch-Shake-Maschinen-Verkäufer namens *Ray Kroc* das Restaurant der *McDonald's*-Brüder sah. Nachdem diese erklärt hatten, sie hätten kein Interesse daran, die landesweite Expansion ihres Konzepts persönlich voranzutreiben, wurde *Ray Kroc* ihr exklusiver Franchise-Vertreter. Er gründete am 2. März 1955 unter dem Namen *McDonald's System, Inc.*, ein neues Franchise-Unternehmen. Dies gilt als **Geburtsstunde** des **modernen Franchising** (vgl. Abb. 10.3).

Abb. 10.3: Das erste Restaurant von Ray Kroc 1955 in Des Plaines, Illinois
(Quelle: www.mcdonalds.com; Stand: 19.07.2012)

Ausgestattet mit einem erfolgreichen Konzept, behielt *Kroc* die *McDonald's*-Regeln eines begrenzten Menüs, qualitativ hochwertiger Speisen, einer Fließfertigung und schnellem, freundlichen Service bei, und fügte seine eigenen Standards für Sauberkeit hinzu. Auch heute noch gelten Qualität, Service, Sauberkeit und Wert (**QSC&V = Quality, Service, Cleanliness and Value**) als die Grundprinzipien von *McDonald's*.

Als *Kroc* 1955 den Vertrag mit den *McDonald's*-Brüdern abschloss, gab es bereits neun *McDonald's*-Restaurants; acht Lizenzen hatten die Brüder selbst erteilt. 1958 hatte *Kroc* bereits 79 Franchise-Nehmer, die zum Teil durch Zeitungsanzeigen gewonnen worden waren. *Kroc's* Franchise-Politik unterschied sich in folgenden **Punkten** von der Konkurrenz:

- **Keine** Vergabe von **Territoriallizenzen**: Er beschränkte die Lizenzen auf einen Radius von zwei bis drei Kilometern, und ab 1969 auf das einzelne Restaurant.

- **Größere Weisungs-** und **Kontrollbefugnisse**, um Einheitlichkeit und Qualität der Dienstleistungen und Produkte zu gewährleisten. Da *Kroc* nur eine Lizenz für das einzelne Restaurant vergab, konnte er die Kontrolle über das System behalten. Schwarze Schafe, die sich nicht an die Prinzipien hielten, konnten schnell isoliert werden. *Kroc* verweigerte ihnen weitere Lizenzen und versuchte mittelfristig, die Lizenzen zurückzukaufen. Ein weiterer Grund dürfte sicherlich auch in dem Prinzip „Divide et imperare", „Teile und herrsche" zu sehen sein. Solange er die Franchise-Nehmer klein hielt, konnten diese keine Gegenmacht aufbauen.

- **Strategische Ausrichtung**, die auf einer **Win-Win-Strategie** basierte, d. h. alle Systempartner (Lieferanten, *McDonald's* und die Franchise-Nehmer) sollen von der Kooperation profitieren. *Kroc's* Prinzipien von einer ausgewogenen Partnerschaft sind zweifellos seine größte Errungenschaft. Die Haupteinnahmequelle von *McDonald's* waren die Servicegebühren in Höhe von 1,9 % des Umsatzes eines jeden Franchise-Nehmers. *Kroc* verdiente anfänglich weder an der Erteilung von Exklusivrechten noch am Verkauf von Produkten. Da die Höhe des Gewinns von *McDonald's* logischerweise nahezu ausschließlich vom Umsatzvolumen des Franchise-Nehmers abhing, gab es zwischen beiden keine Interessenkonflikte.

Um die Wettbewerbsposition seiner Franchise-Nehmer zu stärken, nahm *Kroc* von Anfang an eine dominierende Rolle bei der Auswahl der Lieferanten ein. Durch das gebündelte Einkaufsvolumen konnten **Mengenrabatte** erzielt werden, die *Kroc* jedoch nicht, wie damals bei den Franchise-Systemen üblich, für sein Unternehmen einstrich, sondern an seine Franchise-Nehmer weitergab.

1961 erwarb *Ray Kroc* von den inzwischen wohlhabenden *McDonald's*-Brüdern für 2,7 Mio. US-$ die alleinigen Rechte an *McDonald's System Inc.*, die er fortan *McDonald's Corporation* nannte. Nunmehr folgte ein weiterer strategischer Schritt in der Franchise-Strategie: *McDonald's* erwarb oder leaste nunmehr die Bauplätze für potenzielle Restaurants, erstellte darauf Restaurants und verpachtete diese mit einem Aufschlag an die Franchise-Nehmer weiter. Dies hatte zur Konsequenz, dass *Kroc* durch Kauf und **Vermietung** von **Standorten** so viel verdiente wie durch den Verkauf von Fast-Food. Da heutzutage rund 75 % der Gebäude und 40 % der Grundstücke *McDonald's* gehören, erzielt das Unternehmen – im Gegensatz zu seinen Konkurrenten – immer noch einen erheblichen Umsatz aus Mieteinnahmen. Mittlerweile gilt *McDonald's* hinter dem Vatikan als zweitgrößter Immobilieneigentümer der Welt.

Der Erfolg von *McDonald's* lässt sich daran ablesen, dass das Unternehmen in seinen weltweit über 33.000 Restaurants mit 1,7 Millionen Mitarbeitern täglich mehr als 68 Millionen Menschen in rund 120 Ländern bedient. In Deutschland erzielt *McDonald's* in seinen rund 1.400 Restaurants einen Nettoumsatz von 3,2 Mrd. €, das sind rund 39 € pro Bundesbürger und Jahr. Insgesamt werden mehr als eine Milliarde Gäste pro Jahr verzeichnet, was 2,76

Millionen Gästen pro Tag entspricht. Das Unternehmen beschäftigt hierzulande 64.000 Mitarbeiter und gehört damit zu den größten Arbeitgebern (Stand 2011). Um den Ursachen für den Erfolg des Fast-Food-Giganten auf den Grund zu gehen, werden wir im Folgenden das Marketing-Mix von *McDonald's* durchleuchten.

Abb. 10.4: Das Museums-Restaurant in Des Plaines, Illinois
(Quelle: www.mcdonalds.com; Stand: 19.07.2012)

10.2   Product

10.2.1   Marke

10.2.1.1   Markenartikel

Versteht man den Begriff des Markenartikels umfassender, dann wird deutlich, dass *McDonald's* seinen Kunden eine **Garantieleistung** bietet. Diese besteht in einer weltweit gleichen, hohen Qualität, die das Risiko des Kunden minimiert, schlechte Produkte zu erwerben und/oder überhöhte Preise zu bezahlen. Damit erleichtert die Marke *McDonald's* eine effiziente Identifizierung von Produkten sowie eine Orientierung auf (internationalen) Märkten.

Bei *McDonald's* handelt es sich um eine Dienstleistungsmarke, die weltweite Geltung hat. Die Marke nimmt hierbei inhaltlichen Bezug auf den Firmennamen, der als **Dachmarke** für die verschiedenen Einzelprodukte des Unternehmens dient. Hierbei wird der Firmenname wenn auch nicht mit allen, so doch mit einigen Produkten des Unternehmens verbunden. Beispiele hierfür sind Big Mäc®, Chicken McNuggets®, Fishmäc®, McRib®, Egg McMuffin®, McCroissant®, McFlurry®, McSundae® und McCafé®. Hierbei wird mittels Übertragung von Kompetenzen angestrebt, das Image, das sich ein Produkt beim Konsumenten erworben hat, auf neue Sortimentsbereiche auszudehnen. Demnach spielt hier der **Markentransfer** eine entscheidende Rolle, d. h. die Übertragung eines positiven Markenimage auf andere Produkte, um Vertrauensvorschüsse nutzbar zu machen (sog. **Halo-** bzw. **Heiligenschein-Effekt**).

Dachmarkenstrategien bergen aber auch die Gefahr negativer Imageeffekte in sich. Man denke hier an die BSE-Krise, die sich auch nachteilig auf den Absatz derjenigen *McDonald´s*-Produkte auswirkte, die kein Rindfleisch enthielten. Außerdem kann der neue Sortimentsbereich in der Anmutung zu weit von der Dachmarke entfernt liegen. In einem solchen Fall bewirkt die Ausdehnung der Produktpalette eine sog. **Markenerosion**. Denn die neuen Produkte würden eine vergleichsweise geringe Ähnlichkeit (Fit) zu den klassischen *McDonald´s*-Produkten aufweisen, was zu einer Deprofilierung der Marke führen könnte.

Am 23. November 2009 gab *McDonald's* bekannt, dass zumindest in Europa die Firmenfarbe wechseln wird. Das gelbe Logo, die goldenen Bögen, wird beibehalten, allerdings wird der Hintergrund zukünftig **grün** statt rot. Mit diesem **Farbwechsel** will der Konzern seinen Respekt vor der Umwelt kommunizieren.

Gleichwohl steht *McDonald's* beispielsweise wegen des anfallenden Verpackungsmülls in der Kritik. Gegner werfen dem Unternehmen vor, mit dem Farbwechsel lediglich **Greenwashing** zu betreiben. Unter diesen Begriff fasst man PR-Methoden, die darauf zielen, einem Unternehmen in der Öffentlichkeit ein umweltfreundliches und verantwortungsbewusstes Image zu verleihen, obwohl dessen Verhalten davon abweicht.

McDonald's schreibt hierzu in seinem **Corporate Responsibility Report 2011**: „Unser übergeordnetes Ziel ist langfristiges, nachhaltiges Handeln, das es uns zugleich ermöglicht, weiter zu wachsen und die Zufriedenheit unserer Gäste auf höchstem Niveau sicherzustellen.

In alle Entscheidungsprozesse werden Aspekte des Umweltschutzes – zusammen mit Aspekten der Angemessenheit, Verfügbarkeit und Wirtschaftlichkeit – einbezogen. Die Zusammenarbeit mit unseren Lieferanten und Geschäftspartnern ist so ausgerichtet, dass diese Grundsätze dabei in allen geschäftlichen Belangen berücksichtigt werden. Ein weiteres übergeordnetes Ziel ist es, sicherzustellen, dass sich die Umweltauswirkungen unserer geschäftlichen Tätigkeit auf ein Minimum beschränken. Dazu gehört auch die Implementierung eines Umweltmanagementsystems.

Allgemeine **Zielsetzungen** sind:

1. Verringerung der Menge eingesetzter Materialien (z. B. Energie und Rohstoffe)
2. Effiziente Nutzung von Ressourcen (z. B. durch die Verwendung recycelter Materialien)
3. Verringerung von Emissionen (z. B. durch Transportoptimierung oder Verbesserung der Abwasserqualität)
4. Verringerung des Abfallaufkommens (z. B. in der Produktion und in unseren Restaurants sowie durch die Gewinnung von Sekundärrohstoffen)."

Offenkundig fehlen hier wesentliche Anforderungen an operationalisierbare und damit auch überprüfbare Ziele wie Zielausmaß (Wie viel?) und Zeitbezug (Wann?). So bleibt dem Unternehmen ein breiter **Handlungsspielraum** bei der Umsetzung seiner anvisierten Umweltschutzaktivitäten.

10.2.1.2   Markenwert

Markenwert (**Brand Equity**) definiert den Wert, der mit dem Namen (*McDonald's*) und/oder Logo einer Marke (Golden Arches, goldene Bögen) verbunden ist. Der Markenwert entspricht hierbei dem Wertunterschied, der zu einem technisch-physikalisch gleichen, aber namenlosen (No-Name-Produkt) oder wenig etablierten Produkt (klassische Handelsmarke) besteht.

Hierbei kann zwischen nicht-monetären, d. h. nicht in Geldeinheiten bewerteten (etwa Markenimage, Markentreue oder Markenbekanntheit), und monetären Markenwertgrößen unterschieden werden. Letztere verstehen sich im Sinne der **Kapitalwertmethode** als Barwert (d. h. auf den heutigen Zeitpunkt abgezinsten Wert) aller zukünftigen auf die Marke zurückführenden Einzahlungsüberschüsse (**Brand Specific Earnings**).

Seinen Ursprung hat der Begriff Markenwert Anfang der 80er Jahre in den USA. Vor dem Hintergrund steigender Marketing-Budgets und der Kritik an den zumeist kurzfristigen Werbewirkungen konnte mit Hilfe des Markenwerts untermauert werden, dass es sich bei Marketing-Aufwendungen durchaus um Investitionen mit langfristigem Charakter handelt.

Nach dem *Interbrand*-Ansatz, einer breit akzeptierten und weltweit angewendeten Methode, belegt *McDonald's* mit einem Markenwert von 35 Milliarden US-Dollar Position sechs. Nach dem Markenranking *BrandZ*[TM] rangiert das Unternehmen mit einem Markenwert von 81 Milliarden US-Dollar auf Rang 4 (Stand: 2011). Ungeachtet der großen Wertdiskrepanzen, die als Beleg für die Schwierigkeiten der Ermittlung eines „fairen" Markenwertes gewertet werden können, ist unbestritten, dass *McDonald's* zu den wertvollsten Marken der Welt gehört. Vor diesem Hintergrund wird verständlich, warum *McDonald's* seine Logos und Warenzeichen mit solcher Vehemenz verteidigt. Denn nur so kann es auf Dauer gelingen, die Marke vor Imitaten sowie Verwässerung zu schützen und damit den skizzierten hohen Markenwert abzusichern.

10.2.2   Sortiment

10.2.2.1   Kernsortiment

Der **Big Mac** (in Deutschland Big Mäc) ist das Flaggschiff von *McDonald's*. Er ist, zumindest bis heute, das mit deutlichem Abstand bekannteste *McDonald's*-Produkt. Erstmalig tauchte er 1967 auf dem amerikanischen Markt auf, als Antwort auf die Werbeinitiative „Je größer der Burger, desto besser der Burger" der Hamburgerkette *Burger King* für ihren Whopper (vgl. Abb. 10.5).

Abb. 10.5: Der Big Mac (Quelle: www.mcdonalds.com; Stand: 19.07.2012)

Neben verschiedenen Burgern mit Rind-, Schweine- und Geflügelfleisch gibt es auch Fisch- und Gemüseburger. Weitere wichtige Produktgruppen sind Wraps, Salate, verschiedene frittierte Speisen (vor allem Pommes Frites) und die verschiedenen Getränke der *Coca-Cola-Company*. Nachspeisen sind das McFlurry, ein mit festen Toppings angereichertes Milchspeiseeis, sowie die heiß servierte Apfeltasche, ein frittiertes Blätterteiggebäck mit Apfelfüllung. Außerdem werden Frühstücksprodukte offeriert. Daneben werden immer wieder **Aktionsprodukte** (etwa Bigger Big Mac, Mini Mac, Texas Nacho Chicken, Chicken Sticks, Steakhouse Classic, American fries, 1955 Burger oder Salsa Tomaten Sauce) angeboten und **Aktionswochen** (etwa Asia Wochen, Hüttengaudi; vgl. auch Abb. 10.6) durchgeführt. Auf diese Weise bringt man zum einen Abwechslung ins Angebotsprogramm, was insbesondere den Heavy Usern gefallen dürfte. Zum anderen lassen sich auf diese Weise Produkte identifizieren, die bei entsprechendem Erfolg ins Standardsortiment aufgenommen werden können.

Abb. 10.6: Das Big Rösti als Beispiel für ein Aktionsprodukt im Rahmen der Aktionswoche „Hüttengaudi" (Quelle: www.mcdonalds.de; Stand: 19.07.2012)

Speziell für Kinder wurde das **Happy Meal**, das erstmals 1979 in Kansas City verkauft wurde, entwickelt. Happy Meal (früher in Deutschland unter dem Namen Junior-Tüte vertrieben) ist der Produktname des Kinder-Menüs der Fast-Food-Kette und beinhaltete traditionell entweder einen Hamburger, einen Cheeseburger oder vier Chicken Nuggets, dazu eine kleine Portion Pommes Frites und einen Softdrink sowie eine ständig wechselnde kleine Spielzeug-Überraschung (vgl. Abb. 10.7).

Um der Kritik an *McDonald's*, seine Produktauswahl fördere die Fettleibigkeit bei Kindern, und damit an der ursprünglichen Zusammensetzung der Happy Meals entgegenzuwirken, wurden Milch, Fruchtsaftgetränke, Obst und Salate als mögliche Alternativen aufgenommen und beworben. Zahlen, wie gut diese Alternativen bei Kindern und Jugendlichen ankommen, werden nicht veröffentlicht.

Die den Menüs beigelegten **Spielzeuge** bedienen sich beliebter Kindermotive, die monatlich variieren. Häufig handelt es sich bei den Spielzeugen um Serien, die Kinder zum Sammeln und damit zu weiteren Restaurant-Besuchen animieren sollen. Bereits der Firmengründer von *McDonald's, Ray Kroc,* betonte, kein Kind solle seine Restaurants ohne Geschenk („free-gifts") verlassen. Das ist auch heute noch das erklärte Ziel des Unternehmens. So stieg *McDonald's* im Lauf der letzten Jahrzehnte zum größten Spielwarenvertreiber der Welt auf. Happy Meals sind ein wesentlicher Bestandteil dieses Erfolgs und dienen zugleich der Kundenbindung der jungen Gäste.

Im Kontext der Spielzeuge in den Happy Meals ist die 1997 von *McDonald's* und *Disney* für einen Zeitraum von zehn Jahren geschlossene **Strategische Allianz** zu sehen. *McDonald's* unterstützte und nutzte gleichzeitig die Filme von *Disney*. Der Burger-Gigant verkaufte u. a.

Kinotickets in seinen Restaurants, legt seinen Happy Meal Spielzeugfiguren der Hauptdarsteller aus den *Disney*-Filmen bei und bot spezielle *Disney*-Menüs an. In 2007 verlor *McDonald's* die Rechte an den *Disney*-Lizenzen, da der Unterhaltungskonzern den Vertrag nicht verlängerte und nunmehr Ausschau nach einem Kooperationspartner mit einem „gesünderen" Image hielt.

Abb. 10.7: Happy Meal von McDonald's (Quelle: www.mcdonalds.de; Stand: 19.07.2012)

10.2.2.2   Länderspezifische Besonderheiten

Grundsätzlich strebt *McDonald's* an, **weltweit** einen **fest definierten Kern** an zur Auswahl stehenden Produkten (zum Beispiel den Big Mäc, Pommes Frites, Soft-Drinks) anzubieten. Wo dies nicht möglich ist, ersetzt bzw. ergänzt *McDonald's* die Standardprodukte durch **lokal akzeptierte Alternativen**. Zur Veranschaulichung dienen die folgenden **Beispiele**:

- Der in Ländern mit angloamerikanischem Maßsystem verkaufte „Quarter Pounder" wird in Ländern mit metrischem System meist unter dem Namen „Hamburger Royal" angeboten. Da **ein metrisches Viertelpfund** über 10 g schwerer ist als ein englisches, wollte McDonald's den Fleisch-Patty nicht entsprechend vergrößern.

- McDonald's-Restaurants servieren in der arabischen Welt **„Halal"-Menüs**, was bedeutet, dass die islamischen Regeln für die Zubereitung von Speisen, insbesondere Rind, eingehalten werden. Außerdem werden in den Restaurants in Saudi-Arabien keine Figuren und Poster von Ronald McDonald aufgestellt, da der Prophet die Zurschaustellung von „Götzenbildern" verboten hat. In muslimischen Ländern wie Malaysia wird auf den

Hamburgern und in Frühstücksmenü kein Schinken angeboten, weil Schwein haraam ist, was soviel bedeutet, dass der Verzehr von Schweinefleisch im Islam verboten ist. In Marokko bietet McDonald's im Fastenmonat Ramadan ein landestypisches Menü mit der Fastensuppe Harira und Datteln an.

- Der erste koschere McDonald's eröffnete 1995 in einer Vorstadt von Jerusalem, mittlerweile gibt es auch in Buenos Aires ein solches Restaurant. Am Samstag, dem jüdischen Sabbat, bleiben die Restaurants geschlossen, und es werden nur **koschere** Spesen serviert, die nach den strengen Glaubensregeln zubereitet sind. Beispielsweise werden keine Cheeseburger angeboten, da die Mischung von Fleisch und Milchprodukten verboten ist. Grundsätzlich werden keine Milchprodukte serviert. Und während des achttägigen Paschafests, bei dem die gläubigen Juden nur ungesäuertes Brot essen dürfen, werden entsprechende Hamburger-Brötchen verwendet.

- Da im Hinduismus der Verzehr von Rind verboten ist, bietet McDonald's stattdessen Lamm an. Dort wurde der Big Mac in den **Maharaja Mac**, einen Lammfleisch-Burger sowie den Chicken Maharaja Mac, eine Hühnchen-Variante, umgewandelt. Außerdem werden aus Respekt gegenüber Vegetariern vegetarische und fleischhaltige Speisen in verschiedenen Bereichen des Restaurants zubereitet.

10.2.2.3 Quellen für Prozess- und Produktinnovationen

Seine Innovationen schöpft der Fast-Food-Gigant im Wesentlichen aus **fünf Quellen**:
- Lieferanten
- Kooperation mit Prominenten, die auch Lieferantenstatus haben
- Franchise-Nehmer und Restaurant-Manager mittels Bottom-Up-Top-Down-Ansatz
- Kunden mittels Crowdsourcing
- Wettbewerber mittels Benchmarking

Bei der Neuentwicklung von Angeboten, wie sie zum Beispiel für Promotion-Aktionen benötigt werden, bedarf es zunächst einer intensiven Kooperation mit den **Lieferanten**. Egal, ob die Bäckerei *Lieken* nun ein extra großes Brötchen für den Big Tasty backen soll, *Develey* eine spezielle Sauce für die Asia Wochen kreiert oder *Agrarfrost* eine neue Kartoffelspezialität entwickelt: Solche Innovationen können nur in enger Abstimmung mit den Lieferanten erfolgen.

Nicht zuletzt **kooperiert** *McDonald's* bei der Entwicklung von Innovationen mit **Prominenten**, die zwar einen Lieferantenstatus besitzen, denen aber auf den ersten Blick keine starke Affinität zum Fast-Food-Giganten zu unterstellen ist. Ein Beispiel hierfür geben die Aktionen Hüttengaudi mit *Uli Hoeneß*, dem Präsidenten des FC Bayern München, und dem 3-Sterne Koch *Alfons Schuhbeck* (vgl. Abb. 10.8). Heraus kamen die Aktions-Produkte wie der „Nürnburger" (= Burger mit Nürnberger Rostbratwürstchen, die im Unternehmen *HoWe* von *Uli Hoeneß* produziert wurden; vgl. Abb. 10.9), „*Schuhbecks* Apfel-Chicken" (= Burger mit Hähnchenfleisch und einer Apfel-Ingwer-Sauce) und „*Schuhbecks* Feines Zweierlei" (= Burger aus Rindfleisch, drei Nürnberger Rostbratwürsten, Hüttenkraut und einer Tomaten-Chili-Vanille-Sauce).

Abb. 10.8: Alfons Schuhbeck und Uli Hoeneß bei der Präsentation „ihrer" McDonald's-Produkte (Quelle: www.mcdonalds.de; Stand: 19.07.2012)

*Abb. 10.9: Der Nürnburger von McDonald's
(Quelle: www.mcdonalds.de; Stand: 19.07.2012)*

Wenn man die Geschichte von *McDonald's* studiert, fällt unweigerlich die große Bedeutung der Basis, also der **Franchise-Nehmer** und **Restaurant-Manager** für den Unternehmenserfolg auf. Lange bevor der Bottom-Up-Ansatz in Wissenschaft und Praxis einzog, hatte *McDonald's* diesen im eigenen System schon praktiziert. Obwohl *Ray Kroc*, der Unternehmensgründer, einen autoritären Führungsstil praktizierte und auf die strikte Einhaltung von Richtlinien achtete, nahm er Verbesserungsvorschläge von der Basis stets ernst. Das wohl berühmteste Beispiel dafür ist der Big Mac, der nicht in der *McDonald's*-Zentrale in Chicago, sondern von einem Franchise-Nehmer entwickelt wurde.

Auch heute noch werden Innovationen und Modifikationen bei *McDonald's* nach dem **Bottom-Up-Top-Down-Ansatz** sprich Gegenstromverfahren entwickelt. Kristallisationspunkt ist das *McDonald's* **Innovations-Zentrum** in Illinois. Im Inneren gibt es zahlreiche voll funktionsfähige Restaurants. Während eine Gruppe der Schulungsteilnehmer die Mahlzeiten zubereitet und kocht, fungieren die anderen als Kunden. Jedes der weltweit 33.000 *McDonald's* Restaurants kann hier nachgebildet werden.

Beispielsweise wurden in einem vielfrequentierten britischen Restaurant mit Hilfe von Videokameras **Bewegungsstudien** durchgeführt. Positioniert man die Senf- und Ketchup-Verteiler an einem Ort, kann dies zur Folge haben, dass der Mitarbeiter in der Essenzubereitung sich die bislang halbe Körperdrehung sparen kann. Die hierdurch eingesparte Sekunde führt dazu, dass der Kunde seinen Hamburger schneller erhält. Ob dies aber nicht Probleme an einer anderen Stelle im System verursacht, wird im Innovationszentrum analysiert.

Oder im Innovations-Center wird ein neues Restaurant entworfen, das zwei Systeme miteinander kreuzt: das japanische *McDonald's*-System, Schöpfer des Tiryaki-Burgers, mit einem neuen Konzept aus Schweden, bei dem die Burger nicht mehr horizontal, sondern senkrecht gegrillt werden. Dieser neue Grill-Typ bietet ganz neue Möglichkeiten, Platz einzusparen – was im dichtbevölkerten Japan extrem nützlich sein könnte.

Aber wirklich Revolutionäres passiert im *McDonald's*-Innovations-Zentrum beim **Speiseangebot**: Unter einem halben Dutzend von Innovationen gibt es beispielsweise Sandwiches wie einen „New York Reuben", einen „Grilled Veggie" (gegrilltes Gemüse) und einen „Leaning Tower Italian" (schiefer italienischer Turm). Wie in jeder Experimentereinrichtung, betont *McDonald's*, dass nicht alle Ideen, an denen man hier arbeitet, jemals in den Markt eingeführt werden.

McDonald's bedient sich des Weiteren des sog. **Crowdsourcing**, indem das Aufspüren von Innovationen an **Kunden** delegiert wird. Seit 2011 können Kunden in regelmäßigen Abständen im Rahmen der Aktion „Mein Burger" ihre eigene Burgerkreation erschaffen. Kunden stellen online mit einem „Burgerkonfigurator" aus mittlerweile über 100 unterschiedlichen Zutaten ihren individuellen Burger zusammen (vgl. Abb. 10.10). Statistisch ergeben sich hierbei mehr als sieben Millionen Kombinationsmöglichkeiten. Bei der Aktion im Jahr 2012 entwickelten Kunden insgesamt 327.000 Burger-Kreationen.

Die Burger-Kreationen werden dann mit einem klangvollen Namen versehen und auf der *McDonald's* Website in einer Galerie veröffentlicht. Anschließend kann eine individuell gestaltete Werbekampagne über soziale Netzwerke verbreitet werden. Auf diese Weise gelingt es *McDonald's*, Zigtausende von Menschen zu kontaktieren. Am Ende der Aktion entscheidet eine Kombination aus Online-Voting und der Bewertung einer prominent besetzten Jury darüber, welcher Burger Platz eins belegt. Der Gewinner-Burger kommt dann deutschlandweit als Promotion-Produkt in die Restaurants.

Abb. 10.10: Crowdsourcing am Beispiel der Aktion „Mein Burger"
(Quelle: www.mcdonalds.de; Stand: 19.07.2012)

Mittels **Benchmarking** schließlich spürt *McDonald's* erfolgreiche Konzepte und Produkte von **Wettbewerbern** auf und entwickelt daraus Innovationen für das eigene Unternehmen. Mit *McCafé* etwa will *McDonald's* offenkundig der *Starbucks*-Kette Paroli bieten bzw. diese überflügeln. Integriert in ein *McDonald's*-Restaurant, bietet *McCafé* den Gästen Kaffeespezialitäten – von Cappuccino und Espresso über Iced Coffee bis hin zu verschiedenen Frappés. Des Weiteren werden Kuchen, Muffins und Cookies sowie herzhafte Bagels, Müsli-Früchte-Joghurt, Kaltgetränke (etwa *Apollinaris*) kredenzt. Sämtliche Speisen und Getränke werden in bzw. auf Porzellangeschirr serviert.

Charakteristisch für das neue Konzept ist außerdem die Lounge-Atmosphäre (vgl. Abb. 10.11). Das erste *McCafé* wurde 1993 in Australien errichtet, das erste *McCafé* in Deutschland öffnete seine Pforten 2003 in Köln. Momentan werden in Deutschland 740 McCafés betrieben (Stand: 2011).

Abb. 10.11: Blick in ein McCafé (Quelle: www.mcdonalds.de; Stand: 19.07.2012)

Ein weiteres Beispiel für erfolgreiches Benchmarking ist **Bubble Tea**. Dieses Kultgetränk wurde in den 1980er Jahren in Zentraltaiwan erfunden. Tee ist in den meisten asiatischen Ländern ein Nationalgetränk. Da Kindern und Jugendlichen der klassische Tee nicht schmeckte, wurde der Bubble Tea entwickelt, der mittels bunter Perlen gesüßt wird.

2012 wurde der Bubble Tea bei *McCafé* eingeführt. Dieser besteht aus Wasser, Sirup mit Tee-Extrakt, Eiswürfeln und verschiedenen Sirup-Sorten. Je nach Geschmack wird Vollmilch hinzugefügt. Zum Schluss werden Bobas, als kleine Perlen mit Fruchtsaftanteil, die im Mund platzen, und Jellies, also kleine Geleewürfel, hinzugefügt. *McDonald's* begründet den höheren Preis mit der hohen Qualität der Zutaten von speziell ausgewählten Lieferanten.

Durch Kombination von Tee-Basis (etwa Green Tea), Geschmack (etwa Granat-Apfel) und Bobas (etwa Mango) oder Jellies (etwa Coffe-Jellies) bieten sich 250 Kombinationsmöglichkeiten. *McDonald's* bedient sich bei Bubble Tea demnach des „**Mass Customizing**". Hierbei handelt es sich um eine Strategie, die differenziertes und undifferenziertes Marketing und damit zwei scheinbar unüberwindbare Gegensätze miteinander vereint. Hierbei werden normalerweise standardisierte Produkte mit Hilfe neuer Produktionstechnologien differenziert, so dass sowohl Standardisierungs- (z. B. Stückkostenreduktion) als auch Differenzierungspotenziale (z. B. höhere Preisbereitschaft des Konsumenten) ausgenutzt werden können.

Auf den Punkt gebracht nutzt *McDonald's* beim Aufspüren von Innovationen die gesamte Wertschöpfungskette (Lieferant, Franchise-Nehmer/Restaurant-Manager/Kunden) sowie Wettbewerber im engeren (etwa *Starbucks*) und weiteren Sinn (etwa im Falle von Bubble Tea). Dass Innovationen jedoch auch bei *McDonald's* nicht immer von Erfolg gekrönt sind, belegen die folgenden **Produkt-Flops**:

- Hulaburger: Die Idee von *Ray Kroc*, das Fleisch durch eine Ananas-Scheibe zu ersetzen, scheiterte bereits in der Testmarkt-Phase 1969.

- Arch Deluxe: Hierbei handelt es sich um den gescheiterten Versuch, einen Luxus-Hamburger zu produzieren und mit einer zielgruppenspezifischen Werbekampagne zu promoten (1996).

- McLean, ein kalorienarmer Viertelpfünder (1991).

- Beefsteak Sandwich, der in New York und anderen Märkten der Ostküste 1980 getestet wurde

- McDLT, einem Viertelpfünder, der in einer Styroporverpackung serviert wurde mit dem heißen Fleisch auf der einen und den kalten Komponenten (Saat, Tomaten) auf der anderen Seite (1985)

10.2.2.4   Einführung gesundeitsfreundlicher Produkte

Seit 2003 bietet *McDonald's* **Biomilch** an. Verkaufszahlen zu Milch werden nicht veröffentlicht. Die entsprechende Packungsgröße wurde inzwischen reduziert und die Haltbarkeit durch eine Umstellung erhöht. Außerdem hat *McDonald's* in den USA und Deutschland in den vergangenen Jahren Menüs mit **kalorienärmeren Komponenten** eingeführt. Beispielsweise ist es nunmehr möglich, bei den Menüs Pommes Frites durch einen Salat zu ersetzen.

Auch Kindern bietet *McDonald's* im Rahmen des **Happy Meal Menüs** zusätzliche Beilagen und ein Dessertprodukt als Alternative. Anstelle von Pommes Frites kann man sich nun für eine Frucht Tüte (80 Gramm Apfelschnitze sowie Trauben), einen Garten Salat oder ein Fruit & Yogurt Dessert entscheiden. Auch bei den Getränken zum Happy Meal gibt es mehr Auswahl: Neben den bekannten Softdrinks, dem Orangensaftgetränk oder Apfelschorle werden nun Erdbeer-Drinks und Bio-Milch mit nur noch 1,5 Prozent Fettgehalt in einer wieder verschließbaren Schraubflasche angeboten.

2005 wurde das Programm „**Salads plus**" eingeführt. Seither gibt es fünf verschiedene neue Salate, Fruit & Yogurt, eine Frucht-Tüte und ein Grilled Chicken Sandwich. Seither gibt es verschiedene Salate, die auch ohne warme Hähnchenstreifen erworben werden können. Kritiker bemängeln hierbei, dass einige Salatangebote ziemlich kalorienreich seien, weil sie Schinkenstreifen, Feta-Käse oder kalorienreiche Salatsoßen enthalten.

Nicht zuletzt werden Joghurts (Fruit & Yogurt), Frucht-Tüten (diese enthalten bereits beim Lieferanten vorgeschnittene Apfelstückchen und Trauben; vgl. Abb. 10.12), ein Grilled Chicken Sandwich sowie zeitweise Aktionsgerichte wie gebackener Camembert oder „Gemüse-Käse-Snacks" offeriert.

Hinter solchen Produktoffensiven stehen natürlich nicht nur altruistische Motive. *McDonald's* will sich mit dem Vorstoß gegen **rechtliche Restriktionen** oder mögliche **Sammelklagen** wappnen, nachdem Gesundheitsexperten und Verbraucherschützer im Laufe der Zeit den Druck immer weiter erhöht hatten.

Außerdem können auf diese Weise **neue Zielgruppen** gewonnen werden sowie der durchschnittliche Rechnungsbetrag gesteigert werden. Die gesünderen Alternativen ermutigen die vorhandenen Kunden dazu, öfters zu kommen, weil sich nun mehr Abwechslung im Speiseangebot bietet. Nichtsdestotrotz bleibt der Big Mäc, zumindest bis heute, das mit deutlichem Abstand bekannteste *McDonald's*-Produkt.

McDonald's veröffentlicht keine auf einzelne Produkte herunter gebrochenen Umsätze und Gewinne. Aber alles, was mit frischen, leichtverderblichen Produkten verbunden ist, die nicht in einer standardisierten und leicht lagerbaren Form angeliefert werden (etwa Blattsalat im Vergleich zu einer tiefgefrorenen Hackfleischscheibe), steigert **Komplexität** und **Kosten**. Die *McDonald's*-Offiziellen bestehen zwar darauf, dass beispielsweise die Salate mit einem gewinnbringenden Preis kalkuliert sind. Wäre dies nicht der Fall, würden die Franchise-Nehmer diese Produkte nicht verkaufen wollen. Aber auch in Supermärkten können Verlustbringer letztlich profitabel sein (= Ausgleichsnehmer), wenn sie Kunden in die Geschäfte bringen, die dort andere Produkte erwerben (= Ausgleichsträger; sog. **Mischkalkulation**). Ungeachtet der Profitabilität übermitteln die angebotenen Salate Millionen von Kunden eine Botschaft: Jetzt ist es wieder annehmbar/akzeptabel, bei *McDonald's* zu essen, weil die Speisen gesünder sind – auch wenn die weit überwiegende Mehrheit weiterhin Burger und Pommes Frites bestellt. Dabei nutzt *McDonald's* den „**Halo-Effekt**" dergestalt, dass die gesünderen Produktoptionen auf das klassische Sortiment positiv ausstrahlen.

Abb. 10.12: Fruchttüte von McDonald's mit vom Lieferanten bereits vorgeschnittenen Apfelstückchen und Trauben (Quelle: www.mcdonalds.de; Stand: 19.07.2012)

Die Kernkompetenz des Unternehmens sind nach wie vor Burger, Pommes und *Coca-Cola*, ein Getränk, das *McDonald's* an Endverbraucher so häufig verkauft wie kein anderes Unternehmen der Welt. Um auch hier der öffentlichen Kritik entgegenzuwirken und sich juristisch besser abzusichern, veröffentlicht *McDonald's* **Listen** mit **Kalorienangaben** und versieht weltweit alle Produkte mit Angaben über Kalorien- und Fettgehalt. Doch auch hier wird „geschönt", was sich etwa daran zeigt, dass der „nackte" Salat und das dazugehörige Dressing in der Tabelle separat und weit voneinander entfernt aufgeführt werden, so dass der Salat kalorienärmer wirkt als er tatsächlich ist.

10.3 Price

10.3.1 Preisdifferenzierung

10.3.1.1 Räumliche Preisdifferenzierung

Wie der vom Wirtschaftsmagazin „*The Economist*" entwickelte **Big Mac-Index** eindrucksvoll belegt, variieren die Preise für einen Big Mac von Land zu Land zum Teil erheblich. Hierfür sind im Wesentlichen Wettbewerbsstruktur und Positionierung von *McDonald's* sowie die Preisbereitschaft der Konsumenten ausschlaggebend. Im Gegensatz zu den USA, wo *McDonald's* als Inbegriff für günstiges Essen gesehen wird, gilt *McDonald's* Essen in anderen Teilen der Welt, z. B. Russland und China als Statussymbol, und die Restaurants werden für ihre Atmosphäre und Sauberkeit bewundert. Oder nehmen wir das Beispiel Argentinien, einem der weltweit größten Produzenten von Rindfleisch. Dass hier der Preis für einen Big Mac rund 49 % unter dem Preisniveau in den USA liegt, erscheint unmittelbar einsichtig, wenn man sich die dort vergleichsweise geringen Preise für Rindfleisch vor Augen führt.

Weiterhin experimentiert *McDonald's* in einigen lateinamerikanischen Städten mit unterschiedlichen Preisen. Je nach **relativem Wohlstand** in der Nachbarschaft der *McDonald's* Standorte werden unterschiedlich hohe Preise verlangt. Hier macht man sich den Umstand zu Nutze, dass der Spielraum für eine räumliche Preisdifferenzierung mit abnehmender Arbitrageneigung der Konsumenten steigt. Im vorliegenden Fall dürfte es nämlich recht unwahrscheinlich sein, dass die Konsumenten eine größere Strecke zu der Filiale zurücklegen, die einen geringeren Preis als „zu Hause" verlangt.

Schließlich gibt es auch in Deutschland Preisunterschiede. Rund 80 % der *McDonald's* Restaurants in Deutschland werden von unabhängigen Franchise-Nehmern geführt. Diese sind in ihrer Preisgestaltung frei. Deshalb veröffentlicht *McDonald's* auch keine Preisinformationen auf seiner Internetseite.

10.3.1.2 Zeitliche Preisdifferenzierung

Hierbei werden je nach Absatzzeitpunkt unterschiedliche Preise gefordert. Bei den immer wieder in auslastungsschwachen Zeiten (etwa am Jahresanfang, zur Fastenzeit, in der Grillsaison etc.) durchgeführten **Couponaktionen** werden **zwei Arten** von **Preisnachlässen** gewährt: Naturalrabatte („Buy one, get one free") und Preisrabatte (etwa Menüs zu einem günstigeren Preis). Der 50 %-Rabatt in Form von „Buy one, get one free" wird immer an erster Stelle des Couponblatts positioniert, um einen **Halo-Effekt** (halo = Heiligenschein) im

Sinne einer positiven Ausstrahlung auf die anderen Coupons, die weniger als 50 % Rabatt auf den ursprünglichen Preis gewähren, auszuüben.

Die Coupons liegen den gratis verteilten Wochenzeitungen bei oder sind in den verschiedenen Filialen von *McDonald's* kostenlos erhältlich. Die Gutscheine finden sich auch im Internet im PDF-Format und können einfach ausgedruckt werden. Sie müssen innerhalb eines festgelegten Zeitraums eingelöst werden und gelten nur in den teilnehmenden Restaurants, da Franchise-Nehmer in ihrer Preisgestaltung grundsätzlich frei sind (vgl. Abb. 10.13).

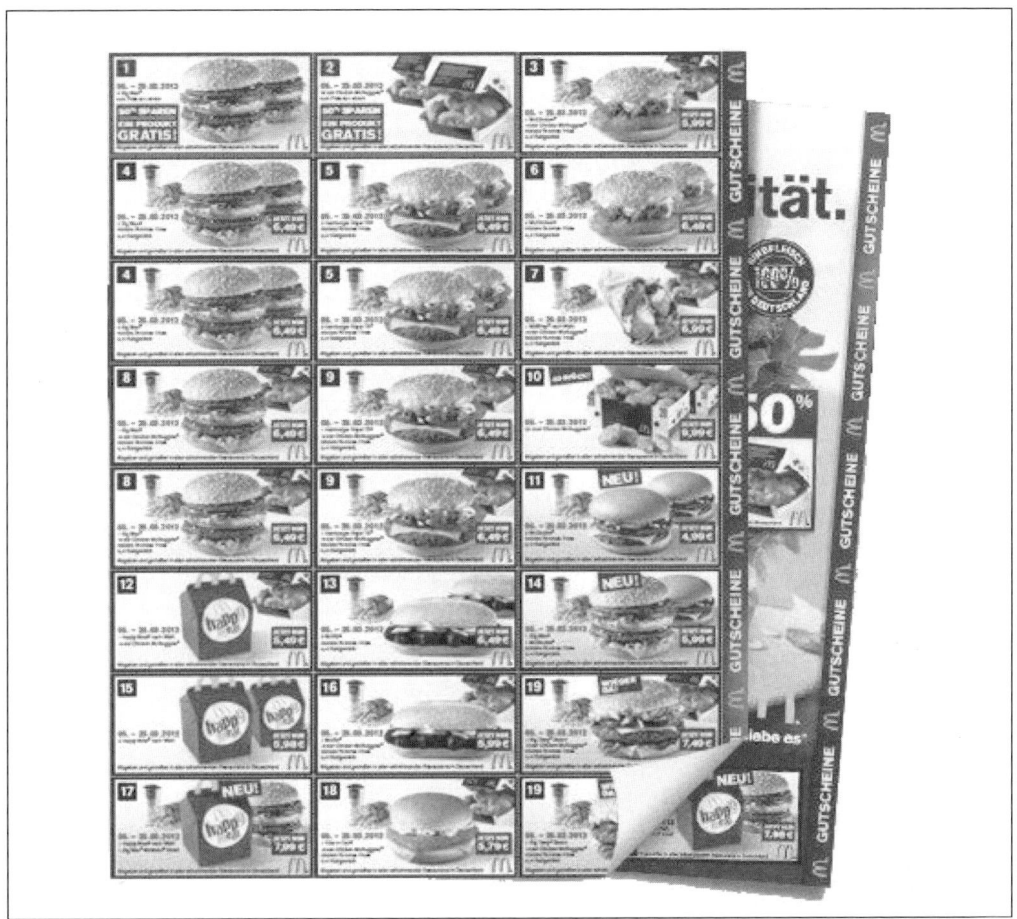

Abb. 10.13: Coupons von McDonald's (Quelle: www.mcdonalds.de; Stand: 19.07.2012)

Beispielsweise gehen in der Grillsaison im Regefall die Absatzzahlen von Hamburgern zurück, so dass hier Preisnachlässe bzw. Naturalrabatte mittels Coupons gewährt werden. Die Gutscheine bieten dem Kunden die Möglichkeit, teilweise bis zu 50 % gegenüber dem Normalpreis zu sparen. Verschiedene Menükombinationen stehen dabei ebenso zur Auswahl wie bestimmte Burger im Doppelpack, für die nur der Preis eines einzigen gezahlt wird. Hierbei handelt es sich um ein sog. **antizyklisches Pricing**: Geht der Absatz zurück, werden die Preise gesenkt, um dadurch den Absatz anzukurbeln. Außerdem werden Konsumenten durch rabattierte Angebote wie beispielsweise einen Big Mac, 6er Chicken McNuggets, eine mittlere Portion Pommes Frites sowie ein 0,4 Kaltgetränk – also ein Produkt mehr als beim normalen McMenü – systematisch an größere Essensportionen herangeführt.

Außerdem nutzt man die Möglichkeit, mittels Coupons **neue Angebote** wie Bubble Tea oder Frühstücksangebote in den Markt einzuführen. Des Weiteren drängt sich der Eindruck auf, dass mittels der Coupons die Attraktivität einzelner Produkte und damit die **Preisbereitschaft** der Kunden analysiert werden. *McDonald's* bietet etwa eine mittlere Portion Pommes Frites sowie ein 0,4 Kaltgetränk mit verschiedenen Kombinationen von Klassikern (zwei Big Mac, Hamburger Royal TS/6er Chicken McNuggets, zwei McChicken, McChicken/6er Chicken McNuggets, Big Mac/6er Chicken McNuggets, zwei McRib, McRib/6er Chicken McNuggets, Big Mac/McChicken) zum gleichen Preis an, obwohl diese einzeln zu unterschiedlich hohen Preisen offeriert werden. Die in Tab. 10.1 aufgeführten Beispiele sollen dies verdeutlichen.

Tab. 10.1: Ausgewählte McDonald's Coupons

Angebot 1:	Angebot 2:
1 Big Mac,	1 Hamburger Royal TS,
1 x 6er Chicken McNuggets,	1 x 6er Chicken McNuggets,
mittlere Portion Pommes Frites,	mittlere Portion Pommes Frites,
0,4 Kaltgetränk	0,4 Kaltgetränk
Preis: 6,49 €	Preis: 6,49 €
Angebot 3:	Angebot 4:
2 Big Mac,	2 Hamburger Royal TS,
mittlere Portion Pommes Frites,	mittlere Portion Pommes Frites,
0,4 Kaltgetränk	0,4 Kaltgetränk
Preis: 6,49 €	Preis: 6,99 €

Werden Angebot 1 und 2 zum gleichen Preis angeboten, müssten konsequenterweise auch Angebot 3 und 4 zum gleichen Preis offeriert werden. Angebot 4 ist aber um 50 Cent teurer. Wird nun Angebot 4 trotz dieses höheren Preises häufig/selten nachgefragt, lässt sich daran ablesen, dass der höhere Preis für einen Hamburger Royal TS gerechtfertigt/nicht gerechtfertigt ist. Die Nachfrager der Angebote 1 und 2 fungieren hierbei als Kontrollgruppe, da die unterschiedliche Nutzung dieser Coupons hier nicht auf den Preis, sondern auf die Attraktivität der jeweiligen Produkte zurückzuführen ist.

Des Weiteren nutzt *McDonald's* die Coupon-Aktionen für **Preiserhöhungen**, da der Kunde hier nicht auf den Ausgangspreis, sondern auf die Preisersparnis fokussiert. Nicht zuletzt lenkt *McDonald's* mittels Coupons Kundenströme in **ertragsreiche Vertriebskanäle**. Während die Take-away-Umsätze von *McDonald's* mit 7 % MwSt. belegt sind, müssen auf im *McDonald's*-Restaurant konsumierte Speisen und Getränke bei identischem Bruttopreis 19 % MwSt. entrichtet werden. Dies hat zur Konsequenz, dass *McDonald's* mit extern konsumierten Speisen und Getränken 12 % (= 19 %–7 %) mehr Rendite erwirtschaftet und demnach daran interessiert ist, möglichst viel Umsatz auf **Take-away-Geschäfte** zu verlagern.

Sieht man einmal von in Fußgängerzonen angesiedelten Restaurants ab, basiert der Erfolg eines Standorts demnach u. a. darauf, über einen **McDrive** zu verfügen, weil die dort realisierten Umsätze im Endeffekt 12 % mehr Rendite bedeuten. Um Kunden dazu zu motivieren, Take-away-Umsätze über den McDrive zu realisieren, bietet *McDonald's* seinen Kunden im Rahmen von Couponaktionen spezielle Gutscheine an, die ausschließlich im McDrive einlösbar sind.

„Einlösbar nur im McDrive. Gegen Abgabe erhalten Sie: 1 Big Mäc und 1 Hamburger Royal TS mit mittlerer Portion Pommes Frites und 0,4 l Coca-Cola, Fanta oder Sprite für nur 5,99 €. Gültig vom 10.–28.11.2008 bei allen teilnehmenden *McDonald's* Restaurants mit McDrive in Hessen, Saarland, Rheinland-Pfalz und Baden-Württemberg.“

Mittlerweile hat *McDonald's Deutschland* eine offizielle *McDonald's* iPhone App eingerichtet. Damit können Coupons auf Smartphones geladen werden. Beim Restaurantbesuch werden die Coupons dann mittels eines entsprechenden Lesegeräts in das Kassiersystem eingelesen.

10.3.1.3   Personenbezogene Preisdifferenzierung

Ein Beispiel hierfür ist die Preisdifferenzierung nach der Zugehörigkeit zu bestimmten Gruppen. *McDonald's* bot für einen bestimmten Zeitraum eine sog. **Familiensparkarte** an. Mit dieser konnten Familien in unbegrenztem Umfang drei alternative Familienangebote zu einem reduzierten Preis erwerben. Hierbei wurden bewusst sog. **gebrochene Preise** gewählt: 4,98 €, 5,99 € sowie 6,49 €.

Mittels einer solchen Preisdifferenzierung verfolgte das Unternehmen zwei Ziele. Zum einen steigerte man die Besuchsfrequenz von Familien. Zum anderen steuerte man einer typischen Situation in *McDonald's*-Restaurants entgegen: Eine Mutter kommt ins Restaurant, kauft ihren Kindern ein Happy Meal, für sich selbst aber nur einen Kaffee. Durch die reduzierten Familienangebote erwarb die Mutter nun auch eine Mahlzeit. Auf diese Weise gelang es, den durchschnittlichen Kaufbetrag (sog. **Durchschnittsbon**) deutlich anzuheben.

Aus der Sicht des Marketing erscheint noch ein genauerer Blick auf die gewährten Preisnachlässe interessant. Hierbei wird deutlich, dass beim Erwerb zweier Happy Meals mit 23,4 % (6,50 € auf 4,98 €) der Preisnachlass am höchsten ausfiel, was im Wesentlichen darauf zurückzuführen sein dürfte, dass zwei Kinder nur in Ausnahmefällen alleine zu *McDonald's* kommen und somit noch ein zusätzlicher, nicht von einer Preisreduzierung geschmälerter Gewinn über den Verzehr von einem oder mehreren Erwachsenen erwirtschaftet werden dürfte. Der Erwerb einer Happy Meal mit einem Chicken Caesar Salad nach Wahl hingegen fällt mit 16,1 % (7,74 € auf 6,49 €) am geringsten aus, was darauf schließen lässt, das man hier die geringste Preissensibilität bei den Käufern vermutet. Die dritte Variante, ein Happy Meal mit einem Spar Menü nach Wahl, liegt mit einem Preisnachlass von 21,2 % (7,64 € auf 5,99 €) zwischen den beiden anderen angesiedelt.

10.3.1.4   Preisbündelung

Eine Sonderform der Preisdifferenzierung bildet die **Preisbündelung** (auch Preisbaukasten, Paketpreislösung, Packaging oder Bundling). Sie liegt vor, wenn ein Unternehmen verschiede Produkte und/oder Dienstleistungen zu einem Paket zusammenfasst und diese zu einem Gesamtpreis anbietet. Dabei ist der Gesamtpreis in der Regel günstiger als die Summe der Einzelpreise. *McDonald's* hat die Preisbündelung perfektioniert.

Der Fast-Food-Konzern bietet eine Vielzahl von Menüs an, die immer billiger als die Summe der Einzelbestandteile sind. Die Menüs sind nicht nur bei den Kunden beliebt, sondern für *McDonald's* auch entsprechend rentabel (vgl. Abb. 10.14) Hierbei bedient sich *McDonald's* der Form der **gemischten Preisbündelung**, bei der sowohl das Bündel als auch die Einzelprodukte zum Verkauf angeboten werden. Der Fast-Food-Anbieter verfolgt damit im Wesentlichen **zwei Ziele**: das **Abschöpfen der Preisbereitschaften** sowie die **Steigerung der Absatzmenge**.

Abb. 10.14: Preisbündelung am Beispiels eines McMenüs
(Quelle: www.mcdonalds.de; Stand: 19.07.2012)

Zum einen erlaubt es die Preisbündelung dem Unternehmen, die **Preisbereitschaften** von Kunden besser **abzuschöpfen** als der Verkauf von Einzelpreisen. Ein Menü von *McDonald's* setzt sich beispielsweise aus einem Big Mäc, einer mittleren Portion Pommes Frites sowie einem mittleren Getränk (0,4 l) zusammen. Durch die gemischte Preisbündelung teilt sich der Markt in sieben Segmente auf: Segment 1 kauft das ganze Bündel, die Segmente 2, 3, 4 erwerben lediglich ein Produkt (Big Mäc, mittlere Portion Pommes Frites oder mittleres Getränk) und die Segmente 5, 6 und 7 zwei Produkte (Big Mäc und mittlere Portion Pommes Frites; Big Mäc und mittleres Getränk; mittlere Portion Pommes Frites und mittleres Getränk). Segment 1 setzt sich aus zwei Untergruppen zusammen: Zum einen Kunden, die auch alle drei Komponenten zu den höheren Einzelpreisen gekauft hätten, nun aber den niedrigeren Paketpreis zahlen müssen, und Kunden, die das Paket nur erwerben, weil der Paketpreis unter der Summe der Einzelpreise liegt. Die Segmente 2 bis 7 wollen nicht das ganze Bündel, sondern nur einzelne Teile daraus erwerben und sind bereit, dafür einen höheren Einzelpreis zu zahlen.

Zum anderen erwerben durch den günstigen Paketpreis nunmehr Kunden, die vorher nur einzelne Komponenten und damit weniger gekauft hätten, das ganze Paket. Dadurch erhöht sich die **Absatzmenge** von *McDonald's*, was zu sog. **Erfahrungskurveneffekten** führt, d. h. die Kosten für Beschaffung, Zubereitung und Verkauf des einzelnen Produkts sinken. Verstärkt wurde dieser Effekt traditionell durch das flankierende Angebot sog. Maxi-Menüs, bei denen der Kunde für einen Aufpreis auf das Spar-Menü statt einer mittleren eine große Portion Pommes Frites und statt einem mittleren ein großes Getränk erhielt.

Mittlerweile beschreitet *McDonald's* den umgekehrten Weg. Grundsätzlich wird das McMenü angeboten und auch werblich hinter den Kassen herausgestellt. Dieses besteht aus einem Klassiker (Big Mac, Hamburger Royal, Chicken McNuggets, Wrap) und zwei Beilagen nach Wahl (Cola, Fanta, Sprite, Cola- Light, Lift, O-Saft oder Mineralwasser (0,5 l), Shakes (0,5 l), Heißgetränke, stilles Wasser, große Portion Pommes Frites inkl. Majo oder Ketchup oder Gartensalat; es können auch zwei gleiche Beilagen sein). Will der Kunde das kleinere und nicht mit Bildern angepriesene McMenü Small (bestehend aus einem Klassiker, einer mittleren Portion Pommes Frites inkl. Majo oder Ketchup sowie Cola, Fanta, Sprite, Cola-Light, Lift, O-Saft oder Mineralwasser (0,4 l), muss er dieses explizit bestellen. Hierbei hat er außerdem eine kleinere Auswahl bei den Beilagen und ist auch von den alljährlich wiederkehrenden Aktionen, während derer man beim Erwerb eines Menüs ein *Coca-Cola*-Glas in verschiedenen Farben (Blau, Gelb, Türkis, Rosa, Lila oder Grau) oder Varianten gratis erhält, ausgeschlossen (vgl. Abb. 10.15).

Abb. 10.15: Coca-Cola-Gläser als Gratiszugabe zum McMenü
(Quelle: www.mcdonalds.de; Stand: 19.07.2012)

10.3.2   Dauerniedrigpreispolitik

Noch vor einigen Jahren beobachtete man sowohl bei *McDonald's* als auch bei seinem Konkurrenten *Burger King* die Preispolitik, bei der neben den schon „rabattierten" Bündelpaketen zusätzlich die einzelnen im Bündel enthaltenen Produkte als **Sonderangebote** offeriert werden. Hierzu ein Beispiel aus den USA aus dem Jahre 1998: *Burger King* bot in den USA das Menü „große Portion Pommes Frites plus mittleres Getränk (0,4 l) plus Whopper" für US-$ 2,97 an. Gegenüber der Summe der Einzelpreise sparte der Kunde US-$ 1,00. Gleichzeitig bewarb *Burger King* circa alle zwei Wochen den „Whopper" für US-$ 0,99 (statt US-$ 1,99) und das Getränk für US-$ 0,49 (statt US-$ 0,99). Zum einen kann durch solche Sonderangebote der Marktanteil gesteigert werden, indem Kunden von der Konkurrenz abgeworben werden. Zum anderen werden Kunden an das eigene Unternehmen gebunden. In beiden Fällen betreibt das Unternehmen einen **sukzessiven kalkulatorischen** Ausgleich, d. h. das Unternehmen verzichtet aufgrund der günstigen Preise kurzfristig auf Gewinne, wird diese aber zu einem späteren Zeitpunkt durch eine Preisanhebung ausgleichen bzw. gar überkompensieren.

Eine solche Preispolitik birgt aber auch die Gefahr von **Kannibalisierungseffekten** in sich, da zahlreiche Kunden statt des Bündelangebots die Sonderangebote der einzelnen Produkte erwerben. Auf diese Weise gefährdet der Anbieter Gewinnpotenziale, da die Bündelangebote i. d. R. größere Gewinnmargen besitzen als die Summe der Gewinnmargen der Sonderangebote.

Außerdem weisen zeitlich begrenzte Preissenkungen zwei weitere **negative Eigenschaften** auf:

- **Einbahn-Charakter**: Es gestaltet sich schwer, Preissenkungen zu einem späteren Zeitpunkt rückgängig zu machen. Denn der Verbraucher gewöhnt sich i. d. R. an das niedrige Niveau und empfindet das Anheben auf den ursprünglichen Preis wie eine Preiserhöhung.

- **Sensitivität**: Preissenkungen sind mit einer gewissen Sensibilität zu nutzen. Im Falle eines aggressiven Wettbewerbsumfeldes etwa muss mit entsprechenden Reaktionen der Wettbewerber gerechnet werden, was nicht selten in einem **ruinösen Preiswettbewerb** endet.

Vor diesem Hintergrund schwenkte *McDonald's* mit dem „**Einmaleins**" in 2005 auf ein Dauerniedrigpreissortiment um. Konkret wurden elf Produkte dauerhaft zu je 1 € offeriert. Mit dieser **Dauerniedrigpreispolitik** verbinden sich für *McDonald's* folgende **Vorteile**:

- Gewinnung von **Glaubwürdigkeit** beim Verbraucher, der es im Zuge einer kurzfristigen Preisvariation nicht nachvollziehen kann, dass ein Produkt heute günstig und morgen teurer ist

- **Kosteneinsparungen** aufgrund eines regelmäßigeren Warenflusses und eines geringeren Aufwandes für die Durchführung von Werbe- bzw. Verkaufsförderungsmaßnahmen

- **Ansprache preissensibler Kunden** im Rahmen der Marktsegmentierung

- **Preisoptik** durch **Entbündelung des Preises** mittels der Zerlegungsmethode, d. h. die Kunden sehen den Preis für das Einzelprodukt, der vergleichsweise günstig wirkt. Sie kombinieren aber im Regelfall mehrere Produkte (etwa Hamburger, Pommes Frites, Getränk, Dessert) zu einer Mahlzeit, so dass der Gesamtbetrag nicht unbedingt niedrig ausfallen muss. Mittels der Preisoptik durch Zerlegungsmethode wird die angebotene Gesamtleistung (im vorliegenden Fall eine Mahlzeit) in Teilkomponenten mit entsprechend geringen Einzelpreisen zerlegt. Genannt werden lediglich die jeweils relativ attraktiv erscheinenden Teilpreise, nicht jedoch der Gesamtpreis.

Die „Einmaleins"-Kampagne schuf nach Unternehmensangaben die Grundlage für das profitable Wachstum des Unternehmens, so dass im Geschäftsjahr 2005 die höchsten Umsätze und der größte Gästezuwachs seit Bestehen von *McDonald's* Deutschland verzeichnet werden konnten.

Mittlerweile betreibt *McDonald's* seine Dauerniedrigpreispolitik unter der Bezeichnung **„SMS – Schnell mal sparen"**. Während nämlich ursprünglich jedes der beteiligten Produkte 1 € kostete, werden mittlerweile beispielsweise der Chickenburger für 1,10 €, ein kleiner Soft-Drink 1,10 €, der Chicken TS sowie der McDouble für 1,49 € und eine kleine Portion Pommes Frites für 1,79 €, so dass der ursprüngliche Name „Einmaleins" unweigerlich abgelöst werden musste.

10.3.3 Mischkalkulation

Betrachten wir die Preisgestaltung bei einer Happy Meal, einem speziell für Kinder geschnürten Mahlzeiten-Paket, das zu einem Paketpreis von 3,69 € angeboten wird. Konkret besteht eine Happy Meal beispielsweise aus einem Hamburger, einer kleinen Portion Pommes Frites und einem kleinen Getränk, die einzeln jeweils zu einem Preis von 1,00 € bzw. 1,20 € angeboten werden. Zusätzlich können die Kinder aus verschiedenen Spielzeugen auswählen. Stellt man den Paketpreis von 3,69 € der Summe der Einzelpreise von 3,00 € gegenüber, bleiben für das Spielzeug gerade einmal 0,49 € übrig. Beobachter vertreten die Ansicht, dass die Incentives sprich Beigaben zu einem solchen Preis nicht kostendeckend erworben werden können und demnach von *McDonald's* subventioniert werden.

Eine solche Preisstrategie macht durchaus Sinn im Zuge einer sog. **Mischkalkulation**. Da nämlich Kinder in diesem Alter nicht alleine zu *McDonald's* kommen, sondern von zumindest einem Erwachsenen begleitet werden, findet im Regelfall ein **Verbundkauf** statt, bei dem neben der Happy Meal noch weitere Produkte erworben werden.

Die Happy Meal spielt in diesem Fall die Rolle des sog. *Ausgleichsnehmers*, bei dem bestimmte Preisuntergrenzen unterschritten werden. Diese Verluste bzw. geringeren Gewinne werden durch die **Ausgleichsträger**, also die Produkte, welche der oder die Erwachsenen verzehren, (über-)-kompensiert. Auf diese Weise entsteht dem Unternehmen in Summe ein Gewinnzuwachs, bei der die subventionierte Happy Meal als **Frequenzbringer** fungiert.

Denn im Regelfall werden die Incentives für einen **begrenzten Aktions-Zeitraum** von vier Wochen angeboten, wobei die Kinder aus rund sechs Produkten auswählen können. Da die Kinder gemeinhin die vollständige Kollektion besitzen möchten, werden sie einen mehr oder minder starken bzw. wirksamen Druck auf ihre Eltern, Großeltern oder sonstige Bezugspersonen ausüben, in diesen vier Wochen entsprechend häufig ein *McDonald's*-Restaurant aufzusuchen. Und nach vier Wochen beginnt das Ganze von neuem.

10.3.4   Naturalrabatte

Zahlreiche *McDonald's*-Restaurants boten und bieten ihren Kunden auf der Rechnungsquittung folgenden **Naturalrabatt** an. Hierzu ein Beispiel aus dem Jahr 2004: „Quittung mitnehmen – 50 % sparen! Gegen Abgabe Ihrer *McDonald's*-Quittung erhalten Sie bei Ihrem nächsten Besuch: Bei einem Quittungsbetrag ab 5,00 €: Cheeseburger zum Preis von einem. Bei einem Quittungsbetrag ab 10,00 €: Big Mäc^{TM} zum Preis von einem. Bei einem Quittungsbetrag ab 20,00 €: Spar Menü nach Wahl zum Preis von einem. Gültig ab dem nächsten Tag bis 1 Monat nach Ihrem Besuch bei Ihrem *McDonald's*-Restaurant (siehe Vorderseite) (2004 *McDonald's Corp.*)".

Mit dieser Form des Naturalrabatts verfolgt *McDonald's* folgende **Ziele**:

- Der Rabatt **bindet** die **Kunden** an das jeweilige *McDonald's*-Restaurant.
- Die **Besuchsfrequenz** soll **gesteigert** werden, da der Naturalrabatt an den Besuch des Restaurants innerhalb des nächsten Monats gekoppelt ist.
- Die Kunden erhalten einen Anreiz, ihren **Rechnungsbetrag** zu **erhöhen**. Beispielsweise kostete ein Maxi-Menü, bestehend aus einem Big MäcTM, einer großen Portion Pommes Frites sowie einem großen Getränk (0,5 l) zum damaligen Zeitpunkt (2004) 4,79 €. Da die erste Rabattstufe jedoch erst ab einem Quittungsbetrag ab 5,00 € erreicht wurde, musste der Kunde noch etwas konsumieren, wenn er diese erklimmen wollte.

10.4   Place

10.4.1   Vertriebslogistik: Dreibeiniger Stuhl

Ein Eckpfeiler des Erfolgs von *McDonald's* bildet ein umfassendes **Supply Chain Management**. Hierunter versteht man die durchgängige Optimierung aller Güter- und Informationsflüsse vom Rohstoff bis zum Endkunden. Zentrale **Charakteristika** sind:

- eine durchgängige Optimierung der Prozesse zwischen Lieferant, *McDonald's* und den Restaurants
- eine simultane Betrachtung der unternehmensinternen und -übergreifenden Versorgungsprozesse bei den Systempartnern sowie
- eine strategisch-langfristige Perspektive.

Bei *McDonald's* spricht man in diesem Zusammenhang vom „the 3 legged stool" („der dreibeinige Stuhl"): Nur wenn *McDonald's*, seine Lieferanten sowie die Franchise-Nehmer ihren jeweiligen Beitrag zur Wertsteigerung leisten, kann das propagierte Ziel, nämlich 100 % Total Customer Service erreicht werden.

Kroc entwickelte das System des „dreibeinigen Stuhls", das bis heute die Entwicklung des Fast-Food-Giganten bestimmt: Lokale, hoch motivierte Franchise-Nehmer betreiben das Geschäft vor Ort. Ihre Produkte beziehen sie von regionalen Zulieferern. Und das Mutterunternehmen bestimmt Produktionsablauf, Corporate Identity, Menüplanung, Markenstrategie und Marketing.

Die Prinzipien von *Kroc* können als Vorläufer des **Efficient Consumer Response (ECR)**, d. h. der effizienten Reaktion auf die Kundennachfrage, angesehen werden. Der Ansatz basiert auf dem Grundsatz: „Working together to fulfil consumer wishes better, faster and at less cost." Konkret agieren hier die Unternehmen in der Wertschöpfungskette, im vorliegenden Fall Lieferanten, *McDonald's* und Franchise-Nehmer, gemeinschaftlich mit dem Kunden als Ausgangs- und Orientierungspunkt sowie unter dem Motto „Kooperation statt Konfrontation". Auf diese Weise sollen sich für alle Beteiligten Nutzenpotenziale erschließen, die im Alleingang nicht zu erreichen gewesen wären. Auf diese Weise lassen sich folgende **Ziele** realisieren:

- Abbau von Ineffizienzen entlang der Wertschöpfungskette (logistischer Aspekt)
- Erschließung von Umsatzpotenzial (Marketing-Aspekt)

Wie auch gegenüber seinen Franchise-Nehmern lässt sich *McDonald's* in der Beziehung zu seinen Lieferanten von der Überlegung leiten, dass beide Marktpartner durch Kooperation ihre Ziele gemeinsam besser erreichen und einen Nutzen aus der Zusammenarbeit ziehen können (sog. **Win-Win-Strategie**). Darin unterscheidet man sich von anderen Unternehmen, bei denen die Bargaining-Prozesse sprich Verhandlungen zwischen Lieferant und Abnehmer überwiegend konfliktär sowie aggressiv und damit als Nullsummenspiel verlaufen, bei dem es stets einen Gewinner und einen Verlierer geben muss.

Die von *McDonald's* eingeschlagene Kooperationsstrategie findet ihren Niederschlag u. a. darin, dass rund 30 Lieferanten, die konsequenterweise als Lieferantenpartner bezeichnet werden, seit mehr als 20 Jahren mit dem Unternehmen zusammenarbeiten. Zu den **Lieferanten** zählen:

- *OSI Food Solutions*: Fleisch, Geflügel
- *Lieken/FSB Backwaren*: Brötchen
- *Goldmilch*: Eis, Milchshakes
- *Develey*: Ketchup, Senf, Saucen, Dressings, Gurken
- *Hochland*: Käse
- *Bonduelle/VanGorp*: Eisberg-Salat, Tomaten
- *Schwartau*: Toppings
- *McCain/Agrarfrost/Lamb Weston*: Pommes Frites
- *Coca-Cola*: Soft Drinks
- *Meggle*: Butter
- *Jacobs*: Kaffee

Der Blick in die Lieferanten-Liste zeigt, dass der überwiegende Teil der Produkt-Zutaten von **Markenartikel-Herstellern** geliefert wird, die der Verbraucher aus dem Lebensmitteleinzelhandel kennt. Dadurch will *McDonald's* gegenüber seinen Kunden zum einen den hohen **Qualitätsanspruch** kommunizieren, den das Unternehmen an seine Lieferanten stellt. Zum anderen zielt *McDonald's* darauf ab, dass das Image der Markenartikel positiv auf das Bild des eigenen Hauses ausstrahlt. Im **Imagetransfer** liegt wohl auch das größte Risiko dieser Einkaufsstrategie: Wandelt sich beispielsweise das Ansehen eines der Lieferantenpartner ins Negative (etwa durch schlechte Warentestergebnisse oder Verbraucherklagen), strahlt dies entsprechend auf *McDonald's* aus.

Die **Beschaffungsstrategie** von *McDonald's* erscheint unter **zwei Aspekten** interessant:

*   **Anzahl der Bezugsquellen sprich Lieferanten**
    Die Lieferanten arbeiten entweder exklusiv *für McDonald's*, wie z. B. der Fleisch- und Geflügel-Spezialist *OSI Food Solutions* in Günzburg und Duisburg. Oder es sind renommierte Markenartikler, darunter *Develey, Meggle, Zott, Goldmilch, Schwartau, Erlenbacher, McCain* oder *Coca-Cola. McDonald's* betreibt bei Produkt-Zutaten in rund 75 % der Fälle **Single-Sourcing**, d. h. greift nur auf einen Lieferanten zurück. Durch eine solch intensive Zusammenarbeit will *McDonald's* individuell angefertigte Produkte mit hoher Qualität beziehen. Da diese Lieferanten durch die hohen Produktionsvolumina Erfahrungskurveneffekte erzielen, ist dies auch mit Einkaufsvorteilen für *McDonald's* bzw. seine Franchise-Nehmer verbunden. Allerdings begibt sich der Lieferant in eine erhebliche Abhängigkeit, was das Investitions- und Beschäftigungsrisiko beträchtlich steigert. Für *McDonald's* verringert sich die Liefersicherheit. Bei Brötchen und Salat gibt es zwei Lieferanten (= **Dual-Sourcing**), im Falle von Pommes Frites sogar drei Zulieferer (= **Multiple-Sourcing**). Dass hier auf mehrere Bezugsquellen zurückgegriffen wird, dürfte u. a. an den hohen Beschaffungsmengen in diesen Produktkategorien begründet liegen.

*   **Beschaffungsareal**
    Der lokale Einkauf von *McDonald's*, der auf Landesebene angesiedelt ist, koordiniert die Zusammenarbeit mit den nationalen Lieferanten. Im Falle multinationaler Lieferanten hingegen stimmt der europäische Einkauf die Beschaffung der einzelnen Länder aufeinander ab. Rund 75 % des Beschaffungsvolumens von *McDonald's Deutschland* gehen an deutsche Produktionsstätten, 99,7 % der eingekauften Waren stammen aus der EU. An diesen Zahlen wird deutlich, dass *McDonald's* ein **Domestic Marketing** favorisiert, bei dem die Beschaffungsquellen im Inland angesiedelt sind. Neben den rein logistischen Vorteilen einer solchen Beschaffungsstrategie dürfen die damit verbundenen Auswirkungen auf das Image nicht vernachlässigt werden. Denn das Fast-Food-Unternehmen ist bestrebt, sein amerikanisches Image abzulegen und sich als deutsches Unternehmen zu positionieren. Getreu dem Motto: „Unser Name klingt zwar amerikanisch, wir sind aber ein deutsches Unternehmen." *McDonald's* betont, dass Angebote aus Deutschland innerhalb des internationalen Unternehmensnetzwerks hohes Ansehen genießen. Dafür spricht die Tatsache, dass viele hiesige Stammlieferanten *McDonald's* Restaurants in mehr als 30 europäischen Ländern beliefern. Beispielsweise kommen die Gurken für sämtliche *McDonald's*-Restaurants in Europa von der deutschen Firma *Develey*. Damit sichert der Fast-Food-Riese, wie er betont, über 6.000 zum Teil hoch qualifizierte Arbeitsplätze in den hiesigen Zulieferbetrieben.

Besonders interessant erscheint die **Kooperation** zwischen *McDonald's* und der *Bild-Zeitung*. Seit April kann man in den deutschen *McDonald's Restaurants* auch frühstücken. Wie die soziodemographische Analyse zutage gefördert hat, sind Kunden ab 40 Jahren bei *Mc-*

Donald's deutlich schwächer vertreten. Außerdem liegt der Anteil der männlichen Kunden unter dem des Hauptkonkurrenten *Burger King*. Vor diesem Hintergrund wird verständlich, warum *McDonald's* seit Mai 2004 im Pressevertrieb tätig ist und in seinen Restaurants die „Bild-Zeitung" verkauft.

Das Boulevardblatt hatte in der Vergangenheit an Auflagenstärke verloren, u. a. weil unrentable Vertriebswege geschlossen worden waren. Die Kooperation bietet für beide Partner Vorteile: Die *McDonald's*-Restaurants werden insbesondere von jüngeren Menschen frequentiert, was der „Bild-Zeitung" neues Kundenpotenzial erschließt. Umgekehrt könnte *McDonald's* neben dem Mehrumsatz durch den Verkauf von Zeitungen davon profitieren, dass nun mehr und/oder neue Kunden das Frühstücksangebot nutzen.

Der Erfolg dieser Kooperation lässt sich u. a. daran ablesen, dass die Presse-Vertriebsgrossisten gerne noch mehr Titel in den Restaurants des Fast-Food-Giganten verkaufen würden. Gründe für die Attraktivität dieses Absatzmittlers sind in der hohen Kundenfrequenz (über 2,4 Millionen Menschen täglich in Deutschland) sowie der Besonderheiten des Fast-Food-Verzehrs zu finden. Denn nicht wenige Kunden kommen alleine in die Restaurants und lesen während des Essens Zeitungen und Zeitschriften.

10.4.2   Vertriebswege: Filialen sowie Franchising

Sowohl in Deutschland als auch weltweit werden und 80 % der Restaurants von *McDonald's* im Franchise-System geführt. Folglich liegen McDonald's Restaurants zum größten Teil in der Hand von mittelständischen Unternehmern. *McDonald's* betreibt demnach ein **hybrides Franchise-System**, das durch eine **Doppelstrategie** von **Franchising** und **Filialisierung** gekennzeichnet ist.

Mit dem Franchise-Vertrag bekommt der Franchise-Nehmer als selbstständiger Unternehmer das Recht, ein eigenes Restaurant unter dem Markennamen *McDonald's* zu führen. Die Franchise-Verträge haben in der Regel eine **Laufzeit** von **20 Jahren**. Jeder Franchise-Nehmer führt im Schnitt vier Restaurants.

Viele Franchise-Partner sind ehemalige Ärzte, Geschäftsführer, Handwerker und Lehrer. Außerdem zählen ein Prinz sowie Leistungssportler wie der ehemalige Boxer *Henry Maske* zu den Franchise-Nehmern.

Michael E. Heinritzi ist der Franchise-Nehmer mit den meisten Restaurants. Er ist einer der sog. Joint Venture-Partner und betreibt derzeit 26 Restaurants in Deutschland sowie zwölf in Österreich.

Im Jahr 2010 feierten:

- 1 Franchise-Nehmer sein 35-jähriges Jubiläum,
- 6 Franchise-Nehmer ihr 30-jähriges Jubiläum,
- 2 Franchise-Nehmer ihr 25-jähriges Jubiläum,
- 11 Franchise-Nehmer ihr 20-jähriges Jubiläum und
- 10 Franchise-Nehmer ihr 10-jähriges Jubiläum.

39 Franchise-Nehmer führen ihr Restaurant in zweiter Generation, ein Franchise-Nehmer bereits in der dritten Generation.

Das **Franchise-System** von *McDonald's* weist folgende **Eigenschaften** auf:

- Es werden im Regelfall **keine Regionallizenzen**, sondern nur einzelne Standortlizenzen vergeben. Mittlerweile gibt es jedoch auch zahlreiche Franchisenehmer, die mehrere (bis zu 26) Restaurants führen.

- Potentielle Franchise-Nehmer müssen sich einem Auswahlverfahren unterwerfen (siehe hierzu Abb. 10.16: *McDonald's Deutschland Inc.* Franchise-Bewerbungsbogen).

- *McDonald's* baut bzw. mietet die Objekte und verpachtet diese an die Franchise-Nehmer weiter.

- Sämtliche Betriebsabläufe sind in einem „**Operations Manual**", einem Arbeitshandbuch, im Detail geregelt.

- Die Franchise-Nehmer sind zu regelmäßigen Umsatz- und Kostenberichten verpflichtet.

- Die Franchise-Verträge enthalten eine Klausel, dass bei Verstoß gegen die Vertragsbedingungen automatisch der Vertrag erlischt. In einem solchen Fall werden die Lizenzverträge einfach nicht mehr verlängert.

Das Franchise-System bietet *McDonald's* folgende **Vorteile**:

- Durch die Gebühren der Franchise-Nehmer fließt dem Unternehmen Eigenkapital zu. Somit kann die Aufnahme von Fremdkapital, das für die Expansion und weitere Investitionen erforderlich ist, begrenzt werden. Auf diese Weise konnte *McDonald's* bis dato ein Expansionstempo einschlagen, das mit einem reinen Filialsystem niemals möglich gewesen wäre und mit dem die Konkurrenten mit ihren Systemen nicht Schritt halten konnten.

- Die „kulturelle" Nähe der Franchise-Nehmer trägt dazu bei, *McDonald's* „weniger amerikanisch und gigantisch" zu machen. Um ein mehr nationales und mittelständisches Image zu verleihen, weist das Unternehmen immer wieder darauf hin, dass mehr als 70 % der deutschen Restaurants von mittelständischen und damit heimischen Unternehmern betrieben werden, die selbständig unter dem Dach einer Weltmarke angesiedelt sind.

- Ein erheblicher Teil der Unternehmensrisiken (etwa Fixkostenaufbau durch Investitionen in das Restaurant, Konkursrisiko, Haftung für Fremdkapital) wird von den Franchise-Nehmern getragen. Im Vergleich zur Gründung eigener Filialen ist das unternehmerische Risiko des Franchise-Gebers beim Aufbau von Franchise-Betrieben demnach gering.

- *McDonald's* eröffnet sich das lokal spezifische Know-how der Franchise-Nehmer, das für den Erfolg vor Ort benötigt wird. Hinzu kommt, dass *McDonald's* Marktdaten erhält, die sonst nicht zur Verfügung stehen würden (etwa Absatzzahlen des lokalen Partners). Schließlich stützt sich *McDonald's* bei der Weiterentwicklung des Systems auf die Informationen seiner Partner, die ihre Erkenntnisse und Erfahrungen ständig untereinander austauschen und an die Zentrale weiterleiten. Mit dem kontinuierlichen Informationsfluss aus den Franchise-Betrieben steht der Systemzentrale ein exzellentes Marktforschungsinstrument zur Verfügung.

McDonald´s Deutschland Inc.
Franchise-Bewerbungsbogen

Durch diese Bewerbung werden keine Verpflichtungen begründet.
Ihre Angaben werden von der für die Bearbeitung des Bewerbungsbogens zuständige Franchise-Abteilung absolut
vertraulich behandelt und nur zu Zwecken des Bewerbungsverfahrens erhoben.

(Bitte ausdrucken, deutlich mit Schreibmaschine oder in Druckbuchstaben ausfüllen,
unterschreiben und abschicken!)

Bitte
Lichtbild
neuerem Datums
einfügen

Senden Sie den ausgefüllten Franchise-Bewerbungsbogen zurück an:

McDonald´s Deutschland Inc.
Zweigniederlassung München
Franchise
Drygalski-Allee 51
81477 München

Datum:	

Allgemeine Angaben

Name:	Vorname:
Straße:	Hausnummer:
PLZ:	Ort:

		Dürfen wir Sie dort anrufen?:
Telefon (privat):		☐ Ja ☐ Nein
Telefon (geschäftlich):		☐ Ja ☐ Nein
Telefon (Mobil):		☐ Ja ☐ Nein

Geburtsdatum:	

Sind Sie in Besitz der deutschen Staatsbürgerschaft oder besitzen Sie anderfalls einen
unbefristeten Aufenthaltsstatus bzw. Aufenthaltstitel für Deutschland?
☐ Ja   ☐ Nein

Verfügen Sie über hinreichende Deutschkenntnisse in Wort und Schrift?
☐ Ja   ☐ Nein

1

Abb. 10.16: McDonald's Deutschland Inc. Franchise-Bewerbungsbogen
(Quelle: McDonald's Corporation)

McDonald´s Deutschland Inc.
Franchise-Bewerbungsbogen

Liegen Krankheiten (oder sonstige gesundheitliche Beeinträchtigungen) bei Ihnen vor, die eine Ausbildung in einem McDonald´s Restaurant oder die anschließende Wahrnehmung Ihrer Vertragspflichten als Franchise-Nehmer einschränken könnten?

Hinweis:
Hier können zum Beispiel nicht nur unerhebliche Rückenbeschwerden, Blutkrankheiten oder bestimmte Hautkrankheiten eine Rolle spielen, wenn diese Sie von Tragen schwerer Gegenstände oder dem gastronmischen Kontakt mit Lebensmitteln abhalten würden.

☐ Ja   ☐ Nein

Liegen Vorstrafen im Sinne des Gesetzes vor, die einen Hinderungsgrund für eine selbständige Tätigkeit darstellen?
(*Hinweis:* ggf. bitten wir Sie um ein Führungszeugnis)

☐ Ja   ☐ Nein

Würden Sie - bei erfolgreicher Bewerbung - McDonald´s Ihre volle Zeit widmen?

☐ Ja   ☐ Nein

Sind Sie deutschlandweit einsetzbar?

☐ Ja   ☐ Nein

Wenn nicht, welche Gebiete kämen für Sie in Frage?
(Bitte nennen Sie mindestens drei Bundesländer)

Bundesland 1	
Bundesland 2	
Bundesland 3	

Bitte bedenken Sie, dass Sie voraussichtlich Ihren Wohnort wechseln müssen, also die Umzugsbereitschaft unabdingbar ist.

Haben Sie bereits Erfahrungen mit dem McDonald´s System? Wenn ja, wie lange und in welcher Funktion waren Sie im McDonald´s System tätig?

☐ Ja   ☐ Nein

Liefern Sie oder Ihr Arbeitgeber Produkte und Waren oder erbringen Leistungen für McDonald´s oder Franchise-Nehmer von McDonald´s in Europa?

☐ Ja   ☐ Nein

Wenn ja, bitte detaillierte Beschreibung beifügen:

2

Abb. 10.16: *McDonald's Deutschland Inc. Franchise-Bewerbungsbogen*
(Quelle: McDonald's Corporation; Fortsetzung)

McDonald´s Deutschland Inc.
Franchise-Bewerbungsbogen

Ausbildung

Zuletzt abgeschlossene Ausbildung:

☐ Volksschule   ☐ Mittlere Reife   ☐ Abitur

Abschlüsse:

☐ Fachhochschule   ☐ Universität   ☐ Sonstiges

Name der Hochschule u. akademischer Grad:	
Erlernter Beruf:	

Frühere berufliche Tätigkeiten

	Zeitraum	Unternehmen	Position / Funktion:
1. von			
bis			
2. von			
bis			
3. von			
bis			
4. von			
bis			

Handelt es sich bei einer der vorgenannten Tätigkeiten um eine selbständige Tätigkeit?

☐ Ja   ☐ Nein

Wenn ja, bitte erklären:

War oder ist ein Insolvenzverfahren (gegen Sie persönlich oder in Ihrer Eigenschaft als Geschäftsführer bzw. Prokurist) anhängig?

☐ Ja   ☐ Nein

3

Abb. 10.16: McDonald's Deutschland Inc. Franchise-Bewerbungsbogen
(Quelle: McDonald's Corporation; Fortsetzung)

McDonald´s Deutschland Inc.
Franchise-Bewerbungsbogen

Aktuelle berufliche Tätigkeit

derzeitige
Beschäftigung:

Unternehmen:

Beschreiben Sie Ihr Aufgabengebiet, Ihren Verantwortungsbereich und die Anzahl der von Ihnen geführten Personen.

Finanzielle Angaben:

Sind Sie im Besitz von frei verfügbarem Eigenkapital zum Erwerb einer oder mehrerer Franchise-Restaurants?
(mindestens € 500.000,-- Eigenkapital vorhanden)

☐ Ja   ☐ Nein

Dieser Betrag darf nicht durch Kredite, Darlehen bzw. öffentliche Fördermittel finanziert und nicht mit Zins und Rückzahlungsansprüchen Dritter belastet sein.
Berücksichtigen Sie bitte auch, dass das Gesamtinvestment für die Übernahme bestehender McDonald´s Restaurants mehrere Millionen Euro betragen kann.

Bestehen Ihrerseits Unterhalts- oder sonstige Unterstützungsverpflichtungen, die geeignet wären, Ihre finanzielle Leistungsfähigkeit zu beeinflussen?

☐ Ja   ☐ Nein

Persönliche Referenzen *(außer Arbeitgebern oder Verwandten)*:

Wir wollen Sie besser kennenlernen. Wenn Sie möchten, können Sie uns gerne persönliche Referenzen nennen. Dies könnten z.B. Gesprächspartner sein, mit denen Sie allgemein oder bei Projekten zusammengearbeitet haben.

(Eine Kontaktaufnahme durch uns zu den von Ihnen genannten Personen, würde selbstverständlich erst nach Ihrer Zustimmung erfolgen).

Datum: _____   Unterschrift: _____

4

Abb. 10.16: *McDonald's Deutschland Inc. Franchise-Bewerbungsbogen*
(Quelle: McDonald's Corporation; Fortsetzung)

- Aufgrund der engen Kontakte, die Franchise-Nehmer mit ihren Kunden pflegen, stoßen sie früher als die Experten in der Zentrale auf neue Strömungen. Somit kann *McDonald's* schnell, flexibel und angemessen auf veränderte Marktbedingungen und Verbrauchertrends reagieren.

- Aufgrund umfangreicher Kontrollrechte behält *McDonald's* die Kontrolle über „sein" Unternehmen.

- Da nur Standortlizenzen vergeben werden, behält *McDonald's* die Entscheidungen sowohl über die Expansionsgeschwindigkeit als auch über die Auswahl des jeweiligen Standorts in der eigenen Hand.

- Im Vergleich zu anderen Vertriebssystemen bietet Franchising die Möglichkeit, Personalkosten effektiver zu senken. Als selbstständige Unternehmer, die eigene Finanzmittel in den Betrieb investiert haben, sind die Franchise-Nehmer in der Regel hoch motiviert und engagiert. Dies führt in der Systemzentrale von *McDonald's* zu vergleichsweise schlanken Strukturen und niedrigen Personalkosten. Die dortigen Spezialisten bleiben von der Routine des Tagesgeschäftes weitgehend unbehelligt und können sich auf strategische Fragen, die Entwicklung des Systems sowie die Einarbeitung und Beratung ihrer Partner vor Ort konzentrieren. Bei Personalproblemen des Franchise-Nehmers beschränkt sich die Systemzentrale grundsätzlich auf Hilfestellung, da diese Aufgaben im Rahmen der Arbeitsteilung sinnvoller von den Partnern vor Ort wahrzunehmen sind. Dadurch wird der Franchise-Geber mit den Kosten und Risiken des Personalwesens nicht selbst belastet.

Für den **Franchise-Nehmer** birgt diese Form der Kooperation folgende **Vorteile** in sich:

- Zugriff auf bestehendes Know-how

- Begrenztes Geschäftsrisiko infolge Übernahme einer bewährten Konzeption bei gleichzeitiger Wahrung der unternehmerischen Selbständigkeit

- Profitieren vom Image des Franchise-Gebers

- Unterstützung in Marketing, Weiterbildung und Betriebsführung sowie bei der Beschaffung von Ressourcen (Güter, Kapital, Personal) durch den Franchise-Geber

- Gegebenenfalls Gebietsschutz und Anschubfinanzierung

Die **Investitionssumme** des Franchise-Nehmers für ein neu zu eröffnendes McDrive Restaurant mit einem McCafé liegt bei circa 780.000 Euro. Im Folgenden findet sich eine **Investitionsübersicht** für ein durchschnittliches Restaurant mit McDrive:

Einmalige Kosten:

1. Franchise-Gebühr (bei einem Vertrag von 20 Jahren einmalig)   46.000 €

2. Innenausstattung des Restaurants (Bestuhlung, Dekoration, Kühlhäuser, etc.) 214.000 €

3. Equipment (Grills, Friteusen, Getränkeanlage, Kassen, etc.)   320.000 €

4. Leuchtschriften, Werbeanlagen: 70.000 €

5. Außenanlagen (Terrasse, Bestuhlung, Kinderspielplatz, Bepflanzung):   60.000 €

6. Vorlaufkosten (Personalanwerbe- und Ausbildungskosten):   50.000 €

Zwischensumme: 760.000 €

7. Marktwert (bei bestehendem Umsatz und Cashflow):   variabel

Die Positionen 2–6 und 7 können je nach Größe, Ausstattung, jeweiligen Umsatzes bzw. Cashflows des Restaurants variieren.

Monatliche Kosten:

1. Pachtkonditionen

   Basispachtzins: Für die von McDonald's getätigten Standortinvestitionen wird ein Pachtzins als Mindestpacht in einer absoluten €-Summe vereinbart. Je nach Höhe des Nettoumsatzes wird entweder der Basispachtzins oder die Prozentpacht fällig.

   Prozentpacht: Abhängig vom Standort des McDonald's Restaurants wird eine Prozentpacht vom Nettoumsatz (d. h. umsatzsteuerbereinigt) erhoben, wobei die Indexierung des von McDonald's zu zahlenden Mietzinses bei Mietobjekten weitergegeben wird.

2. 5 % Franchise-Gebühr vom Nettoumsatz

   Diese laufende Franchise-Gebühr wird aufgrund des Bekanntheitsgrades der Marke, des bereitgestellten Know-hows, der Weiterentwicklung der Marke und der verschiedenen Leistungen des Franchise-Gebers gegenüber dem Franchise-Nehmer erhoben.

3. 5 % Werbung vom Nettoumsatz

   Jedes Restaurant investiert mindestens 5 % der Nettoerlöse in Werbung. Ein Teil hiervon fließt in den gemeinsamen Werbefond für nationale und regionale Absatzförderung. Ein weiterer Teil dieser Aufwendungen steht dem Franchise-Nehmer für lokale Werbung zur Verfügung. Über die Verwendung des nationalen und regionalen Werbefonds wird von den Franchise-Nehmern und McDonald's gemeinsam entschieden.

10.4.3   Betriebstypen: Hauptvarianten von *McDonald's*-Restaurants

Es gibt **fünf Hauptvarianten** von *McDonald's*-Restaurants:

- **In-Store**: Meist in bereits vorher existierenden Gebäuden in Innenstädten, Einkaufszentren oder Bahnhöfen angesiedelte Restaurants. Die häufig als McWalk bezeichneten zusätzlichen Fußgängerschalter findet man oft an einzelnen Filialen in Stadtzentren (In-Stores), d. h. zumeist in Fußgängerzonen.

- **Freestander**: Restaurants in häufig zu diesem Zweck errichteten, standardisierten Neubauten am Stadtrand, in Autobahnnähe oder an Hauptverkehrsstraßen. Wo immer möglich, werden diese mit einem McDrive, d. h. einem zusätzlichen Autoschalter und einem Werbeturm (Pylon) ausgestattet.

- **McDrive bzw. Drive-In**: Die Bezeichnung stammt nicht aus den USA, dort heißt es Drive Thru (Drive Through). Als Drive-In-Restaurant bezeichnet man ein Schnellrestaurant, bei dem man mit dem Auto an einem eigens dafür errichteten Schalter bestellen kann und die Speisen und Getränke ins Auto gereicht bekommt. Demnach sind Drive-Ins in drei Stationen untergliedert: Bestellung, Bezahlung, Entgegennahme der bestellten Mahlzeit, wobei die letzten beiden Schritte häufig zusammengefasst werden. Der erste McDrive war der Drive-Thru eines *McDonald's*-Restaurants, und wurde im Jahre 1975 in Sierra Vista, Arizona, errichtet (vgl. Abb. 10.17). In Deutschland eröffnete das erste Drive-In Anfang der 80er Jahre. Das erste Schweizer Drive-In entstand 1990. McDrive Verkäufe sind in Deutschland als Außerhausverkäufe steuerlich begünstigt, d. h. sie werden als Lebensmittelverkäufe mit dem ermäßigten Umsatzsteuersatz von 7 % belegt. Konsumiert ein Kunde sein Essen hingegen im Restaurant, gilt der normale Umsatzsteuersatz von 19 %. Die somit erheblich höhere Gewinnspanne der Drive-Ins von 19 % − 7 % = 12 % trägt demnach erheblich zur Profitabilität der einzelnen Standorte bei.

Abb. 10.17: Der erste McDonald's Drive-Thru in Sierra Vista, Arizona
(Quelle: www.mcdonalds.com; Stand: 19.07.2012)

- **Satellites**: Um den Markt noch weiter zu durchdringen, hat *McDonald's* dieses eigene Restaurantkonzept für Standorte mit begrenzter Fläche entwickelt. Hierbei handelt es sich um sehr kleine Restaurants ohne Sitzmöglichkeiten. Aufgrund des begrenzten Raumangebots ist das Produktangebot leicht eingeschränkt. Satellites sind logistisch angekoppelt, d. h. sie werden in enger Zusammenarbeit mit einem traditionellen Restaurant aus der näheren Umgebung betrieben. Die Satellites sind u. a. in U-Bahnhöfen und Einkaufszentren angesiedelt. Von den rund 1.264 *McDonald's*-Restaurants in Deutschland sind 117 (Entwicklung: 2001: 32; 2002: 62; 2003: 90; 2004: 107) und damit rund 10 % Satellites (Stand: 2005). Die ursprünglich verwendete Bezeichnung McExpress wird in Deutschland in der Regel nicht mehr verwendet.

- **Angebundene Restaurants**: Hierbei handelt es sich um sehr kleine, aber dennoch mit Sitzplätzen ausgestattete Restaurants, die zumeist an eine Tankstelle oder Autobahnraststätte angebunden sind. Die Angebotspalette ist leicht eingeschränkt.

Abb. 10.18: Das erste McDonald's Restaurant in Deutschland (München)
(Quelle: www.mcdonalds.de; Stand: 19.07.2012)

Darüber hinaus sind einige Restaurants bestimmten **Themen** gewidmet und entsprechend eingerichtet. Beispiele sind Restaurants, die einen architektonischen Bezug zu Themen wie Rock´n´Roll, bestimmten Sportarten, lokalen Fußballvereinen oder bestimmten Zeitperioden wie z. B. den 1950er Jahren aufweisen. Zahlreiche Restaurants besitzen Spielmöglichkeiten für Kinder – in den USA häufig die einzigen Spielplätze weit und breit – sowie Sitzmöglichkeiten unter freiem Himmel.

Weitere Versuche, neue Vertriebsformen zu erschließen, waren z. B. der **McTrain**, ein Speisewagen von McDonald's für die SBB (Schweizerischen Bundes-Bahnen) sowie die DB (Deutsche Bundesbahn), das **McPlane**, ein Flugzeug mit *McDonald's*-Angeboten, sowie in der Schweiz der McBus. In der Schweiz unterhält *McDonald's* zudem **Golden Arch Hotels** entlang der Autobahnen.

Mit **McCafé** will *McDonald's* offenkundig der *Starbucks*-Kette Paroli bieten bzw. diese überflügeln (vgl. Abb. 10.19). Integriert in ein *McDonald's*-Restaurant, bietet McCafé den Gästen Kaffeespezialitäten – von Cappuccino und Espresso über Iced Coffee bis hin zu verschiedenen Frappés. Des Weiteren Kuchen, Muffins und Cookies sowie herzhafte Bagels,

Müsli-Früchte-Joghurt, Kaltgetränke (etwa *Apollinaris*). Sämtliche Speisen und Getränke werden in bzw. auf Porzellangeschirr serviert. Charakteristisch für das neue Konzept ist außerdem die Lounge-Atmosphäre. Das erste McCafé wurde 1993 in Australien errichtet, das erste McCafé in Deutschland öffnete seine Pforten 2003 in Köln. Momentan werden in Deutschland 740 McCafés betrieben (Stand: 2011).

Abb. 10.19: Das McCafé-Logo
(Quelle: www.mcdonalds.com; Stand: 19.07.2012)

10.4.4   Standortwahl: Potenzialanalyse mittels McGIS

Die erfolgreiche Expansion von *McDonald's* hängt im Wesentlichen von der Fähigkeit ab, potenzielle Lagen schnell und sorgfältig zu überprüfen. **McGIS (*McDonald's* Geographic Information System)** hat die Effizienz dieses Prozesses erheblich gesteigert, da man nunmehr die Minimalumsätze, die ein Restaurant benötigt, sowie die Faktoren, welche die Nachfrage beeinflussen, genau kennt. Geodaten wie Straßendaten und topographische Daten, aber auch demographische Basisdaten (etwa Altersverteilung im Zielgebiet) oder Kaufkraftkennzahlen fließen in die Analyse ein. Dabei stützt man sich auf das gesamte Kartenmaterial von Europa und erweitert diese Datenbasis um zusätzliche Informationen von Dritten. Somit lässt sich beispielsweise feststellen, ob ein interessantes Grundstück an einer Auf- bzw. Abfahrt einer Autobahn oder in einem Industriegebiet liegt.

Das System wurde 1996 unternehmensintern entwickelt, um den Prozess zu erleichtern, immer mehr Restaurants an den besten Standorten zu eröffnen. McGIS ermöglicht es *McDonald's*, einen geeigneten Standort für die Eröffnung eines Restaurants mit weniger als 5 % Fehlerwahrscheinlichkeit festzulegen.

Zu Beginn der Analyse wird zunächst ein Gebiet ausgewählt, das auf potenzielle *McDonald's* Standorte hin untersucht werden soll. Ein solches **Makrogebiet** hat einen Radius von bis zu 30 Kilometern. Mit McGIS kann nunmehr eine Vielzahl von Informationen abgerufen werden, die für die Standortentscheidung relevant sind. Im Zentrum steht dabei die Analyse der Konkurrenzsituation: Wie viele Fast-Food-Restaurants welcher Kette sind bereits im Makrogebiet ansässig? Aber auch: Wie viele *McDonald's*-Restaurants gibt es bereits im

Makrogebiet? Wirtschaftswissenschaftler nennen diesen nicht mehr wegzudenkenden Teil der Standortpotenzialanalyse Kannibalismusforschung, denn schnell kann die Eröffnung eines neuen *McDonald's*-Restaurants zu Lasten einer bereits ansässigen Filiale gehen.

Hierbei werden nicht nur Name und Adresse der im Makrogebiet ansässigen Restaurants angegeben, sondern auch, wie viele Sitzplätze es dort gibt, ob man auch draußen sitzen kann oder wie hoch die Zahl der Mitarbeiter ist. Ähnlich detaillierte Aussagen lassen sich über im Makrogebiet angesiedelte Schulen, Freizeiteinrichtungen (etwa Kinos) und Einkaufsmöglichkeiten abrufen. Beispielsweise spielt es bei der Standortbewertung durchaus eine Rolle, ob in der Nähe eine Filiale von *Polster-Trösser* ist, deren Kunden gutbürgerlich essen, oder ein *IKEA*-Markt, der mit seinem breit gefächerten, eher jüngere Publikum potenzielle Fast-Food-Konsumenten anspricht.

In einem etwa zwölfseitigen Dossier werden die Abfrageergebnisse in Karten sowie Tabellen dargestellt und das Makrogebiet anhand von Kennzahlen bewertet. Auf Basis dieser Daten entscheidet der **Expansionsexperte** von *McDonald's*, ob im ausgewählten Makrogebiet die Neueröffnung eines Restaurants ökonomisch sinnvoll erscheint.

Die Standortentscheidungen von *McDonald's* zeichnen sich durch folgende **Eigenschaften** aus:

- *McDonald's* wächst mit höherer Wahrscheinlichkeit in solchen Gegenden, in denen *McDonald's* oder andere Wettbewerber bereits präsent ist.

- Je mehr *McDonald's* Restaurants sich in benachbarten Bezirken befinden, desto schneller wird ein weiteres Outlet eröffnet. Dies kann als Hinweis darauf gewertet werden, dass Economies of Scale (Kostenersparnisse, die augrund von Größenvorteilen entstehen), lokale Erfahrungen und Wissen eine große Rolle spielen.

- Für *McDonald's* spielen bei der Standortwahl die Eigenschaften des Bezirks eine entscheidende Rolle. Hierzu zählen Bevölkerungsdichte sowie ein vergleichsweise geringer Bevölkerungsanteil älterer Menschen.

Für Restaurants mit Autoschalter (McDrives) eignen sich nach Unternehmensabgaben Grundstücke ab 2.000 qm, vor allem im Bereich von Einzelhandelsansiedlungen oder an hochfrequentierten Verkehrsachsen sowohl in Städten als auch an Fernstraßen. Wichtig sind gute Zu- und Abfahrmöglichkeiten sowie eine hervorragende Sichtbarkeit.

Für *McDonald's* Restaurants in 1a-Innenstadtlagen sind die wichtigsten Merkmale eine hohe Passantenfrequenz sowie die Möglichkeit einer guten werblichen Darstellung. Neben Haupteinkaufsstraßen sind auch Shopping-Center oder Bahnhöfe interessant. Geeignete Flächen beginnen bei ca. 250 qm.

10.4.5   Space Management: Restaurant-Design

Im Verlauf der Jahre passte *McDonald's* die **Architektur** seiner Restaurants der eingeschlagenen Zielgruppenstrategie an. Um familienfreundlicher zu wirken, wurden neue Elemente eingesetzt: rote Dächer, die den Fast-Food-Restaurants eine heimelige Atmosphäre verleihen sollten, und Klettergerüste für Kinder. Insbesondere musste die Architektur kostengünstig wirken, um das Image eines preisbewussten, breiten Bevölkerungskreisen verpflichteten Unternehmens zu verfestigen bzw. zu verstärken.

Traditionell dominierten bei *McDonald's*-Restaurants die Farben **Rot** und **Gelb**. Eine moderne Legende besagt, dass das Unternehmen mit dieser Farbkombination die Gäste unterbewusst dazu bewegen wollte, das Restaurant schnell wieder zu verlassen und so Platz für neue Kunden zu machen Doch das Plastik-Aussehen ist längst Geschichte. Mittlerweile hat ein klares, einfaches Design Einzug in die *McDonald's*-Filialen Einzug gehalten: komfortable Sessel, modische Hängelampen, Graphiken und Photographien an den Wänden, Wi-Fi-Zugang und Fernseh-Bildschirme an der Wand. Hierzu wurden internationale Standarddesigns auf deutsche Bedürfnisse angepasst. Mit den vier Stilrichtungen „Generation" (= jugendlich), „New World" (= modern), „Country" (= ländlich) und „America" (= elegant) will *McDonald's* hochwertige Inneneinrichtungen und damit eine angenehme, einladende Atmosphäre zum Wohlfühlen schaffen.

Gelb und Rot sind geblieben, aber das Rot wurde zu Terrakotta gedämpft und Oliv- sowie Salbeigrün wurden dem Mix zugefügt. Um eine wärmere Atmosphäre zu schaffen, werden in den Restaurants weniger Plastik und dafür mehr **Stein** und **Holz** eingesetzt. Mittels moderner Hängelampen wird ein warmes, stimmungsvolles Licht erzeugt. Zeitgenössische Kunst und gerahmte Photographien hängen an den Wänden. Auf diese Weise will sich *McDonald's* als Restaurant positionieren, das sich für das Pflegen sozialer Kontakte anbietet.

Der Essbereich wird in **drei Zonen**, welche unterschiedliche Kundensegmente anvisieren, untergliedert:

- Die **Verweilzone** („linger zone") bietet bequeme Sessel, Sofas und Wi-Fi-Anschlüsse. Der Schwerpunkt liegt auf jungen Erwachsenen, die Kontakte knüpfen, entspannen und verweilen wollen. Fachleute vertreten die Ansicht, dass Starbucks hier Maßstäbe gesetzt hat: das Erlebnis bequemer Stühle und einer sauberen Umgebung, in der sich Menschen wohl fühlen – und wenn es nur bei einer Tasse Kaffe ist.

- Die **Single-Zone** („grab and go-zone") ist gekennzeichnet durch hohe Tische und Barhocker für Kunden, die alleine essen. Plasma-TVs bieten hier Nachrichten und Wetterberichte.

- In der **Familienzone** („flexible zone") werden Familien „Zellen" vorfinden, die mit Stoffen in farbigen Mustern ausgepolstert sind und flexible Sitzanordnungen erlauben.

Das Restaurant-Design ermöglicht es, in jeder Zone auf die jeweilige Zielgruppe abgestimmte Musik zu spielen. Trotz aller Veränderungen werden die zwei goldenen Bögen, die **Golden Arches**, weiterhin eine gewichtige Rolle in der Markenpolitik des Unternehmens spielen.

10.5   Promotion

10.5.1   Werbung: „I´m lovin' it™"-Kampagne

Über die Jahre hinweg gab es eine Vielzahl von *McDonald's* TV-Kampagnen und Slogans. Lässt man die Werbekampagnen Revue passieren, fällt auf, dass diese immer auf das „Gesamterlebnis *McDonald's*" fokussierten und weniger das einzelne Produkt in den Vordergrund stellten. Die Bilder zielten immer darauf ab, Wärme und einen realen Ausschnitt aus dem täglichen Leben zufällig ausgewählter Menschen zu zeigen („**Slice-of-Life**"-**Technik**). In den Kampagnen spiegelten sich im Regelfall Jahreszeit und Zeitperiode wieder.

Stellt man die damaligen Spots in den USA und Deutschland einander gegenüber, so wird deutlich, dass bis in das Jahr 2003 auf Landesebene unterschiedliche Slogans zum Einsatz kamen (= **Differenzierung**). Doch mit dem Start der „**I´m lovin´ it™"-Kampagne** wurde erstmals in der Unternehmensgeschichte eine weltweite standardisierte Kommunikationskampagne ins Leben gerufen. Die Kampagne steht unter dem Slogan „I´m lovin´ it™" (in Deutschland: Ich liebe es) und wurde zeitgleich in über 100 Ländern rund um den Globus gestartet. Damit erhielt das Unternehmen erstmals einen **weltweit einheitlichen Markenauftritt** (= **Standardisierung**; vgl. Abb. 10.20).

Abb. 10.20: Das McDonald's-Logo mit den goldenen Bögen
(Quelle: www.mcdonalds.com; Stand: 18.07.2012)

Eine zentrale Bedeutung in der Werbung nehmen Bildwelten ein, die menschliche Geschichten humorvoll und lebendig erzählen und die Botschaft ich liebe es™ erlebbar machen sollen. Zu diesem Zweck werden Szenen gezeigt, in denen Menschen das Leben genießen. Im Zentrum steht dabei eine persönliche, individuelle Perspektive. McDonald's bezeichnet diesen Blickwinkel als „I-Attitude": eine Botschaft, von der sich jeder angesprochen fühlen, in der sich jeder wiederfinden und die jeder in jedem Land verstehen soll.

Erstmalig in der Geschichte von *McDonald's* kamen damit eine Werbespot-Reihe und eine zentrale Markenbotschaft parallel rund um den Globus zum Einsatz. Mit dem Start der Kampagne (im Fachjargon Launch genannt, d. h. vom Stapel laufen lassen) wurde in allen *McDonald´s*-Ländern das i'm lovin' it™-Thema in Werbung, Promotion, Public Relations, Restaurant-Merchandising und Markenkommunikation integriert. Jedes Land hat jedoch die Möglichkeit, Claim und musikalische Gestaltung an die jeweiligen sprachlichen und kulturellen Gegebenheiten anzupassen.

10.5.2   Verkaufsförderung: Monopoly

In regelmäßigen Abständen und in Anlehnung an das beliebte Familienspiel führt *McDonald's* in regelmäßigen Abständen das Monopoly-Gewinnspiel durch. Hierbei sind diverse Produkte mit einem oder mehreren Monopoly-Stickern versehen. Je teurer die Produkte sind, desto mehr Sticker befinden sich auf der Verpackung. Ein McMenü beispielsweise ist mit neun Gewinnstickern ausgestattet. Auf diese Weise soll der Kunde dazu motiviert werden, teurere Produkte zu erwerben. Grundsätzlich gibt es **zwei Arten** von **Gewinnen**:

- **Sofortgewinne** in Form von *McDonald's*-Produkten (Cookie, Apfeltasche, Softeis etc.), Gutscheinen von Pearl, MyDays, Planet Sports oder Hauptpreise wie Autos, Mountainbikes, Motorroller, iPhones und iPads. Diese lassen sich mit nur einem Sticker gewinnen.
- **Sammelgewinne**: Hierzu werden die Sticker gesammelt, bis man eine vollständige Straße hat. Welche Sticker zu welcher Straße gehören, ist auf einem kostenlosen Spielblatt zu erkennen. Mit einer kompletten Straße lassen sich Geld- (etwa 100.000 €) und Sachpreise (etwa Häuser, Reisen) gewinnen.

Mit solchen Verbraucherpromotions verfolgt *McDonald's* im Wesentlichen **drei Ziele**:

- **Erhöhung** der **Kundenfrequenz**, da die Aktion nur einen begrenzten Zeitraum läuft und die Kunden einen Sammelgewinn einstreichen wollen
- **Steigerung** des **Durchschnittbons**, da teurere Produkte mit überproportional vielen Gewinnstickern ausgestattet sind
- **Motivierung** zu **Wiederholungsbesuchen**, da Sofortgewinne in Form von *McDonald's*-Produkten beim nächsten Restaurantbesuch eingelöst werden

10.5.3   Öffentlichkeitsarbeit: Broschüren und Blogs

Die Fast-Food-Kette *McDonald's* sieht sich in der öffentlichen Diskussion immer wieder mit den **Vorwürfen** konfrontiert, zu einer ungesunden Ernährung beizutragen, minderwertige Qualität zu produzieren und die Umwelt über Gebühr zu belasten. Um dieser Kritik zu begegnen, veröffentlicht *McDonald's* im Rahmen der Öffentlichkeitsarbeit u. a. **Broschüren** zu folgenden Themen (Quelle: *McDonald's Deutschland Inc.* 2000, 2001, 2002):

- *McDonald's* **& Nährwert**
  Nach einer Einführung in die Grundlagen der Ernährung werden Inhalt, Gewicht sowie Brennwert und Eiweiß-, Kohlenhydrat- und Fettanteil je 100 g der einzelnen *McDonald's*-Produkte aufgeführt. In der Mitte des Heftes findet sich eine Nährwert-Tabelle, welche die einzelnen Produkte noch detaillierter aufführt. Zum Abschluss werden beispielhafte Tagesernährungspläne für ein Kind, eine junge Frau und einen jungen Mann vorgestellt. Diese setzen sich aus verschiedenen Baukästen zusammen, die kombiniert

werden können und in denen an der einen und anderen Stelle natürlich auch *McDonald's-Produkte* nicht fehlen dürfen. Nährwertangaben finden sich auch auf den Verpackungen (vgl. Abb. 10.21).

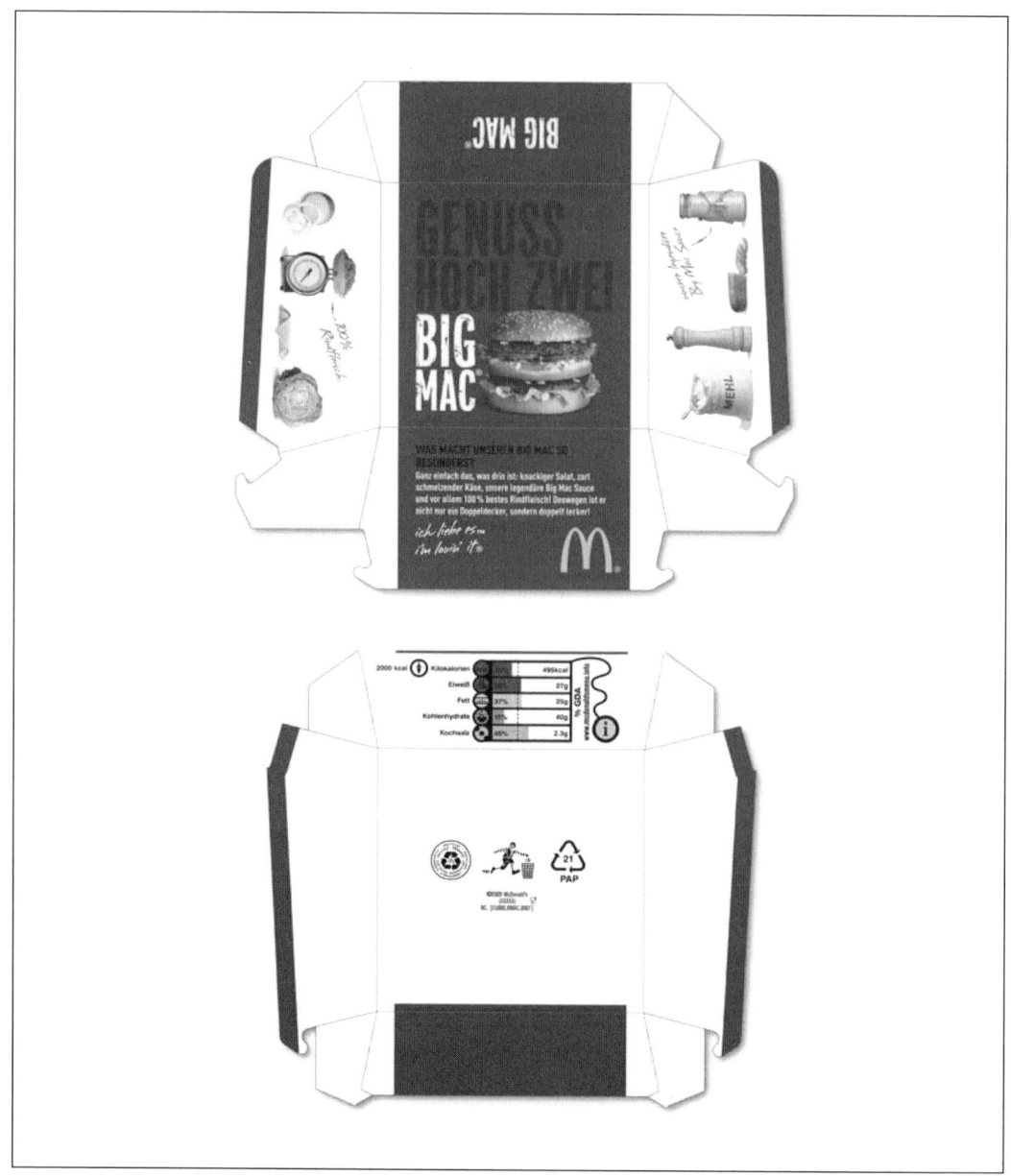

Abb. 10.21: Die Verpackung eines Big Mac
      (Quelle: www.mcdonalds.de; Stand: 19.07.2012)

- *McDonald's* & **Qualität**

  McDonald's bezieht rund 75 % aller Rohstoffe aus Deutschland, den Rest aus der Europäischen Union. Das Unternehmen arbeitet nahezu ausschließlich mit namhaften **Markenartikelherstellern** zusammen.

  Sämtliche Rohmaterialien und Zutaten für die *McDonald's*-Produkte werden bereits auf unterschiedlichen Stufen von Anbau, Wachstum sowie Herstellung, Lagerung und Transport überprüft. Maßstab für die Qualität der Ware sind die einzelnen **Produktspezifikationen** hinsichtlich Herkunft, Qualität, Qualitätssicherung, -kontrolle und Dokumentation sowie **sensorische, physikalische, chemische, bakteriologische, ernährungsphysiologische und mikrobiologische Kontrollen.**

- *McDonald's* & **Umwelt**

  Das Unternehmen verpflichtet sich mit seinem Umweltprogramm, sämtliche Bereiche des Unternehmens zu überprüfen und ökologisch zu verbessern. Hierzu zählen u. a. folgende Maßnahmen:

  – **Umweltbewusster Materialeinsatz**

    Bei der Verpackungsgestaltung steht neben Materialersparnis der möglichst umfangreiche Einsatz nachwachsender Rohstoffe im Vordergrund. Wo es sinnvoll und möglich ist, werden Recyclingmaterialien eingesetzt. Im Küchen- und Lieferbereich werden Mehrwegsysteme (z. B. Mehrwegsteigen für Brot und Salat, Dosieranlagen für Reinigungsmittel) verwendet.

  – **Effiziente Energienutzung**

    Zur Reduzierung des Stromverbrauchs werden Maximumüberwachungsanlagen, Geräteeinschaltpläne und Energiesparlampen verwendet. Über Wärmerückgewinnung aus der Küchenabluft wird Heizenergie gespart. Der Einsatz von Solarenergie, Windkraft und Blockheizkraftwerken wird in einigen Restaurants erprobt.

  – **Vermeidung von Emissionen**

    Zur Reinigung der Küchenabluft werden elektrostatische Filter eingesetzt. Die genutzten LKWs fahren geräuscharm und tanken umweltfreundliches Rapsölmethylester („Biodiesel"). Durch optimale Ausnutzung der Ladekapazität der Lieferfahrzeuge wird der Transportaufwand gesenkt.

  – **Umfangreiche Partizipation an der Kreislaufwirtschaft**

    In allen *McDonald's*-Restaurants werden folgende Wertstoffe getrennt erfasst: Papier und Kunststoff, Lieferkartons und Folien, gebrauchtes Friteusenfett und organische Küchenabfälle. Dadurch können rund 90% aller in den Restaurants anfallenden Reststoffe einer geordneten Wiederverwertung zugeführt werden. Auch in den Büros werden sämtliche Wertstoffe gesammelt und umweltgerecht entsorgt. Die Büropapiere und Druckerzeugnisse bestehen aus recyceltem oder chlorfrei gebleichtem Papier.

Des Weiteren hat *McDonald's* bereits vor Jahren einen **Corporate Social Responsibility Blog** eingerichtet. Mit „Open For Discussion" will der Fast-Food-Konzern die offene Kommunikation mit seinen Kunden und der Öffentlichkeit intensivieren. Der erste Beitrag wurde von *Bob Langert*, Senior Director for Corporate Social Responsibility bei *McDonald´s*, verfasst. Er erklärte u. a.:

„Wir wollen von Ihnen/Euch hören, denn wir lernen ständig dazu und versuchen, uns immer weiter zu verbessern. Und man kann nicht lernen – oder sich verbessern –, wenn man nicht zuhört. Wir leben in einer sich ständig wandelnden Welt, in der Problemstellungen komplex und Lösungen alles andere als einfach sind. Bei derart komplexen Zusammenhängen werden wir uns nicht notwendigerweise immer einig sein, was Ursachen oder beste Lösungen betrifft, aber wir können uns darüber austauschen."

Für *McDonald's* ist das Bloggen selbst seit längerer Zeit kein Neuland mehr. Das CSR-Blog ist Teil einer breiter angelegten Kommunikationsstrategie. So bloggt *Steve Wilson*, Director of Global Web Communications von *McDonald's*, bereits seit längerem in einem privaten Blog. Darüber hinaus gibt es bei *McDonald's* laut Blogspotting auch noch interne Mitarbeiterblogs.

Mittlerweile gibt es auch einen Corporate Social Responsibility Blog in Deutschland. In diesem teilt *Dietlind Freiberg*, Director Corporate Responsibility der *McDonald's Deutschland Inc.*, ihre persönlichen Ansichten und Erfahrungen mit, etwa über Themen in den Bereichen Corporate Responsibility, Umwelt und Nachhaltigkeit. *McDonald's* betont, dass diese Veröffentlichungen nicht unbedingt der offiziellen Meinung von *McDonald's* entsprechen. Für die Richtigkeit und Vollständigkeit der Aussagen wird weder von Frau *Freiberg* noch von *McDonald's* Gewähr übernommen. Es bestehe – zwingende gesetzliche Vorschriften ausgenommen – auch keine Verpflichtung, die Aussagen zu aktualisieren oder zu korrigieren.

10.5.4   Sponsoring: Förderung von Sport, Bildung und gemeinnütziger Projekte

Generell heißt es bei *McDonald's*, neben einer ausgewogenen Ernährung sei Bewegung der entscheidende Faktor für eine gesunde Lebensweise. Das Credo des Konzerns lautet: „Die Balance zwischen einer ausgewogenen Ernährung und körperlicher Bewegung ermöglicht eine gesunde Lebensweise. Gerade die Ausgewogenheit in der Auswahl der Produkte und körperliche Aktivität sind entscheidend für eine gesunde Lebensweise." Entsprechendes **Sportsponsoring** solle diesen Gedanken im Bewusstsein der Öffentlichkeit verankern und wird mit erheblichem finanziellem Aufwand vorangetrieben. McDonald's ist Partner des IOC, der FIFA, der UEFA und des Deutschen Fußball-Bundes. Mit diesen Engagements fördert *McDonald's* sowohl den Spitzen- als auch den Breitensport.

McDonald's bündelt sämtliche Aktivitäten rund um den Sport unter dem Dach der Initiative GO ACTIVE!™. Im Zentrum der Initiative steht das Sponsoring großer Sportevents wie z. B. der Fußball-Welt- und Europameisterschaften. Flankiert wird das Sponsoring von Fußballgroßveranstaltungen durch vielfältige Aktionen, die von der Ausbildung von Fußballtrainern über die Verlosungen von Eintrittskarten für Sportveranstaltungen, das *DFB & McDonald's* Fußball-Abzeichen und die *McDonald's* Fußball Camps bis hin zur Fußballeskorte reichen, bei der die Kinder im Alter von sechs bis zehn Jahren die Nationalspieler auf das Spielfeld begleiten dürfen (vgl. Abb. 10.22). Neben Fußball-WM und -EM haben die Olympischen Spiele für die *McDonald's Corp.* eine zentrale Bedeutung. Ganz am Rande bemerkt erwarb *McDonald's* durch das Sponsoring der Olympischen Spiele 2012 in London das Monopol, im Umkreis der Wettkampfstätten Pommes Frites als alleiniges Gericht zu vertreiben. Das britische Nationalgericht „Fish an Chips" darf demnach auch von anderen Unternehmen verkauft werden.

Abb. 10.22: Sportsponsoring mit Oliver Bierhoff, Manager der deutschen Fußball-
Nationalmannschaft (Quelle: www.mcdonalds.de; Stand: 19.07.2012)

Das Engagement von *McDonald's* und seinen Franchise-Nehmern beschränkt sich jedoch nicht nur auf den Spitzensport, sondern erstreckt sich auch auf die regionale Ebene. Unterschiedlichste Sportarten werden dabei finanziell oder durch Sachleistungen unterstützt. Ebenso leisten *McDonald's* und seine Franchise-Nehmer einen Beitrag zur regionalen Nachwuchsarbeit, etwa im Fußball. Ein Beispiel hierfür sind die *McDonald's* Cups. Diese Fußball-Turniere finden in Zusammenarbeit mit örtlichen Vereinen statt. Das Unternehmen will sich auf diese Weise noch stärker als Familienrestaurant positionieren. Nicht zuletzt setzt sich *McDonald's* als offizieller Sponsor des Bundeswettbewerbs der Schulen „Jugend trainiert für Olympia" aktiv für die Sport- und Nachwuchsförderung an Schulen ein.

McDonald's betreibt auch **Bildungssponsoring**. In der Vergangenheit waren – auch in Deutschland – im Auftrag des Unternehmens mehrere Darsteller unterwegs und führten in Kindergärten, Grundschulen und Krankenhäusern Auftritte als *Ronald* McDonald (vgl. Abb. 10.23) durch. Diese sog. *Ronald McDonald* Kindergartentournee stand unter dem Motto „Mein Körper, der Schatz" und war werbefrei. Nicht zuletzt hat *McDonald's* Schulen einen Umweltordner kostenlos zur Verfügung gestellt. Dieser wurde gemeinsam mit Experten entwickelt und von Unternehmen gesponsert.

Ein typisches Beispiel für **Soziosponsoring** ist die *McDonald's* Kinderhilfe, die in Deutschland 1987 gegründet wurde. Die gemeinnützige Gesellschaft unterstützt schwer kranke Kinder auf drei verschiedenen Wegen: Mit den gesammelten Spenden baut und betreibt die *McDonald's* Kinderhilfe *Ronald McDonald* Häuser in der Nähe von großen Spezialkliniken. Hier finden Eltern und Geschwister von kleinen Patienten ein „Zuhause auf Zeit". Während ein Kind im Krankenhaus behandelt wird, kann die Familie in unmittelbarer Nähe sein.

Außerdem unterstützt die *McDonald's* Kinderhilfe ausgesuchte Forschungsprojekte, die der Gesundheitsförderung von Kindern dienen. Schließlich wird die Anschaffung medizinischer Geräte in großen Kliniken finanziell unterstützt.

Abb. 10.23: Ronald McDonald – das Maskottchen von McDonald's
(Quelle: www.mcdonalds.de; Stand: 19.07.2012)

Jeder Gast im Restaurant kann eine Spende für die *McDonald's* Kinderhilfe in ein Spendenhäuschen an der Kasse werfen. *McDonald's* Deutschland Inc. und seine Franchise-Nehmer spenden selbst mehr als zwei Millionen € jedes Jahr für die *McDonald's* Kinderhilfe.

Hinsichtlich des Sponsoring-Engagements von *McDonald's* lässt sich zum einen festhalten, dass im Rahmen von Sportsponsoring Spitzen- und Breitensport gefördert werden, um der Kritik entgegenzusteuern, der Konsum von Fastfood führe unweigerlich zu Fettleibigkeit und Krankheit. Zum anderen betreibt das Unternehmen Bildungs- und Soziosponsoring, indem es sich für Projekte engagiert, die Familien und Kindern, also der Kernzielgruppe des Unternehmens, zugute kommen.

10.5.5 Product Placement: Platzierung in Filmen und Songs

McDonald's nutzt Product Placement in zweierlei Form. Zum einen positioniert das Unternehmen seine Produkte in Spielfilmen, die auf eine der zentralen Zielgruppen, nämlich Familien, ausgerichtet sind (**visuelles Product Placement**). Als Beispiel sei die Actionkomödie Spy Kids angeführt, in der *Antonio Banderas* eine der Hauptrollen spielt. In einer Szene sitzen die Kinder des ehemals erfolgreichen Agentenehepaars vor dem Computer und recherchieren. *Carmen* steht auf und „beamt" ihrem Bruder *Juni* mit Hilfe eines futuristischen Apparates ein Tablett herbei, auf dem sich ein Big Mäc, eine Portion Pommes Frites mit dem deutlich sichtbaren *McDonald's*-Logo sowie ein Softdrink befinden.

Zum anderen hat *McDonald's* in der Vergangenheit auf **verbales Product Placement** in Rap-Musik gesetzt. Die Kampagne zielte darauf ab, Rapper dafür zu gewinnen, den Big Mäc in ihre Liedtexte einzubauen. Im Gegenzug erhielten die Künstler jedes Mal, wenn ihr Track im Radio oder TV gespielt wird, eine Prämie zwischen 1 und 5 US-$. Nach Angaben des Musiksenders *MTV* gingen schon 24 Stunden nach der Ankündigung von *McDonald's* Zusagen von *Busta Rhymes* und *Kanye West*, zwei bekannten Rappern, ein. Die Musiker durften rappen, worüber sie wollen, lediglich der Big Mäc muss in den Texten vorkommen. Die Burger-Kette hatte sich jedoch das Recht vorbehalten, die Rap-Texte zu genehmigen. Ein Unternehmenssprecher sagte: „Diese Partnerschaft demonstriert unseren Respekt vor der wichtigsten Jugendkultur der Welt."

Für *McDonald's* bietet das Product Placement neben möglichen Kosteneinsparungen im Vergleich zu anderen Werbeoptionen folgende **Vorteile**:

- Der Zapping-Effekt (= Ausweichen der Werbung durch Wechseln des Senders) wird durch die Einbindung in Lieder vermieden, wodurch werbeaversive und damit schwer zugängliche Zielgruppen erreicht werden können.
- Das Produkt wird als selbstverständlicher Teil des täglichen Lebens präsentiert.
- Das Produkt wird durch einen bekannten Künstler glaubwürdig präsentiert. Folglich profitiert das Produkt von der Leitbildfunktion von Idolen oder Vorbildern.
- Die Aufmerksamkeit des Zuhörers ermöglicht eine intensive Verankerung des Produkts in der sinnlichen Wahrnehmung des Konsumenten.
- Das Produkt wird in emotionale Erlebniswelten eingebunden.

- Die Präsentation des Produkts wird nicht durch andere Marken gestört.

10.6 Ausblick

Das Erfolgsgeheimnis von *McDonald's* ist darauf zurückzuführen, dass das Unternehmen geltende Überzeugungen in der Gastronomie, die bis dato als unverzichtbar und erfolgreich galten (im Wesentlichen die „Werkstattfertigung" von Speisen), außer Kraft gesetzt hat, in dem es „den Hamburger aufs Fließband gesetzt hat". Angesichts des herausragenden Erfolgs von *McDonald's* kam es in der gesamten Branche zu einem Paradigmenwechsel.

Doch nun steht *McDonald's* vor neuen Herausforderungen, die sich an folgenden **Trends** ablesen lassen:

- Immer mehr Kinder und Erwachsene leiden an Übergewicht infolge falscher Ernährung und Bewegungsmangel.
- Die traditionellen Essgewohnheiten haben sich aufgelöst. Als Folge essen immer mehr Kinder und Eltern immer häufiger außer Haus.
- In den westlichen Industrieländern schrumpfen die Kernzielgruppen von *McDonald's*, nämlich Kinder, Jugendliche und Familien. Gleichzeitig gewinnen Senioren, als nicht gerade Fast-Food-affine Marktsegmente, sowie ethnische Gruppen, die häufig einen mehr oder weniger starken Anti-Amerikanismus pflegen, zahlenmäßig an Bedeutung.
- Verbraucher sind zunehmend verunsichert hinsichtlich Qualität sowie Umweltverträglichkeit von Lebensmitteln.
- Konsumenten mutieren zu „hybriden" Essern. Laut Marktforschungsstudien der *GfK* haben sich drei prototypische Ernährungsstile in der Bevölkerung herauskristallisiert: Convenience (= Bequemlichkeit), Feinschmecker und Gesundheit. Und das bedeutet nicht mehr, wie in der Vergangenheit, „entweder – oder", sondern „sowohl als auch". Alle drei Stile werden von ein und derselben Person nebeneinander bzw. abwechselnd gelebt.

Aus den skizzierten Entwicklungen leitet sich das zukünftige **Erfolgskonzept** von *McDonald's* ab:

- Angebot gesunder und bequem zu konsumierender Lebensmittel in einer unterhaltsamen Umgebung
- Stetige Innovationen, um Abwechslung für derzeitige Kunden zu schaffen und neue Zielgruppen zu gewinnen, ohne bisherige Zielgruppen abzuschrecken
- Hoher Qualitätsanspruch, der den Kunden über die gesamte Wertschöpfungskette hinweg Sicherheit und Orientierung bietet
- Stärkung der globalen Marke, um Synergie- und Erfahrungskurveneffekte zu realisieren, bei gleichzeitig nationaler und regionaler Verankerung des Unternehmens durch ortsansässige Lieferanten und Franchise-Nehmer.

Es wird eine große Herausforderung sein, ein so vielschichtiges und zukünftig noch komplexer werdendes Geschäft unter einer Marke zu führen, ohne deren Profil zu verwässern und die klassischen Kernkompetenzen zu verlieren (sog. **Markenerosion**). Wirft man einen Blick auf die bewegte Geschichte des Unternehmens, wird deutlich, dass *McDonald's* schon zahlreiche Herausforderungen gemeistert hat (etwa Internationalisierung, BSE-Krise, Verbraucherschutzklagen, Anti-Amerikanismus). Symptomatisch für diese Anpassungsfähigkeit und – daraus abgeleitet – das Selbstvertrauen des Fast-Food-Giganten ist die vor Jahrzehnten formulierte Vision des Firmengründers *Ray Kroc*: „Ich weiß nicht, welches Essen wir in 50 Jahren verkaufen. Ich weiß nur, dass wir davon mehr verkaufen werden als alle anderen."

Abb. 10.24: Zum 50. Geburtstag von McDonald's errichteter Flagshipstore in Chicago, Ilinois (Quelle: www.mcdonalds.com; Stand: 19.07.2012)

Quellenverzeichnis

Aberle, S./Baumert, A.: Öffentlichkeitsarbeit, München 2002.

Ahlert, D.: Distributionspolitik, 3. Aufl., Stuttgart/Jena 1996.

Angelopoulou, A.: Tognum und Arcandor, in: Frankfurter Allgemeine Zeitung, Nr. 151 vom 03.07.2007, S. U 7.

Appel, H.: Volkswagen von Volkswagen, in: Frankfurter Allgemeine Zeitung, Nr. 253 vom 30.10.2012, S. 9.

Areni, C. S.: The Influence of Background Music on Shopping Behavior: Classical versus Top-Forty Music in a Wine-Store, in: Advances in Consumer Research, Vol. 20 (1993), pp. 336–340.

Ariely, D.: Denken hilft zwar, nützt aber nichts – Warum wir immer wieder unvernünftige Entscheidungen treffen, München 2008.

Ariely, D.: Predictably irrational. The hidden forces that shape our decisions, New York 2008.

Backhaus, K./Büschken, J./Voeth, M.: Internationales Marketing, 3. Aufl., Stuttgart 1999.

Backhaus, K.: Industriegütermarketing, 6. Aufl., München 1999.

Bagozzi, R. P./Rosa, J. A./Celly, K. S./Coronel, F.: Marketing-Management, München/Wien 2000.

Bänsch, A.: Einführung in die Marketing-Lehre, 4. Aufl., München 1998a.

Bär, C.: Neue Mengenlehre, in: LebensmittelZeitung, Nr. 35 vom 28.08.2009, S. 30.

Baron, G.: Schritt für Schritt zur erfolgreichen Mailing-Aktion, Ettlingen 2003.

Barowski, M.: Verkaufsförderung, Berlin 2004.

Barth, K.: Betriebswirtschaftslehre des Handels, Wiesbaden 1988.

Bauer, H. H./Große-Leege, D./Rösger, J.: Interactive Marketing im Web 2.0+–Konzepte und Anwendungen für ein erfolgreiches Marketingmanagement im Internet, München 2007.

Bea, F. X.: Entscheidungen des Unternehmens, in: *Bea, F. X./Dichtl, E./Schweitzer, M.* (Hrsg.): Allgemeine Betriebswirtschaftslehre. Bd. 1: Grundfragen, 7. Aufl., Stuttgart 1997, S. 376–07.

Becker, J.: Das Marketing-Konzept, München 1993, 1999.

Becker, J.: Marketing- Konzeption, 7. Aufl., München 2001.

Behrends, C.: Ausgleichskalkulation, Kompensationskalkulation, Mischkalkulation, in: *Diller, H.* (Hrsg.): Vahlens Großes Marketinglexikon, München 2001, S. 78–79.

Bender, H. J.: Kompakt-Training. Leasing, Ludwigshafen 2001.

Berekoven, L.: Erfolgreiches Einzelhandelsmarketing. Grundlagen und Entscheidungshilfen, 2. Aufl., München 1995.

Berghoff, H. (Hrsg.): Marketinggeschichte, Wiesbaden 2007.

Berlit, W.: Vergleichende Werbung, München 2002.

Berndt, R.: Marketingstrategie und Marketingpolitik, Band 2, 4. Aufl., Heidelberg 2004.

Bienert, M. L.: Standortmanagement. Methoden und Konzepte für Handels- und Dienstleistungsunternehmen, Wiesbaden 1996.

Biermann, T.: Dienstleistungsmanagement, Ludwigshafen am Rhein 2003.

Biester, S.: Impulse beleben den POS, in: LebensmittelZeitung, Nr. 42 vom 15.10.2004, S.
42.

Birkigt, K./Stadler, M. M./Funck, H. J. (Hrsg.): Corporate Identity: Grundlagen, Funktionen,
Fallbeispiele, 9. Aufl., Landsberg am Lech 1998.

Bodenstein, G./Spiller, A.: Marketing – Strategie, Instrumente und Organisation, Landsberg
am Lech 1998.

Bordne, J.: Eventmarketing: ein Kommunikationsinstrument wird erwachsen: Grundlagen –
Erfolgsfaktoren – Entwicklungsperspektiven, Saarbrücken 2006.

Bös, N.: Reingeklickt und rausgefahren, in: Frankfurter Allgemeine Zeitung, Nr. 76 vom 31.
03.2010, S. 18.

Brändli, D.: Next Generation Database Marketing, in: Database Marketing, o. Jg. (2006),
Nr. 4, S. 1.

Brechtel, D.: Crossmedia - Erfrischend anders, auf: http://www.brain-beratung.de/pdfs/cross-
media_coca-cola.pdf; Stand: 20.07.2012.

Bredow, J./Seiffert, B.: Incoterms 2000, Bonn 2000.

Brehm, J. W.: Theory of Psychological Reactance, San Diego/California 1966.

Brieter, K.: Vorsicht Stromausfall, in: ADACmotorwelt, Heft 11/2007, S. 38–41.

Bruhn, M. (Hrsg.): Handelsmarken, Entwicklungstendenzen und Zukunftsperspektiven der
Handelsmarkenpolitik, 2. Aufl., Stuttgart 1997.

Bruhn, M./Fröhlich, L.: Multimedia- Kommunikation, München 1997.

Bruhn, M.: Handbuch Markenartikel, Bd. 1, Stuttgart 1994.

Bruhn, M.: Kommunikationspolitik – Systematischer Einsatz der Kommunikation für Unternehmen, 3. Aufl., München 2005.

Bruhn, M.: Kommunikationspolitik: Bedeutung, Strategien, Instrumente, 2. Aufl., München
2002.

Bruhn, M.: Marketing, Wiesbaden 2001..

Bruhn, M.: Sponsoring. Systematische Planung und integrativer Einsatz, Wiesbaden 2003.

Bruns, J.: Direktmarketing, 2. Aufl., Ludwigshafen (Rhein) 2007.

Bunte, H.-J.: Preisempfehlung (rechtlich), in: *Diller, H.* (Hrsg.): Vahlens Großes Marketinglexikon, 2. Aufl., München 2001, S. 1310–1311.

Chwallek, A.: Handelsriesen zeigen Härte, in: LebensmittelZeitung, Nr. 37 vom 12.09.2008,
S. 1 u. 3.

Chwallek, A.: Meister des Wachstums, in: LebensmittelZeitung, Nr. 45 vom 06.11.2009,
S. 34.

Chwallek, A.: Storck-Gruppe investiert viel Geld, in: LebensmittelZeitung, Nr. 6 vom 12.02.
2010, S. 12.

Clemens, T.: Mobile Marketing. Grundlagen, Rahmenbedingungen und Praxis des Dialog-marketings über das Mobiltelefon, Düsseldorf 2003.

Colley, R./Dutka, S.: Dagmar, Defining Advertising Goals for Measured Advertising Results, 2. Aufl., McGraw-Hill 1995.

Conrady, R: Yield Management, auf: http://wirtschaftslexikon.gabler.de/Definition/yield-management.html; Stand: 20.07.2012.

Crainer, S.: Key Management Ideas, 3rd ed., London 1998.

Cramer, U.: Eine Ladenkette wird zum Kult – Niemand hat das Discount-Prinzip so erfolg-reich umgesetzt wie der Aldi-Konzern, in: Mannheimer Morgen, Nr. 166 vom 20. Juli 2001, S. 28.

Dean, J.: Managerial Economics, New York 1951.

Dean, J.: Pricing a New Product, in: *Taylor, B./Willis, G.* (Edt.): Pricing Strategy, London 1969, pp. 534–540.

Debus, T.: Der heimliche Bestseller, in: Frankfurter Allgemeine Zeitung, Nr. 185 vom 11.08. 2007, S. 46.

Debus, T.: Familienplanung bei Dodge, in: Frankfurter Allgemeine Zeitung, Nr. 244 vom 18.10.2008, S. 50.

Delfmann, W./Arzt, R.: Lieferservice, in: *Diller, H.* (Hrsg.): Vahlens Großes Marketinglexi-kon, 2. Aufl., München 2001, S. 910–912.

Delfmann, W./Arzt, R.: Logistikkosten, in: *Diller, H.* (Hrsg.): Vahlens Großes Marketingle-xikon, 2. Aufl., München 2001, S. 922–923.

Dichtl, E.: Strategische Optionen im Marketing – Durch Kompetenz und Kundennähe zu Konkurrenzvorteilen, 3. Aufl., München 1994.

Dickson, P. R./Sawyer, A. G.: The Price Knowledge and Search of Supermarket Shoppers, in: Journal of Marketing (Vol. 54 (1990), S. 42–53.

Diller, H. (Hrsg.): Vahlens großes Marketing-Lexikon, 2. Aufl., München 2001.

Diller, H.: Der Preis als Qualitätsindikator, in: Die Betriebswirtschaft, 37. Jg. (1977), S. 219–234.

Diller, H.: Distributionspolitik, in: *Diller, H.* (Hrsg.): Vahlens Großes Marketinglexikon, 2. Aufl., München 2001, S. 327–328.

Diller, H.: Ladengestaltung, in: *Diller, H.* (Hrsg.): Vahlens Großes Marketinglexikon, 2. Aufl., München 2001, S. 886–889.

Diller, H.: Preispolitik, Stuttgart 2000/2007.

Diller, H.: Preispolitik, in: *Diller, H.* (Hrsg.): Vahlens Großes Marketinglexikon, 2. Aufl., München 2001, S. 1337–1343.

Diller, H.: Warenpräsentation im Handel, in: *Diller, H.* (Hrsg.): Vahlens Großes Marketing-lexikon, 2. Aufl., München 2001, S. 1838–1839.

Disch, W.: Von wem stammt das Bonmot, in: Marketing Journal, 25. Jg. (2000), Nr. 6, S. 330–335.

Drucker, P. F.: The effective executive: The definitive guide to getting the right things done, New York 1967.

Düthmann, C.: Dem Zufall keine Chance, in: LebensmittelZeitung, Nr. 41 vom 09.10.2009, S. 36–38.

Düthmann, C.: Freiwillige vor, in: LebensmittelZeitung, Nr. 41 vom 09.10.2009, S. 50.

Eisenmann, H./Reuthal, K.-P.: Lexikon Marketing-Recht, Landsberg am Lech 1998.

Endl, C./Dölle, V.: Angriff auf alte Besitzstände, in: LebensmittelZeitung, Nr. 48 vom 28.11.2008, S. 66.

Erd, R./Rebstock, M.: Produkt- und Markenpiraterie in China, Aachen 2010.

Esch, F.-R. (Hrsg.): Moderne Markenführung. Grundlagen – innovative Ansätze – praktische Umsetzungen, Wiesbaden 1999.

Falk, B./Wolf, J.: Handelsbetriebslehre, 11. Aufl., Landsberg am Lech 1992.

Fassnacht, M.: Preisdifferenzierung bei Dienstleistungen, Wiesbaden 1996.

Fehr, B.: Von Goethe erdacht, von Ebay genutzt: Zweitpreis-Auktionen, in: Frankfurter Allgemeine Zeitung, Nr. 298 vom 22.12.2007, S. 21.

Feige, St.: Handelsorientierte Markenführung, Stuttgart/Berlin 1995.

Finsterwalde-Reinecke, I.: Nur die Monatsrate zählt, in: Frankfurter Allgemeine Zeitung, Nr. 99 vom 28.04.2007, S. 47.

Fischbach, S.: Lexikon der Wirtschaftsformeln und Kennzahlen, Landsberg am Lech 1999.

Fischer, M./Hieronimus, F./Kranz, M.: Markenrelevanz in der Unternehmensführung, Messung, Erklärung und empirische Befunde für B2CMärkte, Arbeitspapier Nr. 1, Herausgeber: Marketing Centrum Münster und McKinsey, Münster 2002.

Freimüller, P.: Stakeholder, Stakeholder Management, in: *Diller, H.* (Hrsg.): Vahlens Großes Marketinglexikon, 2. Aufl., München 2001, S. 1597.

Fries, T./Pilar, G. V.: Schambach zieht neue Saiten auf, in: LebensmittelZeitung, Nr. 38 vom 19.09.2008, S. 4.

Froböse, M./Kaapke, A.: Marketing, Frankfurt/New York 2000.

Fuchs, W./Unger, F.: Verkaufsförderung. Konzepte und Instrumente im Marketing-Mix, Wiesbaden 2003.

Fürst, R. A./Heil, O./Daniel, J.: Die Preis-Qualitäts-Relation von deutschen Konsumgütern im Vergleich eines Vierteljahrhunderts, in: Die Betriebswirtschaft, 64. Jg. (2004), Heft 5, S. 219–234.

Gedenk, G.: Verkaufsförderung, München 2002.

Gedenk, K./Sattler, H.: Preisschwellen und Deckungsbeitrag – Verschenkt der Handel große Potentiale?, *in:* Zeitschrift für betriebswirtschaftliche Forschung, 51. Jg. (1999), S. 33–59.

Gedenk, K.: Zweitplatzierungen, in: *Diller, H.* (Hrsg.): Vahlens Großes Marketinglexikon, 2. Aufl., München 2001, S. 1946–1947.

Gehlen, A.: Der Mensch. Seine Natur und seine Stellung in der Welt, Frankfurt am Main 1986.

Gelbrich, K./Wünschmann, S./Müller, S.: Erfolgsfaktoren des Marketing, München 2008.

GfK Panel Services Deutschland/Accenture: Discounter am Scheideweg – Wie kaufen die Kunden künftig ein?, Nürnberg 2008.

GfK-Gesellschaft für Konsumforschung, zitiert nach: *o. V.*: Kostenstudie – günstige Lebensmittel, in: FOCUS, Nr. 41 vom 06.10.2008, S. 14.

Giersberg, G.: Der zweite Aufschwung, in: Frankfurter Allgemeine Zeitung, Nr. 6 vom 08.01.2008, S. 15.

Giersberg, G.: Wer Menge verliert, sollte die Preise halten, in: Frankfurter Allgemeine Zeitung, Nr. 290 vom 14.12.2009, S. 12.

Godek, M.: Forderungsverkauf – Die Schlechten ins Töpfchen, in: Der Handel, Nr. 1/2010, S. 50–51.

Gotthold, K./Frener, R.: Vom Promi zum Werbestar, in: LebensmittelZeitung, Nr. 48 vom 28.11.2008, S. 134.

Haller, S.: Handels-Marketing, Ludwigshafen am Rhein 1997/2001.

Hammon, L./Hippner, H.: Crowdsourcing, in: Wirtschaftsinformatik, 54. Jg. (2012), Nr. 3, S. 165–168.

Handler, N./Bernau, P.: Die schöne neue Online-Welt, in: Frankfurter Allgemeine Sonntagszeitung, Nr. 33 vom 22.08.2010, S. 45.

Hanke, G.: Unnachahmlich, in: LebensmittelZeitung, Nr. 29 vom 20.07.2007, S. 28.

Hansen, U.: Absatz- und Beschaffungsmarketing des Einzelhandels, 2. Aufl., Göttingen 1990.

Hansen, U.: Marketingethik, in: *Diller, H.* (Hrsg.): Vahlens Großes Marketinglexikon, 2. Aufl., München 2001, S. 970–972.

Hasse, S.: Hoch lebe die Preisfreiheit, in: LebensmittelZeitung, Nr. 46 vom 19.11. 2010, S. 2.

Hasse, S.: Unter-Einstands-Preis-Verbot tut nicht weh, in: LebensmittelZeitung, Nr. 18 vom 04.05.2007, S. 26.

Häusel, H.-G.: Limbic Success: So beherrschen Sie die unbewussten Spielregeln des Erfolgs; die besten Strategien für Sieger, Freiburg im Breisgau 2002a.

Häusel, H.-G.: Think Limbic: Die Macht des Unterbewussten verstehen und nutzen für Motivation, Marketing, Management, 2. Aufl., Freiburg im Breisgau 2002b.

Hegenauer, M.: So fliegen die Deutschen, in: Die Welt vom 30.10.2009, S. 8.

Hein, C.: Zwei Krokodile fletschen die Zähne, in: Frankfurter Allgemeine Zeitung, Nr. 87 vom 14.04.2004, S. 20.

Heinrich, G. M./Hüchtermann, M./Nowak, S.: Macht Sponsoring Schule? Kölner Texte & Thesen Nr. 63, herausgegeben vom *Institut der deutschen Wirtschaft*, Köln 2002.

Helm, R./Stölzle, W.: Out-of-Stocks im Handel – Einflussfaktoren und Kundenreaktionsmuster, in: Jahrbuch der Absatz- und Verbrauchsforschung 52. Jg. (2006), Nr. 3, S. 306–325.

Helnerus, K.: Die Lücke im Regal: Out-of-Stock-Situationen aus der Sicht der Kunden und des Handelsmanagements, Köln 2007.

Hennig, A./Schneider, W: Versandhandel, auf: http://wirtschaftslexikon.gabler.de/Archiv/545 68/versandhandel-v4.html; Stand: 20.07.2012.

Hennig, A./ Schneider, W. u. a: Kennzahlen der Balanced Scorecard, Wiesbaden 2008.

Hermanns, A./Leman, F. M.: Product Placement, in: WISU – Das Wirtschaftsstudium, 36. Jg. (2007), Nr. 10, S. 1232–1236.

Hermanns, A.: Sponsoring. Grundlagen, Wirkungen, Management, Perspektiven, München 1997.

Herrmann, A.: Produktmanagement, München 1998.

Hess, T.: Electronic-Commerce (E-Commerce), in: *Sjurts, I.* (Hrsg.): Gabler Lexikon Medienwirtschaft, 2. Aufl., Wiesbaden 2011, S. 56.

Hirschle, J.: Die Entstehung des transzendenten Kapitalismus, Konstanz/München 2012.

Hofmann, S.: Konzerne ringen um Pharmamarkt, in: Handelsblatt, Nr. 248 vom 21.12.2007, S. 1.

Högler, T./Bulander, R./Schiefer, G./Sandel, O.: Rechtliche Grundlagen des Mobilen Marketings, Karlsruhe 2004.

Holland, H./Bammel, K.: Mobile Marketing. Direkter Kundenkontakt über das Handy, München 2006.

Holland, H.: Die neuen Werbeformen: Guerilla, Viral und Blogs, in: Frankfurter Allgemeine Zeitung, Nr. 24 vom 29.01.2007, S. 20.

Holland, H.: Direkt-Marketing, 2. Aufl., München 2004.

Holland, H.: Direktmarketing-Aktionen professionell planen: Von der Situationsanalyse   bis zur Erfolgskontrolle, 1. Aufl., Wiesbaden 2001.

Holst, J.: Alles unter einem Dach, in: LebensmittelZeitung, Nr. 41 vom 09.10.2009, S. 90.

Holst, J.: Preiswert unter die Leute gebracht, in: LebensmittelZeitung, Nr. 44 vom 30.10. 2009, S. 44.

Homburg, Ch./Krohmer, H.: Marketingmanagement. Strategie – Instrumente – Umsetzung – Unternehmensführung, 2. Aufl., Wiesbaden 2006.

Hoos, E.: Aldi macht ernst, in: LebensmittelZeitung, Nr. 21 vom 28.05.2010, S. 2.

Hoos, E.: P&G geht in die Offensive, in: LebensmittelZeitung, Nr. 8 vom 26.02.2010, S. 1–3.

Hoos, E.: Schönheit wird billiger, in: LebensmittelZeitung, Nr. 8 vom 26.02. 2010, S. 53–54.

Horváth & Partner: Balanced Scorecard umsetzen, Stuttgart 2000.

Horváth, P.: Controlling, 8. Aufl., München 2002.

http://brainwash.webguerillas.de/uncategorized/online-marketing-shopping-club/; Stand: 02. 01.2010, 11:14 Uhr.

http://de.wikipedia.org/wiki/Marlboro_(Zigarettenmarke); Stand: 02.04.2009.

http://de.wikipedia.org/wiki/oboleszenz; Stand: 15.05.2009.

http://wirtschaftslexikon.gabler.de/; Stand: 22.12.2012.

http://www.bayer.de/de/Profil-und-Organisation.aspx; Stand: 25.02.2010.

http://www.beiersdorf.de/%C3%9Cber_uns/Unsere_Geschichte/Markengeschichte.html; Stand: 01.12.2009.

http://www.ddv.de/direktmarketing/index_direktmarketing_faq_3352.html; Stand: 18.05. 2008.

http://www.ephorie.de/die_heimlichen_gewinner.htm; Stand: 24.03.2007.

http://www.gfk.com/imperia/md/content/presse/pressemeldungen2010/100712_pm_gfk-sap-preisstudie_dfin.pdf; Stand: 20. 07.2012.

http://www.globus.net; Stand: 30.06.2008.

http://www.interbrand.com/surveys.asp; Stand: 08.03.2006.

http://www.jaegermeister.de; Stand: 28.07.2007.

http://www.kaufland.de/Site/Service/Serviceleistungen/index.htm#; Stand: 13.09.2008.

http://www.marketingverband.de/deutscher-marketing-verband/wir-ueber-uns.html; Stand: 27.10.2012.

http://www.retarus.com/de/robinsonliste/index.php; Stand: 25.07.2012.

http://www.saarlorlux.org/vektor/ha_betriebstypen_deutschland.htm; Stand: 17.01.2006.

https://www.snipster.de/So-funktionierts; Stand: 13.12.2012.

http://www.stiftung-warentest.de; Stand: 25.04.2006.

http://www.vzhh.de/ernaehrung/248409/verschleierungstaktik-im-supermarkt.aspx; Stand: 11.07.2012.

http://www.werbeagentur-smile.de/news/6-marketing-news/38-viralmarketing-spots; Stand: 20.07.2012.

http://www.wirtschaftslexikon24.net/d/obsoleszenz/obsoleszenz.htm; Stand: 20.07.2012.

http://wirtschaftslexikon.gabler.de/Archiv/5644 0/aufkaufhandel-v3.html; Stand: 16.01.2013

http://www.werberat.de; Stand: 24.03.2010.

Inden, T.: Alles Event? Erfolg durch Erlebnismarketing, Landsberg am Lech 1993.

Institut für Demoskopie Allensbach: WENIGER MARKENBEWUSSTSEIN. Ein Ergebnis der Allensbacher Markt- und Werbeträgeranalyse, Allensbach 2003.

Institut für Handelsforschung an der Universität Köln: Katalog E, 5. Ausgabe, Köln 2006.

Jossé, H.: Wer wirbt, stirbt, in: Frankfurter Allgemeine Zeitung, Nr. 281 vom 01.12.2008, S. 20.

Kahneman, D./Tversky, A.: Prospect Theory: An Analysis of Decision under Risk, in: Econometrica, Vol. 47 (1979), March, pp. 236–291.

Keller, H.: Der große Afri-Cola Rausch, in: Frankfurter Allgemeine Zeitung, Nr. 200 vom 27.08.2008, S. 34.

Keller, M.: Rechtliche Grundlagen des Couponing in Deutschland, in: *Hartmann, W. /Kreutzer, R. T./Kuhfuss, H.* (Hrsg.): Handbuch Couponing, Gabler, Wiesbaden 2003, S.175–195.

Kernbach, U./Schmidt, B.: Der Grat zwischen Garantie und Gewährleistung, in: Frankfurter Allgemeine Zeitung, Nr. 74 vom 28.03.2009, S. T 5.

Klein, A.: Strategisches Marketing, in: WISU – Das Wirtschaftsstudium, 35. Jg. (2006), Heft 12, S. 1515–1517.

Kleinschmidt, C.: Konsumgesellschaft, Göttingen 2008.

Knop, C.: Wenn der neue Computer zum alten Eisen wird, in: Frankfurter Allgemeine Zeitung, Nr. 139 vom 18.06.2004, S. 18.

Kohfink, M.-W.: Die Erotik der kleinen Preise, in: handelsjournal, Nr. 12, Dezember 2002, S. 10–15.

Köhler, R.: Marketing-Audit, in: *Diller, H.* (Hrsg.): Vahlens Großes Marketinglexikon, 2. Aufl., München 2001, S. 965–966.

Köhler, R.: Wirkungskontrolle, in: *Diller, H.* (Hrsg.): Vahlens Großes Marketinglexikon, 2. Aufl., München 2001, S. 1913–1914.

König, W.: Kleine Geschichte der Konsumgesellschaft, Stuttgart 2008.

Konrad, J.: Die „Weißen" kehren zurück, in: LebensmittelZeitung, Nr. 17 vom 24.04.2009, S. 2.

Konrad, J.: Handelsmarken haben Hochkonjunktur, in: LebensmittelZeitung, Nr. 17 vom 24. 04.2009, S. 45.

Konzept & Markt/POS Support 2009: Studie Kaufentscheidung auf der Fläche, in: LebensmittelZeitung, Nr. 9 vom 27.02.2009, S. 54.

Körfer-Schün, P.: Von der Produktvielfalt zur Markenkompetenz: Konzeptmarken für den Weltmarkt entwickeln, in: *Schöttle, K.* (Hrsg.): Jahrbuch des Marketing, Wiesbaden 1990, S. 88–96.

Koschnick, W. J.: Focus-Lexikon für Mediaplanung, Markt- und Meinungsforschung, in: medialine.focus.de/PM1D/PM1DB/PM1DBD/pm1dbd.htm; Stand: 30.11.2002.

Koschnick, W. J.: Lexikon Werbeplanung, Mediaplanung, Marktforschung, Kommunikationsforschung, Mediaforschung, München 2003.

Kotler, P./Keller, K. L./Bliemel, F.: Marketing-Management. Strategien für wertschaffendes Handeln, 12. Aufl., München 2007.

Kotler, Ph./Armstrong, G./Saunders, J./Wong, V.: Grundlagen des Marketing, 2. Aufl., München u. a. 1999/2010.

Kotler, Ph./Bliemel, F.: Marketing- Management. Analyse, Planung, Umsetzung und Steuerung, 9. Aufl., Stuttgart 1999.

Kotler, Ph./Bliemel, F.: Marketing-Management – Analyse, Planung, Umsetzung und Steuerung, 8. Aufl., Stuttgart 1995.

KPMG Deutsche Treuhand-Gesellschaft AG WPG (Hrsg.): Trends im Handel 2010, Köln 2006.

Kreutzer, R. T.: Konzeption und Positionierung des Couponing im Marketing, in: *Hartmann, W./Kreutzer, R. T./Kuhfuss, H.* (Hrsg.): Handbuch Couponing, Wiesbaden 2003, S. 3–27.

Kroc, R./Anderson, R.: Grinding It Out: the making of McDonalds, New York 1987.

Kroeber-Riel, W./Esch, F. R.: Strategie und Technik der Werbung, 5. Aufl., Stuttgart 2000.

Krome, T.: Der Star-Schuhmacher mit dem Elternbonus, in: Frankfurter Allgemeine Zeitung, Nr. 278 vom 29.11.2006, S. 36.

Krömer, S.: Das Ohr kauft mit, in: Frankfurter Allgemeine Zeitung, Nr. 36 vom 12.04.2001, S. 30.

Krost, H.: „Wie Bluna bist Du?", in: LebensmittelZeitung, Nr. 48 vom 28.11.2008, S. 129.

Kusitzky, A.: 100 Euro für nichts, in: Focus, Nr. 8/2009, S. 116.

Küting, K./Lorson, P.: Die schleichende Amerikanisierung deutscher Unternehmen, in: Frankfurter Allgemeine Zeitung, Nr. 278 vom 29.11.1999, S. 28.

Lasswell, H.D.: The Structure and Function of Commmunication in Society, in: *Bryson, L.* (Edt.): The Communication of Ideas, New York 1948, pp. 37–52.

Lattmann, C.: Packaging animiert zum Shoppen, in: LebensmittelZeitung, Nr. 38 vom 19.07. 2008, S. 76.

Lauer, H.: Konditionen-Management – Zahlungsbedingungen optimal gestalten und durchsetzen, Düsseldorf 1998.

Lavidge, R. J./Steiner, G. A.: A Model for Predictive Measurements of Advertising Effectiveness, in: Journal of Marketing, Vol. 25 (1961), pp. 59–62.

Leavitt, H.: A Note on Some Experimental Findings about the Meaning of Price, in: Journal of Business, Vol. 27 (1954), pp. 205–210.

LebensmittelZeitung (Hrsg.): WEB-Lexikon 2000, Teil 1: Internet- und E-Commerce-Begriffe, Frankfurt am Main 2000.

LebensmittelZeitung (Hrsg.): WEB-Lexikon 2000, Teil 1: Internet- und E-Commerce-Be-

LebensmittelZeitung/M+M EUROdATA (Hrsg.): Die marktbedeutenden Handelsunternehmen 2006, Frankfurt am Main 2006.

LebensmittelZeitung: Aktionspreis-Barometer Elektrokleingeräte 2006, in: LebensmittelZeitung, Nr. 13 vom 30.03.2006, S. 52.

Lembke, J.: Das magische Virus, in: Frankfurter Allgemeine Zeitung, Nr. 167 vom 21.07. 2007, S. 18.

Lembke, J.: Die Macht des Marketing – die Geschichte einer höchst erfolgreichen Sozialtechnik, in: Franfurter Allgemeine Zeitung, Nr. 5 vom 07.01.2008, S. 12.

Lembke, J.: Werbefrust, in: Frankfurter Allgemeine Zeitung, Nr. 228 vom 29.09.2008, S. 11.

Lerchenmüller, M.: Handelsbetriebslehre, 2. Aufl., Ludwigshafen 1995.

Liebmann, H.-P./Zentes, J.: Handelsmanagement, München 2001.

Lindner, R./Psotta, M.: Erfolge gegen den Krebs, in: Frankfurter Allgemeine Zeitung, Nr. 124 vom 30.05.2008, S. 20.

Lindner, R.: Mehr Masse statt Klasse, in: Frankfurter Allgemeine Zeitung, Nr. 125 vom 31. 05.2008, S. 20.

Lingenfelder, M.: Glossar zur Vorlesung „Marketing", Lehrstuhl für ABWL und Handelsbetriebslehre, Universität Marburg, Marburg 2003.

Lingenfelder, M.: Skript zur Vorlesung „Marketing", Lehrstuhl für ABWL und Handelsbetriebslehre, Universität Marburg, Marburg 2000.

Littmann, P.: Promi-Werbung: Bekannt dafür, bekannt zu sein, in: Handelsblatt, Nr. 248 vom 27.12.2007, S. 18.

Löhr, J./Ashelm, M.: Trainieren für den Werbewert, in: Frankfurter Allgemeine Zeitung, Nr. 213 vom 12.09.2012, S. 17.

Lossau, N.: Zahlen sind die beste Werbung, in: Die Welt vom 27.12.2008, S. 1.

Löwer, Ch.: Kurz ist in, in: Handelsblatt, Nr. 248 vom 21.12.2007, S. 18.

McCarthy, J.: Basic Marketing: A Managerial Approach, Homewood/Ill. 1960.

McDonald's Deutschland Inc. (Hrsg.): Broschüre McDonald's & Nährwert, München 2000.

McDonald's Deutschland Inc. (Hrsg.): Broschüre McDonald's & Qualität, München 2001.

McDonald's Deutschland Inc. (Hrsg.): Broschüre McDonald's & Umwelt, München 2002.

Meffert, H./Bruhn, M.: Dienstleistungsmarketing. Grundlagen, Konzepte, Methoden, 2. Aufl., Wiesbaden 1997.

Meffert, H.: Marketing (Grundlagen), in: *Diller, H.* (Hrsg.): Vahlens Großes Marketinglexikon, 2. Aufl., München 2001, S. 957 – 963.

Meffert, H.: Marketing Arbeitsbuch, Aufgaben – Fallstudien – Lösungen, 6. Aufl., Wiesbaden 1997.

Meffert, H.: Marketing, 9. Aufl., Wiesbaden 2000.

Meffert, H.: Marketingforschung und Käuferverhalten, 2. Aufl., Wiesbaden 1992.

Meffert, H.: Marketing-Geschichte, in: *Diller, H.* (Hrsg.): Vahlens Großes Marketinglexikon, 2. Aufl., München 2001, S. 976–979.

Meffert, H.: Marketing-Theorie, in: *Diller, H.* (Hrsg.): Vahlens Großes Marketinglexikon, 2. Aufl., München 2001, S. 1020–1024.

Mehringer, M.: Findungsphase, in: LebensmittelZeitung, Nr. 23 vom 11.07.2010, S. 26.

Mehringer, M.: Ohne Schiff und Fußball, in: LebensmittelZeitung, Nr. 16 vom 23.04.2010, S. 47.

Mehringer, M.: Vom Block zum Blog, in: LebensmittelZeitung, Nr. 47 vom 21.11.2008, S. 36.

Metro Group: Metro-Handelslexikon, Düsseldorf 2008/2010.

Meier, A./Stormer, H.: Business & eCommerce: Management der digitalen Wertschöpfungskette, 2. Aufl., Heidelberg 2008.

Meyer, A. (Hrsg.): Handbuch Dienstleistungs-Marketing, Stuttgart 1998.

Milliman, R. E.: Using Background Music to Affect the Behavior of Supermarkt Shoppers, in: Journal of Marketing, Vol. 46 (1982), pp. 86–91.

Möhlenbruch, D.: Sortimentspolitik im Einzelhandel, Wiesbaden 1994.

Müller-Hagedorn, L.: Der Handel, Stuttgart/Berlin/Köln 1998.

Müller-Hagedorn, L.: Handelsmarketing, 3. Aufl., Stuttgart 2002.

Müller-Hagedorn, L.: Standort im Handel, in: *Diller, H.* (Hrsg.): Vahlens Großes Marketinglexikon, 2. Aufl., München 2001, S. 1601–1603.

Müller-Hagedorn, L.: Standortfaktoren, in: *Diller, H.* (Hrsg.): Vahlens Großes Marketinglexikon, 2. Aufl., München 2001, S. 1600–1601.

Murmann, C.: Marken erleben den Kampf der Kulturen, in: LebensmittelZeitung, Nr. 25 vom 22.06.2007, S. 22.

Nagle, T. T./Holden, R. K.: The Strategy and Tactics of Pricing: a Guide to Profitable Decision Making, 2nd Edition, Englewood Cliffs/NJ 1995.

Nickel, O. (Hrsg.): Eventmarketing – Grundlagen und Erfolgsbeispiele, München 1998.

Nickel, V.: Schläge mit dem Werbehammer. Über die neue Qualität des Prinzips Provokation, Düsseldorf 1998.

Nieschlag, R./Dichtl, E./Hörschgen, H.: Marketing, 4. Aufl., Berlin 1971; 18. Aufl., Berlin 1997; 19. Aufl., Berlin 2002.

Nieschlag, R./Kuhn, G.: Binnenhandel und Binnenhandelspolitik, 3. Aufl., Berlin 1980.

Nöcker, R.: Der Herr der Sinne, in: Frankfurter Allgemeine Zeitung, Nr. 203 vom 01.09. 2007, S. C4.

Nufer, G.: Event-Marketing und -Management, Wiesbaden 2007.

O. V.: Alle „googeln", in: Frankfurter Allgemeine Zeitung, Nr. 28 vom 02.02.2008, S. 15.

O. V.: Aus Calgonit wird Finish, in: LebensmittelZeitung, Nr. 37 vom 12.09.2008, S. 49.

O. V.: Autofinanzierung als Kerngeschäft, in: Frankfurter Allgemeine Zeitung, Nr. 221 vom 22.09.2007, S. 50.

O. V.: AVA besetzt Kassen mit System, in: LebensmittelZeitung, Nr. 39 vom 24.09.2004, S. 30.

O. V.: Beiersdorf gibt Nivea in Amerika noch eine Chance, in: Frankfurter Allgemeine Zeitung, Nr. 174 vom 28.07.2008, S. 16.

O. V.: Bionade erhält mehr Konkurrenz, in: LebensmittelZeitung, Nr. 28 vom 13.07.2007, S. 10.

O. V.: Btx lebt, in: Frankfurter Allgemeine Zeitung, Nr. 205 vom 02.09.2008, S. T1.

O. V.: Bitburger sucht noch nach Kölsch, Alt und Weizenbier, in: Frankfurter Allgemeine Zeitung, Nr. 187 vom 14.08.2007, S. 16.

O. V.: Coca-Cola geht auf geheime Mission, in: LebensmittelZeitung, Nr. 37 vom 12.09. 2008, S. 48.

O. V.: Das Kaufhaus hat ausgedient, in: Frankfurter Allgemeine Zeitung, Nr. 229 vom 01. 10.2004, S. 16.

O. V.: Der Einzelhändler Wal-Mart wirbt um Sympathie, in: Frankfurter Allgemeine Zeitung, Nr. 225 vom 27. September 2004, S. 18.

O. V.: Deutschland spielt bei den fair gehandelten Produkten in der Top-Liga, in: LebensmittelZeitung, Nr. 13 vom 30.03.2007, S. 17.

O. V.: Die Lebensader des Internet, in: Frankfurter Allgemeine Zeitung, Nr. 180 vom 06.08. 2007, S. 19.

O. V.: Die Marke macht´s, in: Focus, Nr. 32/2007, S. 16.

O. V.: Die Sponsoren wollen vom Rad steigen, in: Frankfurter Allgemeine Zeitung, Nr. 167 vom 21.07.2007, S. 11.

O. V.: Die Traditionsmarke Telefunken kehrt zurück, in: Frankfurter Allgemeine Zeitung, Nr. 205 vom 04.09.2009, S. 20.

O. V.: Du darfst soll Lightprodukt-Flaute überwinden, in: LebensmittelZeitung, Nr. 27 vom 09.07.2010, S. 12.

O. V.: Edeka bleibt weit vor Rewe, in: LebensmittelZeitung, Nr. 11 vom 19.03.2010, S. 52–53.

O. V.: Edeka droht Langnese-Iglo, in: LebensmittelZeitung, Nr. 19 vom 07.05.2004, S. 1–2.

O. V.: Edeka verlängert Zahlungsziele, in: LebensmittelZeitung, Nr. 8 vom 20.02. 2009, S. 1.

O. V.: Eigenmarken im Strudel der Aktionen, in: LebensmittelZeitung, Nr. 47 vom 20.11. 2009, S. 6.

O. V.: Ein Giftzwerg gegen Fälscher, in: Frankfurter Allgemeine Zeitung, Nr. 34 vom 09.02. 2008, S. 19.

O. V.: Falsche Standortwahl häufig Ursache von Unternehmenskrisen, in: Frankfurter Allgemeine Zeitung, Nr. 142 vom 23.06.2003, S. 19.

O. V.: Fucking Hell wird eingetragene Biermarke, in: LebensmittelZeitung, Nr. 14 vom 09. 04.2010, S. 24.

O. V.: Haribo schwingt sich in die Lüfte, in: LebensmittelZeitung, Nr. 51 vom 19.12. 2008, S. 24.

O. V.: Ich suche, also bin ich; Interview mit Andreas Weigend, dem ehemaligen Chefwissenschaftler von Amazon.com, in: Focus, Nr. 41 vom 04.10.2004, S. 146–148.

O. V.: Individueller Genuss, in: LebensmittelZeitung, Nr. 40 vom 02.10.2008, S. 40.

O. V.: Kein Profil ohne Mythos, in: LebensmittelZeitung, Nr. 48 vom 28.11.2008, S. 84.

O. V.: Königswege zur Kreativität, in: Frankfurter Allgemeine Zeitung, Nr. 302 vom 27./28. 12.2008, S. C1.

O. V.: Kredit erst nach dem „Crash"-Rating, in: Frankfurter Allgemeine Zeitung, Nr. 16 vom 20.01.2003, S. 21.

O. V.: Medikamente gegen Rheuma zur Behandlung von Depressionen, in: Frankfurter Allgemeine Zeitung, Nr. 265 vom 14.11.2007, S. N2.

O. V.: Mehr Werbung, mehr Marktanteil, in: Frankfurter Allgemeine Zeitung, Nr. 57 vom 08.03.2004, S. 22.

O. V.: Metro lässt das Geld für sich arbeiten, in: LebensmittelZeitung, Nr. 11 vom 18.03. 2011, S. 8.

O. V.: Neue Werbefreiheit, in: LebensmittelZeitung, Nr. 19 vom 11.05.2007, S. 28.

O. V.: Praktiker funkt Preise, in: LebensmittelZeitung, Nr. 47 vom 20.11.2009, S. 37.

O. V.: Rabattpunkte für leere Shampooflaschen, in: Frankfurter Allgemeine Zeitung, Nr. 160 vom 11.07.2008, S. 18.

O. V.: Real sucht mit Kompass nach Optimierungspotenzialen in den Märkten, in: Lebens-mittelZeitung, Nr. 2 vom 10.01.2002, S. 45.

O. V.: Schwere Zeiten für den Autohandel, in: Frankfurter Allgemeine Zeitung, Nr. 122 vom 29.05.2007, S. 16.

O. V.: Skoda wird zum Billiganbieter zurechtgestutzt, in: Frankfurter Allgemeine Zeitung, Nr. 69 vom 23.03.2010, S. 13.

O. V.: Sport ist bares Geld wert, in: Focus, Nr. 27/2008, S. 14.

O. V.: Spritpreise – immer wieder freitags geht´s nach oben, in: ADACmotorwelt, Nr. 5/ 2009, S. 18.

O. V.: Stern Argus: Wie wirken Anzeigen?, auf: www.wuv.de; Stand: 05.02.2002.

O. V.: Streit um Auslistung, in: LebensmittelZeitung, Nr. 20 vom 14.05.2004, S. 3.

O. V.: Supermärkte keine Bedrohung, in: Frankfurter Allgemeine Zeitung, Nr. 257 vom 05. 11.2007, S. 16.

O. V.: Teure Bürgerpflicht – Dosenpfand für die Tonne, auf: http://www.n-tv.de/ 659640. html; Stand: 21.04.2006.

O. V.: Toiletten für den Times Square, in: Frankfurter Allgemeine Zeitung, Nr. 137 vom 16. 06.2003, S. 22.

O. V.: Unilever ändert Marketing-Strategie, in: LebensmittelZeitung, Nr. 19 vom 11.05. 2007, S. 17.

O. V.: Von Lidl-Farben, Tarzanschrei und Duftnoten, in: LebensmittelZeitung, Nr. 40 vom 02.10.2008, S. 26.

O. V.: Was kostet …?, in: Welt am Sonntag, Nr. 33 vom 19.08.2007, S.26.

O. V.: Webung, die nicht wie Werbung aussieht, in: Frankfurter Allgemeine Zeitung, Nr. 68 vom 22.03.2010, S. 17.

O. V.: Wenn der Kunde zum Mitarbeiter wird, in: Frankfurter Allgemeine Zeitung, Nr. 2 vom 03.01.2009, S. 16.

O. V.: Yoghurt Gums ist keine Marke, in: Frankfurter Allgemeine Zeitung, Nr. 25 vom 30.01.2008, S. 16.

O. V.: Zahlen Sie doch, was Sie wollen, in: LebensmittelZeitung, Nr. 33 vom 14.08.2009, S. 40.

O. V.: Zu Ihrem Käse fehlt der Rotwein, in: Frankfurter Allgemeine Zeitung, Nr. 3 vom 04.01.2007, S. 14.

Oberparleiter, I.: Funktionen des Warenhandels, Wien 1955.

OC&C Strategy Consultants: Deutsche haben wenig Preisgespür, in: Frankfurter Allgemeine Zeitung, Nr. 272 vom 20.11.2008, S. 12.

Oehme, W.: Handels-Marketing, 3. Aufl., München 2001.

Ossola-Haring, C. (Hrsg.): Das große HANDBUCH Kennzahlen zur Unternehmensführung, Landsberg am Lech 1999.

Oswald, A./Tauchner, G.: Mobile Marketing. Wie Sie die Kunden direkt erreichen, Instrumente, Ausstattung, Kosten, Kampagnenbeispiele, rechtliche Rahmenbedingungen, Wien 2005.

Pepels, W.: Einführung in das Dienstleistungsmarketing, München 1995.

Pepels, W.: Einführung in die Kommunikationspolitik. Eine Werbelehre mit Beispielen und Kontrollfragen, Stuttgart 1997.

Pepels, W.: Innovationsmanagement, Berlin 1999.

Pepels, W.: Marketing, 3. Aufl., München/Wien 2000.

Perrey, J./Turner, S.: Die zwei Gesichter guter Werbung, in: Frankfurter Allgemeine Zeitung, Nr. 228 vom 01.10.2007, S. 24.

Pflaum, D./Eisenmann, H./Linxweiler, R.: Verkaufsförderung. Erfolgreiche Sales Promotion, Landsberg am Lech 2000.

Pfohl, H.-Ch.: Logistiksysteme. Betriebswirtschaftliche Grundlagen, 5. Aufl, Berlin u. a. 1996.

Pigott, S.: Bei Aldi im Keller, in: Frankfurter Allgemeine Sonntagszeitung, Nr. 15 vom 13. 04.2008, S. 15.

Pigou, A.C.: The Economics of Welfare, Cosimo Classics, 4th edition, 1960.

Pilar, G. V.: Nestlé vor neuer Dimension, in: LebensmittelZeitung, Nr. 37 vom 12.09.2008, S. 1 u. 3.

Ploss, D./Berger, A.: Intelligentes Couponing – Planung, Umsetzung, Erfolgskontrolle, Bonn 2003.

Porter, M. E.: Wettbewerbsvorteile, 9. Aufl., Frankfurt am Main 1999.

Pousttchi, K./Turowski, K.: Mobile Commerce. Grundlagen und Techniken, Berlin 2004.

Pümpin, C. B.: Langfristige Marketingplanung – Konzeption und Formalisierung, Bern/Stuttgart 1968.

Rappaport, A.: Shareholder Value. Ein Handbuch für Manager und Investoren, 2. Aufl., Stuttgart 1999.

Redl, R.: Marketing-Flops, auf: http://leuropa.eu/Marketing; Stand: 06.05.2007.

Reinecke, S./Tomczak, T./Dittrich, S. (Hrsg.): Marketingcontrolling, St. Gallen 1998.

Richins, M. L.: Measuring Emotions in the Consumption Experience, in: Journal of Consumer research, Vol. 24 (1997), No. 2, pp. 127–146.

Riering, B.: Die Rückkehr der Tagelöhner, in: Welt am Sonntag, Nr. 7 vom 18.02.2007, S. 29.

Rigby, R./Knappmann, L.: Fast wie im echten Leben, in: Financial Times Deutschland vom 14.08.2010, S. 8.

Rivinius, C.: Verpackung, in: *Diller, H.* (Hrsg.): Vahlens großes Marketinglexikon, 2. Aufl., München 2001, S. 1783–1784.

Rode, J.: Immer schneller, manchmal billiger, in: LebensmittelZeitung, Nr. 5 vom 01.02. 2002, S. 25.

Roeb, Th.: Generation Aldi wird erwachsen, in: LebensmittelZeitung, Nr. 14 vom 02.04. 2004, S. 48–49.

Rühl, A./Steinicke, S.: Filialspezifisches Warengruppenmanagement: Ein neues Konzept effizienter Sortimentssteuerung im Handel, Duisburg/Essen 2003.

Sabel, H.: Die hundertjährige Geschichte des Marketing in Deutschland, Bonn Working Papers in Business Administration, Rheinische Friedrich-Wilhelms-Universität Bonn, MA 1/98, Bonn 1998.

Samland, B. M.: Das Ohr is(s)t schneller als das Auge, in: LebenmittelZeitung, Nr. 16 vom 23.04.2010, S. 72.

Sandel, M. J.: Was man für Geld nicht kaufen kann. Die moralischen Grenzen des Marktes, Berlin 2012.

Sattler, H.: Markenpolitik, Stuttgart u. a. 2000.

Schaper, T.: Kommunikationspolitik, Trier 2009.

Schenk, H.-O.: Marktwirtschaftslehre des Handels, Wiesbaden 1991.

Schmalen, H.: Kommunikationspolitik. Werbeplanung, Stuttgart u. a. 1992.

Schneider, D.: Marketing als Wirtschaftswissenschaft oder Geburt einer Marketingwissenschaft aus dem Geiste des Unternehmensversagens, in: Zeitschrift für betriebswirtschaftliche Forschung, 35. Jg. (1983), Nr. 3, S. 197–222.

Schneider, T.: Wo „billig" draufsteht, ist oft Marke drin, in: Mannheimer Morgen vom 19.09. 2008, S. 7.

Schneider, W./Hennig, A.: Kennzahlen für profitable Kundenbeziehungen, Wiesbaden 2008a.

Schneider, W./Hennig, A.: Kennzahlen Marketing und Vertrieb, 2. Aufl., Heidelberg 2008b.

Schneider, W./Hennig, A.: Zur Kasse, Schnäppchen – Warum wir immer, mehr kaufen, als wir wollen, München 2010.

Schneider, W./Kornmeier, M.: Balanced Management, Berlin 2006a.

Schneider, W./Müller, St./Mai, T.: Kommunikationswirkung von Sozio-Sponsoring – Erfolgskontrolle mit Hilfe eines experimentellen Designs, in: Marktforschung & Management, 35. Jg. (1991), Nr. 3, S. 129–134.

Schneider, W./Ossola-Haring, C.: Praxiswissen Management, Landsberg am Lech 2002.

Schneider, W.: McMarketing – Einblicke in die Marketing-Strategie von McDonald's, Wiesbaden 2007.

Schneider, W.: So steigern Sie die Kreativität Ihrer Mitarbeiter!, in: Der Neue GmbH-Berater, o. Jg. (1998), Nr. 4, S. 225–226.

Schröder, H./Ahlert, D.: Vertriebswegepolitik, in: *Diller, H.* (Hrsg.): Vahlens Großes Marketinglexikon, 2. Aufl., München 2001, S. 1809–1814.

Schultze, R. D.: Product Placement im Spielfilm, München 2001.

Schulz, H. J.: Aldi blickt auf die Marke, in: LebenmittelZeitung, Nr. 22 vom 01.07.2007, S. 1 u. 3.

Schulz, H. J.: Aldi schlägt mit Macht zurück, in: LebenmittelZeitung, Nr. 6 vom 06.02.2009, S. 8.

Schulz, H. J.: Die letzte Instanz, in: LebensmittelZeitung, Nr. 48 vom 28.11.2008, S. 90.

Schulz, H. J.: Ein besonderes Aldi-Angebot, in: LebensmittelZeitung, Nr. 37 vom 11.09. 2009, S. 2.

Schulz, H. J.: Nonfood-Geschäft bremst Aldi aus, in: LebensmittelZeitung, Nr. 6 vom 06.02. 2009, S. 4.

Schürmann, J.: Erst erfinden, dann verdienen, in: Frankfurter Allgemeine Zeitung, Nr. 185 vom 11.08.2007, S. C2.

Schütz, P.: Methoden kreativen Denkens, in: *Verlag Handelsblatt* (Hrsg.): Marketing Praxis Kalender, Düsseldorf 1996, S. 40.

Schütz, P.: Preiskompetenz, in: *Verlag Handelsblatt* (Hrsg.): Marketing Praxis Kalender, Düsseldorf 1996, S. 72.

Schweiger, G./Schrattenecker, G.: Werbung, 4. Aufl., Stuttgart 1995; 5. Aufl., Stuttgart 2001.

Sebastian, K.-H./Maessen, A.: Der Zwang zu höheren Preisen, in: Frankfurter Allgemeine Zeitung, Nr. 162 vom 14.07.2008, S. 18.

Sebastian, K.-H./Maessen, A.: Pricing-Strategie – Wege zur nachhaltigen Gewinnmaximierung, Bonn 2003.

Senn, C.: Key Account Management für Investitionsgüter, Wien 1997.

Senn, C.: Key Account Management, in: *Diller, H.* (Hrsg.): Vahlens Großes Marketinglexikon, 2. Aufl., München 2001, S. 768–769.

Silberer, G.: Warentest – Informationsmarketing – Verbraucherverhalten: Die Verbreitung von Gütertestinformationen und deren Verwendung im Konsumgüterbereich, Berlin 1979.

Silvretta Seilbahn AG (Hrsg.): Prospekt „Tarife Winter 2004/05 der Silvretta Seilbahn AG", aus: www.silvretta.at; Stand: 25.03.2005.

Simon, H./Bilstein, F./Luby, F.: Der gewinnorientierte Manager, Frankfurt am Main 2006.

Simon, H./von der Gathen, A.: Mit aller Preismacht, in: LebensmittelZeitung, Nr. 48 vom 28.11.2008, S. S. 62.

Simon, H.: Die heimlichen Gewinner, Frankfurt am Main/New York 1996 (Original: Hidden Champions. Lessons from 500 of the world's best unknown companies, Boston 1996).

Simon, H.: Hidden Champions des 21. Jahrhunderts. Die Erfolgsstrategien unbekannter Weltmarktführer, in: Frankfurter Allgemeine Zeitung, Nr. 204 vom 03.09.2007 a, S. 20.

Simon, H.: Hidden Champions des 21. Jahrhunderts. Erfolgsstrategien unbekannter Weltmarktführer, Frankfurt am Main/New York 2007 b.

Simon, H.: Mehr Ertrag durch effektivere Pricing-Prozesse – Manage for Profit, not for Market Share, Interlaken 2006.

Simon, H.: Menge und Marge in der Krise, in: Frankfurter Allgemeine Zeitung, Nr. 287 vom 08.12.2008, S. 20.

Simon, H.: Preismanagement – Analyse, Strategie, Umsetzung, 2. Aufl., Wiesbaden 1992.

Simon, Kucher & Partner: Hidden Champions – Strategien mittelständischer Marktführer, Vortrag anlässlich der 6. BVK-Fachkonferenz, München 13.05.2002, in: www.simon-kucher.com; Stand: 11.09.2003.

Simon, Kucher & Partner: Management-Herausforderungen für das 21. Jahrhundert, Vortrag anlässlich der Messe „sales Tech", Wiesbaden 25.05.2000, in: www.simon-kucher.com; Stand: 10.08.2002.

Skarka, C.: Onkel Mehmet, wohin?, in: LebensmittelZeitung, Nr. 25 vom 18.06.2004, S. 53.

Skiera, B.: Auktionen, in: *Albers, S./Clement, M./Peters, K.* (Hrsg.): Marketing mit Interaktiven Medien. Strategien zum Markterfolg, Frankfurt am Main 1998, S. 297–310.

Slodczyk, K: „Mein Name ist Brand, James Brand", in: Handelsblatt, Nr. 212 vom 01.11. 2012, S. 22.

Sönke, I./Krummheuer, E.: Bahn zahlte Millionen für Täuschung, in: Handelsblatt, Nr. 102 vom 29.05.–01.06.2009, S. 1.

Specht, G.: Distributionsmanagement, 3. Aufl., Stuttgart 1998.

Stabernack, W. (Hrsg.): Verpackung – Medium im Trend der Wünsche, München 1998.

Stadie, E./Simon, Kucher & Partners: Interview „regeln für Rabatt" mit *Ekkehard Stadie*, Unternehmensberatung *Simon, Kucher & Partners*, München, in: Akquisa, o. Jg. (2006), Nr. 6, S. 41.

Steffenhagen, H.: Konflikt und Kooperation in Abatzkanälen. Ein Beitrag zur verhaltensorientierten Marketingtheorie, Wiesbaden 1975.

Steffenhagen, H.: Rabatte, in: *Diller, H.* (Hrsg.): Vahlens Großes Marketinglexikon, 2. Aufl., München 2001, S. 1459–1460.

Stender-Monhemius, K.: Einführung in die Kommunikationspolitik, München 1999.

Stender-Monhemius, K.: Marketing – Grundlagen mit Fallstudien, München/Wien 2002.

Sterling, B.: Unser quälendes Unbehagen, in: Frankfurter Allgemeine Zeitung, Nr. 61 vom 13.03.2010, S. 31.

Thaler, R. H./Sunstein, C. R.: Nudge – Wie man kluge Entscheidungen anstößt, Berlin 2009.

Thiel, M. H.: Strategische Produktpolitik, in: www.unibw-muenchen.de/campus/WOW/v10 41/Teil-4.pdf; Stand: 26.08.2003.

Tietz, B./Köhler, R./Zentes, J. (Hrsg.): Handwörterbuch des Marketing, 2. Aufl., Stuttgart 1995.

Tietz, B.: Der Handelsbetrieb, 2. Aufl., München 1993.

Töpfer, A. (Hrsg.): Benchmarking – Der Weg zu Best Practice, Heidelberg 1997.

Töpfer, A.: Das Management der Werttreiber, Frankfurt am Main 2000.

Töpfer, A.: Marketing-Audit, in: *Tietz, B./Köhler, R./Zentes, J.* (Hrsg.): Handwörterbuch des Marketing, 2. Aufl., Stuttgart 1995, Sp. 1533–1541.

Toscani, O.: Die Werbung ist ein lächelndes Aas, 2. Aufl., Mannheim 1996.

Treis, B.: Handelsfunktionen, in: *Diller, H.* (Hrsg.): Vahlens Großes Marketinglexikon, 2. Aufl., München 2001, S. 563–569.

Trotier, K.: Werbeschlacht, in: Frankfurter Allgemeine Zeitung, Nr. 167 vom 21.07.2007, S. 39.

Tversky, A./Kahneman, D.: The Framing of Decisions and the Psychology of Choice, in: Science, Vol. 211 (1981), pp. 453–458.

Uhr, W./Müller, S. (Hrsg.): BWL Lernsoftware Interaktiv: Marketing, Stuttgart 1998.

Underhill, P.: Warum kaufen wir?, München 2000.

Unger, F. (Hrsg.): Konsumentenpsychologie und Markenartikel, Heidelberg/Wien 1986.

Vershofen, W.: Handbuch der Verbrauchsforschung, Berlin 1940.

Vocatus: Mehr Umsatz durch Markerelemente, in: Feedback, 3. Jg. (2002), Nr. 4, S. 4.

Von Hiller, Ch.: Aldi-Weine – bald auch mit Prädikat, in: Frankfurter Allgemeine Zeitung, Nr. 191 vom 18.08.2007, S. 12.

Von Peterdorff, W.: Warum ist Werbung sinnvoll?, in: Frankfurter Allgemeine Sonntagszeitung, Nr. 7 vom 18.02.2007, S. 54.

Von Rosenstiel, L./Kirsch, A.: Psychologie der Werbung, Rosenheim 1996.

Von Rosenstiel, L./Neumann, P.: Einführung in die Markt- und Werbepsychologie, 2. Aufl., Darmstadt 1991.

Vossen, M.: In Griffweite, in: LebensmittelZeitung, Nr. 43 vom 29.10. 2010, S. 100.

Vossen, M. u. a.: Aldi schmückt sich mit Coke, in: LebensmittelZeitung, Nr. 39 vom 28.09. 2012, S. 1 u. 3.

Weis, Ch.: Marketing, 13. Aufl., Ludwigshafen 2001.

Weis, H./Gönner, K./Lind, S.: Handelsbetriebslehre, 13. Aufl., Bad Homburg von der Höhe 1992.

Weltbild-Buchverlag: Discounter Planer 2009, Augsburg 2008.

Wentz, R.: Die globale Innovationsmaschine, in: Frankfurter Allgemeine Zeitung, Nr. 168 vom 21.07.2008, S. 18.

Wermuth, I./Hahn, A./Perzhorn, O.: Werbetrends 2007, auf: www.slogans.de; Stand: 05.01. 2008.

Wieselhuber & Partner: Marketing Performance – Wie fit sind Unternehmen bei der Messung und Kontrolle der Marketing-Performance?, Studie von *Dr. Wieselhuber & Partner*, München 2005.

Wildemann, H.: In der Produktklinik sinken die Kosten, in: Frankfurter Allgemeine Zeitung, Nr. 264 vom 12.11.2012, S. 12.

Wildemann, H.: Mit Kopierschutz gegen Produktpiraterie, in: Frankfurter Allgemeine Zeitung, Nr. 270 vom 20.11.2006, S. 22.

Wilsberg, K./Schäfer, T.: Neuromarketing – Werbung mit Köpfchen, in: mailingtage[news], Nr. 14, November 2007, S. 3.

Winkelmann, P.: Vertriebskonzeption und Vertriebssteuerung, München 2000.

Wirtz, B. W.: Integriertes Direktmarketing: Grundlagen, Instrumente, Prozesse, Wiesbaden 2005.

Wöhe, G.: Einführung in die Allgemeine Betriebswirtschaftslehre, 21. Aufl., München 2002.

World Advertising Research Center Ltd. (Edt.): World Advertising Trends 2002, Oxfordshire 2002.

Wübker, G.: Power Pricing für Banken – Wege aus der Ertragskrise, Frankfurt am Main/New York 2006.

Wübker, G.: Preisbündelung. Formen, Theorie, Messung und Umsetzung, Wiesbaden 1998.

Wuennenberg, U.: Schockierende Werbung – Verstoß gegen §1 UWG?, Frankfurt am Main 1996.

www.aldi.de; Stand: 12.02.2003.

www.amazon.de; Stand: 21.08.2012.

www.aspirin.de; Stand: 02.05.2003.

www.bild.t-online.de/BTO/index.html; Stand: 17.04.2003.

www.fbwi.fh-karlsruhe.de/existenz-gruendung/Basiskurs/Orientierung/Ostandortanaly-seT.htm; Stand: 20.03.2003.

www.freenet.de/freenet/finanzen/sparen/rubriken/essen/; Stand: 17.06.2003.

www.gfk.de/geomarketing; Stand: 09.07.2011.

www.gfk.de; Stand: 17.01.2007.

www.gfk.de; Stand: 30.04.2003.

www.gfk-geomarketing.de/standortforschung /beratung.php; Stand: 17.01.2006.

www.handelswissen.de; Stand: 22.12.2012.

www.interbrand.com; Stand: 23.02.2006.

www.konsequent-einfach.com/texte.html; Stand: 12.02.2003.

www.lacoste.com; Stand: 10.07.2010.

www.lebensmittelzeitung.net/news/top/protected/show.php?id...1; Stand: 25.07.2012.

www.mcdonalds.com; Stand: 18.07.2012.

www.mcdonalds.de; Stand: 18.07.2012.

www.vetlex.com; Stand: 18.12.2008.

www.wdr.de/vt/quarks/sendungsbeitraege/2009/0324; Stand: 21.02.2011.

www.wiwi.uni-tuebingen.de/marketing/Definitionen/MkDF0004.htm; Stand: 26.03.2003.

Yalsh, R. F.: Using Store Music for Retail Zoning: A Field Experiment, in: Advances in Consumer Research, Vol. 20 (1993), pp. 632–636.

Zacharias, C.-T.: Kundenbindung durch Couponing – Grundlagen, Ziele, Einsatzoptionen, Saarbrücken 2007.

ZAW – Zentralverband der deutschen Werbewirtschaft e.V. (Hrsg): Jahrbuch Werbung in Deutschland, Bonn 2002.

Zernisch, P.: Relaunch bekannter Marken, in: Markenartikel, 54. Jg. (1992), Nr. 9, S. 418–419.

Zielske, H. A.: The Remembering and Forgetting of Advertising, in: Journal of Marketing, Vol. 23 (1959), pp. 239– 243.

Zimmermann, T.: Aldi sorgt mit Playstation 3 für Furore, in: LebensmittelZeitung, Nr. 46 vom 13.11.2008, S. 4.

Zindel, K.: Voraussetzungen für einen erfolgreichen Relaunch von Konsumgütern: mit Fallbeispiel Relaunch einer Marke im Heim-Haarpflege-Markt, Reutlingen 1986.

Zwicky, F.: Entdecken, erfinden, erforschen im morphologischen Weltbild, München u. a. 1966.

Stichwort- und Firmenverzeichnis

 **Oldenbourg
Verlag**

Ein Wissenschaftsverlag der
Oldenbourg Gruppe

Eugen Buß

Managementsoziologie
Grundlagen, Praxiskonzepte, Fallstudien

3., überarbeitete Auflage 2012
XVIII, 388 Seiten | Broschur | € 29,80
ISBN 978-3-486-59660-1

Ein Standardwerk hoher didaktischer und sprachlicher Güte mit besonderer Praxisrelevanz

Ein »richtiges« Denkmodell zur Erklärung von Managementprozessen gibt es nicht. Weder die betriebswirtschaftliche Betrachtungsweise noch soziologische Denkmodelle erschließen die Vorgänge in ihrer ganzen Breite. Aber die managementsoziologische Perspektive leistet etwas Grundlegendes: Sie rückt die ökonomischen »Wahrheiten« in ein etwas anderes Licht und trägt damit zu einem besseren Verständnis unternehmensinterner Vorgänge bei.
Dieses Lehr- und Arbeitsbuch arbeitet die Hauptprobleme heraus, die in der alltäglichen Managementpraxis bei der Abwägung zwischen Kapitalrendite und gesellschaftlicher Verantwortung entstehen.

Das Buch richtet sich an Studierende wirtschafts- und sozialwissenschaftlicher Studiengänge sowie an Praktiker in Unternehmen und in der unternehmesnahen Beratung.

Bestellen Sie in Ihrer Fachbuchhandlung
oder direkt bei uns: Tel: 089/45051-248
Fax: 089/45051-333 | verkauf@oldenbourg.de

www.oldenbourg-verlag.de

Oldenbourg
Verlag

Ein Wissenschaftsverlag der
Oldenbourg Gruppe

Modernes Lehrbuch zu den Grundlagen der betriebswirtschaftlichen Bachelor-Studiengänge.

Bernd Camphausen (Hrsg.)

Grundlagen der Betriebswirtschaftslehre

Bachelor Kompaktwissen

2., überarbeitete und erweiterte Auflage 2011
VII, 470 Seiten | Broschur | 34,80 €
ISBN 978-3-486-70256-9

Das vorliegende Lehrbuch zu den Grundlagen der Betriebswirtschaftslehre stellt in verständlicher, kompakter und übersichtlicher Form die
Kernfächer der BWL dar. Dabei wird der Stoff in didaktisch anschau-
licher Form aufbereitet und erläutert. Das Buch gliedert sich in
Einführung in die Betriebswirtschaftslehre, Unternehmensführung,
Rechnungswesen, Investition & Finanzierung und Supply Chain
Management. Die einzelnen Kapitel lassen sich ohne betriebswirtschaftliche Vorkenntnisse lesen und bilden jeweils für sich ein abge-
schlossenes Thema. Das Werk eignet sich sehr gut als begleitende
Lektüre der betriebswirtschaftlichen Grundlagenveranstaltungen
an Universitäten und Fachhochschulen.

Das Buch richtet sich vor allem an die Studierenden der neuen Bachelor-
studiengänge der Betriebswirtschaftslehre an Universitäten und Fachhochschulen, sowie an Studierende anderer Fachrichtungen mit Interesse an
betriebswirtschaftlichen Themen.

Bestellen Sie in Ihrer Fachbuchhandlung
oder direkt bei uns: Tel: 089/45051-248
Fax: 089/45051-333 | verkauf@oldenbourg.de

www.oldenbourg-verlag.de

 **Oldenbourg Verlag**

Ein Wissenschaftsverlag der Oldenbourg Gruppe

Ferry Stocker

Spaß mit Mikro
Praktische Mikroökonomik für (ver)zweifelnde Studierende

7. Auflage 2012
IX, 175 Seiten
broschiert
ISBN 978-3-486-58577-3
€ 19,80

Warum man sich die Mikroökonomie doch genauer anschauen sollte. Dieses Buch liefert die Antworten.

Mikroökonomik muss nicht staubtrocken, öd und unpraktisch sein. Dass das Gegenteil der Fall sein kann, zeigt „Spaß mit Mikro". Hier wird die ökonomische Entscheidungstheorie auf die Welt der Betroffenen, der Studierenden, bezogen und anschaulich, unterhaltsam und umsetzungsorientiert zugleich erläutert.

Dieses Buch begleitet einen Studenten, den aufgeweckten Claudio Gelatinu, auf seinen ersten Schritten als Unternehmer, analysieren die sich stellenden praktischen Entscheidungssituationen und beobachten und erklären das bunte Treiben an einem „Stauseebadestrand". Dabei werden die wichtigsten mikroökonomischen Konzepte und Theoreme – von der „unsichtbaren Hand" über die „komparativen Kosten" bis zu „Coase" – sehr anschaulich vorgestellt und ihre Relevanz klargemacht.

Dieses Buch ist ideal für jeden angehenden Ökonomen. Interessierten zeigt es auf spannende Art und Weise die Welt der Mikroökonomie auf.

Prof. Dr. Ferry Stocker ist Fachbereichsleiter für Volkswirtschaftslehre an der Fachhochschule Wiener Neustadt und lehrt an zahlreichen in- und ausländischen Universitäten und Hochschulen.

Bestellen Sie in Ihrer Fachbuchhandlung
oder direkt bei uns: Tel: +49 89/45051-248
Fax: +49 89/45051-333 | verkauf@oldenbourg.de   **www.oldenbourg-verlag.de**